EASY

&

CANADA

이지 캐나다

CANADA

이지 캐나다

캐나다(Canada) 라는 이름은 '마을 혹은 정착지'를 의미하는 휴런
이로쿼이(Huron-Iroquois) 말 카나타(Kanata)에서 유래되었다. 1535년,
두 명의 원주민 청년들이 프랑스 탐험가 자크 카르티에(Jacques
Cartier)에게 카나타(현재의 퀘벡시티 지역)로 가는 길을 말해줬다.
카르티에는 그 마을 뿐만 아니라 추장이 다스리는 전 지역을 묘사하는
말로 캐나다(Canada)를 사용했다. 그 후, 캐나다라는 단어는 곧 더 넓은
지역을 일컫게 되었는데, 1547년에 그려진 지도에 세인트로렌스 강 이북
지역을 캐나다로 표기했다. 카르티에는 또한 세인트로렌스 강을 캐나다
강(rivière du Canada)이라고 불렀다. 1616년 그 전 지역이 뉴 프랑스(New
France)로 알려졌지만, 여전히 캐나다 강 지역과 세인트로렌스 만은
캐나다로 불렸다. 탐험가와 모피무역상이 서부와 남부로 활동영역을
넓혀가면서 북미의 중서부와 현재의 루이지애나 지역까지 캐나다로
인식되었다. 캐나다(Canada)라는 단어는 영국령 퀘벡이 1791년
어퍼캐나다와 로어캐나다로 분리되면서 공식적으로 사용되었다. 두 개의
캐나다는 1840년 '영국령 캐나다(the Province of Canada)'로 합쳐졌고,
1867년 '캐나다'라는 새로운 국가가 탄생하게 되었다. 오늘날 캐나다는
10개의 주(province)와 3개의 준주(territory)로 구성되어 있다.

일 러 두 기

정보 수집
이 책은 2017년부터 2023년 6월까지 현지 취재를 바탕으로 서술하였습니다. 주요 관광지의 위치 정보는 바뀔 일이 없지만 보수 공사나 현지 사정으로 입장이 불가능할 수 있습니다. 또한 일부 레스토랑과 카페는 상호가 변경되거나 오픈 시간 등의 정보 변동이 있을 수 있습니다.

외국어 표기
각 스폿마다 표기된 명칭은 최대한 현지어 발음(온타리오-영어, 퀘벡-불어)을 기준으로 표기하였습니다.

추천 루트
한국 여행객들이 가장 선호할만한 루트를 제공합니다. 추천 루트에서 제시하는 일정을 참고해서 스스로 비스포크(bespoke) 여행 일정을 만드실 수 있습니다.

축제 정보
그 지역의 주요 관광지를 여행하면서 축제도 같이 즐길 수 있도록 축제 정보를 제공합니다.

레스토랑 및 숙소 예산
각 지역의 관광청에서 엄선하여 추천한 식당과 숙소를 리스트에 올렸으며, 직접 취재해서 올린 식당은 맛, 가격, 서비스, 구글 평점 등을 종합해서 흡족한 식당만을 선별해 올렸습니다. 물가의 변동에 민감한 레스토랑의 음식값과 호텔 숙박료는 기재하지 않았습니다.

교통 정보
자동차나 렌터카로 여행하기를 추천하지만, 대중교통을 이용해 여행하는 배낭 여행객이나 워홀러(working holiday er)를 위해 가능한 자세한 대중교통 정보를 수록했습니다. 여러가지 이유로 운행 스케줄이 변동될 수 있으므로 여행 출발전 웹사이트에서 운행 일정을 꼭 확인하고 떠나시기 바랍니다.

작 가 소 개

이종상

———

충북대학교 불어불문학과 졸업
SBS '뉴스추적' 조연출, 한국 방송 제작사 PD,
캐나다 현지 통신원으로 활동

배낭여행 1세대로 1996년 인터레일 패스(Interrail Pass)로
유럽 전역을 여행했다. 캐나다 관광청 초청으로 10년간
고미디어(GoMedia) 행사에 참가해 캐나다 전역을
여행했고, KBS 지구촌뉴스 '클릭! 세계속으로'의 캐나다
현지 VJ 로 활동하면서 수많은 축제와 이벤트를 취재했다.
현재는 캐나다에서 살며 프리랜스 방송 연출자와
여행작가로 활동 중이다.

———

책 을 내 면 서

2008년 저와 제 가족은 '해외에서 2년 살기'로 하고, 캐나다를 선택했어요. 제가 보았던 캐나다의 대자연과 축제가 한 몫을 했죠. 2004년 KBS '도전지구탐험대(443회) – 탤런트 고두옥의 캐나다 통나무 스포츠 축제'를 연출하면서, 캐나다 스쿼미시(Squamish)에서 열린 벌목꾼 스포츠 축제(Loggers Sports Festival)를 처음 봤는데 정말 대단했어요. 그 다음은 옐로우나이프(Yellowknife)에서 본 노던 라이트(Northern Light)였어요. 오로라를 보면 천재를 낳는다고 해서 일본 관광객 특히 신혼부부가 많이 찾았는데, 오로라를 보는 순간, 20분 동안 입이 다물어지지 않았죠. 이 날의 감동은 KBS '세상은 넓다'에 출연해 소개되었어요.

제겐 한 살 터울의 두 아들이 있어요. 2008년 당시, 아이들은 겨우 8살, 7살이었죠. 아이들은 영어 알파벳만 겨우 떼고 캐나다에 왔어요. 영어를 한 마디도 못하는 아이들이 영어로 수업을 들어야하니 힘든 일이 얼마나 많았을 지 상상해보세요. 지금 생각해도 가슴이 찌릿해요. 아이들을 위해 아빠가 할 수 있는 것이 무엇이 있을까? 생각했어요. 그래서 캐나다 문화를 쉽고 빠르게 접할 수 있는 축제나 이벤트에 아이들을 데리고 가야겠다고 마음먹었죠. 여행 후에 아이들은 놀고, 먹고, 본 것들을 학교 친구들과 이야기하게 되고, 자신감이 생기면서 자연스럽게 학교 생활에 적응해갔죠. 그렇게 몇 년은 취재가 가족 여행이 되고, 가족 여행이 취재가 되는 힘들지만 즐거운 시간을 보냈어요.

당시에는 한국분들이 컨비니언스를 많이 하고 계셨어요. 24시간 패밀리 비즈니스라 가족이 함께 여행을 하는 것이 힘들었죠. 하지만 밀레니엄 이후에 이민을 오거나, 아이 조기 유학을 온 부모는 돈에 대한 걱정은 덜했던 것 같아요. 18세까지 아이들에게 지급되는 육아 수당(Child Benefit)도 생활에 큰 도움이 되었죠. 우리의 바람은 하나였어요. 아이들이 캐나다 생활에 잘 적응하는 것이었죠. 저는 주변 분들에게 주말에 집에만 있지 말고, 아이들과 함께 축제, 이벤트, 박물관, 픽킹, 캠핑, 액티비티 등에 가라고 조언했어요. 취재를 하며 얻은 여행 정보들이 도움이 되었죠. 그 때부터 주변에서 '여행가이드책을 내라는 넛지(nudge)를 많이 받았어요. 그래서 2017년부터 '아빠가 말하는 캐나다 가족 여행'이라는 제목으로 열 두편의 기사를 트래비에 연재했어요. 연재가 모두 끝났을 때, 이지 시리즈 여행책을 내는 도서출판 '피그마리온'과 계약해 '이지 캐나다'를 출판하게 되었습니다. 처음엔 캐나다 동부(뉴 브런즈윅, 노바스코샤, P.E.I 등)까지 포함한 여행가이드책으로 기획되었지만, 팬데믹으로 인해 여행이 자유롭지 못하게 되면서 온타리오주와 퀘벡주 만을 싣게 되었습니다.

요약하면, '이지 캐나다'를 출판하게 된 동기는 조기 유학 온 아이들, 이민 온 아이들이 여행을 통해 스트레스도 풀고, 캐나다 문화를 빨리 흡수해 캐나다 생활에 잘 적응하고, 더 나아가 좋은 리더로 성장하길 바라는 마음에서 재능 기부로부터 시작되었던 것이죠. 캐나다 아이들은 정말 잘 놀고, 가족 캠핑도 많이 하고, 여행도 많이 해서 그런지 정말 행복해보여요. 우리 아이들도 그랬으면 좋겠어요.

끝으로 이 책이 나올 수 있도록 애써주신 도서출판 피그마리온 송민지 대표님, 기획팀의 김현숙 팀장님 외 모든 직원분들께 감사 드립니다. 더불어 취재에 도움을 준 Jantine Van Kregten(오타와 관광청), Michele L.Simpson(토론토 시청), Suzie Loiselle(Le Québec maritime), Martine Venne(몬티리올 관광청), Danie Béliveau & Shanny Hallé(이스턴 타운쉽스 관광청), Patrick Lemaire(퀘벡시티 관광청), Ruiwen Zhang(샬브와 관광청) 외 지역 관광청에 진심으로 고마움을 전합니다.

CONTENTS

CANADA
이지 캐나다

캐나다 베스트 추천 코스

캐나다 A to Z

여행정보(준비편)

온타리오주

토론토

해밀턴

나이아가라 폭포

워털루

퍼스 카운티

옥스포드

윈저 & 에섹스 카운티

노섬버랜드 카운티

CANAdA
BEST ROUTE

여행은 혼자하는 여행도 있지만, 커플여행이나 가족여행처럼 2인 이상이 함께 하는 여행이 많습니다. 즉, 식성, 잠자리, 흡연, 말투, 청결, 취향, 습관, 성격, 취미 등 서로 다른 부분이 있고 서로 부딪히게 됩니다. 여행을 준비하면서 서로 맞는 것, 맞지 않는 것, 그리고 맞춰가야 할 것을 구분해서 잠재적인 충돌 요소를 없애야합니다. 이 정도면 'AI' 라고해도 가장 좋은 여행지, 가장 좋은 여행 루트를 선뜻 제시하는 것이 힘들것입니다. 저는 이 책에서 '온타리오 일주 17일'과 '온타리오 & 퀘벡 렌터카 여행 핵심 11일', 이렇게 두 가지 여행 루트를 소개하려합니다. '온타리오 일주 17일'은 토론토에서 출발해 반시계 방향으로 온타리오 주를 한 바퀴 도는 여행이고, '온타리오 & 퀘벡 렌터카 여행 핵심 11일'은 무한대 기호(∞) 모양으로 토론토를 축으로해서 아래로 한 바퀴, 위로 한 바퀴 도는 여행루트입니다. 이 일정을 참고해서, 각자에게 맞는 여행 일정을 짜보시기 바랍니다. 서로 이야기하면서 원하지 않는 일정을 삭제하고 다듬는 트리밍(trimming)이 끝나면, 모두에게 만족스런 여행 일정이 만들어질 것입니다.

루트를 짤 때 포인트!

인천-토론토 직항편은 대한항공과 에어캐나다(Air Canada)에서 서비스한다. 성수기, 비수기, 미리 표를 끊느냐, 임박해서 표를 끊느냐, 직항이냐, 경유지 횟수에 따라 항공권 가격은 천차만별이다. 저렴한 가격으로 항공권을 구입할 수 있는 방법은 미리 여행 계획을 세워 일찌감치 티켓을 구입하는 것이다. 혼자하는 여행이라면 하루에 몇 개의 스케줄을 소화할 수 있지만, 가족이 함께하는 여행이라면 하루에 두 개 정도의 일정으로 여유있게 여행하는 것이 좋다. 하루 이틀 유명 관광지 시내를 여행하는 것이라면, 토론토와 퀘벡시티는 시티투어버스(Hop-on Hop-off Bus), 나이아가라 폴스는 위고(WEGO) 버스, 오타와는 워킹투어+수상택시(Aqua-Taxi), 킹스턴은 트롤리(Trolley), 몬트리올은 지하철 등을 이용하면 저렴하고 편리한 여행을 할 수 있다. 도시간 이동은 토론토 유니온스테이션에서 비아레일(VIA Rail) 혹은 시외 버스를 이용한다. 7일에서 10일간 온타리오 주와 퀘벡 주를 여행하고 싶다면, 저자가 소개한 추천일정을 보면서 가족이 함께 '가족 맞춤 투어' 일정을 만들어보는 것도 좋을 것 같다. 유튜브(youtube)를 써칭해보면 관광청 혹은 유튜버(YouTuber)가 올린 관광지 소개 영상이 많이 올라져 있기 때문에 관광지를 이해하는 데 많은 도움이 된다.

온타리오 일주 17일

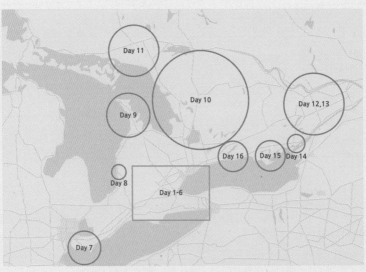

		토론토 피어슨 국제공항 입국

Day 1 토론토(Toronto)	필수	• 시티투어버스(Citysightseeing Toronto) • 리플리스 수족관 • CN 타워 엣지 워크 • 라운드하우스 공원
	선택 1 (점심)	• 스팀 휘슬 비어가든(Steam Whistle Biergärten) • 렉룸(Rec Room)
	선택 1	• 하키 명예의 전당 • 로저스 센터 야구경기 관전 • 온타리오 미술관 / 바타 신발 박물관(Bata Shoe Museum)
	선택 1 (저녁)	• 켄싱턴 마켓 맛투어 • 중세시대식당(Medieval Times Dinner & Tournament)
Day 2 나이아가라 폴스 & 나이아가라온더레이크 (Niagara-on-the- Lake)	필수	• 나이아가라 시티 크루즈 • 나이아가라 글렌 하이킹(월풀 트레일 or 볼더링 트레일) • 나이아가라 헬리콥터 투어 • 나이아가라 폴스 와이너리 투어 – 아이스와인 시음 • 나이아가라온더레이크(NOTL) 퀸 스트리트 워킹투어
	선택	• 사이클링 • 자전거타고 와인 투어

Day 3 해밀턴(Hamilton)	필수	• 해밀턴 비치 일광욕 & 허치스(Hutch's) 피시앤칩스 • 캐나다 전투기 유산 박물관 • (가을 단풍) 던다스 피크 & 튜스 폭포(Tew's Falls)
	선택	• 왕립식물원(Royal Botanical Garden) • 켈소 보호구역 산악자전거 타기 • 던던 캐슬(Dundurn National Historic Site) • 팀 홀튼 커피숍 1호점
Day 4 웰링턴 카운티 (Wellington County)	필수	• 엘로라 & 퍼거스 워킹투어 • 엘로라 협곡 튜빙 • 고지 시네마(영화보기)
	선택	• (구엘프) 맥크레이 하우스(McCrae House) 관람 • (엘마) 조선 선교사, 제임스 스카스 게일(James Scarth Gale)의 발자취를 따라서
Day 5 워털루 지역 (Region of Waterloo)	필수	• 아프리카 라이온 사파리 • 캠브릿지 밀(점심) • 세인트 제이콥스(St.Jacobs) 워킹투어 & 파머스 마켓(Farmer's Market)
	선택	• WCR 기차체험(waterloocentralrailway.com) • (발렌타인 데이) 웨스트 몬트로즈(West Montrose) 키싱 브릿지
Day 6 퍼스 카운티 (Perth County) + 옥스포드 카운티 (Oxford County)	필수	• 스트랫퍼드 축제(연극) • 캐나다 야구 명예의 전당 & 박물관 • 세인트 메리스 채석장 수영장–슈퍼 스플래쉬 워터파크 • 애나 메이 베이커리 & 레스토랑(Anna Mae's Bakery & Restaurant) – 점심 • 리바이벌 하우스(Revival House) – 저녁
	선택	• 스트랫퍼드 퍼스 박물관 – 저스틴 비버, 스텝 투 스타덤 • 옥스포드 치즈 트레일(치즈 농장 방문)
Day 7 윈저 & 에섹스 카운티(Windsor & Essex County)	필수	〈윈저 & 에섹스 카운티〉 • 캐나다 교통 박물관 & 민속촌 • 포인트 필리 국립공원(Point Peele National Park) • 콜라산티스 열대 가든 〈필리 아일랜드 Pelee Island〉 • 필리 아일랜드 와이너리 • 필리 아일랜드 해넘이 구경
	선택	• 필리 아일랜드 자전거 타기 • 윈저 조각 공원 산책 & 맛집 투어 • 잭 마이너 철새 보호구역 & 박물관
Day 8 가드리치(Goderich)	필수	• 가드리치 백사장 & 비치 스트리트 스테이션 레스토랑(점심) • 메네세텅 다리 워킹 트레일 • 시엔알 스쿨카 박물관
	선택	• 포인트팜 주립공원(Point Farms P.P) • 파이너리 주립공원(Pinery P.P)
Day 9 브루스 카운티 (Bruce County)	필수	〈사우스햄턴 Southampton〉 • 어센트 에어리얼 파크(어린이를 위한 액티비티) • 챈트리 비치(Chantry Beach) 일광욕 〈와이어튼 Wiarton〉 • 덕사이드 윌리 레스토랑 – 점심 〈토버머리 Tobermory〉 • 브루스 반도 국립공원, 그로토(Grotto) 하이킹 • 플라워팟 아일랜드 유람선 투어–드롭오프 크루즈
	선택	• (포트 엘긴) 맥그리거 포인트 주립공원 유르트 캠핑 • 패덤 파이브 해상국립공원 난파선 스쿠버다이빙 투어

Day 10 심코 카운티(Simcoe County) + 무스코카(Muskoka)	필수	**〈미들랜드 Midland〉** • 워터프론트 걷기 • 미들랜드 순교자 성지 & 생뜨마리 마을 **〈헌츠빌 Huntsville〉** • 헌츠빌(Huntsville) 워킹투어 & 점심 **〈할러버튼 Haliburton〉** • 할러버튼 늑대 센터
	선택	• 고홈레이크(Go Home Lake) 웨이크 보트 타기 • 무스코카 증기선 크루즈 • 패리사운드 3만 섬 크루즈 투어 • 알공퀸 주립공원 캠핑 혹은 자전거 타기
Day 11 서드베리(Sudbury) + 수세인트마리(Sault Ste.Marie)	필수	**〈서드베리 Sudbury〉** • 사이언스 노스 & 램지 호수 보드워크 걷기 • 다이나믹 어스 **〈킬라니 Killarney〉** • 더 크랙(The Crack) 하이킹 • 킬라니 빌리지 투어 & 허버트 피셔리(Herbert Fisheries) 피시앤칩스 • 킬라니 이스트 등대
	선택	(가을 단풍) 아가와 캐년 투어 열차

Day 12
 	
오타와(Ottawa)
	필수	• 캐나다 연방 국회의사당 투어
		• 바이타운 박물관/셀틱 십자가
		  (갑문 부두에서 수상 택시(Aqua-Taxi) 이용)
		• 캐나다 역사 박물관(Canadian Museum of History)
		  (알렉산드라 다리 Alexandra Bridge 도보로 건너기)
		• 키웍키 포인트(Kiweki Point)
		• 바이워드 마켓(오바마 쿠키, 비버테일 등)

	선택	• 리도 운하 유람선 • 리도 운하 자전거 타기

수상택시 노선

캐나다 역사박물관 ●　　　　● 알렉산드라 다리

박물관 부두
Quai du Musée

갑문 부두
Quai des Écluses

● 바이타운 박물관

연방의사당 ●

리치몬드 선착장
Débarcadère Richmond

● 캐나다 전쟁박물관

Day 13 오타와 근교(Ottawa Area)	필수	• 칼립소 테마 워터파크(여름) / 노르딕 스파-네이처(겨울) • (9월 말 - 10월 말) 어퍼캐나다 빌리지, 펌프킨페르노 축제
	선택	• 아울 래프팅 • 아브라스카 '까베른 라플레쉬'
Day 14 킹스턴(Kingston)	필수	• 트롤리 투어 • 헨리 요새(Fort Henry) - 선셋 세레모니(8월 매주 수요일) • 천섬 크루즈 - 킹스턴, 락포트 출발
	선택	• 벨뷔 하우스 • 교도소 박물관 투어
Day 15 프린스 에드워드 카운티(PEC) +앰허스트 아일랜드 (Amherst Island)	필수	〈프린스 에드워드 카운티 PEC〉 • 프린스 에드워드 카운티 와이너리 투어 • 프린스 에드워드 카운티 아트 트레일 〈앰허스트 아일랜드 Amherst Island〉 • 화석줍기
	선택	• 암스트롱의 유리공예실 • 샌드뱅크스 주립공원 해수욕 & 모래찜질
Day 16 노섬버랜드 카운티 (Northumberland County)	필수	• 프레스퀼 주립공원(Presqu'ile Provincial Park) • 프리미티브 디자인(Primitive Designs) • 빅애플(The Big Apple) • 자이언트 투니(Giant Toonie) • 타르트 투어(Tart Tour) - www.buttertarttour.ca
	선택	• 해스팅스(Hastings) 피싱브릿지에서 낚시 • 월드 파이니스트(World's Finest) 초콜릿 아울렛
Day 17 쇼핑(Shopping)	선택	• 토론토 다운타운 이튼 센터(CF Toronto Eaton Centre, 220 Yonge St, Toronto) • 셔웨이 가든 쇼핑몰(CF Sherway Gardens, 25 The West Mall, Etobicoke) • 욕데일 쇼핑센터(Yorkdale Shopping Centre, 3401 Dufferin St, Toronto) • 토론토 프리미엄 아울렛(Toronto Premium Outlets, 13850 Steeles Ave W, Halton Hills) • 스퀘어 원 쇼핑 센터(Square One Shopping Centre, 100 City Centre Dr, Mississauga)

토론토
피어슨
국제공항
출국

Safe Journey Home

온타리오 & 퀘벡 렌터카 여행 핵심 11일

온타리오(3일) + 퀘벡(7일)

토론토
피어슨
국제공항
입국

Day 1 **토론토(Toronto)**	필수	• 시티투어버스(Citysightseeing Toronto) • 리플리스 수족관 • CN 타워 엣지 워크 • 라운드하우스 공원
	선택 1 (점심)	• 스팀 휘슬 비어가든(Steam Whistle Biergärten) • 렉룸(Rec Room)
	선택 1	• 하키 명예의 전당 • 로저스 센터 야구경기 관전 • 온타리오 미술관 / 바타 신발 박물관(Bata Shoe Museum)
	선택 1 (저녁)	• 켄싱턴 마켓 맛투어 • 중세시대식당(Medieval Times Dinner & Tournament)
Day 2 **나이아가라 폴스 (Niagara Falls)**	필수	• 나이아가라 시티 크루즈 • 나이아가라 헬리콥터 투어 • 나이아가라 폴스 와이너리 투어 – 아이스와인 시음 • 나이아가라 글렌 하이킹(월풀 트레일 or 볼더링 트레일)
	선택	• 사이클링 • 자전거타고 와인 투어 • 나이아가라온더레이크(NOTL) 퀸 스트리트 워킹투어

Day 3 워털루 지역 (Region of Waterloo) & 해밀턴(Hamilton)	필수	• 아프리카 라이온 사파리 • 세인트 제이콥스(St.Jacobs) 워킹투어 & 파머스 마켓(Farmer's Market)	
	선택	• 캐나다 전투기 유산 박물관	
Day4 오타와(Ottawa)	필수	• 캐나다 연방 국회의사당 투어 • 바이타운 박물관/셀틱 십자가(갑문 부두에서 수상 택시(Aqua-Taxi) 이용) • 캐나다 역사 박물관(Canadian Museum of History) (알렉산드라 다리 Alexandra Bridge 도보로 건너기) • 키웍키 포인트(Kiweki Point) • 바이워드 마켓(오바마 쿠키, 비버테일 등) • 칼립소 테마 워터파크(여름) / 노르딕 스파-네이처(겨울)	
	선택	• 리도 운하 유람선 • 리도 운하 자전거 타기	
Day 5 몬트리올(Montreal)	필수	• 올림픽 공원 & 바이오돔(아침 9시) • 노트르담 바실리카 성당(Basilique Notre-Dame de Montréal) • 올드 몬트리올 워킹투어+생폴 거리(점심) • 몽로열 공원 • 몬트리올 음식 맛보기(푸틴, 스모크 미트(Smoked meat), 몬트리올 베이글(Montreal Bagel), 오렌지 줄렙(Orange Julep) 등)	
	선택	• 벨 센터(Centre Bell) – 몬트리올 캐나디언스 명예의 전당 • 성 요셉 기도원(Saint Joseph's Oratory of Mont Royal) • 질 빌뇌브 서킷에서 자전거 타기 & 라 롱드 놀이공원 • 플라토 몽로열(Plateau-Mont Royal) & 마일엔드(Mile End)	
Day 6 계절별 선택	이스턴 타운쉽스 (Eastern Townships) – 봄, 여름, 초가을	필수	• 브로몽 제과점의 초콜릿 박물관 (Le Musée du chocolat de la confiserie Bromont) • 브로몽, 체험산(Bromont, montagne d'expériences) • 생 브누와 뒤 락 수도원(Abbaye de Saint-Benoît-du-Lac)
		선택	• 추리소설작가 루이즈 페니(Louise Penny)의 삼송 투어(Three Pines Tour)
	몽트랑블랑 (Mont- Tremblant) – 늦가을, 겨울, 봄	필수	스테이션 몽트랑블랑 (Station Mont-Tremblant)
Day 7 퀘벡 시티 (Québec City)	필수	• 올드 퀘벡 워킹투어 • 오를레앙 섬(île d'Orléans) & 몽모랑시 폭포(Montmorency Falls) • 애비뉴 카르티에(Avenue Cartier) 식사 & 쇼핑	
	선택	• 퀘벡 시타델(La Citadelle de Québec) • 퀘벡 문명 박물관 • 퀘벡시티 – 레비스 페리 타기	
Day 8 퀘벡 시티 근교	선택	• 발카르티에 빌리지 바캉스(Village Vacances Valcartier) & 웬다케(Wendake) • 생탄 드 보프레 성당 & 생탄 협곡(Canyon Sainte-Anne) & 베생폴(Baie-Saint-Paul) • 베생폴 & 타두삭 고래보기 크루즈	

Day 9 리무스키(Rimouski)	필수	포엥트오페흐 해양유적지(Point-au-Père Maritime Historic Site) * 가스페(Gaspé)까지 5시간 운전
	선택	빅 국립공원(Park National du Bic) 소시에떼 뒤베노흐 – 포아로드비 섬 크루즈 생트루스(Sainte-Luce) – 앙스오꼬꾸 산책로
Day 10 가스페(Gaspé) & 페르쎄(Percé)	필수	〈가스페 Gaspé〉 • 포히옹 국립공원의 캅보내미(Cap-Bon-Ami) 일출 • 고래보기 크루즈(Whale Watching Cruise) – 그랑드그라브 선착장 • 제스페그 믹막 박물관(Site d'interprétation Micmac de Gespeg) 〈페르쎄 Percé〉 • 서스펜디드 유리 플랫폼(Suspended glass platform) • 보나방튀르 섬의 노던 가넷(Northern Gannet) 서식지 투어
	선택	• 가스페지 박물관 & 자크 카르티에 기념비 • 글로벌 지오파크
Day 11 가스페지 (Gaspésie)	필수	• 퀘벡 아카디아 박물관(Musée acandien du Québec) • 미구아샤 국립공원(Parc national de Miguasha) – 유네스코 세계문화유산
	선택	가스페지 바이오파크(Bioparc de la Gaspésie)

몬트리올 국제공항(에어캐나다, 여름과 가을에 몬트리올-인천 직항 항공편 제공)
혹은 토론토 국제공항에서 출국.

Safe Journey Home

CANADA

유콘의 백야, B.C의 Sea to Sky, 노스웨스트 준주의
오로라(aurora), 알버타의 록키, 레이크 루이스, 캘거리의
스탬피드(Stampede), 사스카츄완의 프레리(Prairie),
마니토바의 야생동물-북극곰, 벨루가 고래,
카리부(Caribou), 위니펙 인권박물관, 토론토 CN타워,
나이아가라 폭포, 퀘벡의 가을 단풍, 메이플시럽, 몽트랑블랑
아프레스키, 맛과 멋의 도시 '몬트리올', 도깨비 나라 퀘벡시티,
세인트로렌스 강, 가스페 땅끝, 노바스코샤 아카디아, 행운의
블루 랍스터, 핼리팩스 타이타닉, 프린스 에드워드 아일랜드의
'빨강머리 앤', 누나부트 원주민 '이누잇', 사계절이 뚜렷한 겨울
왕국, 축제의 나라, 모자이크의 나라...
캐나다는 이런 나라다.

Canada

국명 캐나다 /오타와(Ottawa)

AREA
면적 997만 610㎢

MONETARY UNIT
통화 캐나다 달러(CAD)

TIME
시차 토론토 14시간, 벤쿠버 17시간 / 서머타임시
토론토 13시간, 벤쿠버 16시간

GDP
1조 9,907억 6,161만 달러

VOLTAGE
전압 110V

VISA
비자 무비자(최대 6개월까지 체류 가능)

LANGUAGES
언어 프랑스어, 영어

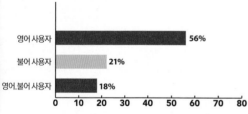

영어 사용자 **56%**
불어 사용자 **21%**
영어.불어 사용자 **18%**

(0, 10, 20, 30, 40, 50, 60, 70, 80)

CAPITAL CITY
수도 오타와

Ottawa

RELIGIONS
종교
크리스챤(카톨릭, 개신교 등) 63.2%,

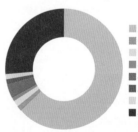

- 크리스챤 **63.2%**
- 불교도 **1.4%**
- 힌두인 **1.7%**
- 유대교도 **1.0%**
- 무슬림 **3.7%**
- 시크교도 **1.4%**
- 기타 **1.2%**
- 무교 **26.3%**

※ 자료 : 캐나다 통계청
조사 대상 : 2017~2019년 15세 이상 남녀노소

POPULATION
인구 약 4,000만 명
(2023.6. 16)

0   50 million   100 million

WETHER
기후 지중해성 기후 (사계절 모두 여행에 적합)

온도는 공식적으로 섭씨(C)를 사용한다. 캐나다의 기온은 지역마다 크게 다르다. 평균적으로 일년 중 가장 추운 달은 1월이고 가장 따뜻한 달은 7월이다. 내륙과 프레리 지방의 겨울은 혹독하다. 1일 평균 기온은 −15C 이지만 −40C 이하로 떨어지기도 한다. 비해안지역은 1년 중 6개월 동안 눈이 땅을 덮으며, 북부 지역에서는 1년 내내 눈이 내릴 수 있다. 연안 브리티시 컬럼비아는 겨울이 온화하고 비가 오는 온대기후다. 온타리오의 여름은 따뜻한 편으로 햇볕 쨍쨍한 날이 많은 편이다. 여름 기온은 30C(86F) 이상으로 치솟을 수 있고, 겨울 기온은 −13C 아래로 떨어지기도 한다. 퀘벡의 기온은 온타리오에 비해 낮은 편이며 7월 평균 기온은 25C 이고, 1월 평균 최저 기온은 −17.6C 다.

캐나다의 쾨펜 기후 형태

- **EF** 빙설기후
- **ET** 툰드라기후
- **Dfc** 냉대습윤기후로 여름이 짧고 선선하며, 겨울이 추운 기후
- **Dfb** 냉대습윤기후로 여름이 선선한 기후

- **Dfa** 냉대습윤기후로 여름이 더운 기후
- **Dwc** 냉대겨울건조기후로 여름이 선선한 기후
- **Dsc** 여름이 건조하고, 짧고 선선한 기후
- **Dsb** 여름이 건조하고, 선선한 기후
- **Cfc** 아극 해양성 기후
- **Cfb** 서안 해양성 기후
- **Csb** 지중해성기후로 여름이 건조하고 선선한 기후
- **BSk** 추운 스텝 기후

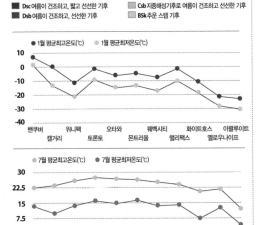

● 1월 평균최고온도(℃) ○ 1월 평균최저온도(℃)

밴쿠버 / 캘거리 / 위니펙 / 토론토 / 오타와 / 몬트리올 / 퀘벡시티 / 핼리팩스 / 화이트호스 / 옐로우나이프 / 이칼루이트

● 7월 평균최고온도(℃) ● 7월 평균최저온도(℃)

밴쿠버 / 캘거리 / 위니펙 / 토론토 / 오타와 / 몬트리올 / 퀘벡시티 / 핼리팩스 / 화이트호스 / 옐로우나이프 / 이칼루이트

CONTACT
전화 +1

주캐나다 대한민국 대사관
150 Boteler Street, Ottawa, Ontario, Canada K1N 5A6
+1-613-244-5010
일반업무 월~금요일 : 09:00~17:00(점심시간 12:00~13:00)
근무시간외 비상시 연락처 : +1-613-986-0482
canada@mofa.go.kr

주토론토 총영사관
555 Avenue Rd, Toronto, Ontario, M4V 2J7
+1-416-924-7305
http://overseas.mofa.go.kr/ca-toronto-ko/index.do
관할지역 : 온타리오(오타와 제외), 마니토바

주몬트리올 총영사관
1250 René-Lévesque Boulevard West, Suite 3600, Montreal H3B 4W8
+1-514-845-1119
http://overseas.mofa.go.kr/ca-montreal-ko/index.do
관할지역 : 퀘벡, 뉴브런스윅, 노바스코샤, PEI, 뉴펀들랜드와 래브라도

주밴쿠버 총영사관
1090 Georgia Street West 1600, Vancouver, BC V6E 3V7
+1-604-681-9581
http://overseas.mofa.go.kr/ca-vancouver-ko/index.do
관할지역 : BC, 알버타, 사스카츄완, 유콘, 노스웨스트 준주

응급상황시 911
알버타 1-800-272-9600
사스카츄완 1-800-667-7525(지역 경찰)
누나부트 1-800-265-0237(캐나다해안경비대)
이 외의 모든 주는 911

HOLIDAY
Holidays(2023년)

1월 1일 신년	9월 4일 노동절
2월 10일 패밀리 데이	9월 30일 진실과 화해의 날
4월 7일 성금요일	10월 9일 추수감사절
4월 10일 부활절 월요일	11월 11일 현충일
5월 22일 빅토리아 데이	12월 25일 성탄절
7월 1일 캐나다 데이	12월 26일 박싱데이
8월 7일 시민의 날	

CANADA HISTORY

스포츠도 룰을 알아야 재미가 있는 것처럼 여행도 역사를 알아야 재미가 있다.
북미 원주민 시대, 뉴 프랑스 시대, 영국령 북미식민지 시대를 거쳐,
1867년 7월 1일 마침내 캐나다 자치령(Dominion of Canada)의 시대가 열렸다.
캐나다는 매년 7월 1일을 캐나다 건국 기념일(Canada Day)로 경축하고 있다.

원주민

오늘날 원주민(Aboriginal people)이라는 용어는 인디언(Indian), 이누잇(Inuit), 그리고 메티스(Metis) 이렇게 세 그룹을 말한다.

이누잇(Inuit)은 이눅티툿(Inuktitut)말로 '사람'을 의미한다. 이누잇은 극지방을 가로질러 작은 공동체를 이루며 흩어져 살고 있다.

메티스는 원주민과 유럽인의 혼혈인이다. 이들 중 다수가 대평원에서 살고 있다. 그들은 영어와 불어를 말하고, 사투리인 미치프(Michif)를 쓴다.

인디언(Indian)은 이누잇(inuit) 혹은 메티스(Metis)가 아닌 원주민을 가리킨다. 1970년대, 인디언이란 말대신 퍼스트 네이션(First Nation)이라는 말이 사용되기 시작했다. 오늘날 원주민의 절반은 약 600개 정도되는 보호구역(reserve land)에서 살고 있다. 반면에 다른 반은 보호구역 밖에서 살고 있는데 주로 도심에서 살고 있다. 원주민의 65%가 퍼스트 네이션(First Nation), 30%가 메티스 그리고 4%가 이누잇이다.

▌뉴 프랑스 시대 1534 – 1763

1534   자크 카르티에가 생 말로를 떠나 서쪽으로 첫 항해를 떠난다. 그는 생로랑 만(Gulf of the Saint-Laurent)을 발견한다. 가스페(Gaspé)에서 프랑스의 상징인 백합 문양을 새긴 나무 십자가를 세워 그 땅이 프랑스의 것임을 알린다. 1541년 카르티에는 최초의 프랑스 정착촌인 샬르부흐루아알(Charlesbourg-Royal) 을 설립한다. 하지만 혹독한 날씨, 괴혈병, 그리고 원주민의 공격으로 인해 1543년 이곳을 버린다.
※ 생로랑 만은 세인트로렌스 만을 의미한다.

1605   사무엘 드 샹플랭(Samuel de Champlain)이 아카디(Acadie) 탄생의 시발이 되는 포르루아알(Port-Royal; 오늘날 노바스코샤의 아나폴리스 Annapolis)에 정착촌을 세운다. 하지만 1607년 영국군에 의해 파괴된다.

1608   샹플랭은 누벨 프랑스의 일부인 '캐나다(생로랑 강 계곡)'로 불렸던 곳에 '퀘벡'를 세운다.

1609   샹플랭이 무역 파트너였던 휴런족(Huron)과 알공킨족(Algonkian)을 지원하기 위해 현재 그의 이름인 샹플랭 호수(Lake Champlain) 근처의 타이콘데로가(Ticonderoga)에서 이로쿼이 족장 두 명을 총으로 쏴 죽인다.

1610 에티엔느 브륄레(Étienne Brûlé)는 휴런족과 살기 위해 프랑스 정착촌을 떠난다. 그는 온타리오호, 휴런호, 슈피리어호를 본 첫번째 유럽인이 되었다.

1632   쿠야데베르(Couillard-Hébert) 가족이 식민지 첫 노예를 받는다. 그 노예는 서인도제도의 흑인 소년이었다. 역사가인 마르셀 트뤼델(Marcel Trudel)에 의하면, 캐나다 역사를 통틀어 노예는 4,092명, 그들을 소유했던 주인은 1,400명이었다고 한다. 18세기 말까지 노예는 일반적인 것이었다.

1641   1차 프랑스-이로쿼이 전쟁(French-Iroquois War)이 시작된다. 이로써 프랑스 식민지 개척자들과 세네카(Seneca), 카유가(Cayuga), 오논다가(Onondaga), 오네이다(Oneida), 모학(Mohawk)으로 구성된 이로쿼이 연맹(Iroquois Confederacy)과의 1세기에 걸친 잔인한 전쟁이 시작된다.

1642   그 섬에 정착촌을 세웠다가는 이로쿼이와의 전쟁을 피할 수 없다고 몽마구니(Montmagny)가 경고하지만, 메종뇌브(Chomedey de Maisonneuve)는 "섬의 모든 나무들이 이로쿼이 전사로 바뀌더라도 나는 몬트리올로 갈 것이다." 고 선언하고, 마침내 빌마리(Ville-Marie, 지금의 몬트리올)를 세운다. 잔느 망스(Jeanne Mance)는 간호사로 그와 동행하여 후에 오텔디유(Hôtel Dieu)라는 이름을 갖게 될 세인트 조셉 병원을 설립한다.

1663   프랑스 루이 14세가 보낸 '왕의 딸'로 불리는 젊은 여성 775명이 식민지에 도착한다. 그들 중 대다수는 퀘벡 시티에 자리잡고 절반은 그곳에서 결혼을 한다.

1665   장 딸롱(Jean Talon)이 누벨 프랑스의 감독관이 된다. 이 시기에 식민지는 번영과 성장을 이룬다. 같은 해 루이 14세는 이로쿼이 위협에 대응하기 위해 Carignan-Salières 연대를 파견한다. 식민지에 발을 들여 놓은 1,300명의 군인 중 400 명이 신대륙에 남아 가족을 만든다.

1670   영국 왕실 헌장으로 허드슨베이회사(Hudson's Bay Company)가 설립된다.

1685   누벨 프랑스의 인구는 10,275명, 뉴 잉글랜드의 인구는 약 16만 명이었다.

1690   핍스(Phipps) 제독의 명령으로 영국 함대가 퀘벡을 공격한다. 핍스 제독은 프랑스군 사령관인 프롱드낙 총독에게 메신저를 보내 항복을 권유하지만, 프롱트낙 총독은 "내 대포와 머스킷 총구에서 나오는 것 외에는 당신의 제독에게 할 말이 없다."고 답변한다. 영국은 이 싸움에서 패한다.

1701   '몬트리올 조약(Treaty of Montréal)' 체결로 뉴 프랑스와 이로쿼이 간의 지리한 전쟁이 끝나고 몬트리올에 평화가 찾아온다. 라모뜨 카디약(La Mothe Cadillac)이 디트로이트 도시를 건설한다.

1713   이 즈음 아카디(Acadie)는 완전히 영국 소유가 된다. 1730년 로렌스 암스트롱 부총독은 보스턴 식민지 주민에게 땅을 분배해주지만 아카디안에겐 주지 않는다.

1718   프랑스가 누벨 오를레앙(Nouvelle-Orléans)을 건설한다.

1734   몬트리올 화재로 46채의 건물이 전소되었다. 이 재앙 이후로 감독관 베공(Bégon)은 앞으로 짓는 모든 집은 돌로 지으라고 명령한다.

1749   아카디(Acadie)는 노바스코샤(Nova Scotia)로 개명된다. 그리고 영국, 아일랜드, 독일로부터 2,500 명의 식민지 주민을 받는다. 할리팩스(Hallifax)가 세워지고, 식민지 정부의 새로운 중심이 된다.

1755   아카디안들은 영국 왕실에 대한 충성 맹세를 거부한다. 찰스 로렌스(Charles Lawrence) 노바스코샤 총독은 그들에게 추방령을 내린다. 이 역사적인 비극 사건이 대추방(The Great Deportation)이다.

1756   영국과 프랑스 간의 '7년 전쟁'이 시작된다. 몽칼름 후작(marquis de Montcalm)이 퀘벡 군사령관으로 부임한다.

1757   루이지애나 총독인 보드로이(Vaudreuil)의 명령으로 몽칼름은 윌리엄 헨리 요새를 공격한다. 3일간의 전투 끝에 영국군 2,500 명이 항복한다. 그리고 나서 알바니(Albany)의 관문인 에드워드 요새를 공격하라는 보드로이의 명령을 몽칼름은 따르지 않는다.

1758   아베크롬비(Abecromby) 소장이 이끄는 1만 6천 명의 영국군이 카이용 요새(Fort Carillon)를 공격한다. 몽칼름(Montcalm)이 3천 6백명의 병력으로 방어하고 있었는데 대다수는 캐나다 민병대와 인디언이었다. 영국군은 대열을 갖춘 유럽식 공격을 했고, 캐나디안(Canadiens)은 안전한 곳에 숨어 싸웠다. 영국군은 1,944 명의 사상자를 내고 퇴각했다. 프랑스군의 전사자는 377명이었다. 이 전투에서 사용된 프랑스 국기는 현재 퀘벡 주 깃발의 모티브가 되었다.

1758 6월 8일부터 7월 26일까지 영국군과 프랑스군이 케이프브레튼 섬의 루이스버그(Louisbourg) 요새를 놓고 치열한 전투를 벌인다. 영국군의 승리로 영국은 퀘벡을 공략할 수 있는 항로를 확보하게된다.

1759 제임스 울프 장군의 명령으로 영국이 퀘벡 요새를 공격한다. 아브라함 평원 전투에서 양국의 사령관이었던 제임스 울프 장군과 몽칼름 장군이 전사하고, 난공불락의 퀘벡 요새는 영국군 수중에 들어간다. 그리고 1760년 9월 8일 몬트리올은 영국에 항복한다. 1763년 파리 조약(Treaty of Paris)으로 누벨 프랑스는 영국에 양도된다. 이로써 북미에서 누벨 프랑스의 역사는 끝이 난다.

대추방(The Great Deportation)

찰스 로렌스 총독은 1755년 7월 28일부터 그 해 9월 5일까지 아카디안들을 추방하기 위해 잡아들였다. 그랑프레(Grand Pré) 마을의 세인트 찰스(St. Charles) 교회에서 그들의 모든 재산을 영국 왕실(the British Crown)에 양도한다는 선언과 함께 그들은 아카디에서 추방당했다. 그들은 프랑스 본국, 뉴 오를레앙, 퀘벡 등지로 흩어졌다. 오랜 항해로 기아, 탈진, 병에 걸려 죽은 사람들도 많았다. 우디(Oudy)라는 성은 대추방 전에는 아카디 지역에 있었지만 지금은 존재하지 않는다. 배가 침몰해 온 가족이 몰살됐기 때문이다. 당시 아카디 인구는 15,000 명으로 추정된다. 현재는 아카디 지역에 2백만, 미국 루이지애나에 100만 정도의 아카디아 후손들이 살고 있다.

미국의 시인 롱펠로(Henry Wadsworth Longfellow)의 서사시 〈에반젤린〉의 아름답고, 슬픈 사랑의 이야기는 이렇다.

목가적인 그랑프레(Grand Pré) 마을의 젊은남녀 가브리엘(Gabriel)과 에반젤린은 결혼식 날 영국군이 마을을 점령하자 추방당하여 이별을 하게 된다. 오랜 세월 남편을 찾아 미국 각지를 떠돌던 에반젤린은 악성전염병이 돌던 필라델피아의 의료원에서 환자를 간호하던 중 죽음에 임박한 남편을 만나게 된다. 그리고 남편 가브리엘은 에반젤린의 품에 안겨 영원히 잠든다.

〈에반젤린〉은 대추방이 있은 후 92년이 지난, 1847년 첫 출간되었다. 롱펠로(Longfellow)는 1807년 2월 27일 메인(Maine)주 포틀랜드(Portland)에서 태어났다. 이 곳은 옛날 아카디 땅이었다.

영국령 북미식민지 퀘벡주(Province of Quebec)

● 영국과 프랑스 간의 '7년 전쟁(Seven Years' War)'이 끝나고 1763년 영국의 왕실 포고(Britain's Royal Proclamation)에 따라 뉴 프랑스의 일부는 북미식민지 퀘벡주(Province of Quebec)로 이름이 바뀌게 된다. 퀘벡주의 영토는 대서양의 래브라도 해안에서 세인트로렌스 강 계곡을 거쳐 오대호(The Great Lakes)까지, 그리고 오하이오 강과 미시시피 강의 합류 지점까지 확장되었다. 미국의 독립전쟁(1775~1783) 이후 퀘벡주의 남서부(오대호 남쪽)는 미국에 양도되고, 1791년 오대호 북쪽의 퀘벡주는 어퍼 캐나다와 로어 캐나다로 나누어졌다. 1774년 제정된 '퀘벡법(Quebec Act)'은 식민지 퀘벡주의 이중문화를 인정하고 프랑스계 캐나다인들에게 언어, 종교, 전통을 유지하도록 허용했다.

어퍼 캐나다(Upper Canada)와 로어 캐나다(Lower Canada)

● 영국은 1791년 법령을 공포해 식민지 퀘벡주(Province of Quebec)를 오타와 강 경계로 서쪽은 어퍼캐나다, 동쪽은 로어캐나다로 나누어 영국식 의회와 정부를 출범시켰다. 로어 캐나다의 초대 총독은 클라크(Sir Alured Clarke)였고, 어퍼 캐나다 초대 총독은 존 심코(John Graves Simcoe)였다.

1812년 전쟁

● 1812년 6월 18일, 미국은 대영제국에 선전포고를 하고, 캐나다 영토를 침략한다. 이 전쟁이 북미에서 마지막 앵글로 아메리칸 전쟁(Anglo-American)이 되는 '1812년 전쟁'이다. 1813년 4월 27일, 미국은 어퍼캐나다(Upper Canada)의 수도였던 요크(지금의 토론토)를 공격해 함락한다. 영국 함대는 보복으로 워싱턴 D.C.를 불바다로 만들었다. 1814년 12월 벨기에의 헨트(Ghent)에서 체결된 '헨트 조약'으로 영미전쟁은 끝난다. 합동위원회에 의해 양국은 전쟁 기간에 함락한 영토는 도로 돌려주고 국경 분쟁을 끝낸다. 누가 승자였냐는 질문에는 캐나다와 미국 모두 자기들이 이긴 전쟁이라고 애써 주장한다. 2013년 온타리오 주의사당 앞에서는 '요크 전투' 200주년을 기념하기 위한 행사가 성대하게 열렸다. 이 행사에는 엘리자베스 2세 여왕의 부군이자 에딘버러 공작인 프린스 필립 공이 참석해 로얄 캐나다 연대에 40년 만에 새로운 연대 깃발을 수여였다. 지금도 1812년 전쟁을 재현하는 행사들이 여러 지역에서 산발적으로 열린다. 대표적인 행사로는 1813년 6월 6일에 벌어진 스토니 크릭 전투를 재현한 'Re-enactment of the Battle of Creek', 요크 전투를 재현한 'Battle of York 1813' 등이 있다.

지하 철도 (Underground railroad)

● 1834년 8월 1일, 영연방 노예해방법(British Commonwealth Emancipation Act)에 의해 어퍼 캐나다에서의 노예제도가 폐지되었다. 아메리카 노예들은 죽음을 무릅쓰고 자유의 땅 캐나다로 탈출했다. 지하 철도(underground railroad)라는 비밀 조직이 이들의 탈출을 도왔는데, 이들은 이동 경로를 '노선', 안전한 집은 '정거장', 길잡이는 '차장', 도주 노예들은 '화물'이라고 불렀다. 1850년대와 1860년대에 '지하 철도'의 도움을 받아 영국령 북아메리카로 탈출한 노예는 3만 명에 이르렀다. 남부 노예 소유주들은 노예들이 도망칠 생각을 못하도록 디트로이트 강의 폭이 4,800km이고, 노예제도를 반대하는 사람들은 식인종이라고 말했다. 하지만 다른 이들은 노예 소유주의 선전에 반발해 노예들이 도주하도록 장려했다. 앰허스트버그의 몰든 요새는 서쪽 '지하 철도'의 주요 종착지였다. 온타리오주의 켄트(Kent)와 에섹스 카운티(Essex County)에는 노예에서 해방된 사람들이 세운 시골 마을이 많이 있다. '지하 철도'와 관련이 있는 대표 명소로는 톰 아저씨의 오두막 사적지(Uncle Tom's Cabin Historic Site), 앰허스트버그 자유 박물관(Amherstburg Freedom Museum) 등이 있고, 대표적인 축제로는 1862년부터 계속되고 있는 오웬 사운드의 노예해방 축제(Emancipation Festival)가 있다. 하지만 영국령 캐나다의 식민지 주민들이 해방 노예를 모두 환영한 것은 아니었다. 핼리팩스의 아프릭빌 박물관(Africville Museum)은 해방노예들의 험난했던 정착사를 보여주는 곳이다.

원주민 기숙학교 Residential Schools

● 1800년대부터 1980년대까지 원주민들에게 서양 문화를 교육하고, 그들을 동화시킬 목적으로 많은 원주민 어린이들이 부모곁을 떠나 기숙학교(residential schools)에 보내졌다. 학교 재정은 빈약했고, 학생들은 어려움을 겪었다; 일부는 신체적 학대를 당했다. 그리고 원주민 언어와 전통 문화가 거의 금지되었다. 1996년 마지막 기숙학교가 문을 닫았다. 2008년 오타와 정부는 공식적으로 원주민 기숙학교에 대해 원주민에게 사과했다. 기숙학교에 다녔던 원주민 어린이는 총 15만 명이었던 것으로 추정된다.

캐나다 영토 변천사

● **1840**
영국의회에서 통합법(Act of Union)이 1840년 7월 통과되고, 1841년 2월 선포되었다.
어퍼캐나다와 로어캐나다는 이제 하나의 영국령 캐나다로 재편되었다.

● **1867**
1867년 7월 1일, 영국의회가 영국령 북미법(British North America Act)을 승인하면서
캐나다 자치령(Dominion of Canada)이 탄생했다. 당시 캐나다는 노바스코샤, 뉴브런즈윅, 퀘벡 그리고 온타리오 4개 주로 구성되었다. 면적은 북미 영국령 식민지의 10분의 1에 지나지 않았다.

● **1870**
영국 정부가 노스웨스턴 영토를 캐나다에 넘겼다. 그리고 허드슨 베이 회사가 루퍼츠랜드(Rupert's Land)를 캐나다에 30만 파운드 스털링에 팔았다. 지금 캐나다 영토의 40%에 해당하는 광대한 땅이었다. 그리고 마니토바 법(Manitoba Act)에 의해 마니토바 주가 조그맣게 탄생했다.

● **1871**
브리티쉬 콜롬비아가 캐나다연방에 가입했다.

● **1873**
연방 가입을 거절했었던 프린스에드워드아일랜드(P.E.I)가 7번째로 캐나다연방에 가입한다.

● **1889**
마니토바와 온타리오 사이의 경계 분쟁은 온타리오 주에게 유리하게 끝난다.

● **1895**
엉게이버(Ungava), 프랭클린(Franklin), 맥켄지(Mackenzie) 그리고 유콘(Yukon) 지역이 노스웨스트 준주에 탄생한다.

● **1903**
브리티쉬 콜롬비아와 알래스카 간의 경계 분쟁이 해결된다.

● **1905**
아시니보아(Assiniboia), 서스캐처원, 앨버타 그리고 애서배스카(Athabaska) 지역에서 서스캐처원, 앨버타 주가 탄생한다.
이렇게 해서 캐나다 서부의 지도가 완성된다.

1912
퀘벡, 온타리오, 마니토바 주의 경계가 북쪽으로 허드슨베이(Hudson Bay)와 허드슨 해협까지 확장된다.

1920
노스웨스트 준주 지역에 경계가 생긴다.

1927
영국추밀원의 사법위원회에 의해 퀘벡-래브라도 경계가 그려졌다.

1949
뉴펀드랜드(Newfoundland)가 열번째 주로 캐나다 연방에 가입했다.

1999
노스웨스트 준주의 동북극 지방은 누나붓 준주((Nunavut Territory)로 새롭게 태어난다. 이로써 10개 주와 3개 준주의 캐나다 지도가 완성된다.

캐나다 국기

캐나다 국기는 1964년 하원과 상원의 결의로 채택되었다. 그리고 1965년 2월 15일 퀸 엘리자베스 2세에 의해 선포되었다. 11개의 끝이 있는 단풍잎이 중앙에 위치해 있고 캐나다의 공식 색깔인 흰색과 빨강색으로 디자인되었다. 흰색은 캐나다 연방을 뜻하고, 양쪽의 빨강색은 태평양과 대서양을 상징한다.

주·준주기

브리티시컬럼비아주의 기

앨버타주의 기

서스캐처원주의 기

매니토바주의 기

퀘벡주의 기

뉴브런즈윅주의 기

온타리오주의 기

노바스코샤주의 기

프린스에드워드아일랜드주의 기

누나부트 준주의 기

유콘 준주의 기

노스웨스트 준주의 기

뉴펀들랜드래브라도주의 기

CANADA TRAFFIC

최근들어 캐나다 대륙을 횡단하는 여행객들이 늘고 있다.
동서로 뻗은 캐나다 횡단 고속도로(TCH)를 따라 오토바이 혹은 캠핑카를 타고
텐트와 호텔에서 자면서 대자연을 만끽하며 여행을 하는가 하면, '기차타고 캐나다여행'을
즐기는 여행객도 많이 늘었다. '캐나디언호 열차 여행(Canadian Train Vacations)'은
밴쿠버 1박, 캠룹스(Kamloops) 1박, 밴프(Banff) 2박, 재스퍼(Jasper) 1박,
프레리 평원을 지나며 기차에서 3박, 토론토에서 2박을 하는 총 10박 11일 일정의 여행상품이다.
가격은 2023년 현재 $7,290 이다. 4월~10월만 운영한다.

비아레일 Via Rail 기차

캐나다에서 도시간 여객 철도 서비스를 운영하는 국영 기업이다. 총 운행거리는 12,500km 이고, 연간 439만(2017년)명의 승객을 수송하고 있다. 가장 승객이 많은 구간은 퀘벡시티-윈저 구간으로 코리더(Corridor)라고 부른다. 관광객이 가장 선호하는 관광열차는 캐나다를 횡단하는 '캐나디언호(The Canadian)'로 밴쿠버에서 출발해 로키산맥과 대평원을 지나 토론토까지 장장 4500km를 87시간에 걸쳐 달린다. 몬트리올-할리팩스 구간의 열차는 오션(The Ocean)이라고 부르며, 세인트로렌스 강의 화려한 해넘이와 뉴브런즈윅, 노바스코샤의 해안을 따라 달린다. 세 개의 주요 노선 외에도 5개의 어드벤처 루트(Adventure Routes)를 통해 캐나다 전역을 두루 여행할 수 있다. 참고로, 2013년 8월부터 운행이 중단된 몬트리올-가스페 노선은 2025년 운행을 재개할 예정이다.
www.viarail.ca

온타리오 – 퀘벡	캐나다에서 인구 밀도가 가장 높고 산업화된 온타리오주와 퀘벡주의 대도시들 – 퀘벡 시티, 몬트리올, 오타와, 킹스턴, 토론토, 키치너, 나이아가라 폭포, 런던, 윈저 – 을 편리하게 여행할 수 있도록 연결해 준다.
밴쿠버 – 토론토 (The Canadian)	캐나디언호의 가장 큰 매력은 여유다. 밴쿠버에서 출발한 기차는 토론토까지 장장 4,500km를 87시간동안 달린다. 360도의 경치를 감상할 수 있는 시닉돔에서 장엄한 로키산맥, 광활한 대평원 등 드라마틱한 풍경을 즐길 수 있다. 쉐프가 직접 요리한 음식은 기대해도 좋다.

몬트리올 – 할리팩스 (The Ocean)		저녁 무렵, 몬트리올을 출발한 오션 기차는 세인트로렌스 강의 화려한 해넘이를 보면서 하룻밤을 달려 다음 날 아침 안개 낀 샬레르 만의 해안에 도달한다. 달리는 식당 칸의 아침 식사는 색다른 안식을 준다. 낮 동안 뉴 브런즈윅(New Brunswick)과 노바스코샤(Nova Scotia)의 해안을 달려 기차는 오후 늦게 노바스코샤의 주도인 할리팩스에 도착한다. 총알 모양의 파크 카(Park Car) 라운지에서 신문을 읽고, 계단을 올라가 시닉돔(Scenic Dome)에서 360도 경치를 감상하고 다른 여행객들과 수다도 떨어보자.
씨닉 어드벤처 루트	재스퍼 – 프린스 루퍼트	재스퍼 국립공원, 로키산맥, 반짝이는 호수 등을 감상하며 1,160km를 달린다. 기차는 프린스 조지(Prince George)에서 하룻밤을 정차한다. 숙소와 기차역 사이의 교통편과 숙박은 본인 책임이다. 뉴 헤이즐턴(New Hazelton)부터는 거대한 스키나 강(Skeena River)을 따라 브리티쉬 콜럼비아주의 바위투성이 해안을 내달린다.
	위니펙 – 처칠	이틀 동안 마니토바의 대평원, 호수, 툰드라를 지나 아북극(Subarctic)까지 1,700km를 달린다. 여름에는 흰고래 벨루가(Beluga), 가을에는 북극곰, 겨울에는 빛의 향연인 오로라를 보기 위한 관광객이 끊이지 않는 노선이다.
	몬트리올 – 세네테레	기차는 717km를 11시간 25분동안 달린다. 몬트리올에서 허비 나들목((Hervey Jonction)까지는 몬트리올—존퀴에르 열차와 같은 선로를 이용한다. 세네테레까지는 셀수없이 많은 호수를 지나친다. 이 지역은 낚시와 사냥을 취미로 하는 사람들이 많이 찾는 곳으로 철로를 따라 크고 작은 사냥 클럽과 낚시 클럽이 많다. 내려야할 역이 있으면 하차 예약도 가능하다.
	몬트리올 – 존퀴에르	피요르드 크루즈로 유명한 사그네락생장(Saquenay–Lac–Saint–Jean)까지 510km를 달린다. 대형 창문을 통해 편안하게 퀘벡 풍경을 감상할 수 있다.
	서드베리 – 화이트 리버	기차는 480km 거리를 8시간 50분동안 달린다. 풍경화같은 숲과 강을 보며 대자연을 즐길 수 있다.

※ 홈페이지 : https://www.viarail.ca/en/plan/train-schedules
※ 불가학력적인 상황들(팬데믹 등)로 인한 기차 운행 일정이 자주 변경되고 불규칙한 상황이다.
   위의 링크는 수시로 업데이트되는 기차 운행 일정을 확인하는 데 도움을 준다.

캐나다 횡단 고속도로 Trans-Canada Highway (TCH)

서쪽의 태평양에서 동쪽의 대서양까지 캐나다의 10개 주를 여행할 수 있는 대륙 횡단 고속도로 시스템이다. 주요 루트는 7,821km에 걸쳐 있고, 교통 표지판은 초록색 바탕에 흰색 단풍잎이 그려져 있어 쉽게 인식할 수 있다. 자동차를 렌트해서 여행할 경우, 대륙 횡단 고속도로를 이용하면 보다 안전하게 여행할 수 있다. 톨게이트비는 무료다. 유일하게 톨게이트비를 내는 고속도로는 온타리오 주 '하이웨이 407(412, 418 포함)' 뿐이다.

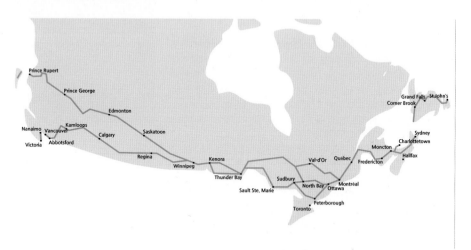

캐나다 운전 팁

하루틀 대도시(토론토, 밴쿠버, 몬트리올 등)를 여행하려는 관광객에겐 렌터카보다 대중교통이 더 편리할 수 있다. 실제로 해외여행객이 가장 선호하는 토론토와 나이아가라 폭포를 자유여행하는 사람들은 도심 차량 정체나 비싼 주차료를 감안해 렌터카보다는 대중교통을 많이 이용한다. 하지만 토론토를 벗어나 캐나다 구석구석을 여행하고 싶다면 렌터카를 빌리는 것이 훨씬 편리하고 저렴한 여행이 될 것이다. 캐나다의 주요 렌터카 업체로는 엔터프라이즈(Enterprise), 아비스(Avis), 버젯(Budget), 쓰리프트(Thrift), 디스카운트(Discount Car & Truck Rentals), 허츠(Hertz) 등이 있다. 캐나다에선 국제운전면허증 혹은 영문운전면허증으로 운전이 가능하다.

렌터카를 빌릴 때

❶ 일반적으로 캐나다에서 차량을 렌트할 수 있는 최소 연령은 21세이며, 사스카추완(Saskatchewan)과 퀘벡에서는 18세 이상이어야 한다.

❷ 차를 렌트/픽업할 때 국제운전면허증, 한국운전면허증, 여권, 그리고 신용카드를 제시해야한다.

❸ 직원과 함께 차의 상태를 체크할 때, '렌터카 상태 보고서(Rental Vehicle Condition Report)'에 기재되지 않은 긁힌 자국(scratches), 찌그러진 곳(dent), 차 표면의 코팅이 떨어진 곳(chip) 등이 있는 지 세심히 살펴서 보고서에 기재토록 해야한다.

❹ 연료가 풀(Full)로 찼는지 확인한다. 간혹 바로 들어온 차량을 세차해서 내어줄 때가 있는데 연료가 풀이 아닐 때는 '렌터카 상태 보고서'에 연료게이지 눈금을 그려넣도록 하든지 직원이 연료를 채워 올 때까지 기다린다.

❺ 렌터카를 반납할 때는 연료를 채워 반납한다.

❻ 반납할 때, 직원은 이전에 작성했던 '렌터카 상태 보고서'를 보면서 차량 상태를 점검한다. 점검이 끝나고 차를 렌트했던 사람은 '손상이 없다'는 것을 확인하는 서면 확인을 받는 것이 좋다.

운전자를 위한 안전운전 팁

1. 운전시 안전밸트는 꼭 착용한다.
2. 온타리오주에서는 자동차에 탑승하는 8살 이하의 모든 어린이를 반드시 어린이 전용 카시트에 태우도록 하고 있다. 퀘벡주는 어린이가 키 145cm 또는 9세가 될 때까지 어린이의 키와 몸무게에 적합한 어린이 전용 카시트에 태워야한다.
3. 운전중 손에 들고 휴대폰이나 오락기기를 사용하면 벌금 $1,000, 3일 면허 정지 그리고 벌점 3점을 받는다.
4. 중앙분리대가 없는 이차선에서 스쿨버스가 빨간 불을 깜박이며 정지한다면 스쿨버스 사방의 차들은 멈춰야 하고, 버스 뒤 차량은 20미터 떨어져 멈춰야 한다. 스쿨버스 표시등의 깜박임이 멈출 때까지 차량들은 멈춰 있어야 한다. 학생들의 등하교 시간에는 주의를 기울여야한다. 잠시 다른 생각을 하다가 학생들이 내리는 스쿨버스를 무시하고 지나가면 벌점 6점에 $1,000 벌금을 내야한다.
5. 스트릿카(Streetcar)에서 사람이 내리기 위해 멈췄다면 사람들이 타고 내리는 문에서 2미터 뒤에 멈추고, 안전할 때만 지나간다.
6. 이차선 도로에서 구급차 사이렌 소리가 들리면 속도를 줄이고 오른편 도로변에 차를 멈춘다.
7. 소화전이 있는 곳엔 차를 주차할 수 없다. 최소 3미터 이상 떨어져야 한다.
8. 교차로에 노란불이 깜빡일 때는 속도를 줄이고 조심히 운전한다.
9. 교차로에 빨간 신호등이 깜빡일 때는 일단 정지 후 신호등이 파란색으로 바뀌면 통과한다.
10. 교차로에 빨간불이 깜빡일 때는 정지했다가 안전할 때만 간다. 'STOP' 표지판과 동일하다.
11. 교차로에서 녹색 신호등이 깜빡이면 직진, 좌회전, 우회전이 가능하다.
12. 신호등이 고장났을 때는 All Way Stop 표지판에서 처럼 먼저 도착한 차량 순서대로 한 대씩 통과한다.
13. 50km 이상 과속시 30일 면허정지.
14. 회전교차로(Roundabout)에서는 진입차량보다 왼쪽에 이미 진입해서 회전중인 차량에 우선 통행권이 있다. 그러므로 왼쪽 방향에서 오는 차량이 있는지 잘 보고, 안전할 때 교차로에 진입해야한다. 회전교차로에는 신호등이 없다.
15. 경찰 단속에 걸린 자동차 운전자는 갓길 정차후, 경찰이 차량 옆으로 올때까지 운전석에 앉아서 기다려야한다. 문서나 개인 소지품을 꺼내기 위해 차에서 내리거나 차량의 다른 부분에 손을 뻗어야 하는 경우, 경찰관에게 운전자의 의도를 알려야한다.

광역토론토(GTA)의 다인승차량 전용차로 HOV와 407 유료도로

다인승차량 전용차로 HOV(High Occupancy Vehicle) Lanes

2인 이상이 탄 차량은 403, 404, 410, 417 그리고 QEW(Queen Elizabeth Way) 고속도로에 HOV 라인을 이용할 수 있다. 단, 트레일러를 운반하는 차량은 총길이가 6.5미터 이하여야한다.

모든 종류의 버스, 택시, 에어포트 리무진, 응급차, 초록색 차량번호판(플러그인 하이브리드 전기차, 배터리 전기차, 수소연료전지차량)을 단 차량 등은 차에 한 명만 탔어도 HOV와 HOT 라인을 이용할 수 있다.

3,000kg 이상인 상업 차량, 저속 차량, 전기 바이크, 모터사이클, 오프로드 차량, 구형 하이브리드 전기차, 플러그인으로 개조된 차량 등은 HOV 라인을 이용할 수 없다.

유료도로 Highway 407 ETR (412, 418 포함)

유료도로 407(four-oh-seven 이라고 읽는다)을 제외한 모든 도로는 톨게이트 비용이 무료다. 407 하이웨이를 타면 요금 청구서는 차량 소유자의 주소로 우편 배달된다. 렌터카인 경우, 렌터카 업체에서 대여자의 카드로 결제된다. 카메라판독기(Transponder)가 없는 차량은 판독비용 $4.20이 추가된다. www.on407.ca

*민간기업인 407 International Inc.(캐나다와 스페인 투자자 컨소시엄, CPPIB 50.01% 주식을 가지고 있고, 스페인 다국적 기업이 49.99%를 가지고 있다.)이 운영하고 있다. 온주정부는 이 기업에 1999년에 99년간 임대를 주었다.

ONTARIO

온타리오 주

★ TORONTO

온타리오주의 주도는 토론토다. 캐나다 통계청에 의하면, 2024년
온타리오주 인구는 15,944,200명으로 캐나다 주에서 인구가 가장 많다.
온타리오는 휴런어로 '큰 호수', 이로쿼이어로 '반짝이는 물'을 뜻한다.

Ontario

ONTARIO'S FLAG
온타리오 국기 1965년 엘리자베스 2세
여왕으로부터 로얄 유니언 기(Royal Union
Flag)의 사용 승인과 함께 같은 해에 온타리오
의회에 의해 채택되었다. 유니언 기(Union
Flag)가 온타리오 기(Ontario's Flag)의 좌상단의
4분의 1을 차지한다. 그리고 우측 공간 중앙에
온타리오의 문장 방패를 넣었다. 방패의 상단은
성 조지 십자가(St.George's Cross)와 하단에는
초록색 바탕에 황금색 단풍잎 3장이 그려져있다.

AREA
인구 약 15,944,200 (2024년)

AREA	AREA
면적 107만 6,395㎢	**주도** 토론토

Sales Tax : 13% HST
판매세 온주에서는 물건을 살 때,
연방정부의 GST(공급가액의 5%)와 해당
주정부의 소비세(PST)가 통합된 형태의
통합판매세(Harmonized Sales Tax)가 13%
부과된다.

Tipping
팁 바와 레스토랑에서는 15~20%의 팁이
관례다. 여행 가이드, 택시 기사, 스파
트리트먼트 및 이발에 대한 팁도 제공된다.
공항, 기차역 및 호텔의 포터는 일반적으로
수하물당 $1-2를 예상하면 된다.

TOURIST DESTINATION
관광지 토론토, 나이아가라 폭포, 세인트
제이콥스, 헌츠빌, 엘로라, 스트랫퍼드,
토버머리, 알공퀸 주립공원, 킬라니 주립공원,
킹스턴, 오타와,
미들랜드 성지 등

기호 설명표
■ 사우스웨스트 온타리오
■ 나이아가라
■ 해밀턴, 홀튼, 브랜트
■ 휴런, 퍼스, 워털루, 웰링턴
■ 광역토론토(GTA)
■ 나이아가라
■ 요크, 더럼, 힐스 오브 헤드워터스
■ 브루스 반도, 사우던 조지안 베이, 심코 호수
■ 카와사, 노섬버랜드
■ 사우스 이스턴 온타리오
■ 오타와, 컨트리사이드
■ 할러버튼 하이랜즈부터 오타와 밸리까지
■ 알공퀸 공원, 알마겐 하이랜즈, 무스코카 그리고 페리 사운드
　 노던 온타리오-노스이스트
　 노던 온타리오-노스 센트럴
　 노던 온타리오-노스웨스트
✈ 공항
••••• 페리
├─┤ 기차

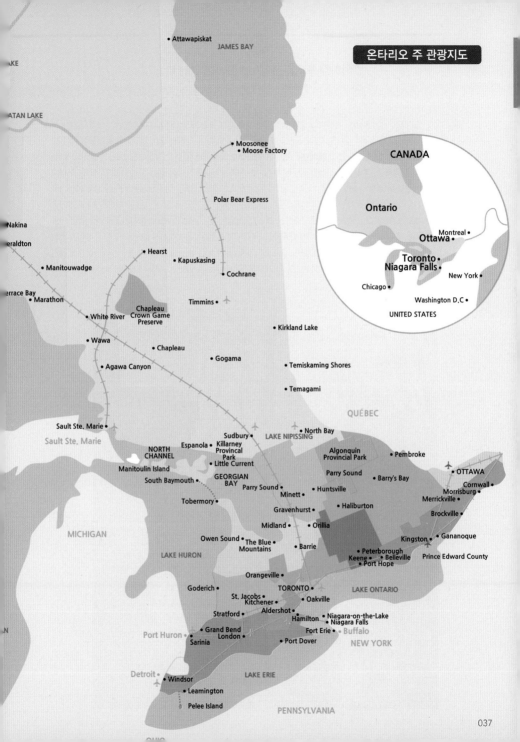

• Attawapiskat

JAMES BAY

AKE

ATAN LAKE

• Moosonee
• Moose Factory

Polar Bear Express

CANADA

Ontario

Nakina

eraldton

• Hearst

• Manitouwadge

• Kapuskasing

• Cochrane

Ottawa •
Montreal •

Toronto •
Niagara Falls •

New York •

Chicago •

Washington D.C •

UNITED STATES

erace Bay
• Marathon

Timmins •

• White River
Chapleau
Crown Game
Preserve

• Wawa

• Chapleau

• Agawa Canyon

• Gogama

• Kirkland Lake

• Temiskaming Shores

• Temagami

QUÉBEC

Sault Ste. Marie •

Sault Ste. Marie

NORTH
CHANNEL

Espanola •

Sudbury •

Killarney
Provincial
Park

• North Bay

LAKE NIPISSING

Algonquin
Provincial Park

• Pembroke

Manitoulin Island

• Little Current

Parry Sound

• Barry's Bay

• OTTAWA

South Baymouth •

GEORGIAN
BAY

Parry Sound •

Minett •

• Huntsville

Cornwall •

Morrisburg •

Tobermory •

Gravenhurst •

• Haliburton

Merrickville •

Brockville •

MICHIGAN

Midland •

• Orillia

Owen Sound •

• The Blue
Mountains

• Barrie

Kingston •

• Gananoque

• Peterborough

Keene •
• Belleville

Prince Edward County

LAKE HURON

• Port Hope

Orangeville •

Goderich •

St. Jacobs •
Kitchener •

TORONTO •

LAKE ONTARIO

• Oakville

Stratford •

Aldershot •

Hamilton •
• Niagara-on-the-Lake
• Niagara Falls

• Grand Bend
London •

Fort Erie •
• Buffalo

Port Huron

Sarinia •

• Port Dover

NEW YORK

Detroit •
• Windsor

LAKE ERIE

• Leamington

• Pelee Island

PENNSYLVANIA

하이킹 트레일 블레이즈(Blaze) 읽는 법

가을 단풍을 즐기려는 걷기 외에도 계절마다 다양한 생물군/동물군을 관찰하려는 관광객들의 발길이 끊이지 않는 캐나다 하이킹 트레일은 지자체와 주/연방 관리 공단의 관리로 길이 안전하다. 하지만 숲이 광대하고 트레일이 길다 보니 자칫 길을 잃고 숲을 헤맬 수도 있다. 하이킹을 할 때는 텀블러에 물을 가득 채우고, 등산화를 신고, 등산스틱(Hiking poles)을 가지고 출발하는 것이 좋다. 트레일 입구에 도착하면 트레일 지도를 보고 하이킹 코스와 소요시간을 확인한다. 숲은 일몰시간보다 더 빨리 어두워진다는 것을 고려해서 하이킹 계획을 세워야한다. 트레일 지도는 셀폰 카메라로 찍어 저장한다. 트레일은 메인 트레일과 사이드 트레일이 있다. 관광객은 일반적으로 갔던 길을 돌아나오거나, 트레일을 한 바퀴 도는 루프 트레일(Loop Trail)을 선택해야한다. 사이드 트레일은 말 그대로 외곽으로 빠지는 길로 주민들이 이용하는 길이다. 폭포, 전망대 등 목적지가 뚜렷하게 표시되지 않은 사이드 트레일은 선택하지 않는 것이 좋다. 하이킹 트레일에는 트레일의 방향을 나타내는 표시인 블레이즈(Blaze)가 나무 혹은 바위 등 곳곳에 있다. 대부분의 하이킹 트레일 출발지점에는 각 트레일을 색깔, 모양 등으로 알기 쉽게 표시한 트레일 지도 알림판이 설치되어 있다.

다양한 트레일 블레이즈(Blaze)

온타리오 주에서 가장 긴 하이킹 트레일인 브루스 트레일(Bruce Trail)은 나이아가라 강에서 시작해 토버머리 (Tobermory)까지 그 길이가 890킬로미터 이상이다. 브루스 트레일의 메인 트레일은 하얀색 블레이즈, 사이드 트레일은 파란색 블레이즈로 표시된다. 그리고 이 두 색의 블레이즈는 브루스 트레일 관리단(Bruce Trail Conservancy)의 9개 회원클럽에 의해 관리된다. 그러므로 트레일의 블레이즈를 잘 확인하고 걷는다면 안전하고 즐거운 하이킹을 할 수 있다.

온타리오 축제와 이벤트

★ 파란색 별표는 선정된 'Top 100' 중에서도 아주 우수한 축제와 이벤트를 뜻함
★ 핑크색 별표는 이 책의 저자가 추가한 꼭 가볼만한 축제와 이벤트

 1월

Fire & Ice Festival(Bracebridge)
www.fireandicebracebridge.com

Toronto Boat Show ★
www.torontoboatshow.com

 2월

Winterlude (Ottawa/Gatineau) ★
www.ottawatourism.ca

Barrie Winterfest
www.barrie.ca/winterfest

Vaughan Celebrates Winterfest
www.vaughan.ca

Snow Day on the Waterfront(Thunder Bay)
www.thunderbay.ca

3월

Ontario maple syrup festival ★

Canada Blooms(Enercare Centre, Toronto) ★
www.canadablooms.com

4월

Elmira Maple Syrup Festival ★
www.elmiramaplesyrup.com

Eat & Drink Norfolk(Norfolk)
www.norfolkcountyfair.com

Doors Open Ontario
www.doorsopenontario.on.ca

 5월

Canadian Tulip Festival(Ottawa) ★
www.tulipfestival.ca

Carassauga Festival of Cultures
www.carassauga.com

SING! Toronto Vocal Arts Festival
www.singtoronto.com

Creemore Springs Turas Mór
www.creemorespringsturasmor.com

Paisley Blues Fest
www.paisleyrocks.com

Streetsville Founders' Bread and Honey Festival Inc
www.breadandhoney.com

Orangeville Blues and Jazz Festival:
www.orangevillebluesandjazz.ca

 6월

The Re-enactment of the Battle of Stoney Creek(Stoney Creek)
www.hamilton.ca/battlefield

LaSalle Strawberry Festival(LaSalle)
http://www.lasalle.ca

Luminato Festival(Toronto) ★
www.luminatofestival.com

Sound of Music Festival(Burlington) ★
www.soundofmusic.ca

Barrie Automotive Flea Market
www.thebafm.com

Ontario's Best Butter Tart Festival(Midland)
www.buttertartfestival.ca

Carrousel of Nations(Windsor)
www.carrouselofnations.com

Tottenham Bluegrass Festival
www.tottenhambluegrass.com

Oshawa Peony Festival
www.oshawa.ca/peony

TD Ottawa Jazz Festival
www.ottawajazzfestival.com

Chatham Retrofest
https://downtownchatham.com/events/retrofest

It's your Festival(Hamilton)
www.itsyourfestival.ca

7월

Canada Day Celebrations (Ottawa/Gatineau)
www.ottawatourism.ca

Niagara Falls Canada Day
www.niagarafalls.ca/canadaday

City of Burlington's Canada Day Celebration
www.burlington.ca/canadaday

Brampton Canada Day
www.brampton.ca

Markham Canada Day
www.markham.ca

Canada Day Celebrations(Richmond Hill)
www.richmondhill.ca/canadaday

RBC Bluesfest(Ottawa)
www.ottawabluesfest.ca

TD Sunfest: Canada's Premier Celebration of World Cultures(London)
www.sunfest.on.ca

TD Salsa in Toronto Festival
www.salsaintoronto.com

Live on the Waterfront(Thunder Bay)
www.thunderbay.ca/live

Toronto Caribbean Carnival
caribanatoronto.com

Belleville Waterfront & Multicultural Festival
www.bellevillewaterfrontfestival.com

Guelph Hillside Festival
www.hillsidefestival.ca

Lighthouse Blues Festival(Kincardine)
www.lighthousebluesfest.ca

Cambridge Scottish Festival(Cambridge)
cambridgescottishfestival.ca

Pelham Summerfest
www.pelhamsummerfest.ca

TD Niagara Jazz Festival
www.niagarajazzfestival.com

Festival of the Sound(Parry Sound)
www.festivalofthesound.ca

Newmarket 10 Min Play Fest
www.nationalplayfestival.ca

Ottawa Chamberfest
www.chamberfest.com

Richmond Hill Ribfest
www.richmondhill.ca

Collingwood Elvis Festival

8월

Kempenfest(Barrie)
www.kempenfest.com

Canal Days Marine Heritage Festival(Port Colborne)
www.canaldays.ca

National Bank Open presented by Rogers
https://nationalbankopen.com

Feast of St. Lawrence
www.feastofstlawrence.ca/

Kingston Sheep Dog Trials Festival
www.kingstonsheepdogtrials.com

Fergus Scottish Festival & Highland Games
www.fergusscottishfestival.com

Grace International Jerk Food and Music Festival (Toronto)
www.jerkfestival.ca

Acton Leathertown Festival
www.leathertownfestival.com

Sidelaunch Days(Collingwood)
www.sidelaunchdays.ca

Battle of Fort William(Thunder Bay)
www.fwhp.ca/festivals-events

Havelock Country Jamboree
www.havelockjamboree.com

Canadian National Exhibition
www.theex.com

Dundas Cactus Festival
www.dundascactusfestival.ca

Mississauga Italfest
www.mississaugaitalfest.com

Carrot Fest(Brandford)
www.carrotfest.ca

Buckhorn Festival of the Arts
www.buckhornartfestival.ca

Winona Peach Festival(Winona)
www.winonapeach.com

Tweed Music Festival
https://tweedmusicfestival.ca

Markham Milliken Children's Festival(Markham)
www.markham.ca

The Paris Fair
https://www.parisfairgrounds.com

Canada's Largest Ribfest(Burlington)
www.canadaslargestribfest.com

MuslimFest(Mississauga)
www.muslimfest.com

9월

Toronto International Film Festival ★
www.tiff.net

Toronto Waterfront Festival ★
www.towaterfrontfest.com

Southside Shuffle Blues & Jazz Festival
www.southsideshuffle.ca

Western Fair District ★
https://www.westernfairdistrict.com

Meaford Scarecrow Invasion and Family Festival

Supercrawl(Hamilton)
www.supercrawl.ca

Belmont Village Bestival
www.belmontvillagebestival.com

Niagara Grape & Wine Festival ★
www.niagarawinefestival.com

Brooklin Harvest Festival
www.whitby.ca

Telling Tales Festival(Waterdown)
www.tellingtales.org

St. George AppleFest
www.stgeorgeapplefest.com

International Plowing Match & Rural Expo ★
www.plowingmatch.org

10월

Pumpkinferno(Upper Canada Village):
www.discoveryharbour.on.ca

Haunted Fort Night(Thunder Bay)
www.fwhp.ca

Small Halls Festival(Clearview)
www.smallhallsfestival.ca

Port Elgin Pumpkinfest
www.pumpkinfest.org

Norfolk County Fair & Horse Show ★
www.norfolkcountyfair.com

Erin Fair Horse Tent
www.erinfair.com/horse-tent/

Kitchener-Waterloo Oktoberfest ★
www.oktoberfest.ca

Bala Cranberry Festival
www.balacranberryfestival.on.ca

11월

Remembrance Day Parade and Service(Brampton)
www.brampton.ca

Bright and Merry Market(Oshawa)
www.oshawa.ca

Brampton Winter Lights Weekend

www.brampton.ca

OPG Winter Festival of Lights(Niagara Falls) ★

www.wfol.com

Niagara Falls Santa Claus Parade

www.niagarafalls.ca/santa

Amherstburg River Lights:

www.visitamherstburg.ca

First Light(Midland)

www.saintemarieamongthehurons.on.ca

Christmas in Cambridge Festival of Events:

www.christmasincambridge.ca

Aurora's Christmas Market

www.aurora.ca

──────── 12월 ────────

Brampton New Year's Eve

www.brampton.ca

Christkindl Market ★

kitchener.ca

'온타리오 축제와 이벤트 Top 100'은 2019년 가을 심사를 위해 FEO(Festivals & Events Ontario) 회원들이 제출한 문서를 근거로 독립적인 심사 위원단이 심사를 했다. 심사 대상은 온타리오 전역에서 열리는 모든 종류의 축제와 이벤트였다. Top 100 시상식은 2020년 2월 27일 리치몬드 힐(Richmond Hill, ON)에서 열린 FEO의 연례 컨퍼런스 'Innovate'에서 개최됐다.

CANADA

Toronto

토론토

온타리오 주의 주도인 토론토는 캐나다에서 가장 큰 도시며,
북미에서는 멕시코 시티, 뉴욕시티, 로스앤젤레스 다음으로 인구가
많은 도시다. 인구의 반이 캐나다 밖에서 출생한 이민자고, 200여개의
민족이 130여개의 언어와 사투리를 사용한다. 세상에서 가장 긴 영
스트릿(Yonge Street)은 토론토에서 시작해 북쪽으로 홀랜드
리버(Holland River)까지 무려 1,896km에 이른다. 5개의 차이나타운,
켄싱턴 마켓, 그릭타운, 리틀 이태리, 리틀 인도 그리고 코리아타운까지
문화 다양성이 넘쳐나는 도시다. 이런 다채로움은 축제, 요리, 예술,
공연, 건축, 삶에도 나타나 관광 산업 성장의 주요 요인이 되고 있다.

캐나다 방문객은 대한항공 혹은 에어캐나다 직항편을 이용해 밴쿠버 국제공항(Vancouver International Airport) 혹은 토론토 피어슨 국제공항(Toronto Pearson International Airport)을 통해 입국한다.
여러 항공사가 토론토 피어슨에서 캐나다 전역의 모든 주요 도시로 직항 국내선 네트워크를 운영하고 있다.
피어슨 국제공항은 토론토 시내에서 북서쪽으로 22.5km 떨어진 미시소거(Mississauga City)에 위치해 있으며, 유피 익스프레스(UP Express) 공항철도를 이용하면 토론토 다운타운까지 25분이면 간다.

토론토 드나드는 방법 ❶ 항공

인천을 출발한 항공기는 토론토 피어슨 국제공항 제 3 터미널에 도착한다. 입국심사대로 바로 가지 않고 PIK(Primary Inspection Kiosks)이라는 무인시스템을 이용해 신분 확인과 입국신고를 간편하게 할 수 있다. 출력된 영수증을 가지고 입국심사대로 가서 국경서비스 직원에게 제출하면 된다. 예전처럼 입국심사대로 바로 가서 여권을 제시하고 심사를 받을 수 있는 경우는, 동행이 없는 미성년자(Unaccompanied minors)이거나 PIK 무인시스템에서 읽히지 않을 경우만 해당된다. 입국심사대를 통과하면 짐을 찾아 세관 신고서를 세관원에게 주고 공항을 빠져나오면 된다.

GTAA 번호판

피어슨 국제공항을 운영하는 토론토 공항 당국(GTAA; Greater Toronto Airport Authority)은 매년 일정금액을 받고 택시에게 터미널에서 영업할 수 있는 면허를 준다.

✈ 토론토 피어슨 국제 공항 Toronto Pearson International Airport

캐나다 외무부 장관 시절 수에즈 운하 위기를 해결하기 위해 유엔 평화유지군을 창설한 공로를 인정받아 1957년 노벨 평화상을 수상하고, 캐나다 14대 총리(1963-1968)를 지낸 레스터 피어슨(Lester B. Pearson)의 이름을 딴 토론토 피어슨 국제공항은 토론토 다운타운에서 서북쪽으로 약 30km 떨어져 있다. 공항에서 토론토 시내까지는 택시 혹은 리무진(limo), 버스, 기차 등을 이용해 편리하게 이동할 수 있다.

대한항공 Korean Air	에어캐나다 Air Canada
고객 서비스(customer service) 1-800-438-5000	비행 스케줄과 예약(Flight and Reservations) 1-888-247-2262 연착 및 여행가방훼손(Delayed or Damaged Baggage) 1-888-689-2247

공항에서 시내로

1. 택시

입국장의 도착층(Arrival Level)에서 밖으로 나오면 택시와 리무진(Limo)이 기다리고 있다. 공항 제 3터미널은 Door D, E 그리고 F에서 택시를 타면 된다. 리무진 택시는 Door F에서 손님을 태울 준비를 하고 있다. 이 택시와 리무진은 면허를 받은 택시로 범퍼에 GTAA 번호판이 달려 있다. 공항에서 토론토 목적지까지의 요금은 정액제로 요금이 들쭉날쭉하지 않는다. 택시를 타기 전에 목적지까지의 요금에 대해 문의하면 된다. 공항 리무진 택시는 프리미엄 검정색 자동차로 일반 공항택시보다 약 10% 요금이 더 부과된다는 것 잊지마세요.

2. 버스

피어슨 공항 버스는 토론토 시내와 인근 지역을 운행한다.

3. 유니온-피어슨 공항철도 (Union-Pearson Express 혹은 UP Express 유피 익스프레스)

한국에서 온 관광객은 공항 제 3터미널에서 링크 트레인(Link Train)*을 타고 제 1터 미널로 이동한다. 제 1터미널에서 피어슨 공항과 유니온 스테이션을 연결하는 직행 열차인 유피 익스프레스(UP Express ; Union Pearson Express)를 타면 된다. 유 니온역(Union Station)에서 출발하는 첫차는 아침 4:55분이며, 막차는 저녁 7:15분이 다. 피어슨 공항에서는 첫차가 아침 5:27분에 출발하고, 저녁 7:42분까지 운행한다. 매 15분 간격으로 열차가 있다고 보면 된다. (자세한 탑승 정보와 운행 시간은 UP Express 웹사이트(upexpress.com)에서 확인하실 수 있습니다.) 공항에서 토론토 시내까지는 25분 걸린다. 성인 요금(20-64살)은 편도 $12.35, 어린이(12살 이하)는 무 료다.

피어슨 공항을 출발한 직행열차는 웨스턴역(Weston Station), 블로어역(Bloor Station), 그리고 종착역인 유니온 스테이션(Union Station)에 선다. 키치너-워털루 (Kitchener-Waterloo)로 여행하는 손님은 웨스턴역, 블로어역에서 내려 통근열차 인 고트레인 키치너 라인(Go Train-Kitchener line)을 이용하면 된다. 종착역인 유 니온 스테이션은 지하철 1호선 그리고 비아레일과 연결되어 있어 여행이 편리하다.

링크 트레인

공항 1터미널, 공항 3터미 널 그리고 바이카운트 로드 (Viscount Rd)에 있는 바이카 운트 역(Viscount Station)을 오 가며 승객과 승무원의 이동을 도와준다. 24시간 운행되며 요 금은 무료다.

1,3터미널을 연결해주는 무료 셔틀 개념의 링크 트레인(Link Train)

4. 렌트카

1터미널 1층과 3터미널 주차장에서 렌트카 카운터를 찾을 수 있다. 사전에 예약하는 것이 좋다. Budget, Dollar/Thrifty, Enterprise, Hertz, National/Alamo 등의 렌트카 업체가 있다. 공항 근처의 렌트카 업체보다 가격이 비싸다. 공항 근처의 렌트카 업체 로는 ACE Rent A Car, City Car, Discount Car, Economy Rent A Car, Europar, E-Z Car Rental, Fox Rent-A-Car, Green Motion Car and Van Rental, Iversta Rent A Car, Jet Car Rental, Mex Rent A Car … 등이 있다. 몇 개의 렌트카 업체 는 링크 트레인(Link Train)*이 서는 비스카운트 역(Viscount Station)에서 픽업 서비 스를 제공한다.

시내교통

토론토 시내를 여행하는 가장 좋은 방법은 대중교통(지하철, 스트릿카, 버스)을 잘 활용하는 것이다. 특히, 지하철인 메트로 (Metro)는 아주 편리하다. 토론토 메트로 시스템은 1954년 1호선(The Yonge)이 개통된 이래 현재까지 4개 노선 76.8km를 운행하고 있다.

🚈 토론토 대중교통시스템 티티씨 TTC

토론토 교통국(Toronto Transit Commission:TTC)은 하루 150만 명의 승객이 이용하는 지하철(metro), 스트릿카 (streetcar), 그리고 버스를 통합한 교통네트워크시스템 이다.

지하철 박물관역(Museum Station)

501 퀸 스트릿카 501 Queen Streetcar

토론토 스트릿카는 '노면 전차'를 일컫는 말로 북미에서 트롤리(trolley)라고도 불리고, 유럽에서는 트램(tram)이라고 불린다. 내셔널 지오그래픽이 선정한 '세계 10대 트롤리 타기'에 이름을 올리기도 했다. 이 책에 따르면 501 퀸 스트릿카는 북미에서 가장 긴 노선 중 하나고, 활기찬 토론토 시내를 보여준다고 선정 이유를 밝혔다. 토론토와 미시사가 경계에 있는 롱 브랜치(Long Branch)를 출발한 스트릿카는 퀸 스트릿 웨스트(Queen Street West)와 토론토 다운타운 시청 앞을 지나 퀸 스트릿 이스트의 네빌 파크(Neville Park)를 돌아온다.내셔널 지오그래픽이 선정한 미국의 시애틀, 뉴올리언스 그

리고 호주 멜버른의 스트릿카는 관광용인 반면에 501 퀸 스트릿카는 일상에 없어서는 안될 대중교통이라는 점이 다르다. 퀸 스트릿 웨스트 지역은 유행을 선도하는 패션과 라이브 음악 공연, 전시회, 그래피티 골목 등으로 활기 넘치는 거리다. 봄날의 햇살이 창을 통해 내리는 날 혹은 눈이 오는 날 꼭 501 퀸 스트릿카를 타고 토론토를 감상하길 바란다.

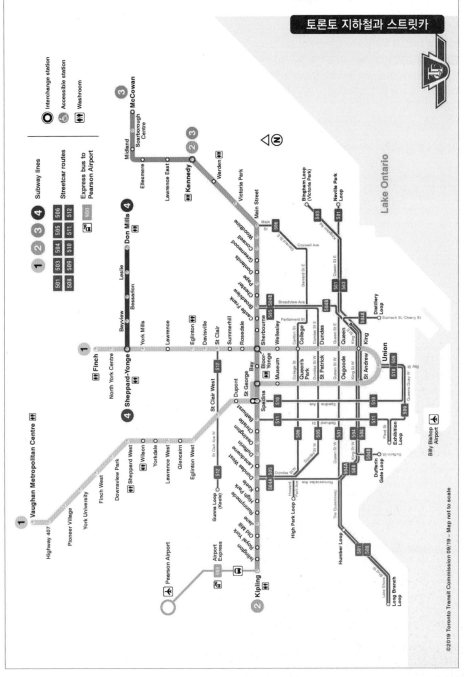

토론토 지하철과 스트릿카

©2019 Toronto Transit Commission 09/19 – Map not to scale

고 트랜짓 GO Transit System

통근 버스(GO Bus)와 통근 기차(GO Train)

캐나다 온타리오의 최대 도시인 토론토와 Greater Golden Horseshoe 지역의 도시들을 연결하는 대중 교통 시스템이다. 공식 명칭은 고 트랜짓(GO Transit)이라고 하며, 통근 열차인 '고트레인(GO Train)'과 코치 스타일 버스인 '고버스(GO Bus)'로 구분한다. 고 트랜짓(GO Transit)의 허브라고 할 수 있는 유니온 스테이션을 중심으로 동쪽으로 뉴캐슬, 피터보로, 서쪽으로 워털루, 브랜포드, 북북으로는 베리, 남쪽으로는 나이아가라 폴스까지 11,000km² 지역의 700만 이상의 인구에게 교통 서비스를 제공한다.

시외 대중교통

고속버스 (Intercity Express Bus)	행선지 (Destination)	토론토 출발장소
메가버스 캐나다 (Megabus) http:// ca.megabus.com	토론토·킹스턴·브록빌(Brockville)·콘월(Cornwall)·커클랜드(Kirkland)·몬트리올 토론토·킹스턴 오타와(Ottawa) 토론토·그림스비(Grimsby)·세인트캐서린(St.Catherine)·나이아가라 폴스(Niagara Falls) 토론토·런던(London) 토론토·버팔로·릿지우드(Ridgewood)·뉴욕시티 토론토·버팔로·필라델피아·볼티모어·워싱턴 D.C	Union Station Bus Terminal (81 Bay St, Toronto)
플릭스버스(Flixbus) https:// www.flixbus.ca/bus/ toronto-on	토론토·해밀턴·브랜포드·런던·채텀-켄트·윈저 토론토·세인트캐서린(St.Catherines)·나이아가라폴스· 코트랜드(Cortland)·뉴욕시티 토론토·윗비(Whitby)·킹스턴·오타와(Ottawa) 토론토·구엘프(Guelph)·키치너(Kitchener)·워털루(Waterloo) 토론토·토론토 피어슨 국제공항·배리·와우바우쉰(Waubaushene)·포트세번·패리사운드·서드베리(Sudbury)	•Toronto(Union Station Bus Terminal) •스카보로 센터 (55 Town Centre Court, M1P 4X4 Scarborough)
라이더 익스프레스 (Rider Express) https://riderexpress.ca	토론토·벨빌(Belleville)·킹스턴·오타와(Ottawa) 토론토 ·스카보로(Scarborough)·오타와(Ottawa) * Ottawa–Montreal 노선 신설 예정	Union Station Bus Terminal (81 Bay St, Toronto)
온타리오 노스랜드 (Ontario Northland) https:// ontarionorthland.ca	토론토·배리(Barrie)·브레이스브릿지(Bracebridge)·헌츠빌(Huntsville)·노스베이(North Bay), 토론토·배리·패리사운드(Parry Sound)·서드베리(Sudbury) ·수세인메리(Sault Ste. Marie)·썬더베이(Thunder Bay) 노스베이(North Bay) · 오타와(Ottawa)	Union Station Bus Terminal (81 Bay St, Toronto)
톡 코치라인 (TOK Coachlines) https:// tokcoachlines.com	본 메트로폴리탄 센터/피어슨 국제공항 · 포트엘긴(Port Elgin)/사우스햄턴(Southampton). 그리고 그 사이의 많은 지점. 본 메트로폴리탄 센터/스카보로 버스터미널 · 할러버튼(Haliburton). 그리고 그 사이의 많은 지점.	Vaughan Metropolitan Centre(Millway & Btwn New Park Pl. / Hwy 7)
그레이하운드 라인 (Greyhound Lines)	토론토·버팔로·로체스터(Rochester)·시라큐스(Syracuse) · 코틀랜드·뉴욕시티	Union Station Bus Terminal

고트랜짓

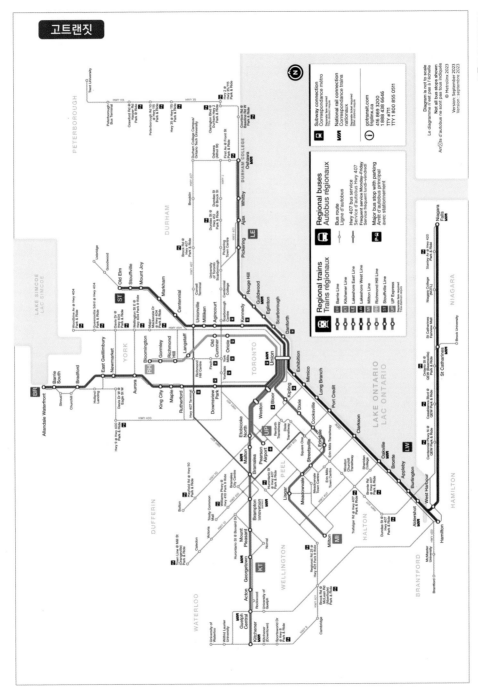

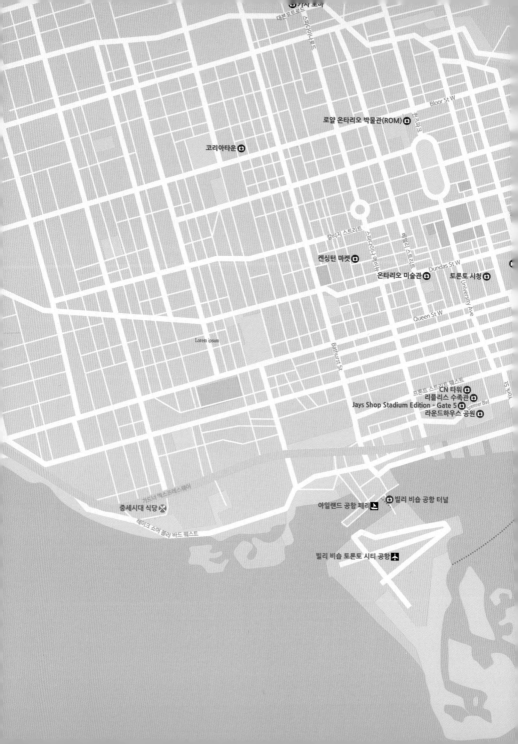

토론토

드 스트리트
제임스 스트리트
리틀 캐나다
영-던다스 광장
CF 토론토 이튼 센터
Yonge St.
Queen St E
Parliament St.
Cherry St.
디스틸러리 디스트릭
프론트 스트리트 이스트
세인트 로렌스 마켓
Bay St.
하키 명예의 전당
토론토 유니온역
유니온역 고 버스터미널
퀸즈 케이 웨스트
잭 레이튼 페리터미널

토론토 아일랜드 공원

N

도시인을 위한 대표 축제와 이벤트

01 Licious Program
리셔스 프로그램

윈터리셔스(Winterlicious)는 겨울의 윈터(winter)와 '맛있는'의 의미가 있는 딜리셔스 (Delicious)가 합쳐져서 만들어진 조어다. '맛있는 겨울!' 이런 정도의 의미다. 여름에도 한 번 더 있는 데 이것은 섬머리셔스(Summerlicious)라고 부른다. 통틀어 리셔스 프로그램이다.

리셔스 축제 기간에는 손님들이 풀 코스 요리를 저렴하고 정해진 가격에 먹을 수 있다. 2022년 섬머리셔스 점심 메뉴는 $20 ~ $55, 저녁 메뉴는 $25 ~ $75 이었다.

매년 200여개 이상의 레스토랑이 참여하고, 유명 셰프들의 컬리너 리 이벤트와 무료 요리 강좌도 열린다.

2003년 시작한 때부터 2012년 까지 370만 끼, 2015년 까지는 560만 끼가 팔렸을 정도로 인기가 많다.

리셔스 프로그램은 토론토 시청이 기획하고 홍 보한다. 공식 웹사이트도 시청에서 운영하고 있다.

추천 레스토랑

맘보 라운지
Mambo Lounge
(120 Danforth Ave, Toronto)
쿠바 음식을 맛볼 수 있는 식당이다.

에피타이저 - 시금치 샐러드
(Ensalada de Espinaca)
배, 호두, 구운 고추, 블루 치즈, 그리고 베이비
시금치 위에 레몬 비네그레트 드레싱
(lemon vinaigrette)을 뿌린 샐러드

메인 - 팬에 구운 생선 요리인 뻬스까도 살떼아도
(Pescado Salteado)
코코넛 물로 만든 밥, 산티아게라 소스,
야채를 곁들인 신선한 농어 필레

디저트 - 쿠바 코코넛 플랑 Cuban Coconut Flan
코코넛 가루, 크림, 카라멜 액기스가 들어간
말랑말랑한 쿠바식 플랑

로데오 브라질리안 스테이크하우스
Rodeo Brazilian Steakhouse
(95 Danforth Ave,Toronto)
브라질 고기뷔페 식당이다.
리셔스 축제 기간동안 카포에이라(Capoeira)
같은 브라질 전통 공연이 펼쳐진다.

에피타이저 - 샐러드 바
메인 - 고기를 잘라주는 사람들(meat cutter)이
스큐어를 들고 다니며 고기를 잘라준다.
테이블 위에 는 두 장의 카드가 있는데,
초록색 카드를 올려놓으면 고기 서빙을
시작하라는 의미이고, 빨간색 카드는
잠시 먹는 것을 멈추거나 그만 먹고 다음 단계로
가겠다는 의미다.

디저트 - 구운 파인애플(roasted pineapple)
슬라이스, 기름에 튀긴 코코넛 바나나
* 시나몬과 흑설탕을 파인애플에 발라서
전통 브라질식 바비큐 틀에 구운 파인애플

리셔스 프로그램은 2002년 11월 사스(Severe Acute Respiratory Syndrome: SARS 중증 급성 호흡기 증후군) 대유행으로 사람들이 외출을 삼가하면서, 레스토랑이 타격을 받게 되자 이를 타개하기 위하여 시작되었다. 시기적으로도 윈터리셔스가 열리는 2월은 연휴가 지나고 사람들이 외식을 주저하는 시기이고, 섬머리셔스가 열리는 여름은 시민들이 바캉스를 떠나 도시가 텅비는 시기라 리셔스 프로그램은 레스토랑의 매출도 올려주고, 시민들의 외식 경험도 늘려주는 음식 축제로 자리잡았다.

토론토 랜드마크 중 한 곳인 카사로마(Casa Loma)에서는 영국 음식 문화인 하이티(High Tea)를 4일간 여는데 매일 8백명에서 1천명의 손님이 찾을 정도다. 입소스 레이드 여론조사(Ipsos reid poll)에 의하면 축제가 시작되는 날을 달력에 표시해 둘 정도로 많은 사람들이 이 축제를 좋아한다는 결과를 내놓았다.

02 Taste of Toronto
토론토의 맛

레스토랑 '바비큐 스모크하우스'의 크리스피 치킨(Crispy Chicken)

'토론토의 맛'이 열리고 있는 포트 요크(Fort York)

즉석에서 단단한 코코넛 껍질을 깎아 코코넛 워터를 마실 수 있도록 하는 쇼카스 코코넛 허브(Shocka's Coconut Hub), 코코넛 워터와 다양한 증류주를 자기들만의 블렌드 비법으로 만들어 팔기도 한다.

토론토의 옛 이름 요크(York). 요크 요새 국립유적지에서는 '토론토의 맛(Taste of Toronto)' 축제가 열린다. 이 축제는 엄밀히 말하자면 미식가를 위한 축제다. "맛 축제(Taste Festivals)'라는 회사는 전 세계에서 'Taste of'라는 단어가 붙는 축제를 운영하고 있다. 2004년 영국 런던에서 '런던의 맛 Taste of London'으로 처음 시작해, 여러 도시에서 맛 축제를 열고 있다. 미니 주방을 운영하는 레스토랑이 참여하는데 여기에는 미슐랭 스타 레스토랑'도 포함된다. 이 축제의 공식 통화는 크라운(Crown)이며, 1달러에 1크라운으로 사람들은 크라운(Crown) 카드에 돈을 충전해 사용한다.

맛만 보고 끝나는 축제가 아니라 유명 셰프로부터 요리의 팁과 기술도 배울 수 있는 기회가 방문객에게 주어진다. 메트로 마스터 클래스(Metro Master Class)에서는 수퍼마켓 메트로(Metro)에서 제공하는 신선한 재료를 가지고 셰프의 요리 시연을 따라 요리도 배워볼 수 있다. 야외 요리 교실인 셈이다. 요리로는 멕시코 요리 과콰몰리(Guacamole)에서부터 인도 소스인 복숭아 처트니(Peach Chutney) 등 다양하다. 셰프 엘리아 헤레라(Elia Herrera)가 시연한 과콰몰리 레시피를 공개하자면. 붉은 양파, 토마토, 할라페뇨(jalapeño), 실란트로(cilantro), 아보카도 그리고 레몬 즙을 넣어 잘 섞은 뒤 소금과 올리브 기름을 넣어 간을 하면 과콰몰리 완성. 만든 요리는 참가자가 가지고 간다.

코코넛 껍질을 즉석에서 칼로 쳐낸 후 코코넛 워터를 파는 쇼카스 코코넛 허브(Shocka's Coconut Hub)는 영국에 있는 회사다. 축제나 이벤트 현장을 다니며 코코넛 워터와 다양한 증류주를 블렌드 해서 판다. '맛 축제'는 축제에서 술 판매를 허가하지 않는다.

국립유적지인 요크 요새의 장교 식당에서는 전통 복장을 입은 부인들이 18세기 조리법으로 '다비 케이크 Darby Cake' 만드는 법을 재현해 보여준다.

토론토의 맛 축제는 시식코너 같은 느낌이다. 간단히 맛을 보고 맛이 괜찮다고 생각하면 나중에 그 레스토랑을 방문해 풀 코스 요리를 맛보면 된다. 토론토의 맛(Taste of Toronto) 축제는 별도의 입장료가 있다 .

TIP 미슐랭 스타(Michelin Star)

프랑스의 타이어 회사인 미슐랭사에서 발간하는 여행안내서 미슐랭 가이드(Guide Michelin)에서 각 레스토랑에 총 세 가지의 '스타(별점)'을 부여한다. 손님으로 몰래 가서 음식을 먹고 평가를 한다고 한다.

❋ 요리가 훌륭한 식당

❋❋ 요리가 훌륭하여 멀리 찾아갈만한 식당

❋❋❋ 요리가 매우 훌륭하여 맛을 보기 위해 특별한 여행을 떠날 가치가 있는 식당

03 Canada Blooms
캐나다 블룸스

캐나다 블룸스 전시장.

캐나다 최대의 꽃과 정원 축제인 캐나다 블룸스(Canada Blooms)는 토론토 가든 클럽(The Garden Club of Toronto)과 온타리오 조경(Landscape Ontario)에 의해 1996년 설립되었다. 제 1회 캐나다 블룸스는 1997년 콩그레스 센터(Congress Centre)에서 열렸고, 5일만에 7만 명이 넘는 방문객이 참석했다. 해가 갈수록 관람객이 증가하면서 1998년에는 메트로 토론토 컨벤션 센터(Metro Toronto Convention Centre), 2010년부터는 에너케어 센터 (Enercare Centre. 당시는 Direct Energy Centre)로 옮겨 매년 3월에 열리고 있다. 봄이 되면 캐나다에 얼마나 많은 'Green thumb' 이 있는지 눈으로 확인할 수 있다.

캐나다 블룸스는 엄선된 정원 빌더가 만든 수 십개의 테마가 있는 정원, 토론토 가든 클럽이 주관하는 꽃 디자인 대회, 200시간이 넘는 게스트 초청 강연, 워크샵 그리고 자연에서 얻은 재료로 만든 특별한 어린이 놀이터 시범 등을 통해 관람객에게 그 해의 가드닝에 대한 알찬 정보와 영감을 제공한다.
영국, 프랑스, 남아프리카 공화국, 인도, 그리고 미국 등지에서 정원사나 관광객이 찾아 올 정도로 인기있는 여행지로 부상하고 있다.

'천국의 가짜새' 라는 별명의 헬리코니아(Heliconia)와 가위로 오린 듯한 커다란 이파리가 인상적인 몬스텔라 델리시오사((Monstera Delisiosa)

캐나다의 권위있는 음악상인 주노 어워드(JUNO Awards) 40주년을 기념하는 2011년 그 해 캐나다 블룸스의 주제는 '리듬(Rhythms)'이었고, 2013년에는 '봄의 마법', 그리고 2020년에는 '새 깃털(Birds of a Feather)'이었다. 대평원의 쌀로 케이크 빵을 만들고, 갈락스(Galax) 잎으로 초콜릿 장식을 한 식물로 만든 케이크와 재건축하면서 버려진 나무 석가래를 재활용해 꽃을 장식한 작품 등 매년 볼거리가 풍성한 축제다.

canadablooms.com

04 Toronto Boat Show
토론토 보트쇼

토론토 보트쇼(Toronto Boat Show)는 매년 1월 토론토 에너케어 센터 (Enercare Centre)에서 열린다. 보트 제조사인 씨레이(Sea Ray)를 비롯한 수많은 업체에서 럭셔리 요트, 보트, 낚시 보트, 카누 그리고 카약 등의 레저용 배를 전시 판매한다. 보트 위에 올라 구경할 수 있는 인원이 한정되어 있어서 기다렸다가 구경을 해야 한다. 이 외에도 300여회가 넘은 무료 세미나와 워크숍이 열린다. 리코 콜로세움(Ricoh Coliseum)에는 온타리오 호수물 백만 갤런을 끌어들여 만든 실내 호수가 있다. 물을 대는 데 무려 3일이나 걸렸다고 한다. 이 실내 호수에선 여름 스포츠인 토론토 실내 웨이크보드 챔피언십(Toronto Indoor Wakeboard Championship)이 열린다.

torontoboatshow.com

05 Toronto Caribbean Carnival(Caribana)
토론토 캐리비언 카니발(카리바나)

이 축제는 캐리비언 이민자들이 트리니다드 토바고 카니발(Trinidad and Tobago Carnival)에서 아이디어를 얻어 시작되었다. 북미에서 가장 큰 캐리비언 문화 축제로 3주간 열린다. 축제 기간에는 페스티벌 런칭, 주니어 킹&퀸 쇼, 주니어 퍼레이드, 성인 킹&퀸 쇼, 팬 얼라이브(Pan Alive), 그랜드 퍼레이드(Grand Parade) 등의 다채로운 이벤트가 열린다. 이 외에도 오일통으로 만든 스틸팬, 바하마 베이스 드럼과 같은 전통 악기를 연주하는 카리브 공연과 저크 치킨(Jerk Chicken), 커리 로띠와 같은 전통 음식을 맛볼 수 있는 이벤트도 토론토 곳곳에서 열린다.

축제의 하이라이트는 8월 첫 번째 토요일에 열리는 그랜드 퍼레이드(Grand Parade)다. 아주 멋진 머리와 복잡한 메이크업, 스팽글(spangle) 의상을 입은 만여 명의 댄서들이 일사분란하게 카리브의 칼립소나 소카(Soca)에 맞춰 춤을 춘다. 2010년 카리바나 축제에서는 '파란세(Palance*)'라는 노래가 퍼레이드에서 무려 417번이나 울려퍼졌다고 한다. 마스쿼레이드 밴드(masquerade band)가 출발하는 엑시비션 플레이스(Exhibition Place) 연단에서는 심사위원들이 각 밴드의 의상, 춤과 열정, 발표의 창의성 등을 심사한다. 한 밴드의 공연은 몇 개의 섹션으로 구성되어 있다. 보통은 밴드의 킹과 퀸이 거대한 의상을 입고 등장해 춤을 춘다. 그 다음은 10-20여 명의 댄서들이 나와서 춤을 추고, 마지막엔 그 밴드의 모든 댄서들이 몰려나와 춤을 춘다.

그랜드 퍼레이드에 참여하는 마스쿼레이드 밴드로는 토론토 레벌러스(Toronto Revellers), 썬라임 캐나다(Sunlime Canada), 에픽 카니발(Epic Carnival), 루이스 살데나(Louis Saldenah) 등 십여개가 넘는다. 그랜드 퍼레이드는 이런 밴드를 통해 누구나 참여할 수 있고, 의상비는 참가자가 낸다. 앞라인에 서는 댄서(Front Liners)의 의상비는 조금 더 비싸다. 의상비는 대략 200-300불 정도다. 엑시비션 플레이스(Exhibition Place)를 출발한 퍼레이드는 레이크쇼어 대로(Lakeshore Boulevard)를 따라 3.5km를 행진한다. 퍼레이드가 지나는 양 길가에는 1백만 명 이상의 관중이 퍼레이드를 구경하기 위해 몰려든다.

※ palance : 파티에 가서 춤추며 신나게 놀다. Party, Lime(=hang out) And Dance

토론토 캐리비언 카니발이 맞아? 카리바나 축제가 맞아?

1967년, 캐리비언 커뮤니티는 캐나다 탄생 100주년을 기념해 카리바나(Caribana)라는 이름으로 축제를 열기 시작했다. 재정적 어려움 탓에 처음부터 카리바나 축제를 지원했던 토론토 시는 2006년 캐리비언문화위원회(Caribbean Cultural Committee)에 대한 재정 지원을 철회하고, 대신 행사를 맡아 진행할 위원회를 새롭게 구성했다. 2008년에 스코샤뱅크 카리바나(Scotiabank Caribana)로 축제 이름을 바꾼다.

하지만 2011년 온타리오 고등법원은 '카리바나' 이름에 대한 법적 권리가 카리바나예술단(Caribana Arts Group, 캐리비언문화위원회(CCC)의 후신)에게 있다고 판결한다. 그래서 이 행사명은 '카리바나'라는 단어를 빼고 스코샤뱅크 캐리비언 카니발 토론토(Scotiabank Caribbean Carnival Toronto)가 되었다. 2015년 10월, 이 축제의 가장 큰 후원자였던 스코샤뱅크를 잃으면서 토론토 캐리비언 카니발(Toronto Caribbean Carnival)로 다시 이름을 바꾸게 된다. 그래서 2015년부터 축제의 공식 명칭이 토론토 캐리비언 카니발이 되었지만 여전히 많은 사람들은 간단히 카리바나(Caribana)라고 부른다

트리니다드 토바고 카니발 Trinidad and Tobago Carnival

카니발은 사전적 의미로 사순절 전의 축제 시즌을 말한다. 트리니다드 토바고 카니발은 사순절(Lent ; 부활절 전까지 주일을 뺀 40일)이 시작되는 재의 수요일(Ash Wendesday) 전날인 월요일과 화요일에 열리는 연례 행사다. 카니발 참가자들은 화려한 의상을 입고, 소카(Soca) 음악에 맞춰 활기찬 거리 퍼레이드를 펼친다. 19세기 초기만해도 트리나다드 토바고에서 카니발은 백인 엘리트의 전유물이었다. 그들은 가면 무도회(masquerade ball), 하우스 파티, 그리고 마차타고 거리 퍼레이드를 하며 축제를 즐겼다. 유색인종과 노예들은 공연할 때를 빼고는 축제에 참여할 수 없었다. 상황이 바뀐 것은 1834년 8월 1일, 영국령 아메리카에서 노예가 해방된 날이었다. 아프리카 노예들은 새로 되찾은 자유를 축하하기 위해 거리로 나와 카니발을 재현했다. 그리고 트리니다드 토바고 카니발에서 백인은 빠졌다. 현대 들어 트리나다드 토바고 카니발을 보면서 곧 있을 사순절을 떠올리는 사람은 없다. 그렇다고 노예 해방을 떠올리게 하는 이벤트도 없다. 소카 리듬에 맞춰 신나게 춤추면 그 뿐인 축제일 따름이다.

06 TIFF
토론토국제영화제

토론토국제영화제는 명실상부 북미의 칸으로 불리며 그 해의 크고 작은 영화제에서 주목 받은 영화들을 한꺼번에 볼 수 있는 비경쟁 영화제다. 1976년 제 1회 토론토 영화제(Toronto International Film Festival)는 30개국에서 초대된 127편의 영화를 35,000명이 즐겼다. 2016년에는 83개국 397편의 영화가 토론토 시내 28개 스크린에서 상영되었고, 48만 명이 넘는 관객이 참석했다. TIFF 축제는 노동절(9월 첫 번째 월요일) 이후 목요일 밤부터 시작해 11일간 계속된다.

토론토국제영화제의 사명은 "사람들이 영화를 통해 세상을 보는 방식을 바꾸는것" 이다. 프로그램 유형은 갈라 프리젠테이션, 마스터스, 스페셜 프리젠테이션, 메버릭스, 디스커버리, 컨템포러리 월드 시네마 등 다양하다.

한국 영화도 다수 초대되었는데 2010년 영화 '하녀', 2012년 영화 '위험한 관계', 2013년 영화 '놈놈놈' 등이 갈라 프리젠테이션 부문에 초대되어 레드 카펫을 밟았다.

TIFF 축제의 중심인 벨 라이트박스(Bell Lightbox)는 킹 스트릿(King St)과 존 스트릿(John St)의 북서쪽 코너에 있는 벨 라이트박스 축제 타워(46층)의 1층에서 5층까지다. 건물공사비 1억 2천 9백만 달러를 들여 2010년에 오픈했다. 6층부터는 콘도미니엄이다. 벨 라이트박스(Bell Lightbox)는 5개의 스크린 상영관, 전시관과 갤러리, 필름 도서관, 교육 시설 뿐만 아니라 2개의 식당과 선물 가게를 구비하고 있다.

📍 350 King St W, Toronto
tiff.net

+ 이 외에 볼만한 토론토 축제

2월
Canadian International AutoShow
캐나다 최대 오토쇼

5월
SING! The Toronto Vocal Arts Festival
캐나다 최고의 아카펠라 축제
Doors Open
토론토의 건축학적, 역사적 그리고 문화적 의미를 지닌 건물을 무료로 탐방하는 축제

7월
TD Salsa in Toronto Festival
캐나다 최대의 라틴 문화 축제

8월
Grace International Jerk Food and Music Festival(Jerkfest)- Etobicoke
저크 요리와 카리브해 문화를 기념하는 축제

9월
Word on the Street Toronto
캐나다 최대의 북축제

토론토 추천코스

'넓게 보고 나서 디테일한 부분을 감상해라'
도시는 그림 감상하는 것처럼 전체를 보고 나서 구석구석 여행하는 것이 좋다.
다문화적이고 놀거리가 풍성한 토론토는 여행하면 할수록 더 머물고 싶어지는 매력있는 도시다.
보헤미안 켄싱턴 마켓(Kensington Market)에서 요크빌(Yorkville)의
부유하고 고급스러운 지역에 이르기까지 각 지역은 색다른 재미를 선사한다.

① 카사 로마
듀폰역 지하철 28분

② 영&던다스 광장
이튼 센터 백화점
리틀 캐나다
스트릿카 8분/도보 13분

③ 온타리오 미술관
도보 12분

④ 켄싱턴 마켓
스트릿카 10분+도보7분

⑤ CN 타워
리플리스 수족관
라운드하우스 공원
로저스 센터
도보 12분

● (잭 레이튼 페리터미널)
센터 아일랜드 페리 23분

⑥ 토론토 아일랜드 공원
페리 23분 + 도보 10분

⑦ 하키 명예의 전당
앨런 램버트 갤러리아
버지 공원
도보 15분

⑧ 디스틸러리 디스트릭

시티투어 버스 타고 토론토 다운타운 관광하기 CitySightseeing Toronto

토론토의 주요 관광지를 순환하는 홉온홉 오프 버스투어(Open Top Hop-on Hop-off bus tour)는 관광객의 니즈를 100% 만족시켜준다. 투어버스(CitySightseeing Toronto)는 토론토의 중심, 영 & 던다스 광장(Yonge & Dundas Square)에서 출발한다. 승객들은 카사 로마(Casa Loma), 온타리오 미술관(Art Gallery of Ontario), CN 타워 등 15개의 멋진 정류장에서 맘대로 타고 내릴 수 있다. 종이 바우처와 달리 모바일 바우처를 가진 승객은 투어버스가 서는 곳이라면 어디서나 탑승할 수 있다. 빨간색 오픈 탑 좌석에 앉아 가이드가 들려주는 설명을 들으며 360도 파노라마로 도시풍경을 즐긴다. 9개국어로 제공되는 오디오 가이드가 있지만, 한국어 서비스는 없다. 하버프론트에서 내려 하버 크루즈를 타고 토론토 다운타운의 아름다운 스카이라인을 감상할 수도 있다. 도로 공사로 인해 투어버스가 서지 않는 정류장이 있을 수 있다.

Hop-On Hop-Off Bus Tour
운행 기간
1년 사시사철 운행(1월 1일, 11월 17일, 12월 25일은 제외)
출발 장소 및 시간
Yonge-Dundas Square
09:00-16:52 (약 22분 간격으로 출발)
투어 소요 시간 135분
요금 성인(13-64) $58.41, 어린이(3-12) $37.17,
시니어(65세 이상) & 학생(학생증 소지) $55.75

Harbour & Islands Cruise
운행 기간 시즈널(5월 21일 ~ 10월)
출발 장소
하버프론트 센터 웨스트 선착장
(투어버스 12번 정류장에서 하차)
투어 소요 시간 45분
요금 성인(13-64) $22.12, 어린이(3-12) &
시니어(65세 이상) & 학생(학생증 소지) $17.70

전화 416-410-0536
티켓 구입 홈페이지
https://citysightseeingtoronto.com

리틀 캐나다
Little Canada

🏠 10 Dundas St E, Toronto
🕐 월~일 10:00~19:30
💵 성인(13~64) $32, 학생&시니어 $28,
어린이(4~12) $22, 3살 이하는 무료.
https://little-canada.ca/

10,000 그루의 나무, 14.5ft(4.4m) CN 타워, 만 명의 리틀 케네디언. 미니어처 캐나다 전시관인 '리틀 캐나다(Little Canada)'를 나타내는 구체적인 팩트(fact)들이다. 나이아가라 폴스의 클리프턴 힐(Clifton Hill), 토론토의 랜드마크 씨엔 타워(CN Tower), '마를린 먼로 타워'로 불리는 미시사가 시(Mississauga City)의 앱솔루트 월드 콘도(Absolute World Condo), 캐나다 데이를 맞은 오타와의 국회의사당, 눈덮힌 샤토 프롱트낙 호텔의 퀘벡 시티 등의 미니어처 월드를 만나게 된다. 2021년 8월 5일, 토론토의 중심인 영 & 던다스에 문을 열었다.

© Destination Toronto

엘긴 극장과
겨울정원 극장
Elgin and Winter Garden Theatres

🏠 158 Victoria Street, Toronto
https://www.heritagetrust.on.ca/en/
ewg/ewg-home

가이드 투어

🕐 개인 월요일 5시(공휴일인 월요일은 제외),
웹사이트에서 온라인 예약 필수
15인 이상 단체
주말 10:00 ~16:00 (2주 전 전화예약 필수
416-314-2874)
소요시간 : 90분
💵 성인 $12, 시니어&학생 $10

영화에서나 볼법한 이 우아한 두 극장은 보드빌(Vaudeville)이 한창 유행이던 시기인 1913년에 보드빌 공연과 짧은 무성 영화를 보여주기 위해 영 스트릿에 지어졌다. 각 극장은 다른 등급의 고객을 대상으로 했는데, 별빛 아래에 있는 시골 정원 느낌의 상층 '윈터 가든(Winter Garden)'은 부유한 고객을 위한 프리미엄 극장이었다. 보드빌의 인기가 쇠퇴하자 하층의 영 스트릿 극장(Yonge Street Theatre)은 1928년 유성영화 상영관으로 바뀌었고, 윈터가든 극장은 폐쇄되었다. 1978년 영 스트릿 극장은 엘긴(The Elgin)이라는 이름으로 바뀌었고, 두 극장 모두 1982년 국립 사적지로 지정되었다. 1989년 3년 간의 리모델링 후, 다시 개장한 두 극장은 대중적으로 사랑받는 장소가 되었고, 1990년부터 엘긴 극장은 토론토 영화제(TIFF)의 상영 극장 중 하나로 자리매김했다. 세계에서 마지막으로 운영되는 이층 극장이라고 하니, 9월에 열리는 토론토 영화제 기간에 토론토를 방문하는 관광객은 엘긴 극장에서의 영화 관람을 추천한다.

리플리스 수족관
Repley's Aquarium of Canada

⌂ 288 Bremner Blvd, Toronto
ripleyaquariums.com/canada/

리플리스 아쿠아리움은 450 여종 16,000마리의 캐나다 해양 동식물을 9개의 워터 갤러리(Water gallery)에서 전시하고 있다. 세계 각지에서 퍼온 물의 양은 민물, 바닷물을 합쳐서 570만 리터가 넘는다.

'리플리스 아쿠아리움 100배 즐기는 법' 다섯 가지

❶ 태평양 대왕 문어(Giant Pacific Octopus), 천만마리 중에 한 마리 있을까 말까 한 희귀 블루 랍스터, 장어같은 장어아닌 늑대장어(Wolf Eel), 주걱철 갑상어(Paddlefish) 같은 희귀어종을 찾아 관찰하자.

❷ 다이브 쇼(Dive Show), 한 번은 꼭 보자. 산호초 주위로 수많은 열대어가 노니는 레인보우 리프(Rainbow Reef), 그리고 가오리가 노니는 가오리만 (Ray Bay)에서는 다이버가 하루에 몇 번씩 수족관에 들어가 먹이를 준다. 다이버는 마이크로 수족관 밖에 있는 관객과 소통도 한다. 홈페이지에서 스케줄을 확인할 수 있다.

❸ 상어와 눈싸움을 할 수 있는 Dangerous Lagoon Gallery. 천천히 움직이는 콘베이어 벨트에 올라서면 수중터널을 미끄러지듯 가면서 상어, 가오리, 톱 상어 그리고 푸른바다거북(green sea turtle) 등을 바로 코 앞에서 볼 수 있 다. 저너머에서 영화 '언더 더 씨(Under the Sea)'의 출연자들이 흥겹게 노 래를 하며 나올 것만 같다.

❹ 디스커버리 센터(Discovery Centre)와 가오리만(Ray Bay)에서는 가오리 와 같은 어패류를 손으로 직접 만질 수 있다.

❺ 나홀로 여행객이나 커플 여행객은 아쿠아리움의 스페셜 프로그램인 아침 요가(Morning Yoga)나 금요 재즈나잇(Friday Night Jazz)과 연계해서 투 어 일정을 잡아도 좋을 것 같다. 요가 프로그램은 매주 화요일 아침 7:30에 시작해 한 시간씩 6주간 이어진다. 예약은 리플리스 수족관 웹사이트에서 확인할 수 있다.

레인보우 리프

어네머니월

딸기 어네머니월

사람들이 가오리를 만질 수 있는 가오리만

CN 타워 엣지 워크
CN tower Edge-walk

CN타워는 30년 이상 가장 높은 건물, 타워 또는 독립 구조로 기록을 보유했다. 여전히 서반구에서는 가장 높은 것으로 남아 있다.

🏠 290 Bremner Blvd, Toronto, ON
🕐 Skypod 09:00~22:00
　　EdgeWalk 화~목 09:00~17:30,
　　금~일 09:00~20:30
　　360 The Restaurant 점심 11:00~15:30
　　저녁 16:30~22:00
　　티켓 서비스 09:00~22:30
https://www.cntower.ca/

TIP CN타워 엣지워크를 할 때는 미끄러지지 않으면서 간편한 운동화를 싣는 것이 좋다. 엣지워크를 마치면 베이스캠프에서 사진과 비디오를 준다.

토론토에서 가장 유명한 랜드마크인 씨엔 타워(CN Tower)는 높이가 지상에서부터 553.3 미터로 세계에서 가장 높은 빌딩이다. 356m 상공에 있는 360도 회전하는 레스토랑과 그 지붕에 스릴만점의 어드벤처인 엣지워크(Edgewalk)가 있다. 1.5m 폭의 렛지(ledge)를 따라 빌딩 외부의 둘레를 걷는다. 엣지워크 중에 세상에서 가장 높다고 해서 2011년 11월 8일에 세계기네스북에 올랐다.

엣지워크 투어는 총 1시간 30분 정도 걸린다. 베이스캠프에서 하네스 착용 및 안전점검, 알코올 및 마약에 대한 검사, 그리고 소지한 물건이 아래로 떨어져 인명 피해가 발생하는 것을 막기 위해 금속 탐지기로 몸수색을 한다. 하네스(안전끈)에 의지해 걷는 시간은 30분 정도로 타이타닉의 두 주인공이 뱃머리에서 벌인 멋진 장면도 연출한다. 처음에는 대단한 용기가 필요하지만, 숙련된 엣지워크 가이드가 6인 1조로 된 참가자들에게 요령을 이야기하고, 도전할 수 있도록 용기를 북돋워준다. 정말 용기가 나지 않으면 도전하지 않아도 된다. 렛지를 걸으며 토론토 전경을 즐기는 것만으로도 값어치가 있는 투어다. 워크 리더(walk leader)가 찍은 사진과 헬멧 카메라로 찍은 영상은 끝나고 나서 기념으로 준다.

티켓은 현상된 사진과 비디오를 포함 195불이다. 또한 엣지워크 참가자에겐 전망대, 유리 바닥(Glass Floor), 447미터의 Skypod에 오를 수 있는 타워체험티켓(Tower Experience Ticket)을 준다. 이 티켓은 한 번 사용할 수 있으며 엣지워크를 하고 나서 이틀까지 유효하다.

CN타워 즐기기

❶ 스카이포드 SKYPOP
447미터 높이의 세계에서 가장 높은 전망대 중 하나. 시티패스(CityPASS) 티켓 소지자는 업그레이드 가능하다.

❷ 엣지워크 EDGEWALK
엣지워크 중에 세계에서 가장 높은 356미터에 있는 어트랙션이다. 하네스(안전끈)에 의지해 1.5미터의 렛지(Ledge)를 따라 걷거나, 영화 '타이타닉'의 주인공들처럼 발을 렛지에 걸치고, 몸을 숙인 뒤 양팔을 벌리는 극한체험도 즐긴다. 시티패스 티켓 소지자는 업그레이드 가능하다.

❸ 유리바닥&하늘테라스
씨엔타워의 유리 바닥에 서면 342미터 높이의 공중에 떠있는 듯한 느낌이 든다. 사람들은 유리바닥 위에 눕거나 앉거나 점프하는 포즈로 사진을 찍는다.

❹ 360도 회전 식당 360 Restaurant
351미터 높이에 있는 식당 테이블에 앉아 있으면 바닥 저네가 360도로 회전한다. 한 바퀴 도는데 걸리는 시간은 72분. 토론토 다운타운을 파노라마틱하게 보며 추억에 남을 식사를 즐길 수 있다.

라운드하우스 공원
Roundhouse Park

토론토 철도 박물관
- 수~일 12:00~17:00 (1년 연중)
- 성인 $10, 시니어&어린이(4~13) $5,
  4살 이하 : 무료

미니 기차(Mini Train)
- (6월 중순~노동절) 수~일 12:00~17:00,
  (5월~6월 중순, 노동절~10월) 토요일과
  일요일만 오픈.
- 성인&시니어 $4,
  어린이(4~13) & 4살 이하

씨엔 타워(CN Tower), 리플리스 수족관, 로저스 센터(Rogers Centre)에서 가까운 라운드하우스 공원(Roundhouse Park)은 17에이커의 공원으로 옛 철도 부지였다. 토론토 철도 박물관(Toronto Railway Museum)이 있는 반원 모양의 기관차 라운드하우스, 라운드하우스 양끝에 입점해 있는 스팀 휘슬 양조(Steam Whistle Brewing)와 레스토랑 및 엔터테인먼트 복합 단지인 렉룸(The Rec Room) 등이 있다. 라운드하우스는 증기 시대에 기관차를 수리하고 넣어두던 기관차 차고지로 턴테이블이 특징이다. 이 공원은 또한 기차 컬렉션, 전 캐나다 태평양 철도가 1896년에 지은 돈 역(Don Station), 그리고 2010년에 개장한 미니어처 철도(Miniature Railway)가 있다. 이 미니 기차에는 각각 4명의 승객을 태울 수 있는 4대의 차량이 있다. 선물 가게는 돈 역(Don Station)에 있다.

© Destination Toronto

하키 명예의 전당
Hockey Hall of Fame

- 🏠 30 Yonge St, Toronto
- ⏰ 매일 10:00~17:00
- 💵 일반(14~64) $25, 유스(4~13) $15,
  시니어(65+), 3세 이하 무료
- 📍 🚇 Union Station
  hhof.com

아이스하키를 좋아하는 사람이 아니더라도 한 번 가볼만한 곳이다. 하키 명예의 전당은 앨런 램버트 갤러리아(Allen Lambert Galleria)와 대형 푸드코트가 있는 브룩필드 플레이스(Brookfield Place) 내에 있다.

스탠리컵은 명예의 전당 내의 그레이트 홀(Great Hall)에 영구 보관되고 있다. 한 쪽 벽에 있는 스탠리 경 금고(Lord Stanley Vault)에는 은으로 된 진짜 스탠리 컵 트로피와 기증된 우승 반지 등 하키 보물이 보관되어 있다. 하키 명예의 전당(Hockey Hall of Fame)에는 이 외에도 하키 영웅인 웨인 그레츠키의 전시관, 팀 홀튼 극장(Tim Horton Theatre), 골리 마스크의 역사를 알 수 있는 마스크 전시관(The Mask) 등이 있고, 시뮬레이션을 이용해 골리와 1대 1로 패널티 샷을 하거나, 반대로 골리가 되어 상대방의 퍽을 막는 NHLPA 게임 타임도 즐길 수 있다.

골리 마스크 전시관에서는 재미있는 내용을 발견할 수 있다. 1950년대까지는 모든 하키 선수들이 헬맷을 쓰지 않고 경기를 했다. 아이스하키 경기에서 마스크를 처음 쓴 골리는 1927년 퀸즈 대학의 골키퍼 엘리자베스 그래햄(Elizabeth Graham)이었다. 그녀는 최근에 수술한 치아를 보호하기 위해 펜싱 마스크를 썼다. 그 다음

하키 명예의 전당 내부

선수들의 마스크가 전시된 공간

명예의 전당 에소 그레이트 홀(Esso Great Hall)에 스탠리컵 트로피가 영구 보관되고 있다.

은 1929-30 NHL 시즌에 몬트리올 마룬스(MontrOal Maroons)의 골리 클린트 베네딕트(Clint Benedict)가 하위 모렌즈(Howie Morenz)의 샷에 턱뼈가 부러져서 한 주 뒤에 가죽 마스크를 쓰고 나왔다. NHL 골리 중에 마스크를 쓴 최초의 선수였지만, 상대 선수를 잘 볼 수 없어서 곧 벗어버렸다. 베네딕트의 마스크 시도 이후, 30년 동안 NHL에 마스크가 등장을 하지 않고 있다가 비슷한 사건이 1959년 11월 1일에 발생했다. 앤디 배스게이트(Andy Bathgate)가 날린 샷이 골리 자크 플랑트(Jacque Plante)의 얼굴을 강타한 것이다. 플랑트는 마스크를 쓰지 않고는 링크로 돌아가지 않겠다고 했고, 마침내 그가 새롭게 고안한 유리섬유로 만든 마스크를 쓰고 출전해 그의 팀 몬트리올 캐네디언스를 시즌 우승으로 이끌었다. 1970년대 초가 되어서는 대부분의 NHL 골키퍼가 마스크를 쓰고 경기를 했다. 마스크를 쓰지 않은 마지막 골키퍼(goaltender)는 피츠버그 펭귄스의 앤디 브라운(Andy Brown)으로 1974년 4월부터 1977년까지 마스크없이 경기를 했다.

1894년 3월 22일, 첫번 째 스탠리컵 챔피언십 시리즈가 캐나다 몬트리올에서 열렸다. 스탠리컵은 프로스포츠 사상 가장 오래되고 가장 유명한 우승 트로피 중 하나가 되었다. 스탠리컵은 영국 프레스턴(Preston)의 영주이자, 더비(Derby)의 16번째 백작인 프레드릭 아서 스탠리 경(Sir Frederick Arthur Stanley)이 만든 것이다. 1865년부터 1888년 캐나다 총독으로 임명되기 전까지 그는 캐나다 하원에서 봉사했다. 1889년 몬트리올 겨울 카니발에서 경기를 본 후 아이스하키 팬이 되었다고 한다. 이 새로운 스포츠를 기념하여 스탠리 경은 캐나다 아마추어 하키 협회에 호화로운 트로피를 기부했다. 스탠리컵은 NHL이 파업 중이던 2005년을 제외하고, 1926년부터 매년 내셔널 하키 리그(NHL)에서만 수여되었다. 스탠리 경이 기부한 오리지널 트로피는 1962년 은퇴했다.

웨인 그레츠키(Wayne Gretzky) 전설의 99번

아이스하키 역사상 최고의 선수이자, 그의 등번호 99번은 NHL 전 구단에서 영구결번이 되었다. 그가 세운 기록은 미친 것이라고 할 정도로 엄청나다. 최다득점 894골, 최다 도움 1,963. 플레이오프 MVP 수상 2회 (1985, 1988), 그리고 정규시즌 MVP 수상은 무려 9회(1980-87, 1989)를 했다. 1988년 마리오 르미외(Mario Lemieux)의 대활약이 아니었다면 10 시즌 연속 '정규시즌 MVP' 라는 대단한 기록이 나올 뻔했다. 웨인 그레츠키는 1961년 온타리오 브랜포드(Branford)에서 태어났다. 그의 아버지 월터 그레츠키(Walter Gretzky)는 넓직한 뒷마당이 있는 집으로 이사해 겨울이면 아이스 링크를 만들어 자신의 아이들과 친구들에게 아이스하키를 가르쳤다. 월터는 "퍽이 있는 곳이 아니라 퍽이 가는 곳에서 스케이트를 타라'고 조언했다고 한다.

바타 신발 박물관

Bata Shoe Museum

🏠 3327 Bloor St W, Toronto
🕙 월~토 10:00~17:00, 일 12:00~17:00
💵 성인 $14, 시니어 $12, 학생(학생증 지참시)
   $8, 어린이(5~17) $5, 4세 이하 무료
📍 🚇 St. George
batashoemuseum.ca

바타슈박물관은 4,500년 신발 역사를 아우르는 상설 전시관(지하 1층, 지상 1층)과 3개의 기획 전시관(2층, 3층)으로 구성되어 있다. 1995년에 완공된 바타슈박물관은 건축가 레이몬드 모리야마(Raymond Moriyama)가 슈박스에 영감을 받아 설계했다.

상설 전시관 'All About Shoes'에는 중국의 전족 신발, 프랑스 밤송이 까는 신발, 그리고 마릴린 먼로가 영화 '나이아가라'에서 신었던 빨간 구두에 이르기까지 이색적이고 흥미있는 신발들로 가득하다. 전시관에 진열된 품목은 소장품의 5%에 불과하다. 나머지 신발들은 창고에서 다음 전시를 기다린다. 그래서 관객 입장에선 늘 새로운 전시를 보게 된다.

바타슈박물관재단 설립자 소냐 바타(Sonja Bata)는 글로벌 신발 제조사 후계자인 체코계 캐네디언 토마스 바타(Thomas Bata) 씨와 1946년 결혼하면서 신발에 관심을 갖게 되었다고 한다. 1950년대 마사이 신발을 시작으로 남편과 비지니스 여행을 다니면서 신발을 모았다. 집이 신발로 차고 넘치게 되자 1979년 바타 패밀리는 바타슈박물관재단을 설립해 소장품을 일반에게 공개하고, 이와 함께 신발 연구에 대한 지원도 아끼지 않았다. 그 결과 지금의 바타슈박물관이 탄생하게 되었다.

사이즈 22 Triple E, 샤킬 오닐의 신발

중국 전족 신발

프랑스 밤송이 까는 신발

마릴린 먼로가 영화
'나이아가라'에서
신었던 빨간 구두

바타슈박물관의 지하 준상설전시관

로얄 온타리오 박물관
Royal Ontario Museum

- 🏠 100 Queens Park, Toronto
- 🕐 매일 10:00~17:30
- 💲 성인 $23, 시니어(65+) $18, 유스(15-19)
  $18, 학생(학생증 지참시) $18, 어린이(4-14)
  $14, 3세 이하 무료
- 📍 🚇 Museum

rom.on.ca

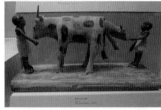

1914년에 설립된 로얄 온타리오 박물관은 이니셜을 따서 롬(ROM)이라고 부른다. 40개의 갤러리에서 지역과 시대를 초월한 1,300 만 점의 예술품, 문화 유물, 자연사 표본을 전시하고 있다. 자메이카 중부에 있는 길이 3킬로미터의 세인트 클레어 동굴(St. Clair Cave)의 일부를 재현해 만든 박쥐동굴(Bat Cave)과 공룡관, 홍콩의 재벌이 기증해 만든 중국예술관, 그리고 고대 이집트의 미라 케이스와 마스크가 전시중인 고대 이집트관은 특히 볼만하다. 입구로 들어가 오른편으로 일본관, 중국관 그리고 한국관이 자리하고 있다. 로얄 온타리오 박물관은 원래의 오래된 건물에 폴란드 건축가인 다니엘 리베스킨트(Daniel Libeskind)가 디자인한 현대적인 마이클 리친 크리스탈(Michael Lee-Chin Crystal)을 결합한 것이다. 로얄 온타리오 박물관 광물팀의 결정체 에 영감을 받은 다니엘 리베스킨트는 결혼식장에서 다른 사람들이 춤을 추고 있을 때 냅킨에 이 아이디어를 적었다고 한다. 마이클 리친 크리스탈(Michael Lee-Chin Crystal)이라는 이름은 이 프로젝트를 위해 3천만 달러를 기부한 캐나다 억만장자 사업가 마이클 리친(Michael Lee-Chin)의 이름을 기리기 위한 것이다.

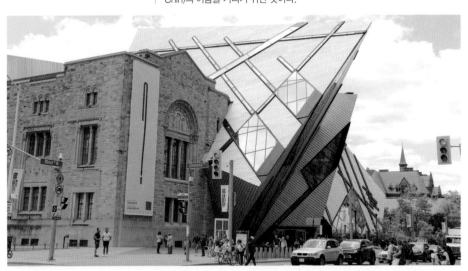

토론토 자료 도서관
Toronto Reference Library

- 🏠 Plaça de les Glòries Catalanes, 37

museudeldisseny.cat

코난 도일(Arthur Conan Doyle)의 셜록 홈즈(Sherlock Holmes) 팬이라면 토론토자료도서관(Toronto Reference Library) 5층에 있는 마릴린 & 찰스 베일리 컬렉션 센터(Marilyn & Charles Baillie Special Collections Centre)를 방문하길 바란다. 캐나다와 토론토를 자주 방문했던 코난 도일의 삶과 작품을 만날 수 있는 세계 최고의 컬렉션 중 한 곳이다. 그는 〈셜록 홈즈〉 이외에도 영성, 범죄, 역사, 그리고 그 당시의 이슈들에 관한 광범위한 내용을 글로 써서 남겼다.

온타리오 미술관
Art Gallery of Ontario(AGO)

🏠 317 Dundas St W, Toronto,
🕐 화&목 10:30~17:00, 수&금 10:30~21:00,
　　토&일 10:30~17:30
🚫 월요일
💲 성인 $25, 25세 이하 무료(18-25세는 신분증
　　제시)
📍 🚇 St. Patrick

ago.ca

그룹 오브 세븐(Group of Seven)의 전시관

1900년에 토론토 미술관(Art Museum of Toronto)으로 처음 문을 열었다. 1919년에 Art Gallery of Toronto, 1966년에 온타리오 미술관(Art Gallery of Ontario)으로 개명했다. 설립 이후에도 확장 및 보수를 계속해 현재의 모습에 이르렀다. AGO의 95,000 점에 가까운 작품 컬렉션은 피에르 위게(Pierre Huyghe)의 'Untilled' 같은 최첨단 현대 미술부터 루벤스(Rubens)의 '영아들의 대학살 (Massacre of the Innocents)'과 같은 유럽의 걸작에 이르기까지 다양하다. 특히, 그룹 오브 세븐의 방대한 컬렉션과 신흥 캐나다 원주민 예술가들의 작품, 그리고 1974년에 문을 연 '헨리 무어 조각 센터' 등은 그 가치를 인정받고 있다.

카페가 있는 긴 복도 갤러리아 이탈리아(Galleria Italia)

바타슈박물관의 지하 준상설전시관

헨리무어 조각센터 Henry Moore Sculpture Centre

1966년 10월 27일, 시청의 나단 필립스 광장에 무어의 청동 조각 Three Way Piece No.2 : Archer(1964-1965)이 설치된 이듬해에 헨리 무어가 토론토를 방문했다. 그리고 1968년 무어는 그의 조각, 드로잉, 판화 등을 캐나다 온타리오 미술관에 기증하기로 결심한다. 온타리오 미술관 내의 조각센터 설계에도 그가 많은 도움을 주었는데 특히 작품들속으로 자연광이 많이 떨어지길 원했다고 한다.

헨리 무어 조각 센터

로저스 센터
Rogers Centre

⌂ 1 Blue Jays Way, Toronto
📍 Union Station
mlb.com/bluejays/ballpark/information

개폐식 지붕을 가진 최초의 돔 경기장인 로저스 센터는 토론토 블루제이스(Blue Jays) 야구팀과 토론토 아르고노트(Toronto Argonauts) 풋볼팀의 홈 경기장이다. '로저스 센터 경기장 투어'를 원하는 사람은 로저스 센터 5번 게이트에 위치한 제이스 숍(Jays Shop)에서 티켓을 구입한다. 이 투어는 캐나다 유일의 메이저 리그 야구 경기장의 비하인드 스토리를 들을 수 있는 기회를 제공한다. 프로야구 시즌에는 토론토 메리어트 시티 센터 호텔(Toronto Marriott City Centre Hotel)의 스카이박스에서 숙박을 하면서 야구 경기를 관람할 수 있다. 투어에 대해 궁금한 점은 전화 416-341-2770, 혹은 tours@bluejays.com으로 연락하면 된다.

디스틸러리 디스트릭
Distillery Historic District

⌂ 55 Mill St, Toronto
🕐 월~수 12:00~19:00, 목~토 10:00~21:00, 일 10:00~19:00
🎫 입장료 무료
thedistillerydistrict.com

토론토 크리스마스 마켓

크리스마스 시즌에는 크리스마스 분위기를 한껏 맛볼 수 있는 크리스마스 마켓(11월 16일~12월 31일)이 열린다. 대형 트리, 크리스마스 장식품, 그리고 슈니첼, 와플, 푸틴 같은 컴포트 푸드(comfort food)를 즐길 수 있다. '크리스마스 마켓' 축제기간에는 금, 토, 일 오후 4시 이후와 크리스마스가 있는 주간에는 티켓을 사서 입장해야한다.

'모두가 예술이다'라는 표현이 어색하지 않는 공간이다. 낡은 벽돌과 야외 조각들은 멋진 조화를 이룬다. 익숙해지면 지루해지는데 이 곳은 친숙하면서 색다르다. 1837년 위스키를 생산하기 시작해 2003년 양조장 사적지로 탈바꿈되었다. 이곳의 건물은 1850-1860년 빅토리아 양식의 산업 건물로

아르타 갤러리

현재는 아트 갤러리, 부티크, 레스토랑&카페, 선물 가게, 초콜릿 가게 등이 영업을 하고 있다. 1.5 세기가 지나 1990년 양조장은 문을 닫았다. 1990년대는 빈 양조장 건물에서 〈아멜리에〉, 〈시카고〉, 〈신데렐라 맨〉 등 많은 영화가 촬영되고 제작되었다. 영화 촬영지로 알려지면서 이 곳을 찾는 관광객도 매년 증가해 이제는 토론토를 찾는 관광객의 필수 여행코스가 되었다. 각종 콘서트와 지역 행사지로도 각광을 받고 있다. 관광객이나 소셜 미디어 콘텐츠 크리에이터의 사진 및 영상 촬영은 허가가 필요치 않지만, 웨딩이나 약혼 등의 사진 촬영을 위해서는 250불을 내고 촬영 허가를 받아야 한다.

골목 골목마다 숨겨져 있는 갤러리를 투어하는 재미도 솔솔하다. 아르타 갤러리(Arta Gallery)는 분기별로 예술가들의 포트폴리오를 접수받아 선정된 작가들의 작품들을 전시 판매한다. 저녁에는 결혼식, 공연과 같은 이벤트 장소로 대여된다.

대영제국(the British Empire)에서 가장 큰 양조장이었던 구더햄 앤드 워츠는 수백만 갤런의 위스키와 스피릿(spirit)을 생산했다.

켄싱턴 마켓
Kensington Market

Kensington-market.ca

스파다이나 애비뉴(Spadina Ave)와 던다스 스트릿 웨스트(Dundas St W) 교차로를 중심으로 다운타운 차이나타운(Downtown Chinatown)이 넓게 자리를 잡고 있다. 그리고 서북쪽의 한 구역이 2006년 11월에 캐나다 국립사적지로 지정된 켄싱턴 마켓(Kensington Market)이다. 청과물 시장을 비롯한 다양한 상점과 카페, 베이커리, 기타 명소의 대부분이 오거스타 애비뉴(Augusta Ave)를 따라 볼드윈 스트릿(Baldwin St)과 나소 스트릿(Nassau St)에 집중되어 있다.

켄싱턴 마켓은 20세기 초, 동유럽에서 이주한 유대인에 의해 만들어졌다. 그래서 유대인 마켓(Jewish Market)으로 불리기도 했다. 50년대는 이탈리아인과 헝가리인, 60년대는 포르투갈 사람, 70년대는 남미, 자메이카, 아시아에서 온 이민자들이 들어와 장사를 했다.

빅토리아 시대에 지어진 가게 곳곳의 벽에는 그래피티가 그려져 있다. 그래피티(Graffiti)와 먹자 투어는 이 곳의 가장 큰 관광 상품이다. 판초 베이커리(Pancho's

TIP 켄싱턴 추천 먹자 투어

판초스 베이커리
Pancho's Bakery
⌂ 214 Augusta Ave, Toronto
panchosbakery.com

파우와우 카페 Pow Wow Cafe
⌂ 213 Augusta Ave, Toronto

골든 패티 Golden Patty
⌂ 187 Baldwin St, Toronto

거스 타코 Gus Tacos
⌂ 225 Augusta Ave, Toronto
tacosgus.ca

치즈 매직 cheese Magic
⌂ 182 Baldwin St, Toronto
cheesemagic.ca

차이나타운 축제 장면

자메이칸 패티.

차이나타운 축제 장면

Bakery)는 츄러스로 유명하고, 파우와우 카페(Pow Wow Cafe)는 원주민 음식을 파는 가게다. 주방장 숀 아들러(Shawn Adler)는 오지브웨 스타일로 튀긴 빵 위에 연어, 홍합, 코코넛 카레 등을 얹은 '인디언 타코(Indian Tacos)'를 제공한다. 거스 타코(Gus Tacos)에서 가장 인기있는 두가지 타코는 달짝한 양고기찜을 얹은 바르바꼬아(Barbacoa)와 구운 돼지고기를 얹은 파스토르(Pastor)라고 한다. 수제 옥수수 또르티야는 아주 부드럽다. 개인적으로 황새치로 만든 생선 타코인 페스카도(Pescado)를 추천한다. 입가심은 멕시코 국민 음료인 하리토스(Jarritos)로 개운하게 가셔내자.

골든 패티(Golden Patty)는 자메이칸 음식과 서인도 제도(캐리비안)의 음식을 판다. 자메이칸 가게인데 파는 사람은 중국인이고, 사먹는 사람은 자메이카 관광객이다. 좀 의아하지만 이야기를 들어보면 이해가 된다. 자메이카에는 중국계 자메이카 사람이 많이 산다. 사탕수수농장 노동자로 왔다가 눌러 산 중국인들이 커뮤니티를 이루고 살거나 현지의 흑인과 결혼해 아프리칸 차이니즈 자메이(African Chinese Jamaican) 가정을 이루었다. 세월이 지나 그들의 후손들이 캐나다로 이민을 오면서 자메이카 음식을 팔고 있는 것이다. 서인도 제도의 자메이칸 치킨, 패티 등은 중국 이민자들이 전한 중국 요리와 전통 요리가 합쳐진 것이라는 주장도 있다.

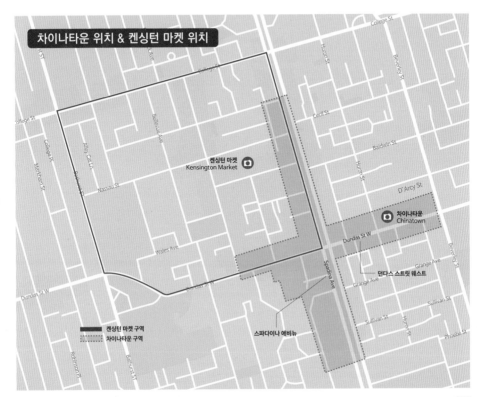

차이나타운 위치 & 켄싱턴 마켓 위치

켄싱턴 마켓
Kensington Market

차이나타운
Chinatown

던다스 스트릿 웨스트

■ 켄싱턴 마켓 구역
▨ 차이나타운 구역

스파다이나 애비뉴

켄싱턴 마켓과 토론토 다운타운의 그래피티

그래피티, 예술? 낙서?

스트릿 아트는 포스터, 일러스트, 스티커, 스텐실, 그래피티 이 모든 것을 통틀어 말한다. 그래피티라는 말은 이탈리아어에서 왔는데 벽을 벗겨내거나 벽에 글을 쓴다는 뜻이다.

롭 포드(Rob Ford) 전 토론토 시장은 취임연설에서 그래피티를 줄이기 위해 노력하겠다고 말하고, 2011년 6월, 건물주가 그들의 건물에 계속해서 그래피티를 두고 싶으면 청원할 수 있고, 그것을 결정할 위원회 설립을 권고하는 정책 보고서를 제출한다.

2011년 7월, 시의회는 건물주, 이웃 그리고 시 이미지에 나쁜 영향을 줄 수 있는 그래피티 반달리즘을 없애고, 예술적 기쁨과 활력을 주는 거리 예술을 지원할 토론토시조례 485장(Toronto Municipal Code, Chapter 485)을 제정하고, 2012년 1월부터 발효한다.

그래피티가 예술이 되느냐? 낙서가 되느냐?의 첫번째 기준은 건물주의 '허가'다.

'모나리자'를 벽에 그릴 수 있지만 건물주에게 허가를 받지 않고 그렸다면 공공 기물 파손에 해당한다.

두 번째 기준은 개인 혹은 식별 가능한 집단에 대한 증오 또는 폭력을 조장한다고 믿어지는 태그(tag)가 있거나, 저속하고 모욕적인 언어가 포함된 경우, 토론토시는 반달리즘에 해당하는 그래피티를 건물주에게 지우라는 경고장을 발부한다.

통지를 받은 건물주는 본인의 비용으로 그래피티를 지워야 한다. 만약 건물주가 그래피티를 지우지 않고 그대로 두고 싶다면 '그래피티 위원회'에 그래피티를 합법화해줄 것을 요구하는 항소를 신청한다. 심의는 3회에 걸쳐

이루어진다. 서류가 충분치 않으면 결정이 마지막 3회 미팅까지 연기될 수 있다. 그 때까지 신청인은 추가 서류를 제출할 수 있다. 패소한 건물주는 그래피티를 30일 내에 지워야 한다.

합법적인 허가를 받은 벽화는 거리 예술 작품으로 웹사이트에 올려지고, 벽화를 원하는 건물주는 아티스트에게 직접 연락해 벽화를 의뢰하고, 그래피티 아티스트는 프로 아티스트로 전향해 소득이 생기게 된다. 일석삼조인 셈이다.

토론토 동물원
Toronto Zoo

⌂ 2000 Meadowvale Rd, Toronto
◎ 2022년 6월 27일~9월 5일 매일 09:00~19:00,
　9월 6일~10월 10일 월~금 09:30~16:30,
　토&일 09:30~18:00,
　10월 11일~12월 31일 매일 09:30~16:30
torontozoo.com

토론토 동물원은 710에이커 서식지에 5천 마리 이상의 동물이 살고 있는 캐나다 최대의 동물원이다. 토론토 동물원은 아프리카, 아메리카, 오스트랄라시아(Australasia), 유라시아, 캐나다 도메인, 인도-말라야(Indo-Malaya), 툰드라 트렉(Tundra Trek) 등 7개의 동물 지리학상 지역으로 나뉘어진다. 1974년 8월 15일에 개장한 토론토시 소유의 기업이다.

토론토 동물원은 야생동물 번식 프로그램과 동물 입양 프로그램을 통해 종 보존에도 노력하고 있다. 1992년 도입된 검은발족제비(Black-footed Ferret) 번식 프로그램은 멸종위기의 패럿의 번식을 돕고 자연으로 다시 돌려보내는 것이다. 이 외에도 아프리카 펭귄, 벤쿠버섬 마멋(Vancouver Island Marmot), 북극곰(PolarBear), 멸종위기의 미시시피 고퍼 개구리(Mississippi gopher frog) 등이 포함된다.

동물 입양 프로그램은 동물원에 있는 한 마리의 동물을 후원하는 프로그램이다. 개나 고양이가 아닌 코끼리, 사자 같은 동물을 선택해서 매달 얼마씩 기부하는 것이다. 입양한 사람들은 동물원에 한 번씩 초대되어 자신이 입양한 동물이 잘 자라고 있는 지 확인한다.

토론토 동물원은 각종 행사를 통해 많은 사람들에게 흥미와 볼거리를 제공하고 있다. 가령, 아이패드를 오랑우탄에게 주어서 가지고 놀게 하기도 한다. 이를 지켜보는 아이들은 그저 신기할 따름이다. 동물원은 오랑우탄이 서로 인지할 수 있는 능력이 있기 때문에 언젠가는 멀리 떨어져 있는 오랑우탄과 화상으로 서로 만나게 해 줄 생각이라고 한다.

토론토 동물원에는 1919년 3.1 만세운동과 제암리 학살을 전 세계에 알린 스코필드 박사의 동상이 스코필드 메모리얼 가든에 세워져 있다. 유라시아 지역의 아무르 호랑이관을 지나 박트리안 낙타관 쪽으로 가다보면 오른쪽에 있다.

장수 도롱뇽
Giant Salamander

캐나다에서 한 마리뿐. 공룡 시대에 살았던 종 중에 하나로 길이는 1미터, 나이는 19살(2015년 당시)이다. 50년 이상 산다고 전해진다.

멜러 카멜레온 Meller's Chameleon

아프리카 본토에서 가장 큰 카멜레온이다. 주둥이 위에 돌출된 작은 뿔로 쉽게 인식할 수 있다. 몸통의 색은 초록이고, 하얗거나 노란 줄무늬가 있다. 스트레스를 받거나 공격할 때 색이 변한다. 암컷은 80개의 알을 낳는다. 51cm나 되는 긴 혀로 커다란 곤충을 잡아먹는다.

토론토 아일랜드 공원
Toronto Island Park

🏠 Plaça de les Glòries Catalanes, 37
museudeldisseny.cat

토론토에서 태어나 자란 사람들이라면 어린 시절 센터 아일랜드에서 미니기차와 회전목마를 타지 않은 사람들이 없을 정도로 이 곳은 토론토니언의 여름 휴양지로 유명하다.

섬으로 가기 위해서는 페리를 타야 한다. 관광객은 개인 수상 택시를 이용해 투어를 즐기기도 하지만 보편적으로 토론토시에서 운영하는 페리 서비스를 이용한다. 잭 레이튼 페리 터미널(Jack Layton Ferry Terminal)에서 출발하는 페리 보트는 동쪽 끝의 워즈 아일랜드(Wards Island), 섬 중앙의 센터 아일랜드(Centre Island), 그리고 서쪽의 한랜스 포인트*(Hanlan's Point) 세 곳을 왕복한다. 섬은 모두 연결되어 있어 걸어서 다닐 수 있다. 주요 명소와 아이들이 놀 수 있는 곳은 센터 아일랜드에 있다. 티켓 요금은 왕복이고, 돌아올 때는 티켓을 보여줄 필요없이 페리에 오르면 된다.

TIP 전직 연방 신민주당(NDP)의 당수였던 잭 레이턴(Jack Layton, 1950.7.18-2011.8.23)을 기념하는 동상. 레이턴의 이름을 딴 페리 터미널의 맞은 편에 있다. 이 곳은 열렬한 사이클링 지지자였던 레이턴이 가장 좋아하는 장소이자, 1988년 그의 아내 올리비아 차우(Olivia Chow)와 결혼한 장소이기도 하다. 탠덤 자전거(2인용 자전거) 뒷자리에 앉은 노신사가 활짝 웃으며 어서 앞자리에 앉으라고 관광객을 반기고 있다.

맥마이클 아트 컬렉션
McMichael Canadian Art Collection

- 10365 Islington Ave, Kleinburg, ON
- 2022년 6월 13일부터 목~일&대체공휴일
  월요일 10:00~17:00
- 성인 $18, 시니어(65+) $15, 유스(6-25) $5,
  5세 이하 무료, 주차비 $5
  https://mcmichael.com/

토론토 도심에서 40여분 떨어진 클라인버그(Kleinburg)에 위치한 미술관이다. 그룹 오브 세븐(Group of Seven)의 그림을 가장 많이 소장하고 있는 미술관 중 한 곳이다. 그룹 오브 세븐의 작품과 원주민 현대 작가들의 영구 컬렉션 6,500 점 이상이 전시되고 있는 14개의 갤러리, 이반 에어(Ivan Eyre)의 청동 조각 9점을 비롯해 예술가들이 기증한 조각들로 채워진 조각 공원, 험버강과 함께 걷는 산책로, 토론토 다운타운에서 옮겨온 톰 톰슨(TomThomson)의 오두막 작업실, 그리고 그룹 오브 세븐의 멤버 중 6명의 무덤이 있는 예술가들의 묘지(Artists' Cemetery) 등이 있다. 갤러리 8관에 영구 전시되고 있는 노발 모리소(Norval Morrisseau)의 작품은 피카소의 그림을 닮은 구석이 있으면서 원주민 전설을 담고 있다. 모리소와 같은 20세기 후반 원주민 예술가들은 서구의 입체파, 추상 표현주의의 요소를 빌려와 원주민의 전설, 신앙, 구전 설화 등을 주제로 그림을 그렸다.

맥마이클 미술관의 설립자는 로버트 맥마이클(Robert McMichael)과 그의 아내 시니예(Signe)였다. 1951년 클라인버그에 10에이커의 땅을 사들여 아담한 통나무집을 짓고 친분이 두터웠던 그룹 오브 세븐의 작품과 원주민 화가들의 작품들을 수집하기 시작했다. 1955년 첫 번째 작품으로 톰 톰슨의 그림을 250불에 인수했다. 1962년에는 토론토에 있던 톰 톰슨의 오두막 작업실을 인수해 옮겨온 뒤 복원했다. 1965년 11월 18일 맥마이클은 온타리오 정부와 합의하여 그의 컬렉션과 부지를 정부에 기증했다.

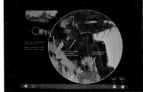

카사 로마

Casa Loma

- 1 Austin Terrace, Toronto
- 성인(18~64) $30, 유스(14~17) $25, 노인(65살 이상) $25, 어린이(4~13) $20
- Dupont

casaloma.ca

스페인 말로 '언덕 위의 집'이라는 뜻의 카사 로마(Casa Loma)는 중세 성을 보는 듯 하다.

아름답게 장식된 홀과 방들, 비밀 통로들, 그리고 성과 연결된 243미터 마구간 터널 등 신비로운 것이 많아서 책장을 밀면 비밀 통로가 나올 것 같고, 커다란 거울 속으로 빨려갈 것만 같다.

고딕 리바이벌 양식의 카사 로마는 나이아가라 폭포의 수력발전을 이용해 재벌이 된 헨리 펠라트 경(Sir Henry Mill Pellatt)과 그의 아내 메리(Mary Pellatt)의 거주지로 건축가인 레녹스(E.J.Lennox)*가 지었다. 1911년에 시작해 300명의 인력으로 3년에 걸쳐 그 당시 돈 350만 달러를 투자해 완공되었다. 하지만 1923년 파산한 헨리 경은 이 곳에서 10년도 채 못 살고 1924년 이 곳을 떠나야 했다. 그의 아내 메리(Mary)도 그 해에 세상을 떠났다.

1층에는 웅장한 그레이트 홀(Great Hall), 1만권을 소장할 수 있는 도서관, 당시 금액으로 12,000불을 들여 아름다운 스테인드글라스로 꾸민 온실 등이 있고, 2층에는 헨리 경과 메리 부인의 침실, 그리고 벽난로 옆에 비밀 문서보관실이 있다. 3층에는 The Queen's Own Rifles of Canada(QOR) 연대 박물관, 하인이 사용했던 방이 있고, 지하에는 와인 저장고, 미완성의 수영장, 마구간으로 이어지는 터널, 그리고 선물가게와 카페가 있다. 야외 분수와 정원도 볼만하다. 오디오 가이드와 브로셔는 한국어로도 되어 있어서 투어하는 데 전혀 불편함이 없다.

TIP 레녹스(E.J.Lennox)

토론토 구시청사 (Old City Hall)를 지은 건축가다. 그는 구 시청사 건물 주위로 그의 이름을 한 자씩 새겨놓았다.

TIP 카사 로마에서 꼭 봐야할 5가지

1. 카사 로마는 두개의 탑이 있다. 서쪽 탑은 노르만 양식이고, 동편 탑은 스코틀랜드 양식으로 지어졌다.

2. 그레이트 홀과 온실

3. 헨리 경의 개인 서재(Sir Henry's Study). 벽난로 양편으로 비밀 문이 하나씩 있다. 오른쪽 문은 지하 와인 셀러로 연결되어 있고, 왼쪽 문은 그의 침실이 있는 2층과 연결되어 있다.

4. 당시 성에는 총 59대의 전화기가 있었다. 이 곳에서 일한 전화 교환수(switchboard operator)는 토론토 시 전체를 관할한 교환수보다 더 많은 전화를 연결했다는 의미다.

5. 마구간(Stables)은 성을 짓기 4년 전인 1906년에 25만불을 들여 지어졌다.

PUBLIC ART
열린 마당(공공 예술)

토론토는 다양한 공공 예술 프로그램을 통해 예술 작품을 400여개 이상의 장소에 전시하고 있다.

https://www.toronto.ca/explore-enjoy/history-art-culture/public-art/public-art-map/

앨런 램버트 갤러리아
Allen Lambert Galleria

⌂ 181 Bay St, Toronto
museudeldisseny.cat

브룩필드 플레이스(Brookfield Place)에 위치한 6층 높이의 앨런 램버트 갤러리아는 스페인 건축가 산티아고 칼라트라바(Santiago Calatrava)가 설계한 아트리움(Atrium)이다. 8개의 지지대가 양쪽으로 열대우림의 나무처럼 쭉쭉 뻗어 천장에 닿아 있다. 건물의 동남쪽에 하키 명예의 전당이 위치하고 있다.

길드 공원과 정원
Guild Park and Gardens

🏠 201 Guildwood Pkwy, Scarborough
guildfestivaltheatre.ca

길드 공원과 정원은 색다른 산책의 경험을 제공해주는 공간이다. 마치 아테네 유적지에 온 것처럼 느껴진다. 이 공원의 건축물들은 2차대전후 토론토 시내의 석조 건물들을 철거하면서 뜯어낸 건축물의 부분들을 이 곳으로 옮겨 고대 유적과 유사하게 배열한 것이다. 야외 그리스 극장과 토론토에서 가장 오래된 19세기 통나무 집, 그리고 공원의 주요 건물인 옛 호텔이자 저택이었던 길드인(Guild Inn) 등이 있다. 길드인은 1914년 전쟁 영웅인 해롤드 빅포드 대령(Colonel Harold C. Bickford)이 지었다. 1932년 로자(Rosa)와 스펜서 클락(Spencer Clark) 부부가 구입해 예술가들이 머물며 작품 활동을 할 수 있도록 돕고, 모여 포럼도 여는 예술인 단지로 사용했다.

가든 서편에 있는 그리스 극장은 스펜서 클락(Spencer Clark)이 길드인의 50주년을 기념하기 위해 토론토 은행 건물의 잔해들을 사들여 만든 야외 극장이다. 토론토 은행 건물은 1912년부터 TD센터가 세워진 1966년까지 베이(Bay)와 킹(King)에 있었다. 8개의 대리석 기둥과 고린도스 문자들, 그리고 아치들을 야외극장 형태로 세우고, 콘크리트 무대를 만들었다. 야외 극장 무대 앞도 원래는 원형 극장을 세울 계획이었지만 그러지 못하고 잔디 위에 앉거나 의자를 사용해 앉게 했다. 그리스 무대에서는 길드 페스티벌 극장(Guild Festival Theatre)의 연례 고전 연극 축제가 개최된다.

TD 토착 예술 갤러리
TD Gallery of Indigenous Art

- 🏠 79 Wellington Street West (TD Centre)
- ⏰ 월~금 08:00~18:00, 토~일 10:00~16:00

TD 센터 내에 있는 TD 토착 예술 갤러리는 페어몬트 로얄 요크 호텔 뒷편 건물에 있다. 이 곳은 캐나다 전역을 대표하는 법인 아트 컬렉션(Corporate Art Collection)의 작품을 전시하는 회전 전시 공간이다. 다양한 작품을 통해 캐나다 원주민 커뮤니티의 역사적이고 지속적인 문화적 중요성을 공유하는데 목적이 있다.

조각품 '세드나 Sedna'

세드나(Sedna)는 이누잇 신화에 나오는 바다와 해양 동물의 여신이다. 이누잇은 반은 여자고 반은 물고기 형체를 한 이 창조물이 낚시를 나가서 풍어를 하느냐 그렇지 못하느냐를 결정한다고 믿었다. 세드나에 얽힌 다양한 전설이 있는데 그 중 하나는 이렇다. 자신이 강력한 샤먼(Shaman)이라고 속인 사냥꾼은 젊은 세드나와 결혼해서 그녀를 먼 땅으로 데려갔다. 그녀의 아버지가 그들을 쫓아가 가까스로 그녀를 구했다. 화가 난 샤먼은 그들의 배

를 쫓으며 격렬한 폭풍을 일으켰다. 겁에 질린 그녀의 아버지는 세드나를 배 밖으로 던졌다. 그녀가 다시 배에 오르려고 하자 그녀의 손가락을 잘라버렸다. 세드나의 떨어져 나간 손가락은 바다의 물개, 고래, 바다 코끼리, 그리고 물고기가 되었다고 한다.

코끼리 엄마, 템보
Tembo, Mother of Elephants

🏛 Bay St & Wellington St W, Toronto

토론토 금융 지구의 커머스 코트(Commerce Court) 건물 단지에 있는 이 귀여운 두 마리 코끼리 새끼와 어미 코끼리인 템보(Tembo)는 데릭 허드슨(Derrick S.Hudson)에 의해 만들어졌다. 무게는 성인 80명의 무게와 같고, 어미 코끼리는 세계에서 가장 큰 청동 코끼리 중 하나다. 그들은 마치 분수대가 있는 물가로 이동하고 있는 것처럼 보인다. 조각가 데릭은 사람들에게 야생동물에 대한 경각심을 일깨워주길 바라는 마음에 '코끼리 엄마, 템보'를 만들었다고 한다. 템보(Tembo)는 아프리카 스와힐리어로 '코끼리'라는 뜻이다.

버지 공원
Berczy Park

🏛 35 Wellington St E, Toronto
🕐 월-금 08:00 - 18:00, 토-일 10:00 - 16:00
우프스탁 축제 : woofstock.ca

강아지 분수로 유명. 토론토의 랜드마크 건물 중 하나인 구더햄 빌딩(Gooderham Building) 옆에 위치한 버지 공원은 강아지 분수로 유명하다. 세인트로렌스 마켓(St.Lawrence Market)에서 먹거리를 사고 이 곳에 와서 쉬면서 먹는 관광객도 많다. 분수 꼭대기에 있는 뼈다귀를 향해 물을 뿜는 개들의 모습이 귀엽기까지 하다. 여기에 강아지 분수가 생긴 이유에 대해서는 대부분의 토론토니언은 알 것이다. 이 곳은 북미에서 가장 큰 애완견 축제인 우프스탁(Woofstock)이 매년 열렸던 장소였다. 지금은 자리를 옮겨 우드바인 공원(Woodbine Park)에서 열린다.

구름 정원 공원
Cloud Garden Park

⬆ 14 Temperance St, Toronto
museudeldisseny.cat

도심속에서 폭포 소리를 들을 수 있는 700평 남짓의 아담한 공원이다. 1994년 건축 노동자들을 기리기 위해 마가렛 프리스트(Margaret Priest)가 디자인하고, 캐나다 건설협회(Building Trade)가 만든 벽이 인상적이다. 콘크리트, 돌(rubble), 벽돌, 스테인리스 스틸, 유리, 아연 등 25종의 건축자재로 만든 사각 판넬들은 토론토의 25개 건축 관련 업종을 상징한다. 현재는 공사중으로 닫혀있고, 2022년 재개방될 예정이다.

트리니티 스퀘어 래버린스
Trinity Square Labyrinth

⬆ 24 Trinity Square, Toronto
(토론토 백화점 이튼 센터 뒷편)

토론토 공공 래버린스는 2005년 9월 토론토 다운타운의 트리니티 스퀘어 공원에 60여명의 기부로 65만 불을 들여 만들어졌다. 이튼 센터 뒷편에 있기 때문에 쇼핑객, 관광객, 회사원 누구나 와서 래버린스를 걸을 수 있도록 만든 것이다. 이 곳의 래버린스는 프랑스 샤르트르 대성당의 9세기에 만들어진 래버린스를 모방해 만들었다. 래버린스가 만들어진 이유는 수도사가 나이가 들어 로마 순례를 할 수 없게 되자, 수도원 내에 래버린스를 만들어 순례를 대신해 걸을 수 있도록 만든 것이다. 트리니티 스퀘어 래버린스는 800미터 정도로 명상을 하며 걸을 경우 30분 정도 걸린다. 참고로 2500년 경 크레타 무늬에서 따 온 손가락 래버린스(finger labyrinth)는 손가락으로 모양을 따라가며 여행하도록 만든 것이다. 북미의 교회, 병원 등에서도 래버린스 걷기를 스트레스를 관리하는데 활용되고 있다. 이 곳은 노숙자들이 많은 곳이다. 해가 진 뒤엔 가급적 가지 않는 것이 좋다. 트리니티 공원에 있는 홀리 트리니티 교회는 이런 노숙자들을 돕기 위한 다양한 노력을 하고 있다. 교회 문 앞에는 거리에서 죽은 노숙자의 이름이 새겨진 명판을 확인할 수 있다.

토론토 시청의
헨리 무어의 아처

Archer

⌂ 181 Bay St, Toronto
museudeldisseny.cat

1965년 오픈한 토론토 시청은 도시의 심장부로서 독특하고 영구적인 공공 예술 작품의 전시를 통해 커뮤니티에 활력을 주고 있다. 시청 앞 네이션 필립스 광장에 위치한 헨리 무어(Henry Moore)의 청동 조각 'Three Way Piece No.2 : Archer' 은 우아하고 균형잡힌 강한 신체의 모습을 보여준다. 어떻게 이 조각이 궁수로 보일까? 싶을 정도로 무어의 작품은 인체의 형상을 왜곡해 추상적이고 초현실주의적인 원시 미술 느낌을 풍긴다. 하지만 그의 조각 내면에는 인간성이 녹아 흐른다. 보수적인 도시 토론토는 1960년대에 건축과 예술에 있어서 모더니즘을 수용하는 문화 혁명의 시기였다. 1958년 핀란드 건축가인 비호 리벨(Viljo Revell)에게 수여된 토론토 시청 신청사 디자인 국제 대회가 그 전환점이었다. 비호 리벨은 자신의 모더니스트 걸작을 보완할 공공 예술 작품으로 헨리 무어의 '궁수(Archer)'를 선택했다. 웅장한 영웅의 동상도 아니고 아무런 상관도 없어 보이는 이 작품이 토론토 시청 광장에 세워지는 것에 대해 논쟁이 많았고, 시의회는 예산지급을 거부하기에 이르렀다. 당시 토론토 시장이었던 필립 기븐스(Philip Givens)가 그의 아내에게 헨리 무어가 누구야? 라고 외쳤다는 이야기는 당시의 상황을 잘 설명해준다.

예술가였던 아내의 설명으로 필립은 열성 지지자가 되었고, 무어의 작품을 구입할 모금 캠페인을 벌여 10만 달러를 모았다. 그리고 마침내 1966년 10월 27일 지금의 이 장소에서 헨리 무어의 청동 조각 'Three Way Piece No.2 : Archer'가 대중에게 공개되었다.

20세기 최고의 모더니즘 조각가인 헨리 무어(Henry Moore)와 그의 작품 세계는 온타리오 미술관(Art Gallery of Ontario)의 헨리 무어 조각 센터(Henry Moore Sculpture Centre)를 방문하면 만나볼 수 있다.

청동 조각품
'토론토의 두 아이들이 만나다'
Sculpture : Two Children of Toronto Meet

⌂ 570 Bay St., Toronto, ON M5G 0B2

이 청동 조각품은 시청 뒤 베이 스트릿(Bay St)과 던다스 스트릿(Dundas St W) 교차로의 남서쪽 건물의 골목에 있다. 골목 양쪽 끝에 설치된 두 개의 청동 조각품은 다른 시대에 이 지역으로 이주한 이민자 어린이를 표현했다. 건물 외벽에는 "시공간을 넘어 토론토의 두 아이들이 만나다..."라고 적혀있다. 2013년 조각가인 켄 럼(Ken Lum)이 만들었다.

그래피티 앨리
Graffiti Alley

⌂ 570 Bay St., Toronto, ON M5G 0B2

토론토의 패션 지구에 위치한 그래피티 앨리(Graffiti Alley)는 토론토의 활기찬 거리 예술인 그래피티를 볼 수 있는 가장 인기있는 장소 중 한 곳이다. 그래피티 골목의 길이름은 러쉬 레인(Rush Lane). 퀸 스트리트 웨스트(Queen Street West)의 한 블록 남쪽에 있으며, 스파다이나 애비뉴(Spadina Avenue)에서 포틀랜드 스트릿(Portland Street)까지 400미터 거리의 건물벽에 다양한 벽화가 그려져있다.

2011년 토론토 시의회는 시 이미지에 나쁜 영향을 줄 수 있는 그래피티 반달리즘을 없애고, 예술적 기쁨과 활력을 주는 거리 예술을 지원하기 위한 토론토 시조례 485장을 제정하고, 그 다음 해 1월 발표했다. StreetARToronto(START) 프로그램의 탄생은 그래피티 앨리를 활기넘치는 관광지로 만들었다. 그렇다고 골목에 페인트를 칠하는 것이 합법이라는 것은 아니다. 여전히 예술가는 그림을 그리기 위해 건물 소유자의 허가를 받아야한다.

BEST PLACES
TO VIEW FALL COLOURS IN THE GTA

근처 단풍 구경 갈만한 곳.

챌트넘 배드랜드
the Cheltenham Badlands

⌂ Caledon, ON L7C 0K6

지질학적 용어로는 배드랜드(Badland), 편하게 말하면 황무지다. 풀도 나무도 없는 벌거숭이 둥근 언덕과 빗물로 생긴 도랑이 어우러진 부드러운 암석 지역이다. 캐나다 앨버타 주의 드럼헬러배드랜드(Drumheller Badland)의 대자연과 달리 챌트넘 배드랜드는 인간이 만든 황무지다. 1930년대 이 곳은 과도하게 소를 방목하면서 풀조차 자라지 못하는 땅이 되어버렸고, 흙 아래에 있던 퀸스턴 셰일이 드러나게 됐다. 땅이 붉은 색을 띠는 것은 퀸스턴 셰일의 산화철 때문이고, 녹색 띠는 순환하는 지하수로 인해 적색 산화철이 녹색 산화철로 변했기 때문이다. 농부는 떠났지만 시간이 지나고 관광객이 찾아오기 시작했다. 가을이 되면 챌트넘 배드랜드는 기이한 지형과 어우러진 오색 단풍을 즐기려는 사람들로 인산인해가 된다. 2015년 7월 이후로, 사람들은 배드랜드를 보호하기 위해 설치한 보드워크(boardwalk)를 따라 걷도록 하고 있다. 이 곳엔 브루스 트레일(1330m)과 배드랜드 트레일(325m)이 있다. 주차장은 33대까지 주차 가능하고, 최대 2시간까지 요금주차(paid parking)를 할 수 있다.

스카보로 블러프스
Scarborough Bluffs

⌂ 52 Bluffers Park, Scarborough

온타리오 호수를 따라 동쪽으로는 빅토리아 파크 애비뉴(Victoria Park Avenue)에서부터 서쪽으로는 하이랜드 크릭(Highland Creek)까지 장장 15km 에 이르는 스카보로 블러프스 절벽은 높이가 25층 건물과 맞먹는 90미터에 이르는 곳도 있다. 토론토 시가지가 한 눈에 보이는 카사 로마가 위치한 지형도 이 방대한 에스카프먼트의 연장선에 있다. 블러프스가 생겨난 시기는 마지막 빙하기 이후인 12,000년 전으로 나이아가라 폭포가 형성된 시기와 비슷하다.

18세기 후반에 블러프스는 '높은 지대'라는 의미로 하이랜드로 불렸고, 스카보로 하이랜드(Scarborough Highland)라는 이름을 처음 사용한 사람은 어퍼캐나다(지금의 온타리오 주)의 초대 총독이었던 존 그레이브스 심코의 아내, 엘리자베스 심코(Elizabeth Simcoe)에 의해서였다. 이 곳 전경이 그녀의 고향, 영국 스카보로(Scarborough, England)와 많이 닮아서였다.

가을 단풍 사진은 스카보로 크레센트 파크(Scarborough Crescent Park)에서 블러프스와 온타리오 호수를 같이 담는 것이 예쁘다. 블러퍼스 파크(Bluffers Park)는 스카보로 블러프스(Scarborough Bluffs)의 아름다운 경관을 해안쪽에서 볼 수 있도록 하기 위해 1976년에 조성되었다. 블러퍼스 파크 전망대에서 스카보로 블러프스가 한 눈에 들어온다. 블러퍼 파크에 있는 마리나는 물에 떠있는 수상가옥으로 인해 이색적인 풍경을 선사한다. 겨울에는 보트에서 사는 사람들(Liveaboard)이 백조에게 먹이를 던져주는 모습을 심심찮게 볼 수 있다.

EATING

토론토에는 맛집도 많다. 렉싱턴 마켓이나 세인트
로렌스 마켓에서 시장 느낌의 음식을 맛보거나, 섬
머리셔스(Summerlicious)나 토론토의 맛(Taste of
Toronto) 축제에 참여한 레스토랑 중에서 입맛에
맞을 것 같은 곳을 골라 풀코스 요리를 맛보거나,
암흑식당 혹은 중세시대 식당 같은 이색식당도 가
볼만하다.

암흑 식당
O'Noir Restaurant

'암흑 식당'으로 더
알려진오느와르 토
론토 레스토랑은
캐나다에서 두 번
째다. 2006년 몬트
리올에서 오픈 했
고, 토론토는 2009
년 문을 열었다.
이 식당의 매력은 휴대폰은 끄고, 야광 시계는 숨겨서 일체의 빛
이 차단된 공간에서 식사를 한다는것이다. 손님들은 조명이 있
는 라운지(A Lit Lounge)에서 메뉴판을 보고 요리를 먼저 주문
한다. 3-코스(Starter, Main Dish and Dessert) 혹은 2-코스 (선
택 1 : Starter and Main Dish, 선택 2 :Main Dish and Dessert)
중에 하나를 선택한다. 오느와르는 종업원을 안내 종업원(guide
server)이라고 부른다. 맹인이거나 시각 장애를 가진 이들이 손
님들을 식당안으로 안내하기 때문이다. 입장할 때는 기차놀이 하
는 것처럼 왼손을 앞 사람의 어깨에 얹고 안내 종업원을 따라 들
어간다. 주방에서 요리가 준비되면 암실 입구에 대기하고 있는
웨이터에게 요리가 전달되고, 웨이터는 능수능란하게 음식을 테
이블로 서빙한다. 식당안은 여느 식당처럼 어떤 음식을 누가 주
문했는지 확인하기 위해 시끄럽다. 청각과 촉각의 도움을 받아
음식을 찾고, 극대화된 미각과 후각을 이용해 음식을 먹는다. 음
식은 먹기 쉽게 주방에서 잘라서 나온다. 닭가슴살 요리만은 잘
라진 음식을 싫어하는 손님이 있기 때문에예외다. 손님들은 입에
뭐가 묻었는지 신경 쓰지 않고 색다른 경험을 즐기면 된다. 그래
서 식사를 마치고 나온 손님들은 서로의 얼굴을 보고 배꼽이 빠
지게 웃는다.
암흑 식사를 시작한 이는 스위스 취리히 맹인 목사였던 호르게
스피엘망(Jorge Spielmann)이었다. 그는 맹인인 자기 자신이 어
떻게 먹는 지를 나누기 위해 집에 온 손님들의 눈을 가리고 식사
를 했는데, 1999년 스피엘망은 '맹인 암소(Blindekuh)'라는 암흑
식당을 오픈했다. 이 식당은 보지 못하는 사람들에 대한 이해를
돕고, 맹인들의 고용을 확대하기 위해서였다.
안내 종업원은 3개월의 훈련을 마친 뒤 일을 시작한다. 그들은 항
상 자신의 행동을 말로 알려주기 때문에 그의 말 중에는 '조심하
세요!'라는 말이 가장 많다.

🏠 620 Church St, Toronto
http://onoirtoronto.com

중세 시대 식당
Medieval Times Dinner & Tournament

중세 시대 디너 & 토너먼트 (Medieval Times Dinner & Tournament)는 중세 시대 기사들의 칼싸움, 마상창대회(Jousting) 등을 보면서 중세풍의 식기에 담긴 음식을 맨 손으로 먹는 패밀리 디너 극장이다.

이 중세 식당에서 펼쳐지는 쇼의 가치는 아무데서나 볼 수 있는 것이 아니라는 것이다. 텍사스 달라스(Dallas, TX)를 포함해 미국에 9곳이 있고, 캐나다는 토론토가 유일하다. 공연은 각 극장마다 약 75명의 배우와 20여필의 말이 출연한다.

관중들은 입장하면서 각기 다른 6가지 색의 종이 왕관과 깃발을 받아 자리로 안내된다. 팡파레가 울리고 쇼가 시작되면, 중세 복장을 한 남녀가 줄지어 들어와 음식을 서빙을 한다. 왕을 위한 성찬에는 무한 리필 음료수, 에피타이저로 토마토 비스크 스프(Tomato Bisque Soup), 본식은 구운 닭 + 돼지 갈비 + 허브를 얹은 구운 감자 + 마늘 빵, 마지막으로 후식은 빵(Pastry of the Castle)과 커피가 제공된다. 물론 채식주의자를 위한 식사도 요구하면 준비된다.

쇼의 줄거리는 이렇다. 새 여왕이 왕국 최고의 기사를 뽑는 토너먼트를 관장한다. 여왕의 권력은 도전을 받지만 늘 그랬듯이 승리한다. 이야기는 6년 마다 바뀐다고 한다. 기사들의 이름이 호명되면 환호성을 받으며 기사들이 말을 타고 입장한다. 기사들은 모두 6명으로 색깔이 기사의 이름이다. Black&White Knight, Blue Knight, Red&Yellow Knight, Yellow Knight, Green Knight, Red Knight. 들어올 때 Red 왕관을 받은 관중은 Red석에 앉아 Red Knight를 응원한다. 상대팀 기사에겐 야유를 보내며 쇼는 흥이 더해진다.

말쇼(Horsemanship), 매쇼(Falconry) 등을 공연 사이사이에 넣어 재미를 더했다. 쇼의 가장 하이라이트는 마상 창경기인 자우스팅(Jousting)이다. 마상 창경기는 중세에 유행했던 경기로 기사들은 헬맷과 갑옷으로 무장한다. 마창대회는 자신의 창을 부러뜨리기 위한 시도를 하는 것으로 겨드랑이에 창을 견착한 뒤, 빠른 속도로 말을 몰아 창으로 상대방의 방패나 갑옷을 가격한다. 창이 부러지거나 상대방이 말에서 떨어지면 점수를 얻게 된다. 세 번을 겨루어 승부가 나지 않으면 말에서 내려 무기로 싸운다. 칼싸움에 사용되는 무기는 티타늄으로 만든 것으로 스페인어로 부른다. 양손으로 잡아야 하는 만도블 검(Mandoble), 한 손으로 잡을 수 있는 에스파다 검(Espada), 전곤(Mace, 곤봉 끝에 못이나 쇠뭉치가 박힌 무기), 알라바르다(Alabarda)라는 긴 창, 쇠사슬에 쇠뭉치가 달린 볼라(Bola), 그리고 손도끼 등이 있다. 기사들은 연기와 스턴트를 배운 사람들로 고전 무술, 태극권, 공수, 태권도 등의 유단자들이다. 연기이긴 하지만 자칫하면 사고로 이어질 수 있기 때문에 많은 시간의 훈련과 연습을 필요로 한다. '중세시대' 쇼에서 중요한 것들 중에 하나는 말이다. 이 재능넘치는 말들은 텍사스 생어(Sanger)에 있는 중세 시대 채플 크릭 목장(Medieval Times Chapel Creek Ranch)에서 키워진다. 말들 중에 스페인 순종 말인 안달루시안은 힘이 세고, 명민하고, 충성심이 높다고 한다. 말은 일찍부터 훈련을 받아, 3살이 되면 각 극장으로 보내져 공연에 참여한다. 무대에서 몇 년을 공연한 뒤, 말은 평안한 안식처인 텍사스 목장으로 돌아와 죽을 때까지 지낸다.

토론토 중세 시대 디너 & 토너먼트는 1983년 개장해 매년 약 25만 명 이상의 사람들이 방문한다. 2살 아이부터 100살 어르신까지 가족 모두가 즐길 수 있다.

🏠 10 Dufferin St, Toronto
medievaltimes.com
medievaltimes.com/about-the-show/index.html

ACCOMMODATIONS

--- 럭셔리 호텔(Downtown) ---

1 Hotel Toronto
⌂ 550 Wellington St W, Toronto, ON M5V 2V4
☎ (416) 640-7778

Bisha Hotel Toronto
⌂ 80 Blue Jays Way, Toronto, ON M5V 2G3
☎ (437) 370-8142
https://www.loewshotels.com/bisha

Fairmont Royal York Toronto
⌂ 100 Front Street W, Toronto, ON M5S 1T8
☎ (416) 368-2511

Four Seasons Hotel Toronto
⌂ 60 Yorkville Avenue, Toronto, ON M4W 0A4
☎ (416) 964-0411
https://www.fourseasons.com/toronto/?seo=google_local_tfs
1_amer

InterContinental Hotels & Resorts
⌂ 225 Front St W, Toronto, ON M5V 2X3
☎ (416) 597-1400

Le Germain Hotel - Maple Leaf Square
⌂ 75 Bremner Blvd, Toronto, ON M5J 0A7
☎ (416) 649-7575
https://www.germainhotels.com/en/le-germain-hotel/
toronto-maple-leaf-square

Le Germain Hotel - Toronto Mercer
⌂ 30 Mercer St, Toronto, ON M5V 3C6
☎ (416) 345-9500
https://www.germainhotels.com/en/le-germain-hotel/
toronto-mercer

Park Hyatt Toronto
⌂ 4 Avenue Rd, Toronto, ON M5R 2E8
☎ (416) 925-1234

Shangri-La Hotel Toronto
⌂ 188 University Ave, Toronto, ON M5H 0A3
☎ (647) 788-8888
https://www.shangri-la.com/toronto/shangrila/

The Hazelton Hotel
⌂ 118 Yorkville Ave, Toronto, ON M5R 1C2
☎ (416) 963-6300
https://www.thehazeltonhotel.com/

The Omni King Edward Hotel
⌂ 37 King St E, Toronto, ON M5C 1E9
☎ (416) 863-9700

The Ritz-Carlton Toronto
⌂ 181 Wellington St W, Toronto, ON M5V 3G7
☎ (416) 585-2500

The Yorkville Royal Sonesta Hotel
⌂ 220 Bloor St W, Toronto, ON M5S 1T8
☎ (416) 960-5200

1 Hotel Sign © Destination Toronto

The Hazelton Hotel © Destination Toronto

The Omni King Edward Hotel © Destination Toronto

—— 부티크 호텔(Downtown) ——

ACE Hotel

51 Camden St, Toronto, ON M5V 1V2
(416) 637-1200
https://acehotel.com/toronto/

Drake Hotel

1150 Queen St W, Toronto, ON M6J 1J3
(416) 531-5042
https://www.thedrake.ca/thedrakehotel/

Gladstone House

1214 Queen St W, Toronto, ON M6J 1J6
(416) 531-4635
http://www.gladstonehotel.com/

King Blue Hotel Toronto

355 King St W, Toronto, ON M5V 1J5
(416) 915-3770

The Anndore House

15 Charles St E, Toronto, ON M4Y 1S1
(416) 924-1222
https://theanndorehouse.com/

The Ivy at Verity

111 Queen St E unit d, Toronto, ON M5C 1S2
(416) 368-6006
http://www.theivyatverity.ca/

The SoHo Hotel & Residences

318 Wellington St W, Toronto, ON M5V 3T4
(416) 599-8800
https://www.sohohotel.ca/

—— 호스텔 (Downtown) ——

Neill Wycik Hotel

96 Gerrard St E, Toronto, ON M5B 1G7
(416) 977-2320
https://www.neillwycikhotel.com/

Höstel Toronto

209 Carlton St, Toronto, ON M5A 2K9
(416) 921-9797

—— 공항 근처 호텔 (Airport Area) ——

Courtyard by Marriott Toronto Airport

231 Carlingview Dr, Toronto, ON M9W 5E8
(416) 675-0411

Delta Hotels by Marriott Toronto Airport

& Conference Centre

655 Dixon Rd, Toronto, ON M9W 1J3
(416) 244-1711

Embassy Suites by Hilton Toronto Airport

262 Carlingview Dr, Toronto, ON M9W 5G1
(416) 674-8442

Hampton Inn by Hilton Toronto Airport

Corporate Centre

5515 Eglinton Ave W, Toronto, ON M9C 5K5
(416) 646-3000

Radisson Suite Hotel Toronto Airport

640 Dixon Rd, Toronto, ON M9W 1J1
(416) 242-7400

CANADA

Hamilton

해밀턴

철강 도시(Steel City)로 20세기 초 호황을 누렸던 해밀턴(Hamilton)은 문화시설과 유명한 식당을 두루 갖춘 몇 안되는 도시 중 하나다. 대표적으로 실내경기장인 퍼스트온타리오센터(FirstOntario Centre)에서는 아이스하키를 포함한 스포츠 경기와 디즈니 온 아이스(Disney On Ice)와 같은 각종 공연들이 열린다. 다목적 경기장인 팀홀튼 경기장(Tim Hortons Field), 자동차 레이싱 경기장인 플램보로 스피드웨이(Flamboro Speedway) 등도 있다. 시민들의 산책로인 베이프론트 트레일, 해밀턴 비치 트레일, 던다스밸리 보호구역의 트레일은 활기찬 해밀턴시를 만드는 밑거름이 된다. 관광지로는 왕립 식물원, 캐나다 전투기 유산 박물관, 던던 캐슬, 던다스 피크(Dundas Peak), 그리고 나이아가라 에스카프먼트를 따라 형성된 수많은 폭포를 감상하는 브루스 트레일 하이킹(Bruce Trail Hiking) 등이 있다.

유니온 스테이션 버스터미널에서 고버스(GO Bus) 16번을 타면 해밀턴 고센터(Hamilton GO Centre)까지 1시간이면 도착한다. 또는 유니온 스테이션에서 고트레인(GO Train)을 타면 해밀턴의 웨스트 하버 고(West Harbour GO)까지 1시간 20분이면 도착한다. 요금은 성인 기준 $13.60이다.

해밀턴 드나드는 방법 ❶ 항공

존 먼로 해밀턴 국제공항

John C. Munro Hamilton International
Airport
📍 9 300 Airport Rd #2206, Mount Hope, ON
L0R 1W0
📞 905-679-1999
http://flyhamilton.ca/

존 먼로 해밀턴 국제공항(John C. Munro Hamilton International Airport)은 4개의 저가 항공사가 캐나다의 캘거리(Calgary), 에드먼튼(Edmonton), 아보츠포드(Abbotsford)와 멕시코 칸쿤(Cancun), 그리고 시즈널로 쿠바 카요코코(Cayo Coco, Cuba) 노선을 운항한다.

해밀턴 드나드는 방법 ❷ 버스, 통근 기차 GO Train

해밀턴 고 센터 Hamilton GO Centre

📍 36 Hunter St E, Hamilton, ON M6E 2C8
📞 고트랜짓 고객 서비스 : 416-869-3200
고트랜짓 예약 https://www.gotransit.com/

웨스트 하버 고 West Harbour GO

📍 353 James St N, Hamilton, ON

웨스트 하버 고

앨더샷 고 Aldershot GO

📍 1199 Waterdown Rd, Burlington, ON

🚌 버스 해밀턴 고 센터 Hamilton GO Centre

• 고 버스(GO Bus) 16번 (고속버스) : QEW(Queen Elizabeth Way) 고속도로를 이용 토론토 유니온 스테이션 버스 터미널과 해밀턴 고 센터를 정기 운행한다. 1h 소요.
• 고 버스(GO Bus) 40번 (직행버스) : 해밀턴 고 센터를 출발해 토론토 피어슨 국제공항을 거쳐 리치몬드 힐 센터(Richmond Hill Centre)까지 정기 운행한다. 피어슨 공항까지는 1h 20m 소요.

🚌 통근 기차 GO Train

토론토 유니온 스테이션(Union Station)과 해밀턴의 웨스트 하버 고(West Harbour GO) 구간을 운행하는 통근 열차 '고트레인(GO Train)'을 타면 1시간 20분 걸린다. 웨스트 하버 고는 무인 시스템 도입으로 역무원이 없다. 승차권 자동발매기를 이용해 티켓을 구입하거나, 프레스토 카드(교통카드)를 역에 들어갈 때나 탑승할 때 탭하고, 내릴 때 탭하면 된다.

> **TIP**
>
> **고 버스 18번** 웨스트 하버 고(West Harbour GO)에서 출발하는 토론토행 고트레인 운행 스케줄이 없을 때, 승객들은 18번 버스를 타고 토론토행 고트레인을 탈 수 있는 워터다운(Waterdown)의 앨더샷 고(Aldershot GO)까지 이동한다. 18, 18C, 18F 버스는 해밀턴 고 센터와 앨더샷 고 사이를 운행하고, 18A, 18E, 18J 버스는 웨스트 하버 고를 거쳐 해밀턴 고 센터와 앨더샷 고 사이를 운행한다. 18K 버스는 세인트 캐서린 고 버스터미널(St. Catherines GO Bus)과 워터다운(Waterdown)의 앨더샷 고(Aldershot GO) 사이를 운행한다.

해밀턴

앨더샷 고(GO)

왕립 식물원

던다스 피크

던던 캐슬

웨스트 하버 고(GO)

Burlington St E

Barton St E

허치스 레스토랑

던다스 밸리 보호구역

Main St W

해밀턴 미술관

해밀턴 고(GO) 센터

팀 홀튼 1호점

Wilson St E

Lincoln M. Alexander Pkwy

Hwy 403

Garner Rd

Rymal Rd W

존 먼로 해밀턴 국제공항

캐나다 전투기 유산 박물관

Airport Rd

빈브룩 보호구역

N

Hamilton FESTIVAL and EVENT

해밀턴 축제와 이벤트

 ## Canada's Largest Ribfest
캐나다에서 가장 큰 립페스트

벌링턴 다운타운의 워터프론트에서 매년 9월 초에 열리는 벌링턴 립페스트(Burlington Ribfest)는 4일간의 축제 기간동안 무려 68,000kg의 갈비가 팔린다. 공연 무대에서 펼쳐지는 라이브 음악을 들으며 야외에서 먹는 갈비 맛이 끝내준다. 립페스트(Ribfest)는 온타리오 주의 여러 도시에서 열린다.

02 Rockton World's Fair
락톤 세계 농업박람회

온타리오 주 해밀턴에 위치한 락톤 커뮤니티에서 매년 추수감사절 주말에 열린다.
1852년 비벌리 농업 협회 박람회(Beverly Agricultural Society Fair)로 시작되었고,
1878년부터 락톤 월드 페어(Rocton World's Fair)로 알려졌다.
축제의 하이라이트인 데몰리션더비(Demolition Derby), 놀이공원 미드웨이
(Midway), 푸드 코트, 4-H, 말쇼, 파이 먹기 대회, 가축 농장, 농기구 전시 등 다양
한 이벤트가 펼쳐진다.
온타리오 주에서 열리는 농업박람회 스케줄은 웹사이트
(www.ontariofairs.org)에서 확인할 수 있다.

⌂ 812 Old Hwy 8, Rockton, ON L0R 1X0
☎ 519-647-2502
◷ 데몰리션 더비 일정 : 금 19:30, 토 19:30,
  일17:30
💲 어른 $15.00, 어린이(6~15살) $7.00, 5살 이하
  무료
http://www.rocktonworldsfair.com

푸드 코트에서 거대한 통양파 튀김을 파는 콜로설 어년(the Colossal Onion), 양파를 완전히 자르지 않고 연꽃처럼 잘라 밀가루 반죽을 적신 후 기름에 튀긴다. 갓 튀긴 것을 소스에 찍어먹으면 정말 맛있다!

데몰리션 더비 장면. 상대 차량이 멈춰 설 때까지 서로 자동차를 충돌시킨다. 마지막까지 남는 차가 우승자다.

데몰리션 더비는 안전한가?

데몰리션 더비에 참가하는 참가자의 99.99%가 집으로 무사히 돌아간다고 한
다. 작은 공간에서 움직이기 때문에 소리만 요란하지 속도는 빠르지 않아 충격
이 덜하다. 어떤 곳은 모래바닥에 물을 뿌려 차의 속도를 제한하기도 한다. 운
전자들을 보호하기 위한 안전 수칙도 몇 가지 있다. 그 중에 하나를 소개하자
면, 운전자들의 문을 치지 못하도록 하기 위해 운전자들의 문은 항상 흰색으로
페인트가 칠해져 있어야 한다. 또한 앞 유리가 있어야 할 곳엔 쇠로 된 바를 설
치하는데 이것은 운전자가 다른 차의 후드에 맞지 않도록 하면서 파편을 막아
주는 한 가지 안전 수칙이다. 차량 내부는 운전석만 두고 모두 떼어낸다. 운전
석 앞 뒤로는 문짝과 문짝 사이를 쇠로 된 바가 가로놓여 있어서 상대 차량에
받쳤을 때 운전자를 안전하게 보호할 수 있다.

Winona Peach Festival
위노나 피치 축제

1967년 캐나다 100주년을 기리기 위해 시작된 위노나 복숭아 축제는 8월 말에 3일간 열린다. 가판대에서 복숭아만 파는 축제가 아니라 다양한 놀거리, 볼거리, 먹거리가 어우러진 축제다. 아이들이 가장 좋아하는 순회 놀이공원인 미드웨이(Midway)*가 공원 중앙에 설치된다. 100여 명의 예술가들이 직접 만든 미술공예품이 공원에 전시 혹은 부스에 진열되는데 방문객들은 산책하듯 둘러보며 맘에 드는 것을 구입 할 수 있다. 이 외에도 유명한 복숭아 선데 아이스크림을 파는 푸드 코트, 클래식 카를 전시하는 자동차 쇼(Peach of a Car Show), 장기자랑 대회인 피치 스타(Peach Star), 스토니 크릭에 거주하는 16~19세 여성이 참가하는 미인 대회, 상품 추첨 이벤트인 드로 로터리(Draw Lottery) 등이 축제동안 열린다. 추첨 이벤트의 경우, 1등 상품의 가치가 팔린 티켓값의 50%인 최대 5만불까지라고 하니 한 번 도전해보자.

축제의 마스코트 이름은 피터(Peter)와 파올라(Paula)고, 둘은 남매간이다. 주차는 축제를 위한 자체 주차장이 있긴 하지만 주차대란을 피하기 위해 스토니 크릭의 쇼핑몰인 이스트게이트 광장(Eastgate Square)에서 출발하는 셔틀버스를 이용하는 것이 좋다.

TIP 미드웨이(Midway)

박람회에서 미드웨이는 놀이기구와 음식 부스가 모여있는 장소를 지칭하는 단어다. 1893년 시카고에서 열린 세계 콜럼비아 박람회는 전시장과 오락을 위한 공간이 엄격하게 분리된 최초의 박람회였다. 시카고의 미드웨이 플레장스(Midway Plaisance) 공원에 놀이기구들이 집중되었는데, 이 박람회 이후로 박람회, 서커스, 축제에서 놀이공원을 미드웨이(Midway)라고 부르게 되었다.

🏠 1328 Barton St, Stoney Creek, ON L8E 5L3
http://www.winonapeach.com/

위노나 피치 축제의 자동차 쇼(Peach of a Car Show)에 전시된 복숭아를 닮은 클래식 카

아트 앤 크래프트(Arts and Crafts)에는 100여 명의 예술가와 공예가가 참가한다.

그 밖의 볼만한 축제들

1 던다스 국제 버스커페스트 (International Buskerfest),
2 해밀턴 국제 에어쇼 (Hamilton International Air Show)
3 해밀턴 프린지 축제 (Hamilton Fringe Festival)
4 국화 축제 (Mum show)
해밀턴 게이지 파크(Gage park)의 온실(greenhouse)에서 10월 마지막 주에 열린다. 1920년부터 시작된 국화 축제는 매년 다른 콘셉트로 열리는데, 2,000㎡ 축제 공간에 190여 종 9,000여 개의 국화 화분이 사용된다. 요금은 어른 $6.50, 노인/어린이 $5.50.

the Battle of Stoney Creek Re-enactment
스토니 크릭 전투의 재현

토니 크릭 전투 재현 행사는 스토니 크릭(Stoney Creek)에 있는 배틀필드 하우스 박물관과 공원(Battlefield House Museum and Park)에서 매년 6월 첫번째 주말에 열린다. '1812년 전쟁(War of 1812)' 중이었던 1813년, 스토니 크릭(Stoney Creek)에서 미국과 어퍼 캐나다의 영국군이 벌인 전투를 재현하는 다크 투어리즘 형태의 축제다. 열병식과 전투 재현에 참가하는 사람들은 취미가 같은 동호회 사람들이다. 이들은 연령과 성별에 상관없이 19세기 초 군인들이 사용했던 머스킷 총(약 800~1,200달러), 군복, 장구 등을 자비로 구입해 연대, 중대 동호회에 가입한다. 축제 기간동안 지정된 캠프에 머물며 연습도 하고, 식사도 본인들이 직접 준비한다. 축제 현장에는 다양한 부스들이 장사를 한다. 1800년대 아이들이 가지고 놀던 나무로 만든 칼, 머스킷 총, 쇠뇌(crossbow) 등을 파는 곳도 있고, 팽이처럼 생긴 탑(top)을 굴려 9개의 스키틀스를 쓰러뜨리면 이기는 스키틀스(skittles) 게임 기구를 파는 곳도 있다. 스키틀스는 영국과 아일랜드 고장에서 인기있는 실내 펍 게임이다. 매년 수만 명의 방문객이 온타리오 주와 미국 등지에서 온다.

☎ 전화번호 : 905-521-3168

🎟 무료

📍 주차장 : 지정된 주차장에 무료 주차하고, 무료 셔틀 버스를 이용해 행사장으로 이동한다. 지정 주차장은 웹사이트에서 확인할 수 있다.

https://www.hamilton.ca/things-do/hamilton-civic-museums/battlefield-house-museum-park-national-historic-site/re-enactment

스토니 크릭 전투 the Battle of Stoney Creek

미국은 1813년 5월 27일, 조오지 요새를 공격해 함락한다. 영국군은 벌링턴 고지(지금의 던던 캐슬이 있는 곳)까지 퇴각한다. 3,400여 명의 미국 연합군은 스토니 크릭(Stoney Creek)까지 진격한 뒤, 6월 5일 그 곳에서 야영을 한다. 스토니 크릭에 살던 빌리 그린(Billy Green)이 벌링턴 하이츠에 주둔하던 영국군에 이 사실을 알리게 되고 영국군은 야습을 감행한다. 이 전투에서 미국 연합군의 장군 두 명이 포로가 되고, 전쟁은 영국군의 승리로 끝난다. 이 전투로 말미암아 전쟁의 양상은 바뀌게 된다.

배틀필드 하우스 박물관과 공원((Battlefield House Museum and Park)에 있는 추모탑은 스토니 크릭 전투에서 전사한 영국군을 기리기 위한 것이다. 공식적인 전사자 보고에 의하면 영국군은 23명 전사, 136명 부상, 55명 실종(이 중 52명은 미국 포로)이었고, 미국 연합군은 17명 전사, 38명 부상, 7명의 장교와 93명의 사병이 포로가 되었다고 한다.

해밀턴 추천코스

해밀턴에서 열리는 다양한 축제에 한 번쯤 가보자.
해밀턴 비치를 산책한 후 허치스(Hutch's)에서 피시앤칩스 맛보기, 던다스 피크 하이킹,
캐나다 전투기 유산 박물관과 왕립식물원의 핸드리 파크 방문 등을 추천한다.
해밀턴 주니어 아이스하키팀인 해밀턴 불독(Hamilton Bulldogs)의 경기를 홈경기장인
퍼스트온타리오 센터(FirstOntario Centre)에서 관전하는 것도 추천한다.

1일차

1 해밀턴 미술관
버스 15분

2 던던 캐슬
버스 10분

3 왕립식물원
버스 31분 + 도보 10분

4 팀홀튼 1호점
버스 1시간

5 캐나다 전투기 유산 박물관
버스 2시간/자동차 27분

2일차

6 던다스 피크 하이킹
자동차 40분

**7 켈소 피크닉 혹은
산악자전거 타기**

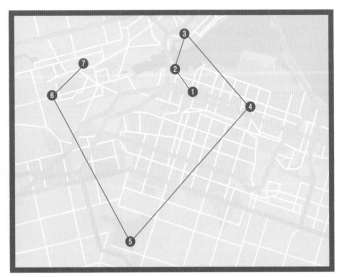

킴 애덤스(Kim Adams)의 브뤼겔-보스 버스(Bruegel-Bosch Bus)

1960년대 폭스바겐 버스는 환상적이고 매혹적인 세계를 가득 담은 '풍요의 뿔(Cornucopia)'을 나타내는 듯한 포스트 인더스트리얼 세계를 끌고 있다. 수많은 피규어들과 인형들은 다양한 인간 군상들이다. 버스를 운전하는 해골은 이 차의 목적지를 알려주는 듯하다. 하지만 썬글라스를 쓴 해골은 유머스럽다. 카오디오에선 60년대 유행했던 로큰롤이들리는 듯하다. 버스의 이름이 된 브뤼겔(Bruegel)과 보스(Bosch)는 다양한 사람과 주제를 하나의 화폭에 담는 화법으로 유명한 네덜란드의 화가들이다. 100가지가 넘는 네덜란드 속담을 표현한 브뤼겔의 대표작 '네덜란드의 속담처럼 이 조각은 우리에게 재미와 교훈을 준다. 1997년에 시작해 완성하는데 7년이 걸렸고, 지금도조각가는 해밀턴 아트 갤러리에 와서 피큐어를 덧붙인다고 한다.

해밀턴 미술관
Art Gallery of Hamilton

⌂ 123 King St W, Hamilton, ON L8P 4S8
☎ 905-527-6610
◷ 목 11:00~20:00, 금 11:00~18:00, 토,일
11:00~16:00
http://www.artgalleryofhamilton.com/

해밀턴 미술관은 1914년 1월 해밀턴 시립 미술관으로 설립되었다. 현재는 온타리오 주에서 세번째로 큰 미술관으로 영구 컬렉션에는 그룹 오브 세븐의 작품을 포함한 캐나다 컬렉션, 킴 애덤스(Kim Adams)와 같은 깜짝 놀랄 현대 조각을 포함한 현대 미술 컬렉션, 그리고 국제 컬렉션 등 세 가지 컬렉션 영역으로 구성되었다.

리즈 마고(Liz Magor)의 1997년 작품 'Sleeping Pouch'

던던 캐슬
Dundurn National Historic Site

⌂ 610 York Blvd, Hamilton, ON L8R 3E7
☎ 905-521-3168
◷ 화~일 12:00~16:00 (주차장 무료)
🎫 성인(18~59) $14.25, 학생(13~17) $12.25,
어린이(6~12) $8.75
http://www.hamilton.ca/dundurn

1835년에 벌링턴 고지에 지어진 던던 캐슬(Dundurn Castle)은 40개의 방이 있는 이탈리아 풍의 빌라로 1850년대 캐나다 주지사가 살다가, 1855년 맥냅에 의해 재건축되었다. 맥냅은 1854부터 1856년까지 영국령 캐나다(Province of Canada)의 총리였다. 맥냅 딸의 방에는 욕조와 물을 떠나르던 양동이, 요강, 다실, 하인들을 부르는 손잡이 기계 등이 있다. 환자를 격리하는 방. 와인 저장고, 치즈, 버터, 파이 등을 신선하게 저장하는 석빙고 등 19세기 상류층의 삶의 모습을 볼 수 있게 해주는 곳이다. 25년 넘게 앨런 경의 정원사였던 윌리엄 라이드(William Reid)가 주방에서 쓸 200여 가지의 과일, 야채, 허브, 그리고 꽃을 재배했던 2에이커의 키친 가든이 아름답게 복원되었다. 7~8월에 무료 정원 투어를 즐길 수 있다.

왕립식물원
Royal Botanical Garden

🏠 **헨드리 파크** 680 Plains Road W.
Burlington ON, L7T 4H4
락 가든 1185 York Boulevard, Hamilton,
ON
레이킹 가든 1229 Spring Gardens Road,
Burlington, L7T 1J8
수목원 16 Old Guelph Road, Hamilton,
L0R 2H9

📞 905-527-1158

🕐 5월~6월 10:00 ~ 20:00, 1월~4월 & 7월~12월
동이 틀 무렵에서 해질 때까지

🎫 **1일 패스** (Full Day Pass) – 어른(18~64)
$19.50, 유스/학생(13~17) $16.50, 노인(65+)
$16.50, 어린이(4~12) $11.50, 4살 이하
어린이 무료
싱글 가든 입장권(Single Garden
Admission) – 어른(18~64) $10.00,
유스/학생(13~17) $10.00, 노인(65+) $10.00,
어린이(4~12) $10.00, 4살 이하 어린이 무료
※ 락 가든 혹은 레이킹 가든에서는 싱글
가든 입장권을 구입할 수 있다.
※ 주차료는 주차 미터기에서 지불한다.
rbg.ca

레이킹 가든(Laking Garden)에 활짝핀 모란(Peony)과 붓꽃(Iris)

왕립식물원 센터(RBG Centre) 내부

로얄 보태니컬 가든(Royal Botanical Gardens)은 온타리오주 벌링턴과 해밀턴에 걸쳐 있는 9.7km2의 캐나다에서 가장 큰 식물원이다. 왕립 식물원(Royal Botanical Gardens)이라는 명칭은 1930년 영국의 조지 5세로부터 재가를 받아 사용하게 되었다. 왕립 식물원은 헨드리 파크(Hendrie Park), RBG 센터, 수목원(Arboretum), 레이킹 가든(Laking Garden), 그리고 락 가든(Rock Garden)으로 이루어졌다.

헨드리 파크(Hendrie Park)는 장미 가든(Rose Garden)과 열 두개의 테마 가든, 그리고 조각 컬렉션으로 유명하다. 장미 가든은 1967년 캐나다 100주년을 축하하기 위해 오스틴 플로이드(J.Austin Floyd)가 디자인했다. 6월부터 10월까지 수많은 장미꽃이 만발한다. 2018년 새롭게 단장하면서 캐나디안 실드(Canadian Shield TM)라는 장미꽃이 처음으로 장미 가든에 심겨졌다. 2017년 캐나다 블룸스(Canada Blooms)에서 '올해의 식물'로 선정된 장미로 온타리오주의 바인랜드 연구혁신센터(Vineland Research and Innovation Centre)에서 개발했다. 실드라는 이름에 걸맞게 추위에 잘 견디는 품종이라고 한다.

코르크 마개의 주 원료가 되는 코르크 참나무가 자라고 있는 지중해 가든

헨드리 파크

헨드리 파크(Hendrie Park)에 활짝핀 알리움(Allium)

락 가든(Rock Garden)의 어제와 오늘

헨드리 파크의 모리슨 우드랜드 가든(Morrison Woodland Garden)은 봄철에 인기가 많은 곳이다. 숲의 땅바닥에서는 놀라운 일이 벌어진다. 커다란 나무 잎이 태양 빛을 차단하기 전에 단기간에 성장해 꽃을 피워야 하는 음생식물들이 꽃을 피운다. 흐드러지게 핀 순백색의 연령초(Trillium)는 정말 볼만하다. 이 정원은 해밀턴 의사인 로이 에드워드 모리슨(Roy Edward Morrison) 박사의 가족이 후원하고 있다.

2008년 조성된 헬렌 키팩스 가든(Helen M. Kippax)은 18세기 유럽 식민지 개척자들이 도착하기 전에 온타리오에 존재했던 토착 야생화를 관찰할 수 있는 정원이다. 프레리 대평원, 오크 사바나, 캐롤라이나 숲(Carolinian Forest), 그리고 습지 연못 등에서 서식하는 135종 이상의 토착 종들을 전시하고 있다.

레이킹 가든(Laking Garden)은 6월에 붓꽃(Iris)과 피오니(Peony) 꽃이 활짝 핀다. 왕립식물원의 원장이었던 레슬리 레이킹의 아내 바바라 레이킹에게 헌정된 바바라 레이킹 메모리얼 헤리티지 가든(Barbara Laking Memorial Heritage Garden)은 1880년에서 1920년 사이에 온타리오 정원에서 많이 재배되었던 채소, 허브, 그리고 과일 등을 키운다. 미지의 땅에 정착한 유럽인들에게 생존을 위한 식량과 약제로 쓰였던 식물들의 중요성을 보여준다.

로얄 보태니컬 가든의 역사

1920년대, 토마스 베이커 맥퀘스튼(Thomas McQuesten)이 이끄는 해밀턴시 공원관리국은 맥마스터 대학 캠퍼스를 둘러싸고 있는 쿠츠 파라다이스 습지(Cootes Paradise Marsh)의 남쪽 해안을 보호하기 위해 식물원을 제안했다. 1930년 영국의 조지 5세 왕으로부터 식물원을 왕립 식물원으로 불러도 된다는 재가를 받았다. 그리고 식물원 제안당시 해밀턴시는 벌링턴 하이츠(Burlington Heights) 근처에 야심찬 미화 프로그램을 착수하고 있었다. 5.5에 이커의 버려진 자갈 구덩이에 나이아가라 에스카프먼트의 석회암을 깔아 락 가든(Rock Garden)을 만드는 프로젝트였다. 1929년 11월에 공사를 시작한 락 가든은 1932년에 일반에게 공개되었다. 1932년, 해밀턴 공원관리국은 락가든(Rock Garden)과 쿠츠 파라다이스(Cootes Paradise) 남쪽 해안을 통합했다. 1931년, 조오지 헨드리(George M. Hendrie)는 그의 아버지인 윌리엄(William)과 그의 형제들을 기리기 위해 122에이커의 헨드리 밸리 농장(Valley Farm)을 해밀턴 공원관리국(Hamilton Park Board)에 기부를 했고, 새로 형성된 왕립 식물원(RBG)의 일부가 되었다. 앨더샷(Aldershot)의 밸리 농장은 경주마를 기르는 농장이었다. 1947년 '왕립 식물원' 초대 원장으로 맥마스터 대학의 식물학 교수였던 노만 래드포스(Norman Radforth)가 임명되었고, 1954년 부국장 겸 원예학자였던 레슬리 레이킹(Leslie Laking)이 2대 원장으로 임명되었다. 그의 지도하에 왕립식물원은 북미에서 가장 큰 식물원 중 하나로 성장했다. 1947년에 오픈한 레이킹 가든(Laking Garden)은 그의 이름에서 따온 것이다.

2008년, 왕립식물원은 캐나다 양서류 및 파충류 보호 네트워크인 CARCNET(Canadian Amphibian and Reptile Conservation Network)에 의해 주요 양서류 및 파충류 지역으로 지정되었다. 그래서일까? 봄에 트레일을 걷다 보면 뱀 새끼들이 줄지어 트레일을 가로지르는 장면을 쉽게 목격할 수 있다.

붓꽃(Iris)

왕립 식물원 개화기(Bloom Time Chart)

	4월	5월	6월	7월	8월	9월	10월
수선화(Daffodil)	█	█					
튤립(Tulip)	█	█					
개나리(Forsythia)	█						
목련(Magnolia)	█	█					
크랩애플(Crabapple)		█					
층층나무(Dogwood)		█					
라일락(Lilac)		█	█				
붓꽃(Iris)		█	█				
피오니(Peony)			█				
장미(Rose)			█	█	█	█	
릴리(Lily)				█	█		
수련(Water Lily)				█	█	█	
연꽃(Sacred Lotus)				█	█		

수목원은 벚꽃, 크랩애플(crabapple), 층층나무(dogwood), 목련(magnolia) 등의 꽃나무가 활짝 피는 5월과 6월에 방문객이 가장 많다. 특히 라일락 향기가 진동하는 5월 말은 인기 절정이다. 이 때는 입장료를 받는다.

겨울에 꽃을 보고 싶다면 왕립식물원(RBG) 센터를 방문하길 추천한다. 12월에서 4월까지가 절정인 지중해 가든(Mediterranean Garden)은 지중해성 기후대인 지중해 분지, 남아프리카 웨스턴 케이프, 칠레 중부, 호주 남서부, 캘리포니아 남부 등에서 자라는 식물들을 모아놨다. 화사하게 핀 선인장 꽃과 난초(Orchid)는 사시사철 구경이 가능하다.

식물원 투어는 RBG 센터의 온실 카페(greenhouse café)에서 시작하는 것이 좋다. 커피 한 잔 마시면서 특별 프로그램과 이벤트는 어떤 것이 있는 지, 어느 가든에 무슨 꽃이 만개했는지 등에 대한 정보를 얻어, 계획을 세워 찬찬히 둘러보는 것이 좋다.

왕립 식물원 가든 위치 지도

MAP KEY		
RBG Properties	Gravel or Paved Trails	Washrooms · Parking · Lake Ontario Waterfront Trail · Canoe Launch
Roads	Dirt Trails	Wheelchair Access · Pay and Display Parking (Free for RBG members displaying valid pass) · Lookout · Boardwalks
Rail Lines		Trail Heads · The Fishway

해밀턴 비치 &
벌링턴 비치
Hamilton Beach & Burlington
Beach

해밀턴과 벌링턴에 비치가 있냐고 의아해하는 사람들이 많다. 북쪽 카티지로의 행렬이 장사진을 이루는 7, 8월이 지나고, 한풀 꺾이는 9월이 되면 여름 끝자락을 즐기려는 사람들이 론체어를 들고 해밀턴 비치와 벌링턴 비치로 나온다. 소풍을 나온 사람들은 하이킹을 하거나, 자전거를 타거나, 호숫가에 누워 따스한 볕을 쬔다. 주인이 재충전의 시간을 보내는 동안 개들은 물속에서 뛰어다니며 논다. 인적이 드문 곳에선 갈매기가 바위 위에서 날개를 말리고, 해안으로 밀려온 해초를 열심히 주워 먹던 구스들은 물 위를 쏜살같이 달리는 요트를 성가신 듯 바라보기도 한다.

해밀턴 비치에는 허치스(Hutch's)와 바랑가스(Barangas on the beach) 두 개의 식당이 있다. 허치스는 아이스크림과 피시앤칩스, 버거 등의 정크 푸드를 파는 패밀리 레스토랑으로 가족들이 많이 찾고, 호숫가 파티오에 앉아 그리스 혹은 지중해 음식을 즐길 수 있는 바랑가스는 연인들이 즐겨 찾는다. 피타, 샐러드, 그리고 음료수를 가지고 가서 해변에 앉아 먹을 수 있는 피타 팝업 스탠드(PITA Pop-Up Stand)는 코비드 때문에 생겨났지만 길거리 음식같아서 젊은 연인에게 인기다.

던다스 밸리 보호구역
Dundas Valley Conservation Area

🏠 650 Governors Road, Dundas, ON., L9E
　5E3
☎ 평일 905-525-2181, 주말 905-627-1233
🅿 주차요금 1대당 $11, 승마 차량 $20
https://conservationhamilton.ca/
conservation-areas/dundas-valley/

서먼 폭포

TH&B 철도

1892년 워터포드(Waterford)
와 브랜포드(Brantford)를 운행
하던 기차 노선은 1894년 해밀
턴, 1895년 웰렌드(Welland)까
지 연결되었다. 이름은 토론토,
해밀턴 & 버팔로 철로(Toronto,
Hamilton & Buffalo Railway)였
지만 토론토와 버팔로까지 연
결되지 못했다. 1895년 캐나다
태평양 철도(Canadian Pacific
Railway)와 뉴욕 중앙 철도(New
York Central Railroad)가 공동으
로 인수해 모회사의 철로를 사용
해 두 도시에 도달했다.

영화 촬영지로도 각광받고 있는 던다스 밸리 보호구역(Dundas Valley
Conservation Area)은 울창한 숲, 작고 맑은 시내, 폭포, 약수터(sulphur
springs), 나이아가라 폭포에서 이어진 나이아가라 에스카프먼트(Niagara
Escarpment), 그리고 19세기 집터 유적 등이 어우러진 평화로운 하이킹 트레일로
유명한 곳이다.
수령이 150년이 넘는 떡갈나무와 짱짱한 나무들이 기둥처럼 하늘을 바치고 있다.
폭풍우로 뿌리채 뽑혀 넘어진 나무는 그대로 둬 다람쥐의 놀이터가 되고 썩어 거
름이 된다. 트레일로 넘어진 나무는 전기톱으로 잘라 길가로 치운다. 3.4km의 메
인 루프 트레일(Main Loop Trail)은 던다스 밸리 트레일 센터(Dundas Valley
Trail Centre)에서 시작한다. 과거 해밀턴과 브랜포드(Brantford)를 달렸던 TH&B
철도*의 철길은 끊겼지만 그 길을 따라 이제 자전거가 달린다. 이 자전거 트레일의
길이는 32km다. 철길을 건너 190m를 가면 오른편으로 디어 런(Deer Run) 트레일
이 있다. 2~3월에는 이곳에서 메이플 시럽을 수확한다.
메인 루프 트레일은 전체적으로 가파르지 않다. 설퍼 약수터(Sulphur Springs)는
1800년대 후반 스파로 유명했던 설퍼 스프링
스 호텔(Sulphur Springs Hotel)이 있었던
곳이다. 사람들은 이 곳의 물이 놀라운 치유
력이 있다고 믿었다. 호텔은 두 번의 화재로
1910년 문을 닫았다. 물을 길러 온 사람에게
물었더니 이 지하수의 발원지는 조지안베이
(Georgian Bay)라고 한다.
이 지역에서 채석된 석회석으로 지어진 허
미티지 유적(Hermitage Ruins)은 조지 고든
브라운 리스(George Gordon Brown Leith)
에 의해 1855년 지어졌지만, 1934년 화재로
붕괴되었다. 그 터에 작은 집을 짓고 살던 리
스 씨의 딸마저 1942년 세상을 떠나면서 폐

캔터베리 폭포(Canterbury Falls)

던다스 밸리 보호구역 내의 3.4km 메인루프 트레일(Main Loop Trail)

허가 되었다가 최근에 일부 복원되었다. 450여 미터 떨어진 곳에는 문지기와 그의 가족이 살던 게이트하우스(Gatehouse)가 있다. 오늘날 이곳은 허미티지에서 출토된 유물을 전시하는 박물관으로 사용되고 있다.

루프 트레일을 반시계 방향으로 계속 걸으면 던다스 밸리 메릭 레인 주차장(Dundas Valley Merrick Lane Parking)과 만난다. 이 곳을 지나쳐 언덕 위로 올라서면 탁트인 공간이 나타난다. 한 때 메릭(Merrick) 가족이 맥킨토시, 골든 딜리셔스 같은 사과농사를 짓던 과수원이었다. 땅을 재생시키기 위해 자연상태로 둔 이곳은 각종 새들과 사슴, 붉은꼬리 말똥가리(Red-Tailed Hawk), 그리고 칠면조 등을 관찰할 수 있다.

정문이 아니더라도 앵케스터 밀 주차장(Ancaster Mill Parking)에서 시작되는 헤리티지 트레일(Heritage Trail,1.5km), 혹은 모나크 트레일(Monarch Trail)을 통해 메인 루프 트레일에 도달할 수 있다. 입장료는 무료지만 주차료는 유료다. 해밀턴 보호당국(Hamilton Conservation Authority)에서 운영한다.

메이플 수액을 수확하고 있는 장면.
디어 런(Deer run) 트레일

캔터베리 폭포 근처의 브루스 트레일(Bruce Trail)

트레일 센터

던다스 피크&튜스 폭포
Dundas Peak & Tew's Falls

스펜서 고지 보호구역

 주차장
튜스 폭포&던다스 피크 581 Harvest Road, Dundas
웹스터 폭포 Greensville Optimist Park, off Highway 8

📞 1-855-227-5267

📋 주말&공휴일, 가을 시즌 예약 필수. 예약비 $10, 주차비 $10.50, 입장료(1인) $5. 5세 이하 무료

예약 : https://conservationhamilton.ca/spencer-reservations/

TIP

셔틀버스
튜스 폭포 주차장에서 관광객들이 셔틀을 기다리고 있다. 인파가 많은 가을 단풍 시즌에는 넓은 주차장을 별도로 마련해 주차장과 폭포를 왕복하는 셔틀을 운행한다.

가을 단풍 하이킹 트레일로 유명한 스펜서 고지 보호구역(Spencer Gorge Conservation Area)에는 나이아가라 에스카프먼트가 만든 환상적인 협곡과 아름다운 두 개의 폭포가 있다. 웹스터 폭포(Webster Falls)는 웅장한 계단형 폭포이고, 41m의 튜스 폭포(Tews Falls)는 나이아가라 폭포보다 몇 미터 짧다. 로지 시냇물(Logie's creek)이 막사발 모양의 암석 위로 쏟아지는 튜스 폭포는 지난 12,000년간 침식된 결과로 만들어졌다. 스펜서 협곡의 끝자락인 던다스 피크(Dundas Peak)에 서면 스펜서 협곡과 개울, 던다스(Dundas)와 해밀턴 다운타운 서편이 시원하게 내려다보인다. 이 보호구역은 해밀턴보호당국(Hamilton Conservation Authority)이 운영하고 있다.

던다스 피크(Dundas Peak)까지 걸어가기 위한 가장 일반적인 방법은 차량을 튜스 폭포 주차장(Tews Falls Parking)에 세우고, 튜스 폭포를 감상한 뒤, 튜스 폭포 사이드 트레일(Tews Falls Side Trail)을 따라 던다스 피크까지 걷는 것이다. 현지에 거주하는 주민은 던다스 다운타운에 차를 세우고 철길을 따라 걷다가 튜스 폭포 전망 트레일(Tews Falls Lookout Trail)을 만나 그 길을 따라 정상까지 걸어 올라간다.

웹스터 폭포 하이킹, 튜스 폭포 & 던다스 피크 하이킹을 하려는 관광객이 많아지면서 HCA는 주말과 공휴일, 그리고 가을 시즌(9월 중순~11월)에는 온라인 예약을 하도록 의무화했다. 예약할 때 웹스터 하이킹과 튜스 폭포&던다스 피크 하이킹 둘 중에 하나를 선택해야 한다.

철길을 따라 걷다보면 철로 위로 올라서서 사진을 찍는 사람이 있는데, 이 구간은 화물열차가 다니기 때문에 항상 주위를 살펴야한다. 던다스 피크 전망대에서는 바위 난간에 앉아 위험하게 사진을 찍는 사람이 있는데 이런 행위는 따라해서는 안 되고, 바닥이 모래라서 미끄러져 추락할 수도 있으므로 절벽 근처에서는 절대 뛰거나 장난을 쳐서는 안된다.

스펜서 고지 보호구역의 튜스 폭포(Tews Falls)

철길을 따라 걸으며 가을 단풍을 구경하는 사람들

캐나다 전투기
유산 박물관

Canadian Warplane Heritage
Museum

⌂ 9280 Airport Road, Mount Hope, ON L0R
　1W0
☎ 905-679-4183
◷ 수~일 09:00~17:00,
✖ 월요일 & 화요일
🎫 성인(18~64) $16.00, 학생(13~17) $14.00,
　어린이(6~12) $11.00, 5세 이하는 무료.
www.warplane.com

캐나다 전투기 유산 박물관

캐나다 전투기 박물관은 1972년 설립된 비영리 단체다. 2차 세계대전 초기부터 현재까지 캐나다와 캐나다 군에서 사용된 50여 대의 비행기가 전시되고 있다. 항공 관련 다양한 선물을 파는 기념품가게와 갤러리도 있다. 가장 인상적인 것은 박물관에 있는 비행기들이 실제로 복원되어 관광객을 태우고 비행을 하는 것이다. 보잉 스티어맨(Boeing Stearman)처럼 전투기종은 한 명의 승객을 태울 수 있다. 20분 비행에 요금은 $225이다. 명성이 높은 아브로 랭캐스터 같은 경우, 탑승정원은 4명이고, 60분 비행에 3,600달러를 지불한다. 비행 티켓을 사려면 멤버십이 있어야 하므로 먼저 회원 등록을 해야한다. 회비는 1년에 어른 $125불이며, 회원이 되면 본인은 물론 배우자도 박물관 입장 무료며, 기념품을 살 때나 박물관 카페를 이용할 때 10% 할인이 되는 등 다양한 혜택이 있다.

이곳에서는 영화 '아웃 오브 아프리카(Out of Africa)'의 1929년 모델인 집시 모스 (Gipsy Moth) 빈티지 비행기를 타고 하늘을 나는 것이 가능하다. 오래된 비행기다 보니 사고도 종종 발생하지만 관광객은 꾸준히 증가하고 있다. 미국 코네티컷의 브래들리 국제공항(Bradley International Airport)에서는 2차대전 시대의 빈티지 폭격기 B-17 이 추락해 5명이 죽고 적어도 9명이 다치는 사고가 있기도 했다.

아브로 랭커스터

타이거 모스(Tiger Moth)

C47 다코타 수송기

캐나다 전투기 유산 박물관 역사

캐나다 전투기 유산 박물관(Canadian Warplane Heritage Museum)의 탄생은 데니스 브래들리(Dennis Bradley)와 알랜 네스(Alan Ness)의 우정을 통해 40대 넘는 항공기를 수집하면서 가능했다. 항공기에 대한 그들의 사랑과 캐나다 항공 역사를 보존 유지하기 위한 그들의 염원이 항공기 복원 프로젝트를 성공시켰다. 이 둘은 첫 번째 항공기인 페어리 파이어플라이(Fairey Firefly)를 획득하기 위하여 친구인 피터 매튜(Peter Mattews)와 존 와이어(John Weir)도 파트너로 참여시켰다. 파이어플라이는 지금까지도 박물관 로고, 광고 문장, 그리고 기념품 등에 쓰이고 있다. 1977년 캐나다 국제 에어쇼에서 알랜 네스(Alan Ness)가 파이어플라이(Firefly)를 몰다가 온타리오 호수에 추락해 사망했다.

이들은 해밀턴 공항의 격납고로 옮겨 다른 복원 프로젝트를 진지하게 찾기 시작했다. 그 중에서도 아브로 랭캐스터 (Avro Lancaster)는 가장 야심찬 복원 사업이었다. 1979년 치누크 헬리콥터를 이용해 가드리치(Goderich)에서 해밀턴 박물관으로 옮겨 복원을 시작했다. 1988년에서야 랭캐스터는 날아올랐다. 1993년 2월 15일 3번 격납고가 화재로 소실되면서 박물관의 항공기 5대도 전소되었다. 그리고 1만 제곱미터의 새로운 박물관이 후원자인 찰스 황태자에 의해 1996년 4월 26일에 공식적으로 문을 열었다. 20명 이상의 그룹 투어를 예약하면 경험이 풍부한 투어 가이드가 비행 이론, 항공기 디자인 또는 공군 역사 등을 설명해준다.

빈브룩 보호구역
Binbrook Conservation Area

⌂ 5050 Harrison Road, Binbrook
◷ 월~일 08:00~20:00 (5월 1일~추수감사절)
🎫 어른 $8, 노인/학생 $6, 차량 $24
https://npca.ca/parks/binbrook

빈브룩 웨이브 렌털(Binbrook Wave Rentals)
📞 289-684-3499
🎫 패들보드(Paddleboard)
　1시간 CA$25.00/2시간 CA$40.00
　카약(Kayak)
　1시간 CA$30.00/2시간 CA$45.00
　2인용 탠덤 카약(Tandem Kayak)
　1시간 CA$40.00/2시간 CA$55.00
　카누(Canoes)
　1시간 CA$30.00/2시간 CA$45.00
SNS Instagram & Facebook
@binbrookwaverentals

빈브룩 보더 패스 웨이크보딩(Binbrook
Boarder Pass wakeboarding)
https://www.bpwakeboardparks.com

트리탑 트레킹 Treetop Trekking
📞 예약 289-286-1016,
　혹은 hamilton@treetoptrekking.com
◷ 5~6월, 9~11월 (주말, 공휴일, 평일 대부분),
　7~8월 (1주일 내내)
treetoptrekking.com

빈브룩 보호구역은 나이아가라 유역에서 가장 큰 내륙 호수인 나이아펜코 저수지(Niapenco reservoir)에 있다. 매년 낚시 더비가 있을 정도로 빈브룩 보호구역은 낚시로 알려진 곳이다. 다른 시설로는 수영할 수 있는 비치, 어린이용 스플래시 패드(splash pad), 피크닉 시설, 자연 산책로 등이 있다. 비치에서 프로판이나 숯을 이용해 바비큐나 햄버거를 만들어 먹기도 한다. 해변의 상태와 수질은 수시로 샘플링해서 검사하기 때문에 안심하고 수영을 즐길 수 있다. 새떼나 야생 동물들의 똥, 폭우, 그리고 죽은 물고기 등은 수질에 영향을 줄 수 있기 때문에 이런 때는 수영을 피하는 것이 좋다.

빈브룩 보호구역에는 세 개의 물놀이 시설이 입주해 있다. 빈브룩 보호구역 입장료와 액티비티 이용료는 별도며, 액티비티는 전화나 이메일로 미리 예약을 하는 것이 좋다.

• **빈브룩 웨이브 렌털**(Binbrook Wave Rentals)은 패들보드, 카약, 카누 등을 대여해주고, 패들보드 레슨도 제공한다. 레슨은 한 번이면 되고, 레슨비는 2시간 60달러다.

• **보더 패스 캐나다**(Boarder Pass Canada)는 호수 가장자리 양 쪽에 타워를 세운 뒤, 케이블로 연결해 모터 보트 없이도 웨이크보드를 탈 수 있는 시스템을 갖추고 있다. 간단한 요령을 습득한 후 타면 된다. 10분 이용료는 40달러, 1시간엔 100달러다.

• **펀스플래쉬 스포츠 공원**(FunSplash Sports Park)은 6살 이상의 아이들이 물 위에 떠있는 거대한 놀이기구 위에서 장애물을 통과하며 노는 공간이다.

이 외에도 트리탑 트레킹(Treetop Trekking)은 트리탑 트레킹, 짚라인 타기 등 다양한 액티비티를 참가자에게 제공하고 있다. 특히 트리하우스에서 미끄럼틀을 타고 내려왔다가 그물을 타고 올라가고, 트리하우스에서 트리하우스로 해먹이나 나무 다리를 통해 이동하는 트리워크 빌리지(Treewalk Village)는 3~7세 아이들이 2시간 정도 놀기에 이상적이다.

켈소 보호구역
Kelso Conservation Area

🏠 공원 정문 5234 Kelso Road, Milton, ON.,
　　L9E 0C6
　　서밋 입구(Summit Entrance) 주소: 5301
　　Steeles Ave W, Milton, ON., L9T 7L3
📞 905-336-1158
📋 (세금포함) 어른(15살 이상) $7.00,
　　노인(65살 이상) $6.00, 어린이(5~14) $5.25,
　　4살 이하 어린이 무료.
www.conservationhalton.ca

MTB 학교
⏰ 2시간 강습 $99 (세금별도)
📞 905-878-5011 ext 1273 /email：
　　visitorservices@hrca.on.ca
http://www.conservationhalton.ca/
kelsomtbschool

보트 대여(Boat Rentals)
⏰ 1 시간
📋 카누 $27, 페달보트 $27,
　　카약 $22, 패들보드 $22

켈소 캠핑장(Kelso Campground)
대(Large)　　001, 002
　　　　　　　18명 이하, $175
중(Medium)　301, 302, 303, 304
　　　　　　　12명 이하, $115
소(Small)　　101~112, 305~308
　　　　　　　5명 이하, $50

켈소 보호구역(Kelso)은 온타리오 주 밀턴(Milton) 근처에 있으며 Conservation Halton이 소유, 운영하고 있다. 공원의 면적은 3.97㎢이고, 웅장한 나이아가라 에스카프먼트와 식스틴 마일 크릭(Sixteen Mile Creek)이 홍수나는 것을 통제하기 위해 만들어진 켈소 호수(Kelso Lake) 등을 포함하고 있다. 켈소 호수에서는 수영, 카누잉, 카약킹, 패들보딩이 가능하고, 보트는 공원 내에 있는 보트 대여 건물(Boat Rentals Building)에서 빌릴 수 있다. 빌리지 않더라도 무동력 보트면 누구라도 가지고 와서 탈 수 있다. 또한 공원에서 캠핑과 피크닉을 즐기고 싶은 사람은 캠프 사이트와 피크닉 사이트를 예약할 수 있다. 방문자 센터 뒤에 있는 2개의 캠프 사이트(001&002)는 18명 이하의 단체 캠핑에 적합하고, 나머지 20개의 캠프 사이트는 5인 이하, 혹은 12인 이하(301~304)의 인원이 캠핑할 수 있는 크기다. 11개의 피크닉 사이트(A, I~R)는 예약 필수이고, 나머지 4개는 예약이 필요없다. 온라인, 혹은 직접 (방문자 센터 혹은 정문 관리실에서) 예약할 수 있다.

켈소는 빙 둘러싸인 나이아가라 에스카프먼트(Niagara Escarpment)로 인해 하이킹, 암벽등반, 산악자전거 타기에 아주 이상적인 곳이다. 하이킹과 산악자전거 트레일의 총 길이는 29km며, 하이킹 트레일은 방문자 센터에서 출발하는 3.5km 이글 루프(Eagle Loop)와 서밋 입구(Summit Entrance)에서 출발하는 4.8km 디어 루프(Deer Loop) 등이 일반적이다. 산악자전거(MTB)에 처음 도전하는 사람이라면 공원내의 MTB학교에서 2시간 강습을 받는 것을 권한다. 노련한 MTB 강사가 트레일 소개와 산악자전거 기술 등을 가르쳐주기 때문에 안전하게 MTB를 즐길 수 있다. 산악자전거를 타는 것에 자신감이 생겼다면 5월말부터 8월말까지 매주 화요일마다 열리는 켈소 산악자전거 경주 대회(Mountain Bike Race Series)에 도전해보는 것은 어떨까. 이 대회는 남부 온타리오에서 가장 큰 경기로 알려져 있다. 겨울철에는 글렌 에덴 스키 & 스노보드 센터(Glen Eden Ski & Snowboard Centre)에서 활강 스키, 스노보드 및 튜빙을 즐길 수 있다.

켈소 보호구역 전경

켈소의 에스카프먼트(Escarpment)에서는 암벽등반을 하는 사람을 종종 볼 수 있다.

먹자!

EATING

로크 스트릿 사우스(Locke Street South), 제임스 스트릿 노스(James Street North)는 해밀턴의 대표 먹자 골목이다. 세인트 조셉 병원 근처의 제임스 스트릿 사우스(James Street South)에는 평점 높은 맛집이 더러 있다.

팀 홀튼 1호점
Tim Hortons #1 Store

캐나다 사람들은 아침을 팀 홀튼(Tim Horton)에서 시작한다? 대체로 맞는 말이다. 신문을 보거나, 친구와 수다를 떨거나, 무료 와이파이를 이용해 SNS를 하면서 사람들은 커피와 도넛을 먹는다. 이 서민적이고 친근한 팀 홀튼 1호점은 해밀턴에 있다. 2층 짜리 번듯한 빌딩에서 옛 모습을 찾아볼 수 없지만, '팀 홀튼은 1964년 5월 17일 처음 이곳에 문을 열었다'는 글귀만이 그것을 증명하고 있다.

1층은 주문대와 기념품 진열대가 있고, 2층은 팀 홀튼 가게의 역사를 알 수 있는 옛 물건들을 시대별로 전시한 전시실과 휴게실이 있다. 1976년 4월에 첫 출시된 팀빗(Timbit)은 팀 홀튼의 효자 상품이었다. 2011년에 발행한 한 신문 기사에는 팀빗(Timbit)의 35주년을 기념한 몇 가지 소소한 이야기가 실렸다.

- 일반적으로 팀빗은 도넛 홀스(donut holes)라고 부른다. 하지만 팀빗은 특별한 커터 기기를 이용해 만든다. 그리고 팀빗은 도넛의 구멍보다 더 크다.
- 오리지널 마스코트는 Mr. T(Tasty) Timbit 이었고, 각종 퍼레이드, 펀드레이징 행사 등에 등장했다.
- 2006년부터 2011년까지 5년간 소비된 팀빗의 길이를 합치면 지구를 7바퀴 돈 것과 같고, CN 타워 높이의 8만 배가 된다.

팀 홀튼 2층 박물관 겸 휴게실

⌂ 65 Ottawa St N, Hamilton, ON L8J 3Y9
☎ (905) 544-4515
⏱ 매일 07:00 - 20:00

112

팀 홀튼 Tim Horton

그는 1930.1.12일 캐나다 온타리오주 북부의 코크레인(Cochrane)이라는 곳에서 태어났다. 그의 이름은 마일스 길버트 홀튼(Miles Gilbert Horton)이었지만 그의 어머니, 이델(Ethel)은 그를 팀(Tim)이라고 부르는 것을 좋아했다. 1936년, 그의 아버지 아론 오클리 홀튼(Aaron Oakley Horton)이 금광에서 일하게 되면서 퀘벡주의 뒤파퀘(Duparquet)로 이사했다. 이 미래의 아이스하키 선수는 이 곳의 얼어붙은 연못과 강에서 처음으로 스케이트를 타고 놀았다. 2년 후, 코크레인(Cochrane)으로 다시 돌아온 홀튼은 15살 때, 코크레인에서의 결승전에서 8골을 넣어 팀을 승리로 이끌었다. 그리고 그는 수많은 아이스하키 선수들의 고향인 서드베리(Sudbury)로 1945년 이사했다.

온타리오 북부는 구리, 금, 은, 니켈, 철, 우라늄 등 광물이 풍부한 곳이어서 1900년대 초반에 많은 광산촌들이 생겨났고, 2차 대전 중에는 군수 물자 생산을 위한 금속의 필요로 서드베리(Sudbury), 카퍼 클리프(Copper Cliff) 등의 도시는 경제붐을 타고, 하키 경기장 같은 시설들이 복지 차원에서 많이 생겨났고, 이 곳에서 캐나다의 위대한 하키 선수들이 기량을 쌓아나갔다. 팀은 가톨릭 신부들이 운영하는 세인트 마이클스 칼리지 스쿨(St. Michael's College School)에서 고등학교 과정을 마치고, 1949년 미국 피츠버그 호넷(Hornets)팀과 3,000달러의 연봉 계약을 맺었다. 선수시절 그에게는 신체적 흠이 있었는데 바로 시력이었다. 시력이 약한 그를 위해 검안의는 특별한 타입의 강력한 콘택트 렌즈를 만들어 경기를 할 수 있도록 도왔다. 경기장 밖에서는 커다란 렌즈의 뿔테 안경을 착용했다. 그래서 별명이 미스터 마구(Mr.Magoo)였다. 팀 홀튼은 1952년 로리(Lori Michalek)를 만나 결혼해 4명의 딸을 낳았다. 1951년 그는 토론토 메이플 리프스(Toronto Maple Leafs)로 옮겨 선수생활을 했다. 당시에는 아이스하키 선수들의 연봉이 많지 않았기 때문에 오프 시즌 동안에 팀은 가족을 부양하기 위해 벽돌을 나른다든지, 자갈 트럭을 운전하기도 하고, 맥주 소매점인 비어 스토어(the Beer Store)의 점원으로 일하고, 부동산 에이전트로 일하기도 했다.

팀은 1964, 1968, 1969년 NHL 퍼스트 올스타 팀에 뽑혔고, 1963, 1967년에는 NHL 세컨 올스타 팀에 뽑혔다. 1961년 2월 11일부터 1968년 2월 4일까지 팀 홀튼은 연속 486 정기시즌 게임을 치뤘고, 이 기록은 아직도 메이플 리프스 팀의 기록으로 남아 있다. 2007년 2월 8일, 콜로라도 애벌랜치(Colorado Avalanche)의 칼리스 스크라스틴스(Karlis Skrastins)에 의해 다리가 부러지지 않았다면 그 기록은 더 커졌을 것이다. 메이플 리프스(Maple Leafs)는 1962-64년 3년 연속 스탠리 컵을 차지했다.

1964년 팀 홀튼은 그의 이름으로 도넛 가게를 열고 싶어하는 사업가들과 팀 도넛(Tim Donut Ltd)이라는 회사를 오픈했다. 팀의 명성을 빌어 손님을 끌려는 생각이었다. 팀 홀튼 도넛 가게는 1964년 해밀턴에 오픈했다. 1965년 사업 초반의 어려움에 직면한 동업자들은 그들의 주식을 팀과 팀의 아내 로리에게 팔고 떠났다. 그리고 퇴직 경찰공무원인 론 조이스(Ron Joyce)가 이 사업에 참여한다. 도넛 왕국 팀 홀튼(Tim Horton)이 이렇게해서 탄생하게 되었다. 1964년 12개 도넛이 69 센트 였고, 커피 한 잔의 가격이 25 센트 였다.

1970년에 이 나이많고 고 연봉의 아이스하키 수비수는 뉴욕 레인저스(Rangers)에 트레이드 된다. 그리고 1971년에는 피츠버그 펭귄스(Penguins)에서 뛰게 된다.

팀에 대한 이야기 중에 술에 대한 이야기가 있는데, 팀은 때로 몇 병의 맥주를 마신 후 흥분해서 호텔의 문을 부수었는데 심한 경우에는 60개를 부순 적도 있었다고 한다. 팀과 로리 부부간의 문제는 바로 이 술이 원인이었고, 로리는 항울제 중독자가 되었다. 팀(Tim)이 피츠버그 펭귄스에서 오래 뛰지 못하고 은퇴를 생각하고 있었을 때, 버팔로 사브레스(Buffalo Sabres) 팀 코치의 제의로 1972년 버팔로 사브레스(Buffalo Sabres)에 입단한다.

1974년 2월 21일, 새벽 4:30. 팀은 그가 아꼈던 포드 판테라(Ford Pantera)를 몰고 토론토에서 버팔로로 가던 중 세인트 캐서린(St.Catharine) 앞 고속도로 QEW(Queen Elizabeth Highway)에서 교통사고로 사망한다. 이유는 과속, 음주, 약물, 안전벨트 미착용(당시에는 안전벨트 착용이 의무가 아니었음) 등 이었다. 팀은 44세의 나이로 그의 생을 마감했다. 팀이 사랑했던 가족, 친구들 그리고 아이스하키계는 그의 죽음에 눈물을 흘려야 했다. 운구는 팀 홀튼이 가장 전성기였던 1967년 메이플 리프스 팀 동료들이 담당했다. 1974년까지 팀 홀튼 도넛 가게는 35개였다.

에티오피아 식당 와쓰
Wass Ethiopian Restaurant

남수단 출신인 제임스는 유튜브로 남수단의 전통춤인 쿰불로(Kumbulo)를 보는 것을 좋아한다. 남수단 사람들은 매주 일요일이면 예배 후 서너시쯤 오픈 장소에 모여 이 춤을 즐긴다고 한다. 계속 점프를 하는 춤으로 '강하다'는 것을 보여주는 춤이라고 한다. 제임스가 즐겨 찾는 에티오피아 식당 와쓰(Wass)는 인제라(Injera)로 유명한 곳이다.

메뉴판에는 에티오피아라는 나라가 어디에 있는지를 소개하는 지도와 에티오피아 음식의 역사에 대한 간략한 글이 적혀 있다. 본식은 콤비네이션 플래터 중에 Doro, Lamb Wat with vegetarian 과 Kitfo, Tibs with vegetarian 이 먹을만하다. 용어를 잠깐 설명하자면, 왓(Wat)은 스튜(Stew), 도로(Doro)는 계란, 킷포(Kitfo)는 간 소고기 볶음, 팁스(Tibs)는 야채를 넣은 볶은 소불고기다. 맛은 향내가 강하지 않아 먹기 편하다. 손으로 인제라를 뜯어 야채, 치즈, 치킨 스튜 등을 인제라로 싸잡아 먹는다. 먹고 나서 느끼함이 조금 느껴지면 달콤한 허니 와인으로 입가심하면 된다. 허니 와인(Honey wine)은 달콤한 청주같은 맛이다.

Doro, Lamb Wat with vegetarian 과 Kitfo, Tibs with vegetarian, 손으로 인제라(Injera)를 뜯어 야채, 치즈, 치킨 스튜 등을 인제라로 싸잡아 먹는다.

🏠 207 James St S, Hamilton, ON L8P 3A8
📞 905-523-0077   🗓 월요일   🕐 화~일 16:00-22:00
https://www.wassethiopianrestaurant.com/

식스 네이션스 버거 반!
Six Nations Burger Barn

원주민 보호구역인 식스 네이션스(Six Nations)*에는 서던 스타일의 수제버거를 맛볼 수 있는 버거 창고(Buger Barn)라는 식당이 있다. 원주민 보호구역 내에 있기 때문에 세금이 붙지 않는다. 간 김에 주유소에 들러 기름 넣는 것도 잊지 말자. 세금이 붙지 않다 보니 기름값도 무척 싸다.

텍산 버거(The Texan) - 소 가슴살, 바삭하게 튀긴 양파, 잘게 썬 피클, 스모키 바비큐 소스, 갈릭 메이요. 모짜렐라 치즈 등을 넣어 만든 서던 스타일의 버거.

식스 네이션스(Six Nations)

그랜드 리버(Grand River)를 따라 186 km2 땅에 6개 부족 - 모호크(Mohawk), 오네이다(Oneida), 카유가(Cayuga), 세네카(Seneca), 오논다가(Onondaga), 그리고 투스카로라(Tuscarora) 이 '위대한 평화의 나무(the Great Tree of Peace)'라는 이름 하에 연합해 살고 있다. '좋은 세상'이라는 뜻의 가웨니오 사립학교(Kaweni:io Gaweni:yo Private School)는 모학어와 카유가어로 수업을 하고, 원주민 춤, 소셜송(Social song; 생일같은 축하할 일이 생겼을 때, 새로운 사람을 환영할 때 함께 모여서 부르는 노래), 드럼 연주, 그림에 담긴 내용을 이야기로 설명하는 픽토그램(Pictogram) 등을 가르친다. 학교 교재도 가웨니오 언어 보존 프로젝트 팀에서 직접 제작하고 있다. 가웨니오 학교는 원주민 언어와 문화를 보존할 목적으로 1985년 설립되었다.

🏠 33000 4th Line, Ohsweken, ON N0A 1M0
📞 519-445-0088
🕐 월~목 11:00~21:00, 금~일 08:00~21:00
http://www.burgerbarn.ca/

도스 나따 페이스트리 & 카페
Doce Nata Pastry & Cafe

포르투갈 커뮤니티가 성장하고 있는 스토니 크릭(Stoney Creek)에 위치한 도스 나따(Doce Nata)는 2018년부터 정통 포르투갈 베이커리를 해밀턴 사람들에게 제공하고 있다. '달콤한 크림'이라는 뜻의 가게 이름에서 알 수 있듯이 커스타드 크림을 이용한 빵 종류가 많다. '포르투갈 타르트'로 더 유명한 파스텔 드 나따(pastel de nata), '커스타드 도넛'이라고 불리는 볼라 드 베를린(Bolas de Berlin), 못난이 도넛 – 말라사다(Malassada) 등 생각만 해도 군침이 도는 포르투갈 디저트를 새벽부터 굽는다.

포르투갈 타르트 & 커스타드 도넛

🏠 259 Highway 8, Stoney Creek, ON L8G 1E4
📞 905-570-3574
🕐 화~토 09:00~17:00, 일 09:00~13:00
✖ 월요일

스 나따 페이스트리 & 카페(Doce Nata Pastry & Cafe)의 오너, 서지오 트로카도(Sergio Trocado) & 말라사다(Malassada)

허치스
Hutch's on The Beachs

2차 세계대전 동안 캐나다 공군에서 파일럿으로 근무했던 윌리엄 허친슨(William Hutchinson)은 제대 후 1946년에 햄버거 식당 '허치스 딩글리 델(Hutch's Dingley Dell)'을 처음 열었다. 그 후, 1990년 지금의 해밀턴 비치로 옮겨 피시앤칩스(Fish 'n' chips), 햄버거, 핫도그, 그리고 갓 튀긴 프렌치 프라이 등의 정크 푸드를 팔고 있다. 피시앤칩스를 오더하면 타르타르 소스를 넉넉히 달라고 하고, 음료수는 별도로 주문해야한다. 성수기 점심 때는 식당 문밖까지 줄을 서기 때문에 가급적 덜 붐비는 시간에 방문하길 바란다. 옛 스포츠 사진들로 가득한 벽과 1950년대 주크박스

(jukebox)가 레트로 감성을 마구 뿜어낸다. 온타리오 호수가 잘 보이는 창가 옆 디너 스타일의 부스에 앉아서 먹어도 좋고, 식당 밖 피크닉 테이블에서 한가하게 음식을 즐겨도 좋다. 여느 패스트푸드 식당처럼 팁이 없어서 맘 편히 찾는 사람들도 많다.

🏠 280 Van Wagners Beach Rd, Hamilton, ON L8E 3L8
📞 905-545-5508
🕐 월~일 11:00~23:00
hutch.ca

Niagara Falls

나이아가라 폭포

나이아가라 폭포는 미국편에 있는 미국 폭포(American Falls),
미국 폭포 옆에 있는 작은 폭포로 신부의 면사포를 닮았다고 해서 이름 붙여진
브라이들 베일 폭포(Bridal Veil Falls), 그리고 말발굽처럼 생겼다고 해서 이름
붙여진 말발굽 폭포(Horseshoe Falls) 이렇게 3개의 폭포를 하나로 일컫는
말이다. 화창한 날에 피어오르는 물보라와 영롱한 무지개, 그리고 나이아가라의
거대한 물줄기는 보는 사람들로 감탄을 금치 못하게 하는 3요소다.

Niagara Falls
나이아가라 폭포

말발굽 폭포는 55미터 높이에서 초당 258만 리터의 물을 쏟아 붓는다. 그 소리가 마치 천중소리 같다. 나이아가라의 어원에 대해서는 다양한 이론들이 존재한다. 이로쿼 말인 'Onquiaahra' 의 파생어라는 주장으로 이 이름은 1641년 지도에 나타나는데 통상적으로 '해협'이라는 의미로 쓰였다. 또 다른 이론은 나이아가라 현지의 원주민 집단을 일컬어 '나이아가가레가(Niagagarega)'라고 부른데서 유래되었다는 것이다. 우리가 알고 있는 '천중 소리를 내는 물'이라는 뜻의 나이아가라(Niagara)는 어떤 원주민 언어에서 가져온 것이라는 주장도 있다. 우리는 폭포 앞에서 '나이야, 가라' 라고 외친다. 토론토에서 128km 떨어진 나이아가라 폭포는 이리 호수(Lake Erie)에서 온타리오 호수(Lake Ontario)로 흐르는 나이아가라 강의 중간에 있다. 수만 년 전에 이 지역을 덮고 있던 빙하가 밀려나고 땅 덩어리가 융기해 지금의 나이아가라 단층애(Niagara Escarpment)가 생겼다. 나이아가라 폭포는 연간 약 30cm씩 깎여나가고 있다. 이 속도라면 5만 년 안에 이리 호수까지 침식해 나이아가라 폭포는 존재하지 않게 된다.

수 천년의 역사 속에서 나이아가라에 대해 남아 있는 전설은 몇 가지 없다. 그 중 하나가 이것이다.

먼 옛날, 이곳에 살던 어느 원주민 부족은 1년에 한 번씩 폭포의 신에게 처녀 제물을 바치는 풍습이 있었다. 제비뽑기로 그것을 결정했는데 이번에는 추장의 하나뿐인 딸이 제비뽑혔다. 그녀를 태운 조각배는 폭포를 향해 떠내려갔다. 슬피 울던 그녀에게 아버지가 탄 배가 다가왔고, 두 부녀는 손을 맞잡은 채 함께 폭포 아래로 사라졌다는 가슴 아픈 전설이다. 이 이야기로부터 나이아가라 크루즈의 이름인 '안개 아가씨(the Maid of the Mist)가 지어졌다.

과거에는 사람이 통에 들어가 나이아가라 폭포로 떨어지는 기행도 잦았다. 더러는 죽고 더러는 운좋게 살아서 스포트라이트를 받기도 했다. 이 후엔 외줄을 타고 강을 건너는 극한 모험에 도전하는 사람도 생겼다. 2012년 6월 15일, 미국과 캐나다 양 정부로부터 특별 허가를 받아 닉 월렌다(Nik Wallenda)는 외줄을 타고 나이아가라 폭포 위를 건너는 데 성공했다. 1896년 7월, 제

마제 폭포(말발굽 폭포)에서

(1902년 5월 21일, 흐림)

지형의 생김새가 말발굽 모양같다 해서
폭포 이름을 '마제(마제)'라 일컫고 있다.
석벽이 홀연히 깎아지는 듯 가파른 절벽이
백여장(장) 있었으니,
물길이 절벽에 걸린 듯이 쏟아져 내려
산이 무너지고 땅이 갈라지는 듯하다.
물길의 기세가 서로 격돌해서 물빛이
혹은 푸르게 혹은 붉게 빛을 발해서
수백개의 무지개가 걸린 듯 하다.
폭포 아래 푸른 강물 위에는 흰 눈 같은
물보라가 공중에 가득하니 실로 천하 장관이다.
강위에는 4~5개의 철교가 완연하게 걸쳐 있는데
마치 긴 무지개가 물을 마시는 듯하다.
강 양쪽 언덕을 따라 철로가 있고
전차가 왕래하고 있었다.
어떤 사람은 크고 작은 윤선을 타고
강을 오르내리기도 하고,
강 양쪽 도로에는 마차 행렬이 줄을 잇고 있어서
하루 유람객 수가 수천명이 될 것 같다.

임스 하디(James Hardy)가 줄을 타고 나이아가라 협곡을 건넌 지 116년 만의 일이다. 그 때까지 나이아가라 공원 관리국(Niagara Parks Commission)은 나이아가라 공원법에 의거 이 지역에서의 "stunning"을 강력히 금지하고 있었다. 위반하면 벌금이 1만불이었다. 닉은 허가 조건으로 안전 장치를 착용하고 줄을 타야했다. 그가 안전 장치를 해야 했던 또 한 가지의 이유는 말발굽 폭포 옆에 있는 폐쇄된 온타리오 발전소에 둥지를 튼 송골매가 새끼를 보호하기 위해 닉을 공격할 지도 모른다는 걱정 때문이었다. 송골매는 아주 공격적이고, 시속 360km로 난다. 그런 새가 닉의 목뒤를 공격한다면 치명적일 수 있었다. 이 세기의 쇼는 ABC 방송국에서 생방송되었고, 현장에는 엄청난 인파가 몰렸다.

나이아가라 폭포가 소개된 우리나라의 최초 문헌은 영국의 에드워드 7세 대관식에 조선 황제를 대표해서 특명대사로 파견된 이재각의 수행원이었던 정 3품 이종응(52세)이 쓴 〈서사록〉이다. 이 책에 의하면, 1902년 이종응은 일행과 함께 마제 폭포(말발굽 폭포)와 Journey Behind the Falls 를 여행했다. (이 기록은 이종응이 쓴 〈서사록〉을 손자인 이우용이 1922년 한글 기사체로 풀어 쓴 〈셔유견문록〉과 단국대학교 사학과 김원모 명예교수의 한글 번역문에서 발췌한 것임.)

Journey Behind Falls에서

이윽고 누각 주인이 우구(雨具) 네 벌을 가져와 입으라 한다. 우리는 그 뜻을 알지 못하고 받아 입었다. 주인이 앞장 서서 우리를 안내하여 강 언덕에 이르니 한칸 철옥이 있었다. 주인이 우리 일행에게 들어가기를 청하기에 들어갔더니 철옥안에서 갑자기 기계가 삭동하는 소리가 나고 철옥은 지하로 수십길을 내려가더니 멈쳐 섰다. 주인이 먼저 나가서 우리에게 나오라고 청하기에 나가보니 칠흑같은 동굴이었다. 우리는 지하 동굴 가운데로 백여보 따라가다가 햇빛이 들어오는 곳을 바라보니 갑자기 머리위에서 수만개의 천둥치는 굉음이 울리고 눈보라 같은 물보라가 어지러히 흘어져 사람의 이목을 깜짝 놀라게 했다. 눈을 똑바로 뜨고 바라보니 우리는 저 폭포수 석벽 아래에 서 있었다. 겁이 나서 우리는 오래 머물러 있을 수 없었다. 곧 발길을 돌려 밖으로 나와 서로 마주보니 진흙탕에서 싸우던 짐승처럼 보였다.

여기서 찰칵! 나이아가라 폭포 베스트 뷰포인트

🅿 Sheraton On The Falls Hotel 14층 레스토랑

토론토의 유명 주방장인 마시모 카프라(Massimo Capra)에 영감을 받은 마시모 이탈리안 폴스뷰 레스토랑(Massimo's Italian Fallsview Restaurant)과 뷔페를 즐길 수 있는 폴스뷰 레스토랑(Fallsview Restaurant)에서 나이아가라 폭포를 한 눈에 볼 수 있다.

쉐라톤 호텔(Sheraton On The Falls)이 2008년 4월 17일 인터콘티넨탈 호텔 체인에 소유권을 넘긴 크라운 플라자 호텔(Crowne Plaza Niagara Falls – Fallsview Hotel)의 전신은 1929년 7월 1일에 오픈한 제너럴 브록 호텔(Hotel General Brock)이다. 이 호텔은 1812년 영미 전쟁 중 퀸스턴 하이츠 전투(Queenston Heights Battle)에서 전사한 아이작 브록 소장(Major-General Sir Isaac Brock)의 이름에서 땄다. 나이아가라 폴스 지역에서 가장 먼저 세워진 호텔이다 보니 나이아가라 폭포가 가장 잘 보이는 곳에 터를 잡았다. 크라운 플라자 호텔, 실내 워터파크, 쉐라톤 호텔은 하나의 건물처럼 연결되어 있고 이 곳은 나이아가라 폭포를 볼 수 있는 최고의 뷰포인트다.

🏠 5875 Falls Ave, Niagara Falls

🅿 Table Rock Welcome Centre 앞

도로 프레이저 힐(Fraser Hill)로 들어가 나이아가라 주차장(Niagara Parking Lot)에 주차한 뒤 걸어서 폭포쪽으로 이동한다. 폴스 인클라인 레일웨이(Falls Incline Railway) 아래에 있는 웰컴 센터(To The Falls Welcome Center)는 테이블 락(Table Rock)과 인도로 연결되어 있다. 테이블 락 센터 앞의 나이아가라 폭포 뷰포인트는 사람들에게 가장 인기 있는 곳이다. 테이블 락 센터에는 기념품 가게, 레스토랑, 팀 홀튼 등이 있고, Journey Behind the Falls 투어도 할 수 있다.

폴스 인클라인 레일웨이

나이아가라 헬리콥터
리미티드

Niagara River

쉐라톤호텔

스카이론 타워

Goat Island

테이블 락

메리어트 호텔
맞은 편

03 메리어트 호텔 맞은 편 인도

메리어트 호텔(Niagara Falls Marriott on the Falls) 옆 리빙스톤
거리(Livingstone St)에 길거리 주차(On-Street Parking)를 하고
주차미터기(Parking meter)에서 주차권을 사서 밖에서 주차권이
보이도록 차의 대시보드 위에 놓는다. 호텔 맞은 편으로 가면 나
이아가라 폭포 전체를 조망할 수 있다.

⌂ Niagara Falls Marriott on the Falls (6755 Fallsview Blvd, Niagara Falls)
  맞은 편

04 스카이론 타워 Skylon Tower

236미터 높이의 스카이론 타워에 올라가 나이아가라 폭포를 전망
할 수 있다. 전망대에서 보는 방법과 레스토랑에서 디너를 즐기며
나이아가라 야경을 보는 방법이 있다. 레스토랑은 1시간에 360도
회전한다. 전망대에서는 맑은 날엔 129km까지 보인다

⌂ 5200 Robinson St, Niagara Falls
skylon.com

05 나이아가라 헬리콥터 투어

12분간 헬리콥터를 타고 나이아가라 폭포 상
공을 비행한다. 헬리콥터 기종은 벨 407(Bell
407)로 안전하고, 소음이 적은 것이 장점이다.
헤드셋으로 오디오 가이드 서비스가 한국어로 제공
된다. 나이아가라 헬리콥터 투어는 1961년부터 나이아가라 관광
프로그램을 제공해오고 있다. 영화 배우 러셀 크로우, 세계적인
골퍼 그렉 노먼도 이 투어를 경험했다고 한다. 벨 407 헬리콥터의
가격은 미화 200만 달러가 훨씬 넘는다고 한다. 나이아가라 나이
아가라 헬리포트에서 헬기를 타고 내릴 때는 항상 주의해야 한다.

⌂ 3731 Victoria Ave, Niagara Falls
◎ 비행이 가능한 날씨라면 09:00 ~ 해질녘
niagarahelicopters.com

Icewine Festival

나이아가라 폴스, 달콤한 아이스와인 축제

자투리 천들을 기워 만든 명주 보자기를 생각한다면 자투리라고 업신여길 수만은 없다. 틈새 시간을 이용한 '자투리 여행'은 문화를 접목한 음식 축제가 제격이다. 토론토의 맛 축제(Taste of Toronto), 미드랜드 버터 타르트 축제(Midland Butter Tart Festival), 나이아가라 아이스와인 축제(Niagara Icewine Festival) 등 이름만 들어도 군침 도는 축제가 많다. 자투리 여행의 행선지로 요크셔 푸딩을 맛있게 먹었던 '나이아가라 아이스와인 축제'를 소개한다.

트웬티 밸리 겨울 와인축제(Twenty Valley Winter Winefest)

트웬티 밸리 와인축제는 나이아가라 아이스와인 축제 가운데 제일 먼저 열린다. 9년 전이나, 4년전이나 분위기는 그리 다르지 않다. 사람들은 두터운 점퍼나 털모자 복장을 한 채, 와인잔을 손에 들고 수다와 축제를 즐긴다. 라이브 음악에 맞춰 몸을 가볍게 흔들며 춤을 추는 사람도 있다. 마을 축제처럼 정겹다.

21달러를 내고 토큰 7개를 받았다. 토큰 색깔이 매년 달라 다음 해엔 사용할 수 없다. 몸을 녹일 수 있는 워밍 텐트(Warming tent)에서는 아이스와인의 전과정을 설명하는 세미나가 한창이다. 행사장에 우뚝선 이정표를 보고 어디로 갈까 생각하다 줄이 긴 부스 쪽으로 걸음을 옮겼다. 호기심도 있지만 손님이 많은 곳의 와인은 손해 볼 확률이 적다. 겨울이 몹시 추운 독일에서 원기 회복이나 감기 예방을 위해 마신다는 글루바인(Gluhwein)은 이 축제에서 빠지지 않는 단골 메뉴다. 북미에서는 뮬드 와인(Mulled wine)으로 통한다. 리슬링 와인 2병, 자른 레몬과 오렌지, 시나몬 스틱 2개, 클로브 5개, 카다멈 포드 1~2개. 마지막으로 맛을 내기 위해 설탕을 넣고 30분간 은은히 끓이면 '따뜻한 와인'이라는 뜻의 글루바인이 완성된다. 블루바인 한 잔에 토큰 2개, 그리고 맛나 보이는 아이스와인 도넛 하나에 토큰 한 개를 사용했다. 부스마다 토큰 갯수가 적힌 메뉴판이 걸려 있다. 축제의 하이라이트인 '오크통 굴리기' 경기를 기다리는 사람들이 솔방울 모양의 화덕에 손을 쬐며 모여 있다. '오크통 굴리기'는 와이너리에서 일하는 직원들만이 참여할 수 있다. 아마도 안전 때문일 것이다.

나이아가라온더레이크 아이스와인 축제

나이아가라온더레이크(Niagara-on-the-Lake)의
상징인 프린스 오브 웨일스 호텔(Prince of Wales
Hotel)은 언제봐도 기품이 있다. 1901년 프린스 오브
웨일스(영국의 황태자에 대한 칭호)가 이 호텔에 머
물면서 지금의 이름으로 불리게 됐다고 한다. 빅토
리안 풍의 단아한 자태를 볼 때마다 언젠가는 이곳
에서 에프터눈 티를 즐기리라 마음먹는 곳이다.
나이이가라온더레이크 아이스와인 축제는 26개의
와이너리에서 참가해 각 부스에서 아이스와인을 판
매한다. 트웬티 밸리 축제와 마찬가지로 토큰으로
아이스와인과 음식을 산다. 관광객들은 얼음 조각을
만드는 시범도 보고, 얼음 의자에 앉아 사진도 찍고,
부티크와 선물 가게 쇼핑도 한다.

와이너리 아이스와인 투어, 디스커버리 패스

와이너리를 직접 방문하고 싶은 사람들은 디스커버리 패스(Discovery Pass)를 구입하는 것이 좋다. 축제
에 참여한 와이너리 중 8 곳을 방문해 시음할 수 있는 바우처를 준다. 나이아가라 아이스와인 축제 홈페이지
(niagarawinefestival.com)에서 구입할 수 있다.
와인을 마실 때 4가지 필수요소는 좋은 와인과 음식, 좋은 잔 그리고 좋은 사람이라고 한다. 와인, 음식, 그리고 와인
잔은 와이너리에서 주니까, 좋은 사람만 곁에 있으면 된다. 축제 홈페이지에서는 와이너리가 어떤 와인과 어떤 음식
을 궁합으로 내놓았는지 리스트를 확인 할 수 있다. 펠러(Peller Estates Winery), 리프(Reif Estates Winery), 웨인 그
레츠키(Wayne Gretzky Estates Winery) 그리고 필리터리 와이너리(Pillitery Estates Winery). 공간과 맛에 대한 상상
만으로 이 네 곳을 선택했다

펠러 와이너리 Peller Eastates Winery

펠러 와이너리는 세계적으로 유명한 카베르네 프랑 아이스와인과 주방장이 만든 아이스와인 마시멜로의 조합에 끌렸다. 2015년 산카베르네 프랑 아이스와인은 레드와인도 아닌 묘한 빛깔을 띄었다. 백설기 모양을 한 마시멜로는 입 속에서 아이스와인의 달콤함을 배가시켰다. 와이너리 뒷마당 모닥불가에서 마시멜로를 구워먹는 콘셉트가 제법 겨울을 살렸다. 이 곳은 와이너리 투어를 사시사철 즐길 수 있는 곳이다. 파티오에서 스파클링 와인 한 잔으로 시작해, 포도원을 둘러본 후, 지하와인셀러로 내려가 300개의 배럴 중에 한 가지를 시음한다. 투어의 하이라이트는 '10 Below' 아이스와인 라운지다. 이글루 모양의 라운지는 13,607kg이나 되는 거대한 얼음으로 만들어져 영하 10도에서 유지된다. 영하 10도는 아이스 와인 포도 수확에 가장 이상적인 온도다. 투어는 와이너리 부티크에서 마무리된다.

리프 와이너리 Reif Estates Winery

클라우스 리프(Klaus W. Reif)가 운영하는 리프 와이너리다. 와이너리의 이름은 리프(Reif)라는 가문 이름에서 따왔다. 리프 와이너리는 가장 오래된 포도밭에서 생산된 비달 아이스와인과 애플 아이스와인 소스를 입힌 통돼지 바비큐 포르케타(Porketta)를 관광객들에게 내놓았다. 연한 돼지고기와 바삭한 돼지껍데기 샌드위치 한 입을 베어 물고 비달 아이스와인을 마시는 순간, 감탄사가 터져나왔다. 2016년산 비달 아이스와인만 마시면 독할 정도로 단데, 포르케타와 함께 마시면 둘의 페어링이 정말 조화롭다.

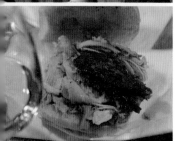

스케이트도 타고, 와인도 마시고, 웨인 그레츠키 와이너리
Wayne Gretzky Estates

웨인 그레츠키 와이너리는 캐나다의 전설적인 아이스하키 선수였던 웨인 그레츠키가 오너로 있는 양조장이다. 그가 1999년 은퇴를 하면서 그의 등번호 99번은 NHL 전 구단 영구 결번으로 지정됐다.

와이너리 뒷마당에는 아이스링크가 있어서 5달러를 내면 스케이트를 탈 수 있다. 차 트렁크에서 스케이트를 내리는 사람들이 의외로 많았다. 웨인 그레츠키 와이너리는 2015년산 카베르네 프랑 아이스와인과 더블 초콜릿 아이스와인 컵케익을 축제 메뉴로 내놓았다. 아이스 링크 옆에 놓인 위스키 바에 앉아 히터에 언손을 녹이며 사람들은 아이스와인을 마신다. 디스커버리 패스 없이도 이곳에서는 10달러만 내면 아이스와인과 컵케익을 맛볼 수 있다. 웨인 그레츠키 와이너리는 위스키와 수제 맥주도 만들어 판다.

필리터리 와이너리 Pillitteri Estates Winery

책 〈와인 스캔들〉은 캐나다 아이스와인에서 서머힐, 랭, 필리터리가 유명한 회사라고 했다. 그래서 특히나 필리터리 와이너리의 아이스와인 맛이 궁금했다. 비달 아이스와인과 카라멜라이즈드 양파, 토마토 잼, 바삭한 프로슈토 햄, 그리고 고트 치즈 크럼블을 얹은 미트볼 슬라이더가 나왔다. 슬라이더(Slider)라는 생소한 단어를 찾아보니 미니 햄버거란다. 아이스와인만큼은 만족스러웠지만 미트볼 슬라이더와의 궁합은 그저 무난했다. 아이스와인이 달다고 해서 짠 음식과 페어링이 좋을 것 같다는 생각은 이제 버리기로 했다.

> **Tip 하나. 아이들을 '나홀로 집에' 두지 마세요.**
>
> 온타리오의 아동 및 가족 서비스 법(The Child and Family Services Act)에 따르면 , "16 세 미만의 어린이를 담당하는사람은 그 상황에서 합리적인 감독과 보살핌을 제공하지 않고 그 아이를 떠날 수 없다."라고 명시하고 있다. 휴일을 이용한 부부 여행도 아이들이 16살이 되어야 가능하다. 평일에 아이를 학교에 보내고 자투리 여행을 하는 부모들이 많다. 부모들은 학교가 끝나기 전에 돌아와야한다. 캐나다 초등학교(Elementary School)는 보호자가 없으면 아이를 집으로 보내지 않는다. 보호자가 올 때까지 학교에서 돌본다. 늦으면 아이에게도 미안한 일이다
>
> **둘. 18살 이하는 술을 살 수 없어요.**
>
> 알버타, 퀘벡, 마니토바 주에서는 18세가 되어야 술을 마실 수 있고, 나머지 주는 19세가 되어야 술을 마실 수 있다. 또한 성인이 되지 않으면 술을 팔 수도 살 수도 없다. 가령, 슈퍼마켓의 카운터에서 일하는 직원이 미성년자면 손님이 산 맥주를 계산할 수 없다. 매니저를 부르거나 19세가 넘은 아르바이생이 대신 계산한다. 미성년자가 레스토랑에서 아르바이트를 할 순 있지만 술을 서빙할 수는 없다.

캐나다 아이스와인 입문하기

나이아가라 아이스와인 축제는 트웬티 밸리(Twenty Valley), 나이아가라온더레이크(Niagara-on-the-Lake, NOTL), 나이아가라 폴스(Niagara Falls) 3곳에서 열리는 행사를 통칭하는 축제로, 매년 1월에 열린다.

캐나다 정부는 와인의 품질을 관리하기 위해 VQA(Vintners Quality Alliance) 협회를 만들어, 기준을 통과한 와인에게만 라벨에 VQA를 표시할 수 있도록 하고 있다. 포도 원산지를 표기하는 아펠라시옹(Appellation)은 온타리오에서 나이아가라 반도(Niagara Peninsula), 프린스 에드워드 카운티, 그리고 이리호 북부 해안 이렇게 세 지역뿐이다

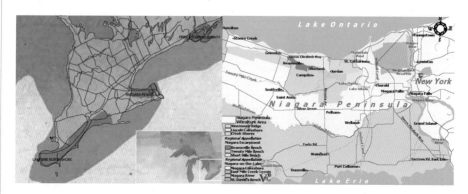

캐나다 아이스와인이 좋은 이유

아이스와인의 유래는 1794년 독일 프랑코니아(Franconia)에서 시작된 '아이스바인(Eiswein)'이다. 하지만 캐나다 온타리오에서 생산되는 아이스와인이 유명하게 된 이유는 나이아가라 반도의 기후 때문이다. 유럽의 경우 아이스와인용 포도를 영하 6도에서 수확하는 반면, 캐나다는 법적으로 영하 8도에서 수확하게 돼 있다. 게다가 몇몇 와이너리는 영하 10~11도에 수확한다고 하니, 태생부터가 아이스와인의 차이를 만드는 셈이다.

벤치 (Bench)

나이아가라 반도의 지역 아펠라시옹 중에는 벤치(Bench)라는 단어가 들어가는 것들이 있다. 빔스빌 벤치(Beamsville Bench), 트웬티마일 벤치(Twenty Mile Bench), 쇼트 힐스 벤치(Short Hills Bench),세인트 데이빗 벤치(St.David's Bench) 등이다. 이렇게 나이아가라 단층애(Niagara Escarpment)의 의자처럼 생긴 넓은 평지를 벤치라고 한다.

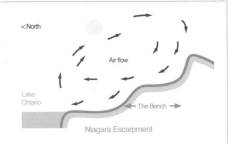

와인 라벨 읽기

이 라벨을 보면 VQA NIAGARA RIVER VQA라고 적혀 있다. 이 화이트 와인은 Niagara Peninsula 지역(Appellation)에서도 특히 100% Niagara River 지역(Sub-Appellation)에서 생산된 포도로 만든 와인을 의미한다.

캐나다 아이스와인은 어떻게 만들어질까?

겨울이 오면 포도는 수분이 증발하면서 당도가 높아진다. 때문에 나이아가라 반도의 와이너리는 12월 중순부터 늦게는 3월까지 기다렸다가 기온이 영하 8도 이하로 떨어진 한밤중에 포도를 수확한다. 당즙은 물보다 어는 점이 낮기 때문에 포도 속 수분은 얼었지만 포도즙은 약하게 얼거나 얼지 않은 상태로 있다. 이 상태에서 포도를 압착하면 100% 순수 포도즙을 얻을 수 있다.

다만 너무 세게 누르면 얼음이 녹거나 부서져 당도가 떨어지고, 압착이 약하면 과육의 양이 줄어든다. 이렇게 얻어진 순도 100% 포도즙은 컨테이너에 담겨져 발효실로 옮겨진다. 당이 알코올로 발효되는 과정을 거쳐 그 해 여름이 지나면 달콤하고 향긋한 아이스와인의 모습으로 식탁에 오르게 된다.

아이스와인에 가장 많이 쓰이는 포도는 비달과 리슬링 품종이다. 비달은 포도 알맹이가 충분히 익더라도 쉽게 줄기에서 떨어지지 않아 레이트 하비스트 와인(Late harvest wine)을 만드는데 효과적이다. 독일 아이스와인에 주로 쓰이는 리슬링은 열매가 여무는 시점이 10~11월 사이로 늦어 높은 산도와 당도를 함유하게 된다. 비달과 리슬링의 특징인 두꺼운 껍질이 겨울철 차가운 온도로 부터 과실을 보호해 아이스와인을 만드는 데 제격이다. 포도나무한 그루에서 나오는 아이스와인의 양은 보통 375ml으로 한 병 분량이다.

매년 약 1,300만 명이 나이아가라 폭포를 찾는다고 한다. 가장 인기있는 어트랙션은 말발굽 폭포 바로 아래에서 물벼락을 맞는 흠뻑쇼 크루즈다. 여행객들은 비아레일, 고트랜짓, 코치버스(메가버스, 플릭스버스), 항공편, 렌트카 등을 이용해 나이아가라 폭포를 방문한다. 나이아가라 폴스에 도착해서는 관광지를 운행하는 위고(WEGO) 버스를 이용하면 큰 무리없이 여행할 수 있다.

나이아가라 폴스 드나드는 방법 ❶ 기차 Via Rail

매일 1회 (토론토 · 나이아가라 폴스 · 뉴욕)
토론토 유니온역에서 매일 08:20분에 출발하는 뉴욕행 기차(97-64)를 타면 나이아가라 폴스역에 오전 10:22분에 도착한다. 비아레일(VIA Rail) 혹은 암트랙(Amtrak) 웹사이트에서 티켓을 구매할 수 있다.

나이아가라 폴스 드나드는 방법 ❷ 고 트랜짓 GO Transit

토론토와 Greater Golden Horseshoe Region(GGH)의 도시들을 연결하는 대중교통시스템인 고트랜짓(GO Transit)의 고트레인(GO Train)과 고버스(GO Bus)를 이용하면 나이아가라 폴스 여행이 한결 수월하다.

온라인 주말 패스 Online Weekend Pas
출발지와 최종 목적지 사이를 무제한으로 여행할 수 있는 티켓. 온라인에서만 구입 가능. 스마트폰에서만 가능. 구매 후 7일 동안 유효.

주말 1일 패스 Weekend Day Pass
◎ 토요일 혹은 일요일 혹은 공휴일 중 하루 24시간 사용 가능한 티켓.
◉ 요금 $10

주말(토, 일 & 공휴일) 패스 Weekend Pass
◎ 토요일과 일요일, 그리고 공휴일까지 이용 가능한 티켓.
◉ 요금 $15

벌링턴 고(Burlington GO)

토론토 유니온역
⊙ 65 Front Street West, Toronto, ON
벌링턴 고(Burlington GO)
⊙ 2101 Fairview St, Burlington, ON
나이아가라 폴스 버스터미널
⊙ 4555 Erie Ave, Niagara Falls, ON

연중 매일 3회 운행 (2023년 5월 20일부터)
1. 고트레인(GO Train)이 유니온역과 나이아가라 폭포 구간을 주말(토,일) 왕복 1회 각각 운행한다. 2시간 20분 소요.
2. 이 외의 시간을 이용하는 여행객은 토론토 유니온역에서 고트레인(GO Train)을 타고 벌링턴 고(Burlington GO)까지 간 뒤, 벌링턴 고에서 고버스(GO Bus)로 환승해 나이아가라 폴스까지 간다. 총 여행 시간은 2시간 10분에서 2시간 40분 남짓이다. 요금 : 성인 기준 편도 $21.15

> **TIP**
>
> **GO Transit 이용 팁**
>
> 1. 고 트레인(GO Train)에서는 음식물을 판매하지 않는다. 고 트레인(GO Train)에는 화장실이 있지만, 고 버스(GO Bus)에는 화장실이 없다.
> 2. 프레스토 카드(Presto Card; 교통카드)를 이용하면 저렴하게 티켓을 구입할 수 있다.
> 3. 무인 시스템 도입으로 역무원이 없다. 역에 있는 승차권 자동발매기를 이용해 티켓을 구입하거나, 프레스토 카드(교통카드)가 있는 여행객은 역에 들어갈 때나 탑승할 때 탭하면 된다. 고트랜짓 이용 승객은 내릴 때도 탭을 해야한다. 고트랜짓 예약 사이트(gotransit.com)에서도 미리 티켓을 구입할 수 있다.

기차역 앞에서 위고 버스를 타고 투어를 시작한다.
나이아가라 폴스 기차역을 떠나는 토론토행 고 트레인(GO Train)

나이아가라 폴스 드나드는 방법 ❸ 메가버스 Megabus, 플릭스 버스 Flix Bus 등의 시외버스

캐나다 코치(Canada Coach)와 그레이하운드 캐나다(Greyhound Canada)는 '코비드 19'으로 인해 온타리오와 퀘벡의 승객이 지속적으로 감소하면서 온타리오와 퀘벡에서의 운영을 중단하고 모든 서비스를 영구 폐쇄했다.

🚌 메가버스 Megabus

나이아가라 폴스 구간을 하루 최대 13회 운행한다. 중간에 세 곳의 정류장을 경유한다. 소요시간은 1시간 50분이며, 비용은 편도 $20~25.
- 타는 곳(유니온 스테이션 버스 터미널) : 81 Bay St, Toronto
- 내리는 곳(테이블 락 웰컴 센터/나이아가라 폴스 버스 터미널) : 6760 Niagara River Pkwy /4555 Erie Ave, Niagara Falls
티켓 예약 사이트 : https://ca.megabus.com

🚌 플릭스 버스 Flix Bus

토론토 – 나이아가라 폴스 구간을 하루 4번 운행한다. 소요시간은 1시간 50분이며, 비용은 편도 $16~25. 플릭스버스는 유럽, 북미 그리고 브라질에서 시외버스 서비스를 제공하는 독일 브랜드의 회사다.
- 타는 곳(토론토) : 81 Bay St, Toronto
- 내리는 곳(테이블 락 웰컴 센터) : 6760 Niagara River Pkwy, Niagara Falls
- 티켓 예약 www.flixbus.ca

나이아가라 폴스역

나이아가라 폴스 버스 터미널

나이아가라 폴스 드나드는 방법 ❹ 피어슨 공항(혹은 토론토 유니온 역)에서 셔틀버스

셔틀버스

📞 905-374-8111
💵 성인 왕복 티켓 약 $200 토론토 유니온 역에서 타면 왕복 $250.
예약 niagaraairbus.com

토론토 피어슨 국제 공항 근처 호텔에 머물거나 비행기에 내려 바로 나이아가라 폭포로 향하고 싶은 사람들은 셔틀 버스 서비스를 제공하는 나이아가라 에어버스(Niagara Airbus)를 예약하면 된다. 웹사이트에는 친절하게 한국어로도 설명이 되어 있어 불편함이 없다.

🚌 나이아가라 폴스 – 위고 버스 WEGO

위고(WEGO) 버스는 나이아가라 폴스(Niagara Falls)와 나이아가라온더레이크(Niagara-On-The-Lake)의 주요 관광 명소에 정차하는 나이아가라 버스 시스템이다. 나이아가라 지역 운송 회사(Niagara Region Transit)와 나이아가라 공원 관리국(NPC)이 공동으로 운영하며 2012년에 운행을 시작했다. WEGO는 'WE'와 'GO'의 조합어다.

위고 패스(WEGO PASS)

티켓 구매처
웰컴 센터(Welcome Centre), 나이아가라 관광 명소 티켓 오피스, 나이아가라 공원 관리국 웹사이트(niagaraparks.com)

번들 패키지 구입 웹사이트
https://www.niagaraparks.com/visit-niagara-parks/plan-your-visit/deals-toronto/

위고 패스(WEGO Pass) 요금:
24시간 패스(Pass)
5살 이하 무료, 6~12살 $8, 13살 이상 $12
48시간 패스(Pass)
5살 이하 무료, 6~12살 $12, 13살 이상 $16

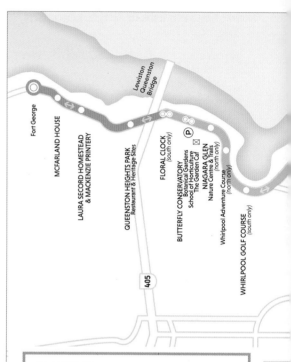

LEGEND

▬	**601 - Red Line - Lundy's Lane**
▬	**602 - Blue Line - Fallsview/Clifton Hill**
▬	**603 - Green Line - Niagara Parks**
▬	**604 - Niagara-on-the-Lake Shuttle** Daily April 30 to October 9
▬	**605 - Red Line Express - Lundy's Lane**
(T)	**WEGO Main Transfer** Hub to All Lines
∞	**Transfer**
○	**WEGO Stop**
🚌🚆	**Bus & Train Stop** via Bridge Street
(i)	**Niagara Parks Welcome Centre**
(P)	**Major Parking Lot**

*All Niagara Parks locations also include parking, including accessible spots for permit holders

 MAP NOT TO SCALE

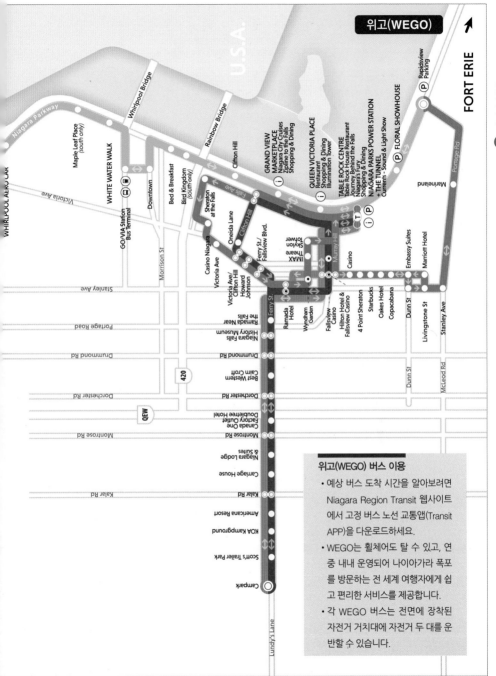

위고(WEGO)

FORT ERIE

위고(WEGO) 버스 이용

- 예상 버스 도착 시간을 알아보려면 Niagara Region Transit 웹사이트에서 고정 버스 노선 교통앱(Transit APP)을 다운로드하세요.

- WEGO는 휠체어도 탈 수 있고, 연중 내내 운영되어 나이아가라 폭포를 방문하는 전 세계 여행자에게 쉽고 편리한 서비스를 제공합니다.

- 각 WEGO 버스는 전면에 장착된 자전거 거치대에 자전거 두 대를 운반할 수 있습니다.

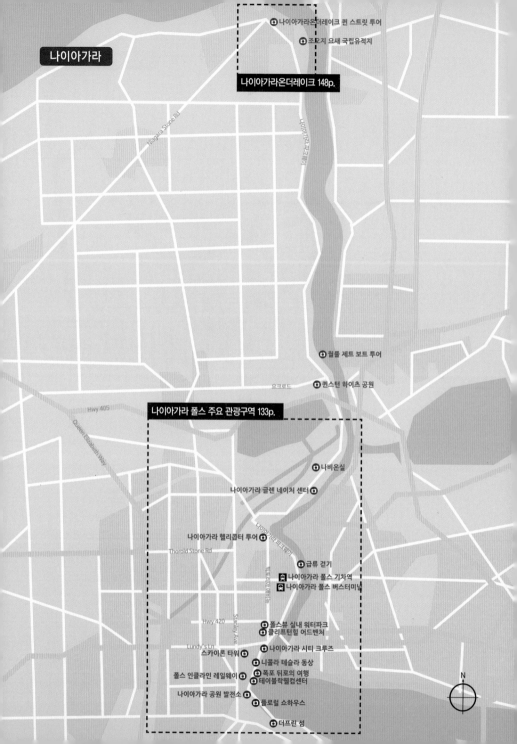

나이아가라

나이아가라온더레이크 퀸 스트릿 투어

조지 요새 국립유적지

나이아가라온더레이크 148p.

월풀 제트 보트 투어

퀸스턴 하이츠 공원

요크로드

나이아가라 폴스 주요 관광구역 133p.

나비온실

나이아가라 글렌 네이처 센터

나이아가라 헬리콥터 투어

Thorold Stone Rd

급류 걷기

나이아가라 폴스 기차역

나이아가라 폴스 버스터미널

Hwy 420

폴스뷰 실내 워터파크

클리프턴힐 어드벤처

Lundy's Ln

나이아가라 시티 크루즈

스카이론 타워

니콜라 테슬라 동상

폴스 인클라인 레일웨이

폭포 뒤로의 여행

테이블락웰컴센터

나이아가라 공원 발전소

플로럴 쇼하우스

더프린 섬

N

나이아가라 폴스 주요 관광구역

나비온실

나이아가라 글렌 하이킹

나이아가라 헬리콥터 투어

급류 걷기

나이아가라 폴스 기차역

나이아가라 폴스 버스터미널

폴스뷰 실내 워터파크

클리프턴힐 어드벤처

나이아가라 시티 크루즈

스카이론 타워

니콜라 테슬라 동상

폴스 인클라인 레일웨이

폭포 뒤로의 여행

테이블락웰컴센터

나이아가라 공원 발전소

플로럴 쇼하우스

더프린 섬

N

나이아가라 폭포 추천코스

나이아가라 폭포에서 나이아가라온더레이크(NOTL)까지
나이아가라 강을 따라 볼거리, 즐길거리, 와이너리(Winery)가 넘쳐난다.

1일차

❶ 폴스 인클라인 레일웨이
폴스 인클라인 레일웨이타고 1분

❷ 테이블락센터에서 나이아가라 폭포 구경/폭포 뒤로의 여행/쇼핑
도보 12분

❸ 플로럴 쇼하우스
도보 14분

❹ 니콜라 테슬라 동상
도보 12분

❺ 나이아가라 시티 크루즈
도보 12분

❻ 클리프턴힐 어드벤처
도보 10분

❼ 스카이론 타워 폭포 야경
위고버스 혹은 더블데크투어 버스 8분 ~ 15분

2일차

❽ 나이아가라 글렌 하이킹 혹은 급류 걷기
위고버스 혹은 더블데크투어 버스 3분

❾ 나비온실
더블데크투어 버스 8분

❿ 나이아가라 헬리콥터 투어
더블데크투어 버스 + 나이아가라온더레이크 셔틀 NOTL Shuttle
25분 ~ 45분)

3일차

⓫ 조오지 요새 국립유적지

⓬ 나이아가라온더레이크 퀸 스트릿 투어
도보 11분

⓭ 월풀 제트 보트
NOTL 셔틀 15분 ~ 25분)

나이아가라 폭포의 겨울 빛 축제
Winter Festival of Lights

말발굽 폭포(Horseshoe Falls)

더프린 섬에 전시된 캐나다 야생동물

노아의 방주

나이아가라 폭포에서 겨울에만 여는 드라이브스루 아트 갤러리(Drive-Thru Art Gallery)가 있다. 겨울 빛 축제의 좋은 점은 추운 겨울에 차에 앉아서 드라이브스루로 편안히 빛 축제를 즐길 수 있다는 것이다.

차를 타고 머레이 스트리트(Murray Street)를 따라 폭포쪽으로 내려간다. 왼편의 퀸 빅토리아 공원(Queen Victoria Park)에는 화려한 장식을 한 나무들이 패션쇼를 하고 있다. 나이아가라 파크웨이(Niagara Parkway)에서 우회전을 하면 조명탑(Illumination Tower)에서 쏜 조명이 말발굽 폭포(Horseshoe Falls)와 아메리칸 폭포(American Falls)를 고운 색으로 물들이는 것을 볼 수 있다. 폭포는 화려하고 부드러우며, 또 풍만하다. 그룹 오브 세븐(Group of Seven)의 로렌 해리스(Lawren Harris)가 방금 붓을 놓은 것처럼 신비스럽고 곱다.

토론토 발전소(Toronto Power Plant)부터는 더프린 섬(Dufferin Islands)에 전시된 작품들을 보기 위한 차량들로 차들이 가다 서다를 반복한다. 느리다고 나쁜 것만은 아니다. 작품을 깊게 감상하고 사진도 찍을 수 있다. 이 곳엔 캐나다의 야생동물인 무스, 바이슨, 북극곰, 늑대 등의 3D 작품들이 전시된다. 돌아 나오는 섬 끝자락에 이 축제의 홍보대사들이 기부금을 받는다. 이 축제는 무료지만, 자발적인 기부금은 겨울 빛 축제를 지원하기 위해 쓰인다. 5~10불이면 적당하다. 2023-2024 에는 11월 18일부터 1월 7일까지 열렸다. (wfol.com)

Adventure

나이아가라 시티 크루즈부터 집라인까지 장엄한 나이아가라 폭포를 탐험하기 위한 다양한 방법들이 있다.

미국쪽은 'Maid of the Mist' 크루즈, 캐나다쪽은 혼블로어 나이아가라 크루즈(Hornblower Niagara Cruises)

나이아가라 시티 크루즈 Niagara City Cruises

🏠 5920 Niagara Parkway, Niagara Falls, ON L2E 6X8

⏰ 4월 ~11월 10:00~16:00
(성수기는 09:30~ 8:30분까지 연장 운행)

💵 성인(13살 이상) $32.75,
어린이(6~12살) $22.75,
5살 이하 어린이 무료
www.niagaracruises.com (온라인 예약)

나이아가라의 캐나다편에 있다면 '나이아가라 시티 크루즈(Niagara City Cruises)'를 타고, 미국편에 있다면 메이드 오브 더 미스트(the maid of the mist)를 타면 된다. 둘 다 노선은 같다. 미국 폭포, 면사포 폭포, 그리고 말발굽 폭포 밑까지 가서 번개소리를 들으며 시원하게 물보라를 맞고 돌아오는 투어다. 크루즈를 타러 리버사이드 파티오로 내려갈 때는 푸니쿨라를 타고 56미터 협곡 아래로 내려간다. 내려가면서 18,000년 된 바위의 신비를 감상할 수 있다. 짐가방은 36cm x 23cm x 56cm를 넘지 말아야 한다. 휠체어도 탈 수 있다. 푸니쿨라는 당일 첫배가 출발하기 30분 전에 열리고, 마지막 항해 15분 전에 닫힌다.

2013년까지는 캐나다에서나 미국에서나 같은 회사가 운영하는 '안개 아가씨(Maid of the Mist)' 크루즈를 탔다. 그 때는 모두 파란색 우의를 입었다. '안개 아가씨' 크루즈는 1848년부터 관광객을 실어날랐다. 캐나다 정부는 2013년 캘리포니아에 본사를 둔 혼블로워(Hornblower)에 나이아가라 폭포 보트 투어 운영을 맡기는 계약을 체결했고, 2014년부터 혼블로워 나이아가라 크루즈(Hornblower Niagara Cruises) 운행을 시작했다. 이 보트에 오르는 관광객들은 붉은 색 우의를 지급받는다. 2022년부터 크루즈 명칭이 '나이아가라 시티 크루즈(Niagara City Cruises)'로 변경되었다

나이아가라 시티 크루즈(빨강) &
안개아가씨 크루즈(파랑)

폭포 뒤로의 여행 Journey Behind the Falls

⌂ 6650 Niagara Pkwy, Niagara Falls
◷ 월~목 10:00~18:00, 금~일 10:00~20:00
🎫 성인(13살 이상) $23.50, 어린이(6~12살)
$15.50, 5살 이하 어린이 무료

Cataract Portal

테이블 락 센터에 'Journey Behind the Falls 투어' 입구가 있다. 가이드가 별도로 없는 투어이고, 관광객들은 엘리베이터를 타기 전에 판초우의를 하나씩 제공받는다. 엘리베이터를 타고 38미터를 내려가 물이 툭툭 떨어지는 46미터의 터널

을 지나 전망대에 도착한다. 1889년 5월, 사람들은 폭포의 웅장한 광경과 천둥같은 폭포 소리를 듣기 위해 이 터널을 만들었다. 그리고 이 명소를 씨닉 터널(Scenic Tunnels)이라고 불렀다. 폭포 뒤로 바위를 뚫고 낸 터널을 따라 가면 낙수를 볼 수 있는 2개의 포털(Cataract Portal, Great Falls Portal)이 있다. 테이블 락(Table Rock)에서 Great Falls Portal 까지는 거리가 200미터! 말발굽 폭포의 폭이 675미터라고 하니 3분의 1 지점의 폭포 뒤에 사람들이 서 있는 것이다. 연중 무휴고, 투어는 30~45분 걸린다. '씨닉 터널'이라는 이름은 1994년 '저니 비하인드 더 폴스 Journey Behind the Falls' 로 바뀌었다.

와일드플레이 집라인 Wildplay's Zipline to the Falls

⌂ 5920 Niagara Pkwy, Niagara Falls
◷ 월~목 10:00~18:00, 금~일 9:00~10:00
🎫 성$59.99 (아침 일찍 혹은 저녁에 짚라인을 타면 할인된다.)
niagarafalls.wildplay.com/mistrider-zipline

그랜드뷰 마켓플레이스(Grand View Marketplace)에서 출발해 말발굽 폭포를 향해 670미터를 하강한다. 왼편에 보이는 미국 폭포를 지나쳐 말발굽 폭포 기슭 상공을 날아 기지에 도착한다. 7세 이상이고 몸무게가 124kg을 넘지 않으면 누구나 즐길 수 있다. 온라인으로 웨이버 폼(waiver form)을 작성하고, 18세 이하의 어린이는 부모나 가디언의 사인이 필요하다.

급류 걷기 White Water Walk

🏠 4330 River Rd, Niagara Falls
🕐 월~금 10:00~17:00, 토,일 10:00~18:00
💲 성인(13살 이상) $17, 어린이(6~12살) $11.25

월풀 다리(Whirlpool Bridge) 근처에 있는 화이트 워터 워크(white water walk) 투어를 위한 입구가 있다. '화이트 워터 워크'를 직역하면 급류 걷기지만 급류를 따라 보드워크를 산책하는 투어다. 엘리베이터를 타고 70미터 협곡 아래로 내려간 뒤 긴 지하터널을 지나면 400미터의 보드워크 산책길이 나온다. 6등급의 포효하는 거대한 급류와 4억 1천만년된 협곡의 켜켜이 쌓인 암석층을 올려다 보며 걷는 것은 경이로운 체험이다. 시속 48km로 내달리는 급류는 나이아가라 강이 휘어지는 지점에서 거대한 월풀(whirlpool)을 만들었다.

월풀 제트 보트 Whirlpool Jet Boat

월풀 제트 보트 출발지점
퀸스턴
🏠 55 River Frontage Road, Queenston
(꽃시계(14004 Niagara Parkway)에서 체크인 선택)

나이아가라온더레이크
🏠 61 Melville Street, Niagara on the Lake
whirlpooljet.com

월풀 제트 보트는 캐나다편에 두 곳, 미국편에 한 곳이 있다. 캐나다는 퀸스턴(55 River Frontage Road, Queenston)과 나이아가라온더레이크(61 Melville Street, Niagara-on-the-Lake)의 킹 조오지 3세 호텔인(Inn)에서 시즌에 매일 출발한다. 나이아가라 폭포의 꽃시계(Floral Clock)에서 체크인을 선택할 수도 있다. 제트 보트는 시속 80km 속도로 강을 거슬러 올라가며 이 지역의 매혹적인 역사, 명소들, 그리고 53미터의 협곡에 위치한 발전소 등을 설명한다. 발전소를 지나 나이아가라 글렌(Niagara Glen) 계곡은 물살이 급해 제트 보트가 가장 선호하는 곳이다. 제트 보트는 출렁이는 급류와 부딪혀 보트에 탄 사람들은 물벼락을 맞는다. 두 번 세 번 반복되면 환희에 찬 비명이 보트 가득하다. 월풀에 이르러서는 소용돌이에 휩쓸리지 않을 정도의 위치에서 월풀에 대한 설명을 하고 기수를 돌린다. 승객들은 지붕이 없는 "Wet Jet" 혹은 물벼락을 피할 수 있는 투명지붕의 "Jet Dome" 둘 중에 하나를 선택할 수 있다

월풀 에어로 카 타기 Whirlpool Aero Car

🏠 63850 Niagara Pkwy, Niagara Falls
🕐 3월~금 10:00~17:00, 토 10:00~19:00, 일 10:00 ~ 18:00
🎫 성인(13살 이상) $17, 어린이(6~12살) $11.25
※세금 미포함 가격

TIP
레오나르도 토레스 퀘베도(Leonardo Torres Quevedo)

대다수의 기계와 원격 제어 장치, 기구, 세계 최초의 컴퓨터를 만든 스페인 토목 엔지니어다. 그가 만든 월풀 에어로 카(Whirlpool Aero Car)는 트랜스보르다도르(Transbordador)라고 부르는 새로운 유형의 공중 케이블 방식을 보여준다.

48km로 내달리던 급류는 ㄴ자로 꺾어지는 이 지점에 이르러 커다란 소용돌이를 만든다. 일반적으로 소용돌이는 시계 반대 방향으로 흐른다. 하지만 강의 수위가 낮아지면 물살이 약해지면서 방향이 바뀐다. 수위가 가장 낮을 때는 한 여름으로 이 지역 발전소들이 이 강물을 끌어다 수력발전을 하기 때문에 전력 소비가 많을 때는 수위가 현저하게 낮아진다. 스페인 엔지니어인 레오나르도 토레스 퀘베도(Leonardo Torres Quevedo)가 설계한 이 스페인식 케이블카는 6개의 튼튼한 케이블에 매달려 539미터를 이동한다. 캐나다 지역에서 출발해 미국 국경을 4번 넘었다가 다시 캐나다 지역인 톰슨 포인트(Thomson's Point)에 도달한다. 1916년 8월 8일부터 운행을 시작했다.

나이아가라 공원 발전소 Niagara Parks Power Station

🏠 7005 Niagara Parkway, Niagara Falls, ON
🕐 연중 무휴, 10:00~17:00 (https://www.niagaraparks.com/hours-of-operations/#/ 에서 참고)
🎫 성인(13+) $29, 어린이(3-12) $19
가이드 투어 : 성인 $39, 어린이 $25.50

나이아가라 공원 발전소 터널(방수구)

터널 전망대

1901년에 착공, 1905년 발전을 시작했다. 1924년에 마지막 11번째 발전기가 추가되면서 11개 발전기로 121,000 마력(약 90,000kW)까지 전력을 생산했다. 2006년까지 운영되다 소유권이 나이아가라 공원 관리국(NPC)로 이전되었고 2022년 지금의 관광명소로 탈바꿈되었다. 이 발전소의 수력발전 원리는 간단하다. 물이 취수지(forebay)로 들어가 수압관(penstock) 아래로 떨어지면서 터빈 블레이드를 회전시키고 주층의 발전기에 연결된 샤프트를 회전시킨다. 떨어지는 물에 의해 생성된 기계적 에너지는 발전기에 의해 교류 형태의 전기 에너지로 변환되었다. 발전에 사용된 물은 방수구(지금의 터널)를 통해 강으로 흘려보냈다.

발전소가 어떻게 작동하는지를 보여주는 다양한 전시물과 물의 흐름을 따라 방수구까지 가는 여행은 흥미롭다. 발전소 내부를 둘러본 후, 전면 유리로 된 엘리베이터를 타고 지하 54.8미터로 내려가면서 수압관(penstock)과 발전기와 연결된 샤프트를 본다. 엘리베이터에서 내린 관광객은 어마어마하게 큰 터널을 마주한다. 670미터의 터널을 따라가다 보면 삽, 곡괭이, 다이너마이트 만으로 터널을 굴착한 방법, 작업자의 임금에 대한 이야기 등 터널의 역사를 자세히 설명하는 흥미로운 전시물을 감상할 수 있다. 전망대 앞에서 판초우의를 나눠준다. 나이아가라 공원 발전소는 니콜라 테슬라의 교류 개념을 기반으로 한 AC 발전기를 사용한 수력발전소다.

Nature

나이아가라 폭포 어드벤처가 거대한 숲을 보는 것이라면 네이처는 숲 속을 걷는 것이다. 나이아가라 글렌 트레일 걷기와 나이아가라온더레이크에서 출발하는 나이아가라 파크웨이 레크리에이셔널 트레일 사이클링을 추천한다.

나이아가라 글렌의 협곡을 흐르는 나이아가라 급류는 월풀 제트 보트가 가장 좋아하는 곳이다. 저 멀리 미국쪽 수력발전소 댐이 보인다.

네이처 센터가 있는 공원의 모서리에 철계단 80개를 내려가면 나이아가라 글렌(Niagara Glen)을 만나게 된다.

나이아가라 글렌 트레일 걷기 Niagara Glen Nature Centre

캐롤라이나 숲 (Carolinian Forest)

미국 캐롤라이나 북부에서 캐나다 온타리오 남부까지 미국 동부의 대부분을 가로지르는 낙엽수림을 의미한다.

※ 볼더(Boulder)의 원래 뜻은 빙하가 운반한 퇴적지의 큰 바위다.

나이아가라 글렌(Niagara Glen)은 캐나다 쪽 협곡을 따라 내려와 월풀 근처에 있는 자연보호구역을 말한다. 캐롤라이나 숲(Carolinian Forest)의 원형을 가장 잘 보존하고 있어 하이커들에게 인기가 많은 곳이다. 나이아가라 협곡으로 가기 위해 80개의 철계단을 내려가면 선사시대의 지질형성물, 야생동식물군, 캐롤라이나 숲을 통과하는 4킬로미터의 거친 길이 나온다. 글렌에는 모두 9개의 트레일이 있다. 철계단을 내려와 클리프사이드 트레일(Cliffside Trail) – 에디 트레일(Eddy Trail) – 월풀 트레일(Whirlpool Trail)을 따라가면 월풀(Whirlpool)에 닿는다. 가장 절경은 급류를 따라 걷는 리버 트레일(River Trail)이다. 계곡 속의 평지라고 일컫는 포스터 플랫(Foster Flat)에는 절벽에서 굴러내려온 집채만한 바위들이 군데군데 놓여있다. 이 바위들은 볼더링을 즐기는 사람들에게 최적의 연습장소다. 길을 걷다 보면 볼더링 패드를 멘 사람들을 보게 되는데 볼더링 트레일(Bouldering Trail)로 가거나 연습을 끝내고 오는 사람들이다. 볼더링 허가증은 나비 온실 혹은 글렌 네이처 센터에서 구입할 수 있다. 웨이버 폼을 작성하고 신분증을 보여주면 된다.

선사시대의 지질형성물로 인해 산책이 탐험처럼 느껴지는 나이아가라 글렌 트레일

볼더링 트레일(Bouldering Trail)은 볼더링을 즐기려는 사람들의 천국이다.

9개의 트레일은 이렇게 아이콘 모양의 사인이 있어 트레일을 쉽게 인지할 수 있다.

나이아가라 글렌 네이처 센터

오랜 세월 나이아가라 강물에 의해 아랫부분이 침식되면서 드러난 커다란 바위 아래로 사람들이 지나다닌다.

나이아가라 파크웨이 하이킹, 사이클링, 드라이빙 Niagara Parkway

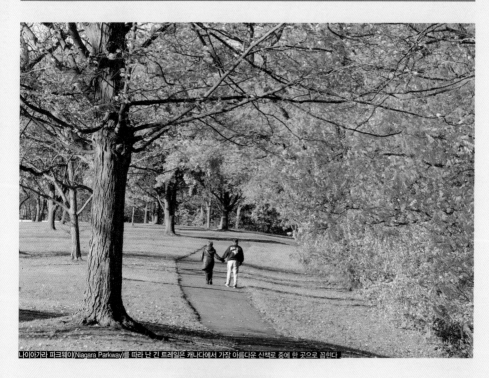

나이아가라 파크웨이(Niagara Parkway)를 따라 난 긴 트레일은 캐나다에서 가장 아름다운 신책로 중에 한 곳으로 꼽힌다

나이아가라 파크웨이는 나이아가라 공원을 통과하는 유일한 도로다. 포트 이리(Fort Erie)에서 시작해 나이아가라 온더레이크(Niagara-on-the-Lake)까지 58km에 이른다. 공원 녹지를 보호하기 위해 1885년에 설립된 나이아가라 공원 관리국이 이 도로를 깨끗하고 아름답게 관리하고 있다. 나이아가라 폭포에서 나이아가라온더레이크까지의 나이아가라 파크웨이 레크리에이셔널 트레일(Niagara Parkway Recreational Trail)은 하이킹과 사이클링으로 인기가 많은 곳이다.

보태니컬 가든 내의 나비 온실
Butterfly Conservatory in Botanical Gardens

- 22565 Niagara Parkway, Niagara Falls, ON L0S 1J0
- 월~일 10:00~17:00
- 성인(13살 이상) $17, 어린이(6~12살) $11.25, 5살 이하 무료.
- www.niagaraparks.com/visit/attractions/butterfly-conservatory

유리로 둘러싸인 북미에서 가장 큰 나비 온실 안에는 40여종 2천여 마리가 넘는 나비들이 날아다닌다. 사람들은 졸졸 흐르는 폭포와 무성한 초목들로 이루어진 180미터의 구불구불한 길을 따라 이동하며 나비를 감상한다. 1996년 12월 14일에 개장한 나비 온실은 나이아가라 공원 관리국(NPC)이 1,500만 달러를 투자해 지었다. 먹성 좋은 곤충인 나비는 잘라 놓은 오렌지, 수박, 망고의 주스를 튜브같이 생긴 입인 프로보시스(Proboscis)를 사용해 마신다. 매표소에 비치된 나비 스캐빈저 북(Butterfly Scavenger Book)을 하나씩 챙겨라. 스캐빈저 북에 담긴 나비 모양과 이름을 보고 나비를 찾아다니는 재미가 솔솔하다.

플로럴 쇼하우스
Floral Showhouse

- 7145 Niagara Parkway, Niagara Falls
- 월~일 14:00~ 20:00
- 성인(13살 이상) $7, 어린이(6~12살) $4, 5살 이하 무료

1946년에 문을 연 플로럴 쇼하우스는 난초, 양치류 그리고 열대식물 컬렉션을 3개의 디스플레이 하우스에서 1년 내내 아름다운 전시를 한다. 이 식물원에는 별명이 클라이브(Clive)라는 유명한 꽃이 있다. 2미터가 넘는 시체꽃 타이탄 아룸(Titan Arum)은 보통 7년 주기로 꽃을 피우는데 24~48시간만 핀다. 개화했을 때 썩은 고기 냄새가 난다고 해서 시체꽃이라고 한다. 클라이브(Clive)는 2018년 8시간만 피었다 졌다. 이 곳에서 볼만한 또 하나는 미니어처 마을 컬렉션 'Life on Display'다. 온타리오 남부의 주택 등을 12분의 1로 축소한 것들이다. 이 미니어처들은 원래 온타리오 윗비(Whitby) 근처의 미니어처 마을(Miniature Village)로 불렸던 컬른 가든(Cullen Gardens)에 있었던 것들이다. 컬른 가든이 2006년 문을 닫으면서 나이아가라 공원 관리국이 미니어처 일부를 구입해 이 곳에 새롭게 조성했다.

클리프턴 힐

Clifton Hill

클리프턴 힐(Clifton Hill)의 카트 경주장 나이아가라 스피드웨이(Speedway)

재미 있고 신나는 하루를 보내기에 더없이 좋은 곳이다. 6층 높이의 스릴 만점 워터 슬라이드와 실내 파도 풀을 갖춘 넓이 3에이커의 폴스뷰 실내 워터파크 (Fallsview Indoor Waterpark), 놀이기구면서 53미터 높이에서 나이아가라 폭포를 조망할 수 있는 스카이휠(SkyWheel), 가족이 함께 카트 경주를 즐길 수 있는 나이아가라 스피드웨이(Speedway), 야외와 실내에서 하는 미니 골프, 더위를 날려버리기에 딱 좋은 공포 체험놀이인 '좀비의 나이아가라 폴스 공격(Zombie Attack Niagara Falls)' 외에도 놀거리가 풍성하다. 도로 이름이지만 관광 단지 이름처럼 쓰인다. 놀이기구, 식당, 오락실, 기념품점 등이 들어서 있다.

스카이휠

SkyWheel

- 4960 Clifton Hill, Niagara Falls
- 905-358-4793
- 겨울 운행 월~금 13:00~23:00, 토~일 10:00~23:00
- 성인(13살 이상) $12.99, 어린이(12살 이하) $6.99

놀이기구면서 최고 높이 53미터의 전망대이기도 하다. 곤돌라에서 수평선 사방으로 말발굽 폭포, 아메리칸 폭포, 브라이들 베일 폭포, 빅토리아 공원 등을 전망할 수 있다. 겨울에는 나이아가라 폭포 야간 조명을 비롯해 겨울 빛 축제를 난방이 되는 곤돌라에서 편안히 감상할 수 있다. 탑승시간은 8분에서 12분까지 다양하다

여름에는 에어컨, 겨울엔 난방이 되는 곤돌라는 놀이기구? 전망대?

위 아래가 뒤짚힌 집
Upside Down House

4967 Clifton Hill, Niagara Falls
월~목 11:00~20:00, 금 11:00~20:00,
토~일 10:00~22:00
upsidedownhouseniagarafalls.ca

(왼) 카지노 나이아가라의 그림자가 드리운 호수에 그래픽으로 그린 듯한 집. 실은 사진을 180도 회전한 것이다. 사진만으로는 어떤 것이 사실인지 분간이 안 되는 이 집의 이름은 '위 아래가 뒤짚힌 집(Upside Down House)'이다. 내부로 들어가면 거실의 소파, 식탁이 천장에 붙어 있다. 아이 방의 침대며, 가지고 놀던 장난감, 테이블과 의자도 천장에 붙어 있다. 6개의 다른 방에서 셀피(selfie)로 온갖 재미있는 사진을 찍을 수 있다. 사진을 찍은 뒤 180도 회전을 시키면 우주 유영을 하는 듯한 모습의 사진도 얻게 된다. 2012년에 지어졌다.

다이노서 어드벤처
Dinosaur Adventure Golf

4952 Clifton Hill, Niagara Falls
905-358-3676
성인(13살 이상) $12.99,
어린이(12살 이하) $6.99

쥬라기 공원(Jurassic Park)을 떠올리게 하는 실물 크기의 50마리 공룡들과 15미터 높이로 증기를 분출하는 화화산 등 캐나다에서 가장 큰 미니 골프장 중 한 곳이다. 여기에 정글 사운드를 보태 미니 퍼팅을 즐기는 꼬마 아이들은 18홀을 도는 동안 선사 시대에 온 듯한 느낌을 받는다. 랩터스(Raptors)와 티렉스(T-Rex) 등 두 개의 18홀 코스가 있다. 골프장 입구는 스카이휠 바로 오른쪽에 있다..

니콜라 테슬라 동상 Nikola Tesla Statue

테슬라 전기자동차의 돌풍으로 인해 니콜라 테슬라 동상과 사진 찍는 것이 유행이 되고 있다. 토마스 에디슨의 직류와 니콜라 테슬라의 교류가 맞대결한 영화 '전류전쟁(The Current War)'도 그의 이름을 대중에게 알리는 데 큰 몫을 했다. 크로아티아 사람들은 테슬라(Tesla), 만년필을 만든 펜칼라(Slavoljub Eduard Penkala) 그리고 넥타이의 기원이 된 크라바트(Cravat)를 자랑스럽게 이야기한다. "펜"이라는 일반명사는 펜칼라의 이름에서 유래된 것이고, 크라바트(Cravat)는 '크로아티아에서' 라는 뜻의 'A la Croate'에서 유래된 것이다.

테슬라 동상은 말발굽 폭포가 내려다보이는 퀸 빅토리아 공원에 세워져 있다. 테슬라가 어렸을 때, 나이아가라 폭포의 사진을 보고 폭포 아래에 바퀴를 놓아 흐르는 물의 힘을 활용하면 좋겠다고 생각했는데, 실제로 나이아가라 폭포에 최초의 AC 수력 발전소를 건설하게 되었다. 니콜라 테슬라 동상은 사진이 찍힌 곳과 같은 장소에 세워졌다. 2006년 나이아가라의 세인트 조오지 세르비아 정교회(St. George Serbian Orthodox Church)의 후원으로 만들어졌다. 온타리오 해밀턴의 Les Drysdale에 의해 설계된 이 동상은 오른손에 지팡이를 잡고 있는데, 이것은 테슬라가 지팡이로 땅에 다이어그램을 그려서 교류의 개념을 만든 순간을 묘사한 것이다.

리빙 워터 웨이사이드 예배당
Living Water Wayside Chapel

세계에서 가장 작은 예배당으로 월드 기네스북에 올라있다고 한다. 나이아가라 폴스의 크리스챤 개혁 교회(Christian Reformed Church in Niagara Falls)에 의해 관리되고 있다. 1960년대에 지어진 건물로 여러 차례 위치를 옮겨 현재는 워커스 컨츄리 마켓(Walker's Country Market) 옆에 위치해 있다. 6명이 들어가서 예배를 드릴 수 있는 작은 공간이지만 매년 수백만명이 찾는 관광 명소다.

🏠 15796 Niagara Pkwy, Niagara-on-the-Lake

꽃시계 Floral Clock

나이아가라 폭포에서 나이아가라 파크웨이를 따라 나이아가라온더레이크 쪽으로 가다보면 아담 벡 경 수력발전소(Sir Adam Beck No.2 Generating Station)를 지나자마자 왼편에 있다. 화단은 1년에 두 번 새로운 16,000개의 식물로 갈아심는다. 시계 뒤쪽의 탑에는 웨스트민스터 종이 있어서 15분 간격으로 울린다. 탑으로 들어가는 문이 열려 있으면 시계가 가는 원리를 엿볼 수 있다

🏠 14004 Niagara Pkwy, Queenston

Niagara-on-the-Lake
나이아가라온더레이크

현지인에게 NOTL로 더 알려진 나이아가라온더레이크(Niagara-on-the-Lake)는 19세기 모습이 잘 보존된 그림같은 마을과 와인의 고장으로 유명한 곳이다. 1925년 노벨문학상을 수상한 아일랜드의 극작가이자 정치가인 조지 버나드 쇼(George Benard Shaw)의 작품들을 공연하는 쇼 페스티벌(Shaw Festival)이 열리는 고장이기도 하다. 1792년, 어퍼 캐나다(지금의 온타리오 지역)의 초대 총독이었던 존 그레이브스 심코(John Graves Simcoe) 대령은 이곳을 뉴어크(Newark)로 이름을 바꾸고 주도로 정했다. 하지만 이 곳이 미국 뉴어크와 너무 가까웠기 때문에 심코 총독은 1797년 요크(지금의 토론토)로 주도를 옮기고, 1798년 뉴어크(Newark)를 나이아가라(Niagara)로 이름을 바꾸었다. '1812년 전쟁' 중 미국의 공격으로 완전히 파괴되었던 조오지 요새(Fort George)는 1940년에 복원되었다. 나이아가라온더레이크의 중심거리인 퀸스트릿에는 크리스마스 장식점, 부티크, 카우스 아이스크림, 와인바, 선물가게, 잼 가게, 골동품점, 오래된 서점 등이 있어 사시사철 쇼핑객이 끊이지 않는다. 이 고장의 랜드마크인 프린스 오브 웨일스 호텔(Prince of Wales Hotel)의 옆길(King St & Picton St)에서 출발하는 말이 끄는 마차 투어도 경험할 수 있다. '퇴직 후 온타리오에서 살고 싶은 곳' 가운데 나이아가라온더레이크가 꼽혀 시니어 출판물인 'Comfort Life'에 실리기도 했다.

나이아가라온더레이크

나이아가라온더레이크 퀸 스트릿 투어

조오지 요새 국립유적지

퀸스턴 하이츠 공원 Queenston Heights Park

1812년 영미 전쟁의 영웅 중 한 명인 아이작 브록(Isaac Brock) 소장을 기리는 브록 기념비 (Brock's Monument)가 있는 곳이다. 미국 침략으로부터 어퍼 캐나다를 방어하는 임무를 맡았던 브록 장군은 퀸스턴 하이츠 전투(Battle of Queenston Heights)에서 전사했다. 높이 56미터의 기념비는 1856년 완공되었고, 캐나다에서 세 번째로 오래된 전쟁 메모리얼이다.

⌂ 14184 Niagara Pkwy, Niagara-on-the-Lake

조오지 요새 국립유적지 Fort George National Historic Site

조오지 요새(Fort George)는 영국군이 미국의 침략을 막기 위해 심코 총독의 명으로 1790년대에 만들어졌다. '1812년 전쟁(War of 1812)' 중이던 1813년 5월 미국쪽의 나이아가라 요새(For Niagara)와 미국 함선의 포격으로 조오지 요새는 대부분 파괴되었다. 이 요새는 1921년부터 캐나다 국립유적지가 되었고, 재건을 시작해 1940년에 원형대로 복원되었다. 요새에는 '1812년 전쟁'을 보여주는 역사 전시실, 19세기 영국군의 병영 생활을 알 수 있는 막사들과 무기주조창고, 화약고, 망루 등이 세워져 있다. 막사는 2층 건물로, 1층은 대포나

© Niagara Falls Tourism

포탄이 있는 창고로 쓰였고, 2층은 막사로 사용되었다. 막사에는 15명 정도의 군인과 그들의 가족이 함께 살았다고 한다. 1796년에 지어진 화약고 옆의 지하터널은 길이 21m로 요새 밖에 있는 망루와 연결되어 있다. 초병은 망루 위에서 화약고와 적군의 동태도 살필 수 있었다. 머스킷 총 사격 시범과 제복을 입은 41연대 파이프와 드럼 군악대가 18, 19세기의 행진곡을 연주하며 퍼레이드를 한다. 핼러윈 시즌에는 유령 투어(Ghost Tour)가 열린다. 전쟁으로 인해 많은 사람들이 죽은 곳이다 보니 귀신 이야기도 많고, 해가 지면 투어가 시작되기 때문에 더욱 실감난다.

🏠 51 Queen's Parade, Niagara-on-the-Lake

퀸 스트릿 투어 Queen Street Tour

1847년에 지어진 상공회(Chamber of Commerce) 건물에서부터 거리 투어를 시작하자. 2시 방향에는 1869년 약국을 복원한 나이아가라약종상 박물관(Niagara Apothecary)이 있다. 1820년부터 1964년까지 나이아가라온더레이크에서 실제 운영되었던 약종상으로 탈모부터 결핵 치료제까지 온갖 종류의 약이 진열되어 있다. 길을 걷다보면 영국인들이 반길만한 토트백(Tote)에서부터 비스킷까지 영국제품을 판매하는 여러 상점을 발견하게 된다. 아기자기한 크리스마스 트리용품을 파는 저스트 크리스마스(Just Christmas)와 모자에 관심이 있는 사람이라면 좋아할 만한 보샤포(BeauChapeau) 모자 가게도 관광객에게 인기가 많다. 모자 가게 옆에는 프린스 에드워드 아일랜드의 명물 아이스크림 가게 '카우스(Cows)'가 있다. 망고 샤벳이나 딸기 아이스크림 두 숟갈(scoop)이면 여행 피로가 싹 가신다. 무치(Moochi)니 락토스(Lactose) 같은 캐릭터 셔츠도 애들 선물로 좋아 보인다. 1969년에 문을 연 올드 나이아가라 서점(Old Niagara Bookshop)에서 잠시 쉬면서 책구경을 하자. 주인 로라 맥페이든(Laura MacFadden)이 평생 찾아다녀 모은 책들은 어떤 것들일까? "책은 예술의 연장

선물가게, 바이킹 숍

나이아가라온더레이크 상공부 건물

P.E.I의 명물 카우스 아이스크림

선에 있기 때문에 좋은 작가를 좋아한다"고 말한 로라의 예술품들이 이 서점에 진열되어 있다. 마지막으로 이 거리에서 가장 오래된 가게 중의 하나인 그리브스(Greaves)에 둘러 잼, 젤리, 마멀레이드 쇼핑을 하자. 좋은 재료로 정성을 담아 잼을 만드는 과정은 1927년이나 지금이나 똑같다. 시집간 딸에게 주기 위해 어머니가 손수 담근 고추장, 된장 맛이 바로 그리브스의 잼 맛이길.

저스트 크리스마스

⌂ 34 Queen St, Niagara-on-the-Lake

justchristmas.ca

보샤포 모자 가게

⌂ 42 Queen St, Niagara-on-the-Lake

beauchapeau.com

그리브스 잼과 마멀레이드

⌂ 55 Queen St, Niagara-on-the-
greavesjams.com

올드 나이아가라 서점

⌂ 223 Regent St, Niagara-on-the-Lake

🕐 화-목 11:30-19:00, 금-토 11:30-19:30,
일 12:00-18:30,

❌ 월요일 휴무

old-niagara-bookshop.edan.io

12 BEST RESTAURANTS

나이아가라 폭포가 내려다보이는 최고급 호텔 식당의 고급요리부터 패스트 푸드에 이르기까지 다양한 요리를 식성에 맞게 맛볼 수 있다. 나이아가라 관광청에서 추천한 믿을 수 있는 레스토랑 11곳을 소개한다. 이 외에도 이색식당인 열대 우림카페(Rainforest Cafe)와 폴스뷰 카지노 그랜드 뷔페(Grand Buffet)는 현지인도 자주 찾는 식당이다.

AG Inspired Cuisine

수상 경력이 화려한 로컬 식당

🏠 5195 Magdalen St, Niagara Falls, ON L2G 3S4
📞 (289) 292-0005
http://www.agcuisine.com/

Table Rock House Restaurant

테이블 락 센터(Table Rock Centre) 내에 있어서 폭포를 가장 가까이서 볼 수 있는 식당

🏠 6650 Niagara Pkwy, Niagara Falls, ON L2G 0L0
https://www.niagaraparks.com/visit/culinary/elements-onthe-falls-restaurant

Massimo's Italian Fallsview Restaurant

클리프턴 힐(Clifton Hill) 쉐라톤 호텔 1층에 있는 전망 좋은 이탈리아 식당

🏠 FR, 5875 Falls Ave level a, Niagara Falls, ON L2G 3K7
📞 (905) 374-5023
https://massimositalianniagarafalls.com/

Prime Steakhouse Niagara Falls

크라운 플라자(Crowne Plaza) 실내에 있는 전망 좋은 스테이크하우스

🏠 5685 Falls Ave, Niagara Falls, ON L2E 6W7
📞 (905) 374-5219
https://primesteakhouseniagarafalls.com/

Brasa Brazilian Steakhouse

힐튼 호텔 2층에 있는 브라질리안 스테이크하우스.

🏠 6361 Fallsview Blvd, Niagara Falls, ON L2G 3V9
📞 (905) 353-7187
http://brasaniagara.com/

Corso Italia

힐튼 호텔 실내에 있는 이탈리안 식당

🏠 6361 Fallsview Blvd, Niagara Falls, ON L2G 3V9
📞 (905) 353-7174
http://corsoniagara.com/

Flour Mill Restaurant

돌로 지어진 역사적인 호텔 식당이면서 브런치 먹기에 딱인 식당

🏠 6080 Fallsview Blvd, Niagara Falls, ON L2G 3V5
📞 (905) 357-3526
https://oldstoneinnhotel.com/food-drink/dinner-menu/

Four Brothers Cucina

캐주얼 이탈리안 식당

🏠 5283 Ferry St, Niagara Falls, ON L2G 1R6
📞 (905) 358-6951
http://www.fourbrotherscucina.com/

My Cousin Vinny's

캐주얼한 이탈리안 식당

🏠 6541 Main St, Niagara Falls, ON L2G 5Y6
📞 (905) 374-2621
http://www.mycousinvinnys.ca/

Turtle Jacks Niagara Falls

메리어트 온 더 폴스(Marriott on the Falls) 호텔 실내의 캐주얼한 식당

🏠 6733 Fallsview Blvd, Niagara Falls, ON L2G 3W7
📞 (905) 356-7662
https://turtlejacks.com/locations/niagara-falls/?utm_source=G&utm_medium=LPM&utm_campaign=MTY

Niagara Distillery

쉐라톤 실내의 나이아가라 디스틸러리 식당

🏠 4915-B Clifton Hill, Niagara Falls, ON L2G 3N5
📞 (905) 374-5246   https://niagaradistillery.com/

Ravine Vineyard Estate Winery

세계 20대 와이너리 레스토랑 중 한 곳으로, 작가이자 요리사인 존 베테리(John Vetere)가 수석셰프다. 1867년부터 라우리(Lowrey) 패밀리가 5대째 운영하고 있다.

🏠 1366 York Rd, St. Davids, ON L0S 1P0
📞 (905) 262-8463 ext. 4
http://www.ravinevineyard.com

😀자자!

베스트 11

나이아가라 폭포가 보이는 호텔, 가성비 좋은 호텔, 개성넘치는 부티크 호텔, 가족친화적인 호텔 등을 소개한다.

나이아가라폴스 부감 ©Niagara Falls Tourism

sheratononthefalls ©Niagara Falls Tourism

나이아가라 폭포가 보이는 호텔(HOTELS)

Hilton Fallsview Hotel and Suites Niagara Falls

🏠 6361 Fallsview Blvd, Niagara Falls, ON L2G 3V9
📞 (905) 354-7887

Marriott Fallsview Hotel and Spa

🏠 6740 Fallsview Blvd, Niagara Falls, ON L2G 3W6
📞 (905) 357-7300

Sheraton Fallsview

🏠 5875 Falls Ave, Niagara Falls, ON L2G 3K7
📞 (905) 374-4445

Embassy Suites by Hilton

🏠 6700 Fallsview Blvd, Niagara Falls, ON L2G 3W6
📞 (905) 356-3600

Doubletree Fallsview Resort & Spa by Hilton

🏠 6039 Fallsview Blvd, Niagara Falls, ON L2G 3V6
📞 (905) 358-3817

가성비 좋고, 위치 좋은 호텔(SMALLER PROPERTIES, WELL SITUATED)

Fairfield by Marriott

🏠 5257 Ferry St, Niagara Falls, ON L2G 1R6
📞 (905) 356-2842

Wyndham Garden

🏠 6141 Fallsview Blvd, Niagara Falls, ON L2G 3V7
📞 +1 (800) 263-2565

부티크 호텔(BOUTIQUE PROPERTIES)

Old Stone Inn Boutique Hotel

🏠 6080 Fallsview Blvd, Niagara Falls, ON L2G 3V5
📞 (905) 357-1234
http://www.oldstoneinnhotel.com/

Sterling Inn and Spa

🏠 5195 Magdalen St, Niagara Falls, ON L2G 3S6
📞 (289) 292-0000
http://www.sterlingniagara.com/

패밀리 프렌들리 호텔 (FAMILY FRIENDLY)

Best Western Plus Cairn Croft Hotel

🏠 6400 Lundy's Ln, Niagara Falls, ON L2G 1T6
📞 (905) 356-1161

Americana Waterpark Resort & Spa

🏠 8444 Lundy's Ln, Niagara Falls, ON L2H 1H4
📞 (905) 356-8444
https://www.americananiagara.com/

CANADA

Region of Waterloo

워털루 지역

토론토에서 서쪽으로 약 1시간이면 도착할 수 있는 인구
60만의 워털루 지방자치구(Region of Waterloo)는 캠브릿지,
키치너, 워털루 3개의 도시와 4개의 타운으로 이루어져 있다.
19세기 펜실베니아에서 이주한 메노나이트, 유럽에서 이주한
독일계 이민자들이 정착하면서 독일 문화가 강하게
자리잡았다. 하지만, 제1차 세계대전으로 반독일정서가
팽배해지면서 베를린(1854~1916)이라는 도시 이름이 지금의
키치너로 바뀌기도 했다. 캐나다의 실리콘밸리로 불린다.

워털루 지역 Region of Waterloo

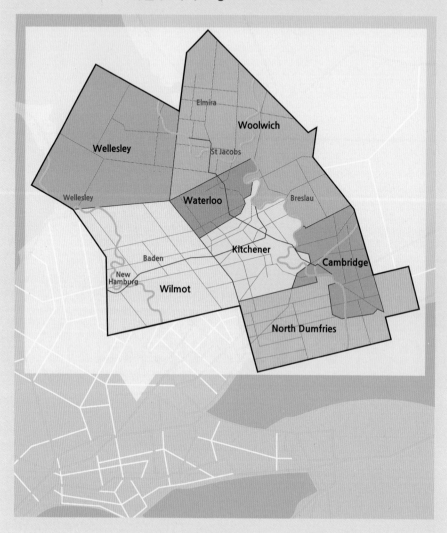

세인트 제이콥스(St.Jacobs), 세인트 제이콥스 파머스 마켓(St.Jacobs Farmers' Market)과 같은 관광 명소와 키치너-워털루 옥토버페스트(Oktoberfest), 캠브릿지 스코티쉬 축제(Cambridge Scottish Festival), 엘마이라 메이플시럽 축제(Elmira Maple Syrup Festival) 등 다양한 문화 축제가 열린다. 울위치(Woolwich)는 마차와 자동차가 공존하는 땅이다. 말이 끄는 마차를 보는 것이 이 곳에선 아주 지극한 일상이다. 자동차로 5분이면 도착할 거리를 마차로 30분이 넘게 이동하곤 하니 합리적이지 못하다고 느낄 수도 있다. 하지만 이곳에서만큼은 이 모든 것이 자연의 섭리에 따라 정직하게 살아가는 방법이다.

워털루 드나들기

워털루 지역은 트라이 시티스(Tri-Cities)라 불리는 키치너, 워털루, 캠브릿지를 포함하는
인구 60만의 지자체이다. 워털루 대학교(University of Waterloo), 윌프리드 로리에르 대학교(Wilfred Laurier
University) 그리고 코네스토가 대학(Conestoga College) 등이 있어 교통시스템이 잘되어 있다.

워털루 드나드는 방법 ❶ 비아레일

키치너역(Kitchener Station)은 온타리오 – 퀘벡 (구 코리더 노선) 노선의 일부인 토론토(Toronto)-런던(London)-사니아(Sarnia)
의 중간 정류장이다. 2021년부터 1일 1회 왕복 운행하고 있다. 토론토에서 키치너까지 1시간 36분 걸린다. *여행 전에 항상 비아레일
웹사이트에서 최신 일정 정보를 확인하기 바란다. www.viarail.ca

온타리오 – 퀘벡 (구 코리더 노선)

토론토 Toronto → 런던 London → 사니아 Sarnia
토론토 출발 17:40 → 키치너 도착 19:16 → 런던 도착 21:09 → 사니아 도착 22:20

사니아 Sarnia → 런던 London → 토론토 Toronto
사니아 출발 08:40 → 런던 도착 09:52 → 키치너 도착 12:02 → 토론토 도착 13:38

워털루 드나드는 방법 ❷ 고 트레인과 고 버스

토론토 유니온 스테이션 고(Union Station GO)와 키치너 고(Kitchener GO) 구간을 운행하는 고 트레인(GO Train)의 운행 스케줄
은 평일 출퇴근 시간에 맞춰 집중되어 있다. 고 버스(GO Bus)는 31번 버스(토론토-구엘프 대학)를 타고 브래말리아 고(Bramalea
GO; 1713 Steeles Ave E, Brampton)까지 가서 30번 버스(구엘프-워털루 대학)로 갈아탄다. 키치너역까지 고 트레인은 1시간 40분,
고 버스는 2시간 걸린다. 주말에는 운행하지 않는다. w ww.gotransit.com

TIP 여행 전에 항상 고 트랜짓
(GO Transit) 웹사이트에서 최
신 일정 정보를 확인하기 바란
다.

TIP 비아레일(VIA Rail)역과
통근기차(GO Train)역을 구분
하기 위해 통근기차 역을 키치너
고(Kitchener GO), 구엘프 고
(Guelph GO) 이런 식으로 부
른다.

고 트레인 GO Train

EASTBOUND (키치너 Kitchener → 토론토 Toronto)
◎ 월요일 ~ 금요일

키치너 Kitchener GO (출발)	05:30, 06:15, 06:45, 07:15, 07:45, 08:45, 11:45, 14:47, 21:41
유니온 스테이션 Union Station (도착)	07:13, 07:58, 08:28, 08:58, 09:28, 10:28, 13:28, 16:28, 23:43

WESTBOUND (토론토 Toronto → 키치너 Kitchener)
◎ 월요일 ~ 금요일

유니온 스테이션 Union Station GO (출발)	09:34, 12:34, 15:34, 16:34, 17:04, 17:49, 18:04, 21:34
키치너 Kitchener GO (도착)	1:21, 14:21, 17:21, 18:21, 18:51, 19:36, 19:51, 23:21

워털루 드나드는 방법 ❸ 고속버스

토론토 유니온역 버스 터미널(Union Station Bus Terminal)에서 출발하는 플릭스 버스(Flix Bus)를 타면 키치너 다운타운(1 Victoria St S)에서 내린다. 키치너 다운타운까지 1시간 50분 소요된다.

플릭스버스

타는 곳(토론토)
유니온역 버스 터미널
(Union Station Bus Terminal)

🚌 플릭스 버스 Flix Bus

플릭스버스는 유럽, 북미 그리고 브라질에서 시외버스 서비스를 제공하는 독일 브랜드의 회사다. 북미에서는 토론토, 키치너, 런던, 오타와, 해밀턴, 세인트 캐서린, 나이아가라 폴스, 윈저, 사니아, 킹스턴, 몬트리올 등을 운행하고 있다.

시내교통

키치너-워털루 구간의 GRT ION 경전철 301, 키치너-캠브릿지 구간의 GRT ION 버스 302, 그리고 버스와 택시를 적절히 이용하면 체력 소모 없이 편안한 여행을 할 수 있다.

비아레일(VIA Rail) 키치너 역(Kitchener Station)에서 도보로 9분이면 ION 경전철 301을 탈 수 있는 센트럴 역(Central Station)에 도착한다. ION 경전철 301을 타고 키치너-워털루를 편안히 여행할 수 있고, ION 경전철 종착역인 페어웨이역(Fairway Station)에서는 캠브릿지로 가는 ION 버스 302로 환승할 수 있다.

GRT Grand River Transit

지알티. 워털루 지방의 대중교통 운영국이다.

ICN

GRT의 부분으로 301 경전철과 302 버스(키치너-캠브릿지 구간 버스전용도로 운행)의 통합대중교통네트워크를 '아이온(ION)'이라 일컫는다.

🚆 지알티 아이온 경전철 301 GRT ION Light Rail Train 301

아이온 경전철(ION light rail)은 키치너의 페어웨이역(Fairway Station)과 워털루의 코네스토가역(Conestoga Station) 구간을 운행한다. 아이온 경전철은 아이온 버스(ION bus)와 연결되어 캠브릿지의 에인슬리 스트릿 터미널(Ainslie Street Terminal)까지 여행할 수 있다.

🚌 지알티 아이온 버스 302 GRT ION Bus 302

아이온 버스(ION Bus)는 캠브릿지의 Ainslie Street Terminal과 키치너의 Fairway Sta-tion 17킬로미터 구간을 운행한다. 아이온 버스는 페어웨이 역(Fairway Station)에서 아이온 경전철(ION light rail)과 연결된다. 버스 내에는 무료 와이파이(Wifi)와 USB 충전 포트가 설치되어 있다. 버스 앞에는 자전거 랙이 장착되어 있어 자전거로 여행하는 사람들도 이용 가능하다.

ION 경전철 중앙역

ION 경전철 내부

아이온(ION) 티켓

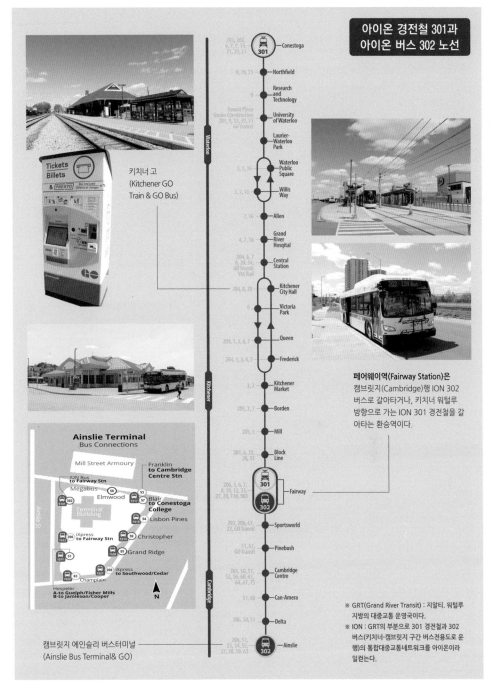

아이온 경전철 301과
아이온 버스 302 노선

키치너 고
(Kitchener GO
Train & GO Bus)

Ainslie Terminal
Bus Connections

Mill Street Armoury

Franklin
to Cambridge
Centre Stn

ION Bus
to Fairway Stn

Megabus

Elmwood

Blair
to Conestoga
College

Lisbon Pines

iXpress
to Fairway Stn

Christopher

Grand Ridge

iXpress
to Southwood/Cedar

Champlain

Hespeler
A-to Guelph/Fisher Mills
B-to Jamieson/Cooper

N

캠브릿지 에인슬리 버스터미널
(Ainslie Bus Terminal& GO)

301 — Conestoga
Northfield
Research
and
Technology
University
of Waterloo
Laurier-
Waterloo
Park
Waterloo
Public
Square
Willis
Way
Allen
Grand
River
Hospital
Central
Station
Kitchener
City Hall
Victoria
Park
Queen
Frederick
Kitchener
Market
Borden
Mill
Block
Line
301 — Fairway
302
Sportsworld
Pinebush
Cambridge
Centre
Can-Amera
Delta
302 — Ainslie

페어웨이역(Fairway Station)은
캠브릿지(Cambridge)행 ION 302
버스로 갈아타거나, 키치너 워털루
방향으로 가는 ION 301 경전철을 갈
아타는 환승역이다.

※ GRT(Grand River Transit) : 지알티. 워털루
지방의 대중교통 운영국이다.
※ ION : GRT의 부분으로 301 경전철과 302
버스(키치너-캠브릿지 구간 버스전용도로 운
행)의 통합대중교통네트워크를 아이온이라
일컫는다.

ION 경전철 / ION 버스 / 일반 버스 요금

GRT 대중교통의 요금은 동일하다. 티켓(a ticket/transfer)은 각 정거장에 있는 페어벤딩머신에서 구입할 수 있으며, 티켓에 찍힌 시간부터 90분 이내는 무제한 환승 가능하다. 탑승 전에 페어벤딩머신(fare vending machine)이나 플랫폼카드리더기(plaform card reader)에 티켓을 스캔한다. 보호자와 같이 탑승하는 4세 이하 어린이는 3명까지 무료다. 티켓을 구입하지 못했을 경우라도 현금을 내고 승차할 수 있다. 단, 거스름돈을 거슬러 주지 않으므로 미리 요금을 준비하는 것이 좋다.

Scan
Ticket/ Transfer

Welcome

- Single Ticket/Transfer $3.25, EasyGo 교통카드 사용 시 $2.86
  1일 사용권(Day Pass) $8.50
- 토, 일 그리고 국경일은 1일 사용권으로 가족 모두가 이용가능.

EasyGo 교통카드

GRT 고객 서비스 센터(Customer Service) 혹은 페어벤딩머신(fare vending machine)에서 EasyGo 교통카드($5)를 구입한 후 충전해서 사용한다. 일정 금액을 미리 충전해서 사용하는 선불 충전식과 한 달동안 무제한 사용할 수 있는 월 정기권(monthly pass) 방식, 그리고 두 가지 방식을 함께 병용할 수도 있다.

택시

- **미터기가 시작하는 기본요금** $3.50
  킬로미터당 $2.50
  볼일을 보느라 택시 운전기사를 기다리게 했다면 시간당 $40.00(세금 별도)

  키치너-워털루에서 피어슨 공항까지
  서비스 요금 $110(세금 포함)

🚗 택시

워털루 지방의 택시 회사들은 워털루 지방 택시 연합(Waterloo Region Taxi Alliance)에 가입되어 있다. 택시 요금은 워털루 정부가 정한다. 피크타임, 휴일, 악천후라고 해서 요금을 더 받지 않는다. 현금 뿐 아니라 신용카드로도 결제가 가능하다. 택시 회사의 앱(App)을 이용하면 편리하다.

City Cabs   Golden Triangle Taxi   888 Taxi   United Taxi   Waterloo Taxi

TIP

알면 맘 상하지 않는 상식 : 승객이 특정 장소와 특정 도착 시간을 운전기사에게 이야기한 순간부터, 또는 운전기사 혹은 승객이 개인 짐을 싣거나 내릴 때까지 운전기사는 택시의 미터기를 작동할 수 있다

워털루 지역 추천코스

세인트 제이콥스 파머스 마켓, 세인트 제이콥스 워킹 투어, 아프리카 라이온 사파리, 빙 거맨즈 등은 워털루 지역(Region of Waterloo) 최고의 관광명소다.

토론토에서 세인트 제이콥스로 가는 길

토론토 유니온 역(Union Station)에서 비아레일(VIA Rail)을 타고 키치너 역(Kitchener Station) 하차 → GRT ION 경전철 센트럴 역 (Central station)까지 도보 이동. 약 9분 → GRT ION 경전철 301 탑승 (20분마다 출발) → 코네스토가 역(Conestoga station)에서 하차. → 21번 버스로 환승. 세인트 제이콥스까지 약 16분

1일차

① 세인트 제이콥스 파머스 마켓 ── 버스 9분 ── ② 메노나이트 스토리 ── 도보 1분 ── ③ 세인트 제이콥스 & 에버포일 모형 철도 ── 도보 1분 ── ④ 세인트 제이콥스 워킹 투어(스톤 크락 베이커리/하멜) ── 버스 12분 ──

2일차

⑦ 아프리카 라이온 사파리 ── 자동차 45분 ── ⑥ 키싱 브릿지 ── 자동차 7분 ── ⑤ 엘마이라 워킹 투어 (키친 커팅스/MCC 중고품 할인점 등)

⑧ 빙거맨즈 ── 자동차 35분

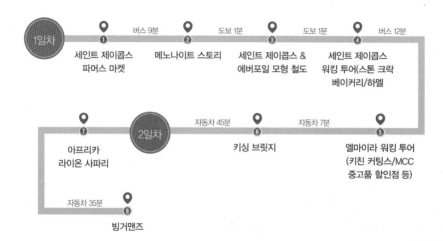

1

ST.JACOBS
세인트 제이콥스

울위치 타운쉽(Township Woolwich)의 시골길을 따라 달리다 보면 초록색 지붕의 집들이 눈에 띈다. 메노나이트 (Mennonite)가 살아가고 있는 집이다. 도로에는 말이 모는 검은색 마차인 버기(Buggy)가 달리는 길임을 알려주는 도로 표지판이 세워져 있고, 다운타운의 건물 뒤편에는 말과 버기용 주차장도 별도로 마련되어 있다. 낯설지만 다가가고 싶은 풍경이다.

온타리오 메이플시럽 박물관
세인트 제이콥스 워킹 투어
에코카페
블록 쓰리 수제맥주
세인트 제이콥스 & 에버포일 모형 철도

앨버트 스트리트 웨스트
하멜 빗자루
메노나이트 스토리
엠포리엄 선물가게
스톤 크락 베이커리

워털루중앙철도
(세인트 제이콥스 플랫폼)

세인트 제이콥스

Conestoga River

Hwy 85

올드 하이델버그 식당

록 킹거리

킹스트리트 노스

통바 스트리트 노스

세인트 제이콥스 파머스마켓

쌍두마차 투어
Farmers Market Rd
워털루중앙철도(파머스마켓 플랫폼)

N

Mennonite Story
메노나이트 스토리

이곳은 여행객에게 정보를 제공하는 인포메이션 센터이자 메노나이트 역사와 문화를 설명하는 박물관이다. 영어에 대한 걱정은 필요가 없다. 오디오 가이드 기기인 아코스티가이드(Acoustiguide)가 있기 때문이다. 한국어 외에도 7개 언어로 설명을 들을 수 있다. 메노나이트는 왜 자동차를 타지 않고 마차를 탈까? 아이들은 왜 온라인 게임 대신 크로키놀(Crokinole) 같은 테이블 보드 게임을 즐기고, 헛간(Barn)에서 노는 것을 좋아할까? 학교는 있을까? 이런 모든 궁금증은 11분 짜리 구제도 메노나이트에 대한 다큐멘터리와 전시관을 둘러보면 완벽히 이해할 수 있다. 추가로 궁금한 점은 매니저인 델 깅리치(Del Gingrich) 씨와 자원봉사자에게 문의하면 된다.

⏰ 4~12월 월~토 11:00~17:00, 일 13:30~17:00
　　1~3월 토 11:00~16:30, 일 14:00~16:30
💵 무료 (개인 기부 5달러)
www.stjacobs.com

메노나이트는 어떤 사람들인가?

메노나이트는 북유럽의 종교 개혁기에 재세례 신앙(다시 세례를 주는 사람들) 운동의 한 분파로 박해를 피해 1683년 펜실바니아로 이주했다. 미국 독립전쟁 이후, 그 일부가 펜실바니아에서 800킬로미터를 이동해 온타리오 주 남부에 정착했다. 메노나이트라는 이름은 '메노 시몬스(Menno Simons)'라는 이름에서 유래되었다. 그는 16세기 네덜란드 출신으로, 가톨릭 신부였지만 재세례 신앙으로 개종한 뒤 흩어져 있던 재세례 신자들을 조직하고 지도자가 된 인물이다.

메노나이트는 온타리오 주 어디에서 살고 있는가?

세인트 제이콥스가 속한 울위치 타운쉽에는 정통파 구제도 메노나이트(Old Order Mennonite)가 약 7천 명 정도가 살고 있으며, 워털루를 포함한 남쪽으로는 개화파 메노나이트(Mennonites)들이 거주하고 있다. 서쪽에는 밀뱅크(Millbank)를 중심으로 약 2천 명의 구제도 아미쉬(Old Order Amish)들이 살아가고 있다.

메노나이트는 온타리오 주 어디에서 살고 있는가?

이 질문에 대한 답은 메노나이트 스토리에서 도보로 2분 걸리는 메이플 시럽 박물관(Maple Syrup Museum)에서 찾을 수 있다.

메노나이트가 살고 있는 워털루 지역은 원래 ①식스 네이션(Six *Nations*)의 땅이었다. 7년 전쟁(프렌치 인디언 전쟁)과 미국 독립 전쟁에서 모학족을 이끄는 장교로 영국 편에 서서 싸웠던 조셉 브렌트(Joseph Brant)는 그 공로로 그랜드 리버(Grand River) 주변의 95만 에이커 땅을 영국 왕 조지 3세로부터 하사 받는다. 그는 자기를 따르는 6개 부족 원주민과 함께 그 땅에 정착한다. 하지만 2천 명 밖에 안 되는 원주민이 그 땅을 농사 짓기에는 너무 넓고, 사냥을 하기엔 좁다는 이유로 영토의 반을 원주민이 아닌 사람(non-Natives)에게 판다. 새 땅주인은 그 땅을 네 개의 블록으로 나누어 팔면서 워털루 지역이 속한 두 번째 블록(Block 2)을 리챠드 비슬리(Richard Beasley)라는 사업가에게 팔았다. 1800년에 리챠드 비슬리는 빚을 갚기 위해 그 땅을 잘게 나누어 팔았는데 소수의 펜실베니아 메노나이트가 땅을 사 남부 유역에 정착했다. 1805년에 저먼 컴퍼니(German company)라는 다른 메노나이트 그룹이 두 번째 블록의 2/3에 해당하는 6만 에이커의 땅을 구입해 펜실베니아 메노나이트의 본격적인 이주가 시작되었다.

① 식스 네이션스 보호구역 (Six Nations Reserve) Mohawk, Oneida, Cayuga, Seneca, Onondaga and Tuscarora 여 섯 부족 1 만 1,297 명이 어울려 산다. 이 부족들은 '위대한 평화의 나무(the Great Tree of Peace)' 하에 연합했다. 현재는 그 영토가 46,000 에이커로 할디만드 조약(Haldimand Treaty)에서 하사받았던 땅의 5%로 줄었지만, 식스 네이션스 보호구역은 언어와 문화를 지키며 꾸준히 성장하고 있다.

St.Jacobs Farmers' Market
세인트 제이콥스 파머스 마켓

메노나이트들은 직접 재배한 농산물이나 직접 만든 잼, 꿀, 소시지, 치즈, 베이커리, 메이플 시
럽 등을 세인트 제이콥스 파머스 마켓에 내다 판다. 가격과 품질 모두 나무랄 데가 없다. 맛은
오개닉(organic)하다.

메노나이트 여성과 보닛

마켓을 둘러보다 보면 보닛(Bonnet)을 쓴
여성들을 쉽게 목격할 수 있다. 메노나이트
여성은 5살이 되면 보닛을 쓴다. 이때 보닛
에 달려있는 끈의 색으로 결혼 여부를 확인
할 수 있다. 미혼이라면 하얀색 끈을, 결혼
을 하거나 서른 살이 넘으면 검은색 끈을 맨
다. 옷은 꽃무늬 혹은 패턴이 있는 검소한
드레스를 주로 입으며, 머리는 자르지 않고
브레이드(braid) 머리를 한다.

메노나이트
농장으로 가는

Horse Drawn Tours
쌍두마차 투어

📞 519-500-5168
🕐 투어 스케줄
메노나이트 농장 투어
(Mennonite Farm Tour)
4월 중순 ~ 10월 말
슈거부시 투어
Sugar Bush Tour
3월 ~ 4월 중순
말썰매타기
(Sleigh Rides)
11월 ~ 2월 (예약 필수)
투어는 마켓이 열리는 날에
세인트 제이콥스 파머스
마켓에서 출발한다.
💵 어른 $19,
어린이(4-12) $10
www.stjacobshorsedrawnt
ours.com

메노나이트 아이들이 다니는 학교는 숙제가 없고, 체육수업이 없다. 밖에서 노는 것이 체육이고 걸어서 등하교하는 것이 운동이다. 여성은 꾸미지 않고, 집안은 장식을 하지 않기 때문에 벽엔 아무것도 걸려 있지 않다. 생일 파티도, 영화나 콘서트도 즐기지 않는다. 악기라면 하모니카하나 정도.

메노나이트에 대한 이야기는 한 편의 동화 속 이야기처럼 들린다. 그래서 그들의 터전인 농장을 방문하는 것은 흥미롭고 가슴 설레는 일이다. 메노나이트 농장 투어(Mennonite Farm Tour)는 세인트 제이콥스 파머스 마켓 에서 출발하는 쌍두마차 투어가 유일하다. 농장에 도착하면 메이플 나무 숲과 가축 우리 등을 둘러볼 수 있으며, 퀼트 가게에서 쇼핑을 하고 메이플 시럽에 대한 이야기도 들을 수 있다. 버기를 보관하는 헛간에서 버기에 올라 타 사진을 찍는 것도 가능하다.

New Hamburg Mennonite Relief Sale
뉴 햄버그 메노나이트 구제 세일

◎ 매년 5월
마지막 금요일과 토요일
nhmrs.com

메노나이트 여성은 남는 시간에 퀼트를 한다. 겨울에는 퀼팅비(Quilting Bee, 4~20명의 여성이 누비이불을 만드는 모임)를 만들어 봄과 여름에 결혼할 신부를 위해 5~8개의 퀼트를 제작한다. 손 바느질, 혹은 재봉틀을 이용해 만드는 퀼팅은 메노나이트 여성의 중요한 일과 중 하나다.

뉴 햄버그 메노나이트 구제 세일(Mennonite Relief Sale)에서는 퀼팅비가 만드는 퀼트를 경매로 구입할 수 있다. 일반 퀼트 예술가도 참여하는 행사인데 경매 낙찰가가 엄청나다. 긴장감과 활력이 넘치는 경매 현장은 보는 것만으로도 손에 땀을 쥐게 만든다. 마샬 맥루한(Marshall McLuhan)의 '어제의 기술이 오늘날의 예술 형태가 되고 있다.'라는 말이 새삼 와 닿는다.

메노나이트 구제 세일은 1967년 메노나이트 교회에서 자연 재해로 피해를 입은 이재민을 돕기 위해 조직되었고, 현재 수익금은 메노나이트 중앙 위원회(Mennonite Central Committee)에 보내져 구호 목적으로 사용된다. 이 행사는 퀼트 경매 외에도 히스패닉 메노나이트 음식인 푸푸사(Pupusa), 러시아 메노나이트 음식인 롤쿠켄(Rollkuchen) 그리고 MCC 자원봉사자가 만드는 딸기 파이 등 다양한 음식을 맛볼 수 있다.

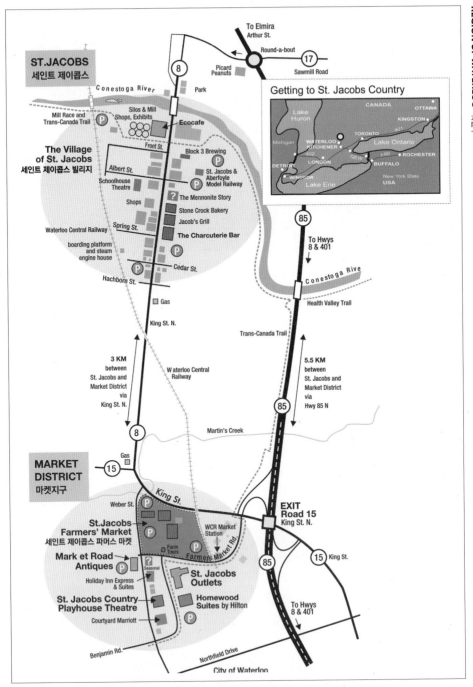

ST.JACOBS
세인트 제이콥스

To Elmira
Arthur St.

Round-a-bout

17

Sawmill Road

Picard Peanuts

8

Conestoga River

Park

Getting to St. Jacobs Country

CANADA
OTTAWA
Lake Huron
KINGSTON
TORONTO
WATERLOO
Michigan
KITCHENER
Lake Ontario
402
L90
ROCHESTER
DETROIT
LONDON
QEW
BUFFALO
WINDSOR
New York State
Lake Erie
USA

Mill Race and
Trans-Canada Trail

Silos & Mill
Shops, Exhibits

Ecocafe

Front St.

Block 3 Brewing

**The Village
of St. Jacobs**
세인트 제이콥스 빌리지

Albert St.

St. Jacobs &
Aberfoyle
Model Railway

Schoolhouse
Theatre

? The Mennonite Story

Shops

Stone Crock Bakery

Spring St.

Jacob's Grill

Waterloo Central Railway

The Charcuterie Bar

boarding platform
and steam
engine house

Cedar St.

Hachborn St.

85

To Hwys
8 & 401

Conestoga River

Health Valley Trail

Gas

King St. N.

Trans-Canada Trail

3 KM
between
St. Jacobs and
Market District
via
King St. N.

Waterloo Central
Railway

5.5 KM
between
St. Jacobs and
Market District
via
Hwy 85 N

85

8

Martin's Creek

**MARKET
DISTRICT**
마켓지구

15

Gas

King St.

Weber St.

**St.Jacobs
Farmers' Market**
세인트 제이콥스 파머스 마켓

WCR Market
Station

**EXIT
Road 15**
King St. N.

Farm
Tours

Farmers Market Rd.

**Mark et Road
Antiques**

? Seasonal

85

15 King St.

Holiday Inn Express
& Suites

**St. Jacobs
Outlets**

**St. Jacobs Country
Playhouse Theatre**

**Homewood
Suites** by Hilton

Courtyard Marriott

To Hwys
8 & 401

Benjamin Rd.

Northfield Drive

City of Waterloo

세인트 제이콥스 파머스 마켓과 벼룩 시장

St.Jacobs Farmers' Market &
Flea Market

◎ 목, 토 07:00~15:30
화요 썸머 마켓 6월 중순~노동절
08:00~15:00
stjacobs.com/Farmers-Market-General-
Information.htm

1975년에 문을 연 세인트 제이콥스 파머스 마켓St.Jacobs Farmers' market은 식도락가들의 천국이다. 메노나이트가 키운 싱싱한 채소, 과일, 홈메이드 메이플시럽, 잼은 물론이고, 하이티의 크리올(Creole), 11가지 맛의 프로기(Perogie), 한국인이 만드는 스시, 그리고 파머스 마켓의 명물인 애플 프리터(Apple Fritter)까지 먹을 게 천지삐까리다. 2층에는 퀼트 제품을 포함한 다양한 물건이 판매되고 있다. 마켓 주변에는 골동품만을 파는 마켓(Market Road Antiques)과 쇼핑 아웃렛, 호텔 등이 있어 관광하기 편리하다.

하멜 빗자루

Hamel Brooms

⌂ 1441 King St N, St.Jacobs
☎ 519-664-1117

하멜 빗자루 공장에서는 수수로 비를 만드는 전 과정을 볼 수 있다. 1905년에 문을 열었으니 순수 빗자루를 만든 세월이 100년을 넘었다. 워낙 오래되었다 보니 빗자루를 만드는 기계 회사는 이미 오래전에 문을 닫아, 고장이라도 나면 주인이 직접 수리를 해야 한다. 현재 하멜 빗자루를 책임지고 있는 빗자루 장인, 존 대번포트(John Davenport)의 손에서 탄생한 빗자루는 정말 견고하다. 빗자루 솔끝으로 세웠을 때 잘 서 있으면 그 비는 잘 만들어진 것이라고. 가격은 18불. 눈 쓸기 용으로 하나 구입해 보는 건 어떨지.

세인트 제이콥스 & 애버포일 모형 철도
St.Jacobs & Aberfoyle Model Railway

ⓘ 5–12월
토요일, 국경일 10:00–17:00
일요일 12:00–17:00
목요일 12:00–17:00 (7월, 8월에만 목요일 확장 오픈)
1–4월
유동적. 웹사이트에서 확인
💲 어른 $8, 어린이 $5, 노인/학생 $7
www.stjacobsmodelrailway.com

자선 기관인 워털루 카운티 문화유산보존회(Waterloo County Heritage Preservation Inc)가 운영하는 곳으로, 1950년대 남부 온타리오의 모습을 축소한 오 스케일(O Scale) 모형 철도를 관람할 수 있다. 실제 철도처럼 안정감 있게 운행하는 기차들은 6명의 오퍼레이터들이 사각지대를 비추는 28대 카메라를 보며 원격 조종하는 거란다. 이곳에서의 하이라이트는 밤이 되어 건물, 가로등, 기차 내부에 460개 작은 전구들이 켜지는 순간이다. 40분마다 밤씬(Night Scene)을 보여준다고 하니 기다렸다 보길 바란다. 무대가 다소 높아서 아이들은 올라설 수 있는 발판을 이용해 구경하는 것이 좋다. 2012년 5월 13일까지 애버포일(Aberfoyle)에서 전시하다가 2013년 10월 19일에 이 곳으로 옮겼다고 한다.

엠포리엄
Emporium

🏠 1395 King St. North, St.Jacobs

건물 외벽에 그려진 벽화가 인터넷에 많이 오르며 사진 찍으러 왔던 사람들도 호기심에 가게 문을 열어보곤 한다. 현관에 기대어 놓는 포치 리너(Porch Leaner), 퀼트, 양초 등 50여개의 벤더들이 만든 물건들을 팔고 있다. 기억에 남을 선물 (A gift to remember)이라는 기념품 가게가 문을 닫고, 3년 전부터 엠포리엄 (Emporium)이 가게를 잇고 있다.

온타리오 메이플시럽 박물관

Maple Syrup Museum of Ontario

- 🏠 1441 King St N, St.Jacobs
- 🕐 월~토 10:00~18:00, 일 12:00~17:00
- 💲 무료 (개인 기부)

잔잔히 흐르는 코네스토고강(Conestogo River)을 끼고 사일로스(Silos)와 방앗간(Mill)이 나란히 잇대어 있다. 곡물 창고였던 사일로스에서는 공예품을 팔고, 곡식을 찧던 방앗간에는 겨냄새 대신 커피 볶는 냄새가 코를 당기는 커피 로스터리 에코카페(Ecocafe)가 입주해 있다. 그리고 그 지하에 온타리오 메이플시럽 박물관이 있다. 세인트 제이콥스는 온타리오에서도 메이플시럽 생산량이 많은 곳 중 하나다. 이 박물관은 메이플 시럽의 어제와 오늘을 보여준다.

원주민들이 메이플시럽을 만드는 과정은 매우 흥미롭다. 손도끼로 단풍나무에 구멍을 내고, 자작나무껍질로 만든 바구니에 수액을 모았다. 모인 수액은 여물통처럼 생긴 '패인 통나무(hollowed-out log)'에 붓고, 불에 뜨겁게 달군 돌을 통에 넣어 수분을 증발시켜 메이플시럽을 만들었다. 유럽에서 온 초기 정착민이 가지고 온 철통을 이용하면 하루면 될 일이었지만 원주민에겐 사흘 작업이었다. 삼나무(Cedar) 껍질로 만든 '삼나무 바구니' 역시 메이플 수액을 담고, 불에 달군 돌을 넣어 메이플 시럽을 만드는데 사용되었다.

메이플 시럽 박물관은 이 외에도 세인트 제이콥스의 역사까지 두루 설명하고 있다.

2

ELMIRA
엘마이라

세인트 제이콥스(St.Jacobs)와 엘마이라(Elmira)는 캐나다에서 구제도 메노나이트 인구가 가장 많은 곳이다. 버기(말이 끄는 마차)를 타고 가는 그들의 모습을 지방 도로에서 심심찮게 볼 수 있다. 엘마이라는 메이플시럽 축제로 유명한 곳이다.

Maple Syrup Festival

증기기차 타고 메이플시럽 축제에 가다

캐나다에서 아이들을 키우는 부모라면 적어도 한 번쯤 '메이플시럽 축제'에 다녀온 경험이 있을 것이다. 온타리오 주의 '메이플시럽 축제'는 봄방학(March Break)이 시작되는 3월 초부터 이스터 연휴(Easter Holiday)가 있는 4월 초까지가 절정이다. 이때는 메이플 수액이 가장 많이 나오는 시기이기도 하다. 메이플 수액은 낮에는 영상, 밤에는 영하일 때 내부 압력에 의해 밖으로 흘러나온다. 원주민은 패인 통나무에 메이플 수액을 붓고, 불로 달군 돌을 통에 넣어 물을 증발시키는 방법으로 시럽을 만들었다. 원주민은 메이플 수액을 단물(sweet water)이라고 불렀는데 약으로도 썼다. 메이플시럽을 만드는 노하우는 원주민들로부터 유럽 이주민에게 전수되었다.

단일 최대 메이플 시럽 축제가 열리는 엘마이라로

엘마이라 메이플시럽 축제(Elmira Maple Syrup Festival)는 하루 열리는 메이플시럽 축제로는 세계에서 가장 크고, 기네스북에도 오른 축제다. 호기심 대폭발.

워털루 지역은 온타리오 주에서도 메이플시럽의 생산량이 많은 곳이다. 차를 타고 시골길을 달리다 보면 메노나이트 농장 앞에 메이플시럽을 판다는 간판이 눈에 많이 띈다. 이 지역의 메이플시럽을 판촉하기 위해 1965년부터 시작된 엘마이라 메이플시럽 축제는 즉석에서 구운 팬케이크 위에 메이플시럽을 뿌려 손님에게 제공하는 먹자 축제다.

'단일 메이플시럽 축제'로서 기네스북에 오르기도 한, 약 7만 명의 사람이 모이는 대규모 축제다. 덕분에 주차는 하늘의 별 따기. 자차로 가기보다는 느긋하게 증기 기차를 이용해 이동할 것을 추천한다.

증기 기차라 함은 증기의 힘으로 달리는 그 기차다. 박물관에나 있어야 할 증기 기관차가 워털루(Northfield Drive)에서 엘마이라까지 운행되고 있다. 운영단체인 워털루중앙철도(Waterloo Central Railway)는 엘마이라 메이플시럽 축제를 위해 매년 특별 셔틀 열차를 편성한다. 티켓은 워털루중앙철도 홈페이지에서 온라인으로 예매할 수 있다.

기차는 정시에 떠나며, 매 기차가 전 좌석 매진될 정도로 인기다. 기차는 단순히 이동 수단을 넘어서 승객들에게 새로운 경험을 제공한다. 예를 들어, 크리스마스 시즌에는 만화영화 〈폴라 익스프레스(The Polar Express)〉를 실제 연극배우들이 재현하며, 아이들에게 핫 초콜릿을 나눠 준다. 열차를 강탈하려는 도둑들이 말을 타고 쫓아오는 일명 '열차도둑(Great Train Robbery)' 체험도 진행된다.

세인트 제이콥스 파머스마켓에서 출발한 기차는 15킬로미터의 속도로 천천히 달려 약 1시간이면 엘마이라에 닿는다. 엘마이라에 도착한 관광객은 기차에서 내려 트랙터가 끄는 왜건으로 환승한다. 축제 현장까지는 약 2킬로미터. 걸어도 10분 안팎이다.

엘마이라 축제에는 갖가지 음식들이 가득하다. 4달러면 메이플시럽이 가득 뿌려진 팬케이크를 맛볼 수 있다. 뿐만 아니라 스나이더 아레나에서 열리는 팬케이크 뒤집기 대회를 포함해 메이플시럽 농장 버스투어, 당나귀 타기 등 다양한 프로그램이 진행된다. 이쯤에서 축제를 지혜롭게 즐길 수 있는 몇 가지 방법을 소개할까 한다. 첫째, 기다림을 즐겨야 한다. 둘째, 따뜻하게 입어야 한다. 3월과 4월은 날씨 변덕이 심하기 때문에 봄옷을 꺼내 입기엔 좀 이르다. 셋째, 슈거부시(sugar bush) 버스투어는 오전에 다녀오는 것이 좋다. 오후가 지나면 엄청난 인파로 붐비기 때문이다.

돌아가는 열차에 오르기 전에 엘마이라의 관광 명소인 키친 커팅스(Kitchen Kuttings)에서 팬케이크에 뿌려 먹을 수 있는 앰버(Amber)색의 메이플시럽을 한 통 사자. 천연 메이플시럽은 고과당 상업용 메이플시럽이나 대형마트에서 파는 것과 그 향미가 다르다. 딸기류나 적포도주 같은 건강 식품에서 발견되는 많은 종류의 항산화 화합물이 포함되어 있어 항암, 항균, 항당뇨 등 건강에 좋다고 한다.

엘마이라 메이플시럽 축제
www.elmiramaplesyrup.com
증기기차 체험
waterloocentralrailway.com

① 미국의 싼타 페 철도(Santa Fe Railroad) 식당칸에서 승객들에게 제공했던 프렌치 토스트로 레시피는 1918년 처음 나왔다고 한다.

사람 많고 복잡한 것이 싫은 사람들은 4월에 있는 기차 체험 '슈거부시 브렉퍼스트 투어(Sugar Bush Breakfast Tour)'를 추천한다. 증기기차를 타고 가며 기내식으로 ①싼타 페프렌치 토스트(Santa Fe French Toast)를 먹고, 엘마이라에 도착하면 코치 버스를 타고 메노나이트 메이플 농장을 투어한다. 엘마이라 다운타운의 키친 커팅스(Kitchen Kuttings)에서 쇼핑도 하고, 커피를 마신 후 돌아온다. 기차 왕복시간 포함 4시간. 대중교통을 이용한다면 워털루 역(Northfield Drive)을 이용하고, 차로 여행한다면 세인트 제이콥스 파머스 마켓에 무료 주차를 하고 탑승 플랫폼에서 기차를 타면 된다.

가볼 만한 메이플시럽 축제

무스코카 메이플 축제 (Muskoka Maple Festival)

일시 : 3월 초 ~ 4월 중순
장소 : 헌츠빌(Huntsville)
홈페이지 : https://www.muskokamaple.ca/festival

엘름베일 메이플시럽 축제 (Elmvale Maple Syrup Festival)

일시 : 4월 마지막 주 토요일
장소 : 엘름베일(Elmvale)
홈페이지 : http://www.emsf.ca

퍼스 메이플 축제 (Perth Festival of the Maples)

일시 : 4월 마지막 토요일
장소 : 퍼스(Perth)
홈페이지 : https://festivalofthemaples.com

메이플시럽에 대한 상식

메이플시럽에 대한 상식

1단계 40년생 이상의 단풍나무에 1~3개의 탭을 꽂아 파이프로 연결해 수액을 탱크에 모은다. 한 탭에서 한 시즌에 얻어지는 수액의 양은 40리터. 1리터의 메이플시럽(브릭스 66%)을 만들 수 있는 양이다.

2단계 수액은 역삼투압기(reverse osmosis machine)을 통해 70%의 물을 제거한다. 이 때 워터 필터(membrane; 막)는 제곱인치당 225–350 파운드의 압력으로 수액을 필터한다.

3단계 증발기(evaporator)에 넣어 화씨 219도 (섭씨 105도)로 수액을 끓여 66% 당도의 메이플 시럽을 만든다.

4단계 끓는 과정에서 생긴 sugar sand와 crystal(고체물질)을 필터 프레스(filter press)로 걸러낸다. sugar sand는 인체에 유해하지는 않지만 모래처럼 혀를 깔깔하게 만들기 때문에 종이 필터를 이용해 없애준다. 필터 프레스에는 규조토로 코팅된 종이 14장을 간격을 두고 끼워 시럽에 있는 sugar sand를 완전히 제거한다.

5단계 완성된 메이플 시럽은 캐닝 탱크(Canning Tank)로 옮겨져 화씨 180도를 유지하며 병에 담겨진다. 이렇게 하면 방부제를 사용하지 않아도 된다.

 Tip

단풍나무의 천연당(nature sugar) 함유량

경단풍나무(Hard maple)
블랙 단풍나무, 슈거 단풍나무 - 4% 당(sugar) 함유

연단풍나무(Soft maple)
실버 단풍나무, 레드 단풍나무 - 2% 당(sugar) 함유

나무 수령과 태핑(Tapping)

40년생 나무부터 메이플 수액 추출
나무의 수령에 따라 2~3개의 탭(Tap)을 꽂는다.

메이플 시럽의 4가지 등급

(맛의 강도와 색깔에 따른 분류)

Golden	은은한 맛
	신선한 과일에 뿌려 먹는 용도
Amber	풍부한 맛(Rich)
	팬케이크, 와플, 프렌치 토스트 등에 뿌려 먹는 용도
Dark	강한 맛(Robust taste)
	맛을 내는 조리용
Very Dark	아주 강한 맛(Strong taste) – 제빵용

※ 등급은 품질과 상관이 없다

온도와 메이플 제품의 상관관계

180도 – 메이플 태피 캔디
112도 – 메이플 버터
105도 – 메이플시럽(당도(Brix) 66%)
　　　　(메이플 수액 40리터 = 메이플 시럽(당도 66%) 1리터)

What is the temperature?

180 ──── 메이플 태피 캔디
112 ──── 메이플 버터
105 ──── 메이플시럽(당도(Brix) 66%)

엘마이라

ⓘ 엘마이라 메노나이트 교회

ⓘ MCC 중고품 할인점

처치 스트리트 이스트

웨스트 몬트로즈 가족 캠핑장 ⓘ

키싱 브릿지 ⓘ

🍴 '먹고 마시고' 식당
Sip&Bite

키친 커팅스 ⓘ

밀 스트리트

팬케잌 천막 ⓘ

♥ 엘마이라 메이플시럽 축제 열리는 곳

엘마이라 역

🚶 슈거부시 코치 출발지점

먼스트 스트리트

● 엘마이라 메이플시럽 축제 주요지점

● Eateries

● Attractions

--- 엘마이라 메이플시럽 축제 거리

N

워털루중앙철도 기차체험 Train Experiences of Waterloo Central Railway

파머스 마켓 데이 기차 여행 © Explore Waterloo Region

워털루(Northfield Drive)와 엘마이라(Elmira) 구간을 오가는 관광 열차인 워털루 중앙 철도(Waterloo Central Railway)는 자선단체인 SOLRS(SouthernOntario Locomotive Restoration Society)가 운영한다. 증기기관차의 보존, 복원, 그리고 장비 운용까지 자원봉사자들이 전담하고, 안전을 관리 감독하는 일은 캐나다 교통부가 맡고 있다. 5월 초에서 10월 말까지는 파머스 마켓이 열리는 날에 정기적으로 관광 열차를 운행하며, 그 외에도 특별 이벤트 열차(엘마이라 메이플시럽 축제, 슈거부시 브렉퍼스트 투어(Sugar Bush Breakfast Tour))와 홀리데이 열차(부활절, 어머니 날, 크리스마스 연휴)를 운행한다.

파머스 마켓 데이 기차 여행

일시 : 5월 ~ 10월 (세인트 제이콥스 파머스 마켓이 열리는 날)
출발 : 워털루역(90 Northfield Drive West), 세인트 제이콥스 파머스 마켓 플랫폼(330 Farmers Market Road)
waterloocentralrailway.com
* 요금 및 기차 출발 일정은 웹사이트에서 참고.
* 엘마이라역과 엘마이라 다운타운(2km) 사이에 무료 마차(wagon) 운행.

크리스마스 특별 열차

• 산타 크리스마스 카부스 Santa's Christmas Caboose
• 산타 시골 라이드 Santa's Countryside Ride

일시 : 11월 ~ 12월(밤에만 출발)
출발 : 세인트 제이콥스 파머스 마켓 플랫폼(330 Farmers' Market Road)
waterloocentralrailway.com
* 요금 및 기차 출발 일정은 웹사이트에서 참고.

크리스마스 산타 열차 © Explore Waterloo Region

크리스마스 산타 열차 © Explore Waterloo Region

키친 커팅스
Kitchen Kuttings

🏠 42 Arthur St.South, Elmira
🕐 화–금 09:00–18:00, 토 09:00–17:0
🚫 일, 월
www.kitchenkuttings.com

읍내 분위기가 물씬 풍기는 엘마이라에서 메노나이트 주부라면 한 주에 한 번 이상은 찾는 식료품점이다. 제빵에 관련한 갖가지 재료들과 고품질의 수제 잼, 젤리, 피클, 메이플 시럽 그리고 치즈와 썸머 소시지 등을 판다. 홈메이드인 썸머 소시지 (summer saussage)는 온타리오산 쇠고기와 캐나다산 돼지고기를 단풍나무와 히코리 나무(Hickory)로 훈연해 만든다. 담백한 크래커 위에 체다 치즈, 그리고 피클을 올려 먹으면 간식으로 딱이다. 달달한 터키시 딜라이트도 한 줌 사서 디저트로 준비하자. 로컬 메노나이트가 운영하는 키친 커팅스는 1989년 문을 열었다. 세인트 제이콥스의 파머스 마켓에도 가게가 있다

키싱 브릿지
Kissing Bridge

🏠 1 Covered Bridge Dr, West Montrose

온타리오에서 유일하게 남아 있는 '지붕이 있는 다리(Covered Bridge)'. 엘마이라에서 차로 5분 거리인 웨스트 몬트로즈(West Montrose)에 있다. 그랜드 리버 (Grand River)를 가로지르는 60미터의 다리는 1881년에 만들어졌다. 다리 위의 지붕은 나무로 된 바닥과 틀을 보호하기 위해 만들었다. 현재까지도 차와 사람이 지나다닌다. 강 건너 마주 보는 두 지역을 연결하고 있어 '키스하는 다리(Kissing Bridge)'라는 별명이 붙었다. 최근 밸런타인데이에 서로 사랑하는 연인들이 와서 스무치(Smooch, 가볍게 껴안고 키스)하는 장소로 인기가 많다. 어린 메노나이트들이 다리 아래에서 카약을 몰며 한때를 보내는 곳이기도 하다.

MCC 중고품 할인점
MCC Thrift & Gift

⌂ 59 Church St.West, Elmira
◷ 화,목~토 10:00~17:00, 수 13:00~17:00
✖ 일, 월
www.elmirathrift.ca

메노나이트 중앙위원회(MCC)에서 운영하는 중고품 할인 판매점이다. 40년도 더 된 곳으로 여전히 많은 사람들이 찾는다. 주방용품, 책, 아기용품까지 다루는 품목이 다양하다.이색적인 물건도 많고 가격도 저렴하다. 단돈 몇 달러에 소소한 행복과 추억을 얻을 수 있으니 그 어떤 기념품 가게보다도 추천한다. 맞은 편 2분 거리에엘마이라 메노나이트 교회가 있다. 예배가 있는 주말이면 교회 주차장이 메노나이트들이 타고온 버기들로 가득 차는 진풍경을 볼 수 있다.

웨스트 몬트로즈 가족 캠프장
West Montrose Family Camp

⌂ 6344 Line 86, West Montrose
www.westmontrosecamp.com

온타리오에서 유일하게 남아 있는 '지붕이 있는 다리(Covered Bridge)'. 엘마이라에서 차로 5분 거리인 웨스트 몬트로즈(West Montrose)에 있다. 그랜드 리버(Grand River)를 가로지르는 60미터의 다리는 1881년에 만들어졌다. 다리 위의 지붕은 나무로 된 바닥과 틀을 보호하기 위해 만들었다. 현재까지도 차와 사람이 지나다닌다. 강 건너 마주 보는 두 지역을 연결하고 있어 '키스하는 다리(Kissing Bridge)'라는 별명이 붙었다. 최근 밸런타인데이에 서로 사랑하는 연인들이 와서 스무치(Smooch, 가볍게 껴안고 키스)하는 장소로 인기가 많다. 어린 메노나이트들이 다리 아래에서 카약을 몰며 한때를 보내는 곳이기도 하다.

Tip

시즈널 캠핑
짐을 싸고, 트레일러를 끌고 가서, 캠핑장에 설치하는 번거로움없이 캠핑장의 장기임대 팟(long-term spot)을 렌트해서 RV 차량을 그곳에 두고 캠핑장이 오픈하면 아무 때나 가서 머물다 오는 캠핑을 말한다. RV(Recreation Vehicle) 차량의 판매가 증가하면서 시즈널 캠핑이 인기를 얻고 있다

TRI-CITIES,
KITCHENER-WATERLOO-CAMBRIDGE
트라이 시티스, 키치너-워털루-캠브릿지

키치너, 워털루, 캠브릿지를 트라이 시티스(Tri-Cities)라고 한다. 키치너(Kitchener)는 구글 캐나다, 키치너 파머스 마켓, 옥토버페스트(Oktoberfest) 축제가 유명하고, 캠브릿지(Cambridge)는 아프리카 라이온 사파리, 캠브릿지 스코티쉬 축제 등이 유명하다. 워털루(Waterloo)는 2개의 대학교(워털루 대학교, 윌프리드 로리에르 대학교)와 1개의 전문대학(코네스토가 대학)이 있다.

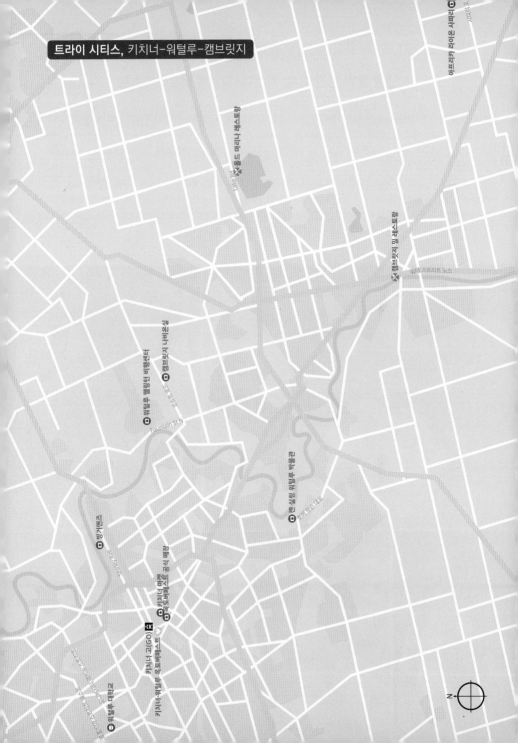

트라이 시티스, 키치너-워털루-캠브릿지

헨리 포드 코미아 시장

세인트 제이콥스 파머스 마켓

캠브릿지 밀 레스토랑
워터 스트리트 노스

워털루 웰링턴 바행센터
캠브릿지 시티 아카이브
Fountain St N

렌 실링 워털루 박물관
스피어 컨벤션로

방가렌즈

키치너 마켓
워털루 에일 공사 매장

키치너 고(GO)

키치너-워털루 오토바페스트

워털루 대학교

Oktoberfest

40년을 훌쩍 넘긴 축제, 키치너-워털루 옥토버페스트

1810년 10월12일, 바이에른(Bavaria) 왕국의 황태자 루트비히와 아리따운 공주 테레제가 결혼식을 올린다. 이 결혼을 축하하기 위해 왕실 근위대는 결혼 다섯째 날인 10월17일, 경마 경기를 개최하게 된다. 이후 이 전통이 계승되며 매년 경마 경기가 열리게 되었고, 농업박람회와 결합하면서 축제의 규모가 배가 되었다. 독일 뮌헨의 대표적인 맥주 축제, 옥토버페스트(Oktoberfest)는 이렇게 탄생하게 되었다.

이런 바바리안의 전통을 기억하는 캐나다 키치너-워털루(Kitchener-Waterloo)의 독일 이민자들은, 1969년 빙거맨 공원 (Bingerman Park)에서 이 축제를 축하하기 시작했다. 이때부터 키치너-워털루 옥토버페스트는 꾸준히 성장해 캐나다에서 가장 큰 추수감사절 퍼레이드, 그리고 북미에서 가장 큰 규모의 바바리안 축제로 발전했다. 한 개의 페스트할른(Festhallen)에서 시작 된 시민축제가 무려 70만 이상이 참여하는 9일간의 축제로 성장하게 된 셈이다.

Oktoberfest ist Wunderbar!

키치너(Kichener) 시청 앞, 무대에 오른 진행자가 큰 소리로 "옥토버페스트 이스트(Oktoberfest ist)"라고 선창하면, 광장을 가득 메운 사람들이 한 목소리로 "운더바(Wunderbar)!" 라고 외친다. '운더바'는 영어로 '원더풀(Wonderful)'을 뜻한다. 직역하자면 '옥토버페스트 좋아요!' 정도가 적당할 듯하다. 이 축제를 제대로 즐기기 위해서는 '운더바'는 머릿속에 꼭꼭 저장!

그래미 수상자인 월터 오스타넥(Walter Ostanek)이 참여한 아코디언 연주회, 독일에서 건너온 민속 공연단의 채찍 춤 공연 등 다채로운 행사가 펼쳐졌다. 맥주 통에 주둥이를 다는 케그 태핑(Keg tapping)은 축제의 시작을 알린다. 케그 태핑이 끝나면 9일간의 본격적인 키치너-워털루 옥토버페스트가 시작된다.

옥토버페스트를 제대로 즐기려면 드레스코드에 주목해야 한다. 우리가 명절에 한복을 입듯 이들은 바이에른 전통의상을 입는다. 남자는 셔츠에 멜빵을 단 가죽바지 레이더호젠(Lederhosen), 여자는 실루엣이 드러나는 블라우스와 가슴에서부터 허리 부분까지 끈으로 꽉 조인 보디스(Bodice)가 특징인 던들(Dirndl)을 입는다. 이런 전통의상을 트라흐트(Tracht)라고 하는데 가격도 비싸고, 축제에 참여하는 모든 사람들이 바이에른 전통의상을 입는 것은 아니기에 모자를 하나 구입해 쓰는 것도 좋은 방법이다.

1969년부터 해마다 다르게 만든다는 옥토버페스트 기념 버튼이나 핀을 하나씩 사서 모자에 달면 나름 폼이 난다. 이런 것들은 옥토버페스트 공식 매장(official retail store)에서 구입할 수 있다. 옥토버페스트 공식 매장은 키치너 시청에서 도보로 7분 거리에 있다. 건물 외관은 코지한 중세 성 모양이고 밖에는 커다란 메이폴(Maypole)이 세워져 있어 누구나 찾기 쉽다. 키치너-워털루 옥토버페스트를 오랫동안 후원한 프레드 버팅거(Fred Buttinger)를 기념하기 위해 1988년에 세워졌다고 한다.

이제 축제홀인 페스트할른(Festhallen)을 고르면 된다. 적게는 250명에서 많게는 4,500명까지 수용할 수 있는 공인된 페스트할른이 무려 아홉 곳이 된다. 바이에른 전통 음식, 전통 춤과 음악 공연은 물론이고 저마다의 특색있는 이벤트로 관심을 끈다. 옥토버페스트 홈페이지를 방문해서 페스트할른 각각의 음식 메뉴와 공연 내용을 흩어본 후 티켓을 온라인 구매하면 된다. 참고로 옥토버페스트 공식 매장에서도 티켓을 구입할 수 있다. 바바리안 트라흐트(Tracht)를 입지 않았더라도 깔끔한 캐주얼 복장이면 누구나 환영이다. 패밀리 데이(family day) 프로그램을 제외하곤 19세 이상만이 입장할 수 있다.

옥토버페스트 축제가 처음 열렸던 빙거맨즈(Bingemans)에도 축제를 위한 대형 천막 두 채가 간이로 세워졌고, 엠버씨룸(Embassy Room)도 바바리안 식으로 화려하게 꾸며졌다. 대형 천막은 젊은이들이, 엠버씨룸은 공연을 보며 편안히 뷔페를 즐기려는 사람이 주로 찾는다. 맛깔스러운 프레첼(Pretzel)이 테이블마다 걸렸고, 독일 대표 음식인 슈니첼, 돼지 꼬리 요리, 소시지, 감자전, 케비지롤 등 갖가지 음식들이 쏟아졌다. 아코디언 연주자가 요즘송 '아름다운 베르네 산골'을 연주하며 노래를 부를 때는 다같이 박수를 치며 따라 부르기도 한다.

TV로도 생중계되고 15만명의 구경꾼이 모이는 옥토버페스트 퍼레이드는 축제의 하이라이트다. 축제 기간인 추수감사절(Thanksgiving Day)에 열린다. 퍼레이드를 보려면 일찍 도착해서 자리를 잡는 것이 좋다. 퍼레이드를 편히 보고 싶은 사람은 VIP 관람석 티켓을 옥토버페스트 공식 매장에서 8불에 구입할 수 있다.

옥토버페스트는 놀고 마시는 술축제가 아닌 커뮤니티 축제로 매년 1,000여명 이상의 자원봉사자들이 이 축제에 자원하고 있다.

옥토버페스트
www.oktoberfest.ca

빙거맨즈
Bingemans

⌂ 425 Bingemans Centre Dr, Kitchener
📍 Direction from Waterloo : 아이온 경전철
301 센트럴역에서 34번 버스. 10분 소요.
www.bingemans.com

빙거맨즈(Bingemans)는 80년도 더 된 유원지다. 처음엔 캠프장으로 시작해 지금은 175에이커의 땅에 캠핑장, 워터파크, 펀웍스(funworx), 페인트볼(paintball), 비치 발리볼 코트 10개, 볼링장과 보스톤 피자 등 다양한 위락시설이 있다. 빙거맨즈(Bingemans)라는 이름은 설립자가 독일의 빙겐(Bingen)에서 이주했기 때문이라고 하고, 지금은 손자가 경영을 이어가고 있다. 캠핑 사이트는 5월-10월 오픈한다.

워털루 웰링턴 비행센터
WWFC(Waterloo Wellington Flight Centre)

⌂ 3-4881 Fountain Street North, Breslau, ON
📞 519-648-2213
💺 **Local Scenic Tour** $175 + HST
Toronto Skyline Tour $375 + HST
Niagara Falls Tour $500 + HST
Tobermory & Bruce Peninsula Tour $775 +HST
Muskoka Cottage Country Tour $775 +HST

온라인 예약
https://wwfc.ca/packages/scenic-flight-packages/

요즘은 드론을 이용해 항공 촬영된 환상적인 단풍 장면을 인터넷에서 쉽게 볼 수 있다. 워털루 웰링턴 비행센터(WWFC)는 '씨닉 플라잇(Scenic Flight)'이라는 관광 상품을 통해 이런 단풍 구경을 가능하게 한다. 비행기종은 단발 프로펠러 세스나-172S. 탑승인원은 조종사 제외하고 1~3명. 3명의 총 몸무게가 500파운드(약226킬로그램) 이하이고, 나이는 5살 이상이어야 한다. WWFC는 비행훈련학교이면서 드론의 이론을 가르치는 곳이기도 하다. 경비행기를 타고 워털루 지역, 토론토 스카이라인, 나이아가라 폭포, 토버머리, 무스코카, 필름섬 등의 상공을 난다. 한 명이 타든 세 명이 타든 가격은 같다.

켄 실링 워털루 박물관

Ken Seiling Waterloo Region
Museum

켄 실링 워털루 리전 박물관

ⓘ 1월~4월 30일
　　월~금 09:30~17:00,
　　토~일 11:00~17:00
　　5월 1일~9월 7일 월~금 09:30~17:00
　　9월 8일~12월 31일
　　월~금 09:30~17:00, 토~일 11:00~17:00

둔 헤리티지 빌리지(Doon Heritage Village)

ⓘ 5월 1일~9월 7일 월~일 09:30~17:00
　　9월 8일~12월 23일 : 월~금 09:30~16:00,
　　일 11:00~16:00

🏃 토요일 휴무, 12월 23일~4월 30일

🎫 어른 $11, 노인 & 학생 $8, 어린이(5-12) $5,
　　5세 이하 무료

www.waterlooregionmuseum.ca

📍 Fairway Station에서 코네스토가
　　대학(Conestoga College)으로 가는 10번
　　버스 탑승)둔 빌리지(Doon Village)에서
　　하차. 박물관까지 도보 이동. 약 13분 소요.

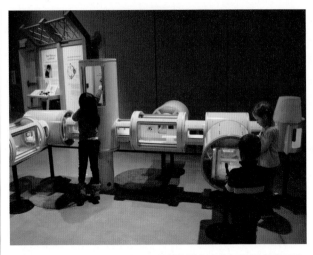

2010년 오픈한 워털루 박물관은 '우주로의 여행', '넬슨 만델라, 자유를 향한 투쟁' 등 다방면의 전시회를 유치해 워털루 지역 커뮤니티로부터 많은 사랑을 받고 있다. 박물관 뒷편에는 60에이커의 민속촌이 있다. 1957년 오픈한 둔 헤리티지 빌리지(Doon Heritage Village)는 1914년 당시 워털루 지역의 생활상을 잘 보여주는 곳이다. 제재소, 방앗간, 농장, 교회 등을 둘러보며 과거로의 시간 여행을 즐긴다. 박물관의 이름이 된 켄 실링(Ken Seiling)은 엘마이라 출신이면서 Region of Waterloo 시의회 의장을 오랜기간 역임했던 켄 실링(Ken Seiling)을 기리기 위해 붙여졌다.

아프리카 라이온 사파리 African Lion Safari

사파리란 원래는 아프리카 스와힐리어의 '여행'이라는 뜻으로 사냥감을 찾아 원정하는 일을 뜻한다. 온타리오주 캠브릿지(Cambridge)에서 차로 15분 가면 아프리카 사파리 못지 않은 아프리칸 라이온 사파리(African Lion Safari)가 나온다. 1964년 군에서 대령으로 예편한 고든 데일리(Gordon Debenham Dailley)는 온타리오 락톤(Rockton)에 2.8km2 의 땅을 구입해 멸종위기에 처한 야생동물 종들을 보존하고 그의 꿈이기도 했던 드라이브 스루 야생동물 공원을 세웠다. 1969년 8월 22일 오픈한 아프리칸 라이온 사파리는 해마다 50만 명 이상의 방문객이 찾는 캐나다의 대표 관광명소가 되었다.

가장 인기 있는 사파리 투어는 본인의 차를 이용하거나 사파리 투어 버스를 이용할 수 있다. 포효하는 사자들이 차량 행렬을 바라보고, 원숭이들이 차에 올라타고, 타조들이 차들 사이를 오가고, 기린이 버스 안을 들여다보기 위해 창문쪽으로 얼굴을 갖다 대기도 한다. 평원에는 흰코뿔소, 버팔로, 얼룩말, 큰뿔소(Watusi) 등 다양한 종류의 야생동물이 무리를 져 논다. 자신의 차를 이용해 사파리 투어를 할 경우 몇 가지 주의해야 할 사항들이 있다. 창문에 금이 갔다든지, 지붕이 천으로 됐다든지 하면 입장이 안된다. 동물을 만지거나 먹이를 주기 위해 창문을 내려서는 안된다. 창문과 차문은 잠궈야 한다. 사파리 투어 중에 차가 고장이 났을 경우, 차 밖으로 나오지 말고 경적을 울려 순찰차에게 알리고 순찰차가 도착할 때까지 기다려야한다. 사파리 투어 중에 발생할 수 있는 차량 손상은 보상이 안 되므로 새로 구입한 차

아프리카 라이온 사파리

⌂ 1386 Cooper Rd, Cambridge, ON N1R 5S2

☎ 519-623-2620

▤ 온라인 티켓 요금(2023)
5월 6일~19일 어른(13+) $27.95, 어린이(3~12) $17.95, 2살 이하 무료
5월 20일~9월 4일 어른(13+) $42.95, 어린이(3~12) $29.95, 2살 이하 무료
9월 5일~10월 8일 어른(13+) $36.95, 어린이(3~12) $23.95, 2살 이하 무료

http://www.lionsafari.com/

주둥이가 넓은 것이 특징인 화이트 라이노(White Rhino)를 아프리카 사람들은 넓다는 뜻의 'weit rhino'라고 불렀는데, 서양인들이 잘못 듣고 흰코뿔소(White Rhino)로 부르게 되었다.

사파리 투어는 본인
의 차, 혹은 사파리
투어 버스를 이용하
는 방법이 있다.

량이라면 투어 버스를 이용하는 것이 좋다.

매일 매일 있는 공연 중에 신통방통한 앵무새 공연인 'Parrot Paradise'와 웃기는 코끼리 쇼인 'Elephant Round Up' 등은
꼭 보아야 할 공연들이다. 베개가 있어야 눕는 코끼리, 덩크슛을 하는 코끼리, 평균대에서 앞다리로 물구나무서는 코끼리
등 공연내내 관중들을 웃게 만든다. 코끼리 수영(Elephant Swim)은 하루 두번 12:30, 6:00에 있다. 아이들이 직접 피그
미염소나 알파카(Alpaca)를 만져도보고, 자판기에서 사료를 뽑아 줄 수 있는 Pets' Corner 와 미스무 베이(Misumu Bay)
야외 물놀이터도 아이들에게 인기가 많다.

가족들이 한가히 보트를 타고 워터 사파리 호수(Water Safari Lake)를 돌며 정글에서 처럼 거미원숭이(spider monkey),
여우원숭이(Lemur), 긴팔원숭이(Gibbon), 그리고 블랙 스완과 펠리칸 등을 관찰할 수 있는 '아프리칸 퀸(African
Queen)' 보트 투어나 클래식 미니어처 열차를 타고 순록, 다마사슴(Fallow Deer), 아시아 코끼리 등 이국적인 동물의 서
식지를 여행하는 '네이처 보이(Nature Boy)' 꼬마 열차까지 타면 아프리칸 라이온 사파리에서 완벽한 하루 보내기가 완성
된다. 아프리칸 라이온 사파리는 5월 초부터 10월 초까지 문을 연다. 현장에서보다 온라인으로 티켓을 구매하는 것이 저
렴하다.

EATING

세인트 제이콥스 파머스 마켓과 키치너 파머스 마켓에서 다양한 음식을 맛볼 수 있다. 애플 프리터(Apple fritter), 네덜란드 애플 파이(Dutch Apple Pie), 메이플 시럽 팬케이크, 썸머 소시지, 독일식 맥주와 훈제돼지비절요리(Smoked Pork Hock) 등은 꼭 맛보길 강추한다.

세인트 제이콥스

스톤 크락 베이커리
Stone Crock Bakery

스톤 크락 베이커리는 메노나이트 전통 빵인 티볼(Tea ball)을 비롯해 머핀, 애플 프리터(Apple fritter), 버터 타르트(Butter tart) 등 다양한 빵을 구워낸다. 그중에서도 흑설탕, 버터, 사과 등을 넣어 만든 네덜란드 애플 파이(Dutch Apple Pie)는 스톤 크락 베이커리의 인기 메뉴다. 모양은 수수하지만, 꿀맛이 난다. '스톤 크락'이라는 이름은 이 지역이 음식을 담는 독을 뜻하는 크락(Crock)의 산지였기 때문에 붙여졌다고 한다. 2019년부터 팻 스패로우 그룹(Fat Sparrow Group)의 닉(Nick)과 나탈리(Natalie Benninger)가 새주인이 되어 운영하고 있다. 한 지붕 네 가게(샤퀴테리바, 제이콥스 그릴, 스톤 크락 베이커리, 정육점)가 있어 '팻 스패로우 블록'으로 불린다.

⌂ 1420 King St.N, St.Jacobs
☏ (519) 664-3612
https://fatsparrowgroup.com/pages/stone-crock-bakery

에코카페 EcoCafe

온타리오 메이플시럽 박물관이 있는 방앗간 건물에 입점해 있는 에코카페(EcoCafe)는 주민들과 여행객들의 편안한 휴식 장소가 되어준다. 갓 구운 빵은 'Never Enough Thyme' 키친에서 공급받고, 워털루의 장인 커피 로스터가 볶은 커피를 공급한다. 세인트 제이콥스 여행의 시작을 에코카페에서 시작해 봄도 좋겠다.

블록 쓰리
Block 3

이탈리아 오스투니(Ostuni)에 온 듯, 새하얀 건물이 독특한 분위기를 자아낸다. 오너 데릭(Derek)은 3명의 파트너와 함께 2013년 '블록 쓰리'를 창업했다. 워털루 대학의 '비어 클럽' 회원이었던 이들은 나이아가라를 여행하면서 브루어리 창업을 결심하게 되었다고. 맥주를 향한 열정으로 가득한 블록 쓰리는 하루 10여 가지 맥주를 손님에게 내놓는다. 핵심 맥주(Core Beers)는 King St.Saison, Beauty & The Belgian 그리고 Fickle Mistress 이렇게 세 가지다. 블록 쓰리의 에일(Ale) 맥주는 벨기에 스타일, 배럴통에서 숙성, 맛이 시큼한(sour) 것이 특징이다. 각 테이블에는 맥주를 마시며 게임을 할 수 있게 크로키놀(Crokinole) 보드가 놓여 있는데 그 아이디어가 돋보인다.

Tip 킹 스트릿세종
King St. Saison

세종 효모를 이용해 만든 에일 맥주로 맛이 가볍고 상쾌하다.

에일

발효 시 위로 떠오르는 효모로 만드는 맥주.

⌂ 1430 King St.N, Unit 2,
  St.Jacob
www.blockthreebrewing.com

하이델버그 식당
The Olde Heidelberg Restaurant & Tavern

세인트 제이콥스에서 차로 7분이면 하이델버그라는 마을에 도착한다. 이곳에는 독일식 전통 음식, 혹(Hock)을 맛볼 수 있는 하이델버그 식당이 있다. 이곳은 과거 역마차들이 하루 묵었다 가는 주막이었다. 옆문으로 들어가면 열쇠를 받던 개찰구(Wicket)와 숙소로 올라가는 나무 계단이 옛 모습 그대로 남아 있다. 1986년 지금의 주인인 밥 맥밀란(Bob MacMillan)이 건물을 사서 모텔 딸린 식당으로 리모델링했다. 이 식당의 대표 메뉴 세 가지는 훈제돼지비절요리(Smoked Pork Hock), 돼지꼬리요리(Tale of Pig) 그리고 소시지(Sausage)다. 혹 요리를 맛본 사람이라면 왜 사람들이 이곳을 다시 찾는지 이유를 알게 된다. 요리 시간은 무려 3시간. 한 주에 보통 800개를 판매하지만 연휴가 끼는 주는 2,000개 정도 팔린다. 흑설탕, 세븐업, 카레가루 등의 소스를 입혀 만든 돼지 꼬리 요리는 살도 제법 있고 쫄깃하면서 맛이 달다. 작은 방 16개가 딸린 모텔은 일반 호텔의 반값이면 하루를 머물 수 있다.

⌂ 3006 Lobsinger Line, Heidelberg
📞 1-519-699-4413
www.oldhh.com

먹고 마시고
Sip & Bite

소탈한 외관, '먹고 마시고'라는 뜻의 'Sip & Bite' 라는 간판이 붙어있는 식당. 금방이라도 다시 일터로 복귀할 것만 같은 옷차림의 남자들과 외지에서 온 듯한 관광객들이 테이블마다 앉아 있다. 마치 기사식당 같은 분위기랄까. 30년 전통의 'Sip & Bite'의 인기 메뉴는 루벤 샌드위치, 클럽 하우스, 돼지고기 슈니첼, 치킨 스블라키다. 이곳의 오너인 나이다(Naide)가 직접 추천한 메뉴이니 믿을 만한 정보다. 혼밥을 먹어도 부담이 없고, 가볍게 허기를 채울 수 있는 가성비 좋은 식당이다.

수요일엔 캠브릿지 밀에서
Cambridge Mill Chef Inspired Burger

19세기 딕슨밀(Dickson Mill)이 아름다운 식당으로 복원되었다. 고풍스럽고 편안한 실내, 탁 트인 전망, 그리고 사계절 파티오는 맛에 기품을 더한다. 엘로라 밀과 캠브릿지 밀은 오너가 같은 자매 레스토랑이다. 혈압을 낮춘다는 로스트 비트 샐러드(Roasted Beet Salad)는 그 맛이 일품이다. 수요일엔 레스토랑의 주방장 추천 메뉴인 특선 버거(Chef Inspired Burger)를 맛보길 바란다.

🏠
⏰ 점심 월~토 11:30~16:30
　　저녁 일~수 17:00~21:00, 목~토 17:00~21:30
　　일요일 브런치 예약시간 09:30~14:00 (16:00에 영업 종료)
📍 Direction from Fairway Park Mall
　　ION 버스 302 Galt Collegiate 에서 하차. 캠브릿지 밀까지 도보로

🏠 39 Arthur St S, Elmira
📞 1-519-699-4413
⏰ 월~금 07:00~19:00, 토 07:00~14:00, 일 08:00~14:00

캠브릿지

저스틴 비버의 호화 맨션이 보이는, 올드 마리나 레스토랑

Old Marina Restaurant

캠브릿지 다운타운에서 북동쪽으로 차로 10여 분, 맥클린톡 트레일러 리조트(McClintock's Trailer Resort)를 통과하면 푸슬린치 호수변(Puslinch Lake)에 올드 마리나 레스토랑이 자리하고 있다. '유명한 푸슬린치 버거(Famous Puslinch Burger)'로 유명한 패밀리 식당이다. 요일별 스페셜은 오후 4시 이후에 제공된다. 월요일은 버거, 화요일 톨 캔(Tall Cans), 수요일 하우스 와인, 목요일 치킨 윙, 금요일 피쉬, 토요일 스테이크, 일요일은 프라임 립(Prime Rib)이다. 커다란 창이 있는 실내와 야외 데크서는 아담한 호수변의 경관을 보며 편안히 식사를 즐길 수 있다. 겨울에는 실내를 따뜻하게 해 주는 커다란 돌로 된 벽난로가 있어서 운치가 있다. 최근들어 젊은 관광객이 많이 찾는 이유가 있다. 월드스타 저스틴 비버가 2018년에 구입한 호화 맨션이 호수 건너편에 보이기 때문이다. 101에이커의 너른 대지에는 1킬로미터의 말 경

주트랙이 있을 정도다.

이 식당의 이야기는 구엘프 시(City of Guelph)가 댄스홀을 지어 가이 롬바르도(Guy Lombardo)같은 빅밴드시대의 아티스트들이 연주하던 1920년대로 거슬러 올라간다. 밤새 춤을 추기 위해 구엘프에서 ①캐리올(carryall)을 타고 이 곳에 왔을 정도였다. 댄스홀 옆에는 호텔이 있어서 놀기 좋은 장소였다. 이후 수십 년 동안 이 곳은 공원 주변에 승객을 태워 나를 수 있는 소형 철도와 방문객들이 호수를 여행할 수 있는 투어 보트들이 떠다닐 정도로 확장되었다. 시간이 흘러 댄스홀은 선착장으로, 그리고 수상 스키 학교로 한 번 더 바뀌었다가 1993년에 마침내 올드 마리나 레스토랑이 되었다. 2022년 7월 원인 모를 화재로 레스토랑 건물이 전소되었다. 현재, 옛 모습을 살려 건물을 다시 짓는다고 하니 푸슬린치 호수를 바라보며 맛볼 푸슬린치 버거를 기대해본다.

 캐리올(carryall)
최대 8명까지 승객을 태울 수 있었던 자동차.

🏠 1947 McClintock Drive, Cambridge
🕐 월~금 11:00~21:00, 토 11:00~22:00, 일 11:00~21:00
https://oldmarina.com

애플 버터 & 치즈 축제

모파페스트(Moparfest) - New Hamburg

캐나다에서 가장 큰 모파 자동차 쇼. 1968-1970년대 모파(Mopar)는 근육질 차로 불렸다. 커다란 엔진, 스포티한 디자인, 빠르고, 소리가 큰 차였다. 모파를 사랑하는 사람들이 모여 피크닉을 즐기며, 자동차 부품도 사고, 모파에 대한 정보를 서로 나누는 축제다. 매년 8월 중순에 이틀간 열린다.

Apple Butter & Cheese Festival - Wellesley

웨슬리 타운과 주요 산업인 사과와 치즈를 알리기 위해 시작되었다. 엘마이라 메이플시럽 축제와 뉴 함부르크 퀼트 경매를 벤치마킹해 아침식사로 팬케이크와 소시지를 팔고, 퀼트 경매 행사도 열린다. 교회 단체에서 파는 사과 덤플링, 애플 프리터 그리고 저녁은 돼지꼬리요리, 갈비, 사우어크라우트(양배추 절임), 로스트 비프 등의 스모가스보드(smorgasbord) 뷔페가 제공된다. 농장투어, 말굽던지기 토너먼트, 라이브 뮤직 등 다채로운 행사도 펼쳐진다. 9월 말에 하루 열린다.

Cambridge Scottish Festival - Cambridge

캠브릿지 처칠 공원(Churchill Park)에서 매년 7월 중순에 열리는 스코티쉬 축제. 백파이프 연주와 하일랜드 댄스 대회, 스포츠 줄다리기, 해머던지기 등 힘겨루기 대회도 열린다.

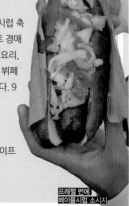

프레첼 번에
메이플시럽 소시지

구제도메노나이트(Old Order Mennonite)에 대한 몇 가지 사실

- 투표하지 않는다.
- 세금을 낸다.
- 고소하지 않고 법정에 가지 않는다.
- 막내가 농장에 머물며 부모를 모신다. 부모들이 거하는 곳을 '도디 하우스(Doddy House)'라고 한다.
- 구제도메노나이트는 구제도메노나이트끼리, 아미쉬는 아미쉬끼리 결혼한다. 별거나 이혼을 할 수 없다.
- 전기와 전화는 커뮤니티 내에서 사용이 허락된다. 전화기는 '통화중 대기' 같은 악세서리가 없어야 하고, 검정색이어야 한다.
- 라디오, 텔레비전, 컴퓨터, 현대 기기를 집에서 사용하지 않는다. 많은 이들이 지역 신문은 받아 본다.
- 카메라를 소유하지 않는다. 사진을 찍는 것은 교만으로 이어진다고 믿고 죄로 여긴다. 남들이 자신들을 찍는 것도 좋아하지 않는다.
- 집의 벽에 장식을 위한 예술품이나 사진들이 없다.
- 가정과 커뮤니티 안에서는 펜실베니아 독일 사투리를 쓰고, 학교에서는 영어를 쓴다.
- 여자 아이는 미용실에 가지 않고, 언니나 엄마가 머리를 땋아준다.
- 남자 아이는 아버지가 머리를 깎아준다.
- 여자 아이들은 길고, 소박한 드레스를 입는다. 바지를 입지 않는다.
- 남자 아이는 멜빵과 체크가 들어간 셔츠를 입는다. 브랜드 네임이 들어간 옷은 입지 않는다.
- 영화, 콘서트, 스포츠 경기를 보러 가지 않는다.
- 스카우트 같은 단체에 가입하지 않는다.
- 생일 파티나 생일 선물이 없다.
- 가라지 세일이나 중고품 할인점에서 산 장난감을 준다.
- 텔레비전, 라디오, CD 플레이어, 게임기가 없다.
- 크로키놀, 체스 같은 테이블 게임과 책읽기를 좋아한다.
- 크리스마스에는 약간의 캔디와 선물 한 가지를 받는다.

CANADA
Perth County
퍼스카운티

앤티크 애호가들의 메카인 셰익스피어(Shakespeare), 메노나이트 인구가 가장 많은 밀뱅크(Millbank),
온타리오에서 아미쉬 역사가 가장 오래된 밀버튼(Milverton), 세인트 패트릭 데이를 축하하는
패디페스트((Paddyfest) 축제가 2주간 열릴 정도로 셀틱 문화유산이 풍부한 리스토웰(Listowel),
1840년대부터 지어진 라임스톤 건축물이 즐비한 스톤타운 세인트 메리스(St. Marys)
그리고 연극으로 유명한 셰익스피어 축제와 월드스타 저스틴 비버(Justin Bieber)의 고향인
스트랫퍼드(Stratford) 등 다양한 문화와 축제를 체험할 수 있다.

차량/렌터카를 이용하면 토론토에서 스트랫퍼드까지 교통체증을 감안하더라도 2시간이면 간다.
당일치기 여행도 가능하지만, 1박 2일 일정이면 여유롭게 여행을 할 수 있다.

퍼스 카운티 드나드는 방법 ❶ **기차**

토론토 유니온역에서 스트랫퍼드역까지 하루 한 번 운행한다. 2시간 12분 소요.

퍼스 카운티 드나드는 방법 ❷ **스트랫퍼드 직통 버스**

토론토 다운타운 인터콘티넨탈 호텔(Front and Simcoe St 코너)에서 출발해 스트랫퍼드의 극장(에이번 극장, 페스티벌 극장, 톰 패터슨 극장)에 도착한다. 스트랫퍼드 페스티벌 기간(4월 초~10월 말)에만 운행된다. 티켓은 온라인으로 구매할 수 있다.

📋 토론토-스트랫퍼드(왕복) $34
버스 티켓 온라인 구매 : www.stratfordfestival.ca/WhatsOn/BusBooking

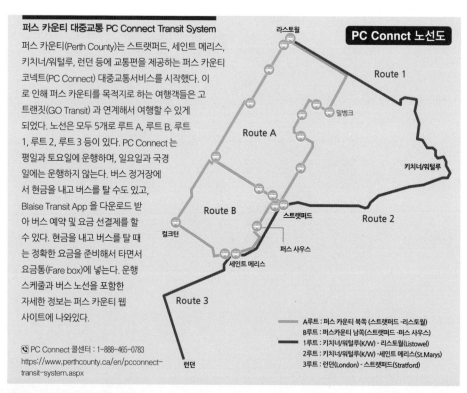

퍼스 카운티 대중교통 PC Connect Transit System

퍼스 카운티(Perth County)는 스트랫퍼드, 세인트 메리스, 키치너/워털루, 런던 등에 교통편을 제공하는 퍼스 카운티 코넥트(PC Connect) 대중교통서비스를 시작했다. 이로 인해 퍼스 카운티를 목적지로 하는 여행객들은 고 트랜짓(GO Transit) 과 연계해서 여행할 수 있게 되었다. 노선은 모두 5개로 루트 A, 루트 B, 루트 1, 루트 2, 루트 3 등이 있다. PC Connect 는 평일과 토요일에 운행하며, 일요일과 국경일에는 운행하지 않는다. 버스 정거장에서 현금을 내고 버스를 탈 수도 있고, Blaise Transit App 을 다운로드 받아 버스 예약 및 요금 선결제를 할 수 있다. 현금을 내고 버스를 탈 때는 정확한 요금을 준비해서 타면서 요금통(Fare box)에 넣는다. 운행 스케줄과 버스 노선을 포함한 자세한 정보는 퍼스 카운티 웹사이트에 나와있다.

📞 PC Connect 콜센터 : 1-888-465-0783
https://www.perthcounty.ca/en/pcconnect-transit-system.aspx

PC Connct 노선도

라스토웰
Route 1
밀뱅크
Route A
키치너/워털루
Route 2
스트랫퍼드
Route B
컬크턴
퍼스 사우스
세인트 메리스
Route 3
런던

━━━ A루트 : 퍼스 카운티 북쪽 (스트랫퍼드 -리스토웰)
━━━ B루트 : 퍼스카운티 남쪽 (스트랫퍼드 -퍼스 사우스)
━━━ 1루트 : 키치너/워털루(K/W) - 리스토웰(Listowel)
━━━ 2루트 : 키치너/워털루(K/W) -세인트 메리스(St.Marys)
━━━ 3루트 : 런던(London) - 스트랫퍼드(Stratford)

퍼스 카운티

애나 메이 베이커리 & 레스토랑
밀뱅크 패밀리 가구점
밀뱅크 치즈 & 버터

밀뱅크 202p.

Perth Rd. 121

Perth Rd. 119

Perth Lie

Hwy. 8

Line 34

세인트 메리스 202p.

리오 톰슨 캔디
톰 패터슨 극장
백조 퍼레이드 축제

스트랫퍼드 퍼스 박물관
에디슨 카페바
스쿠퍼스 아이스크림

스트랫퍼드 축제 웨어하우스

리바이벌 하우스

스트랫퍼드 기차역
에이번 극장
교차로 56 디스틸러리

Perth Rd. 119

Hwy. 8

셰익스피어 203p.

브리티쉬 터치
셰익스피어 앤티크 센터
베스트 리틀 정육점

Rd. 119

세인트 메리스 203p.

그랜드 트렁크 트레일   맥컬리 힐 팜 마켓
밀가루 공장
세인트 메리스 기차역 & 역 갤러리
급수탑
스톤타운 문화유산 축제
스냅핑 터틀 커피 로스터
캐나다 야구 명예의 전당
세인트 메리스 채석장 수영장 & 스플래쉬 워터파크

N

스트랫퍼드 퍼스 박물관

🎭 레어티즈아이드 드라이브

♡ 백조 퍼레이드 축제

🏛 톰 패터슨 극장

워터 스트리트

스트랫퍼드

🏛 에디슨 카페바

온타리오 스트리트

스쿠퍼스 아이스크림 🍦

앨버트 스트리트

🏛 리오 톰슨 캔디

🏛 리바이벌 하우스

🏛 에이번 극장

브런즈윅 스트리트

스트랫퍼드 축제 웨어하우스 투어 🏛

도우로 스트리트

세익스피어 스트리트

🚉 스트랫퍼드 기차역

🏛 교차로 56 디스틸러리

N

밀뱅크

Perth Line 72

🏛 애나 메이 베이커리 & 레스토랑

🏛 밀뱅크 패밀리 가구점

🏛 밀뱅크 치즈 & 버터

N

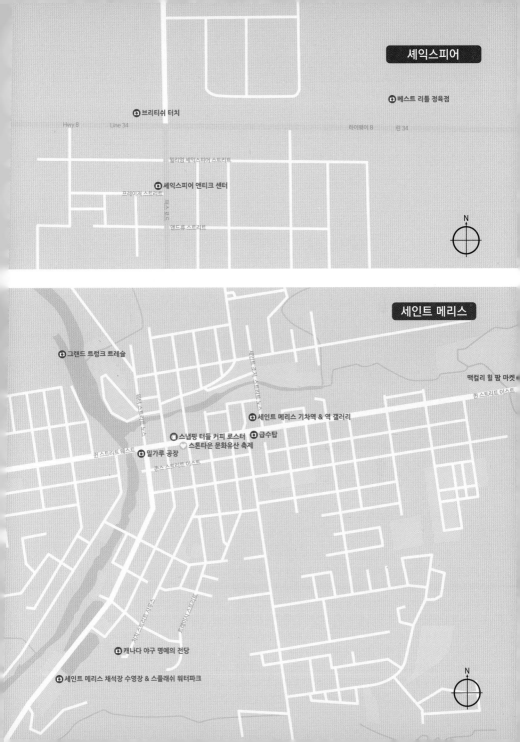

셰익스피어

🅰 베스트 리틀 정육점

🅰 브리티쉬 터치

Hwy 8   Line 34   하이웨이 8   린 34

윌리엄 셰익스피어 스트리트

🅰 셰익스피어 앤티크 센터
프레이저 스트리트

앤드류 스트리트

N

세인트 메리스

🅰 그랜드 트렁크 트레슬

🅰 맥컬리 힐 팜 마켓

퀸 스트리트 이스트

🅰 세인트 메리스 기차역 & 역 갤러리

🅰 스냅핑 터틀 커피 로스터 🅰 급수탑
🅰 스톤타운 문화유산 축제
퀸 스트리트 웨스트
🅰 밀가루 공장
존 스트리트 이스트

🅰 캐나다 야구 명예의 전당

🅰 세인트 메리스 채석장 수영장 & 스플래쉬 워터파크

N

Justin Bieber

스트랫퍼드(Stratford)에서 셰익스피어와 저스틴 비버(Justin Bieber)를 만나다.

캐나다 온타리오 주는 당일치기로 배추겉절이같은 상큼한 여행을 할 수 있는 곳이 많다. 셰익스피어(Shakespeare)와 저스틴 비버(Justin Bieber)를 만날 수 있는 곳, 바로 스트랫퍼드(Stratford)가 그런 곳이다.

© Krista Dodson

캐나다에서 셰익스피어를 만나다.

잡지 속 사진만큼 화창한 날은 아니지만 여행하는데 화창한 날만 있으란 법이 없지 않은가?! 팀 홀튼(Tim Horton)의 달달한 커피를 마시기 위해 드라이브스루(drive-thru)를 이용했다.

'미디엄 더블 더블(medium double-double)' 쉽게 말해, 설탕 둘, 크림 둘. 이 한 잔의 커피가 드라이브는 즐겁게, 대화는 달콤하게 만든다. 저 하늘의 구름 모양이 커피를 먹고 흥분해 날뛴 에티오피아의 염소같다.

캐나다에서는 아이들이 10학년이 되면, 셰익스피어의 고전 '로미오와 줄리엣'을 학교에서 배운다. 스트랫퍼드는 셰익스피어의 고전을 연극으로 볼 수 있는 곳이라 선행학습을 위해 자녀들과 많이 찾는다. 그렇다고 딱딱한 고전만을 고집하기 전에 아이들에게 작품을 고를 수 있는 선택권을 주는 것이 현명하다. 아이들의 선택과 동의는 '즐거운 여행이 되느냐?' '실패한 여행이 되느냐?'에 결정적 요인이 된다. 경험상, 그렇다.

스트랫퍼드(Stratford)! 셰익스피어의 고향인 잉글랜드 워릭셔 주의 '스트랫퍼드 어폰 에이번(Stratfordupon-Avon)'을 본 따 이름지었다. 스트랫퍼드를 흐르는 강의 이름도 에이번(Avon)이다.

스트랫퍼드를 흐르는 에이번 리버(Avon River)

축제 극장(Festival Theatre), 스튜디오 극장(Studio Theatre), 에이번 극장(Avon Theatre), 톰 패터슨 극장(Tom Patterson Theatre). 인구 3만의 도시에 4개의 대형 극장이라니… 낭비일까? 결론부터 말하자면 그렇지 않다.

매년 4월에서 10월까지 다양한 장르의 연극이 이 곳에서 상시 공연된다. 로미오와 줄리엣, 십이야(Twelfth Night), 아테네의 타이몬(Timon of Athens), 헛소동(Much ado about nothing) 같은 셰익스피어의 작품 뿐 아니라, 프랑스를 대표하는 희극 작가 몰리에르의 타르튀프(Tartuffe), 수전노, 그리고 할리우드 뮤지컬 아가씨와 건달들(Guys and Dolls) 등등. 세트, 연기, 내용 모두 수준급이다. 유명 영화배우의 등장에 깜짝 놀라 브로셔를 다시 보고 이름을 확인하기도 한다.

크리스토퍼 플러머(Christopher Plummer), 윌리엄 샤트너(William Shatner) 같은 배우가 스트랫퍼드 무대에서 데뷔했다. 그 둘에 얽힌 비하인드 스토리를 한 가지 소개하자면 이렇다.

1956년, 〈헨리 5세〉를 연기하던 플러머씨가 신장 결석으로 무대에 설 수 없게 되자, 샤트너씨가 충분히 연습할 시간도 없이 대역을 맡아 연기를 했다. 플러머씨는 그의 회고록에서 이렇게 썼다.

"그 후, 매점에서 커피를 마시고 있는데, 샤트너가 헨리 역을 완벽하게 해냈다는 말을 들었다. 샤트너는 내가 하지 않은 모든 것 – 앉아야 할 자리에 서고, 서야 할 자리에 누웠다 – 그는 모방하지 않고, 독창적으로 연기했다. 나는 그가 스타가 되리라는 것을 그 때 알았다."

이 시골에 지금의 스트랫퍼드 페스티발이 있게 한 두 장본인은 스트랫퍼드가 고향이었던 톰 패터슨(Tom Patterson) 기자와 〈스트랫퍼드 페스티발〉 첫 예술 감독이었던 영국의 연극연출가 타이론 거스리(Tyrone Guthrie)다.

1950년대 초, 철도가 스트랫퍼드를 비켜가면서 경제는 더 침체되었다. 이 시기 패터슨은 스트랫퍼드의 경제에 새로운 활력을 불어넣을 아이디어, 스트랫퍼드 셰익스피어 페스티발(Stratford Shakespeare Festival)을 기획한다. 디자이너 타냐(Tanya Moiseiwitsch)와 함께, 거스리(Guthrie)는 극장에 돌출 무대(Thrust stage)라는 기발한 아이디어로 고전극 공연에 혁명을 일으켰다. 이 돌출무대(Thrus tstage)는 전세

Antoine Yared as Romeo and Sara Farb as Juliet in Romeo and Juliet, ⓒCylla von Tiedemann.

203

페스티발 씨어터(Festival Theatre)의 돌출 무대. ⓒRichard-Bain

계 12개 이상의 주요 공연장 – 치체스터 축제 극장(Chichester Festival Theatre), 영국국립극장의 올리비에 극장(Olivier Theatre) 등 – 디자인에 영감을 주었다.

마침내, 1953년 7월 13일, 거스리의 연극 '리챠드 3세'가 처음으로 무대에 올려졌다. 그 때부터 2천600만명이 스트랫퍼드 페스티발을 찾았고, 매년, 50만 명의 관객이 드는 성공 신화가 되었다.

영국의 로열 셰익스피어 극단(Royal Shakespeare Company)과 견주어도 손색없는 스트랫퍼드 페스티발은 이 지역 경제에도 커다란 영향을 끼치고 있다.

'2-for-1 Evenings'은 티켓 한 장 가격으로 두 명이 볼 수 있는 저녁 공연을 말한다. 이외에도 다양한 프로모션은 관객의 경제적 부담을 덜어 준다. 온라인에서 티켓팅을 하기 전에 어떤 프로모션이 있는 지 먼저 살펴보길 바란다. 스트랫퍼드 관광청에 비치된 스트랫퍼드 축제 브로셔의 '공연일정표'에도 잘 표시되어 있다.

공연 기간에는 '연극에 대한 상식'을 넓혀주는 몇 가지 투어도 있다. 스트랫퍼드 페스티발에 사용되는 혹은 사용되었던 의상이나 소도구 등을 보관하는 창고를 가이드 설명을 들으며 둘러보는 웨어하우스 투어(Warehouse Tour). 배우처럼 의상을 입고 사진을 찍는 시간도 있으니 카메라를 잊지 말자. 무대 세팅 과정을 안전한 장소에서 참관할 수 있는 세트 체인지오버 투어(Set Changeover Tour)는 페스티발 극장과 에이번 극장에서 진행된다. 투어는 한 시간 정도 걸린다.

스트랫퍼드 페스티발(Stratford Festival)
www.stratfordfestival.ca

스트랫퍼드에서
저스틴 비버(Justin Bieber)를 만나다.

'What do you mean?' 'Sorry' 'Love yourself' 들으면 알만한 저스틴 비버(Justin Bieber)의 히트곡들.
딸 바보 아빠가 아니더라도 저스틴의 고향이 온타리오주 스트랫퍼드(Stratford)라는 것을 모르는 이는 없을
것이다.
하지만, 저스틴의 어린 시절에 대한 비하인드 스토리를 들을 수 있는 '저스틴의 스트랫퍼드(Justin's
Stratford)'라는 여행상품이 있다는 것은 알까? 스트랫퍼드 시청(City Hall) 길 건너편에 있는 관광사무소
(Stratford Tourism Alliance)에서 여행은 시작된다. 이곳에는 2008년 저스틴 비버가 기증했다는 기타가 중앙
에 떡하니 전시되어있다.

링컨 스타일의 구레나룻 수염에, 머플러를 한 사나이. 저스틴 비버의 과거로 안
내 할 가이드, 네이튼 맥케이(Nathan McKay)다. 음악 연주가인 네이튼은 자신을
저스틴 비버가 살던 카펠레 써클(Kappele Circle)에서 6년간 같이 살았던 골목 친
구라고 소개했다. 같이 놀고, 곡도 만들고, 그 당시 유행했던 아메리칸 아이돌 '스
몰빌(Smallville)'의 쇼를 보며 같이 시간을 보냈다.
네이튼이 먼저 안내한 곳은 에이번 극장(Avon Theatre) 앞. 저스틴이 스트랫퍼드
시의회로부터 받았다는 브론즈 스타(Bronz Star)가 바닥에 박혀 있다. 브론즈 스
타는 스트랫퍼드를 위해 공헌한 개인 또는 국제적인 명성을 얻은 시민에게 주는
상으로 매년 캐나다 데이(Canada Day) 때 4명에게 수여한다.
이 곳에서 저스틴은 연극을 보기 위해 기다리는 사람들에게 버스킹을 했다. 가스
펠, 락, 그리고 저스틴 어머니가 작곡한 노래까지. 2007년 여름에는 무려 200회나
공연을 했다고 한다. 유튜브에서 유명해지기 전에 저스틴은 이미 이 곳에서 유명
한 가수였다고.

에이번 극장

브론즈 스타

네이튼이 다음으로 안내한 곳은 저스틴이 처음으로 버스킹을 했다는 장소다. 타푸즈 바(Tapuz Bar) 앞이었는데 지금은 문을 닫고 그 자리에 피쉬앤칩스(Fish&Chips)가 들어섰다.

저스틴을 베이비시팅하던 네이튼은 제이크 올리치(Jake Oelrichs)라는 드러머의 연주를 보기 위해 여덟살인 저스틴과 이 곳에 왔다. 나이가 어려서 바에는 들어가지 못하고 벤치에 앉아 창문을 통해 공연을 보고 있었는데, 저스틴이 곡에 맞춰 젬버(Djembe) 연주를 시작했다. 사람들은 저스틴이 버스킹을 하는 줄 알고 돈을 주었는데 45분만에 26달러를 벌었다고 한다.

저스틴이 축구 경기가 끝나면 달려왔다는 아이스크림 가게, 스쿠퍼스(Scooper's). 벽면에 요란하게 붙어있는 사진들 속에서 저스틴 비버와 셀레나 고메즈(Selena Gomez)를 찾을 수 있다.

저스틴에 대한 더 많은 비하인드 스토리를 듣고 싶다면 스트랫퍼드 관광사무소로 연락해 '저스틴의 스트랫퍼드(Justin's Stratford)' 가이드 예약을 하면 된다.

가이드없이 셀프가이드 투어도 가능하다. 스트랫퍼드 관광사무소에서 '저스틴의 스프랫퍼드' 지도를 1달러 주고 사서 '저스틴이 좋아했던 장소라고 표시된 곳을 찾아 다니면 된다. 저스틴 가족이 저녁을 즐겼던 식당, 여자친구와 첫 데이트를 했던 킹스버페(King's Buffet), 그가 다녔던 초등학교 - 잔 소베 카톨릭 스쿨(Jeanne Sauvé Catholic School) 등등. 지도는 스트랫퍼드 관광사무소 홈페이지에서 무료로 다운로드 받을 수 있다.

스트랫퍼드 관광사무소
📞 1-800-561-7926(SWAN) 또는 519-271-5140
https://visitstratford.ca/justin-biebers-stratford

저스틴 비버, 스타덤에 오르기까지
Justin Bieber; Steps to Stardom

스트랫퍼드에서 저스틴 비버와 관련한 여행 상품 개발은 끊이지 않는다.

스트랫퍼드 퍼스 박물관(Stratford Perth Museum)은 여느 때보다 활기넘치는 해를 보내고 있다. 저스틴 비버 (Justin Bieber)가 에이번 극장 (Avon Theatre) 계단에서 버스킹을 하던 시절부터 세계적인 팝 스타가 될 때까지의 이야기를 들려주는 전시회 '저스틴 비버, 스타덤에 오르기까지'가 열리고 있기 때문이다.

박물관이 저스틴과 그의 가족과 함께 마련한 전시회는 토론토 메이플리프팀 선수들의 사인이 적힌 아이스 하키 스틱, 개인 운동화, 학생시절 사용했던 도서관 카드 등 저스틴의 물건들이 전시되고 있다. 일시적인 전시였지만 해를 거듭하고 있다.

일요일 오후 무렵 한 통의 전화가 박물관으로 걸려 왔다. 저스틴 비버가 박물관을 방문한다는 것이었다. 한산했던 박물관을 지키던 한나 로렌스(Hannah Lawrence)와 몇 명의 관람객은 세계적인 스타를 개인적으로 만나는 행운을 얻었다. 그의 방문은 중학생 단체 관광 버스가 떠난 후였다. 저스틴의 스트랫퍼드 깜짝방문은 이게 다가 아니다. 한 번은 버스킹을 했던 에이번 극장 앞에서 기타를 연주했는데 모여든 사람들이 긴가민가 할 정도였다. 그의 방문은 스트랫퍼드에서 늘 화제다. 지금도 행운잡기에 나선 저스틴의 팬들은 세익스피어의 연극을 보고나서 성지순례객처럼 에이번 극장 앞과 스트랫퍼드 퍼스 박물관을 찾아오고 있다.

스트랫퍼드 퍼스 박물관
stratfordperthmuseum.ca

Annual Swan Release

백조 퍼레이드 축제

토론토에서 남서쪽으로 150km 떨어진 스트랫퍼드(Stratford)에서는 매년 3월 말~4월 초 일요일에 백조 퍼레이드(Swan Parade)가 열린다. 1990년 부터 시작된 이 축제는 겨우내 겨울용 막사(winter quarters)에서 지내던 백조들을 에이번 강으로 돌려보내는 스완 릴리즈(Swan Release) 행사다.

오후가 되자, 많은 사람들이 레이크사이드 드라이브(Lakeside Drive)길 양옆으로 자리를 잡기 시작한다. 올해도 백조 코스프레를 한 참가자들이 여기 저기 눈에 띈다. 하얀 의상과 백조의 특징을 잘 살린 부리를 모자처럼 쓴 일곱 자매에게 사람들의 시선이 모아졌다. 여섯 명은 해밀턴에서 오고, 한 명은 아일랜드에서 왔단다.

에이번에 사는 백조는 흑고니(Mute Swan)다, 하지만 이름처럼 조용하지는 않다고 한다. 선명한 오렌지색 부리와 혹에서부터 부리 기부까지 연결된 검은색이 다른 고니류와 쉽게 구별된다. 오후 2시가 되자, 퍼스 카운티(Perth County) 파이프 밴드의 연주를 시작으로 백조 퍼레이드가 시작된다. 파이프 밴드 뒤로 백조들이 행진한다. 백조들의 행차 구간은 막사에서부터 에이번 강까지 약 120미터 정도다.

뒤뚱뒤뚱 걷는 백조의 발을 자세히 보면 검은색이 있고 베이지색(beige)이 있다. 검은 발을 가진 백조는 로얄 스완(Royal swan)이고, 이들의 조상은 영국에서 온 것이다. 베이지색의 발을 가진 백조는 폴리쉬 스완(Polish Swan)이라 불리고, 이들의 조상은 유라시아(Eurasia)에서 온 것이다. 영국 후손이 더 많은 것을 쉽게 알 수 있다.

에이번 강으로 다시 돌아온 백조들은 둥지 틀 곳을 찾아 서둘러 떠난다.

행사장에서는 스트랫퍼드 축제에 쓰였던 각종 연극 의상을 입고 사진을 찍는 행사와 백조 사진전, 놀이 기구 타기, 왜건 투어, 에이번 강의 백조에 대해서 듣는 스

완워크 투어(swan walk tour) 등 다양한 이벤트가 열린다. 특히 스트랫퍼드 다운타운 거리 곳곳에는 장식된 백조가 전시되어 있다. 백조 모양의 프레임에 이끼를 넣고 여러가지 재료를 장식해 만들었다. 카이저스 양복점(Kaiser's Tailor)에서 만든 턱시도 입은 백조, 꽃과 컵케익으로 예쁘게 장식한 캔디 케익스(Kandy Cakes)의 백조 등 열 두 업체가 참여했다. 가장 맘에 드는 작품을 스트랫퍼드 관광사무소에 적어내면 당첨자에게 기프트 카드를 준다.

에이번 강의 백조

에이번 강 의 흑고니(Mute Swan)는 1918년 8월 23일 J.C.Garden이 스트랫퍼드 시에 선물해 에이번 강에 풀어준 백조의 새끼들이다. 일부는 영국 여왕이 보내 온 로얄 백조의 새끼들로, 퀸 엘리자베스 2세는 1967년 캐나다 탄생 100주년을 축하해 오타와에 6쌍의 로얄 스완을 선물로 주었는데 이중에 한 쌍을 스트랫퍼드로 보내왔다. 에이번에 살게 된 암컷은 20년 이상을 살면서 몇 번의 짝짓기로 여럿 새끼를 부화시켰다고 한다.

번식용 흑고니는 아주 공격적 이어서 다른 새들을 쫓아내기도 한다. 이것을 막기 위해 백조 새끼의 1차 날개깃을 형성하는 조직의 일부를 생후 10일 이내에 제거한다. 이렇게 한 쪽 날개의 기능을 상실한 백조는 비행을 위한 고도에 미치지 못하기 때문에 높이 날 수 없게 된다.

퍼스 카운티(Perth County) 그 밖의 축제

패디페스트 Paddyfest
북미에서 가장 큰 아이리쉬 축제로 리스토웰(Listowel)에서 세인트 패트릭스 데이(St.Patrick's Day) 전후로 2주간 열린다. 강력한 셀틱 유산(strong celtic heritage) - 팬케이크 : 8-10시, 8불, 565 Elizabeth Street East, Parade : 11-12시. (3월 21일)

온타리오 돼지고기 의회 Ontario Pork Congress
온타리오 돼지 농장의 네트워크 기회를 제공하는 일종의 무역 박람회다. 돼지 사육과 관련한 다양한 교육 세션, 요리사의 돼지고기 요리 시연, 자선 달리기, 청소년들의 돼지 몰이 등 다양한 행사가 열린다. 40년 이상 된 행사로 스트랫퍼드 로터리 콤플렉스(Stratford Rotary Complex)에서 6월 중순에 열린다.

펌프킨 퍼레이드 Pumpkin Parade
매년 할로윈 다음 날인 11월 1일에 열리는 펌프킨 퍼레이드(Pumpkin Parade)는 할로윈을 위해 만든 잭오랜턴(Jack-OLantern)을 버리지 않고 베테랑 드라이브(Veterans Drive)로 가져와 일렬로 놓는 행사다. 밤이 되어 2000개 정도의 잭오랜턴이 한꺼번에 빛나는 것을 보면 감동이다. 전시가 끝나면, 호박은 인근 돼지농장(Perth Pork Products)에서 사육하는 야생돼지의 할로윈 캔디로 던져준다.

퍼스 카운티 추천코스

퍼스카운티 여행 버킷리스트 5 가지 : 스트랫퍼드 페스티벌에서 연극 보기, 스트랫퍼드 퍼스 박물관의
저스틴 비버 전시회 관람, 셰익스피어 앤티크 쇼핑, 애나 메이 베이커리 맛보기, 캐나다 야구 명예의
전당 관람, 그리고 세인트 메리스 채석장 수영장 & 스플래쉬 워터파크에서 물놀이.

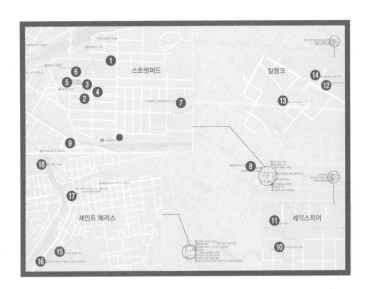

1일차

① 톰 패터슨 극장
도보 8분

② 에이번 극장
도보 4분

③ 리오 톰슨 캔디
도보 1분

④ 리바이벌 하우스
도보 6분

⑤ 스쿠퍼스 아이스크림
도보7분

⑥ 에디슨 카페바
도보 20분

⑦ 스트랫퍼드 축제
웨어하우스 투어
차로 8분

⑧ 스트랫퍼드 퍼스 박물관
차로 7분

⑨ 교차로 56 디스틸러리
차로 14분

2일차

⑩ 셰익스피어 앤티크 센터
도보 3분

⑪ 브리티쉬 터치
차로 25분

⑫ 밀뱅크 패밀리 가구점
차로 1분

⑬ 밀뱅크 치즈 & 버터
차로 1분

⑭ 애나 메이 베이커리
& 레스토랑
차로 45분

⑮ 캐나다 야구 명예의 전당
차로 2분

3일차

⑯ 세인트 메리스
채석장 수영장
& 스플래쉬 워터파크
차로 2분

⑰ The Flour Mill
차로 2분

⑱ 그랜드 트렁크 트레일

스트랫퍼드 퍼스 박물관
Stratford Perth Museum

🏠 4275 Huron Rd, Stratford
📞 (519) 393-5311
🕐 매일 10:00~16:00
    12월 24일~26일, 12월 31일~1월 1일
    어른 $7, 어린이(6~12) $5, 노인&학생 $6,
    5세 이하 무료. 가족(어른 2, 어린이 2) $20
https://www.stratfordperthmuseum.ca

트렁크 철도
Grand Trunk Railway

트렁크 철도는 이 후 캐나다 국영 철도(Canadian National Railway)가 되었고, 1960년부터 CN(Canadian National)이라고 부른다. CN은 캐나다 1급 화물 철도 회사다. 1976년 토론토의 상징이 된 CN 타워를 건립했다. 1995년 민영화될 때까지 정부 소유의 공기업(Crown Company)이었다. 2019년까지 단일 최대주주는 빌 게이츠다

저스틴 비버, 스텝 투 스타덤(Justin Bieber; Steps to Stardom) 전시회가 볼만하다. 저스틴의 드럼, 그가 즐겨 가지고 놀았던 큐브퍼즐, 도서관카드, 인도 콘서트 동안에 저스틴 비버 팬클럽인 인도 빌리버스(Beliebers)에게서 받은 160미터 길이의 팬레터, Today Show에 출연해서 생방송으로 '미슬토(Mistletoe)'를 불렀을 때 입었던 홀리데이 쟈킷(Holiday Jacket), 토론토 아이스하키팀인 메이플리프(Maple Leafs) 선수들이 싸인해 저스틴에게 선물한 하키 스틱 등. 그가 박물관을 깜짝 방문해서 칠판에 남긴 '저스틴 이 곳에(Justin was here)'라는 글과 칠판에 적는 그의 모습도 사진으로 남아 전시되고 있다. 저스틴 비버 전시는 상설전시가 아닌 특별 전시회로 2018년 2월에 오픈했다. 2019년엔 20만 명 이상이 전시회를 찾았다. 반응이 좋아 매년 연장하고 있지만 저스틴 전시회를 보기 위해 일부러 스트랫퍼드를 방문하는 분들은 홈페이지에서 전시여부를 확인하고 방문하길 바란다.

이 외에도 박물관엔 '철도시대(Railway Century)', '스트랫퍼드 소방서의 역사'와 같은 상설 전시와 다양한 특별 전시회가 열리고 있다. 그랜드 트렁크 철도(Grand Trunk Railway)는 퍼스 카운티의 농산물, 유제품, 가구, 편직물 등을 세계로 운반했다. 퍼스 카운티에서 생산되는 농산물은 캐나다 6개 주에서 생산하는 양보다 많다고 한다. 또한 스트랫퍼드에 있었던 그랜드 트렁크 철도의 증기기차 수리점은 스트랫퍼드의 초기 경제 발전의 원동력이 되었다.

'스트랫퍼드 소방서의 역사'에서는 화마와 싸우는 일이 과거나 지금이나 얼마나 어려운 일인지 상기시켜준다. 언뜻보아도 무게가 나가 보이는 헬맷을 쓰고 화제를 진압했다니 그들의 투혼이 생생히 느껴진다. 1850~1900년대에 사용했다는 호스 카트(Hose Cart)는 한 번에 6~12명이 끌어야했다고 한다.

한 예술가의 코티지
An Artist's Cottage

 77 Brunswick Street, Stratford
📞 519-273-7523
https://www.gerardbrenderabrandis.ca/

식물 판화로 너무도 잘 알려진 목판 화가 제라드 브렌더(Gerard Brender a Brandis)의 스튜디오다. 글라디올리, 모란, 블루 퍼피(blue poppy), 루이시아 (Lewisia), 밀토니옵시스(Miltoniopsis) 등 꽃을 소재로 한 다양한 목판화 작품을 만들어 전시, 판매하고 있다.

박스우드(Boxwood) 목판 위에 잉크로 드로잉을 한 뒤, 작은 쉬즐(chisel)로 세밀하게 목판을 파나간다. 1882년 알비온 인쇄기(Albion press)로 그림을 찍어내면 단색목판화가 완성된다. 이런 작업을 거쳐 린넨 책 커버를 입은 고급 수제책을 만들기도 했다.

그는 네덜란드 태생으로 다섯 살 때 캐나다로 왔고, 1965년 맥마스터 대학교에서 미술사를 전공했다. 일곱 살 때부터 아버지로부터 가드닝을 배운 그는 자연스레 꽃을 좋아하게 되었고, 겨울동안 집 안에서 난초를 키우면서 특별한 관심을 갖게 되었다. 그는 세상에 모든 꽃과 셰익스피어가 말한 모든 악기를 목판화에 새겼다. 이런 이유로 그는 보태니컬 아티스트(Botanical Artist)로 널리 알려지게 되었다. 1866년에 지어진 그의 나무집은 온타리오 주정부가 지정한 문화유산이기도 하다. 뒷마당 정원에 새해 첫 날에 피는 꽃 갈란투스(Snowdrop)가 피었다.

> **TIP**
> ## 루이시아(Lewisia)
> 속명은 아메리카 대륙을 횡단한 탐험가 루이스(M.Lewis)의 이름에서 유래되었다. 한국에서는 레위시아로 유통되고 있다.

브리티쉬 터치
The British Touch

 2210 Huron Road, Shakespeare, Ontario
📞 519-625-1329
https://thebritishtouch.com

브리티쉬 초콜릿, 치즈, 클로티드 크림, 해리포터 비니(beanie), 선물, 보석 등 영국 제품을 수입해 파는 가게다. 스트랫퍼드에서 10킬로미터 남짓 떨어진 셰익스피어(Shakespeare)에 자리하고 있다. 80년대 중반 영국에서 캐나다로 이주한 크리스 호그슨(Chris Hodgson) 씨는 고향에서의 좋았던 추억을 떠올리며 이 사업을 시작하게 되었다. 시간에 쫓기는 손님을 위해 온라인에서 쇼핑을 하고 스트랫퍼드로 가는 길에 픽업할 수 있도록 홈페이지를 꾸몄다. 초콜릿 트레일 기간에는 쿠폰을 주면 영국 캐드버리(Cadbury)의 컬리월리(Curly Wurly) 5개를 준다. 컬리월리는 영국 밀크 초콜릿을 섞은 부드러운 토피 사탕(Toffee)으로 씹으면 입에 쩍쩍 달라붙는다.

교차로 56 디스틸러리
Junction 56 Distillery

🏠 45 Cambria St, Stratford, Ontario
📞 (519) 305-5535
🕐 월~수 & 토 10:30-17:00, 목,금 10:30-18:00,
　일 11:00-15:00
https://www.junction56.ca

진(Jin), 보드카(Vodka), 위스키(Whisky) 같은 증류주와 다양한 맛의 리큐어 (Liquor)를 만드는 증류장이다. 주인인 마이크(Mike Heisz)는 위스키 테이스팅 에 갔다가 그 맛에 반해 번뜩이는 아이디어로 차고에서 위스키를 만들기 시작했 다. 하지만 그것이 불법인 것을 알고 직장을 그만둔 뒤 2015년 9월 Junction 56 Distillery를 정식 오픈했다. 이 곳에서 증류주의 원료가 되는 곡물은 100% 온타리 오 산이다. 위스키의 원료인 옥수수와 진과 보드카의 원료인 밀은 마이크의 사촌 이 경영하는 농장에서 공급받는다. 모든 곡물은 공장에서 빻기 때문에 증류주의 생산량을 그때그때 조절할 수 있다. 이 건물 자리는 원래 한 세기동안 목재를 쌓 아두는 장소였다. 1856년에 그랜드 트렁크 철도와 레이크 휴런 철도가 놓였고, 교 차로를 중심으로 스트랫퍼드 타운이 형성되었다. 이런 스트랫퍼드의 역사를 담아 '교차로에 있는 디스틸러리'라는 의미로 Junction 56 Distillery라고 이름지었다. 건물 뒷편으로는 매일 토론토-사니아를 오가는 기차가 지나간다.

디스틸러리 투어와 테이스팅은 웹사이트에서 신청하면 된다. 디스틸러리를 한 바퀴 돌고나서 시음을 한다. 메이플 트레일(Maple Trail) 기간인 3월과 4월에는 메이플시럽과 스파이스 블렌드가 들어간 슈거쉑 메이플 문샤인(Sugarshack Maple Moonshine)을 선보인다. 혀에 닿는 무게는 가볍고 맛은 살짝 달고 향은 풍부하다.

베스트 3 리큐어는 초콜릿, 민트, 엘더플라워 이렇게 세 가지다. 알콜 도수는 소주 랑 비슷한 23도, 33도다.

TIP

디스틸러리 투어에서 알아두면 좋은 술 용어

스피릿(Spirit) 증류해서 만든 술을 당시 사람들은 신비스럽게 여겨 정신, 영혼이라는 뜻의 '스 피릿'이라고 불렀다. 현대에도 스피릿은 증류주를 뜻한다.

문샤인(Moonshine) 금주령 시 기에 낮에는 술을 만들지 못하 고 감시의 눈을 피해 달빛 아래 에서 몰래 밀주를 만들었다고 해서 사람들은 문샤인이라고 불 렀다. 특히 위스키를 의미한다.

CANADA
St. Marys
작은 듯 큰 스톤타운
세인트 메리스

세인트 메리스를 대표하는 관광 명소 세 곳은 1945년 개장한 세인트 메리스 채석장, 캐나다 야구 명예의 전당(Canadian Baseball Hall of Fame and Museum) 그리고 사니아 철교 위를 걷는 그랜드 트렁크 트레일(Grand Trunk Trail)이다. 세인트 메리스 채석장(St. Marys Quarry)은 피에르 트뤼도(Pierre Trudeau) 전 총리가 1968년 스트랫퍼드 축제에서 연극을 보고나서 방문했던 곳으로도 유명하다. 2022년 슈퍼 스플래쉬 워터파크가 채석장 수영장 안에 개장하면서 정말 핫한 관광지가 되었다. 19세기에 지어진 기품있는 석회석 건물들 때문에 세인트 메리스(St.Marys)는 스톤타운(Stone Town)으로 불리게 되었다. 이유서깊은 문화유산 건물에 태피스트리, 수제비누와 양초, 유니크한 스파이스 전문점 등 다양한 가게들이 생기면서 세인트 메리스를 찾는 관광객 또한 부쩍 늘고 있다

세인트 메리스 드나들기

기차 VIA Rail

구글에서 세인트 메리스 (St. Marys)를 검색할 때, '온타리오'라고 콕 찝어줘야 검색이 되는 이 작은 마을로 가는 대중교통은 비아레일(VIA Rail)이 유일한 수단이다.

⌂ 5 James St North, St. Marys
◎ **티켓 창구 오픈** 월~금 & 일 07:45~08:45, 12:45~13:45, 20:00~21:00
　토 07:45~13:45, 20:00~21:00

퍼스 카운티 대중교통 PC Connect Transit System

퍼스 카운티(Perth County)에서 운영하는 퍼스 카운티 코넥트 (PC Connect) 버스서비스를 이용하면 키치너/워털루와 런던에서 세인트 메리스에 닿는다. PC Connect 는 평일과 토요일에 운행하며, 일요일과 국경일에는 운행하지 않는다.
버스 정거장에서 현금을 내고 버스를 탈 수도 있고, Blaise Transit App 을 다운로드 받아 버스 예약 및 요금 선결제를 할 수 있다. 현금을 내고 버스를 이용할 때는 정확한 요금을 준비해서 탈 때 요금통(Fare box)에 넣으면 된다. 운행 스케줄, 버스 노선, 요금 등 자세한 정보는 퍼스 카운티 웹사이트에 나와 있다.

2 루트 : 키치너/워털루 – 스트랫퍼드 – 세인트 메리스
3 루트 : 런던 – 세인트 메리스 – 스트랫퍼드

https://www.perthcounty.ca/en/pc-connect-transit-system.aspx

TIP　**피에르 트뤼도 Pierre Trudeau**
캐나다에서 세번 째로 가장 오랫동안 총리를 지낸 정치인(1968-79, 1980-84) . 2022년 현재 총리인 저스틴 트뤼도(Justin Trudeau)의 아버지이기도 하다.

스톤타운 문화유산 축제를 가다

매년 7월, 다운타운에서 열리는 스톤타운 문화유산 축제(Stonetown Heritage Festival)는 다양한 거리 공연과 버스를 타고 문화유산을 둘러보는 헤리티지 버스 투어(Heritage Bus Tour), 거리 댄스 등 다양한 이벤트가 열리는 커뮤니티 축제다.

처치 스트리트(Church Street)에서 워터 스트리트(Water Street)에 이르는 퀸 스트리트 (Queen Street East)를 막고 축제가 열린다. 축제 거리는 거리 공연으로 떠들썩하다. 서커스 벌목꾼, 팀 버(Tim Burr) 씨는 날카로운 도끼를 콧등에 올려 균형을 잡고, 전기톱을 턱에 올려 균형을 잡는 쇼를 보인다. 불막대로 저글링을 하기도 한다. 캐나다 랩터 보호소 (Canadian Raptor Conservancy)는 매, 부엉이와 같은 맹금류를 가지고 와서 습성을 설명하고, 사냥도 공개 시연했다.

더위를 피하고 도시를 둘러볼 수 있는 헤리티지 버스 투어는 10시부터 4시까지 매 시간마다 타운홀 앞에서 출발한다. 축제 현장에 도착하면 입구에 설치된 인포메이션 텐트(Information Tent)에서 미리 예약을 해놓는 것이 좋다. 세인트 메리스 박물관의 큐레이터인 에이미(Amy) 씨가 버스에 올라 문화유산이 지어진 시대와 건물 특성, 역사까지 자세히 설명해준다.

버스가 출발하는 우아한 타운홀(Town Hall)은 1891년에 세워졌다. 거친 표면의 석회석 블록과 붉은 사암 (Sandstone)을 사용해 리차드슨 로마네스크 양식(Richardson Romanesque Style)으로 만들었다. 원뿔 모양의 지붕이 있는 비대칭 타워, 둥근 아치 창문, 오목한 입구 등이 리차드슨 로마네스크 양식의 특징이라고 할 수 있다. 196 Widder Street에 있는 프레임 하우스(frame house)는 1873년에 지어졌다. 세인트 메리스에서 가장 오래되고 가장 잘 관리된 목재 프레임 주택 중 하나라고 한다.

오페라 하우스는 스카치 바로니얼 양식(Scotch Baronial Style)의 예라고 할 수 있다. 건물 꼭대기의 양쪽 귀퉁이에 있는 터릿(turret; 작은 탑)은 이 양식의 대표적인 특징이다. 1879년 오드펠로우(Imperial Order of Oddfellow)의 세인

타운홀 앞에서 버스가 헤리티지 버스 투어(Heritage Bus Tour) 관객을 기다리고 있다.

1873년 지어진 프레임 하우스(frame house, 196 Widder Street)

스카치 바로니얼 양식(Scotch Baronial Style)의 오페라 하우스

콘도미니엄, 센트럴 스쿨 매너(Central School Manor)

트 메리스 롯지로 만들어진 오페라 하우스는 3층 건물로 2층은 공연이 열리는 극장, 3층은 사원으로 쓰였다. 이후, 1919년부터 50년 동안 제분소로 사용되다가 지금은 가게와 임대아파트로 쓰이고 있다.

학교였다가 지금은 콘도미니엄이 된 센트럴 스쿨 매너(Central School Manor)는 인상적이다. 체육관은 실내 주차장으로 사용되고 있다. 석회석 가격이 비싸고, 유행도 지나고, 수요도 줄게 되면서 세인트 메리스에서 돌로 지어진 마지막 건물이 되었다. 빅토리아 시대에 유행했던 모든 건물 양식이 세인트 메리스에 모여있는 듯 하다.

투어 버스를 타고 달리다 보니 노르스름한 벽돌로 만든 집들도 눈에 많이 띈다. 토박이 할아버지인 케빈 풀러(Keven Fuller)와 글렌(Glen)이라는 노부부는 이것을 이렇게 설명한다. 스트랫퍼드 토양층은 topsoil - subsoil - yellow clay- limestone 그리고 표면에서 50피트를 파면 물이 나온다는 것이다. 그래서 노란 벽돌로 만든 집이 많단다.

세인트 메리스의 상징과도 같은 워터 타워(Water tower)를 보는 것으로 버스 투어는 끝난다.
우스갯소리로 들릴 지 모르겠지만, 몇 년 전만 해도 주민들은 아침에 일어나면 워터 타워 꼭대기의 캐나다 국기가 어느 방향으로 날리고 있는 지 확인했다고 한다. 왜냐하면 다운타운에서 2킬로미터 떨어진 시멘트 공장에서 나는 냄새가 어디로 불 지 알 수 있는 지표였기 때문이다. 투어를 하면서 하루 종일 날은 맑았고, 그런 냄새는 전혀 없었다. 현재는 냄새경감장치 등으로 많이 나아졌다고 하는데 풍향이 북동쪽인 날에 정체를 알 수 없는 냄새가 난다면 잠시 실내로 들어가 피하는 것도 방법이겠다.

세인트 메리스 채석장 수영장
St. Marys Quarry

⌂ 425 Water Street South, St.Marys
☏ (519) 284-3090
⊙ 6월말~9월초 11:00~15:00, 15:15~19:30
▤ 수영장 입장료 : 어른(18+) $7.00,
  어린이/유스(3~17) $4.50
https://www.townofstmarys.com/en/
recreation-and-culture/Swimming-
Quarry.aspx

슈퍼 스플래쉬 워터파크
Super Splash Waterpark
☏ (519) 808-5121
⊙ 매일 11:00~19:30 (날씨가 허락하는 한)
▤ 스플래쉬 워터파크 입장료
  2시간 $25, 이브닝 패스(17:00~Close) $20
https://supersplashstmarys.ca/

여름 시즌에 2만여 명이 찾는 캐나다에서 가장 큰 야외 수영장이다. 1930년까지 다이나마이트로 석회석을 채굴하던 채석장이었다. 1930년부터 1935년까지 샘물이 서서히 솟아나와 채석장을 가득 채웠다. 1945년 타운에서 구입해 야외 수영장으로 만들었다. 수영장 도로 건너 편 채석장은 낚시터다. 두 개의 채석장은 워터 스트리트 도로 밑으로 터널이 있어 서로 연결되어있다. 1950년 수영장을 유료입장으로 바꾸고 한 사람당 25센트를 받았다고 한다. 캐나다 총리였던 피에르 트뤼도(Pierre Trudeau)가 1968년 여름 이 곳을 방문해 다이빙대에서 점프하기도 했다. 절벽 점프대에서는 어른 아이 할 것 없이 연신 물로 점핑을 한다. 2022년 슈퍼 스플래쉬 워터파크(Super Splash Sports Park)가 수영장 내에 오픈했다. 아이들은 물 위에 떠있는 이 거대한 놀이기구 위에서 여러 장애물을 넘고, 기어서 통과하고, 미끄러지며 논다. 한 번에 150명까지 입장할 수 있다. 해밀턴 근처의 빈브룩 보존 지역(Binbrook Conservation Area)에 펀스플래쉬(FunSplash)를 지었던 피티 워터스포츠사(PT Watersports Inc)가 세인트 메리스 타운에 제안해서 성사되었다. 슈퍼 스플래쉬 워터파크(Super Splash Waterpark)는 추가 입장료를 내야 한다

세인트 메리스 박물관
St.Marys Museum

⌂ 177 Church Street South, St.Marys
☏ (519) 284-3556
⊙ 월~금 09:00~16:00, (6월~8월) 토&일
  12:00~16:00

세인트 메리스 박물관은 캐드조우 공원(Cadzow Park)의 언덕 꼭대기에 자리하고 있다. 원래는 초기 정착민이었던 조오지 트레이시(George Tracy)가 그의 가족을 위해 1854년 석회석으로 지었다.

당시 통나무 집이 대다수였던 작은 마을에서 그의 집은 '성(the Castle in the Bush)'으로 불렸다. 1959년부터 세인트 메리스 박물관이 되었다. 이 박물관은 세인트 메리스타운과 그 지역의 풍부한 역사를 발견할 수 있는 곳이다.

캐나다 야구 명예의 전당 & 박물관

Canadian Baseball Hall of Fame and Museum

🏠 386 Church St.S., St. Marys, Ontario
📞 (519) 284-1838
🕐 (5월~8월) 화~일&대체공휴일 10:00-17:00,
(9월~10월) 금~일 10:00-17:00, (11월~4월)
사전예약 투어만 가능.
🎫 성인 $12, 시니어 $10, 어린이(10-17) $10,
9세 이하 무료
https://baseballhalloffame.ca

32 에이커의 땅에 한 개의 거대한 다이아몬드 야구장과 3개의 유스 경기장이 있고, 명예의 전당과 박물관에는 캐나다 야구 역사를 기리는 갖가지 물건들과 수집품들이 전시되어 있다. 2020년 현재까지 명예의 전당에 입성한 선수는 133명이다. 메이저리그 팬이라면 꼭 방문하길 바란다.

캐나다 야구 명예의 전당, 토론토에서 세인트 메리스로 이전

캐나다 야구 명예의 전당과 박물관은 토론토에서 1982년 11월 19일 오픈했다. 하지만 불행하게도 1991년에 문을 닫게 되었다. 12개의 도시에서 유치를 희망했고, 마지막으로 구엘프(Guelph)와 세인트 메리스(St.Marys)가 경합하게 되었다. 마침내 세인트 메리스가 선정이 되었는데 이유는 두 가지였다. 첫째는 북미에서 처음으로 기록된 야구경기 중 하나가 1838년 6월 4일 세인트 메리스에서 남쪽으로 30분 떨어진 비치빌(Beachville)에서 열렸던 점. 둘째는 세인트 메리스 시멘트 회사가 32에이커의 땅을 명예의 전당에 기증했기 때문이다.

세인트 메리스 기차역과 세인트 메리스 역 갤러리

St.Marys Train Station & St.Marys Station Gallery

http://stmarysstationgallery.ca

세인트 메리스 기차역은 토론토-런던-사니아를 오가는 비아레일(VIA Rail)이 하루 네 번 멈춰선다. 이 역은 1907년에 지어져 그랜드 트렁크 철도의 역(Depot)으로 사용되었다. 1980년대 중반에 CN이 이 자그마한 역을 철거할 계획이었지만 세인트 메리스 타운이 중재해 건물 소유권을 획득하게 되었다. 건물 안에는 무료로 즐길 수 있는 세인트 메리스 역 아트갤러리(St.Marys Station Gallery)가 있다. 2016년 9월에 첫 전시회가 열렸다. 원주민 예술가를 비롯해 이민자 예술가들의 작품을 전시하는 등 지역 예술가들의 작품을 주로 전시하고 있다.

그랜드 트렁크 트레슬
Grand Trunk Trestle

⌂ 출발점 : Wellington St N & Egan Ave,
St.Marys ·

그랜드 트렁크 트레일은 과거 토론토-사니아 구간의 기차가 달리던 철길이었다. 템즈 강(Thames River)을 가로지르는 그랜드 트렁크 철교 위로 1989년까지 기차가 달렸다. 1995년 세인트 메리스 타운은 폐철교인 사니아 브릿지(Sarnia Bridge)를 사들여 산책할 수 있는 트레일로 만든 후, 1998년 일반에게 개방했다. 사니아 다리 위에 서면 북쪽으로는 아름다운 시골 풍경이, 남쪽으로는 타운 너머로 그림같은 전경이 파노라마처럼 펼쳐진다. 강에서 카약을 타는 사람들도 볼 수 있다. 이 곳은 일몰 명소로 떠오르며 많은 관광객들이 찾고 있다.

> ### 사니아 다리(Sarnia Bridge)와 런던 다리(London Bridge)의 운명
> 두 다리에 대한 이야기는 1850년 중반 그랜드 트렁크 철도 회사(Grand Trunk Railway)가 세인트 메리스에 두 개의 철교를 놓으면서 시작되었다. 하나는 템즈강(Thames River)을 가로질러 사니아(Sarnia)로 가는 사니아 다리(Sarnia Bridge)이고, 다른 하나는 트라우트 크릭(Trout creek)을 가로질러 런던(London)으로 가는 런던 다리(London Bridge)다. 드디어 1858년 철로가 완공되어 세인트 메리스는 철도시대를 맞게 되었다. 시간이 지나 비아레일은 런던행 노선은 계속해서 운영했지만 사니아행 노선은 1989년 폐쇄했다. 이로 인해 사니아 브릿지는 폐철교가 되었지만 1998년 그랜드 트렁크 트레일이라는 관광지로 새롭게 태어나게 되었다.

급수탑
Water Tower

🏠 Corner of Queen Street & James Street, St.Marys

세인트 메리스를 방문하는 사람들은 급수탑(water tower)에 적힌 '세인트 메리스, 살기 좋은 타운(St. Marys, The town worth living in)' 이라는 환영문구를 본다. 1889년에 세워진 이 급수탑은 세인트 메리스 성장의 상징물이다. 물을 공급하는 수도 시설은 지역 시민 단체가 주장해 1899년부터 가동하기 시작했다. 아르투아식 우물(artesian wells), 펌프 시설, 11킬로미터의 수도관, 그리고 7만 5천 갤런의 급수탑이 건설되었다. 1989년까지 90년간 가동되었다. 원통형으로 아래는 견고한 석회석이고 위는 강철 탱크로 되어 있다. 같은 시기에 세워진 다른 건물들도 전형적인 이탈리아식 디자인을 보여주고 있다.

맥컬리 힐 팜 마켓
McCully's Hill Farm Market

🏠 4074 Perth Line #9, St.Marys
🕐 금,일 10:00~17:00, 토 09:00~17:00
www.mccullys.ca

160년 이상된 토박이 농장이다. 매년 3월에는 메이플시럽 축제를 연다. 왜건을 타고 슈거부시를 둘러보고 맥컬리에서 만든 메이플시럽을 곁들인 팬케이크 브런치를 맛볼 수 있다. 짚에서 키운 돼지고기, 갓 구운 빵, 홈메이드 파이, 꿀, 잼 그리고 메이플시럽을 판다.

CANADA
Millbank
밀뱅크

애나 메이 베이커리 & 레스토랑

Anna Mae's Bakery & Restaurant

🏠 4060 Line 72, Millbank
🕐 월-토 07:00-19:00
🚫 일요일, 국경일
https://annamaes.ca 519-595-4407

밀뱅크(Millbank)를 다녀왔다고 하면 사람들은 '애나 메이(Anna Mae)'를 가 봤냐고 물어볼 정도로 이 레스토랑은 굉장히 유명하다. 이 곳의 대표 식단은 브로스티드 치킨(Brosted Chicken)과 후식으로 나오는 애플 파이다. 해가 갈수록 규모도 커지고 손님도 늘어 웨이팅 리스트까지 등장했다. 브로스티드 치킨은 치킨을 손질한 후, 양념을 입혀서 하루 정도 재워둔다. 빵가루를 입힌 다음 브로스터(Broaster)에 넣어 익힌다. 브로스터는 기름을 사용하는 압력 솥과 같다고 할까. 일반적으로 튀긴 닭보다 기름기가 적다.

애플파이는 사과 껍질을 벗기고 잘라 파이쉘에 올린다. 흙설탕, 백설탕, 밀가루, 소금과 넛메그(nutmeg) 등을 섞은 가루를 한 컵, 크림 반 컵을 붓고, 계피 가루를 뿌려준다. 이렇게 해서 오븐에 구우면 애플 파이가 완성된다. 가장 많이 팔리는 파이는 애플 & 체리라고 한다. 이 식당에서 쓰이는 모든 재료는 근방에서 구입한 것이다.

애나 메이 식당은 밀뱅크에 살았던 애나 메이 워글러(Anna Mae Wagler)에 의해 시작되었다.

아미쉬였던 그녀는 1978년 경에 집에서 제빵을 시작했는데, 큰 성공을 거두어 이 식당으로 자리를 옮겼다. 출산과 더불어 할 일이 많아지자, 같은 주민이었던 멜 하포트(Mel Harrfort)와 그의 아내 마를린 하포트(Marlene Harrfort)에게 팔았다. 새 주인은 "부서지지 않은 것을 고치지 않는다"는 경영철학을 따라 식당 이름, 메뉴, 요리법을 그대로 유지하고 있다. 중앙에 놓인 버기 부스(buggy booth)에서 식사를 하려면 미리 전화예약을 해야 한다. 네 명이 최대 1시간 사용 가능하다. 또한 다큐멘터리 '아미쉬는 누구인가?'를 계속 틀어놓아 아미쉬에 대한 이해도 돕고 있다.

밀뱅크 패밀리 가구점
Millbank Family Furniture

⌂ 4044 Perth County Line 72
◔ 09:00–18:00
✖ 일요일
http://www.millbankfamilyfurniture.ca

구렛나루는 말끔히 자르고, 턱수염은 기르는 것이 아미쉬 남자들의 오랜 전통이다. 주인인 레이몬드 씨는 15년 동안 가구를 만드는 일을 하다 보니 가구에 대한 안목이 생겨서 지금은 터를 잡고 가구점을 운영하고 있다. 이 곳에서 파는 가구들은 이 지역에서 대대로 가구를 만들어 온 장인들의 손에 의해 만들어졌다. 요람, 키친 아일랜드, 식탁, 침대 등 튼튼한 것은 물론이고, 고전미와 실용성까지 갖추었다.

밀뱅크 치즈 & 버터
Millbank Cheese & Butter

⌂ 6974 Church St, Millbank
☎ 519–595–8787
◔ 월,화,토 09:00–17:00 수~금 10:00–18:00
https://millbankcheese.com

1908년, 로컬 농부들은 남아도는 우유를 어떻게 할까? 방법을 찾다가 밀뱅크 치즈 공장을 만들게 되었다. 1972년 캐나다에선 처음으로 자동화 치즈 공장을 만들어 유럽에 수출했다. 2003년 오픈한 공장 아울렛에서 치즈와 유제품을 살 수 있다.
엑스트라 올드 체다치즈(Extra Old Cheddar Cheese)와 카라멜라이즈드 양파 치즈(Caramelized Onion Cheese)가 가장 잘 팔린다고 한다.

먹자!

EATING

세인트 제이콥스 파머스 마켓과 키치너 파머스 마켓에서 다양한 음식을 맛볼 수 있다. 애플 프리터(Apple fritter), 네덜란드 애플 파이(Dutch Apple Pie), 메이플 시럽 팬케이크, 썸머 소시지, 독일식 맥주와 훈제돼지비절요리(Smoked Pork Hock) 등은 꼭 맛보길 강추한다.

리바이벌 하우스
Revival House

아침 11시부터 브런치가 시작된다. 이미 몇 테이블엔 브런치를 즐기려는 사람들이 앉아 있다. 손님과 대화를 하는 인상좋고 잘 생긴 아저씨. 주인인 롭(Rob) 씨다. 조지 브라운 커리네리 쉐프 스쿨을 졸업하고, 토론토의 레스토랑에서 11년간 일한 뒤, 고향으로 돌아와 2007년 몰리를 오픈하고, 2017년 이 식당도 인수했다. 원래는 교회 건물이던 것을 1971년부터 처어치 레스토랑(church restaurant)이라는 이름으로 운영해오다가, 경기가 안 좋아지자 롭에게 판 것이다. 리바이벌(Revival)이라는 이름은 식당을 다시 일으켜 세우겠다는 그의 의지가 담겨있다. 모던한 프랑스식 요리와 오묘한 맛의 칵테일을 제공하고, 이벤트 플래너를 두어 콘서트, 웨딩, 하이티(High Tea) 등 다양한 이벤트를 열고 있다. 리바이벌 하우스는 스트랫퍼드의 최고 요리를 선사하는 동시에 문화유산을 보존하는 데 공헌하고 있다.

🏠 70 Brunswick St, Stratford, Ontario
목~토 11:30-21:00, 일요일 11:30-20:00 (*자세한 시간은 웹사이트에서 확인)
https://www.revival.house

YSK 비스트로
York Street Kitchen Bistro

펑키한 실내 데코, 아기자기하고 캐주얼한 분위기의 요크 스트릿 키친(YSK) 비스트로는 관광객이나 주민들이 애호하는 곳이다. 맛있는 샌드위치와 데일리 수프, 샐러드 그리고 하얀 쌀밥 위에 다양한 재료를 얹은 부리토 볼(Burrito Bowl) 등을 판다. 추천 메뉴는 타이 치킨 샌드위치. 고기가 마르면 촉촉하게 뿌려먹으라고 연한 피넛 드레싱(light peanut dressing)을 함께 주는 센스까지. 1996년 4월 집 차고에서 시작해, 이리 스트리트(Erie St) 24번지에서 테이크아웃 샌드위치 전문점을 8년간 운영하다가 요크 스트릿으로 옮겨 장사를 했다. 팬데믹 이후 지금의 장소로 이전했다.

🏠 151 Albert St. Stratford, Ontario 📞 519 273-7041
🕐 화~토 10:30-14:00 🚫 일요일 & 월요일
yorkstreetkitchen.com

젠 앤 래리 아이스크림 전문점
JENN&Larry's Ice Cream Shoppe

여름이면 길게 늘어선 줄이 일상인 '젠과 래리' 아이스크림 가게. 선데(Sundae) 아이스크림 위에 핫초콜릿 퍼지와 피넛 브리틀(Peanut Brittle, 땅콩 캔디) 덩어리를 듬뿍 뿌린 젠(JENN)의 명품 아이스크림은 꼭 맛보길 추천한다. 메이플 트레일(Culinary Trail) 기간에는 바닐라 아이스크림 위에 맥컬리 힐농장(McCully's Hill Farm)의 메이플 시럽을 뿌린 메이플 선데 아이스크림을 선보인다. 아이스크림을 먹으며 에이번 강을 산책하는 사람들을 쉽게 볼 수 있다.

🏠 49 York St. Stratford, Ontario 📞 519 508-4949
🕐 월~목 14:00-20:00, 금 14:00-21:00, 토&일 12:00-21:00
https://www.jennandlarrysicecreamshoppe.ca

에디슨 카페바
Edison's Cafe Bar €

2016년 10월에 오픈한 에디슨 카페바는 20석 규모의 세련되고 아담한 샌드위치 가게다. 버피(Buffy Illingworth)와 그녀의 남편 그렉(Greg Kuepfer)은 클린 이팅 (clean eating) 메뉴만을 제공하는 카페를 만들려고 그들의 모든 정렬을 쏟았다고 한다. 그 결과 고객이 느낄 수 있는 쇄신적이고, 컴팩트하고, 스타일리쉬한 카페바가 되었다. 요리하는 그녀는 진지하고 상냥하다. 훈제 연어 아보카도 토스트를 맛보길 추천한다. 토스트를 한 입 물어 씹는 순간 '클린 이팅'에 대한 정의가 뇌에 정립된다. 3시에 영업 종료. '저녁식사는 가족과 함께' 이것이 문을 일찍 닫는 이유라면 이유란다.

🏠 46 Ontario Street, Stratford
📞 519 275-1396
🕐 화~토 09:00-15:00 🚫 일, 월
https://www.facebook.com/EdisonsCafeBar/

St. Marys

스냅핑 터틀 커피 로스터
Snapping Turtle Coffee Roasters

커피향이 물씬 풍기는 스냅핑 터틀 커피 로스터(snapping turtle coffee roasters)에서 실제로 예술적인 로스팅 장면을 볼 지도 모른다. 스페셜티커피협회(SCA) 공인 로스터이자 오너인 에밀리(Emily Lagace)가 직접 가게에서 로스팅을 한다. 실내 장식은 손재주꾼인 남편 케빈(Kevin)이 맡아했다. 2017년 오픈해 2년만에 우수 비지니스 상(Business Excellence Awards)을 받았을 정도로 커피에 대한 열정이 각별하다. 커피빈 한 봉지를 사거나 혹은 시원한 아이스 커피 한 잔을 마시기 위해 잠시 둘러보길 추천한다.

St. Marys

밀가루 공장
The Flour Mill

팬데믹의 여파로 트로피컬 플레이버(Tropical Flavour), 키친 스밋전(Kitchen Smidgen)과 같은 몇몇 시골 식당이 폐업을 하면서 세인트 메리스의 거리는 많은 변화를 겪었다. 요리 작가면서 레스토랑 오너였던 트레이시(Tracey)와 그녀의 딸 알렉스(Alex)는 옛 제분소 건물을 사들여 맛있고 아름다운 밀가루 공장(The Flour Mill)을 오픈했다. 카운터 옆에는 그날 그날 만든 십여가지의 빵들이 맛깔스레 놓여있고, 영양 제품들과 로컬 치즈, 유기농 유제품, 파스타, 꽃 등이 단정하게 진열되어 있다. 스무디(Smoothie)와 냉압착 주스(Cold-Pressed Juice)로 여름을 이기자.

ⓐ 145 Queen St East, St. Marys
ⓞ 월-금 07:00-16:00, 토 08:00-16:00, 일 10:00-15:00
ⓧ 일-화
https://www.snappingturtlecoffee.com

ⓐ 6 Water Street South, St.Marys
ⓞ 수-금 10:00-17:00, 토 09:00-15:00, 일 10:00-15:00
ⓧ 월-화
www.theflourmill.ca

ACTIVITIES

스트랫퍼드 페스티벌, 저스틴 비버의 고향, 장인의 맛을 느낄 수 있는 브루어리와 레스토랑. 이 단어들은 "예술이 곧 우리입니다."라는 스트랫퍼드(Stratford) 관광 슬로건을 증명하고도 남는다. 이 외에도 관광객을 위한 각종 맛 트레일 시리즈, 셰프 스쿨의 오픈 요리 강좌 등 수 많은 축제와 이벤트들이 겨우내에도 계속된다.

펌프킨 트레일 Pumpkin Trail

9월에서 10월은 호박의 계절. 스트랫퍼드 관광사무소는 펌프킨 트레일(Pumpkin Trail) 티켓을 구입하려는 사람들의 발길이 끊이지 않는다. 6장의 쿠폰 가격이 30달러. 호박이 들어간 과자, 맥주, 비누, 팬케이크 가루, 호박맛 땅콩카라멜(Peanut Brittle), 호박맛 과일 차(tea) 그리고 호박향 초(candle) 등 상품도 가지가지다. 트레일 팜플렛을 받아 위치와 영업시간을 확인하고 관심이 가는 가게를 찾아가 쿠폰을 주고 상품을 교환하면 된다. 펌프킨 트레일은 9월 1일부터 시작해 할로윈(10월 31일)까지 계속된다. 이 외에도 초콜릿 트레일(연중), 크리스마스 트레일(11월 1일-12월 20일), 메이플 트레일(3월 1일-4월 30일) 등을 통해 관광객을 계속 유치하고 있다. 스트랫퍼드 관광사무소 홈페이지에서 온라인 구입도 가능하다.

https://visitstratford.ca/category/savour/

스트랫퍼드 셰프 스쿨 Stratford Chef School

스트랫퍼드 셰프 스쿨 학생들은 최고의 요리사가 되기 위해 매일 매일 고군분투하고 있다. 스트랫퍼드 셰프 스쿨은 매년 학기중인 10월 말부터 3월 초까지 셰프 스쿨 디너(Chef School Dinner)를 운영한다. 학생들은 직접 만든 풀코스 요리를 와인과 함께 손님들에게 제공한다. 요금은 $55-$85이다. 디너 메뉴는 웹사이트에서 확인할 수 있다.

홈 셰프(Home Chef)와 요리 테마 여행가의 귀가 솔깃해질만한 이벤트도 있다. 3월부터 9월까지 운영하는 오픈 키친 클라스(Open Kitchen Classes)다. 파스타, 딤섬(Dim Sum), 피자 같은 기본 요리부터 타이 요리, 리조토(Risotto), 피쉬앤칩스 같은 특별 요리까지 3시간이면 나만의 요리 한 가지를 터득하게 된다. 웹사이트를 보면 요리 일정과 수강료($70-$85) 등에 대해 자세히 나와있다.

🏠 Kitchens & Dinners : 136 Ontario Street, Stratford, Ontario
https://stratfordchef.com/

ACCOMMODATIONS

호텔, 비앤비(B&B), 캠핑장에서 깨어나면 맑은 공기와 아름다운 환경에 금새 도취된다.

 Stratford **Edison's Inn 에디슨 호텔**

세계에서 가장 방이 적은 호텔. 에디슨 룸(Edison's Room), 뮤직 스위트(The Music Suite), 카페 스위트(The Cafe Suite) 이렇게 방 세 개가 전부다. 룸넘버원(Room #1)은 1863년 토마스 에디슨이 살았던 방이다. 룸넘버 투(Room #2)는 방에 마련된 기타를 치며 춤도 출 수 있는 가장 넓은 방이다. 룸넘버 쓰리(Room #3)는 에이번 강이 내려다 보이는 감성적인 방으로 1층 에디슨 카페바로 연결된다. 1번과 2번 방은 에디슨 카페바 옆쪽에 있는 문을 이용하고, 3번 방은 요크 스트릿(York Street) 쪽에 있는 입구를 이용한다. 체크인은 오후 1시부터다.
여느 호텔과 달리 상주 직원이 없어서 체크인하는 날 문자로 열쇠보관함(Key Lock Box) 비밀번호를 알려준다. 키로 문을 연 뒤 키는 열쇠보관함에 다시 넣어두면 된다. 체크인에 대한 것은 홈페이지를 방문하면 영상으로 확인할 수 있다. 웹사이트에서 방을 예약할 수 있다.

🏠 48 Ontario St, Stratford, Ontario 📞 (519) 305-5005 / roomsatedisons@gmail.com
https://innstratford.com/edisons/

토마스 에디슨(Thomas Edison)의 스트랫퍼드

1864년 5월, 토마스 에디슨(17 세)은 스트랫퍼드(Stratford)에서 몇 개월을 야간 전신기사로 일하고 있었다. 저녁 7시부터 오전 7시까지 일하며 월 25달러를 받았다. 밤근무를 하면서 그는 다양한 전기장치에 대한 책을 읽고 맘껏 실험을 할 수 있었다. 그는 온타리오 세인트 메리스(St.Marys)의 근무자에게 "이상없음"이라는 의미의 신호를 자동으로 보내는 방법을 고안해, 낮동안 실험을 하느라 피곤할 때면 이 자동 신호 장치에 의지해 잠을 잤다. 결국 두 기차가 충돌할 뻔한 사고가 터졌다. 그는 감옥에 갈까봐 두려워 그 길로 다음 화물 열차를 타고 스트랫퍼드를 떠나 다시 돌아오지 않았다고 한다.이 일로 에디슨은 해고되었다

HOTELS

HOTELS, MOTELS & INNS

Listowel Country Inn
🏠 8500 Road 164, Hwy 23 North, Listowel
📞 519-291-1580
listowelcountryinn.com

Shakespeare Inn
🏠 2166 Line 34, Shakespeare
519-625-8050 or 1-888-396-6355
shakespeareinn.com

Magnuson Hotel Vow
🏠 9151 Road 164, Hwy 23 North, Gowanstown
📞 519-417-5000
magnusonhotels.com

River Valley Guest House
🏠 4725 Line 1, St. Mary's
📞 519-225-2329
rivervalleygolfandtube.com

Suburban Motel
🏠 2808 Ontario Street E, Stratford
📞 1-800-387-1070
suburbanmotel.com

The Swan Motel
🏠 960 Downie Street South, Stratford
📞 519-271-6376
swanmotel.ca

CAMPGROUNDS

Sun Retreats Stratford
🏠 6710 Line 46, Bornholm
📞 519-347-2315
srstratford.com

Science Hill Campground
🏠 RR 1, St. Marys, ON N4X 1C4
📞 519-284-3621
https://sciencehillcountryclub.com/camping/

Prospect Hill Campground
🏠 1142 Perth Road 139, Granton
📞 519-225-2405
prospecthillcamping.com

Wildwood Conservation Area
🏠 3995 Line 9, Perth South
📞 1-866-668-2267 or 519-284-2292
wildwoodconservationarea.ca

Windmill Family Campground
🏠 2778 Perth County Road 163, Fullarton
📞 519-229-8982
https://experiencecamping.ca/windmillfamilycampground/

BED & BREAKFASTS

A Valley View B&B
🏠 4983 Line 2, Perth South
📞 519-225-2685
stratford-bb.com

Blanshard B&B
🏠 4959 Line 6, Perth South
📞 519-229-6589

Hardwood Haven B&B
🏠 555 Main Street West, Listowel
📞 519-418-0555

The Heron's Nest B&B
🏠 193 Willow Lane, Mitchell
📞 519-272-6968
heronsnest.ca

Victorian Inn & Spa
🏠 405 Main Street W, Listowel
📞 519-291-0864
victorianinnandspa.wixsite.com/mysite-1

CANADA

Oxford County

옥스포드

옥스포드 카운티는 치즈의 고장이다. 온타리오에서 가장 많은 286,000,000 리터의 우유를 생산한다.

유리잔으로 11억 4천만 잔이 나오는 양이다. 1800년대는 무려 98개의 크고 작은 치즈 공장이 성행했을 정도였다.

현재는 8개의 대형 치즈 공장에서 70여종의 치즈를 생산한다. 이런 이유로 치즈 트레일(Cheese Trail)은 옥스포드 카운티의 대표적인 관광

상품이다. 치즈 공장을 둘러보고, 브루어리에서 로컬 치즈와 어울리는 맥주를 맛보며, 치즈 박물관에서 19세기 치즈 제조 과정을 체험한다.

이 여행의 한 가지 흠이라면 낙농가에서 풍기는 거름 냄새가 진동해 창을 닫고 드라이브를 해야한다는 것이다. 카운티 인구의 절반 이상이

우드스탁(Woodstock)의 도요타 자동차 조립 공장과 잉거솔(Ingersoll)의 GM 자동차 조립 공장 사이의 25킬로미터에 걸쳐 살고 있다.

우드스톡(Woodstock)의 스프링뱅크 에비뉴(Springbank Ave)와 던다스 스트릿(Dundas St)의 북서쪽 코너에는 스프링뱅크 농장에서 키웠던 스노우 카운티스(Snow Countess)라는 이름의 젖소 동상이 세워져있다. 이 홀스타인 프리지아종 젖소는 1933년 유지방 생산 세계 기록을 깼다. 이 기록은 21년간 깨지지 않았다. 스노우 카운티스는 죽기 전까지 17년 동안 유지방(butterfat)을 생산했다고 한다. 젖소 동상은 1937년 그가 살았던 스프링뱅크 농장 터에 세워졌다.

스프링뱅크 스노우 카운티스 기념비

일반 대중교통 수단은 런던을 거쳐 윈저에 도착하는 비아레일이 유일하다. 우드스탁(Woodstock)에서 내려 렌트카를 이용해 치즈 트레일을 돌아보는 것이 좋다.

VIA Rail

TORONTO ──→ LONDON ──→ WINDSOR

TRAIN	71	73	75	79	
DAYS /JOURS	1234567	1234567	1234567	1234567	
출발					
Toronto, ON	06:50	12:15	17:30	19:45	
Oakville	07:13	12:40	17:56	20:09	
Aldershot	07:29	12:58	18:12	20:23	
Brantford	07:55	13:27	18:44	20:51	
Woodstock	08:30	13:55	19:14	21:18	
Ingersoll	08:43		19:27	21:31	
London 도착 출발	09:06	14:23	19:55	21:52	
Glencoe	09:39			22:26	
Chatham	10:18	15:39	21:04	22:59	
Windsor, ON 도착	11:08	16:30	21:56	23:44	

WINDSOR ──→ LONDON ──→ TORONTO

TRAIN	70	72	76	78	
DAYS /JOURS	1234567	1234567	1234567	1234567	
출발					
Windsor, ON	05:40	08:43	13:45	17:41	
Chatham	06:24	09:25	14:30	18:25	
Glencoe		10:04	15:03	18:59	
London 도착 출발	07:30	10:38	15:37	19:32	
Ingersoll	08:00	11:04		19:57	
Woodstock	08:13	11:20		20:08	
Brantford	08:49	11:52	16:40	20:39	
Aldershot	09:28	12:25	17:13	21:09	
Oakville	09:43	12:39	17:27	21:24	
Toronto, ON 도착	10:10	13:05	17:52	21:50	

옥스포드

1 Mountainoak Cheese
(3165 Huron Rd. New Hamburg /
투어 제공, 전화 예약 필수)

마운틴오크 치즈

푸드랜드 로드

Township Rd 12

브라이트 치즈 & 버터

림하 농장 힌터랜드 생활용

Township Rd 9

청정운 시골풍경로

허버드 로드

카운티 로드 22

401

카운티 로드 8

옥스포드 카운티 치즈 트레일

우드스탁

2
Bright Cheese and Butter
(816503 County Rd. 22, Bright /
샵에서 시음과 구매 가능)

우드스탁 월드 크로키놀 챔피언십

필립 스트리트 사우스

TIP

Cheese Trail Tips

1. 일요일은 몇 개의 치즈메이커와
볼만한 곳이 문을 닫으니 일요일은
가급적 피하는 것이 좋다.
2. 클락 로드(Clark Road)와 카운티
로드 22번 도로를 달리다보면 아름
다운 시골 전경을 볼 수 있다.

3
Gunn's Hill Artisan Cheese
(445172 Gunn's Hill Rd, Woodstock
/투어 제공, 전화 예약 필수)

Oxford Rd 14

건스 힐 아티산 치즈

5
Norwich and District
Historical Society
(박물관 & 아카이브)

노리치 지역 박물관

스탠튼 스트리트 이스트

스탠튼 스트리트 노스

Hwy 59

Hwy 59

제이크먼즈 메이플 농장

4
Jakeman's Maple Farm
(454414 Trillium Line, Sweaburg /
메이플시럽 농장)

6
Coyle's Country Store
(244282 Airport Rd,
Tillsonburg /
잡화점)

코일스 컨트리 스토어(잡화점)

잉거솔

N

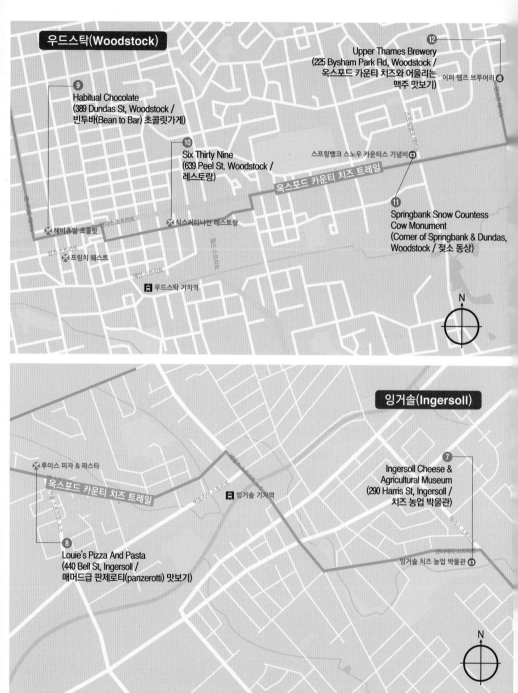

우드스탁(Woodstock)

⑫ Upper Thames Brewery
(225 Bysham Park Rd, Woodstock /
옥스포드 카운티 치즈와 어울리는
맥주 맛보기)

어퍼 템즈 브루어리 🍺

⑨ Habitual Chocolate
(389 Dundas St, Woodstock /
빈투바(Bean to Bar) 초콜릿가게)

⑩ Six Thirty Nine
(639 Peel St. Woodstock /
레스토랑)

스프링뱅크 스노우 카운티스 기념비 🏛

옥스포드 카운티 치즈 트레일

⑪ Springbank Snow Countess
Cow Monument
(Corner of Springbank & Dundas,
Woodstock / 젖소 동상)

🧗 해비츄얼 초콜릿

🍴 식스써티나인 레스토랑

🍴 프린치 웨스트

🚉 우드스탁 기차역

N

잉거솔(Ingersoll)

🍴 루이스 피자 & 파스타

옥스포드 카운티 치즈 트레일

🚉 잉거솔 기차역

⑦ Ingersoll Cheese &
Agricultural Museum
(290 Harris St, Ingersoll /
치즈 농업 박물관)

⑧ Louie's Pizza And Pasta
(440 Bell St, Ingersoll /
매머드급 판제로티(panzerotti) 맛보기)

잉거솔 치즈 농업 박물관 🏛

N

옥스포드 카운티 추천코스

농촌 냄새 풀풀나는 옥스포드 카운티는 치즈의 고장이다.
'치즈 트레일'을 따라 로컬 치즈의 풍부한 맛을 느껴보자.

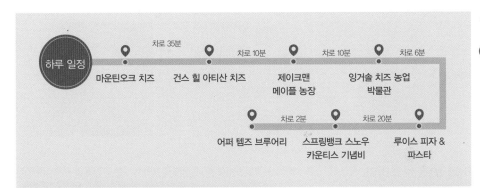

하루 일정

| 차로 35분 | 차로 10분 | 차로 10분 | 차로 6분 |

마운틴오크 치즈　　건스 힐 아티산 치즈　　제이크맨　　잉거솔 치즈 농업
　　　　　　　　　　　　　　　　　　　메이플 농장　　박물관

| 차로 2분 | 차로 20분 |

어퍼 템즈 브루어리　　스프링뱅크 스노우　　루이스 피자 &
　　　　　　　　　　카운티스 기념비　　파스타

마운틴오크 치즈
Mountainoak Cheese

⌂ 3165 Huron Rd, Havsville
◎ 투어 예약 519-662-4967
　월~토 09:00~17:00
✖ 일요일
www.mountainoakcheese.ca

판 베르헤에이크(Van Bergeijk) 가족은 하우다 치즈(Gouda Cheese)로 유명한 네덜란드 하우다(Gouda)에서 치즈 만드는 것을 공부하고, 직접 낙농장을 운영하다가 1996년 캐나다로 이주했다. 블랙 트러플(Black Truffle), 샐러리(Celery) 등 18종 이상의 하우다 치즈를 만들고 있다. 이 곳의 대표적인 하우다 치즈는 팜스테드 프리미엄 골드 하우다(Farmstead Premium Gold Gouda)와 훈제 치즈들이다. 매주 신선한 커드와 크박 치즈(Quark)도 판매하고 있다. 치즈 공장 투어를 하고 싶으면 사전에 예약을 하고 찾아가면 된다.

브라이트 치즈 & 버터
Bright Cheese & Butter

🏠 816503 County Rd 22, Bright
🕐 월~금 09:00~17:00, 토 09:00~16:00
🚫 일요일
www.brightcheeseandbutter.com

1874년, 옥스포드 농가들은 남는 우유를 체다 치즈로 만들기 위해 치즈 공장을 만들기로 한다. 그 무렵부터 브라이트 치즈 앤드 버터(Bright Cheese & Butter)는 온타리오 브라이트(Bright)에서 8개월 이상 숙성된 체다 치즈를 주로 생산하고 있다. 체다 치즈 외에도 아시아고(Asiago), 콜비(Colby), 몬터리 잭(Monterey Jack), 페타(Feta), 하바티(Havati), 커드 등을 생산한다. 부드러운 질감과 숙성된 단단한 식감의 아시아고(Asiago) 치즈는 여느 빵가게에서 살 수 있는 껍질이 딱 딱한 아티산 빵(artisan bread)과 올리브랑 잘 어울린다. 투어는 제공하지 않지만, 치즈 시음과 샵에서 치즈를 구입할 수 있다.

어퍼 템즈 브루어리
Upper Thames Brewery

🏠 225 Bysham Park Rd. Woodstock
🕐 월 09:00~17:00, 화~목 & 토 11:00~19:00, 금 11:00~21:00, 일 11:00~18:00
🚫 월요일
www.upperthamesbrewing.ca

옥스포드에서 맛있는 수제 맥주를 맛볼 수 있는 유일한 곳이다. 몇 가지 코어 맥주와 계절별 맥주를 제공하는데 에일 맥주와 페일 에일(Pale Ale) 맥주가 유명하다. 다크 초콜릿 맛이 풍부한 초콜릿 스타우트(Chocolate Stout) 맥주는 꼭 맛 봐야 할 맥주 중 하나이다. 기본적으로 스타우트 맥주는 까맣게 탄 맥아를 발효시켜 만든다. 이 맥주에 아이보리 코스트의 구운 카카오 열매를 넣어 숙성시킨 것이 초콜릿 스타우트다. Gunn's Hill Artican Cheese에서 생산하는 치즈인 'Dark side of the Moo'와 페어링이 맞는다. 이 치즈는 초콜릿 스타우트 맥주에 4일 동안 푹 담겼다가 4개월 동안 숙성시켜 만든다고 한다.

The Dark side of the Moo

영국의 프로그레시브 록 그룹, 핑크 플로이드(Pink Floyd)의 초기 편집 앨범으로 미국에 배포된 앨범들에 수록되지 않은 곡들을 모아 레코딩했다. 가장 상업적으로 성공한 앨범은 '달의 어두운면(The Dark Side of the Moon)'과 다섯 번째 정규 앨범인 'Atom Heart Mother'의 커버 이미지였던 소가 내는 울음소리(moo)를 장난스레 결합해 앨범 타이틀로 만들었다.

말이 안되는 농장 생활
Udderly Ridiculous Farm Life

🏠 906200 Township Rd 12, Bright, ON N0J 1B0
📞 (548) 225-1005
🕐 수~토 10:30-19:00, 일 10:30-17:00
🚫 월요일, 화요일
https://udderlyridiculousfarmlife.com/

염소 요가 Goat Yoga
🕐 75분(공인 요가 강사와 함께 요가 60분+ 클래스 전후 염소와 함께 15분)
💲 성인(16+) $45

알파카와 걷기 Alpaca Farm Walk
🕐 75분
💲 성인(16+) $50, 어린이(10-15) $35

알파카와 일몰 피크닉 Alpaca Sunset Picnic
🕐 75분
💲 성인(16+) 2인 $140, 4인 $260, 6인 $390, 8인 $520

이 농장은 염소와 알파카를 키운다. 농장 이름에서 풍겨나듯이 이 농장의 콘셉트는 농장 체험이다. 그냥 체험이 아니라, 사람들이 스트레스, 불안 그리고 삶의 속도에서 벗어날 수 있도록 돕는 '시그니처 체험'이다. 프로그램에는 염소 요가, 알파카와 걷기, 알파카와 일몰 피크닉 등 다양하다. 뛰어오르기 좋아하는 염소의 습성을 이용한 염소 요가는 공인 요가 강사와 함께 60분간 진행된다. 참가자가 고양이 자세를 취하면 귀엽고 앙증맞은 나이지리아 피그미 염소가 등에 깡총 올라타 밸런스를 유지하도록 도와주고, 수업내내 참가자들의 주위를 돌며 요가 자세를 흐트러트린다. 참가자들은 자세를 유지하려고 애써보지만 웃음을 참지 못한다. 시골길을 알파카와 함께 걷거나, 건초밭에서 알파카와 좋은 시간을 보내기도 한다. 참가자 2명당 알파카 1마리를 산책시킨다. 간식으로 염소 우유로 만든 아이스크림이 제공된다. 계절에 따라 운영 시간이 변경되니 방문 전에 웹사이트 혹은 전화로 확인하길 바란다.

알파카와 걷기 ⓒ Oxford County Tourism

잉거솔 치즈 농업 박물관

Ingersoll Cheese and Agriculture Museum

⌂ 290 Harris St. Ingersoll
◷ 월~일 10:0~17:00
www.ingersoll.ca/cheese museum

옥스포드 카운티가 치즈 트레일의 산실인 이유를 잘 보여주는 잉거솔 치즈 박물관에서 방문객들은 치즈 제조의 150년 역사를 배우게 된다. 그리고 매머드 치즈(Mammoth Cheese)의 비밀도 비로소 알게 된다.

1866년, 현지 치즈 제조업자 3 명이 모여, 치즈 제품을 영국에 판매할 계획을 세운다. 주요 관심사는 옥스포드 카운티 치즈에 대한 사람들의 관심을 어떻게 끌어모을 것인가? 였다. 그들이 90 파운드짜리 치즈를 영국에 보낸다면 별관심도 끌지못할 것이다. 왜냐하면 영국의 다른 모든 치즈 공장도 거의 동일한 크기의 치즈를 만들고 있었으니까 말이다. 그래서 나온 아이디어가 매머드같이 거대한 치즈를 만드는 것이었다. 그 결과 지름 7 피트, 높이 3 피트, 무게 7,300 파운드(3,311 킬로그램)의 치즈 한 덩이를 만들었다. 이 거대한 치즈는 뉴욕주 박람회에서 성공적으로 선보인 후, 대서양을 건너 리버풀에 도착해 영국 시골을 여행하며 작은 조각으로 팔렸다. 치즈는 여행 과정에서 잘 숙성되어, 맛과 질감이 더 좋아져서 많은 사람들이 옥스포드 치즈를 주문하기에 이르렀다. 그 이듬해에는 약 90 파운드의 치즈 30만 상자가 영국으로 수출되었다. 그 수요를 충족시키기 위해 옥스포드 카운티의 치즈 공장 수는 1900 년까지 여섯 곳에서 백여 곳으로 증가했다.

매머드 치즈는 옥스포드 카운티 치즈 산업을 창출했다. 매머드 치즈의 무게는 어른 소 열 마리의 무게와 같고, 66,200명이 먹을 수 있는 분량이었다. 이 매머드 치즈가 만들어진 곳은 지금의 엠 허스트 호텔(Elm Hurst Inn)이다. 잉거솔 치즈 농업 박물관(Ingersoll Cheese and Agricultural Museum)에는 당시 매머드 치즈의 실물 크기 복제본이 전시되고 있다.

건스 힐 아티산 치즈
Gunn's Hill Artisan cheese

⌂ 445172 Gunn's Hill Rd, Woodstock
◎ 월~토 09:00~17:00
✖ 일요일
www.gunnshillcheese.ca

가족농장에서 생산되는 최고 품질의 우유를 사용해 치즈를 만든다는 자부심으로 6년간 치즈 공장을 운영하며 상을 여럿 받았다. 오너인 쉡 예슬스타인(Shep Ysselstein)이 스위스 알프스에서 치즈를 만들면서 배운 기술과 레시피가 건스 힐 치즈에도 영향을 주었지만, 여기서 생산된 치즈는 독특하다. 대표적인 치즈가 5 Brothers다. 하우다 치즈(Gouda)와 아펜젤러 치즈(Appenzeller)의 특성을 합친 것으로 다양하고 풍부한 맛과 단단하고 부드러운 질감을 가지고 있다. 5 Brothers 는 치즈를 만드는 다섯 형제에서 이름을 따왔다고 한다. 치즈 공장 투어를 하고 싶으면 미리 예약을 하면 된다.

월터스 공연장
Walters Music Venue

Walter's Music Venue
🏠 836074 Hubbard Road, Bright ON N0J 1B0
📞 예매 (519) 463-5559
https://www.waltersmusicvenue.com/

© Oxford County Tourism

월터스 공연장은 200년 된 헛간을 개조한 극장이다. 온타리오의 시골 마을인 브라이트(Bright)에 자리 잡은 이 숨겨진 보석은 전 세계의 관광객과 음악 애호가들이 즐겨 찾는 장소다.

월터스 가족은 5명의 가족(형제, 자매, 어머니, 손자)으로 구성된 밴드로 유람선, 극장, 콘서트 홀, 자체 TV 쇼에서 공연하며 전 세계를 여행했다. 그들은 월터스 프로덕션을 만들어 그들의 농장 안에 마련된 월터스 공연장에서 수시로 음악 공연을 갖고 있다. 또한, 엘비스 프레슬리가 사랑하고 노래한 가스펠 음악을 선사하는 블랙우드 브라더스 콰테트(Blackwood Quartet) 같은 유명 뮤지션들을 초청해 공연을 열고 있다. 공연 무대 옆에 마련된 사교실(The Gathering Place)에서 공연 전에 간단한 스낵과 음료를 구입할 수 있다. 디너는 별도 요금이 부과되며, 음식물은 반입 금지다. 공연 티켓은 전화 혹은 월터스 공연장 웹사이트에서 구입 가능하다.

제이크맨 메이플 농장 Jakeman's Maple Farm

제이크맨 메이플 농장은 1876년부터 5대째 메이플 시럽을 생산하고 있다. 2004년에는 내셔널포스트 일간지에서 주최한 블라인드 테이스팅에서 우승하며 '캐나다 최고의 메이플시럽'에 선정되기도 했다. 메이플 크림 쿠키부터 스그니처 메이플 아이스와인 시럽까지 몇 가지 제품을 팔고 있다. 홈페이지에서 온라인 구매도 가능하다.

🏠 454414 Trilium Line, Beachville
🕐 월~금 09:00~16:30, 토 10:00~16:00
❌ 일요일
www.jakemans.themaplestore.com

코일스 컨츄리 스토어 Coyle's Country Store

100여년 이상의 역사를 지닌 잡화점이다. 신선한 구운 너트, 빵 재료, 캔디, 선물, 장식품 그리고 가구 등을 저렴한 가격으로 판다.

🏠 244282 Airport Rd, Mount Elginl
🕐 월~토 09:00~17:00, 금 09:00~18:00, 일 1~2월 11:30~17:00, 3~12월 10:00~17:00
www.coylescountrystore.com

Clovermead
꿀벌농장 클로버미드

'Bee happy. Bee Healthy. Bee Family'

우드스탁에서 차로 40여분 떨어진 에일머(Aylmer)에 있는 양봉장 클로버미드(Clovermead)의 모토다.
이 곳은 꿀, 하니 스프레드, 하니 버터, 밀랍으로 만든 양초 등 꿀과 관련한 갖가지 제품들을 팔고 있다. 꿀 종류에는 골든 로드(Golden Rod),
야생 블루베리, 메밀, 전동싸리(Sweet Clover), 엉겅퀴(Thistle)에서 꿀벌이 모은 다섯 가지의 꿀과 이 꿀들을 섞어서 만든 '서머
블러섬(Summer Blossom)'이 있다. 이 중에 가장 유명한 것은 서머 블러섬이라고 한다.

⌂ 11302 Imperial Road, Aylmer / https://clovermead.com/

이 곳은 가족이 함께 즐길 수 있는 어드벤처 농장으로도 각광을 받고 있다. 물놀이터인 스플래시 패드, 옥수수밭 미로, 페달을 밟아 달리는 카트, 꿀벌 기차, 동물 농장, 햄스터 쳇바퀴 경주 등 50여 가지의 놀거리들이 농장과 어우러진 애그리 펀(Agri-Fun)에서 아이들은 마냥 즐겁다.

클로버미드에서는 매년 8월에 '꿀벌 턱수염 대회(Bee Beard Competition)'라는 특별한 축제를 연다. 로컬 양봉업자들이 참여해 벌을 수염처럼 얼굴에 붙이는 경기다. 참가자들은 먼저 얼굴 부위에 바셀린을 발라 벌이 붙지 않도록 한다. 그리고 나서 벌들이 가득있는 망 안으로 들어가는데, 이때에도 훈연기의 연기를 망 안으로 뿜어 벌에게 쏘이지 않도록 주의한다. 연기는 벌들이 페르몬을 발산해 서로 의사소통을 하는 것을 방해한다. 벌 한마리가 "누군가 꿀을 가져가려고 하니 침을 쏴라"라고 해도 이 것이 다른 벌들에게 전달되지 않아 벌에게 여러번 쏘이지 않는 것이다. 우승은 몸에 붙

얼굴과 몸에 2만 2천 마리의 벌을 붙여 우승한 데럴 씨

은 벌의 무게로 가린다.

그래서 참가자들은 망에 들어가기 전과 나온 후에 몸무게를 잰다. 축제의 하이라이트는 꿀벌들이 붙은 채로 참가자들이 흥겨운 음악에 맞춰 건초더미 위를 워킹하는 패션쇼다. 누가 빨리 훈연기에 연기를 피우는지를 가리는 경기 등 일반인들이 참여하는 '꿀벌 올림픽 대회'도 열린다.

생단발머리 최양락(개그맨)의 방정맞은 해설과 유명 연예인이 출연해 심각한 표정으로 바둑알을 까던 TV프로그램'알까기'가 생각나는 게임이 크로키놀(Crokinole)이다. 크로키놀은 셔플 보드(suffleboard)와 컬링(curling)을 탁상크기로 줄여 새로운 게임 요소를 추가한 보드 게임이다. 캐나다 초기 정착민이 긴 겨울을 나기 위해 즐겼던 크로키놀은 메노나이트와 아미쉬 커뮤니티에서 유래되었다는 주장이 있지만 뒷받침할 증거는 없다. 이런 오해는 그들이 여전히 크로키놀을 가족과 함께 즐기고 있기 때문일 것이다.

월드 크로키놀 챔피언쉽 토너먼트는 매년 6월 첫번째 토요일에 옥스포드 카운티의 태비스톡(Tavistock)에서 열린다. 이 작은 마을이 개최지로 선정된 이유는 초창기 보드 제작자인 엑크라드 웻라퍼(Eckhardt Wettleaufer)의 고향이 태비스톡이었기 때문이다. 월드 크로키놀 챔피언쉽이 시작된 것은 1999년. 지금까지 독일, 스코틀랜드, 프랑스, 칠레 등 다양한 국적의 선수들이 참여했다. 2019년에는 영국 채널제도에 있는 건지(Guernsey) 섬의 피터포트(St.Peter Port)에서 한 명, 네덜란드 델프트(Delft)에서 한 명, 미국에서 30명, 뉴펀드랜드에서 한 명, 키치너에서 49명 등 40여개의 크로키놀 클럽에서 137명이 참여했다. 이 중 14명은 경쟁부문 단식에 출전한 여성 선수였다.

일반적으로 크로키놀은 손으로만 팅기는 경기로 생각하지만 당구를 치듯 큐대를 사용하는 선수(cue-shooter)도 있다. 그래서 크로키놀의 카테고리는 손가락으로 치느냐(finger-shooting), 큐대로 치느냐(cue-shooting)에 따라 그룹을 나누고, 연령에 따라 경쟁(competitive), 중급자(Intermediate), 쥬니어(Junior), 초보자(Recreational) 네 부문으로 나눈다. 그리고 단식과 복식으로 나누어 모두 9개 부문에서 챔피언을 가린다. 총 상금은 6,500달러(2019년).

게임이 진행되는 테이블마다 심판이 있고 비디오 판독을 위해 카메라 녹화도 한다. 디스크(disc)가 잘 미끄러지도록 파우더(powder)를 바른 후 보드의 발사선(shooting line)에 놓고 손가락(혹은 큐대)으로 튕기는 선수들의 모습이 사뭇 진지하다. 6월 첫 번째 토요일, 알까기, 땅따먹기 게임을 오락 삼아 놀았던 어린 시절의 추억이 있는 사람이라면 여행일정에 포함시켜 월드 크로키놀 챔피언쉽에 도전해보는 것은 어떨까.

크로키놀 게임 규칙

2인 경쟁부문 단식

- 표준 크로키놀 보드는 중앙에 20점 홀(20-hole)이 있는 지름 66 센티미터의 나무 보드다. 경기장은 세 개의 동심원으로 나누어져 있고 중앙으로 갈 수록 점수가 높아진다. 가장 안쪽원의 선에는 8개의 페그(peg)가 세워져 있어 디스크를 20점 홀(20-hole)에 넣기 어렵도록 했다. 가장 바깥원은 네 개의 사분면(quadrant)으로 나뉘어있고, 선수는 자기 앞의 사분면 발사선(shooting line)에 디스크를 올려놓고 손가락(혹은 큐대)으로 디스크를 튕긴다.

- 각 선수는 8개의 디스크를 갖는다. 서로 번갈아 가며 디스크를 튕긴다. 라운드를 시작할 때나 보드 경기장 안에 상대방의 디스크가 없을 때는 프리샷(free-shot)이라고 해서 20점 홀(20-hole)에 디스크를 넣는 것을 목표로 디스크를 튕긴다. 상대방의 디스크가 보드 경기장 안에 하나라도 있을 때는 상대방의 디스크를 보드 경기장에서 쳐내는 것을 목표로 디스크를 튕긴다. 홈통에 놓는 디스크는 죽은 디스크다.

- 프리샷을 해서 디스크를 중앙 홀에 넣으면 바로 20점을 얻는다. 튕긴 디스크(shooting-disc)는 상대 선수도 볼 수 있게 20점 통(20-bowl)에 놓는다. 프리샷을 해서 디스크가 안쪽원(15점 원) 안에 있거나, 페그(peg)가 세워진 선에 닿아있는 경우에는 디스크를 남기고, 그 외의 경우에는 효력이 없는 샷(Invalid shot)으로 간주해 튕긴 디스크를 홈통(ditch)에 놓아야 한다.

- 상대방의 디스크가 보드 경기장 안에 있으면 상대방의 디스크를 쳐야한다. 상대방의 디스크를 건드리지도 못했다면 튕긴 디스크(shooting-disc)는 효력이 없는 샷이 되어 홈통에 놓아야 한다. 만약 상대방의 디스크를 하나도 맞추지 못하고 오히려 자신의 디스크를 건드렸다면, 튕긴 디스크와 접촉한 디스크들도 홈통에 놓아야 한다.

- 모든 디스크를 다 튕긴 후, 보드 경기장에 남아 있는 디스크의 점수와 20점 통(20-hole)에 들어있는 디스크 점수를 더해 더 많은 점수를 얻은 선수가 그 라운드에서 이기게 된다. 라운드에서 이긴 선수는 포인트 2점을 받고, 지면 포인트 0, 서로 비기면 각각 포인트 1점씩 받는다.

- 4라운드 1게임이 끝나면 두 선수는 자리를 바꾼다. 1 매치는 모두 10 게임을 한다.
  (경쟁부문 성인 단식(Adult Single) : 라운드당 8개의 디스크 X 4 라운드 = 1 게임 X 10 게임 = 1 매치

EATING

옥스포드 카운티는 온타리오에서 가장 부유한 농지에 위치해 있다. 농장 마켓(Farm market)을 둘러보거나, 레스토랑 중 한 곳에서 좋아하는 새로운 요리를 발견하는 즐거움을 만끽할 수 있다. 풍부한 맛의 치즈와 신선한 아이스크림을 꼭 맛보세요.

유니온 버거
Union Burger

차를 타고 지나치면서 흘깃 본 외경이지만 "이 곳의 버거는 어떤 맛일까?" 궁금증이 몰려온다. 실내로 들어서니 벽에 그려진 깜찍한 그라피티, 야외용 피크닉 테이블과 콘크리트 파티오 테이블이 캐쥬얼한 테이블과 어울리지 않게 놓여 있다. 이 수제버거집은 100% 캐나다 쇠고기로 냉동을 사용하지 않는다. 가장 인기있는 버거는 All American. 그릴에 갓 구운 쇠고기 패티는 기름이 자르르~ 슬라이스 체더 치즈가 쇠고기 패티의 풍부한 맛을 감소시키는 것을 빼곤 맛도 일품이다. 나는 슬라이스 체더 치즈가 햄버거와 단짝이라는 것에 개인적으로 동의하지 않는다. 콤보를 주문하면 프렌치 프라이, 어니언 링(onion ring), 푸틴(poutine) 중에 하나를 선택할 수 있다.

해비츄얼 초콜릿
Habitual Chocolate

여름에 이 곳을 그냥 지나칠 수는 없다. 옥스포드 카운티에서 생산되는 우유와 크림을 사용해 만든 수제 아이스크림을 맛볼 수 있기 때문. 겨울에는 핫 초콜릿을 마시고 워밍업. 초콜릿도 와인처럼 시음이라는 것이 있을까? 오너이자 쇼콜라티에인 필립 르네씨는 그렇다고 한다. 와인이 떼루아르를 중요하게 여기는 것처럼 카카오 콩의 원산지, 품종, 가공방식에 따라 다른 맛의 초콜릿이 만들어진다. 이 곳에서는 이른바 빈 투 바(Bean to Bar) 초콜릿을 만든다. 방문객들은 제조 과정도 보고 초콜릿 시음도 한다. 결혼, 콘서트, 펀드레이징, 선물, 감사 등의 목적으로 하는 맞춤형 초콜릿도 주문을 받는다. 웨딩 맛 초콜릿은 어떤 맛일 지 궁금하다.

🏠 524 Dundas St, Woodstock
🕐 월~일 11:00 - 21:00
ubburger.com

🏠 389 Dundas St, Woodstock
🕐 화~토 10:00~17:00   🍽 일요일, 월요일
www.habitualchocolate.com

루이스 피자 & 파스타
Louie's Pizza Pasta

이 곳은 엉덩이만한 판제로티(Big Ass Panzerotti)의 고향이다. 이 판제로티는 매머드 치즈가 만들어진 잉거솔(Ingersoll)의 치즈 역사에 영감을 받아 만들어졌다. 주방장 마이클은 치즈 트레일에서 빠질수 없는 메뉴로 이달의 피자, 파스타, 그리고 딥 프라이드 치즈 커드(Deep Fried Cheese Curds)를 꼽는다. 이달의 피자는 요즘 캐나다에서 인기있는 피클 피자에 딜(Dill)을 뿌려 만들었다. 피자 도우는 바삭하고, 피클은 치즈의 맛에 살짝 묻힐 정도로 조화롭다. 한국인의 입맛엔 오리지널 피클보다는 달짝한 피클이 오히려 나을 것 같다는 생각이 든다. '딥 프라이드 치즈 커드'는 건스 힐 치즈(Gunn's Hill Cheese)의 커드를 마리나라 소스에 묻혀 튀긴 후 어퍼 템즈 브루어리(Upper Thames Brewery)에서 만든 맥주를 부어 만든다. 일반적으로 마르게리타 피자는 바질(Basil), 치즈(cheese), 토마토(tomato)로 만들지만, 이 곳은 마리나라 소스(Marinara sauce) 한 가지를 더 추가한다. 틸손버그(Tillsonburg)에서 오는 로컬 단골 손님 뿐 아니라 먹방 유튜버들의 활약으로 전세계의 관광객이 찾아오는 명소가 되었다.

🏠 440 Bell St. Ingersoll
🕐 월~화 09:00-22:00, 수~토 09:00-21:00, 일 09:00-20:00
www.louiespizzapasta.com

Tip 피자의 모양과 종류는 다양하다. 특유의 둥글거나 네모난 형태 이외에 턴오버(turnover)처럼 반죽을 반으로 접어 토핑을 감싸 구운 칼조네(calzone), 또 이를 튀긴 판제로티(panzerotti)가 있고, 반죽을 아래위두 겹으로 만들어 그 안에 토핑을 채운 플랫 피자(flat pizza), 반죽에 토핑을 올리고 돌돌 만 형태의 보나타(bonata, 미국에서는 스트롬볼리로 알려져 있음) 등이 있다.

칼조네(calzone)의 어원은 분명하지 않다. 실제로 칼조네는 스타킹(양말)이라는 뜻의 칼자(Calza)에 접미사가 붙어서 확장된 단어로 이탈리아 남부에서는 '크리스마스 스타킹(Christmas stocking)'에 음식을 가득채우는 전통이 있었다고 한다. 그러고 보니 음식이 가득 차 부푼 스타킹 모양이 칼조네랑 닮았다.

프릳치

Fritzie's

프릳치(Fritzie's)에 들어서면 눈에 띄는 캐릭터가 있다. 이름은 프렌치 프라이 킹(French Fry King)! 지금은 고인이 된 프릳츠(Fritz)는 1973년 양질의 패스트푸드를 제공하기 위해 버스를 개조해 만든 식당에서 핫도그와 프렌치 프라이를 팔기 시작했다. 대성공을 거둔 프릳치(Fritzie's)는 현재 우드스톡 다운타운에 2개의 패스트푸드점을 운영하고 있다. 실내 벽은 프릳치의 역사를 알 수 있는 기사들과 사진들로 꾸며져 있다. 푸틴, 치즈버거, 풋롱 핫도그(Footlong Hot Dog) 등이 유명하다. 사람들은 본점이나 다름없는 프릳치 웨스트를 많이 찾는다고 한다.

⌂ (Fritzies West) 32 Perry St, Woodstock ON N4S 3C3
(Fritzies East) 881 Dundas Street, Woodstock ON N4S 1G9
☎ Fritzies East (519) 537-7177, Fritzies West (519) 539-6812
https://www.fritziesfries.com/

식스써티나인 레스토랑

Six Thirty Nine

639 필 스트릿(639 Peel Street)에 위치한 Six Thirty Nine(639) 식당에서는 시칠리아 라이스 볼(Sicilian Rice Balls)로 불리는 아란치니(Arancini)를 맛볼 수 있다. 팜투테이블의 극치라고 언론이 평할 정도로 음식의 맛과 모양이 훌륭하다. 고풍스런 장식에 둘러쌓인 내부에서 혹은 아름다운 정원이 보이는 파티오에 앉아, 옥스포드 카운티에서 생산되는 각종 치즈와 어울리는 요리들을 추천받아 근사한 식사를 즐겨보자.

⌂ 639 Peel St. Woodstock
☎ 1-519-699-4413 ✖ 월요일, 화요일
🕐 점심 수~금 11:00~14:00
저녁 수~금 17:00~22:00, 토 17:00~22:00, 일 17:00-20:30
www.sixthirtynine.com

RESTAURANTS

Sushi Cove

정통 한국 & 일본 음식점

☖ 5-930 Dundas St, Woodstock ON N4S 1H3
☏ (519) 290-2683
http://sushicove.ca/

The Mill

피쉬앤칩스(Fish & chips)로 유명한 식당. 치킨, 립(Rib) 등
다양한 음식 서비스.

☖ 20 John Pound Rd, Tillsonburg ON N4G 3N9
☏ (519) 842-1878

Finkle Street Tap & Grill

샐러드, 연어, 굴, 랍스터 버거, 스테이크, 화덕에 구운 피자
등의 요리를 제공하는 파인푸드(Find Foods) 레스토랑.

☖ 450 Simcoe St, Woodstock ON N4S 1J8
☏ (519) 290-9100
웹사이트 : https://www.finklestreet.com/

Mango Salad

잉거솔(Ingersoll)에 위치한 태국 음식점

☖ 95 Thames St S, Ingersoll ON N5C 2T2
☏ (519) 425-1188
https://mangosalad.ca/

Quehls

1931년이래 계속해서 오리지널 레시피를 사용하는 푸짐한
홈메이드 식당. 디저트는 펜실베니아 네덜란드 아미쉬 스타
일의 애플 슈니츠 파이(apple schnitz pie), 커스타드 파이
등이 유명하다.

☖ 33 Woodstock Street South, Tavistock ON N0B 2R0
☏ (519) 655-2835
https://www.quehlsrestaurant.com/

Elm Hurst Inn

엠 허스트 인(Elm Hurst Inn & Spa)에 위치한 고급 레스토
랑. 치즈, 크렘 프레쉬(creme fraiche), 메이플시럽 등 현지
생산 재료를 사용한 요리를 서비스한다.

☖ 415 Harris St, Ingersoll ON N5C 3J8
☏ (519) 485-5321
https://www.elmhurstinn.com/dining/

Skyway Café

틸슨버그(Tillsonburg) 공항 내에 위치한 식당. 오믈렛, 샌드
위치, 랩(Wrap) 등의 조식과 런치 스페셜.

☖ 244411 Airport Rd, Tillsonburg ON N4G 4H1
☏ (519) 842-4444
https://www.skywaycafe.ca/home

HOTELS & INNS

Comfort Inn & Suites
20 Samah Crescent, Ingersoll ON N5C 3J7
(519) 425-1100

Holiday Inn Express & Suites Woodstock South
510 Norwich Avenue, Woodstock ON N4S 3W5
1-888-Holiday(465-4319)

Best Western Plus Woodstock Inn & Suites
811 Athlone Ave, Woodstock ON N4V 0B6
(519) 537-2320

Mill Tales Inn (Airbnb)
20 John Pound Rd, Tillsonburg ON N4G 3N9
airbnb.ca

Stoney Creek Hideaway (Airbnb)
Tillsonburg, Ontario (예약과 동시에 정확한 주소 제공)
airbnb.ca

Seven Gables
모던 스타일의 우아한 호텔(Inn)
64 Oxford Street, Tillsonburg, Ontario, N4G 2G3
(519) 409-STAY(7829)
https://sevengablestillsonburg.com/

Spruce Lea Gatherings
18명까지 수용 가능한 랜치 하우스(Ranch House). 1층(8–12명)과 2층(6명) 유닛을 별도로 예약할 수 있다. 대가족이 머물기에 적합.
255073 25th Line, Thamesford ON N0M 2M0
예약 이메일 : info@spruceleagatherings.com
https://www.spruceleagatherings.com/

HOTELS, MOTELS & INNS

Listowel Country Inn
8500 Road 164, Hwy 23 North, Listowel
519-291-1580
listowelcountryinn.com

Shakespeare Inn
2166 Line 34, Shakespeare
519-625-8050 or 1-888-396-6355
shakespeareinn.com

Magnuson Hotel Vow
9151 Road 164, Hwy 23 North, Gowanstown
519-417-5000
magnusonhotels.com

River Valley Guest House
4725 Line 1, St. Mary's
519-225-2329
rivervalleygolfandtube.com

Suburban Motel
2808 Ontario Street E, Stratford
1-800-387-1070
suburbanmotel.com

The Swan Motel
960 Downie Street South, Stratford
519-271-6376
swanmotel.ca

CAMPGROUNDS

Sun Retreats Stratford
⌂ 6710 Line 46, Bornholm
☎ 519-347-2315
srstratford.com

Science Hill Campground
⌂ RR 1, St. Marys, ON N4X 1C4
☎ 519-284-3621
https://sciencehillcountryclub.com/camping/

Prospect Hill Campground
⌂ 1142 Perth Road 139, Granton
☎ 519-225-2405
prospecthillcamping.com

Wildwood Conservation Area
⌂ 3995 Line 9, Perth South
☎ 1-866-668-2267 or 519-284-2292
wildwoodconservationarea.ca

Windmill Family Campground
⌂ 2778 Perth County Road 163, Fullarton
☎ 519-229-8982
https://experiencecamping.ca/windmillfamilycampground/

BED & BREAKFASTS

A Valley View B&B
⌂ 4983 Line 2, Perth South
☎ 519-225-2685
stratford-bb.com

Blanshard B&B
⌂ 4959 Line 6, Perth South
☎ 519-229-6589

Hardwood Haven B&B
⌂ 555 Main Street West, Listowel
☎ 519-418-0555

The Heron's Nest B&B
⌂ 193 Willow Lane, Mitchell
☎ 519-272-6968
heronsnest.ca

Victorian Inn & Spa
⌂ 405 Main Street W, Listowel
☎ 519-291-0864
victorianinnandspa.wixsite.com/mysite-1

CANADA
Windsor
& Essex County

원저 & 에섹스 카운티

지도에서 윈저 & 에섹스 카운티는 권투 글러브를 낀 주먹으로 디트로이트(Detroit)를 한 방 날리는 듯한 모양을 하고 있다. 19세기 초이 지역은 1812년 전쟁(War of 1812)의 중심에 있었고, 1838년 어퍼 캐나다 반란(Upper Canada Rebellion)동안 전투가 있었던 곳이기도 하다. 캐나다 최남단에 있는 도시며, 미국 디트로이트의 자동차 산업과 더불어 캐나다 자동차 산업의 주요 공헌자였다.

윈저 & 에섹스 카운티를 여행하기 위한 가장 좋은 교통수단은 토론토에서 기차를 타고 윈저에 도착해서 차를 빌려 여행하는 것이다. 토론토에서 윈저까지 기차를 타면 4시간 정도 걸린다.

윈저 & 에섹스 카운티 드나드는 방법 ❶ 항공

윈저국제공항

⌂ 13200 200, County Rd 42, Windsor, ON N8V 0A1
☎ 519-969-2430
http://www.flyyqg.cs

윈저 국제 공항 YQG(Windsor International Airport Your Quick Gateway)는 윈저 다운타운에서 15분 거리에 위치해 있다. 토론토 피어슨 공항(Toronto Pearson)을 운항하는 에어캐나다 재즈(Air Canada Jazz) 항공과 빌리 비숍 토론토 시티 공항(Billy Bishop Toronto City Airport)을 매일 직항 운항하는 포터 항공(Porter Airlines)이 있다. 이 외에도 핼리팩스와 몬트리올을 운항하는 플레어 항공(Flair Airlines), 캘거리를 계절별 운항하는 웨스트젯(WestJet) 항공도 있다. 공항에 도착하면 수하물 터미널에서 몇 걸음 떨어진 곳에서 렌트카, 택시 그리고 대중 교통을 쉽게 이용할 수 있다. 항공 일정이 많지 않아 윈저국제공항 웹사이트에서 스케줄을 한 눈에 볼 수 있다.

윈저 & 에섹스 카운티 드나드는 방법 ❷ 기차 (비아레일 VIA Rail)

윈저역 Windsor Station

⌂ 298 Walker Rd, Windso
☎ 1 888-842-7245
http://www.viarail.ca/en/stations/ontario/Windsor

퀘벡시티-윈저 코리더(Quebec City-Windsor Corridor)를 이용해 빠르고 편리하게 여행할 수 있다. 비아레일 전체 승객의 80%가 이 노선을 이용한다. 토론토와 윈저 구간은 하루에 4회 왕복 운항하며, 윈저 기차역은 유서 깊은 올드 워커빌 지구(Olde Walkerville District) 에 위치해 있다. 티켓을 예약하려면 viarail.ca 를 클릭하세요

윈저 & 에섹스 카운티 드나드는 방법 ❸ 자동차 (자가 운전)

윈저(Windsor)는 토론토에서 401번 고속도로를 따라 차로 4시간 거리에 있으며, 미국 미시간에서 앰버서더 다리(Ambassador Bridge)와 디트로이트-윈저 터널(Detroit-Windsor Tunnel)을 통해 쉽게 미국-캐나다 국경을 넘어 윈저를 여행할 수 있다. 국경을 넘는데 필요한 자세한 내용은 'Crossing Made Easy'(crossingmadeeasy.com)를 클릭하세요.

시내교통

윈저버스터미널

⌂ 300 Chatham St.W, Windsor
☎ 519-944-4111
http://www.viarail.ca/en/stations/citywindsor.ca/transitwindsor

🚌 버스 (윈저 교통 Transit Windsor)

윈저시, 라살(La Salle), 그리고 디트로이트(Detroit) 등을 운행한다. 앞으로 타고 뒤로 내린다. 요금은 성인, 시니어, 유스 모두 3.15 달러고, 2시간 이내에 환승 가능하다. 1일 승차권(Day Pass)은 9.60 달러고, 12살 이하 어린이는 무료다.
윈저와 디트로이트를 운행하는 터널 버스(Tunnel Bus)는 윈저버스터미널(Windsor International Transit Terminal ; 300 Chatham St W)에서 출발한다. 요금은 편도 $7.50, 왕복 $15불. 디트로이트에서 농구, 야구, 아이스하키 등의 경기가 있거나, 콘서트가 열리면 정기 노선을 연장해 리틀 시저 아레나(Little Caesars Arena)와 코메리카 파크(Comerica Park)로 가는 특별 이벤트 버스를 운행한다. 관객들은 이벤트가 끝나고 바로 혹은 30분 이내에 버스를 타고 윈저로 돌아올 수 있다. 팬데믹 기간에는 운행이 중단되었다고 하니 여행 전에 확인하세요.

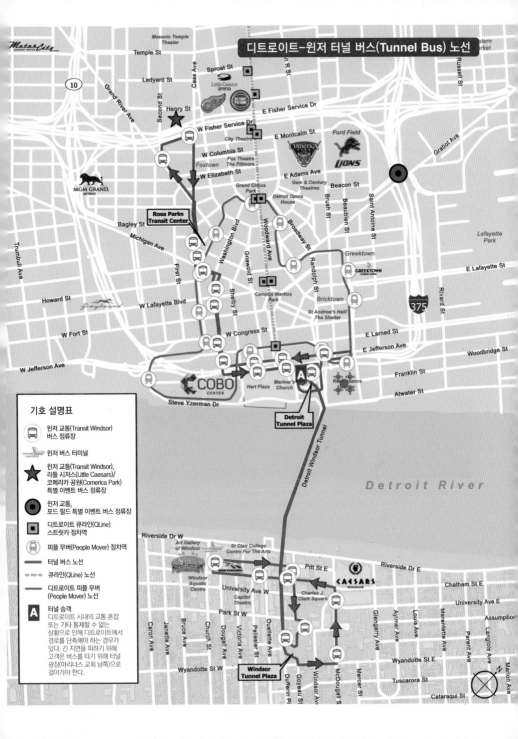

디트로이트-윈저 터널 버스(Tunnel Bus) 노선

기호 설명표

원저 교통(Transit Windsor)
버스 정류장

원저 버스 터미널

원저 교통(Transit Windsor),
리틀 시저스(Little Caesars)/
코메리카 공원(Comerica Park)
특별 이벤트 버스 정류장

원저 교통,
포드 필드 특별 이벤트 버스 정류장

디트로이트 큐라인(QLine)
스트릿카 정차역

피플 무버(People Mover) 정차역

터널 버스 노선

큐라인(QLine) 노선

디트로이트 피플 무버
(People Mover) 노선

A 터널 승객
디트로이트 시내의 교통 혼잡
또는 기타 통제할 수 없는
상황으로 인해 디트로이트에서
경로를 단축해야 하는 경우가
있다. 긴 지연을 피하기 위해
고객은 버스를 타기 위해 터널
광장(마리너스 교회 남쪽)으로
걸어가야 한다.

윈저 & 에섹스 카운티

윈저 & 에섹스 카운티에는 숨겨진 보석같은 관광명소가 여럿 있다. 다양한 문화가 공존하고 있는 윈저, 아이작 브록(Isaac Brock) 장군과 쇼니족 테쿰세(Tecumseh) 추장과의 역사적인 만남이 이루어진 앰허스트버그의 몰든 요새(Fort Malden) 국립유적지, 킹스빌(Kingsville)에 있는 철새도래지인 잭 마이너 철새 보호구역 & 박물관(Jack MinerMigratory Bird Sanctuary & Museum), 캐나다 교통 박물관(Canadian Transportation Museum), 그리고 필리 아일랜드와 이리호 북부 해안의 와인 루트다.

포도 원산지를 표기하는 윈저 아펠라시옹(Appellation)은 나이아가라 반도(Niagara Peninsula)와 프린스 에드워드 카운티(Prince Edward County)와 더불어 최상급의 와인으로 분류된다. 포인트 필리 국립공원(Point Pelee National Park)은 캐나다에서 가장 작은 국립공원 중에 하나지만 캐롤라이나 숲 하이킹과 습지 카누잉, 그리고 포인트 필리의 팁 트레일 하이킹(Tip Trail Hiking) 등은 매년 30만 명의 방문객을 끌어들인다. 봄에는 철새들의 울음소리, 여름에는 매미 울음소리, 가을에는 제왕나비들(Monarch butterflies)의 날개 파닥이는 소리, 그리고 겨울에는 얼어붙은 호수에서 반사된 빛의 평화로움이 포인트 필리 국립공원에 가득하다. 필리 아일랜드를 오가는 페리 선상에서 보는 석양 하늘은 한 폭의 그림이다.

몰든 요새 국립유적지 Fort Malden National Historic Site

아이작 브록 장군과 테쿰세 추장이 이끄는 연합군은 1812년 전쟁(War of 1812)에서 디트로이트 요새를 공격해 1812년 8월 16일미군 사령관이었던 윌리엄 헐(William Hull)의 항복을 받아낸다. 하지만 같은 해 9월 10일, 이리호 전투(Battle of Lake Erie)에서 패한 영국군은 이리호의 제수권을 빼앗기게 되어 군수 물자 공급에 차질을 빚게 된다. 영국군은 햄허스트버그 요새와 해군 기지창을 방화하고 테쿰세의 원주민 연합을 설득해 내륙으로 후퇴한다. 윌리엄 헨리 해리슨(William Henry Harrison)의 지휘하에 있던 미국군은 지금의 채텀(Chatham) 근처에서 영국군과 테임즈 전투(Battle of the Thames)를벌여 승리하고, 쇼니족 추장인 테쿰세가 전사했다. 지도자가 없는 원주민 연합은 결국 와해되었다. 1813년 전쟁이 끝나고 앰허스트버그를 점령하고 있던 미군이 철수하고, 다시 영국군의 수중에 들어왔다. 앰허스트버그 요새의 자리에 다시 요새를 짓고 몰든 요새(Fort Malden)라고 명명했다

🏠 100 Laird Ave S, Amherstburg, ON N9V 2Z2

Carrousel of the Nations

다문화 축제 '열방 회전목마'

윈저(Windsor)로 가는 길에는 괴물이 산다. 에섹스 카운티의 하이웨이 401(four-oh-one) 옆으로 즐비하게 서있는 윈드 터빈(wind turbine)이 그것들이다. 산이 보여야 할 곳, 들이 보여야 할 곳에 커다란 괴물만이 보인다. 세르반테스의 소설 〈돈키호테 Don Quixote〉에서 거인으로 보이는 풍차와 맞서 싸우는 돈키호테가 떠올라 웃지 않을 수 없다.

윈저에서 열리는 다문화 축제인 '열방 회전목마(Carrousel of the Nations)'는 온타리오 축제에서 뽑은 100대 축제 중 하나로 1974년부터 시작되었다. 카리브, 크로아티아, 독일, 그리스, 헝가리, 마케도니아, 폴란드, 루마니아, 스코틀랜드, 세르비아, 이탈리아, 필리핀, 중국 등 다양한 커뮤니티에서 자국의 전통 예술 공연과 전통 음식을 판매하는 일종의 커뮤니티 축제이자 어울림의 장이다. 워낙 참여하는 커뮤니티가 많다보니 축제의 방식을 알아야 축제를 제대로 즐길 수 있다.

먼저, 방문하고 싶은 커뮤니티를 선택해야한다. 축제는 2주동안 주말(금, 토, 일)에 열린다. 축제에 참가하는 커뮤니티는 한 주 만을 선택해 축제를 열게 된다. 그러니 내가 보고 싶은 커뮤니티 축제가 언제 있는 지 축제 일정표를 확인하는 것이 중하요다.

둘째, 축제가 각기 다른 장소에서 열리므로 방문객은 축제 장소를 알아서 찾아가야 한다. 하루에 세 곳 정도를 찾아가 공연을 감상하고, 전통 음식을 맛보는 것만으로도 하루가 쏜살같이 지나간다.

전통 문화 공연은 대체적으로 전통 의상을 입고, 전통 음악에 맞춰, 전통 춤을 추는 공연이 많은데 대부분 수준급이다. 2019년에는 리밍턴(Leamington) 4개의 커뮤니티(원주민, 이탈리아, 레바논, 그리고 멕시코)에서 참여를 원해 축제의 규모가 에섹스 카운티 전역으로 퍼지는 양상이다. 2021년 카루셀 오브 네이션스(Carrousel of the Nations)는 6월 18일~20일, 6월 25일~27일에 있었다.

https://www.carrouselofnations.com/

©Tourism Windsor Essex Pelee Island

©Tourism Windsor Essex Pelee Island

01 Croatian Village
크로아티아 빌리지

크로아티아 커뮤니티는 전통요리로 체바피(Cevapi), 캐비지롤, 그리고 키셀리 쿠푸스(Kiseli Kupus)가 나왔다. 체바피는 다진 고기(돼지, 소, 양고기)를 야채(양파 등)와 여러가지 양념을 넣어 버무린 뒤 손으로 소시지 모양을 만들어 바비큐를 하거나 오븐에 구워 요리한다. 키셀리 쿠푸스(Kiseli Kupus)는 절인 양배추를 발효시킨 독일의 사우어크라우트(Sauerkraut)와 비슷한 크로아티아의 요리다.

02 Barbarian Village
바바리안 빌리지

바바리안 빌리지에서는 야외와 실내 무대에서 다양한 공연들이 펼쳐진다. 하모니 밴드가 분위기를 고조시키기 위해 선택한 첫 번째 곡은 '아인 프로짓(Ein Prosit)'. 건배를 위한 노래다. 맥주의 나라답게 맥주와 어울릴만한 요리들이 메뉴판에 걸렸다. 바이에른 전통의 치즈요리인 오바츠다(Obazda)가 바삭한 프레첼과 함께 제공되고, 그릴에 구운 돼지고기 소시지인 브라트부르스트(Bratwurst), 독일식 돈가스인 슈니첼(Schnitzel)도 판다.안전한 축제를 위해 다문화 위원회(Multicultural Council)는 건물 실내외 최대 수용인원을 정해준다. 바바리안 빌리지는 야외 인원 최대 125명, 실내 인원 최대 115명이다. 정원이 찼으면 방문자를 더 받지 않고 바로 셧다운한다. 팬데믹 상황에서의 이야기가 아니라 평상시의 규정이다

03 Filipino Village
필리핀 빌리지

필리핀 빌리지에서는 필리핀 전통춤인 Sayaw Sa Bangko 와 Pandanggo Sa Ilaw 공연이 펼쳐진다. 방코춤은 아이들이 의자 위에서 균형을 잡으면서 추는 춤이고, 판당고 춤은 여성이 머리와 양손에 초가 담긴 유리잔을 들고 추는 춤이다. 커뮤니티가 축제를 위해 내놓은 메뉴는 필리핀 잡채인 판싯(Pansit), 아도보 치킨(Adobo chicken), 그리고 스프링롤(spring roll)을 하나의 메뉴로 한 밀세트(meal set)와 숯불에 구운 닭꼬치다. 후식은 여러가지 재료를 섞어 만든 빙수 아이스크림 할로 할로(Halo Halo). 할로(Halo)는 '섞다' 라는 뜻이 있다

04 Via Italia Village
이탈리안 빌리지

이리 스트릿 이스트(Erie St. E)의 네 블록이 축제 기간동안 보행자 거리로 바뀐다. 메인 무대에서는 음악 공연, 요리 대회, 미인 대회, 장기 자랑, 그리고 패션쇼 등이 열린다. 거리의 레스토랑은 자신들만의 특별 메뉴를 가게 앞에서 팔고, 푸드 벤더들이 이리 스트릿을 따라 가득 들어선다.

윈저&에섹스 카운티

윈저 기차역

맛집 투어

윈저

윈저 국제 공항

테컴제

라살

Hwy 3

애머스트버그

몰든 요새 국립유적지   알마 스트리트

에식스

캐나다 교통박물관 & 민속촌   Concession

Hwy 19

레이크셔

Hwy 42

401

킹스빌

Hwy 77

리밍턴

Concession Rd 4 E

잭 마이너 철새 보호구역 & 박물관

Hwy 3

콜라산티스 열대 가든

로드 3 이스트

시클리프 드라이브 웨스트

필리 아일랜드 페리 서비스

필리 아일랜드 269p.

필리 아일랜드

포인트 필리 국립공원

필리 아일랜드

윈저 & 에섹스 카운티 추천코스

이 지역은 윈저-에섹스, 혹은 윈저 & 에섹스 카운티로 불린다. 윈저시(City of Windsor), 에섹스 카운티(County of Essex), 7개의 지자체, 그리고 캐나다 최남단 섬인 필리 아일랜드(Pelee Island)로 구성되어 있다. 주민들은 앰바사더 브릿지(Ambassador Bridge) 또는 디트로이트-윈저 터널(Detroit-Windsor Tunnel)을 건너 디트로이트가 제공하는 대도시 편의 시설을 즐긴다.

1일차

① 윈저 기차역 & 맛집 투어
차로 35분

② 몰든 요새 국립유적지
차로 24분

③ 캐나다 교통박물관 & 민속촌
도보 13분

④ 잭 마이너 철새 보호구역 & 박물관
차로 8분

⑤ 콜라산티스 열대 가든
차로 20분

⑥ 포인트 필리 국립공원
차로 15분 ~ 30분

2일차

⑦ 리밍턴 or 킹스빌 필리 아일랜드 페리 서비스
리밍턴 or 킹스빌 - 필리 아일랜드 페리 90분

⑧ 필리 아일랜드(자전거 투어)

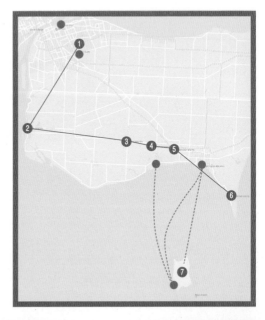

잭 마이너 철새 보호구역 & 박물관

Jack Miner Migratory Bird Sanctuary & Museum

🏠 332/360 Road 3 W, Kingsville, ON, N9Y 2E5
📞 519-733-4034
🕐 빅토리아 데이 ~ 노동절(Labour Day) 일~목 10:00-16:00
jackminer.ca

잭 마이너 철새 보호구역(Jack Miner Bird Migratory Sanctuary)은 철새들의 중간 기착지이자 쉼터다. 기러기 잭(본명: 잭 마이너)가 철새 보호를 위해 1904년에 조성했다. 그의 가족이 살던 집은 기증되어 잭마이너 철새 재단(Jack Miner Migratory Bird Foundation)의 사무실로 쓰이고 있고, '기러기 잭'의 생애를 다룬 박물관은 1977년 마굿간을 개조해 만들었다. 철새 보호에 대한 잭의 노력이 알려지면서 이곳을 방문한 유명인들도 많았는데, 잭 마이너는 포드 자동차의 설립자인 헨리 포드(Henry Ford)를 가장 친한 친구로 꼽았다고 한다. 기러기들이 무리져 노니는 타이 콥 필드(Ty Cobb Field)는 그의 오랜 친구였던 디트로이트 타이거즈의 야구 선수 타이 콥(Ty Cobb)의 이름에서 따온 것이다.

기러기 잭, 잭 마이너(Jack Miner)의 생애

1865년 미국 오하이오 주 웨스트레이크(Westlake)에서 태어난 잭 마이너는 1878년 가족과 함께 캐나다로 이주해 킹스빌(Kingsville)에 정착했다. 그는 정규 교육을 받지 않았고, 33살이 될 때까지 문맹이었다. 1880년대에 그는 타일과 벽돌을 굽는 가족 비지니스를 도우며 사냥꾼으로 일해 수입을 보탰다. 어느 날, 그는 철새 사냥을 멈추고, 철새를 보존하기로 마음 먹는다. 1904년 마이너는 야생 거위를 유인하기 위해 길들인 캐나다 구스 7마리를 연못에 풀었다. 잭 마이너 철새 보호구역의 시작이었다. 야생 거위가 마이너의 보호구역에 정착하기 시작한 것은 그로부터 4년이 지난 뒤부터였다. 1911년 이후에는 거위와 오리가 많이 왔고, 마이너는 연못의 크기를 늘렸다. 1913년에는 농가 전체가 철새의 쉼터가 되었다.

잭 마이너는 철새들이 어디서 와서 어디로 가는 지 알기 위해 새의 다리에 표지를 붙이는 철새 밴딩(banding of migrating waterfowl)을 시작했다. 알루미늄 판에 주소와 성경 문구를 새겨 새의 발에 달아 놓아주었다. 그리고 반환된 밴드에서 얻은 정보를 사용해 캐나다 철새들의 이동로를 지도로 만들었다. 성경 문구는 활동적인 선교사들의 관심을 끌었고, 허드슨 베이, 배핀 섬의 원주민까지도 태그를 보내줬다. 이렇게 얻은 방대한 데이터는 1918년 북미 6개국 간에 체결된 '철새 조약(Migratory Bird treaty)'의 수립에 커다랗게 기여했다. 이 협약의 골자는 특정 철새를 포획, 판매, 또는 죽이는 것을 불법으로 정하는 것이었다. 잭 마이너는 1944년 심장마비로 사망했고, 잭 마이너 철새 보호구역 내의 양지 바른 곳에 그의 아내 라오나 마이너(Laona Miner)와 안식하고 있다.

261

캐나다 교통 박물관 & 민속촌
Canadian Transportation Museum & Heritage Village

⌂ 6155 Arner Townline, Kingsville, ON N9Y 2E5
☎ 519-776-6909
◎ 목~일 09:00-16:00
　(50's Diner : 목~일 08:00-14:00)
http://www.ctmhv.com/

온타리오에서 가장 큰 교통박물관 중에 하나인 캐나다 교통 박물관과 1820년부터 1930년대까지의 지역 역사와 관련된 유산 건물을 보존하고 있는 해리티지 빌리지(Heritage Village)가 100에이커의 부지에 터를 잡고 있다. 캐나다 교통 박물관은 마차에서부터 1992년 닷지 바이퍼(Dodge Viper)에 이르기까지 19세기와 20세기의 오리지널 혹은 완벽하게 복원된 차량들을 전시하고 있다. 20세기에 온타리오 남서부에서 만들어져 굴러다니던 모든 차량들을 직접 눈으로 볼 수 있는 곳이다. 가이드의 설명을 들으면 투어가 훨씬 재밌다.

1950년대 콘셉트로 내부를 꾸민 '피프티스 디너(50's Diner)' 식당은 1950년대 음식 메뉴를 내놓는다. 햄버거나 샌드위치같은 핑거푸드이긴 하지만 지금과는 상대가 안 되는 크기와 맛에 놀라며 향수에 젖는다.

콜라산티스 열대 가든
Colasanti's Tropical Gardens

⌂ 1550 Road 3 E, Kingsville, ON N9Y 2E5
☎ 519-326-3287
🎫 열대가든 $3.99, 미니골프장 18홀 $6.99
www.colasanti.com/

콜라산티스 열대 가든은 이 지역에 사는 사람이면 모르는 사람이 없는 명소다. 3.5 에이커의 온실은 미니 동물원, 미니 골프장, 열대식물원, 아케이드, 식당 등을 두루 갖춘 초미니 열대 원더랜드다. 콜라산티 정문을 들어서면 아이들이 동물을 만질 수 있는 동물원인 페팅쥬(Petting Zoo)가 있다. 조금 더 들어가면 열대 식물, 선인장, 그리고 화초 등을 파는 트로피칼 가든(Tropical Garden)이 나온다. 이곳에서는 집을 꾸미기 위한 독특한 장식들도 판매한다. 다음은 45가지의 오락 게임을 즐길 수 있는 아케이드 룸(Arcade Room)과 미니 골프장이다. 마지막으로 방문객의 발길을 이끄는 곳은 식당이다. 레몬과 오렌지 나무, 무화과 나무, 포도나무 등이 자라는 온실 식당은 색다른 분위기를 자아낸다. 인기 메뉴는 브로스티드 치킨(Broasted Chicken), 복숭아 주스, 그리고 도넛. 수제 도넛은 1941년부터 만들어 왔다. 식당은 매일 아침 8시부터 저녁 6시까지 문을 연다.

에섹스-켄트 메노나이트 역사 학회

Essex-Kent Mennonite Historical Association

🏠 31 Pickwick Drive, Leamington, ON N8H 4T5

📞 613-262-3143

🕐 박물관, 도서관, 아카이브 평일 09:00~12:00

www.ekmha.ca

순교자의 거울

1660년 네덜란드에서 출판된 책으로 기독교 순교자, 특히 재세례파(Anabaptist) 교도의 이야기와 증언을 기록한 책이다. 사도들의 순교 그리고 재세례파와 유사한 믿음을 가진 이전 세기 순교자들의 이야기가 포함되어 있다. '순교자의 거울'은 아미쉬와 메노나이트 사이에서 사랑받는 책이다. 20세기 메노나이트 가정에서는 순교자의 거울이 일반적인 결혼 선물이었다.

리밍턴(Leamington)에 있는 에섹스-켄트 메노나이트 역사 학회는 에섹스 카운티와 켄트 카운티의 메노나이트 역사를 보존하는데 전념하고 있다. 이들은 우크라이나계 메노나이트로 필리 아일랜드에 정착해 1925년부터 1950년까지 살다가 뭍으로 나왔다. 정문에 들어서면 에섹스-켄트 지역에 있는 24개의 메노나이트 교회를 수놓은 퀼트가 정면으로 보인다. 찬송가, 성경, 순교자의 거울(Martyr's Mirror)*,1925-2010 신문에 실린 사망 기사 등이 보관되고 있는 기록보관소와 박물관, 해리티지 카페 등이 있다. 해리티지 카페는 평일 오전 9시부터 11시까지 2시간만 개방한다. 안내 데스크에서 자기의 족보가 궁금하다고 하면 메노나이트 뿌리를 찾아준다.

포인트 필리 국립공원
Point Pelee National Park

🏠 1118 Point Pelee Dr, Leamington, ON
   N8H 3V4
📞 519-322-2365
🎫 4월~10월 성인 18~64세 $8.50,
   65세 이상 $7.25, 6~17세 무료
   가족/단체 (차량 1대당 7명까지) $16.75
   11월 ~ 3월 성인 18~64세 $6.50
   65세 이상 $5.75, 6~17세 무료
   가족/단체 (차량 1대당 7명까지) $12.75
www.pc.gc.ca/en/pn-np/on/pelee

캠프 헨리의 오텐틱 캠핑
oTENTik at Camp Henry

🏠 1118 Point Pelee Dr, Leamington, ON
   N8H 3V4
🕐 체크인 15:00, 체크아웃 11:00
📞 (예약) 1-877-737-3783, 혹은 Parks
   Canada Campground Reservation
   Office 방문
www.pc.gc.ca/en/pn-np/on/pelee/activ/
otentik

화물선 카누 투어 Freighter Canoe Tour
10인용 카누를 타고 공원 해설사와 함께 습지를
한 시간동안 여행하는 프로그램.
🕐 출발 (평일) 11:30, 13:00, 15:30
   (주말/공휴일) 11:30, 13:00, 14:30, 16:00
💲 1인당 $7.30,
   가족당 어른 2명 & 어린이들 $20.00
출발 장소 : 습지 보드워크 (Marsh Boardwalk)

캐나다 본토의 최남단인 포인트 필리 국립공원은 이전에 결코 경험해보지 못했던 자연을 체험할 수 있는 곳이다. 봄에는 철새들의 울음소리, 여름에는 매미 울음소리, 가을에는 제왕나비들(Monarch butterflies)의 날개 파닥이는 소리, 그리고 겨울에는 언 호수에 반사된 빛의 평화로움이 공원에 가득하다.

포인트 필리 국립공원(Point Pelee National Park)은 토론토 다운타운에서 차로 3시간 반, 윈저 국제 공항에서는 50여분 걸린다. 1915년 조류 관찰자와 사냥꾼의 촉구로 국립공원으로 지정되었다. 캐나다에서 가장 작은 국립공원 중에 하나지만 그린 오아시스는 매년 30만 명의 방문객을 끌어들인다. 초기 프랑스 탐험가들은 포인트의 동쪽 부분이 바위만 많고 나무가 없어 대머리같다고 해서 포인트 필리(Point Pelée)라고 불렀다.

포인트 필리 국립공원(Point Pelee National Park)은 지난 100년 이상 '새들이 만든 공원'이라고 불릴만큼 다양한 새들이 발견되고 있는데, 현재까지 347종 이상의 새들이 기록되었다. 철새 이동의 절정인 5월은 철새 축제(Festival of Birds)가 열려 수 만명의 사람들이 망원경을 들고 공원을 방문한다. 매년 가을의 어느 날은 멕시코 중부로 이동하는 제왕나비 수 천 마리가 임시로 머물며 휴식을 취하기도 한다. 쉬고 있는 제왕나비를 볼 수 있는 가장 적기는 해지기 전과 아침녘이다. 날개를 접고 나뭇가지에 붙어 있는 제왕나비들의 모습이 마치 죽은 나뭇잎같다.

이 외에도 자전거 타기, 하이킹, 카누잉, 수영 등 다양한 액티비티와 방문자 센터

TIP 2003년 7월 19일, 16살 남자와 그의 동생이 팁에서 물속으로 헤치며 들어갔다가 급류에 휩쓸려 떠내려간 뒤 1주일 뒤에 사체로 발견된 적이 있다. 가급적 팁(the Tip)에서는 물로 들어가지 않는 것이 좋다.

포인트 필리 국립공원의 끝이자 캐나다 본토의 최남단인 반도의 끝(he Tip)

방문자 센터에서는 10분 짜리 포인트 필리 소개 영상을 관람하는 것 외에도 뱀 만져보기, 지오캐싱 어드벤처(Geocaching Adventure)등 다양한 특별 프로그램을 즐길 수 있다

방문자 센터에서 출발하는 셔틀은 4월부터 10월까지 평일은 10:00~17:00, 주말과 공휴일은 10:00~19:00까지 운행한다. 셔틀이 운행할 때는 셔틀을 이용하거나 걸어서 혹은 자전거를 타고 팁(the Tip)까지 갈 수 있다.

셔틀이 운행하지 않는 시간에는 팁 트레일이 시작되는 야외 전시장까지 본인의 차로 여행할 수 있도록 방문자 센터 옆의 바리케이드를 열어둔다.

에서 열리는 프로그램에 참여할 수 있다. 가장 인기있는 하이킹 코스는 팁 트레일 (Tip Trail)과 습지 보드워크 트레일(Marsh Boardwalk)이다. 포인트 필리 반도의 끝이자 캐나다 본토의 최남단까지 걸어가는 팁 트레일(Tip Trail)은 방문자 센터 (Visitor Centre)에서 출발하는 셔틀을 타고 팁(Tip)의 야외 전시장에서 하차한다. 그곳에서 팁 트레일 루프(Tip Trail Loop)는 1km 이며, 봄에는 철새, 가을에는 제왕나비와 잠자리 등을 관찰할 수 있다. 포인트 필리의 뾰족한 땅 끝에 서서 셀피 (Selfie) 한 장 찰칵!

포인트 필리 반도의 동쪽 연안에는 10㎢에 달하는 늪지가 있다. 방문객들은 1km에 달하는 보드워크를 걸으며 늪지 깊숙이까지 들어가 생태계를 관찰할 수 있다. 밍크, 너구리, 사향쥐, 개구리와 거북이 등을 가까이서 볼 수 있다. 보드워크가 시작되는 초입에는 습지를 전망할 수 있는 전망대와 카누 대여소가 있다. 카누를 타고 습지를 둘러보는 관광객도 많이 보인다. 카누를 젓는 것이 익숙지 않은 사람은 10인용 카누를 타고 공원 해설사와 함께 습지여행을 할 수 있다.

포인트 필리 국립공원은 아침 6시부터 저녁 10시까지 일반인에게 개방한다. 텐트 야영지는 없고, 오텐틱 (oTENTik)에서의 캠핑이 가능하다. 팍스 캐나다(Parks Canada)에서 운영하는 오텐틱(oTENTik) 프로그램은 텐트와 A자형 캐빈을 조화시킨 캠핑 시설로 포인트 필리 국립공원의 캠프 헨리(Camp Henry)에는 24개가 있다. 하루 사용료는 $122.64이고, 공원 입장료는 별도다.

윈저 조각 공원
Windsor Sculpture Park

아트 카트 투어 정규 운행 시간
◎ (5월,6월,9월~추수감사절까지) 토~일 &
공휴일 11:00, 12:30, 14:00, 15:30 출발
(7월~노동절까지) 수~금 15:30, 17:00, 18:30.
토~일&공휴일 11:00, 12:30, 14:00, 15:30

프라이빗 아트 카트 투어 예약 전화 및 문의
☎ (519) 253-1812 혹은 311

조각 공원 https://www.citywindsor.ca/
residents/Culture/Windsor-Sculpture-
Park/Pages/Windsor-Sculpture-Park.aspx
공공 예술 및 기념물 앱주소 : https://
arcg.is/1HPHvK0

이브의 사과(Eve's Apple) by Edwina Sandys

윈저 조각 공원은 벽이 없는 박물관이다. 세계적으로 유명한 예술가들의 조각 작품 43점이 전시되고 있다. 윈스턴 처칠의 손녀인 에드위나 샌디스(Edwina Sandys)의 대표작 중 하나인 '이브의 사과(Eve's Apple)'부터 제럴드 글래드스톤(Gerald Gladstone)의 '아침 비행(Morning flight)'에 이르기까지 공원은 모두에게 예술의 힘을 보여준다. 윈저 조각 공원의 공공 예술 컬렉션은 예술 기부, 개인 후원, 기업 후원, 시립 및 기타 보조금을 통해 새로운 작품이 추가되면서 매년 성장하고 다양화되고 있다. 온라인으로 제공되는 조각 및 기념물 앱을 사용하여 셀프 가이드 투어도 가능하다. 5월부터 10월까지는 무료 아트 카트 투어(Art Cart Tour)를 이용할 수 있다. 아트 카트 투어를 원하는 분들은 디에프 가든(Dieppe Gardens)의 윈저 조각 가든 투어(Windsor Sculpture Garden Tour)라고 적힌 표지판 아래로 모이면 된다. 아트 카트의 시작 위치는 디트로이트 강과 가까운 오울렛 애비뉴(Ouellette Avenue)의 서쪽이다. 아트카트(전동골프카트)는 5인승으로 좌석이 협소하고 일부 인원은 투어를 기다려야 하는 경우도 있다. 투어는 선착순이며, 13세 이하의 어린이는 반드시 성인을 동반해야 한다. 프라이빗 아트 카트 투어는 아트 카트의 정규 운영 시간 외에만 예약할 수 있으며 최대 5명까지 $67.50이다. 자세한 내용은 윈저 박물관에 문의하면 된다.

아침 비행(Morning flight) by Gerald Gladstone(1929-2005)

춤추는 곰

CANAdA
Pelee Island
필리 아일랜드

42㎢ 면적의 필리 아일랜드는 이리호에서 가장 큰 섬이고 기후는 온화한 편이다. 강우량이 가장 많은 달은 6월이고, 가장 더운 달은 7월이다. 대두, 밀, 옥수수, 포도 등을 재배하는 농업 기반의 커뮤니티로 와인 산업은 1860년에 시작되었지만 20세기초에 사라졌다가 1980년대에 필리 아일랜드 와이너리(Pelee Island Winery)에 의해 재개되었다. 웨스트 부두(West Dock) 근처에 위치한 필리 아일랜드 와이너리는 이 섬의 대표 관광지다. 이 외에도 필리 섬 등대 트레일과 캐나다 최남단인 피시 포인트 자연보호구역(Fish Point Nature Reserve) 트레일도 가볼만하다. 이리호 해안선을 따라 섬 둘레를 한 바퀴 도는 워터프론트 트레일(약 28km)은 사이클리스트에게 인기있는 코스다. 자전거는 웨스트 부두(West Dock) 근처의 컴포텍 자전거 대여점(Comfortech Bicycle Rental)에서 빌릴 수 있다. 7개의 비치에서는 수영도 가능하다.

태풍 피해를 입은 피시포인트 자연보호구역 트레일 해변

킹스빌 항구 또는 리밍턴 항구에서 필리 아일랜드 서쪽 항구 (West Dock)까지는 배로 90분. 배가 그렇게 느리지는 않지만 시간을 보낼 수 있는 보드 게임이나 읽을 만한 책을 준비하면 좋다. 필리 섬을 여행하려면 족히 몇 시간은 잡아야하므로 숙박을 하지 않을 거면 아침에 출발하는 페리를 타고 섬에 들어갔다가 마지막 배를 타고 나오는 것이 좋다.

필리 아일랜드 페리
- 출발지 : (킹스빌) 25 Dock Rd, Kingsville / (리밍턴) 490 Erie St.S, Leamington
- 운항횟수 : (비수기) 하루 2회(오전, 오후), (성수기) 하루 2~3회
- 1-800-661-2220
- ontarioferries.com

필리 아일랜드 페리 타기

킹스빌(Kingsville) 혹은 리밍턴(Leamington)에서 출발하는 페리(Ferry)에 오르기 위해 1시간 전에 도착해야한다. 드라이브스루(Drive-Thru)로 체크인을 하고 티켓을 발급받는다. 페리 편도 요금은 차량(승용차) $16.50, 성인(12살 이상) 1명당 $7.50을 내야 한다. 티켓 판매원이 몇 번 레인(Lane)으로 가라고 일러준다. 출발시간 30분 전에 직원이 나와 차들이 배에 오르도록 수신호를 보낸다.

체크인(Check-in)을 위해 늘어선 차량들

직원이 일러준 레인(Lane)에서 승선을 기다리고 있는 차량들

차를 주차한 후, 갑판에 올라 휴식을 취하고 있는 승객들

필리 아일랜더의 선실 내부

필리 섬의 서쪽 부두 전경. 사파이어 색의 건물이 필리섬 헤리티지 센터(Pelee Island Heritage Centre)다.

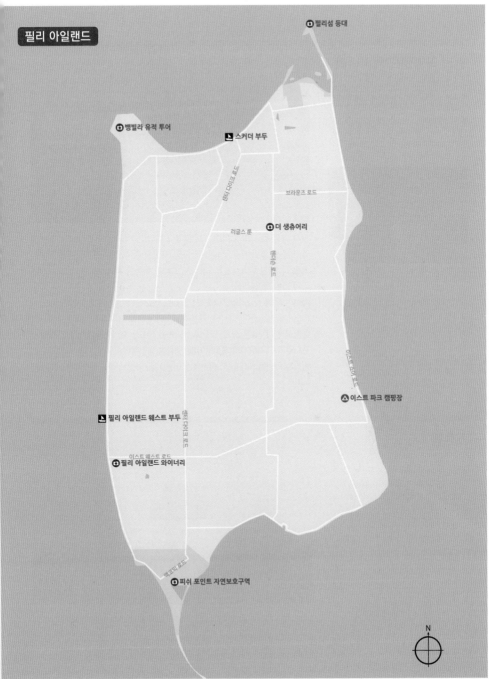

필리 아일랜드

필리섬 등대

뱅빌라 유적 투어

스커더 부두

브라운즈 로드

러글스 룬

더 생츄어리

이스트 파크 캠핑장

필리 아일랜드 웨스트 부두

이스트 웨스트 로드
필리 아일랜드 와이너리

피쉬 포인트 자연보호구역

N

필리 아일랜드 와이너리
Pelee Island Winery

⌂ 20 East West Rd, Pelee Island, ON N0R 1M0
☎ 519-724-2469
https://www.peleeisland.com/island/island_pavillion.php

필리 아일랜드 와이너리는 1980년대 초부터 750 에이커의 포도밭에 샤르도네, 리슬링, 피노 누아, 까베르네 프랑, 메를로 등 다양한 포도 품종을 재배하고 있다. 와인 투어, 와인 테이스팅, 그리고 독특한 아이템을 살 수 있는 선물가게 등을 제공한다.

가이드 투어는 12시와 2시에 1시간 30분 정도 진행된다. 고대 유럽 포도 압축기(grape press)의 역사적, 기계적 디자인에 대해 알려주고, 코르크(Cork)의 예술적 견해, 좋은 코르크가 좋은 와인을 만드는 데 왜 중요한지, 포도에서 포도주가 되기까지의 과정을 다룬 영상을 극장룸에서 상영한다. 마지막으로 빈티지 와인을 시음한다. 참가비는 어른(19세 이상) 5달러, 노인(65세 이상)은 4달러다

스톤맨
Stoneman

⌂ 정확한 주소는 없다. 웨스트 부두(West Dock)에서 웨스트 쇼어(West Shore Rd)를 따라 북쪽으로 달리다 보면 해안도로 왼편에 있다.

스톤맨(Stoneman)이라고 불리는 이 거대한 돌 조각은 필리 아일랜드가 견뎌낸 세월들을 보여주기 위해 Pete Letkeman에 의해 만들어졌다. '스톤맨'이라는 이름은 이 섬의 초등학교 학생들이 지어주었다고 한다.

뱅빌라 유적 투어
Vin Villa Ruins Tours

⌂ 56 Sheridan Point Rd, Pelee Island, ON
NOR 1M0

◎ 투어
5.15~6.16, 9.6~10.16 목, 토&일 13:00
6.17~9.5 월,수,목,금,토&일 13:00

🎫 어른 $45, 노인(65살 이상) $35, 어린이(12살 이하) $15

www.vinvilla.com

캐나다 와인 제조 역사의 일부를 확인할 수 있는 투어다. 뱅빌라(Vin Villa)는 1866년 설립된 캐나다의 최초의 상업용 와이너리였다. 1878년, 뱅빌라 와인이 프랑스 파리에서 열린 세계 박람회에서 동메달을 받으면서 처음으로 북미 와인의 우수성을 유럽에 알리게 되었다. 투어 참가자들은 아름다운 경내를 거닐며 매력적인 역사를 배우고, 골동품들과 스테인드글라스로 호화롭고 세심하게 복원된 지하 와인 저장고로 내려가 14m의 손으로 직접 만든 샹들리에 조명과 8.5m의 원목 테이스팅 테이블을 구경한다. 뱅빌라 유적 투어(Vin Villa Ruins Tours)는 예약으로만 가능하며, 투어는 뱅빌라(Vin Villa) 정문에서 시작한다.

더 생츄어리
The Santuary

⌂ 303 Henderson Rd, Pelee Island, ON
NOR 1M0 (Ruggles Run & Henderson Rd)

섬을 떠난 사람도 있고, 남아 있는 사람도 있다. 섬을 떠난 사람들은 종종 고향땅을 자손들과 찾는다. 사이클리스트나 당일치기 관광객들이 무심코 지나쳤을 자리에 멈춰선 사람들. 그들은 1925년부터 1950년까지 이 섬에서 살았던 우크라이나계 메노나이트다. 이들이 섬을 떠난 뒤, Ruggle's Run의 남쪽에 있었던 교회의 잔유물을 모아 이 건물을 지었다.

실제 건물 크기의 반 사이즈로 폭이 4미터, 길이가 7.6미터다. 아크형 창문은 앞문 쪽에 달았고, 가장 보존이 잘 된 이중문은 천장에 달았다. 자전거를 타다 소낙비라도 만나면 비가 그칠 때까지 쉬었다 갈 수 있는 피난처(Shelter)처럼 디자인되었다. 탁 트인 건물 뒷편은 포도밭이다. 그 앞으로 라벤더와 국화가 예쁘게 피었다. 생츄어리의 벽보 하단을 보니 '살면서 하는 유일한 기도가 "감사합니다" 라면 그것으로 충분하다."라는 마이스터 에크하르트(Meister Eckhart)의 명언이 씌어있다.

필리섬 등대
Pelee Island Lighthouse

🏠 20 East West Rd, Pelee Island, ON N0R 1M0
📞 519-724-2469
/www.peleeisland.com/island/island_pavillion.php

필리섬 등대는 1833년 존 스콧(John Scott)에 의해 건축되었다. 수년간 이 등대는 위험한 필리 뱃길을 항해하던 수많은 배들을 안내했다. 이것을 위해 땅을 기부한 윌리엄 맥코믹(Willam McCormick)이 지역에서 생산된 석회암을 공급했다. 그리고 1840년까지 첫 번째 등대지기로 일했다. 등대는 1909년 가동을 멈췄다. 역사적으로 중요한 건물인 이 등대는 2000년 복원되었다.

필리섬 등대까지 가는 등대 트레일은 최근에 발생했던 태풍 피해로 트레일 곳곳이 물에 잠기고 나무가 부러졌다. 이 때문에 등대까지 접근하는 것이 쉽지 않았다. 가급적 태풍이 오는 시기는 피하는 것이 좋다.

꿩 사냥 Phaesant hunt

1932년부터 시작된 필리 섬의 전통 꿩사냥은 캐나다, 미국, 기타 여러 국가의 사냥꾼을 끌어들여 관광객이 없는 오프 시즌에 필리 섬의 주요한 소득원이 되어 준다. 사육장에서 키운 꿩을 사냥철이 되면 방출한다. 농작물이 자라고 있는 곳, 공항, 학교, 두 곳의 원시림 보호구역(Fish Point Nature Reserve, Lighthouse Nature Reserve) 등은 꿩을 풀지 않는다. 꿩 사육장 주변에서는 사냥 불가.

가을철 꿩 사냥은 10월 하순부터 3주 동안 목, 금, 토에 할 수 있다. 많은 사냥꾼이 수요일에 섬에 도착했다가 3일간 사냥을 즐기고 일요일에 섬을 떠난다. 사냥 가능 시간은 아침 8시부터 오후 5시까지며, 사냥꾼 한 명이 10마리까지 잡을 수 있다. 참가비는 얼리버드(early bird) $270.30, 일반은 $282.05이다.

남은 꿩들을 사냥하기 위한 클린업 꿩 사냥은 이어서 4주 동안 주말에 열린다. 이 때는 5마리까지 잡을 수 있으며 참가비는 $113이다.

겨울 꿩 사냥은 1월 1일부터 2월 28일까지 두 달간 해뜨기 전 30분, 해지고 나서 30분만 가능하다. 겨울 꿩 사냥은 5마리까지 사냥할 수 있다. 참가비는 $113불이다.

겨울 토끼 사냥은 겨울 꿩 사냥과 같은 기간, 같은 시간대에 가능하며, 5마리까지 잡을 수 있다. 참가비는 $28 .25불이다. 꿩 사냥 면허는 온라인으로 쉽게 등록할 수 있으며 전화 또는 편지로도 가능하다.

꿩 사냥 등록 Pheasant Hunt Registration
온라인 : https://www.pelee.org/pheasant-hunts/register/
전화 : 519-724-2931
우편 : Township of Pelee/1045 West Shore Road, Pelee Island, ON N0R 1M0

😊 자자!

10 BEST ACCOMMODATIONS

비지니스 호텔이 많아 합리적인 가격에 호텔에 묵을 수 있다. 필리 아일랜드는 첫 페리를 타고 들어가, 마지막 페리를 타고 나오면 당일여행도 가능하다. 페리 선상에서 바라보는 해넘이는 장관이다. 해돋이와 해넘이를 감상하기 위해 이스트 파크 캠핑장(East Park Campground & Store)에서 캠핑을 할 계획이라면 모기에 뜯기지 않도록 사전 준비를 잘 해야한다.

Caesars Windsor

🏠 3377 Riverside Dr E, Windsor, ON N9A 7H7
📞 +1 800-991-7777

The Grove Hotel

🏠 312 Main St E, Kingsville, ON N9Y 1A2
📞 +1 519-712-9087
http://www.thegrove.rocks

Best Western PLUS Waterfront Hotel

🏠 277 Riverside Dr W, Windsor, ON N9A 5K4
📞 +1 519-973-5555

Holiday Inn Express Windsor Waterfront

🏠 33 Riverside Dr E, Windsor, ON N9A 2S4
📞 +1 519-258-7774

TownePlace Suites by Marriott

🏠 250 Dougall Ave, Windsor, ON N9A 7C6
📞 +1 519-977-9707

The Wandering Dog Inn

🏠 1060 East West Rd, Pelee Island, ON N0R 1M0
📞 +1 519-724-2270
http://thewanderingdoginn.com

Four Points by Sheraton

🏠 430 Ouellette Ave, Windsor, ON N9A 1B2
📞 +1 519-256-4656

Hampton Inn & Suites by Hilton

🏠 1840 Huron Church Rd, Windsor, ON N9C 2L5
📞 +1 519-972-0770

Best Western PLUS Leamington

🏠 566 Bevel Line Rd Rr 1, Leamington, ON N8H 3V4
📞 +1 519-326-8646

Comfort Inn South Windsor

🏠 2731 Howard Ave, Windsor, ON N8X 3X4
📞 +1 519-972-1760
https://josesbarandgrill.gpr.globalpaymentsinc.ca

10 BEST RESTAURANTS

온주 전체에서 가장 달콤하고 즙이 많아 여름 바비큐에서 빠질 수 없는 스위트 옥수수의 대명사인 테쿰세 옥수수 (Tecumseh Corn), 다문화 축제인 카루셀 오브 네이션스(Caroussel of the Nations)에서만 맛볼 수 있는 그리스 빌리지 의 하니볼(Honey Ball), 사순절 전인 '뚱뚱한 화요일(Fat Tuesday)'에 윈저-에섹스에서만 맛볼 수 있는 폴란드식 도넛 '퐁츠키(Paczki)', 이리호(Lake Erie)'에서 잡힌 싱싱한 농어(perch) 튀김, 위스키타운(Whiskytown)으로 불리는 윈저에 서 마시는 위스키, 1992년부터 5백만개나 팔렸다는 패널티 박스 레스토랑의 치킨 딜라이트(Chicken Delights), 잘게 썬 페페로니, 피망, 버섯이 들어간 윈저 피자(Windsor Pizza) 등 윈저-에섹스를 대표하는 음식은 넘쳐난다.

Jack's Gastropub

이리호 농어(Perch) 튀김과 잭 버거(Jack Burger)가 유명. 잭 버거에는 베이컨, 버섯, 잭 소스, 몬터레이 잭 치즈, 양파 가 들어간다.

⌂ 31 Division St S, Kingsville, ON N9Y 1P4
☏ +1 519-733-6900
http://jacksgastropub.com

The Twisted Apron

사과/체다/베이컨이 들어간 푸짐한 프렌치 토스트가 유명.

⌂ 1833 Wyandotte St E, Windsor, ON N8Y 1E2
☏ +1 519-256-2665
http://www.thetwistedapron.com
http://jacksgastropub.com

Spago

이탈리안 식당. 싱싱한 감자로 만든 홈메이드 뇨키(Gnocchi di casa)가 유명.

⌂ 3850 Dougall Ave, Windsor, ON N9G 1X2
☏ +1 519-915-6469
http://www.spago.ca

Sandbar Waterfront Grill

크리미 코울슬로, 실란트로 그리고 바질 아이올리(Basil aioli)를 얹은 농어 타코(Perch tacos)가 유명.

⌂ 930 Old Tecumseh Rd, Belle River, ON N0R 1A0
☏ +1 519-979-5624
http://www.sandbarpuce.com

Armando's

적당히 얇은 크러스트, 잘게 썬 페퍼로니, 통조림 버섯, 현지 갈라티 치즈가 특징인 윈저 스타일 피자(Windsor Pizza)가 유명

⌂ 8787 McHugh St, Windsor, ON N8S 0A1
☏ +1 519-974-7979
https://armandospizza.ca/wfcu

The Grand Cantina

호이신, 실란트로, 절인 할라피뇨를 얹은 풀드 덕 타고 (Pulled Duck Taco)가 유명.

⌂ 1000 Drouillard Rd, Windsor, ON N8Y 2P8
☏ +1 519-915-4344
http://www.thegrandcantina.com
http://jacksgastropub.com

Carrots N' Dates

쌀국수, 오이, 당근, 고추, 양배추, 실란트로, 파, 땅콩 소스
가 들어간 팟타이(Pad Thai)가 유명.

⌂ 1125 Lesperance Rd, Windsor, ON N8N 1X3
☏ +1 519-735-0447
http://www.carrotsndates.com
http://jacksgastropub.com

The Penalty Box

치킨 딜라이트(Chicken Delight)가 유명

⌂ 51 Walker Rd, Windsor, ON N8W 3P5
☏ +1 519-253-3310
http://www.penaltyboxrestaurant.com

El-Mayor

가족 소유의 정통 레바논 레스토랑. 치킨 샤와르마(Chicken
Shawarma)가 유명. 식사 후 전통 아랍 커피 제공.

⌂ 700 Division Rd, Windsor, ON N8X 5E7
☏ +1 519-258-7645
https://elmayor.ca

Jose's Bar and Grill

바비큐와 꿀 소스를 입히고 오븐에 구운 갈비구이(Rack of
Ribs)가 유명

⌂ 2731 Howard Ave, Windsor, ON N8X 3X4
☏ +1 519-972-1760
https://josesbarandgrill.gpr.globalpaymentsinc.ca

Northumberland County

노섬버랜드 카운티

토론토에서 하이웨이 401을 타고 오타와나 퀘벡 주로 여행하기 위해서는 반드시 지나는 곳이 포트 호프(Port Hope), 코버그(Cobourg), 콜본(Colborne)의 빅 애플(Big Apple), 브라이튼(Brighton)과 같은 타운들이다. 운전을 잠시 쉬었다 갈 요량으로 들리는 빅 애플을 빼면 하이웨이를 빠져나와 마을을 찾아 들어가기란 쉽지 않다. 이유도 없고 여유도 없다. 하지만 광역토론토 시민들에게 이 곳들은 하루 로드 트립으로 제법 괜찮은 곳으로 여겨진다. 토론토 여행중 하루 공친 날이 있다면 노섬버랜드 카운티를 여행해보길 권한다. 붐비지 않으면서도 줄 서서 기다려야 하는 가게들이 몇 있다. 시골스럽지만 사람을 매료시키는 재주가 있다. 제주도보다 조금 큰 면적의 땅에 인구는 통틀어 9만명이 안 된다. 노섬버랜드 카운티에서 가장 큰 타운인 코버그(Cobourg)는 토론토에서 95킬로미터 떨어져있다. 코버그 비치(Cobourg Beach)에서는 매년 여름에 비치발리볼 토너먼트(Beach Volleyball Tournament)와 모래 조각 대회인 코버그 모래성 축제(Cobourg Sandcastle Festival)가 열린다. 새벽 안개속에서 들려오는 파도 소리가 신비감을 주는 프레스퀼 주립공원에서의 캠핑도 알만한 사람들은 다 아는 캠퍼들의 버킷리스트 중의 하나로 꼽힌다.

토론토에서 노섬버랜드 카운티로 가는 대중교통은 비아레일(**VIA Rail**)이 유일하다.
코버그(**Cobourg**) 만을 여행하는 것이라면 모를까 노섬버랜드 카운티를 두루 구경하려면
토론토에서 차를 렌트해서 여행하는 것이 가장 좋은 방법이다.

윈저 & 에섹스 카운티 드나드는 방법 ❶ 비아레일 (VIA Rail)

토론토 유니온 역(Union Station)에서 출발한 오타와 행 기차와 몬트리올 행 기차는 코버그 역(Cobourg Station)에서 정차한다. 포트 호프 역(Port Hope Station)에 정차하는 기차 스케줄은 드문 편이다.
비아레일 홈페이지(www.viarail.ca)에서 기차시간을 확인하고 티켓 예매를 하기 바란다.

코버그 역

⌂ 563 Division Street, Cobourg.

TORONTO ——————▶ KINGSTON ——————▶ MONTREAL

TRAIN	60	62	64	66	68	668	650
DAYS /JOURS	1234567	1234567	1234567	1234567	1234567	1234567	1234567
로고추가 DP	✓	✓	✓	✓	✓	✓	✓
Toronto, ON	06:40	08:35	11:30	15:53	17:00	18:07	19:35
Guildwood	07:00		11:49			18:26	
Osgawa	07:19	09:08	12:08	15:47	17:31	18:43	20:07
Port Hope							20:34
Cobourg	07:54	09:40	12:45		18:02		20:42
Trenton Jct.							
Belleville	08:29		13:26	16:53			21:19
Napanee							
Kingston AR	09:07	10:49	14:03	17:28		20:20	21:56
Kingston DP	09:11	10:53	14:08	17:32		20:24	
Gananoque							
Brockville			14:57		19:54		
Cornwall, ON	10:48	12:26	15:46	18:59		21:51	
Coteau, QC							
Dorval	11:37	13:15	16:38	19:48	21:49	22:40	
Montréal, QC AR	11:57	13:35	16:58	20:09	21:31	22:59	

TORONTO ——————▶ KINGSTON ——————▶ OTTAWA

TRAIN	50	52	40	644	44	46	646	54	48
DAYS /JOURS	1234567	1234567	1234567	1234567	1234567	1234567	1234567	1234567	1234567
로고추가 DP	✓	✓	✓	✓	✓	✓	✓	✓	✓
Toronto, ON	06:40	08:35	10:40	12:20	13:20	4:20	16:35	17:40	18:40
Guildwood	07:00							17:58	18:58
Osgawa	07:19	09:08		12:52	13:53	14:54	17:06	18:14	19:16
Port Hope								18:40	19:43
Cobourg	07:54	09:40			14:26			18:48	19:53
Trenton Jct.								19:15	20:19
Belleville	08:29				15:03		18:11	19:30	20:36
Napanee								19:50	20:54
Kingston AR	09:07	10:49	12:49	14:32	15:39	16:32		20:09	21:13
Kingston DP	09:11	10:53	12:51	14:34	15:42	16:36		20:12	21:16
Gananoque									21:38
Brockville		10:08	11:48			17:20			22:03
Smiths Falls		10:39				17:50			22:33
Fallowfield	11:12	12:47	14:35	16:17	17:41	18:24	20:24	21:49	23:00
Ottawa, On AR	11:29	13:09	14:57	16:34	17:58	18:46		22:07	23:16

노섬버랜드 카운티

peterborough

Rice Lake

Hwy 45

라비앤

가니머스키 로드

County 55 Rd.

오뜨 고트 농장

프리미티브 디자인

Hwy 28

하이웨이 106

하이웨이 오컨 피어포스

포트 호프 물고기 사다리

베티 파이 & 타르트

코버그 기차역

노섬버랜드 아트 갤러리

밀스톤 브레드

개니강 배 경주 대회

드리머스 카페

올림푸스 버거

코버그 모래성 축제

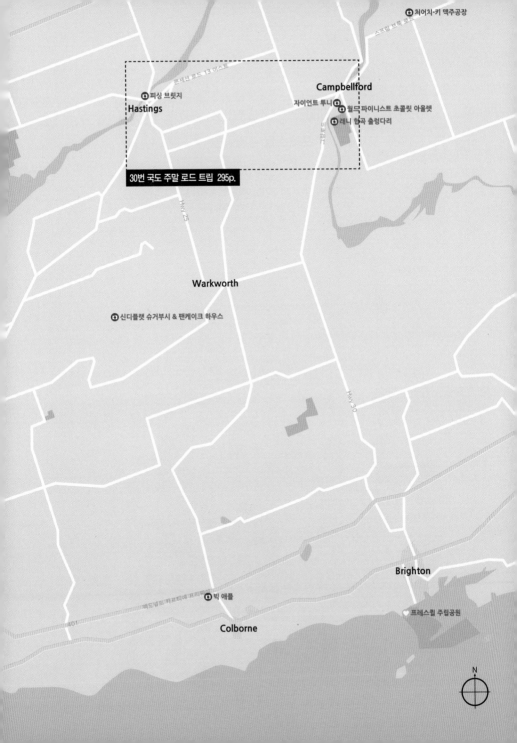

펜세런 로드 13 이스트

처어치-키 맥주공장

스프링 브룩 로드

Campbellford

피싱 브릿지

Hastings

자이언트 투니

월드 파이니스트 초콜릿 아울렛

래니 협곡 출렁다리

30번 국도 주말 로드 트립 295p.

Hwy 25

Warkworth

신디플랫 슈거부시 & 팬케이크 하우스

Hwy 30

Brighton

빅 애플

맥도널드 카운티에 프레스

프레스킬 주립공원

401

Colborne

N

Presqu'ile Provincial Park

프레스큄 주립공원

프레스큄 주립공원 캠핑장의 아침 전경.
모닥불 주변에서의 정겨운 이야기는 꿈처럼 사라졌고,
아침 평화는 시인의 것이 된다.

프레스퀼(Presqu'ile)은 반도(Peninsula)라는 뜻의 불어다. 톰볼로(Tombolo)의 산물인 프레스퀼 주립공원은 모래가 쌓이며 석회암 섬과 본토가 연결되어 탄생하게 되었다. 널빤지가 길게 깔린 습지 트레일에서는 털부처꽃(Purple Loosestrife), 부들(Cattail)과 같은 습지 식물들이 관찰된다. 이어 등장하는 오솔길을 걷다 특이한 나무를 보곤 잠시 멈춰 선다. 말을 닮았다고 해서 말 나무(Horse Tree)라는 별칭을 가진 이 나무는 자랄 때 줄기가 부러져, 곁가지가 대신 줄기가 된 나무다. 표면이 반질반질하다. 꽤나 많은 사람들이 말타기를 한 모양이다. '나무 등에 올라 사진을 찍는 것은 좋으나, 나무껍질은 벗기지 말아 주세요!'라고 적힌 표지판을 보고서야 슬며시 나무 등에 올라탔다. 이라! 이라!

봄과 가을, 프레스퀄을 둘러싼 호숫가는 안개가 잦다. 안개가 짙어 등대가 무용지물일 때는 포그혼(Fog Horn)이라는 거대한 나팔을 불어 매 분마다 6초씩 경고음을 냈다. 포그혼 소리는 3마일 밖에서도 들렸다고 한다. 안개 너머에서 금방이라도 요란한 뿔 나팔소리가 메아리쳐 들려올 듯하다. 운항하는 배들이 없게 되자 포그혼은 1934년 역사의 뒤안길로 사라졌다. 1935년 기름으로 밝히던 등대는 전기로 바뀌었다. 지금은 등대 자료관(Lighthouse Interpretive Centre)에서 포그혼(Fog Horn)의 옛모습을 사진으로 확인할 수 있다. 프레스퀄의 아침은 유독 부산스럽다. 밤새 텐트 주위로 몰려든 모기를 쫓기 위해 우선 장작에 불을 지핀다. 모닥불 덕분에 습한 기운도 사라지고 깝치던 모기도 사라진다. 장작 타는 냄새와 탁탁대는 모닥불 소리는 이른 아침에 마시는 달달한 믹스커피의 맛을 더해 준다. 그리고 인간에게 힐링을 준다.

브라이튼 론볼링과 크로케 클럽(Brighton Lawn Bowling and Croquet Club)에서는 7월과 8월 프레스퀄 캠핑객에게 특별한 이벤트를 제공한다. 매주 월요일 오후 6시부터 일반인도 클럽에서 론볼링과 크로케를 즐길 수 있다. 장비 포함 개인 5달러, 가족 12달러다.
전화문의는 613-475-3541.

샤워장에서 돌아온 아이들은 이곳의 샤워시설이 집보다 낫다고 칭찬을 한다. 원터치에 물이 콸콸나오고, 깨끗하고, 더군다나 공짜다. 낮이 되면 야영객들은 도시락을 싸 들고 해변으로 간다. 한낮의 열기로 인해 해변의 모래알이 따뜻하다. 발가락 사이로 따뜻한 모래 알갱이들이 간지럽 힌다. 비치 파라솔 그늘에 앉아 호수 지평선을 바라보니 이런 휴식이 없다.

Presqu'ile PP 'Waterfowl Weekend'
프레스퀼 주립공원의 '물새 주말'

여름 캠핑지로 유명한 프레스퀼 주립공원(Presqu'ile Provincial Park)은 겨울철 '물새 주말(Waterfowl Weekend)'이라는 축제로도 알려져 있다.

에머랄드 빛 호수물 위로 철새떼 모양의 구름이 떠간다. '아는 만큼 보인다'는 말처럼 철새에 대한 정보를 얻기 위해 사람들은 먼저 네이처 센터(Nature Centre)에 들른다. 이 곳에서 가장 흔하게 발견되는 청동오리(Mallard)를 비롯해 여러 종의 박제된 물새들이 전시되고 있다. 새의 두개골과 부리 등은 주형을 떠서 만들고, 깃털, 가죽, 다리 등은 모두 진짜다. 캔버스에 기러기를 그리고있는 지역화가 셰리 그레이그(Sherrie Greig)씨가 붓을 움직일 때마다 기러기가 '펄럭' 날갯짓을 하는 것 같다.

'프레스퀼 물새 주말' 축제에서는 울새, 물새, 도요새 등 총 329 종의 조류를 관찰할 수 있다.

3월 중순, 프레스퀼만(Presqu'ile Bay)의 얼음이 녹기 시작하면 북쪽으로 가던 철새들은 이 곳에서 영양 보충도 하면서 쉬었다 간다. 목도리댕기흰죽지(Ringnecked Duck)가 쌍쌍이 파도를 타며 놀고 있다. 방문객들이 망원경으로 물새를 찾으면 자원봉사자가 새의 이름과 특징을 설명해준다. 프레스퀼 공원의 보존에 힘쓰고 있는 비영리단체 'The Friends'는 오전 11시부터 오후 1시까지 등대자료관(Lighthouse Interpretive Centre) 앞에서 BBQ 버거와 핫도그 등을 판매한다. '프레스퀼 물새 주말'은 1977년부터 시작되었지만, 이 축제를아는 사람은 많지 않다. 그래서 망원경으로 새를 보기 위해 길게 줄을 서야 하는 불편함은 없다. 운이 좋은 날엔 2만 마리나 되는 물새들을 볼 수 있다.

'물새 주말' 인포메이션
- 프레스퀼 프렌즈(Friends of Presqu'ile)
  613-475-4324
- 3월 중 10:00~16:00 (자세한 날짜는 홈페이지 참고)

David Bree david.bree@ontario.ca
friendsofpresquile.on.ca

노섬버랜드 카운티에서 즐길 수 있는 축제들

개니강 배 경주(Float Your Fanny Down the Ganny)
⌂ 포트 호프(Port Hope)의 개니 강(The Ganny) 주변
◎ 4월
https://www.floatyourfanny.ca

이 행사는 1980년 4월 강이 범람하여 포트 호프(Port
Hope) 시내의 일부가 침수되고 심한 피해를 입었는데 그
것을 기리기 위해 시작되었다. 매년 수백 명의 참가자가 카
누, 카약, 혹은 물에 뜨기 위한 자신만의 배를 만들어 가나
라스카 강(Ganaraska River)을 따라 10km를 경주한다.
결승 지점의 야외 이벤트 빌리지인 파니빌(Fannyville)에
서는 라이브 해설이 진행되고, 다양한 오락과 음식을 즐길
수 있다. 정부 기관은 〈개니강 배 경주가 무지개 송어의 이
동에 미치는 영향〉에 대한 연구를 진행중이다. 다양한 야
생 동물과 물고기의 서식지인 가나라스카 강의 보존을 위
해 행사 위원회는 승인을 받고, 지자체는 아낌없는 지원을
하고 있다. 가나라스카 강을 짧게 개니(the Ganny)라고 부
른다.

개니강 배 경주 ©Northumberland Tourism

먹빵 축제(Incredible Edibles Festival)
⌂ 58 Saskatoon Avenue, Campbellford
◎ 7월 중순
incredibleediblesfestival.com

코버그 모래성 축제(Cobourg Sandcastle Festival)
⌂ Cobourg Beach, 138 Division St, Cobourg
◎ 8월 초
experiencecobourg.ca/cobourg-sandcastle-festival

고트첼라 (Goatchella)
⌂ 1166 5th Line, Port Hope, Ontario   ◎ 8월 초
https://hautegoat.com/goatchella/

200에이커 규모의 오뜨 고트 농장(Haute Goat Farm)
은 나이지리아 드워프 염소, 와카야 알파카(Huacaya
Alpaca), 그리고 이국적인 닭과 아이슬란드 말 같은 동물
들을 키운다. 고트첼라(Goatchella) 축제는 농장에서 단 하
루동안 열린다. '염소 달리기 경주', '염소 껴안기', '염소 요
가', '알파카와 사진찍기', '디스크 골프' 등의 다양한 프로그
램을 즐기고, 염소 관련 제품도 쇼핑한다. 2021년부터 시
작해 성공적인 지역 축제로 자리잡고 있다.

코버그 모래성 축제 ©Northumberland Tourism

브라이튼 사과축제(Brighton Applefest)
⌂ King Edward Park 주변, Brighton   ◎ 9월 말
www.brighton.ca/en/discover-brighton/applefest.aspx

노섬버랜드 카운티 추천코스

노섬버랜드 카운티의 시그니처 관광상품인 버터 타르트 투어 지도를 들고 로드 트립을 떠나자. 라벤다
밭에서 하타 요가, MZ세대가 좋아할만한 프리미티브 디자인 쇼핑, 온타리오 유일의 피싱브릿지에서
나른한 오후 낚시, 프레스퀄 주립공원에서 나홀로 캠핑 등 혼자만의 여행을 떠나보자.

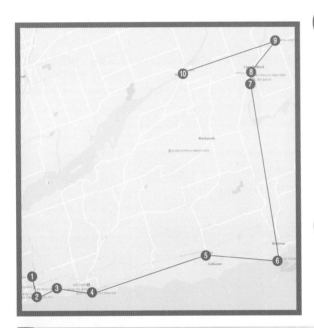

1일차

1 프리미티브 디자인
차로 5분

2 올림푸스 버거
차로 4분

3 베티의 파이와 타르트
차로 10분

4 코버그 비치
차로 22분

5 빅 애플
차로 18분

6 프레스퀄 주립공원
차로 32분

2일차

7 래니 협곡 출렁다리/트렌트–세번
수로 11/12 갑문(Lock)
차로 3분

8 자이언트 투니/월드 파이니스트
초콜릿 아울렛
차로 8분

9 처어치–키 맥주공장
차로 22분

10 해스팅스 피싱브릿지

COLBORNE
콜본

애플파이의 진수, 빅애플
The Big Apple

🏠 262 Orchard Rd, Colborne, ON K0K 1S0
🕐 월~일 08:00~20:00
thebigapple.ca

빅애플(The big apple)은 – 넓은 주차장과 분주함까지 – 세인트 제이콥스 파머스 마켓(St.Jacobs Farmer's Market)과 닮은 구석이 많다. 빅 애플(The big apple) 이 위치한 크라메(Cramahe Township) 지역은 사과의 고장(Apple Country) 으로 불릴 만큼 사과가 유명하다. 매년 브라이튼(Brighton)에서는 사과 축제 (Applefest), 파이 콘테스트(Perfect Pie Contest) 등 맛있는 축제가 열린다. 빅애 플의 야외 동산엔 이 곳의 상징이기도 한 거대한 사과 모형이 우뚝 서있다. 높이 11미터, 폭 11.6미터, 무게가 42톤이나 나가는 사과 모형의 안쪽 계단을 올라가 꼭 대기에 다다르면 콜본(Colborne) 일대를 전망할 수 있다. 빅애플의 내부는 깔끔 하고 맛깔스러운 먹을거리로 가득하다. 투명 유리를 통해 애플파이 공장을 들여다 볼 수 있는데 지금까지 고객에게 팔린 애플파이 숫자를 보니 그 인기가 실감 난다. 애플파이 외에도 애플 타르트(Apple tart), 크림치즈 애플 브레드(Cream cheese apple bread)도 별미니 꼭 맛보길 추천한다

PORT HOPE
포트 호프

믿거나 말거나,
프리미티브 디자인
Primitive Designs

🏠 2762 (Northumberland) County Road 28,
Port Hope, L1A 3V6
🕐 화~일 09:00~17:00 (공휴일 오픈 09:00~
17:00)
primitivedesignscanada.com

합성같아 보이는 세상이 눈 앞에 펼쳐졌다. 집채만한 옵티머스 프라임(Optimus Prime)과 범블비(Bumblebee)가 날아오를 듯이 서있다. 동남아에서 수입한 이 로봇은 6년만에 4대가 팔렸다. 프리미티브 디자인(Primitive Designs)에는 자동차 부품으로 만든 티라노사우루스(Tyrannosaurus), 영화〈터미네이터〉에 등장한 T-800 엔도스켈레톤(Endoskeleton) 등 눈이 휘둥그레질 이색적인 물건들이 널려 있다. 이 외에도 아이디어 넘치는 실용 아이템인 돌싱크대, 수제 유리용기, 보르네오산 원목 테이블, 야외용 화로인 치미니아(Chiminea) 등은 관광객에게 인기가 많다. 오너인 론 데이시(Ron Dacey) 씨는 1년 중 반을 해외로 돌면서 수입할 새 아이템을 찾는다고 한다. 무엇이 유명한가? 라는 질문에 "옵티머스 프라임과 범블비, 그리고 친구같은 직원들" 이라고 답하는 론(Ron) 씨. 이 공간이 활기 넘치는 이유를 알겠다.

자동차 부품으로 만들어진
티라노사우루스(Tyrannosaurus)

론 데이시(Ron Dacey) 씨의 자랑거리인 옵티머스
프라임(Optimus Prime)과 범블비(Bumblebee)

실제 이빨로 만든 T-800 Endoskeleton 로봇

돌싱크, 치미니아(Chiminea, 야외용 화덕)

COBOURG
코버그

영감의 원천,
노섬버랜드 아트 갤러리
Art Gallery of Northumberland

🏠 55 King Street West, Cobourg,
　Ontario(Victoria Hall, West Wing 3층)
🕐 화~금 10:00~16:00, 토 12:00~16:00
www.artgalleryofnorthumberland.com

미국 독립 전쟁 이후, 로체스터(Rochester) 로열리스트(영국으로부터 미국 독립을 반대한 사람)들은 온타리오 호수를 건너 이곳 코버그(Cobourg)에 자리를 잡았다. 1860년에 공식 오픈한 빅토리아 홀(Victoria Hall)은 새로운 연방정부의 수도가 될 거라는 기대감을 한껏 품고 세워졌지만, 연방 수도는 오타와(Ottawa)가 되었다. 덕분에 빅토리아 홀은 현재 타운 홀(Town Hall)로 사용되고 있다. 바로 이곳 건물 3층에 노섬버랜드 아트 갤러리(Art Gallery of Northumberland)가 자리를 잡고 있다. 갤러리에서는 참신한 예술가들의 작품을 모아 정기적으로 전시하고 있다. 우리가 방문한 날에는 우크라이나 출신의 캐나다 화가 올렉스 와센코(Olex Wlasenko)의 목탄화가 전시되고 있었다. 소비에트 연방 시대의 우크라이나 영화 수집광이었던 아버지의 영향을 받은 올렉스(Olex)는 영화 줄거리가 극적으로 바뀌는 순간에 영감을 받아 그림을 그린다고 한다.

작품 해설

Olex Wlasenko: In Reel Time

이 그림은 프랑스 뉴웨이브 감독 자크 리베트(Jacques Rivette)의 데뷔작 '파리는 우리의 것(Paris Belongs to Us, 1962)'에서 프리츠 랑의 영화 '메트로폴리스'(1927)를 관람하는 장면이다. 영화가 끝나고 집안에 조명이 막 켜졌다. 순간적으로 영사기의 마지막 광선이 폭하고 꺼진다. 관객들은 스크린에서 다른 곳으로 시선을 돌린다. '그들이 방금 본 화면은 바로 우리다. 우리는 대도시였다.'고 화가는 이 그림을 설명한다. 이 그림이 영화의 한 장면을 그렸다고 하지만 영화 속엔 이와 똑같은 스틸 화면은 없다. 다른 장면에서 인물들의 표정을 가지고 와 그려넣었기 때문이다.

WEEKEND ROAD TRIP

28번 국도 주말 로드 트립 | 포트 호프(Port Hope)에서 라이스 호수(Rice Lake)까지

라비앤
Laveanne

🏠 8667 Gilmour Rd, Campbellcroft, ON
   L0A 1B0
📞 705-201-1545
laveanne.com

7월은 라벤다 계절이다. 라벤다 향이 진동하는 들판에서는 매일 아침(10:00~11:15) 하타 요가(Hatha Yoga) 프로그램이 열린다. 입장료 포함 $27. 신청하면 누구나 참여 가능하다. 라비앤에서는 중세 순례자들이 했던 것처럼 레버린스(Labyrinth)를 걸으면서 명상도 할 수 있고, 라벤더 커스타드 타르트와 같은 라벤더를 가미한 갖가지 요리도 맛볼 수 있다. 4에이커의 땅에 40여종의 라벤다 컬렉션! 12분 정도 소요되는 라벤다 길을 걷다보면 프랑스 프로방스에 온 듯한 착각이 든다.

회귀하는 연어의 행렬, 코베트 댐
Port Hope Fish Ladder Corbett's Dam

🏠 4 McKibbon St, Port Hope, ON

가나라스카강(Ganaraska)은 봄철 송어(Trout) 플라이낚시로 유명한 곳이다. 가을에는 많은 사람들이 회귀하는 연어를 보려고 이 곳 코베트 댐(Corbett's Dam)을 찾는다. 코베트 댐 가장자리에 있는 물고기 사다리(Fish Ladder)를 이용해 5천 마리에서 1만마리나 되는 치누크(Chinook)와 은연어(Silver Salmon)가 상류로 이동 한다. 9월 중순이 절정이다.

코드링턴 파머스마켓
Codrington Farmers Market

🏠 2992 County Rd 30, Codrington, ON K0K 1R0

🕐 5월 중순 ~10월 말(일요일 10:00~14:00)
https://www.codringtonfarmersmarket.ca/home

더넷 과수원 Dunnett Orchards
🏠 143 Dundas St, Brighton
www.dunnettorchards.com

홀리 가든 Hawley Gardens
🏠 38 Dallison's Lane, Brighton

> **Tip**
> 홀리 가든에서 만든 벌레 물린 데 뿌리는 약(Bug Bite Liniment). 집에서나 캠핑갈 때 상비약(First Aid)으로 추천한다.

프레스퀼 캠핑장에서 30번 국도를 따라 북쪽으로 20분쯤 달리다 보면, 왼편에 코드링턴 파머스 마켓(Codrington Farmers Market)이라는 표시가 보인다. 일요일에 열리는 파머스마켓이다. 한눈에 봐도 싱싱한 마늘, 채소, 사과, 빵 등 먹거리가 다양하다. 로컬 가수의 공연은 시골 장터의 분위기를 한껏 띄운다.

홀리 가든(Hawley Garden)의 주인 '수(Sue)'는 이 곳에서 '질경이 팅크제(Plantain Weed)'를 판다. 북미 원주민들은 상처를 아물게 할 때, 열을 내릴 때, 그리고 벌, 모기, 뱀에 물린 곳을 치료할 때 질경이를 사용해왔다. 생명이 질기다고 해서 '질경이'로 불린다. 물린 곳에 직접 뿌린다. 벌에 물린 곳에 뿌렸더니 가려움이 사라지고, 정확히 7일이 지나 상처가 말끔히 사라졌다. 득템했다는 표현은 이럴 때 쓰는 것.

마이어스버그 벼룩시장
Meyersburg Flea Market

🏠 5082 County Rd.30, Campbellford
매주 토요일, 일요일 10:00~17:000

누렇게 익어가는 콩 밭과 원통형 건초 더미(Bale)를 지나 10분쯤 달리면 오른 편에 마이어스버그 벼룩시장(Meyerburg Flea Market)이 있다. 빈티지한 물품들을 판매하는 상설시장이다. 병, CD, 비디오 테이프, 낡

은 바이올린, 말안장 등등. 100년 이상 된 물건도 수두룩하다. 앤티크의 가치를 알아보는 재능이 있다면 천국이나 다름없는 곳이다. TV에서 재밌게 봤던 'American Pickers'를 떠올리게 하는 시간이다.

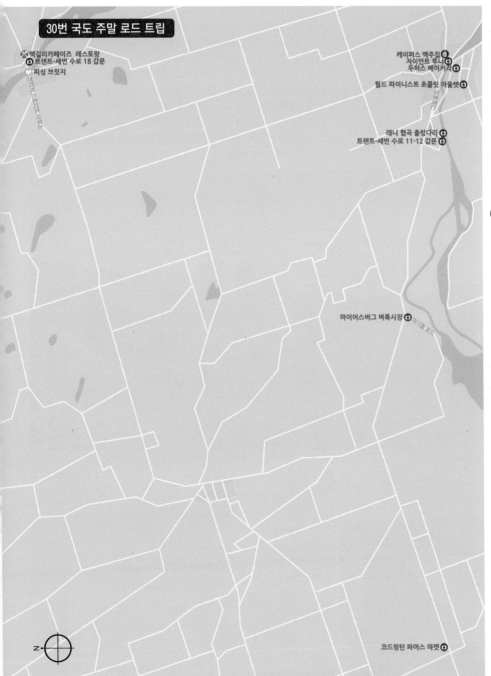

30번 국도 주말 로드 트립

맥길리카페이즈 레스토랑
트렌트-세번 수로 18 갑문
피싱 브릿지

케이퍼스 맥주집
자이언트 투니
두허스 베이커리

월드 파이니스트 초콜릿 아울렛

래니 협곡 출렁다리
트렌트-세번 수로 11-12 갑문

마이어스버그 벼룩시장

코드링턴 파머스 마켓

N

가슴이 출렁,
래니 협곡 출렁다리
Ranney Gorge Suspension Bridget

friendsofferris.ca

30번 국도를 타고 또다시 5분 정도 올라가면 페리스 주립공원(Ferris PP)이 나온다. 트렌트 강(Trent River)이 공원을 휘돌아 흐르며 래니 폭포(Renny Falls)와 래니 협곡(Ranney Gorge)을 만들어냈다. 그 협곡을 잇는 것이 래니 협곡 출렁다리(Ranney Gorge Suspension Bridge)다. 볼거리는 여기서 끝이 아니다. 래니 폭포 상류에 만들어진 댐 옆으로 수로가 나있다. 트렌트-세번 수로(Trent-Severn Waterway)의 11번, 12번 갑문이다. 록 게이트가 양쪽으로 열리니, 그 사이로 보트 한 대가 유유히 흘러든다. 10월 중순부터 5월 말까지는 운행을 하지 않는다.

많은 사람들이 래니 협곡의 출렁다리를 건너 페리스 공원에서 트래킹을 즐긴다. 페리스 공원은 19세기 사업가였던 제임스 마샬 페리스(James Marshall Ferris) 가족이 기증한 땅에 세워졌다.

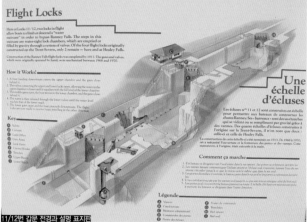

11/12번 갑문 전경과 설명 표지판

트렌트 - 세번 수로(Trent-Severn Waterway)

퀸테 만(Bay of Quinte)에서 조지안 베이 (Georgian Bay)까지 이어진 수로의 길이는 386 킬로미터이고 총 갑문은 36개다. 그 중 피터보로 (Peterborough)의 유압식 리프트 갑문(Hydraulic Lock)과 빅 추트에 있는 마린 레일웨이(The Big Chute Marine Railway)는 그 모습이 압권이다.

* 피터보로, 유압식 리프트 갑문(Hydraulic Lift Lock;1904) : 배가 챔버(Chamber)에 들어오 면, 중력(Gravity)을 이용한 유압식 리프트(Lift) 2개가 하나는 위로, 하나는 아래로 동시에 움 직이며 배를 20미터 높이로 올리고 내린다.

* 빅 추트 선가((Big Chute Marine Railway;1917) : 100톤 오픈 캐리지(Carriage)에 배를 실어 세번 강(Severn River)과 조지안 베이의 글로스터 풀(Gloucester Pool) 사이의 산등성이를 넘어 옮긴다.

자이언트 투니
Giant Toonie

🏠 55 Grand Rd #1, Campbellford, ON
K0L1L0

페리스 주립공원(Ferris PP)에서 차로 5분, 북쪽을 향해 드라이브하면 캠벨포드
(Cambellford)가 나온다. 세상에서 가장 큰 투니(Toonie)가 이 곳에 세워져 있다.
투니는 캐나다 2달러 동전을 뜻한다. 2001년에 만들어진 거대 투니 동상의 높이는
무려 8.2미터, 지름은 5.5미터에 이룬다. 지역 금속 세공사인 스티브 레든(Steve
Redden)이 만들었다고 전해지는데 만든 이유에 대해선 알려지지 않았다.

달콤함 유혹,
월드 파이니스트
초콜릿 아울렛
World's Finest Chocolate Outlet Store

🏠 103 Second Street, Campbellford
◎ 월~토 9:00~17:30, 일, 공휴일 10:00~16:30

캠벨포드를 찾는 여행객들은 반드시 이곳을
들린다. 바로 초콜릿 아웃렛이다. 아웃렛은
초콜릿을 값싸게 사려는 여행객들로 늘상 붐
빈다. 민트 멜터웨이(Mint meltaways),
캐러멜 월(Caramel Whirl)등의 입맛 도는 초
콜릿이 다양한 포장에 담겨 있다. 그중에서
도 비닐 백에 들어 있는 초콜릿은 한 박스에
$9.99. 만드는 과정에서 모양이 깨져 상품가
치가 없는 것들이지만 맛은 일품인 것들이
다. 양이 얼마나 많은 지 지인들에게 나눠주
고도 무려 한 달을 넘게 먹었다.

와인을 생각나게하는,
엠파이어 치즈 팩토리
Empire Cheese Factory

🏠 1120 County Rd 8, Campbellford
📞 (705) 653-3187
◎ 월~토 08:00~17:00, 일 09:00~17:00

엠파이어 치즈 팩토리(Empire
Cheese Factory)는 1876년에 세워
졌다. 팩토리 숍 안의 벽에는 엠파이
어 치즈의 맛을 증명이라도 하려는
듯 다양한 상패와 상장이 걸려있다.
치즈를 한 입 맛봤다. 부담스럽지
않고 순한 맛이 입 안에서 짙게 퍼

진다. 개방형 통(Open style vats)에서 전통 방식으로 치즈를 만들기 때문에 맛
이 좋을 수밖에 없다. 신선한 커드, 살사 치즈, Extra Old Cheddar, Caramelized
Onion Cheese 등이 많이 팔린다고 직원이 귀뜸한다.

맥주 거리, 브릿지 스트릿
Bridge Street Pubs

처어치-키 맥주공장 Church-Key Brewery
🏠 1678 County Rd 38, Campbellford
📞 (877) 314-BEER(2337)
www.churchkeybrewing.com

생맥주를 마시고 싶다면, 브릿지 스트리트(Bridge Street) 28번지 케이퍼스(Capers Tap House)로 가고, 수제 에일 맥주를 마시고 싶다면, 캠벨포드에서 차로 10분 거리에 있는 처어치-키 맥주공장(Church-Key Brewing Company)을 추천한다. 맥주공장은 투어도 가능하다. 맥아 보리(malted barley), 홉(hops), 물(water) 그리고 이스트(yeast), 이렇게 4가지 재료로 다양한 종류의 에일 맥주를 만든다. 상도 여러 번 받았다고 하는데.. 그맛이 궁금한 분은 고고!

온타리오 유일의
피싱브릿지, 해스팅스
Fishing Bridge, Hastings

반조스 그릴 Banjo's Grill
🏠 3 Bridge Street South, Hastings
www.banjosgrill.com

30번 국도의 '로드 트립' 마지막 여행지는 해스팅스(Hastings)다. 온타리오에서 유일하게 피싱브릿지(낚시가 가능한 다리)가 있는 곳이다. 주로 잡히는 어종은 피커렐(Pickerel), 메기(Catfish), 배스(Bass) 같은 것들이다. 특히 피커렐은 온타리오주의 주요 야생 어종이면서 이곳을 찾는 낚시꾼들에게 인기가 많다.

이곳에는 트렌트-세번 수로(Trent-Severn Waterway) 18번째 갑문(Lock)이 있다. 록 스테이션(Lock station)은 사람들이 피크닉을 즐길 수 있는 공간이 된다. 도시락을 먹으며 이야기를 나누고, 아이스크림 하나 물고 쉬었다 가기에도 제격이다. 피싱브릿지 초입엔 '반조스 그릴(Banjo's Grill)'이라는 패밀리 식당이 있다. 다닥다닥 앉아야 30~40명 앉을 수 있는 좁은 식당이지만 20년 경력의 주방장 크리스틴(Christine)이 만든 버거와 핫 샌드위치는 상당히 맛있다. 강 건너 맞은편에는 조금 다른 분위기의 식당, '맥길리카페이즈(McGillicafeys)'가 위치하고 있다. 트렌트 강이 보이는 파티오와 실내 라이브 공연을 위한 작은 상설 무대도 갖추고 있다. 서로 다른 콘셉트의 두 식당 오너가 같은 사람이라니. 분명 열정이 많은 주인장일 테다. 아니면 욕심이 많든가.

맥길리카페이즈 내부

치킨 테트라지니(Tetrazzini)

297

먹자!

EATING

토론토 미식가들이 좋아할만한 찐 맛집이 많다. 특히, 버터 타르트 투어(Butter Tart Tour)는 노섬버랜드 카운티의 효자 관광 상품이다. (https://buttertarttour.ca)

Port Hope

그리스 신화 속 그들, 올림푸스 버거

Olympus Burger

올림푸스 버거(Olympus Burger)는 〈캐네디언 리빙 Canadian Living〉에서 선정한 'The best burgers in canada'에서 당당히 우승을 거머쥔 바가 있다. 매장에 들어서니 독특한 실내장식이 눈에 띈다. 그릭 키(Greek Key)라는 독특한 문양으로 영원한 흐름을 상징한다고 한다. 올림푸스 버거의 메뉴는 무려 12가지, 모두 그리스 신화 속 인물들이다. 가장 인기 있는 메뉴는 제우스(Zeus)로 소고기 패티(beef patty), 피밀 베이컨(peameal bacon), 달달한 양파졸임(caramelized onions), 튀긴 버섯(Sauteed mushroom), 체다 치즈(cheddar cheese), 바비큐 소스, 상추, 토마토로 맛을 낸 햄버거다. 비프 패티에서 느껴지는 그윽한 육향과 신선한 채소의 조합이 일품이다. 올림푸스 버거의 오너인 조오지(Giorgos Kallonakis)는 헤르메스(Hermes) 버거를 선호한다고 한다. 모든 메뉴가 맛있으니, 입맛 따라 다양한 맛을 즐겨보길 바란다. 11시부터 문을 연다.

🏠 55 Mill St. South, Port Hope, ON
📞 + 905-885-GODS(4637)
🕙 일,월 11:00-20:00, 수~토 11:00-21:00 🚫화요일 휴무
olympusburger.ca

Port Hope

꿈꾸는 이들의 카페, 드리머스 카페

Dreamers' Cafe

드리머스 카페(Dreamers' Cafe) 외벽에는 현재까지 팔린 크레이지 쿠키(Crazy Cookie)의 숫자가 매일 공지된다. 42만 5,831개가 팔렸다니 그 인기가 실감난다. 프레스코화 느낌의 벽지와 인테리어 소품으로 꾸며진 카페 내부는 고풍스럽다. 분위기 때문일까? 커피를 마시며 앉아 있으니 카페의 이름처럼 나도 몽상가(Dreamer)가 된 듯하다. 다양한 아침 메뉴와 선물 코너도 있어 선선해지는 오후 무렵에 시간을 보내기에 딱 좋다. 참고로 크레이지 쿠키는 블랙 원두커피와 마셔야 제맛. 저녁 8시까지만 운영하기 때문에 조금 서둘러 방문하는 것을 추천한다.

🏠 2 Queen St, Port Hope, ON
📞 +905-885-8303

밀스톤 브레드
Millstone bread

빅토리아 홀 뒤편에는 '밀 스톤 브레드(Millstone Bread)'라는 빵가게가 자리 잡고 있다. 밀스톤의 오너이자 제빵사인 더그 로렌스(Doug Lawrence)는 이른 아침부터 분주하다. 화덕의 온도가 떨어지기 전에 재빠르게 정해진 수량의 빵을 구워야 하기 때문이다. 밀스톤은 일반 빵

집과 달리 벽돌로 된 오븐을 사용한다. 나무를 태워 오븐의 온도를 높인 뒤 재를 꺼내고 밤새 숙성된 반죽을 넣어 빵을 구워낸다. 도자기를 굽는 가마의 원리와 비슷하다. 2005년, 더그 씨가 직접 이 벽돌 오븐을 만들었다고 한다. 이 빵가게에서 꼭 먹어봐야할 빵은 이스트 대신 더그 씨만의 사워도 스타터(Sourdough Starter)로 만든 프렌치 사워도(French sourdough)다. 겉은 바삭하고 속은 부드럽다. 빵을 씹을 때마다 신맛이 침샘을 자극한다. 따뜻한 날에, '밀스톤 브레드'에서 빵과 잼을 사서, 걸어서 5분 거리에 위치한 코버그 비치(Cobourg Beach)에서 선샤인 피크닉을 즐기자.

🏠 55 Albert St, Cobourg
📞 +1-905-372-0033
🕐 화~금 07:00~19:00, 토 07:00~16:00 ✖️일, 월
www.millstonebread.ca

베티의 파이와 타르트
Betty's Pies & Tarts

노섬버랜드 카운티에 왔다면 타르트 투어(Tart Tour)는 필수다. 타르트 투어는 1년 열두달 가능하다. 코버그(Cobourg)에 위치한 베티의 파이와 타르트(Betty's Pies & Tarts)는 소문난 타르트 전문 베이커리다. 하루 1,200여 개의 타르트를 만든다. 베티 타르트의 맛은 부산스럽지 않고 적당히 달콤하다. Since 1975! 코버그에서 나고 자란 사람들에게 베티의 타르트는 고향의 맛이나 다름없다. 이전에 가게를 운영했던 주인들은 은퇴하고, 오랫동안 제빵사로, 매니저로 일해 왔던 알리 지긴(Ali Jiggins)이 새 주인이 되어 손맛을 이어가고있다.

홈페이지 www.buttertarttour.ca 에서 타르트(Tart) 관련 다양한 정보와 '타르트 투어' 지도를 얻을 수 있다.

🏠 7380 County 2 Rd, Cobourg, Ontario
📞 +1-905-377-7437
페이스북 https://m.facebook.com/BettysPiesandTarts

펜케이크 맛집, 샌디플랫 슈거부시
Sandy Flat Sugar Bush & Pancake House

온타리오 주에서 지정한 메이플 시럽 생산지는 대략 600여 곳에 달한다. 토론토에서 동쪽으로 두 시간 거리, 워크워스 (Warkworth)에 위치한 샌디플랫 슈거부시(Sandy Flat Sugar Bush)는 아기자기한 공간에서 맛보는 팬케이크 정식이 일품이다. 집에서 팬케이크에 질린 아이들도 먹지 않고는 못 배기는 맛이다. 주인 크리스에게 팬케이크 레시피를 물었지만 어깨를 톡톡 다독여준다. 겨울에만 맛볼 수 있다

⌂ 500 Concession Rd. 3W, Warkworth, ON K0K 3K0
☎ +1-705 924 2057
◎ 3월 16일~4월 30일 (09:00-15:00)
   *이 외의 시간에 방문할 때는 전화로 일정 확인

두두스 베이커리
Doo Doo's Bakery

2019 미들랜드 버터 타르트 축제(Butter Tart Festival at Midland)에서 베스트상을 수상한 베이커리다. Protraditional 부문에서 1등을 차지한 플레인 타르트(Plain)와 Pro-Dessert Fusion 부문에서 우승한 딸기루바브 크럼블(Strawberry Rhubarb Crumble)은 꼭 먹어보자.

⌂ 187 County Rd 28, Bailieboro, ON K0L 1B0
☎ 705-939-1394   ◎ 화~토 09:00~17:00
doodoos.ca

두허스 베이커리
Dooher's Bakery

1949년부터 빵을 만들었다는 두허스 베이커리(Dooher's bakery)에서는 크림 도넛(Cream filled donut)을 맛보길 바란다. 일요일, 월요일, 그리고 공휴일은 휴무다.

화~토 09:00~17:30
월, 일, 모든 공휴일 (*12월 일요일은 크리스마스 이브까지 영업)
www.doohers.com

ACCOMMODATIONS

온타리오 호수변의 포트 호프, 코버그, 브라이튼 등에 있는 편리한 호텔 외에도 트렌트–세번 수로와 라이스 호수(Rice Lake) 주변을 따라 카티지나 B&B 같은 숙박시설도 많이 있다.

Hotel Carlyle
Port Hope
🏠 86 John Street, Port Hope, ON
📞 (905) 885-5500
https://www.hotelcarlyle.ca/

The Waddell
🏠 1 Walton Street, Port Hope, ON
📞 (905) 885-2449
https://www.thewaddell.ca/

Best Western Plus Inn
🏠 930 Burnham Street, Cobourg, ON
📞 (905) 372-2105
https://www.bestwestern.com/en_US/book/hotel-rooms.66
038.html?iata=00171880&ssob=BLBWI0004G&cid=BLBWI00
04G:google:gmb:66038

Northumberland Heights Wellness Retreat & Spa
🏠 795 Northumberland Heights Rd, Cobourg
📞 (905) 372-7500
https://www.northumberlandheights.com/

Breakers Motel on the Lake
🏠 94 Green Street, Cobourg, ON
📞 (905) 372-9231
https://breakersonthelake.ca/

Spinnaker Suites Boutique Motel
🏠 4 Bay Street West, Brighton, ON
https://spinnakersuites.com/

The Waters Edge Inn
🏠 149 Queen Street, Campbellford, ON
📞 (705) 653-4470
https://thewatersedgeinn.ca/

Ste Anne's Spa
🏠 1009 Massey Rd, Grafton, ON
📞 1-888-346-6772
https://www.steannes.com/

Windswept on the Trent
🏠 158 Birch Point Rd, Hastings, ON
📞 (705) 778-1803
http://windswept.ca/

CANADA
Prince Edward County
프린스 에드워드 카운티

빨강머리 앤의 고장인 프린스 에드워드 아일랜드(PEI)와 혼동하는 사람이 많다. 프린스 에드워드 카운티(PEC)는
온타리오 호수에 있는 섬이지만 엄밀히 말하면 반도라고 할 수 있다. 토론토에서 176킬로미터 떨어진 이 곳은
황금 들녘이 아름다운 '와인과 예술의 고장'이다. 와인에 대해서 이야기하자면, 온타리오주 정부가 위임한
'VQA(Vintners Quality Alliance) 온타리오'에 의해 와인 품질이 관리된다. 그래서 이 지역에서 생산된 와인은
레이블에 VQA 마크와 포도 원산지를 표기하는 아펠라시옹을 적는다. 그만큼 와인의 맛에 대해 보증할 수 있다는
뜻이겠다. 35개 이상의 와이너리에서 저마다 독특한 와인을 생산하고 있다. 와이너리 숫자만큼이나 많은 것이
예술가들의 개인 작업실인 스튜디오다. 서른 두 곳의 스튜디오에서 40여 명의 예술가들이 활동하고 있다. 누구나
스튜디오를 방문해 예술을 즐기고 나눌 수 있다. 매년 9월에 열리는 스튜디오 투어 위켄드(Studio Tour
Weekend)는 관심있는 예술가의 작품을 몰아서 볼 수 있는 좋은 기회가 된다. 6월에 열리는 치즈 축제와
6월말부터 7월 한달 쭈욱 열리는 라벤다 축제도 한 해 55만 명의 관광객이 찾는 이유다.

프린스 에드워드 카운티

벨빌 기차역

Hwy 62

Hwy 1

도메인 다리우스 와이너리

픽톤 워킹 투어

555 브루어리

Picton Main St

암스트롱 유리공예실

Ridge Rd

Hwy 10

켄테 와이너리

Hwy 12

Hwy 11

Hwy 18

샌드뱅크스 주립공원

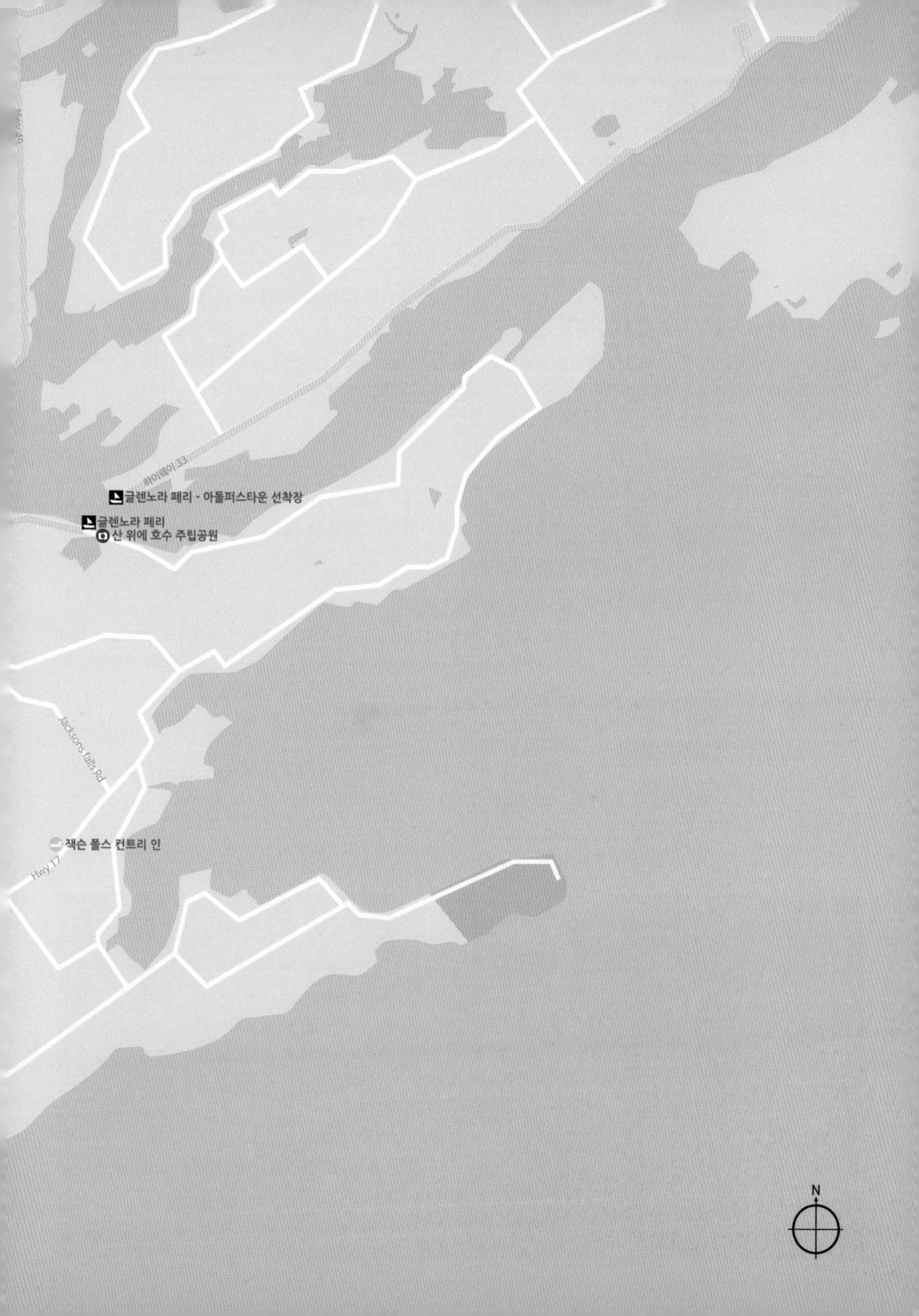

글렌노라 페리 - 아돌퍼스타운 선착장

글렌노라 페리
산 위에 호수 주립공원

하이웨이 33

Jacksons Falls Rd.

잭슨 폴스 컨트리 인

Hwy 17

N

토론토에서 프린스 에드워드 카운티(PEC)까지 직접 가는 대중교통은 없다.
기차 혹은 코치버스를 타고 벨빌(Belleville)까지 간 뒤, 벨빌에서 택시를 이용하거나
렌트카를 빌려서 여행하는 방법이 있다.

프린스 에드워드 카운티 드나드는 방법 ❶ 기차

토론토 유니온역에서 비아레일을 타고 오샤와(Oshawa) 또는 벨빌(Belleville) 역에서 하차한다. 거기에서 택시, 렌트 또는 카풀로 카운티 목적지로 이동한다. 카운티로 직접 가는 기차는 없다. 또한 카운티 내에는 렌터카 서비스도 없다는 점 유의하자.

🏠 벨빌 기차역 250 Station St., Belleville, ON K8N 2T8

프린스 에드워드 카운티 드나드는 방법 ❷ 버스

메가버스 혹은 라이더 익스프레스(55번)를 타고 벨빌 버스터미널에서 내린다. 벨빌(Belleville)에서 픽톤(Picton)까지는 택시로 30분 걸린다.

• 메가버스(Megabus) :
토론토 피어슨 국제공항(터미널 1 P5, 터미널 3 C8)에서 출발해 토론토-욕데일(Toronto-Yorkdale) · 포트 호프(Port Hope) · 트렌턴(Trenton)을 거쳐 벨빌 버스터미널(Belleville Bus Terminal)까지 2시간 30분 걸린다.

벨빌 버스터미널 Belleville Bus Terminal

🏠 169 Pinnacle St, Belleville

• 라이더 익스프레스(Rider Express)
토론토 유니온 스테이션 버스터미널을 출발해 스카보로(Scarborough)를 거쳐 벨빌 버스 스테이션(Millennium Parkway Bus Stop)까지 2시간 10분 걸린다.

프린스 에드워드 카운티 추천코스

프린스 에드워드 카운티(PEC)의 시그니처 관광상품으로는 샌드뱅크스 주립공원의 비치,
아펠라시옹 프린스 에드워드 카운티 와인과 와이너리, 아틀리에와 갤러리,
7월 중순 라벤더 축제와 사과, 딸기 같은 제철 과일 따기 등이 있다.

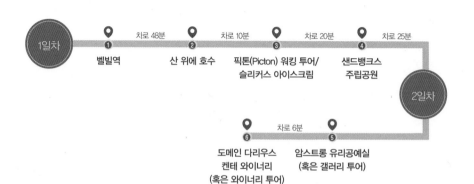

1일차

	차로 48분		차로 10분		차로 20분		차로 25분
①		②		③		④	
벨빌역		산 위에 호수		픽톤(Picton) 워킹 투어/ 슬리커스 아이스크림		샌드뱅크스 주립공원	

2일차

⑥	차로 6분	⑤
도메인 다리우스 켄테 와이너리 (혹은 와이너리 투어)		암스트롱 유리공예실 (혹은 갤러리 투어)

신비의 호수,
레이크 온 더 마운틴
Lake on the Mountain

산 위에 호수, 이름 한 번 참 특이하다. 백두산 천지나 한라산 백록담을 떠올리게 하는 이름이다. 호수의 크기는 1km² 이고, 온타리오호 퀸티만(Bay of Quinte)의 수면에서 62m 솟은 산 위에 있다. 물 속을 들여다보니 맑고 손을 담가보니 차다.

'레이크 온 더 마운틴'에는 다양한 이야기들이 얽혀있다. 모학(Mohawk) 원주민들은 이 호수를 오노케노가(Onokenoga), 즉 신들의 호수라고 불렀다고 한다. 깊은 호수 속에 정령(Spirit)이 산다고 믿었기 때문이다. 그들은 매년 봄마다 풍년을 기원

레이크 온 더 마운틴(Lake on the Mountain)의 전설

'레이크 온 더 마운틴'에도 로맨틱한 원주민 사랑이야기가 전해져 온다. 포로가 된 다른 부족의 청년 고완다(Gowanda)를 사랑하는 추장의 딸, Tayouroughay. 그녀에겐 전사이자 정혼자인 아노소쓰카(Annosothka)가 있었지만, 둘은 도망가서 같이 살 계획을 세운다. 그녀는 그날 밤에 호수 저편의 폭포 옆에서 만나기로 하고 새벽에 고완다를 풀어준다. 아침이 밝아오자 포로가 도망친 것을 알고 고완다를 추격하지만 놓치고 만다. 저녁이 되어 매일 밤처럼 부족은 축제를 즐겼다. 그녀는 몰래 그 곳을 빠져나와 고완다와 만나기로 한 폭포 쪽으로 카누를 젓기 시작했다. 그것을 본 아노소쓰카(Annosothka)가 그녀를 쫓았다. 그리고 그녀에게 다가가 "나는 당신을 사랑한다고 세 번이나 말했어요. 그리고 지금 당신을 데려가려고 왔어요."라고 말한다. 그와 같이 온 추장은 "딸아, 나는 너를 그에게 준다."고 말한다. 그녀는 도망쳐 고완다가 기다리고 있는 곳으로 빠르게 노를 저었다. 호수 중간쯤 왔을 때, 아노소쓰카의 배가 그녀의 배를 따라 잡고 있었다. 그녀는 "고완다"라고 크게 외쳤다. 팔을 벌리고 해변으로 달려오는 고완다를 보았지만 너무 늦었다. 곧 아노소쓰카의 손에 잡히게 될 것이므로 그녀는 폭포 옆 물 속으로 뛰어들었다. 절망에 빠진 고완다 역시 그녀를 찾기 위해 어두운 물 속으로 뛰어들었다. 그날 밤, 추장과 그의 부하들은 물을 수색했지만 소용이 없었다. 딸도 적의 포로도 잃었다.

이 호수의 정령들은 그녀가 폭포에서 떨어져 퀸티만으로 흘러드는 것을 보았다. 그리고 고완다가 호수에서 길을 잃는 것도 보았다. 정령들은 그들이 신들의 성스런 영역을 침범했기 때문에 그 벌로 호수와 폭포 사이에 석회암벽을 세워 서로를 찾아 영원히 떠돌아다니게 했다. 하지만 이 불행한 연인에게 연민을 느낀 정령들은 고완다에게 폭포로 통하는 작은 구멍을 알려준다. 고완다는 간신히 그 구멍을 통과해 사랑하는 그녀를 만나게 되고, 행복하게 오래오래 산다.

하며 제물을 바쳤다. 초기 정착민들은 호수 밑바닥이 없다고 믿었고, 다른 일각에서는 호수 바닥에 지하통로가 있어 멀리 있는 수원과 연결되어 있다고 생각했다. 그러지 않고서야 물줄기 하나 없는 산 정상에 이렇게 넓은 호수가 생겼을 리가 없으니 말이다. 나중에 밝혀진 사실이지만 이유는 단순했다. 37미터에 달하는 깊이의 호수 밑바닥에서 샘물처럼 물이 솟아난다고 한다. 물의 원천에 대한 궁금증은 풀렸지만, 이토록 거대한 호수가 어떻게 형성되었는 지는 아직도 미스터리다. 가장 설득력있는 이론은 돌리네(Doline)라는 것이다. 돌리네란 석회암 지대에서 탄산칼슘이 물에 녹으며 지층의 붕괴로 땅이 꺼지는 현상을 말한다.

호수 아래에는 글렌노라(Glenora)라는 작은 마을이 있다. 이 곳에서 페리를 타고 퀸티만(Bay of Quinte)을 건너면 아돌퍼스타운(Adolphustown)이다. 이 타운의 33번 도로는 킹스턴(Kingston)으로 이어진다. 1800년대 쉴새없이 돌았던 글렌노라 제분소는 현재 온타리오주 천연자원부의 수산물연구소로 쓰여지고 있다.

샌드뱅크스 주립공원
Sandbanks Provincial Park

⌂ 3004 County Rd 12, Picton
☎ (613) 393-3319
https://www.ontarioparks.com/park/
sandbanks

Sandbanks Music Festival

프린스 에드워드 카운티(PEC)에서 가장 인기있는 레크리에이션 장소라면 단연 '샌드뱅크스 주립공원'이다. 샌드뱅크스는 바람에 의해 해빈의 모래가 내륙으로 날아와 형성된 모래언덕이다. 총 세 개의 해변(Outlet Beach, Sandbanks Beach, Dunes Beach), 4개의 캠프장 그리고 6개의 트레일이 위치하고 있다.

이스트 레이크(East Lake)의 정문 관리실(Gatehouse)에서 약 2.5km 더 들어가면 오른편에 원형 극장(Amphitheatre) 사인이 나타난다. 이 곳에서 '샌드뱅크스 뮤직 페스티벌'이 열린다. 라이브 공연, 푸드 트럭, 아이들을 위한 다양한 프로그램도 열린다.

원형 극장 뒷편은 여행객이 가장 많이 찾는다는 아울렛 비치(Outlet Beach)가 3km에 걸쳐 펼쳐져있다. 아웃렛 리버 브릿지(Outlet River Bridge)를 넘으면 캠프장이다.

웰링턴 파머스 마켓
Wellington Farmers Market

🏠 245 Main Street, Wellington
📞 647-822-7672
🕐 6월 27일~10월 31일, 매주 토요일
　 09:00~13:00
　 ※ 천재지변이 없는 한 비가 오나 눈이 오나 열림
www.armstrongglassworks.com

토요일 아침, 웰링턴 연합 교회 주차장에서 열리는 웰링턴 파머스 마켓은 지나가다 잠시 들른 관광객들과 주민들로 북적인다. 피자를 굽는 이동식 화덕이 인상적이다. 채소, 과일, 베이커리, 예술품 등을 판매한다.

아닉의 아틀리에
Atelier Annik

🏠 247 Fry Road, Picton
📞 613-262-3143
🕐 5월 ~ 10월(목~일 13:00~17:00 혹은 예약)
www.atelierannik.com

Twelve O'Clock Point를 지날 때만 해도 자욱했던 안개가 웰링턴(Wellington)을 지나면서 말끔히 걷혔다. 가을 들녘은 예술가의 마음을 흥분시킬 만큼 고즈넉하다. 이맘때면 화가 아닉 데스프레(Annik Despres)의 아틀리에 뒷편엔 콩밭이 황금 물결을 이룬다. 아닉은 이 들녘을 좋아한다. 그녀의 작품 '겨울전(Before winter)'은 갈아엎은 대지의 기운을 단순한 구성과 풍부한 색채로 표현했다. 그녀가 자란 곳은 세인트 로렌스 강 북쪽의 쎄틸(Sept-iles). 이 그림은 그녀가 어릴 적 본 노을(Northern Sunset)을 프린스 에드워드 카운티의 들녘에 오버랩한 느낌이다. 2014년 이 곳으로 이사오고부터 아닉은 퀘벡과 온타리오 간에 연결된 풍경을 그리는데 몰두하고 있다. 두 곳의 풍경이 그녀의 감성을 통과하면서 표현된 그림은 보는 사람에게 미묘한 경험을 선사한다. 아닉의 감성은 그녀의 그림 제목에서도 쉽게 읽혀진다. 사과를 그린 정물화 '블러시(Blush)'라는 작품이다. 작가는 붉은 사과에서 여성의 불그스레한 볼을 연상했다고 한다.

프린스 에드워드 카운티 예술 위원회 (Prince Edward County Arts Council)

1986년에 공식적으로 출범한 예술 위원회는 프린스 에드워드 카운티의 예술을 활성화하고, 예술가를 적극적으로 지원하고 홍보하기 위해 만들어졌다. PEC 아트 트레일, PEC 스튜디오 투어(Studio Tour) 등의 다양한 이벤트를 통해 아티스트와 관객을 연결시켜준다. PEC에 거주하는 많은 아티스트와 갤러리가 회원으로 참여하고 있다.
웹사이트 : https://countyarts.ca

암스트롱의 유리공예실
Armstrong Glassworks

⌂ 326 Second Avenue, Wellington
☏ (613) 399-3552
www.armstrongglassworks.com

세컨 애비뉴(2 Avenue) 길가에는 핸드 블론 유리 공예품(Hand Blown Glass Arts)을 만드는 암스트롱 유리공예실이 위치해 있다. 섭씨 1200도가 넘는 유리 가마 앞에서 땀을 비오듯 흘리며 마크 암스트롱(Mark Armstrong) 씨가 골드 베일 페이퍼웨이트(Gold Veil Paperweight)를 만들고 있다. 그의 손놀림엔 리듬이 있다. 페이퍼웨이트는 책이나 종이가 바람에 날리지 않도록 도와주는 문진이다. 암스트롱씨가 직접 디자인한 문진을 빛 가까이서 보면 골드 베일 아래는 보라색을, 위는 투명한 색을 띈다. 이색성의 신비를 확인하기 위해 만드는 과정을 유심히 관찰해봤다. 블로우 파이프 앞부분에 짙은 색 유리를 먼저 찍고, 다음에는 투명 유리를 감싼다. 입으로 불어 작은 버블을 만들고, 그 위에 23k 금 잎 혹은 은 잎을 얹는다. 한 번 더 유리로 감싼 뒤 블로잉 과정을 통해 완성된다. 넋이 나갈만큼 신비하다. 빛을 가둔 골드 베일 페이퍼웨이트(Gold Veil Paperweight)는 보는 방향에 따라 신비한 자태를 뿜어낸다. 책상에 두어 마땅할 문구인데, 장식장에 두어야 할 것만 같다. 갤러리에는 장식품, 화병, 그릇 등 유리 공예품들로 가득하다. 마크 씨가 유리 공예 작업을 하고 있다면 방문객들은 관람 구역에서 구경할 수 있다. 마크 암스트롱의 작업 일정은 전화로 확인할 수 있다.

도메인 다리우스 와이너리

Domaine Darius

⌂ 1316 Wilson Road, Bloomfield
☏ (416) 831-9617
◎ 10:00 ~ 18:00(매일)
www.armstrongglassworks.com

TIP

보졸레 누보
Beaujolais nouveau

프랑스 보졸레 지역에서 생산되는 가메(Gamay) 포도 품종으로 만든 레드 와인이다. 포도를 수확한 후 6~8주 만에 병에 담긴 젊은 와인으로 그 해 11월 셋째 목요일에 판매된다. 산도는 높고 타닌이 거의 없다.

도메인 다리우스(Domaine Darius)는 정원이 아름다운 와이너리다. 덕분에 관광객들은 와인 테이스팅 룸으로 곧장 가기 보단 예쁜 정원에 도착해 이곳 저곳을 둘러보기를 먼저 한다. 나무, 꽃, 돌, 연못, 상하이에서 가지고 왔다는 도자기들, 눈에 띄는 빨간색 프렌치 문까지. 이 모든 정원 인테리어는 오너인 데이브(Dave Gillingham)와 조니(Joni)의 솜씨다.

언덕을 파서 만든 건물의 지하는 와인 저장고, 위층은 살림살이를 하는 공간이다. 와인 저장고는 여느 와이너리만큼 크진 않다. 연 1,000 케이스(1만2,000병)의 와인을 생산한다. 고품질 소량의 와인을 생산하기 때문에 팔리는 곳이 많다. 생산량의 절반은 주문 후 1~3년 뒤 와인을 받아볼 수 있는 선판매로 팔고, 나머지 절반은 테이스팅 룸에서 직접 판다.

이런 기회를 놓칠 순 없다. 우선 3가지 와인을 골라 시음을 해보기로 했다. 포트 스타일 와인인 헤이븐(Haven), 화이트 퀴베(White Cuvée) 그리고 레드 퀴베(Red Cuvée)를 선택했다. 와인을 발효시키는 과정에서 브랜디를 섞는 포트 와인(Port Wine)은 포르투갈에서 인기 있는 와인이다. 도메인 다리우스 전통 포트 방식의 '헤이븐'은 당도 24-25의 완전히 익은 포도를 발효시켜 만든다. 알코올 도수를 20%까지 올리기 위해 발효 중인 와인에 알코올을 첨가한다. 그럼 알코올로 인해 발효가 멈추고, 당도가 보존된다. 1~2년 정도 오크통 숙성을 거치면 입안에서 착 감기는 달콤한 '헤이븐'이 만들어진다. 레드 퀴베(Red Cuvée)는 5가지 와인을 섞은 것으로 여느 레드 와인에 비해 떨떠름한 맛이 적고 우아한 맛이 일품이다. 참고로, 시음을 할 때 레드 와인은 제일 나중에 하는 것이 좋다. 타닌이 강하기 때문이다. 도메인 다리우스는 온타리오주에서 햇와인(3주~한 달 숙성시킨 새와인)을 만드는 두 곳 중 하나라고 하니 온타리오판 보졸레 누보'도 시음해 보길 바란다.

켄테 와이너리
Keint-He Winery

🏠 49 Hubbs Creek Road, Wellington
📞 (613) 399-5308
www.keint-he.ca

Guapo's Cantina(@Trenton)
www.guaposcantina.com
※ 프린스 에드워드 카운티(PEC)의 와이너리 투어를 원하는 여행객은 PEC 와이너리 웹사이트(https://www.princeedwardcountywine.ca/wineries)를 참고하길 바란다.

도메인 다리우스 와이너리가 아기자기한 느낌이라면, 켄테(Keint-He) 와이너리는 무스코카 의자와 어울리는 탁트인 주변 풍광이 매력적인 곳이다. 풍부한 석회암 토양에서 사랑스럽게 자란 포도로 만든 떼루아르 기반의 버건디(Burgundy) 와인은 켄테 와인의 자부심이다. 이곳의 오너인 브라이언 로저스(Bryan Rogers)가 자신 있게 내놓은 와인은 2014년 포티지 샤르도네(Portage Chardonnay). 테이스팅 룸 밖에는 와인과 어울릴법한 라틴 음식을 판매하는 포장마차 구아포스 칸티나(Guapo's Cantina)가 있다. 달콤 매콤한 맛이 일품인 도네어 타코(Donair Tacos)와 2014 포티지 샤르도네의 페어링은 정말 완벽했다. 구아포스 칸티나는 5월부터 10월까지 운영한다.

추천 와인, 2014 Portage Chardonnay

켄테 와이너리 식당을 운영하고 있는 랜스와 애슐리

프린스 에드워드 카운티의 문화 중심지, 픽톤(Picton)

프린스 에드워드 카운티에서 가장 큰 커뮤니티를 꼽으라면 픽톤이다. 1918년 11월 2일, 오픈한 리전트 극장(Regent Theatre)은 온타리오에서 몇 없는 아르 데코(Art-deco) 양식의 공연장이다. 이곳에서는 현재까지도 오케스트라 공연, 뮤지컬, 라이브 콘서트, 영화

등 다양한 문화 공연이 펼쳐진다. 1780년대 로얄리스트들이 처음 정착해 할로웰(Hallowell)로 불리다가 인근의 픽톤(Picton)과 1837년 합쳐졌다. 픽톤은 1815년 워터루 전투에서 전사한 영국 장교 토마스 픽톤(Thomas Picton)의 이름에서 따왔다. 1820년대 증기선의 취항으로 항구의 모습을 갖추게 되었지만 지금은 관광이 가장 큰 산업이다.
리전트 극장에서 가까운 해스팅&프린스 에드워드 연대의 비정규군 훈련소(The Armoury) 앞에는 캐나다 초대 총리를 지낸 존 알렉산더 맥도널드(John A. Macdonald)의 동상이 세워져있다. 그의 인생에서 가장 행복했던 청소년기를 보낸 곳이기도 하고, 픽톤 법원에서 열린 첫 법정 소송 사건에서 이긴 후, 4개월 뒤, 어퍼 캐나다의 법률협회에 의해 변호사 자격을 부여받아 스무살에 공식적으로 법조 경력을 시작한 곳도 픽톤(당시는 어퍼 캐나다 할로웰)이었다.

🏠 224 Picton Main St, Picton 📞 613-476-8416 www.theregenttheatre.org

PEC 갤러리 리스트

매년 9월에 프린스 에드워드 카운티 스튜디오 투어가 열린다. 2022년 34개의 스튜디오, 50명 이상의 예술가들, 그리고 14개의 갤러리가 참여했다. 좋아하는 작가의 워크숍을 방문하고, 맘에 드는 예술 작품을 즉석에서 구매한다.

갤러리 잡지

Andara Gallery

🏠 54 Wilson Road, Bloomfield
📞 (613) 393-1572 🕐 매일 11:00~17:00 (연중 내내)
www.andaragallery.com

Arts on Main Gallery

🏠 223 Main Street, Picton
📞 (613) 476-2066 🕐 매일 10:00~17:00
www.artsonmaingallery.ca

Blizzmax Gallery

🏠 3071 County Road 13, Picton
📞 (613) 476-7748 🕐 6월~10월 목~토 10:00~17:00
blizzmax.com

Guildworks

🏠 346 Main St, Bloomfield
www.guildworks.ca

Hatch Gallery

🏠 8 Stanley Street, Bloomfield 📞 (416) 522-0685
info@hatchgallerypec.com
🕐 예약으로만 가능
hatchgallerypec.com

Mad Dog Gallery

🏠 525 County Road 11, Picton 📞 (613) 476-7744
www.maddoggallery.ca

Maison Depoivre Art Gallery

🏠 Barrack #3, 343 County Road 22, Picton
🕐 목~금 11:00~17:00

Melt Studio & Gallery

(Loch Sloy Business Park 에 위치)
🏠 343 County Road 22, Picton, ON Barrack 3(Dieppe Road)
📞 (416) 893-8664 🕐 목~일 11:00~17:00

Oeno Gallery

🏠 2274 County Road 1, Bloomfield
🕐 수~월 11:00~17:00 (화요일은 예약만 가능)
oenogallery.com

Parrott Gallery (도서관 갤러리)

(벨빌 도서관 3층에 위치)
🏠 254 Pinnacle Street, Belleville ON, K8N 3B1
🕐 (613) 968-6731 ext. 2040
bellevillelibrary.ca

Sybil Frank Gallery

🏠 305 Main Street, Entrance on West Street, Wellington
📞 (416) 688-2234 또는 (613) 902-5402
🕐 웹사이트 참고
sybilfrankgallery.com

The Loft Gallery

(The Local Store - PEC 내에 위치)
🏠 768 CR 12, Westlake Road, PEC, ON K0K 2T0
🕐 4월 마지막 주말 ~11월 첫 주말
www.local-pec.com

2Gallery

🏠 256 Main Street West, Picton
📞 (613) 920-2000
🕐 수~월 11:00~17:00
2gallery.ca

먹자!

EATING

끝없이 펼쳐진 해안선과 들녘, 그리고 포도밭. 매력적인 테이스팅 룸에서 와이너리의 시그니처 와인을 시음한다. 나무 화덕에 구운 피자를 파는 와이너리도 여럿 있고, 미식가를 위한 와이너리 레스토랑 – 워푸스 에스테이트 와이너리(Waupoos Estates Winery), 카사데아 에스테이트 와이너리(Casa-Dea Estates Winery)도 있다.

엘 보른 빵집, 세상 달콤한 크루아상
Slickers Ice Cream

리전트 극장에서 몇 발짝 더 옮기면 아이스크림 가게, 슬리커스(Slickers)가 나온다. 옐로 페이지(Yellow Page)에서 선정한 '캐나다 아이스크림 가게 Top15'에 랭크된 가게로 항상 손님이 붐빈다. 매 시즌 70가지 이상의 맛을 만들고, 매일 22-24 가지의 맛을 지닌 아이스크림을 제공한다. 슬리커스는 블룸필드(Bloomfield)와 픽톤(Picton) 두 곳에서만 맛볼 수 있다.

🏠 232 Main St. Picton ◎ 매일 12:00-21:00
271 Main St. Bloomfield ◎ 매일 12:00-19:00
📞 (613) 393-5433
www.slickersicecream.com

555 브루어리
555 Brewing Co.

슬리커스에서 서쪽으로 5분 정도 걸으면 피맥(피자&맥주)을 즐길 수 있는 '555 브루어리'가 등장한다. 상당히 독특한 이 맥주집의 이름은 1884년 픽톤에서 있었던 '레이지어 살인(Lazier Murder)' 재판과 관련이 있다. 홉(Hops)을 판 대금 555달러를 훔치기 위해 퀘이커 신자의 집에 침입한 두 강도들은 방문객이었던 피터 레이지어(Peter Lazier)를 총으로 죽인 혐의로 교수형에 처해졌다. 하지만 이들 중 최소 한 명은 의심가는 증거물과 복수에 굴복한 군중 심리에 떠밀려 사형된 부당한 판결이라고 '레이지어 살인(The Lazier Murder)'의 저자이자 판사인 로버트 샤프(Robert Sharpe)는 주장한다. 당시 뜨거운 감자였던 이 사건은 후에 연극으로도 만들어지며 지금까지도 의견이 분분하다.
'555 브루어리'는 이 사건에 영감을 받아 2017년 5월에 오픈했다. 맥주 이름도 판사, 배심원, 발자국 같은 것들이고, 천정에는 교수형 올가미가 장식으로 매달려 있다. 이태리 화덕에서 구워지는 피자의 종류는 여덟 가지다. '피맥'에 어울리는 맥주로 독일식 라거인 '판사(The Judge)'를 추천한다.

벽면에 걸려 있는 'The Lazier Murder' 관련 사진들과 천정에 매달려 있는 교수형 올가미

🏠 124 Picton Main St, Picton ON K0K 2T0
📞 (613) 476-5556
◎ 매일 11:30 - 21:00
www.555beer.com

인하우스 와인 테이스팅, 잭슨 폴스 컨트리 인

Jackson's Falls Country Inn

'잭슨 폴스 컨트리 인'의 게스트 라운지로 사용되고 있는 곳은 1870년대 당시 교실이 딸랑 하나인 학교였다. 커다란 칠판하며, 칠판 위에 걸린 엘리자베스 여왕의 초상화하며 교실 분위기가 물씬 풍긴다. 팬데믹 이전에는 뚱딴지 수프(Sunchoke Soup), 육회와 비슷한 바이슨 타르타르(Bison Tartare), 뛰긴 빵 배넉 (Bannock)에 발라먹는 원주민 전통 소스인 '블루베리 머스타드 (Blueberry mustard)' 등 원주민 전통 요리를 맛볼 수 있는 식당 이었다. 2020년 새주인은 '잭슨 폴스 컨트리 인'을 자고 싶고 머물 고 싶은 호텔로 새롭게 단장했다. 8개 스위트룸은 여덟 명의 지역 예술가들의 작품으로 꾸며졌고 각 방은 그들의 이름을 붙였다. 새롭게 시작한 '인하우스 와인 테이스팅'은 2.5시간 동안 십여 종 의 VQA 프린스 에드워드 카운티 와인 시음과 샤퀴트리 페어링 (Charcuterie Pairing)을 경험할 수 있는 프로그램이다. 근처에 있는 잭슨 폭포(Jackson's Falls;1786 County Rd 17, Milford)도 산책코스로 아주 좋다.

가족의 문화유산이 가득한 게스트 라운지

Seared Duck Breast & Pemmican

🏠 1768 Prince Edward County Rd 17, Milford
📞 (343) 222-0426
🕐 매일 11:30 - 21:00
스위트룸 예약 이메일 : stay@jacksonfallscountryinn.com
jacksonsfallscountryinn.com

CANADA
Amherst Island
앰허스트 아일랜드

캐나다 온타리오주 킹스턴에서 서쪽으로 10킬로미터 떨어진 온타리오 호수에 있으며 로열리스트 타운쉽(Loyalist Township)에 속해 있다. 앰허스트 아일랜드는 밀헤이븐(Millhaven) 연안에서 3킬로미터 떨어져 있다. 섬은 남서쪽의 블러프 포인트에서 북동쪽의 앰허스트 바(Amherst Bar)까지 길이가 20km가 넘고, 폭이 가장 넓은 곳은 7km가 넘는다.

역사적으로 이 섬은 프랑스 탐험가인 라살(La Salle)와 동행했던 앙리 드 통티(Henri de Tonti)의 이름을 따서 통티 섬(Isle Tonti)으로 프랑스에 알려졌다. 이 후 이 섬에 미국독립전쟁을 피해 온 제국 로열리스트들이 정착했고, 1792년 어퍼 캐나다의 총독이었던 존 심코는 북미 영국군 총사령관인 제프리 앰허스트(Jeffery Amherst)의 이름을 따 앰허스트로 섬 이름을 바꾸었다. 19세기 초에는 많은 아일랜드 사람들이 이주해 소작농으로 일했다. 현재 섬에 거주하는 많은 사람들은 초기 정착민의 후손들이다.

페리 선상에서 바라본 앰허스트 섬의 스텔라 빌리지

앰허스트 아일랜드 드나들기

페리(Ferry)

엘리스트 타운쉽이 온타리오주 교통부를 대신해서 밀헤이븐(Millhaven)과 앰허스트 섬간의 페리 서비스를 운영한다. 뱃길은 3킬로미터로 건너는데 20분 정도 걸린다. 스텔라(Stella) 선착장에서는 아침 6시부터 새벽 1시까지 매 정시에 출발하고, 밀헤이븐 선착장에서는 아침 6:30부터 새벽 1:30까지 매 30분에 출발한다. 요금은 차량에만 적용하며, 현금 혹은 수표(cheque)만 받는다. (전화 : 613-389-3393)

- 밀헤이븐 선착장(Millhaven Wharf) – 5604 Highway 33 (Bath Road, Milhaven)
- 스텔라 선착장(Stella Wharf) – 1 Stella Forty Foot Road

차량 (Vehicles)	편도(Single)
승용차, 1톤 이하 드럭, 밴, 스쿨버스	CA$10
RV 차량, 트레일러 단 차, 2대가 댈 공간이 필요한 대형차, 큰 스쿨버스	CA$20
대형 차들, 2대가 댈 공간이 필요한 트레일러와 장비	$10 per space
모터사이클	CA$2,00
자전거	CA$1,50
도보 여행자	무료

상주 인구는 450여명이다. 밀헤이븐에서 페리를 타고 섬으로 들어갈 때 수 십기의 풍력 터빈이 돌아가는 것을 볼 수 있다. 온타리오 주정부의 재생에너지를 촉진하기 위한 프로젝트로 총 26기의 풍력 터빈에서 75MW의 전기를 생산할 예정이다.

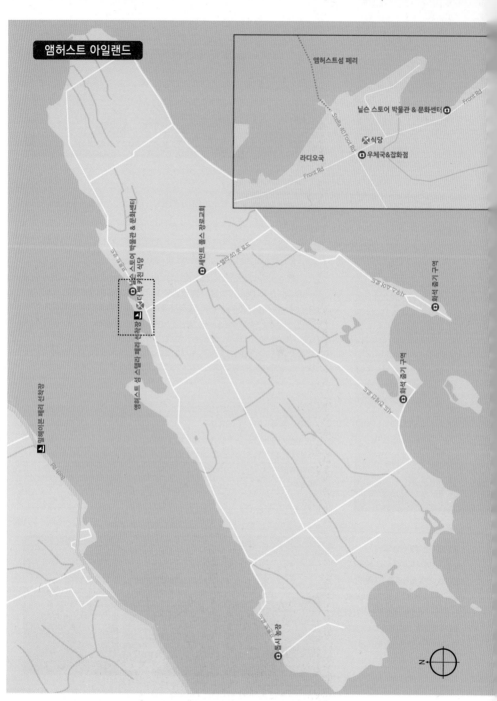

앰허스트 아일랜드

앰허스트섬 페리

닐슨 스토어 박물관 & 문화센터

Stella 40 Front Rd

Front Rd

식당

라디오국

우체국&잡화점

Front Rd

닐슨 스토어 박물관 & 문화센터

세인트 폴스 장로교회

스텔라 40 프론트 로드

화석 증기 구역

사우스 쇼어 로드

화석 증기 구역

사우스 쇼어 로드

앰허스트 섬 스텔라 페리 선착장

더 백 키친 식당

밀헤이븐 페리 선착장

Bath Rd

릴 로드

통나무집 농장

N

추천
일정

헤이븐 부두 — 페리 20분 → 앰허스트섬
스텔라 부두 — 차로 2분 → 닐슨 스토어 박물관&
문화센터 — 차로 1분 → 더 백 키친 식당 — 도보 10분 →

세인트 폴스
장로교회
(공연 일정 있을 때) — 차로 8분 → 화석 줍기
@ Beach Road 또는
South Shore Road — 차로 13분 → 톱시 농장

STELLA VILLAGE
스텔라 빌리지

스텔라 항구에서 조금만 가면 스텔라 빌리지(Stella Village)의 중심지가 나온다. 사거리에는 간이 우체국이 있는 잡화점, 식당, 갤러리, 박물관, 교회, 그리고 캐나다에서 가장 작은 라디오 스테이션이 있다. 섬을 통틀어도 주유소가 없으니 차를 가지고 섬으로 들어가는 사람들은 미리 바스(Bath)나 킹스턴에서 기름을 넣도록 하자.

닐슨 스토어 박물관 & 문화 센터

Neilson Store History & Cultural Centre

🏠 5220 Front Road, Stella

🕐 빅토리아 데이 공휴일부터 ~ 추수감사절 공휴일까지 (시간은 홈페이지 참조)

neilsonstoremuseum.ca

2004년에 개장한 닐슨 스토어 박물관은 사람들이 처음으로 통티 섬(Isle Tonti)에 정착하기 시작한 1789년 이래의 역사와 섬사람들의 유물들을 모아 전시되고 있다. 박물관 한편에서는 로컬 예술가들의 공예품을 판매한다. 앰허스트 섬의 원래 이름은 톤티 섬이었다.

이 박물관은 원래 제임스 닐슨(James S. Neilson)에 의해 1883년에 지어진 잡화점이었다. 닐슨 스토어(Neilson Store)는 한 세기동안 섬의 상업 중심지였지만 시대가 변하면서 1970년대 가게 문을 닫아야 했다. 시간이 흘러, 섬주민 단체의 노력과 로열리스트 타운쉽(Loyalist Township)의 재정적 보조로 닐슨 가게는 박물관으로 거듭나게 되었다.

TIP 1938년 섬에 수력 발전이 들어오기 시작하면서, 많은 농장에서 물펌프 'Jack'을 사용해 소나 말에게 주기 위해 물을 펌핑하는 지루한 작업을 덜었다.

많은 농장에서 사용한 물펌프 'Jack'

초기 학교의 물건들과 섬에 사는 동물

세인트 앨반스 성공회 교회

St. Albans Anglican Church

🏠 공연 장소 : 세인트 폴스 장로교회(1955 Stella 40 Foot Rd, Stella)

📞 티켓 관련 문의 : 613-384-2153 또는 watersidetickets@gmail.com watersidemusic.ca

1862년에 설립된 온타리오 교구(Diocese of Ontario)에 속하는 교회로 대성당은 킹스턴에 있는 세인트 조오지 대성당(St. George's Anglican Church)이다. 1994년 모금행사로 시작된 클래식 공연인 Waterside Summer Series Music Festival(일명 'Waterside')로 유명했지만, 2001년부터 영구적으로 세인트 폴스 장로교회(St. Paul's Presbyterian Church)에서 열리고 있다. 티켓 가격은 $37이며, 20분 중간 휴식 시간에 다과가 제공된다.

화석 줍기
Fossil Hunting

⌂ 5220 Front Road, Stella
◎ 빅토리아 데이 공휴일부터 ~ 추수감사절
공휴일까지 (시간은 홈페이지 참조)
neilsonstoremuseum.ca

종종 화석 헌팅을 즐긴다는 마이크와 수지 부부

온타리오주에서 다양한 종류의 화석이 발견되는 지역 중에 한 곳이 앰허스트 아일랜드의 남부 해안선이다. 이 곳에서는 비교적 양호한 삼엽충(Trilobite)과 다양한 화석화된 물체들이 발견된다. 화석은 타임캡슐처럼 영겁 전에 멈춰버린 시간에 만들어진 다양한 패턴과 입자를 담고 있다. 지구상의 초기 생명체를 해독하고 이해할 수 있게 해주는 단서의 조각을 손바닥에 쥐는 것은 정말 흥미로운 체험이다. 사우스 쇼어 로드(South Shore Road)나 비치 로드(Beach Road)를 벗어난 해안가를 걸으며 선사시대의 신비를 담은 화석들을 찾아보자.

아일랜드 사람들이 만든 돌담
Irish Dry Stone Wall

⌂ 5220 Front Road, Stella
◎ 빅토리아 데이 공휴일부터 ~ 추수감사절
공휴일까지 (시간은 홈페이지 참조)
neilsonstoremuseum.ca

앰허스트 섬은 돌로 쌓은 담벼락(Irish Dry Stone Wall)으로 유명한 곳이다. 1820년부터 1880년대까지 아일랜드 이민자들은 척박한 섬에 정착하기 위해 돌밭에서 거둔 돌로 집, 창고, 그리고 돌담을 쌓았다. 돌을 쌓는 방법과 기술은 그들의 오랜 전통에서 온 것이다. 앰허스트 섬 여성회(Amherst Island Women's Institute), 캐나다 돌담 협회(Dry Stone Canada), 로열리스트 타운쉽 그리고 온타리오주 문화체육관광부 등은 앰허스트 섬의 돌담을 보존하고 가치를 높이려는 노력들을 계속해서 이어가고 있다.

펜트랜드 공동묘지(Pentland Cemetery)의 돌담

1860년대 석공인 존 크로우(John Crowe)에 의해 만들어졌다. 그는 1850년 북아일랜드에서 앰허스트 섬으로 이주한 이민자였다. 앰허스트 섬의 많은 돌집과 담장을 그가 세웠는데 하루에 할 수 있는 작업량은 낚시대 길이 정도인 1로드(약 5미터)였고, 하루 일당은 1달러였다. 묘지 돌담은 존 크로우의 재능 기부로 만들어졌다.

포플러 델(Poplar Dell)의 돌담

포플러 델(Poplar Dell)의 돌담은 길이가 약 195미터로 1840년에 완성됐다. 2014년 드라이 스톤 캐나다(Dry Stone Canada)에서 워크숍을 이 곳에서 진행하면서 12미터를 다시 쌓았다.

⚔ 섬에서 유일한 식당!

더 백 키친 The Back Kitchen

이 섬에서 유일한 식당인 'The Back Kitchen'은 섬에 오는 방문객과 주민들을 위해 시즌에만 영업하는 비영리 식당이다. 수프, 샐러드, 샌드위치, 버거, 푸틴, 감자튀김, 치킨 등을 판다. 금요일 피시 앤 칩스(Fish & Chips), 매주 토요일 10시부터 정오까지 신선한 도넛, 여름철 일요일 저녁엔 특별한 디너를 선보인다.

⌂ 5660 Front Road, Stella   ☎ 613-929-2905   ◎ 수~일 12:00~19:00 (토 11:00 – 창가에서 도넛 판매)
thebackkitchen.com

톱시 농장 울 쉐드
Topsy Farms Wool Shed

⌂ 14775 Front Rd, Stella
☎ 1-888-287-3157
◎ 매일 10:00~17:00
topsyfarms.com

섬에서 히피로 살려고 왔다가 '톱시 농장'을 일군
이안 머레이(Ian Murray)

2018년 '드라이 스톤 캐나다' 축제의 워크숍에서 만든 돌담

톱시 농장(Topsy Farms)은 100% 캐나다산 양모 담요와 친환경적인 천연 제품을 만들고 있다. 온라인과 울 쉐드(Wool Shed)에서 다양한 침구류, 뜨개실, 양가죽, 수제 뜨개 제품 등을 판다. 톱시 농장의 오너인 이안 머레이(Ian Murray)와 몇마디 이야기를 섞어보면 그가 얼마나 자유롭고 솔직한 사람인 지를 알 수 있다. 무엇이 가장 잘 팔리는가? 라고 물었더니. 사람마다 다르다며.. 안 사는 사람도 있다고 말한다. 그러면서 한국에도 양이 많으냐? 고 묻는다.

1972년 이안 머레이를 포함한 히피족이 배를 타고와 앰허스트 섬의 서쪽 자락에 농장을 사고 둥지를 틀었다. 이들은 이익보다는 땅을 일구며 자연과 조화를 이루며 사는 것을 더 좋아했다. 1975년 코뮌은 좋게 해체되었다. 1974년 이안은 마니툴린 섬에서 50마리의 암양을 처음으로 구입하고 소같은 나머지 가축은 처분했다. 모기지 대출 은행이 한 가지에만 집중하고, 소보다는 양이 유망하다고 조언했기 때문이었다. 1996년 톱시 농장에서 생산된 양모로 만든 담요와 실을 만들어 팔기 시작했다. 2017년 1,100마리에 이르던 암양을 현재는 600마리로 줄이고, 애그리투어리즘(Agritoursim)에 더 중점을 두어 사업을 하고 있다.

농장 입구의 헛간에서부터 이어진 세련된 돌담은 보면 볼수록 정감이 간다. 이 돌담은 2018년 '드라이 스톤 캐나다' 축제(Dry Stone Canada Festival)가 이 곳에서 열렸을 때 80여명의 월러(Waller; 돌로 담을 쌓는 사람)들이 섬의 돌을 쌓아 만들었다. 울 쉐드(Wool Shed) 옆에 있는 유르트(Yurt)에 여장을 풀고 농장에서 슈거쉑(Sugar Shack)으로 이어진 2km 하이킹 코스를 산책하거나, 양떼들의 목가적 풍경을 사진에 담아보는 것도 좋을 듯하다.

CANADA
Kingston
킹스턴

1673년에 프랑스는 카타로쿠이(Katarokwi)로 불리는 미시사가 원주민 구역에 프롱트낙 요새(Fort
Frontenac)를 세웠다. 하지만 이 요새는 '7년 전쟁'의 끝무렵인 1758년 '프롱트낙 요새 전투(the Battle of Fort
Frontenac)'에서 영국군에 함락되어 킹스턴(Kingston)으로 이름이 바뀌게 되었다. 킹스턴과 오타와를 잇는
리도 운하(Rideau Canal)의 남쪽 입구가 이곳에 있다. 영국은 리도 운하와 킹스턴에 있던 영국해군기지청을
미국으로부터 방어하기 위해 1812년 전쟁(the War of 1812) 중에 헨리 요새(Fort Henry)를 만들었다. 킹스턴은
1841~1844년까지 영국령 캐나다(Province of Canada)의 첫번째 수도였다.
킹스턴의 천섬 크루즈 투어와 헨리 요새(Fort Henry)에서 열리는 선셋 세레모니(Sunset Ceremony)는
세계적으로 유명하다. 시청 앞 컨페더레이션 공원(Confederation Park)에서는 6월부터 8월까지 매주
화요일, 목요일 그리고 토요일 정오에 '콘서트 시리즈'가 열린다. 시청 청사 뒤 스프링거 마켓 광장(Springer
Market Square)에서는 6월~8월 매주 목요일 땅거미가 내려앉으면 클래식 영화를 상영한다. 식사를
하고나서 공짜 야외 공연과 영화를 보면서 잠시 머무는 것도 좋겠다.

킹스턴은 토론토와 오타와, 몬트리올 사이에 있어서 대중교통을 이용하기 무척 편리하다. 기차(VIA Rail)나 시외버스를 이용하는 것이 보편적이다. 천섬 크루즈를 경험하기 위해 킹스턴을 찍고, 오타와나 퀘벡시티로 넘어가는 여행객들이 많은데, 이들은 관광버스 혹은 자기 차를 운전해서 여행한다. 킹스턴 시내는 킹스턴 대중교통을이용해 여행한다.

킹스턴 드나드는 방법 ❶ 항공

킹스턴 공항 Kingston Airport

🏠 1114 Len Birchall Way, Kingston, ON
   K7M 9A1
📞 613-389-6404
https://www.ygkairport.com/

FlyGTA는 토론토(빌리 비숍 토론토 시티공항) – 킹스턴 항공편을 매주 3회(월, 수, 금)씩 운항한다. 킹스턴 출발 몬트리올 노선은 파스칸 항공(Pascan Aviation)에 의해 운항되고, 비행시간은 45분이다. 파스칸 항공은 퀘벡과 래브라도의 도시를 운항하는 항공사다. FlyGTA 항공편 예약 웹사이트 : flygta.com

킹스턴 드나드는 방법 ❶ 기차

킹스턴 기차역

🏠 1800 John Counter Blvd, Kingston
📞 1-888-842-7245
예약 viarail.ca

퀘벡시티-퀘벡(Ontario-Québec) 비아레일을 이용해 킹스턴 비아레일 스테이션(Kingston VIA Rail Station)에 도착할 수 있다. 킹스턴 기차역은 관광객에게 도시간(몬트리올, 오타와, 토론토 등)의 편안한 기차 서비스를 제공한다.
킹스턴 시내에서 차로 15분 거리에 있다.

시내교통

토론토 - 킹스턴 시외버스 티켓 구매

🏠 메가버스 웹사이트
http://ca.megabus.com
라이더 익스프레스 웹사이트
https://riderexpress.ca/

타는 곳
유니온 스테이션 버스 터미널
🏠 81 Bay Street, Toronto

킹스턴 버스 터미널 Kingston Bus Terminal
🏠 1175 John Counter Blvd. Kingston
📞 613-547-4916

킹스턴 교통 Kingston Transit
📞 613-546-0000
www.cityofkingston.ca/tripplanner

🚌 메가버스 Megabus

토론토 유니온 스테이션 버스 터미널과 스카보로 타운센터(Scarborough Town Centre, 300 Borough Drive, Scarborough)에서 킹스턴행 버스를 탈 수 있다. 토론토에서 킹스턴 버스 터미널까지 2시간 55분 소요된다.

🚌 라이더 익스프레스 Rider Express

토론토 유니온 스테이션 버스 터미널에서 토론토-오타와 노선 버스를 탄다. 스카보로, 벨빌(Belleville)을 거쳐 킹스턴까지 2시간 55분 걸린다. 라이더 익스프레스 카운터는 유니온 스테이션 버스 터미널 2층에 있다. 운행 일정은 웹사이트(https://riderexpress.ca/schedules/toronto-ottawa/)에서 확인할 수 있다.

킹스턴 다운타운

헨리 요새 국립유적지

로드 헨리 제안

Hwy 2

올드 섬 페리 타는 곳

크로퍼드 선착장(천섬 크루즈 티켓 오피스)

킹스턴 관광안내소

킹스턴 시청

트롤리 승탑장소

Ontario St

올리 요새 박물관 국립유적지

Montreal St

Queen St

Princess St

배리 스트리트

퀸즈 대학교

Division St

유니버시티 애비뉴

Brock St

Johnson St

캐나다 교도소 박물관

킹스턴 앙물이 개 경전대회 축제

킹스턴 다운타운

킹스턴 기차역

킹스턴

킹스턴 다운타운

킹스턴 공항

St John A. Macdonald Blvd

N

Kingston Sheep Dog Trials Festival

킹스턴 양몰이 개 경진대회 축제

킹스턴 다운타운에서 북동쪽으로 15km 떨어진 그라스 크릭 공원(Grass Creek Park)에서는 양몰이 개 경진대회 축제(Kingston Sheep Dog Trials Festival)가 열린다.

🏠 2991 Kingston 2, Kingston, ON K7L 4V1
🎫 온라인 구매 $10, 문앞에서 사면 $15,
　 단체(10명 이상) $8/1인
📞 1-888-655-9090
http://www.kingstonsheepdogtrials.com/

목양견(양몰이 개)과 조련사인 핸들러(Handler)는 양몰이 개의 기량을 테스트하는 코스에서 치열한 경쟁을 펼친다. 오픈 코스(Open Course)로 예선을 치르고, 국제 코스(International Course)에서 우승을 가린다. 킹스턴 양몰이 개 경진대회는 개의 품종이나 등록 여부 관계없이 참가비만 내면 누구나 예선에 참가할 수 있다. 목양견 중에서도 최고로 꼽히는 보더콜리(Border Collie)가 가장 많이 출전한다.

심사위원은 아웃런(Outrun, 20점), 리프트(Lift, 10점), 펫치(Fetch, 10점), 드라이브(Drive, 40점), 펜(Pen, 10점), 쉐드(Shed, 10점) 등으로 참가한 개들의 기량을 평가한다.

언덕 위에 양 네 마리가 준비되었다. 한가하게 풀을 뜯고 있다. 조련사(handler)는 양몰이 개를 양 뒤로 보낸다. 이것을 아웃런(Outrun)이라고 한다. 이 때 양몰이 개는 시계 방향이든 반시계 방향이든 양의 눈에 띄지 않게 활모양을 그리며 빙돌아 양에게 접근한다. 개는 양들이 조련사를 향해 곧바로 들판을 내려가도록 양들을 몬다. 양들이 다른 방향으로 가면 감점이다. 코스 중간에 세워져 있는 두 개의 펫치 문(fetch gate) 사이를 통과한 후, 조련사 뒤로 돌아 첫번째 드라이브 게이트까지 일직선으로 양

예선을 통과한 참가자 트레이시
힌튼과 양몰이 개 댁스(Dax)

들을 몬다. 그리고
게이트를 샤프하게
끼고 돈 뒤 우리(Pen)
안으로 양들을 들여보내
면 경기는 끝난다. 다이아몬드
모양의 드라이브를 돌 때 양들이 너무 빙돌아도 감점이
고, 양들이 들어가지 않고 문앞에서 주저해도 점수가 깎
인다.
양몰이 개 경진대회를 재미있게 보는 방법이 있다. 목양
견의 균형감과 스타일을 주의깊게 보면 된다. 개는 양들
과 적당한 간격을 두며 양몰이를 해야한다. 너무 양과
가까우면 양들이 위협을 느껴 멀리 도망가게 되고, 너무
멀면 양들이 안 움직인다. 스타일(style)은 자세와 노력
보기의 조합을 말하는데 일명 아이(Eye)라고 한다. 개는
양의 눈을 콘택하면서 양들의 존경심을 불러일으키도록
한다. 아이(Eye)가 너무 많아도 양이 움직이지 않으려고
한다. 이렇게 양몰이 개는 친절하면서도 권위가 있어야
양들이 정중하고 질서있게 따른다.
이 축제에서는 '양몰이 견 경진대회' 외에도 다양한 이
벤트가 열린다. 킹스턴 경찰의 K-9(canine) 경찰견 시
범과 개 올림픽이라고 할 수 있는 닥도그스 월드와
이드(DockDogs Worldwide)도 열리고, 애완견 주인
들은 개를 데려 와서 개를 위한 어드벤처 루어 코스
(canineadventure lure course)나 플레이 존(Play Zone)
에서 재밌는 하루를 보낼 수 있다. 다수의 전시업체들
이 참여하는 마켓 플레이스에서는 수공예품과 온갖 애
완동물 용품을 판다. 매년 8월, 3일간 열리는 축제에 7천
명의 관광객이 찾아 온다.

닥도그스 월드와이드 DockDogs Worldwide

물과 장난감을 좋아하는 애완견이라면 종, 크기, 나이에
상관없이 출전할 수 있는 개 스포츠다. 경기종목 중에 빅
에어(Big Air)는 일종의 멀리뛰기다. 개가 좋아하는 장난
감을 주인이 던지면 개가 그것을 물기 위해 물위로 멀리
뛰기를 한다. 익스트림 버티컬(Extreme Vertical)은 어떤
개가 더 높이 점프하는가를 겨루는 경기로 높이는 1.4m
부터 시작된다.
걸려있는 범퍼를 물거나 쓰러트려야 점수로 인정된다

개를 위한 어드벤처 루어 코스
canine adventure lure course

개가 흥미를 가질만한 미끼를 쫓아가도록 만든 트랙으로
여러 장애물을 뛰어넘고, 통과하고, 달릴 수 있어서 개 훈
련에 도움이 된다. 애완견 주인은 누구나 자기 개를 데려
와서 어드벤처 루어 코스에 도전할 수 있다.

Trolley Tour

트롤리 투어

트롤리 투어(Trolley Tour)가 킹스턴의 역사와 관광명소를 여행하기 위한 가장 이상적인 방법이라는 말에 동의하지 않을 수 없다. 시청 맞은편 관광안내소(209 Ontario St) 앞에서 출발하는 트롤리는 포트 헨리(Fort Henry), 펌프 하우스(Pump House), 캐나다 초대 총리였던 존 알렉산더 맥도널드(John Alexander Macdonald)의 주택인 벨뷰 하우스(Bellevue House), 교도소 박물관(Penitentiary Museum), 퀸즈 대학교(Queens University), 빅토리아 시대의 건물이 많은 시드남 거리(Sydenham Street) 등 킹스턴(Kingston)을 방문한 관광객들이 가장 많이 찾는 목적지의 대부분에 멈추어선다. 트롤리 운전기사는 관광 가이드처럼 킹스턴의 역사와 다음에 멈춰설 목적지에 대해 친절하게 설명해준다. 32명까지 태울 수 있는 트롤리 투어는 5월부터 10월까지 매일 9:30부터 4:30분까지 30분 간격으로 운행한다. 승객들은 표만 있으면 원하는 곳에서 내렸다 탔다(hop on hop off) 할 수 있다. 이른 봄(4월 16일~5월 20일)과 늦가을(10월 11일~31일)에는 트롤리가 1시간 가이드 시티 투어로 운영되고, 11시, 1시, 3시에 출발한다. 요금은 성인(16+) $34, 어린이(2~15) $28.

킹스턴 추천코스

오전에 일찍 트롤리를 타고 킹스턴의 관광명소를 둘러본 뒤, 한 두 곳을 지정해 관람한다.
오후엔 크루즈, 저녁엔 헨리 요새에서 펼쳐지는 선셋 세레모니를 관람하길 추천한다.

| ① 트롤리 투어 | — 트롤리 — | ② 벨뷔 하우스/교도소 박물관 투어 | — 트롤리+도보 8분 — | ③ 'Heart of the Islands' 크루즈 (3시간) | — 트롤리 — | ④ 헨리 요새 (Fort Henry) 투어 | ④ 선셋 세레모니 (Sunset Ceremony) 관람(헨리 요새) |

머니 타워
Murney Tower

🏠 2 King St W, Kingston, ON K7L 3J6
📞 613-217-8235
🕐 수~일 10:00~17:00
💵 도네이션
https://www.murneytower.com

킹스턴 축성 역사의 일부로써 킹스턴과 리도 운하를 지키기 위해 구축된 4개의 오리지널 마르텔로 타워(Martello Tower) 중 하나다. 머니 타워(Murney Tower)는 1846년 1월 포인트 머니(Point Murney)에 세워졌다. 나머지 3개의 마르텔로 타워는 시더섬(Cedar Island)의 캐스카트 타워(Cathcart Tower), 컨페더레이션 베이슨(Confederation Basin)의 쇼울 타워(Shoal Tower), 그리고 캐나다 사관학교(Royal Military College of Canada) 내의 프레드릭 요새 타워(Fort Frederick Tower)다.

마르텔로 타워(Martello Tower)는 19세기에 대영 제국 전역에 지어진 작은 방어 요새로 대부분 해안에 지어졌다. 높이 12미터에 2층 구조물로 사거리 2km의 32파운드 대포를 포상에 올려놓고 360도로 돌며 포를 쏠 수 있었다. 포대 하나를 운영하기 위해 장교 1명과 15~25명의 수비대가 상주했다고 한다.

리도 운하(Rideau Canal), 헨리 요새(Fort Henry), 그리고 마르텔로 타워 등은 온타리오 유일의 유네스코 세계문화유산(UNESCO World Heritage Site)이기도 하다.

헨리 요새

Fort Henry

🏠 1 Fort Henry Drive Kingston Ontario K7K 5G8

2023년 프로그램 일정
주요 시즌

⏰ 5월 20일~9월 3일 10:00~17:00

🎫 성인(19+) $20, 학생(13~18) $13, 유스(5~12) $13, 어린이(0~4) 무료, 군인(신분증 지참) $10

가을 시즌 (티켓은 매표소에서 판매)

⏰ 9월 6일~10월 1일 10:00~16:30

🎫 성인(19+) $13, 학생(13~18) $13, 유스(5~12) $13, 어린이(0~4) 무료, 군인(신분증 지참) $10

선셋 세레모니(Sunset Ceremony)

⏰ 8월 수요일 19:30~20:45

🎫 성인(19+) $20, 유스(5~18) $16, 어린이(0~4) 무료, 군인(신분증 지참) $10

www.forthenry.com

천섬 크루즈와 더불어 관광객이 가장 선호하는 관광명소 중 한 곳이다. 라이플 사격 시범, 게리슨 퍼레이드, 빅토리안 스쿨, 그리고 세계적으로 유명한 선셋 세레모니(Sunset ceremony) 등 다양한 프로그램이 있다.

선셋 세레모니(Sunset Ceremony)는 7월과 8월, 수요일과 토요일 저녁 7:30~9:00에 열린다. 6:30분부터 입장할 수 있다. 팬데믹으로 인해 2022년에는 8월 두 주만 열렸다. 지휘봉(Mace)을 둔 고적대장 뒤로 고적대의 절도있는 분열 행진과 군악 연주, 집총시범, 화려한 드럼 연주가 이어진다. 하이라이트는 야외 조명과 박진감 넘치는 음악, 그리고 성벽에 투사된 영상이 어우러져 펼쳐지는 절도있고 일사분란한 대포 사격 시범이다.

라이플 사격(Fire a Rifle)에 사용되는 스나이더 엔필드 라이플(Snider Enfield Rifle)은 1866년 이후 영국군이 사용했던 기본 병기다. 사격 요금은 20달러.

헨리 요새에서는 먹거리도 다양하다. 세인트로렌스 강과 킹스턴 다운타운이 내려다보이는 포대 비스트로(Battery Bistro)에 마련된 야외 파티오에서의 식사와 160여명 규모의 게리슨 레스토랑(Garrison Restaurant)에서 식사가 가능하다. 군대 PX 같은 병사 구내매점(Soldier's Canteen)에서 패스트푸드나 병참고(Commissariat Store)의 역사적인 오븐에서 구운 수제 빵도 사 먹을 수 있다. 더 단 것이 먹고 싶으면 비버테일 페이스트리(Beavertail paystry)도 있다.

헨리 요새 성벽 안에 있는 킹스턴의 새로운 쇼핑 지구인 무역 광장(Trade Square)에서는 예술품, 수공예품, 소매품, 박물관 선물용품 등을 판매한다.

헨리 요새 (Fort Henry)의 역사

헨리 요새 국립 사적지(Fort Henry National Historic Site)는 킹스턴의 포인트 헨리(Point Henry)에 위치해 있다. 온타리오 호수가 끝나고 세인트로렌스 강이 시작되는 지점이면서 세인트로렌스 강으로 흘러드는 카타라키 강(Cataraqui River)이 만나는 전략적 요충지인 헨리 요새는 '1812년 전쟁(War of 1812)' 중에 포인트 프레드릭(Point Frederick)에 있는 영국해군기지창(지금의 캐나다 사관학교(Royal Military College of Canada) 자리)을 보호하고 세인트로렌스 강의 해상 교통을 감시하기 위해 세워졌다. 1832년에 해군기지창과 리도 운하의 남쪽 입구를 보호하기 위해 더 크게 증축했다. 요새의 이름은 식민지 퀘벡주(Province of Quebec, 1763~1791)의 부총독(Lieutenant-Governor)이었던 헨리 해밀턴(Henry Hamilton)의 이름에서 따왔다. 영국수비대는 1870년 캐나다에서 철수할 때까지 이 곳에 주둔했다. 요새는 1930년대에 복원되어 현재는 관광 명소가 되었다.

킹스턴 천섬 크루즈
Kingston 1000 Island Cruises

🏠 티켓 오피스 : 1 Brock Street, Kingston
보딩 장소(Boarding Location) : 티켓
오피스 앞 크로퍼드 선착장(Crawford
Wharf dock)
📞 613-549-5544
https://www.1000islandscruises.ca

관광 크루즈 (Sightseeing Cruise)

디스커버리 크루즈 (90분)
- 킹스턴 근교 크루즈
◎ 출발시간 봄/가을 : 16:00,
여름 11:30, 13:00, 15:00, 16:30
🎫 어른(16+) CA$38.5, 어린이(2-15) CA$29,
유아(0-1) CA$5

Heart of the Islands 크루즈 (3시간)
- 천 섬 크루즈
◎ 출발시간 봄/가을 : 12:30분
여름 : 10:30분, 2시
🎫 어른(16+) CA$54, 어린이(2-15) CA$43,
유아(0-1) CA$5

다이닝 크루즈 (Dinning Cruise)

런치 크루즈(3시간)
◎ 출발시간 봄/가을 12:30
🎫 어른(16+) CA$89, 어린이(2-15) CA$78,
유아(0-1) CA$5

선셋 디너 크루즈(3시간)
◎ 출발시간 봄: 금-일 6:30분
여름 : 매일 6:30
가을 : 금-일 5:30
🎫 어른(16+) 일-금 $111, 토 $127

킹스턴 천섬 크루즈는 킹스턴 해안 크루즈인 디스커버리 크루즈(Discovery Cruise), 천섬을 돌아보는 'Heart of the Islands Cruise', 그리고 선상에서 식사를 하며 크루즈를 즐기는 브런치/런치 크루즈, 선셋 디너 크루즈를 제공한다.

디스커버리 크루즈는 아일랜드 벨(Island Belle)호를 타고 킹스턴 근방의 시더 섬, 밀턴 섬, 헨리 요새 등과 같은 국립 사적지 근처를 지나며 킹스턴의 역사와 자연 환경에 대해 들려준다. 크루즈 시간은 90분이며, 출발 15분 전부터 보딩을 시작한다.

'Heart of the Islands' 크루즈 승객은 고풍스런 3층 아일랜드 퀸(Island Queen)호를 타고 작은 카티지 섬들이 옹기종기 모여있는 아드미랄티 군도(Admiralty group)를 항해한다. 라이브 연주를 들으며 개성넘치는 카티지를 보는 재미가 쏠쏠하다. 헤이 섬(Hay Island)의 '나폴레옹의 모자(Napoleon's Hat)'라는 별장은 지붕이 꼭 나폴레옹의 모자처럼 생겼다고 해서 이름 붙여졌다. 킹스턴 천섬 크루즈는 하트섬의 볼트성(Boldt Castle)은 가지지 않는다.

'K-Pass'는 크루즈, 트롤리, 그리고 관광명소(헨리 요새, 펌프 하우스 등)의 입장료까지 포함한 티켓이다. 1일, 2일, 그리고 3일짜리 티켓이 있다. K-Pass는 온라인(www.kpass.ca) 혹은 티켓 오피스(1 Brock St.)에서 구입이 가능하다.

6 MUST-EAT IN KINGTON

미식가의 입맛까지 사로잡을 수 있는 레스토랑에 대한 정보는 그 지역에서 나고 자란 토박이가 가장 잘 안다. 킹스턴 푸드 투어(Kingston Food Tours)의 고전적인 음식 투어는 그런 토박이 가이드와 함께 유서깊은 시내를 도보로 둘러보며 킹스턴 음식에 대한 지식과 곁들여 최고의 레스토랑에서 시식을 할 수 있는 투어다. (www.kingstonfoodtours.ca)

Chien Noir Bistro

캐주얼한 동네 선술집. 메뉴는 푸틴부터 버거, 팬에 구운 북극 곤들메기(Arctic Char)까지 다양하다.

⌂ 69 Brock St, Kingston, ON K7L 1R8
☏ (613) 549-5635
https://bdtavern.com/

Chez Piggy

마구간을 개조해 만든 레스토랑. The Pig 라는 애칭으로 불림. 메뉴는 태국 송어 샐러드부터 크리미 버섯 뇨키까지 다양하다. 판 칸쵸(Pan Chancho) 베이커리와 주인이 같다.

⌂ 68 Princess St, Kingston, ON K7L 1A5
☏ (613) 549-7673
http://www.chezpiggy.ca/

AquaTerra

델타 호텔에 위치한 파인다이닝 레스토랑. 바삭하고 맛있는 라트케(Latke)를 이용한 라트케 에그 베네딕트(Latke Eggs Benedict)도 별미.

⌂ 1 Johnson St, Kingston, ON K7L 5H7
☏ (613) 549-6243
http://www.aquaterrakingston.com/

Pan Chancho Café + Bakery

러빙 스푼풀(The Lovin' Spoonful)의 멤버였던 잘 야노브스키(Zal Yanovsky)에 의해 80년대에 문을 열었다. 메이플 시럽을 붓고, 휘핑 크림을 얹은 푸딩 슈뫼르(pouding chômeur) 추천. 블랙커피와 잘 어울린다.

⌂ 44 Princess St, Kingston, ON K7L 1A4
☏ (613) 544-7790
http://www.panchancho.ca/

Harper's Burger Bar

햄버거 전문 레스토랑

⌂ 93 Princess St, Kingston, ON K7L 1A6
☏ (613) 507-3663
https://www.harpersburgerbar.com/

Dianne's Fish Shack + Smokehouse

랍스터 롤, 피쉬앤칩스, 멕시칸 바베큐, 신선한 굴과 홍합 등을 파는 캐주얼한 레스토랑. 해산물 푸틴(Seafood Poutine) 추천.

⌂ 195 Ontario St, Kingston, ON K7L 2Y7
☏ (613) 507-3474
https://www.dianneskingston.com/

THE 7 BEST HOTELS IN KINGTON
히스토릭 여관(HISTORIC INNS)과 B&BS

올 스위트 휘트니 매너 **All Suites Whitney Manor**
200년 된 석회암 맨션을 보수해 18세기 건축 양식에 현대적 고급스러움과 편리함을 결합한 고급 여관으로 탈바꿈 했다. 킹스턴 다운타운에서 10분 거리에 있으며 완전히 분리된 5개의 고급스런 스위트룸(1베드룸과 2베드룸)을 갖추고 있다.

⌂ Starr Place, Kingston K7L 4V1
📞 (613) 766-9394
https://www.allsuiteswhitneymanor.com/

블루 무스 비앤비 **Blue Moose Bed & Breakfast**
천섬 중에서 가장 큰 섬인 울프 섬(Wolfe Island)의 메리즈빌(Marysville) 중심부에 위치해 있다. 메리즈빌 행 킹스턴 – 울프 섬 페리를 탄다. 세인트 로렌스 강이 내려다보이는 이 매력적인 집은 1895년에 지어졌다. 줄곧 숙박목적으로 쓰여졌다.

⌂ 1277 Main St, Wolfe Island, ON K0H 2Y0
📞 (613) 530-5228
https://www.bluemoosebandb.com/

데이지 힐 비앤비 **Daisy Hill Bed & Breakfast**
오데사 호수변(Odessa Lake)의 1에이커(1200평) 부지에 위치한 우아한 1880년대 농가로 2012년부터 B&B 비지니스를 시작했다. 킹스턴에서 차로 10분 거리인 오데사(Odessa)에 있다.

⌂ 450 Mud Lake Road North, Odessa K0H 2H0
📞 (855) 386-1738
https://daisyhillbedandbreakfast.ca/

프론트낙 클럽 **Frontenac Club**
유서깊은 킹스턴 시내 중심부에 있는 이 호텔은 원래 1845년 '몬트리올 은행'으로 개장되었다. 2020년 8월 재개장된 프론트낙 클럽은 독특한 레이아웃을 지닌 20개의 넓은 스위트룸을 제공하고 있다.

⌂ 225 King St E, Kingston, ON K7L 3A7

📞 (613) 547-6167
https://www.frontenacclub.com/

호첼라가 여관 **Hochelaga Inn**
빅토리아 스타일의 이 맨션은 1878년 킹스턴의 시장을 역임한 변호사 존 맥킨타이어(John McIntyre)를 위해 지어졌다. 3층 짜리 붉은 벽돌이 인상깊은 건물은 1985년 개조된 이후로 B&B 여관으로 운영되었다. 21개의 객실이 있으며, 가까운 장래에 리노베이션을 계획중이다.

⌂ 24 Sydenham St, Kingston, ON K7L 3G9
📞 (613) 549-5534
http://hochelagainn.com/

로즈마운트 하우스 **Rosemount House**
1850년에 지어진 로즈마운트 하우스는 이탈리아 토스카나 빌라를 연상케한다. 1990년에 문을 연 이 호텔은 매일 고급 아침식사, 낭만적인 벽난로 객실, 그리고 스파를 제공한다.

⌂ 24 Sydenham St, Kingston, ON K7L 3G9
📞 (613) 480-6624
https://www.rosemountinn.com/

시크릿 가든 여관 **Secret Garden Inn**
1888년에 지어진 시크릿 가든 여관은 기발한 첨탑의 시드남 거리 연합교회(Sydenham Street United Church)를 마주보고 있다. 이 집을 지은 존 맥케이(John McKay) 가족은 일요일 오후에 은혜로운 베란다에 앉기를 좋아했다고 한다. 1996년 B&B 로 문을 열었고, 2004년에 조성된 정원은 2010년 캐나다 블룸스(Canada Blooms) 시장상을 수상했다. 낭만적인 베란다 그네, 편안한 흔들의자, 풍경 소리, 연못으로 흘러가는 폭포수 등은 편안한 휴식처를 제공한다.

⌂ 73 Sydenham St, Kingston, ON K7L 3H3
📞 (613) 548-1081
https://thesecretgardeninn.com/

CANADA
Ottawa
오타와

퀘벡주와 온타리오주의 경계에 있고 유유히 흐르는 세 개의 강(오타와 강, 가티노 강, 그리고 리도 강)이 합류하는 곳에 위치한 오타와는 세계에서 가장 아름다운 수도로 손꼽히는 곳 중 하나다. 2017년에는 캐나다에서 가장 살기 좋은 도시에 선정되기도 했다. 토론토에서 북동쪽으로 차로 4시간 30분, 몬트리올에서는 서쪽으로 차로 2시간 거리에 있는 오타와는 수도 이미지를 부각시키는 다양한 건축물(국회의사당, 대사관, 여러 국립 박물관 등)과 무료 빅 이벤트 등이 자주 열리는 곳이다. 사람들은 600킬로미터가 넘는 경치 좋은 자전거 도로에서 걷거나, 달리거나, 자전거를 탄다. 이 외에도 급류 래프팅, 북미에서 가장 높은 번지 점프, 가티노 공원에서의 하이킹, 그리고 겨울철에는 세계 최대의 자연 스케이트장인 리도 운하에서 스케이트를 타며 논다. 다양한 가격대의 편안하고 깨끗한 호텔과 수상 경력이 화려한 레스토랑도 많아 여행객이 느끼는 만족도가 높은 도시다.

세계에서 가장 아름다운 수도 중 하나인 오타와는 비행기, 기차, 버스 또는 자동차를 이용해 쉽게 여행할 수 있다.

오타와 드나드는 방법 ❶ 항공

오타와 다운타운에서 20분 거리에 있는 오타와 맥도널드 카르티에 국제 공항(Ottawa Macdonald-Cartier International Airport)은 캐나다, 미국 및 유럽 중심지에 위치한 50개가 넘는 지역으로 130편 이상의 직항을 매일 운항하는 최첨단 터미널이다. 이외에도 시즈널로 플로리다, 카리브해 지역, 멕시코, 남미 및 유럽 노선을 운항한다.

오타와 맥도널드 카르티에 국제공항

⌂ 1000 Airport Parkway Private, Ottawa, ON K1V 9B4

공항에서 오타와 다운타운까지는 택시 혹은 97번 버스를 이용하면 된다. 경전철 2호선인 트릴리움 라인(Trillium Line)을 라임뱅크(Limebank)까지 연장하면서 공항터미널도 연결하는 2단계 공사가 현재 진행중이다. 서비스는 2025년 시작될 예정이다.

오타와 드나드는 방법 ❷ 기차

캐나다 여객 열차 서비스인 비아레일(VIA Rail)은 온타리오주 남부와 퀘벡주 남부의 모든 주요 도시에서 오타와로 출발하는 열차를 매일 운항한다.

오타와 기차역

⌂ 200 Tremblay Rd, Ottawa, ON K1G 3H5

토론토 – 오타와 구간

가장 붐비는 구간 중에 하나로 평일에는 양방향 5번, 주말에는 3~4번 운행 스케줄이 있다.

구간 (Route)	거리 (Distance)	여행 시간 (Travel Time)	좌석 등급 (Classes of Services)
토론토(Toronto) – 오타와(Ottawa)	446 km	4시간 30분	이코노미석, 비지니스석

몬트리올 – 오타와 구간

이 구간은 몬트리올, 도발(Dorval), 알렉산드리아(Alexandria), 그리고 오타와를 여행하기에 가장 적합하다. 몬트리올과 오타와 다운타운으로 진입하는 고속도로의 교통난을 피할 수 있고, 몬트리올의 피에르 엘리엇 트뤼도 국제공항(Pierre Elliot Trudeau Airport)을 이용하는 국제 여행객들은 도발 기차역에서 무료 셔틀 버스를 이용할 수 있다.

구간 (Route)	거리 (Distance)	여행 시간 (Travel Time)	좌석 등급 (Classes of Services)
몬트리올(Montréal) – 오타와(Ottawa)	187 km	2시간	이코노미석, 비지니스석

시외 버스

메가버스(Megabus), 플릭스버스(Flixbus), 라이더 익스프레스(Rider Express) 등의 운송회사들이 토론토와 오타와 구간을 운행한다. 약 5시간 30분 소요된다.

메가버스 Megabus
토론토 타는 곳
유니온 스테이션 버스 터미널
(81 Bay Street, Toronto)
오타와 내리는 곳
세인트 로렌 스테이션 (St. Laurent Station, 1300 St. Laurent Blvd)
경유지 : 스카보로, 킹스턴
http://ca.megabus.com

라이더 익스프레스 Rider Express
토론토 타는 곳
유니온 스테이션 버스 터미널
(81 Bay Street, Toronto)
오타와 내리는 곳
세인트 로렌 스테이션 (St. Laurent Station, 1300 St. Laurent Blvd)
경유지 : 스카보로, 킹스턴
https://riderexpress.ca/com

플릭스버스 Flixbus
토론토 타는 곳
유니온 스테이션 버스 터미널
(81 Bay Street, Toronto)
오타와 내리는 곳
200 Commissioner Street, Ottawa
경유지
스카보로, 윗비(Whitby), 킹스턴
https://www.flixbus. ca/

시내 교통

오타와 내에서의 여행은 도시의 공공버스(O-Bus)와 경전철(LRT) 시스템인 오트레인(O-Train)을 이용하면 목적지까지 저렴하고 편하게 여행할 수 있다.

🚌 오씨 트랜스포 OC Transpo

오씨 트랜스포(OC Transpo)는 다운타운과 주요 비아레일 철도역, 오타와 국제공항, 관광명소, 쇼핑 목적지 등을 연결하는 편리한 노선을 포함하여 오타와 지역의 대중 교통 서비스를 제공한다. 오트레인 경전철 역(O-Train LRT Stations), 일부 약국, 식료품점 그리고 리도 고객서비스센터(Rideau CSC) 등에서 신용카드 혹은 현금으로 티켓을 구입하거나 프레스토(Presto) 카드를 충전해서 사용할 수 있다.

OC Transpo
https://www.octranspo.com

랙큰롤(Rack & Roll) 프로그램

랙큰롤(Rack & Roll) 프로그램은 자전거와 대중 교통을 쉽게 결합하기 위한 것이다. 오타와 버스들은 자전거 고정대(bike rack)를 장착하고 있다. 많은 오트레인(O-Train) 역과 대중 교통 역에는 자전거와 모빌리티 장치를 위한 충분한 공간의 엘리베이터와 자전거를 끌고 쉽게 계단을 오르내릴 수 있는 러널(Runnel)이 있다. 오트레인(O-Train) 1호선과 2호선은 1년 내내 자전거를 반입할 수 있다. 탑승시에는 열차의 첫번째 차량이 서는 곳에 위치한 자전거 탑승 구역(Bicycle boarding zone)에 서 있다가 타면 된다. 열차에 탑승하면 협동 좌석 구역(Cooperative Seating area)으로 가서 자전거를 잡거나 받침다리(kickstand)를 세워 넘어지지 않도록 한다.

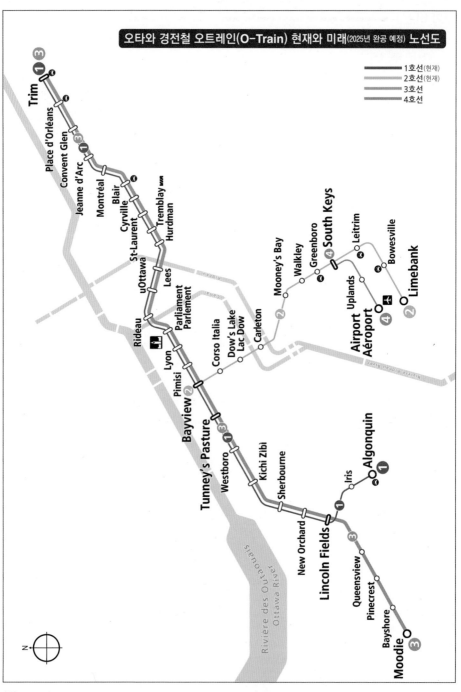

오타와 경전철 오트레인(O-Train) 현재와 미래(2025년 완공 예정) 노선도

1호선(현재)
2호선(현재)
3호선
4호선

Trim
Place d'Orléans
Convent Glen
Jeanne d'Arc
Montréal
Blair
Cyrville
St-Laurent
Tremblay
Hurdman
uOttawa
Lees
Rideau
Parliament
Parlement
Lyon
Pimisi
Bayview
Corso Italia
Dow's Lake
Lac Dow
Carleton
Mooney's Bay
Walkley
Greenboro
South Keys
Leitrim
Bowesville
Limebank
Uplands
Airport
Aéroport
Tunney's Pasture
Westboro
Kichi Zibi
Sherbourne
New Orchard
Lincoln Fields
Iris
Algonquin
Queensview
Pinecrest
Bayshore
Moodie

Rivière des Outaouais
Ottawa River

N

OTTAWA 150

Never 'So-So' 여행

'하루를 행복하려면 이발을 하고, 1주일을 행복하려면 여행을 하라' 는 말이 있다. 하지만 여행도 가지가지. 'So-So 여행'을 될 수 있으면 줄여보자. 가족여행을 다녀와서 어떤 것이 가장 좋았는지 아이들에게 물어보면 워터파크, 짚라인(zipline), 카누잉(canoeing), 눈썰매타기 같은 액티비티가 항상 1위다. 'So-So 여행'이 되지 않기 위한 첫 번째 방법은 여행 일정에 액티비티 아이템을 하나 이상 넣는 것이다. 두 번째는 눈이 휘둥그레질만한 축제나 이벤트를 보여주는 것이다. 셋째, 먹는 것을 싫어하는 아이는 없다.

2017년 가족여행지는 오타와. 오타와는 수도같지 않은 수도다. 국회의사당과 박물관이 많다는 것만 같고 런던, 파리, 서울과 여러가지로 다르다. 마천루도 교통 체증도 공해도 찾을 수 없다. 리도 운하를 따라 자전거를 타거나, 겨울철에는 리도 운하에서 스케이트를 타며 사람들 속에서 웃으며 놀고 있는 나를 보게 되는 곳이 오타와다. 오타와 여행은 한마디로 여백이 풍부한 우리나라의 수목화와 같이 담백하다. 하지만 토론토에서 차로 4시간 30분 걸리는 오타와까지 와서 자전거를 타거나 스케이트를 타는 것으로는 성에 차지 않을 것이다. 그래서 오타와 여행을 계획하는 사람들은 수도 오타와에서 벌어지는 빅 이벤트에 주목해야한다.

1812 전쟁*이 끝난 후 캐나다는 수도를 어디로 할 것이냐를 놓고 어퍼 캐나다(Upper Canada, 지금의 온타리오 주)와 로어 캐나다(Lower Canada, 지금의 퀘벡 주) 사이에서 옥신각신했다. 실제로 킹스턴, 몬트리올, 토론토, 퀘벡 등이 번갈아 가며 수도였던 적도 있었다. 1857년 빅토리아 여왕은 토론토도 몬트리올도 아닌 오타와를 수도로 선택한다. 이 때, 한 미국 신문은 침략자들이 오타와를 찾아가려다 숲에서 길을 잃겠다고 비꼬듯 말했지만 그런 일은 일어나지 않았다. 1867년 캐나다가 자치령의 국가가 되면서 오타와는 공식적인 캐나다의 수도가 되었다. 그리고 그로부터 150년이 흘렀다. 캐나다 창립 150주년을 맞이하는 수도 오타와는 지금 뜨거운 행사들로 전세계 관광객의 관심을 끌고 있다.

The War of 1812　1812-1814년. 미국이 캐나다를 침입해 벌어진 3년 전쟁

La Machine
최고의 흥행, 거리 공연, 라 머신

ottawatourism.ca

Shaw Centre 외관 유리에 비친 쿠모(Kumo)와 관객들

장식된 지게차와 붐 리프트에 올라
사운드트랙을 연주하는 뮤지션들

오후 8시, 두 마리의 우주 생물이 깨어날 시각. 오타와 쇼 센터(Shaw Centre) 앞 도로와 로리에르(Laurier) 다리는 점점 사람들로 점령되기 시작했다. 웅장한 음악이 분위기를 압도하면서 거미 모양의 거대한 우주생물, 쿠모(Kumo)가 등장한다. 높이 5.7m에 폭 6m, 다리를 벌렸을 때 길이가 20미터. 정교한 나무 조각들을 쇠 위에 덧붙인, 말하자면 인조 피부를 가진 거미다. 쿠모가 우리 머리 위로 지나갈 때는 SF 영화의 조연이 된 듯 입을 벌리고 서있었다. 이 거미는 가로수, 가로등, 버스 정류장 등을 넘어다닌다. 쿠모(Kumo)가 로리에르 다리로 가까이 갈 때쯤, 갑자기 다리 위에 거대한 용이 나타났다. 정확히 말해 머리는 용이고 몸은 말의 형상을 하고 있다. 롱마(Long Ma), 한자음으로는 용마(龍馬)다. 높이 12m에 폭 5m, 무게가 무려 45톤으로 숨을 쉴 때마다 가슴팍이 부풀어 오르고 화가 난 듯 콧김을 낸다. 고개를 두리번거리며 군중 속을 뒤지던 롱마의 눈과 나의 눈이 딱 마주쳤다. 섬뜩하다. 저 눈은! 영화 '반지의 제왕'에서 봤던 사우론의 눈이다. 용마가 머리를 쳐들고 불을 뿜자 쿠모는 흉부에서 물을 분사하더니 도망쳐 바이워드 마켓 뒤 어두운 주차장 골목으로 숨어들었다.

이 두 우주생물이 오타와를 활보하며 쫓고 쫓기는 이유는 뭘까? 롱마는 9층천에 살며 인류를 보호한다. 사악한 세력인 쿠모는 그가 잠든 틈을 타 몰래 그의 날개를 불태우고 신전을 훔친다. 이때부터 롱마는 그의 잃어버린 신전을 찾아 7대양을 누비기 시작했고, 쿠모는 이내 오타와로 피신해, 강 아래 깊은 지하에 신전을 숨긴

오타와 다운타운에서 쿠모를 찾는 롱마. 롱마의 눈은 영화 '반지의 제왕'에서 봤던 사우론의 눈 같다.

롱마와 쿠모가 한 판 싸우고 있다.

롱마를 피해 바이워드 마켓 뒷편에 숨은 쿠모

다. 하지만 오타와시가 시작한 지하철 공사는 쿠모를 불안하게 만들고, 신전을 지상으로 다시 꺼내지만 힘을 잃어 신전을 더 이상 숨길 수 없는 지경에 이른다. 이 사실을 알게 된 롱마(Long Ma)는 수백년 전에 샹플렝(Samuel de Champlain)* 이 탐험했던 루트를 따라 오타와로 오게 되는데.

캐나다 전쟁박물관이 있는 르브레튼 평지(LeBreton Flats)에서의 전투를 끝으로 두 날개를 되찾는다는 이 쇼는 예술 감독인 프랑스와 드라로지에르(Francois Delaroziere)의 창작품이다. 라 머신(La Machine) 거리 공연을 본 관객은 4일간 무려 약 75만 명에 이르고, 그 경제적 효과는 무려 약 3억 2,000만 달러나 된다고. 프랑스 낭트(Nantes)에 회사를 둔 '라 마신'을 초청하는데 든 비용이 300만 달러였다고 하니 크게 남은 장사다. 라 마신(La Machine)의 성공 비결은 '인형극에 대한 발상의 전환'이 아닐까. 롱마와 쿠마를 들어 움직이는 특수 제작된 중장비들. 걷는 것처럼 보이도록 다리관절들을 조종하는 오퍼레이터, 붐 리프트와 지게차에 올라 사운드트랙을 연주하는 뮤지션과 오케스트라까지. 이 모든 것이 대규모 스케일로 움직이는 한 편의 인형극 같았다.

여행 목적지로 오타와를 주목하는 이유는 캐나다의 수도이기 때문이다. '라 마신' 같은 거대한 무료 이벤트가 종종 열린다. 오타와 관광청 사이트를 방문해서 올해는 어떤 행사가 있는지 확인하고 여행 일정을 세워 보길 바란다.

Canadian Tulip Festival
캐나다 튤립 축제

tulipfestival.ca

매년 5월에 열리는 세계 최대의 튤립 축제를 보기 위해 약 60만 명의 관광객이 오타와를 찾는다. 2009년만 해도 튤립 축제는 각국의 다양한 문화 행사를 곁들인 복합적인 축제였지만 지금은 튤립을 감상하고 즐기는 꽃 축제로 바뀌었다. 다양한 종류의 수백만 송이 튤립이 만개하는 다우스 레이크 공원을 중심으로 라이브 음악과 푸드 벤더 음식 등을 즐긴다. 다우스 레이크 공원에 조성된 화단은 각각의 테마가 있다. 예를 들어, 화단 24번은 '자유 75 튤립(Liberation75 Tulip)'으로 75년 전 캐나다 군인들에 의해 나치 독일로부터 해방된 네덜란드를 기리기 위해 오렌지 색의 튤립으로 조성했다.

캐나다 튤립 축제는 튤립의 아름다움에 매료된 세계적인 사진작가 말락 카슈(Malak Karsh)*의 주도로 1953년부터 공식적으로 시작되었지만 그 역사는 더 오래되었다. 1940년 네덜란드 율리아나 공주는 2차대전을 피해 오타와로 피신했다. 1945년 전쟁이 끝나고 고국으로 돌아간 율리아나 공주는 오타와의 환대에 감사하는 뜻으로 10만 개의 튤립 구근을 오타와에 선물했다. 1948년 여왕이 되어서도 튤립 구근을 보내는 일은 그녀의 재위 기간 동안 계속되었다. 튤립 축제는 이러한 양국 간의 우정을 기념하고, 네덜란드의 해방을 위해 싸웠던 캐나다 군대에 대한 감사의 마음을 담고 있다. 이와 함께 캐나다에서 태어난 유일한 왕실 인물인 마그리에트(Margriet) 공주의 탄생을 기념하는 축제이기도 하다. 1943년 1월 19일 오타와 시빅 병원에서 태어난 마그리에트 공주는 속지주의 원칙에 따라 캐나다 시민이 되어야 했다. 물론 네덜란드는 속인주의를 채택하고 있기 때문에 공주가 네덜란드 시민인 것엔 변함이 없었다. 하지만 캐나다 정부는 그녀가 태어난 오타와 시빅 병원 분만실을 임시로 네덜란드에 양도해, 마그리에트 공주가 네덜란드 땅에서 네덜란드 시민으로 출생할 수 있도록 배려해주었다. 이렇듯 율리아나 여왕과 마그리에트 공주 그리고 튤립에 얽힌 전설은 튤립 축제 때가 되면 회자된다.

튤립 구근, 튤립 양초, 티셔츠 등 튤립과 관련한 다양한 제품을 '튤립 축제 웹사이트 숍'에서 온라인 구매할 수 있다. 사람들은 매년 추수 감사절 때를 기다렸다가 이 사이트에서 튤립 구근을 주문한다. 튤립 구근은 가을에 심어 봄에 꽃을 피운다. 2020년에는 네덜란드에서 캐나다 튤립 축제를 위해 독점적으로 개발해 재배된 '렘브란트 블렌드(Rembrandt Blend)' 튤립 구근이 판매되었다. 하얀 도화지에 로얄 퍼플과 프린세스 핑크로 그린 듯한 '렘브란트 블렌드' 튤립은 2021년 캐나다 국립 미술관에서 열리는 '렘브란트 전시회'와 함께 활짝 피어났다.

 말락 카슈(Malak Karsh, 1915–2001

튀르키예에서 태어난 아르메니아계인 말락은 1937년 캐나다에 왔다. 그는 캐나다의 고요하고 장엄한 풍경들을 사진으로 남겼는데, 오타와에 살면서 특별히 오타와 봄의 아름다움을 많이 담았다. 세계적으로 유명한 유세프 카슈(Yosef Karsh)의 동생이었고, 형의 이름과 혼동하지 않도록 말락으로 불리는 것을 좋아했다. 말락의 사진 컬렉션은 캐나다 국립 도서관 기록관(Library and Archives Canada)에 보존되고 있다. 그가 남긴 또 다른 업적은 '캐나다 튤립 축제(Canadian Tulip Festival)'를 구상하고 도운 것이다. 말락의 트레이드 마크 사진(퀘벡 쪽에서 튤립을 걸고 오타와 강 너머의 국회의사당을 찍은 사진)을 찍은 장소는 튤립 축제 때가 되면 아마추어 사진가들이 찾는 필수코스다. 2001년 NCC는 캐나다역사박물관(Canadian Museum of History)에서 가까운 오타와 강둑에 말락의 화단을 조성하고, 말락이 가장 좋아했던 핑크 임프레션(Pink Impression)과 골든 아펠도른(Golden Apeldoorn) 튤립을 심고 있다.

Frozen
OTTAWA

겨울 왕국, 캐나다 오타와!

문턱만 나서면 , 눈덮힌 길을 따라 크로스컨트리를 하는 사람, 스노우모빌(snowmobile)을 타는 사람, 강에서 호수에서 스케이트를 타는 사람, 얼음 낚시를 하는 사람, 올해도 뒷마당에 작은 아이스링크를 만들어 아이스하키를 하는 아빠와 아이들까지, 신기한 듯 바라봐야 하는 풍경을 쉽게 만난다. 온타리오 북쪽으로 조금만 올라가도 스노우모빌과 크로스 컨트리는 그곳 사람들에겐 차보다 나은 겨울 교통 수단이다. 이색적인 것이 누구에겐 생활이다.

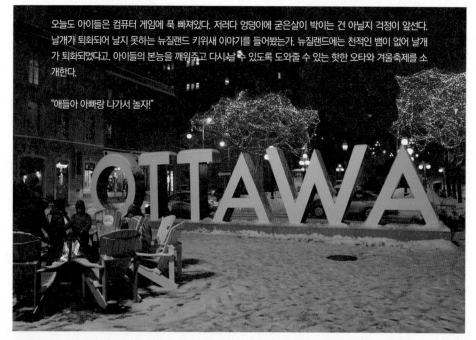

오늘도 아이들은 컴퓨터 게임에 푹 빠져있다. 저러다 엉덩이에 굳은살이 박이는 건 아닐지 걱정이 앞선다. 날개가 퇴화되어 날지 못하는 뉴질랜드 키위새 이야기를 들어봤는가. 뉴질랜드에는 천적인 뱀이 없어 날개가 퇴화되었다고. 아이들의 본능을 깨워주고 다시날 수 있도록 도와줄 수 있는 핫한 오타와 겨울축제를 소개한다.

"애들아 아빠랑 나가서 놀자!"

Winterlude
윈터루드

윈터루드는 캐나다의 겨울을 축하하는 축제다. 5개월이나 되는 긴 겨울의 중간쯤인 2월에 '좀 쉬었다 가자'는 의미로 개최된다. 윈터루드(Winterlude)는 겨울의 윈터(Winter)와 막간을 뜻하는 인터루드(Interlude)를 합친 조합어다. 오타와 겨울 축제를 즐기기 위해 매년 70만 방문객이 찾는다. 축제가 열리는 공원마다 각기 테마가 다르다. 크리스탈 가든(Crystal Garden)으로 잘 알려진 컨퍼더레이션 공원(Confederation Park)의 테마는 '대비의 조화'다. 이에 맞춰 국제 얼음 조각 대회가 개최된다. 음과 양의 대비를 조화롭게 섞어 창의성이 돋보이는 얼음 조각 작품을 전시 및 선발한다.

TIP
질주하는 하니스 경마(Harness racing)의 설키(Sulky, 말 한 필이 끄는 1인승 2륜 마차). 윈터루드 개막식이 있었던 1979년부터 1985년까지 리도 운하 빙판 위에서 펼쳐졌던 쿼터마일(400미터) 하니스 경마를 기념하기 위한 작품이다. 당시 기사를 보면 "영하의 추운 날씨에도 윈터루드와 캐나다 아이스 레이싱의 역사적인 날을 즐기기 위해 총리인 피에르 엘리오트 트뤼도(Pierre Elliott Trudeau)와 그의 아들들 마이클, 알렉산드라 그리고 저스틴(2021년 현 캐나다총리)의 참석과 함께 4만 관중이 가슴 벅찬 리셉션에 참여했다."고 적고있다.

가티노 쟈크 카르티에 공원(Gatineau's Jacques Cartier Park)에서도 윈터루드 축제가 열린다. 눈송이 왕국으로 대중들에게 잘 알려져 있는 이 공원의 테마는 'MOVE'다. 가족과 아이들이 함께 놀 수 있도록 얼음 미끄럼틀, 설피걷기, 킥슬레드(Kicksled)타기 체험이 준비되어 있다. 입장료는 무료.

쟈크 카르티에 공원 남쪽에서는 25개의 얼음 조각 작품을 전시하고 있는 모제베르날(Mosaivernales)이 한창이다. 모제베르날(Mosaivernales)은 Mosaic와 Hivernales의 조합어로 '겨울 모자이크'라는 뜻이다. 올해의 테마는 '신들로의 조명여행'이다. 입장료는 10불.

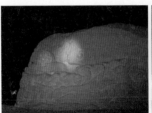 

비버 테일 숍

세상에서 가장 긴 리도 운하 스케이트장

Skate on the Rideau Canal Skateway
ncc-ccn.gc.ca/places/rideau-canal-skateway

Drive to the Ice Dragon Boat Festival
Dows Lake(1001 Queen Elizabeth Drive)
icedragonboat.ca

 주의

스케이트를 타러 가기 전에 꼭! 리도 운하 스케이트장 개장여부와 얼음 상태를 NCC 웹사이트에서 확인한다.
• 초록색 깃발 : 스케이트장 오픈
• 빨강색 깃발 : 스케이트장 닫힘

구간별 얼음 상태 확인 웹사이트
: https://ncc-ccn.gc.ca/places/skateway-ice-conditions

다우스 레이크에서 아이스 드래곤 보트 경기가 열리고 있다.

축제기간에는 리도 운하에서 스케이트를 타려는 인파가 엄청나다. 리도 운하 스케이트장의 길이는 7.8킬로미터. 자연적으로 만들어진 세계 최장 길이의 스케이트장이다. 스케이트를 빌리는 데는 25불, 보증금으로 100불을 지불해야 한다. 반납만 잘 하면 100불은 돌려주니 걱정하지 마시길. 신었던 겨울 부츠를 넣을 배낭을 미리 준비하길 바란다

NCC(National Capital Commission)의 초록 색 깃발이 펄럭인다. 리도 운하에서 스케이트를 즐겨도 안전하다는 표시다. 얼음 상태가 좋지 않으면 붉은 색 깃발을 펄럭인다. NCC의 얼음 안전 위원회는 리도 운하 스케이트장의 안전을 담당하고 있다.

얼음의 가장 큰 적은 예상외로 눈이다. 눈은 보온 역할을 하기 때문에 얼음을 빨리 녹게 만든다. 때문에 얼음 위에 쌓인 눈은 가급적 빠르게 치워주는 것이 좋다. 스케이트장 가장 자리를 자세히 보면 얼음 구멍이 여기저기 있다. 이 구멍을 통해 얼음 아래 물의 양을 조절한다. 신나게 스케이트를 즐기다 살짝 금이 간 곳이 있어도 걱정하지 말자. 온도 변화로 인해 얼음이 수축 혹은 팽창할 때 생긴 지극히 정상적인 현상이니까.

신나게 스케이트를 타고서 리도 운하 스케이트장에서 먹는 비버 테일은 별미 중에 별미다. 추웠던 몸을 달콤히 녹여준다. 비버 테일은 비버의 꼬리를 닮아 붙여진 이름으로 통밀가루와 으깬 감자를 바삭하게 튀겨낸 뒤 시나몬과 설탕을 묻혀 먹는다. 초콜릿, 휘핑크림, M&M 캔디등 다양한 토핑을 추가할 수 있다. 2009년 오마바 전 대통령의 취임식과 캐나다 방문을 축하하기 위해 휘핑크림과 초콜릿 소스로 알파벳 'O'를 장식한 '오바마테일'이 커다란 화제가 되기도 했다.

리도 운하 스케이장 끝에 위치한 다우스 레이크(Dow's Lake)에서는 아이스 드래곤 보트 경기가 펼쳐진다. 드래곤 보트는 밑쪽에 날을 장착한 썰매다. 즉 보트 경기라기 보단 썰매시합에 가깝다. 12명의 선수가 한 팀을 이뤄 경기를 펼친다. 팀은 노를 젓는 패들러(Paddler) 10명, 드러머(Drummer) 1명, 그리고 방향타를 조정하는 1명의 스티어(Steerer)로 구성된다. 배를 앞으로 나가게 하는 것은 노가 아닌 바닥에 징이 박힌 스틱(Stick)이다. 이색적인 아이스 드래곤 보트 경기는 윈터루드 기간중 유일하게 이곳에서 볼 수 있다. 참가 자격은 13세 이상. 남,녀 혼성팀인 경우는 적어도 여성 패들러가 너댓명이어야 한다. 매년 백여개의 팀이 참가한다.

Canadian Museum of Nature
캐나다 자연사 박물관

자연사 박물관은 7개의 영구 전시관과 특별 전시관으로 이루어져 있으며 그중 2017년 개관한 캐나다 구스 북극 전시관과 나비 특별 전시를 눈여겨 봐야한다. 북극 전시관 입구에 들어서면 '얼음 너머(Beyond Ice)'라 불리는 멀티미디어 설치 예술 작품이 눈에 띈다. 북극을 간접적으로 체험할 수 있는 작품으로 오감을 이용해 북극을 느껴볼 수 있다. 이누잇 예술가들이 만든 애니메이션과 북극의 모습이 얼음 위로 투사된다. 얼음을 직접 손으로 느낄 수 있다. 그래서인지, 여기저기 손자국이 가득하다. 일정 시간이 지나면 새것으로 교체한다고 하니, 부담 없이 느껴보시길. 아이들은 새하얀 북극에서 새하얀 동심을 찾은 모양이다. 겨울에 더 운치있는 북극 전시관은 국립영화재단(National Film Board of Canada)과의 공동작업으로 탄생됐다.

📍 240 rue McLeod Street, Ottawa
nature.ca

'날고 있는 나비' 특별전시를 하고 있는 열대 온실은 인원이 제한된 전시관이기 때문에 30분전 사전 예약이 필수다. 입구에 들어서면 코스타리카에서 온 번데기를 볼 수 있다. 몇몇 나비는 이미 껍데기를 벗고 날개짓을 하고 있다. 온실 안에선 주의해야할 사항이 있다. 바로 걸음을 옮길 때 나비를 밟지 않도록 유의하는 것이다. 자연스럽게 바닥을 살피며 살며시 걷게 된다. 오렌지 즙으로 식사를 하고 있는 나비 무리 속에 유난히 투명한 날개가 눈에 띈다. 바로 글라스윙(Glasswing)이다. 투명한 날개가 몬트리올 노트르담 바실리카 교회의 스테인드글라스같다.

이 전시에서 가장 인기 있는 나비는 블루 모르포(Blue Morpho)다. 모르포 나비의 날개 윗면은 신비로운 기운의 푸른색이고, 밑면은 갈색, 빨간색 그리고 짙은 회색이다. 쉴 때는 날개를 접어 위장하고, 날 때는 파랑색에서 갈색으로 깜빡인다. 정글속에서 보면 나비가 사라졌다 나타났다를 반복하는 것처럼 보인다. 아름다운 날개 때문에 블루 모르포는 포식자(Predator)의 쉬운 표적이 된다. 푸른색 날개를 이용해 쥬얼리를 만드는 인간은 또 하나의 잠재적 포식자다. 아이들은 나비의 날개짓에도 멈춰선다. 미동이 없는 이 공간에는 아이들의 동심이 가득 흐른다.

Nordik Spa-Nature
노르딕 스파-네이처

아우프구스 의식

몸이 뜨는 소금물 수영장, 칼라 트리트먼트(Källa Treatment) ©Nordik Spa-Nature

🏠 16 CHEMIN NORDIK, CHELSEA (QUEBEC)
chelsea.lenordik.com

2천년 전통을 가진 북유럽 온열요법을 체험해보도록 하자. 이 곳에는 건조 사우나 7개, 스팀 사우나가 2개가 있다. 스파를 즐기기 전 노르딕스파-네이처의 온열 요법을 배우는 것이 좋다. HEAT(온), COLD(냉), REST(쉼), 3단계 사이클을 반복하는 것이다. 10~15분은 사우나를, 이후 몸을 식히기 위해 10~15초 야외 냉탕을 들어간다. 마지막 단계는 체온과 심장 박동을 회복하기 위해 20분 휴식을 취하면 된다.

이 곳에서 아우프구스 의식(Aufguss Ritual)을 볼 수 있는 핀란디아 사우나는 단연 인기다. 독일 아우프구스에서는 아무것도 입지 않는 것을 규칙으로 하고, 수영복을 입으면 퇴장이다. 하지만 이 곳은 남녀 모두 수영복 차림으로 편하게 앉아있다. 사우나 마이스터(Sauna Meister)가 들어와 아우프구스 방법과 효과를 알려준다. 더워 견딜 수 없다면 퇴실은 자유다. 단, 재입장은 불가하다. 방법은 이렇다. 성인 주먹만한 얼음 볼을 돌 위에 깨트린다. 사용될 3개의 얼음 볼에는 라벤더, 베르가못, 팜플무스 로즈 등의 에센셜 오일이 들어있다. 사우나 마이스터가 현란하게 수건을 돌리면 열기와 향기가 사방으로 퍼진다. 명상에 잠긴 참가자들 몸에서 땀이 주룩주룩 흐른다. 사우나를 마치고 사람들은 야외 냉탕에 몸을 담근다.

러시아식 건강 사우나인 반야(Banyä)는 중세부터 시작되었다. 반야 사우나를 마치면 피부 각질 제거를 위한 유칼립투스와 소금 또는 라벤더와 소금으로 온 몸을 비빈 후 물로 씻어낸다. 피부가 부드러워지고 라벤더는 평안함을 유칼립투스는 상쾌함을 준다.

편히 쉴 수 있는 공간으로는 연한 에센셜 오일 향이 감도는 릭랙세이션 샬레(Relaxation Chalet)가 있다. 잔잔한 음악이 흘러 나오는 헤드폰이 놓여있다.

마지막으로 북미에서 유일한 소금물 수영장인 칼라(Källa)에 몸을 맡겨보자. 염도가 높아 몸이 둥둥 뜨기 때문에 물에서 누워 쉴 수 있다. 소금물의 깊이는 무릎 높이이기 때문에 사해(The Dead Sea)보다 안전하다.

스파 안에 있는 식당(RESTÖ)에서 사람들은 욕실 가운을 입고 식사를 한다. 전식으로는 더블 스모크 베이컨(Double Smoked Bacon)을 적당한 크기로 잘라서 메이플 시럽을 넣어 노르스름할 때까지 볶은 메이플 베이컨 라돈(Maple Bacon Lardon), 본식으로는 팬에 구운 아틀란틱 대구 요리(PAN SEARED ATLANTIC COD)와 삶은 양고기 정강이 요리(BRAISED LAMB SHANK)를 추천한다.

오타와

캐나다 항공 우주 박물관 🚇

프로메나드 쉬 조거 에드앤드 가르티에

Macdonald-Cartier Bridge

원터루드 축제(Snowflake Kingdom)

-나다 역사 박물관 🚇

수상 택시 타는 곳
(캐나다 역사 박물관)

캐나다 국립 미술관
★ 키워키 포인트(전 네핀 포인트)

🚇 바이워드 마켓

🚇 리도 운하 켈트 십자가

수상 택시 타는 곳(오타와 갑문쪽)
국회의사당 🚇

바이타운 박물관

100년 불꽃

🚇 리도 운하 크루즈 타는 곳

원터루드 축제(컨퍼더레이션 공원)

수상 택시 타는 곳(리치몬드 랜딩)

캐나다 전쟁 박물관

🚇 오타와 기차역

퀸즈 웨이

🚇 자연사 박물관

Hwy 417

캐나다 과학 기술 박물관 🚇

스미스 로드

♥ 캐나다 튤립 축제

Z

오타와 추천코스

도시 여행의 대명사인 박물관 투어, 신나는 야외 액티비티(워터파크, 래프팅, 아브라스카 라플레쉬),
비버테일과 바이워드 마켓 등 볼거리, 놀거리, 먹거리가 풍성하다.

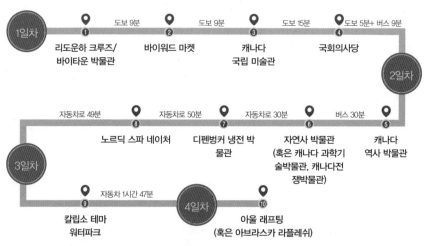

국회의사당
Parliament Hill

국회의사당 투어
투어 예약 전화 : 613-996-0896

Sound and Light Show
노던 라이트(Northern Lights)
◎ 7월 초~9월 초 30분 상연
(쇼 시작 : 7월 22:00, 8월 21:30, 9월 21:00)

크리스마스 라이트(Christmas Lights)
◎ 12월 초~1월 초 15분 간격으로 상연
(매일 17:30~23:00)

soundandlightshow.ca

캐나다 건국 100주년을 기념해 만든 100년 불꽃

캐나다 건국 100주년을 기념해 만든 365일 타오르는 100년 불꽃(Centennial Flame), 근위병 교대식, 국회의사당 가이드 투어, 노던 라이트(Northern Lights) 쇼, 수요 요가(Yoga) 등이 유명하다.

근위병 교대식(Changing of the Guard)은 다홍색 유니폼을 입고, '베어스킨 (Bearskin)'이라고 불리는 커다란 곰털 모자를 쓴 병사들이 파이프, 드럼, 브라스 악기의 연주에 맞춰 카르티에 광장 군훈련소(Cartier Square Drill Hall)을 출발해 엘긴 스트릿을 따라 행진한다. 팔러먼트 힐에 오전 10시쯤 도착한 근위병은 사열과 교대식을 행한다. 근위병 교대식은 6월 말부터 8월 말까지 매일 있다. 이 교대식은 영국의 근위병 교대식을 모델로 1959년부터 시작되었다.

2002년부터 시작된 국회의사당 수리는 2028년까지 계속될 듯 싶다. 국회의사당 투어는 부분적으로 계속되고 있다. 국회의사당은 평화의 탑이 있는 센터 블록과 건물 좌, 우측에 있는 이스트 블록, 웨스트 블록으로 나뉜다. 전몰자의 진혼을 위해 세워진 평화의 탑에는 53개의 편종이 있다. 종을 연주하는 카리용(Carillon) 콘서트도 볼만하다. 투어의 하이라이트는 국회의사당 도서관이다. 이 건물은 빅토리아 하이 고딕 양식(Victorian High Gothic style)으로 설계되었다. 고딕 양식의 특징이라고 할 수 있는 첨두 아치와 버팀벽(flying buttless)이 도서관 외관에 잘 드러나 있고, 가장자리를 따라 장식된 석재 장식의 섬세한 터치는 경탄을 금치 못한다. 도서관 중앙에는 1871년 마샬 우드(Marshall Wood)가 조각한 젊은 시절 빅토리아 여왕의 대리석 조각상이 서 있다. 투어 시작 20분 전에 도착해야 하며, 모든 관광객은 보안검색대를 통과해야 한다. 가방(35.5 cm x 30.5 cm x 19 cm 이하)은 한 개만 소지할 수 있다.

사운드앤라이트 쇼(Sound & Light Show)인 노던 라이트(Northern Lights)는 잊을 수 없는 여행을 선사한다. 1984년부터 시작한 이 이벤트는 매년 7월 초부터 9월 초까지 열린다.

한 여름에 열리는 사운드앤라이트 쇼 '노던 라이트(Northern Lights)'의 한 장면

리도 운하
Rideau Canal

리도 운하 크루즈 (Rideau Canal Cruise)
- 출발 1 Elgin St, Ottawa, ON K1P 5W1
- 출발 5월~10월 10:00, 12:00, 14:30, 16:30, 18:30(6월-9월)
- 성인 $35.95, 어린이(2-11세) $20.50, 2살 이하 무료

https://www.ottawaboatcruise.com/tour/rideau-canal-cruise

자전거 투어와 자전거 대여 (Escape Bicycle Tours and Rentals)
가이드와 함께 하는 자전거 투어와 자전거를 대여해서 지도를 가지고 셀프 가이드 투어.
- 79a Sparks St, Ottawa
- 613-608-7407
- 월-금 09:30-18:30, 토~일 09:00 - 19:00
- 웹사이트 참고

escapebicycletours.ca

> **TIP** 리도 폭포는 프랑스어로 '커튼'이라는 뜻으로 마치 커튼 같다고 해서 붙여졌다.

리도 운하는 1812년 영미전쟁 이후, 미국과의 전쟁에 대비해 만들어졌다. 미국과 국경이 접해 있는 세인트 로렌스 강을 통해 킹스턴까지 군수 물자를 수송하는 것은 아주 위험한 일이었다. 미국의 포 사정권 밖에 있는 안전한 수상로를 확보하기 위해 리도 운하를 건설하게 되었다. 오타와 부근의 리도 운하 건설 책임자는 영국군 존 바이(John By) 대령이었다. 그는 엔지니어였고, 공작의 신분이었다. 리도 운하를 만드는 과정에서 바이타운(Bytown)도 세워졌다. 오타와 강부터 다우스 호수로 이어진 인공 수로는 리도 강과 오타와 강이 만나는 리도 폭포*와 호그스 백(Hog's Back)의 급류를 우회하기 위해 만들어졌다. 오타와에서 킹스턴까지 수로의 길이는 202 킬로미터. 수로를 따라 크고 작은 마을들이 생겨났다. 메릭빌(Merrickville) 예술촌과 같은 숨은 관광명소도 있다. 리도 운하는 북미에서 운하를 짓기 시작한 19세기 형태가 그대로 남아 있는 유일한 운하다. 온타리오에서 유일한 유네스코 세계문화유산인 리도 운하를 따라 여름이면 조깅, 사이클링, 카누잉, 카약킹 등을 즐긴다. 카누와 카약은 다우스 레이크에서 대여할 수 있다. 오타와 국립아트센터(1 Elgin St) 뒤에서 출발해 다우스 호수를 왕복하는 리도 운하 유람선(Rideau Canal Cruise)도 한 번 타볼만 하다. 사방이 트인 브랜뉴 전기선과 오디오 가이드에서 흘러 나오는 한국어 설명 때문에 왕복 1시간 반이라는 시간이 전혀 지겹지 않다.

리도유역환경보전청(RVCA; Rideau Valley Conservation Authority)

1940년대 주의회에서 통과돼 만들어진 기관으로 리도강 유역의 환경보전 및 개발 등에 관해서 서로 다른 의견을 지닌 지자체, 땅 소주유주와 주민들의 협력을 도모하기 위해 만들어진 기관이다. 자연 과학자, 지하수 전문가 등 80여 명의 연구원들이 리도 유역의 환경보전을 위한 다양한 연구결과를 내놓고, 그것을 일반에게 공개한다. 법에 의하면 탐사선이나 배가 들어갈 수 있는 강은 모두 영국 여왕에게 속한다고 되어 있다. 그러나 작은 지류 같은 것은 개인소유지다. 작은 지류에서 물이 흘러 강으로 흘러들기 때문에 강의 법적 단속도 중요하지만 물의 오염을 막기 위해서는 강물의 원천인 냇가에 땅을 소유한 소유주들의 협력과 교육 등이 필요하다. 한 예로 셉틱 시스템(Septic system)은 리도 유역의 모든 가정이나 공장 건물은 하수 처리 시설을 반드시 설치하도록 명문화되어있다. 리도강 유역에 살고 있는 62만명의 주민은 생명이 있는 강과 더불어 살고 있다.

1. **리도의 맛** - 리도 유네스코 유산 루트의 파머스 마켓(직거래 장터)을 따라 여행. (킹스턴, 펄스, 오타와)

2. **달콤한 맛** - 스미스 폴스(Smith's Falls)에 있는 허쉬 초콜릿 공장 견학과 퍼스(Perth) 근처에 있는 휠러스 메이플 프로덕트(Wheelers Maple Products)를 방문하자. 그리고나서 바이워드 마켓(Byward Market)에 있는 비버 테일(beaver tail) 1호점에서 클래식 비버테일 페이스트리를 맛보자.

3. **스파를 즐겨라** - 리도 운하가 내려다보이는 돌체 벨라 스파(Dolce Bella Spa, 킹스턴)에서 만족스런 하루를 시작해라. 코드 밀 스파(Code's Mill Spa, 퍼스), 빌리지 스파(Village Spa, 메릭빌) 등 리도에는 몸을 피로를 풀어줄 20여 개의 스파 체험이 기다리고 있다.

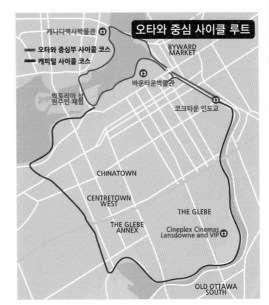

4. **사이클을 즐겨라** - 리도 운하와 오타와 강을 따라 이어진 자전거 도로를 강바람을 맞으며 달려보자.

5. **브와야줴르 카누 액티비티** - 브와야줴르(Voyageur)가 사용했던 카누와 똑같은 10미터 카누를 타고 노를 저으며 유네스코 세계문화유산으로 지정된 리도 운하의 생태에 대해서 배워보자. 리도 라운드테이블(Rideau Roundtable)에 의해 운영되는 리도 체험 프로그램으로 브와야줴르 복장을 한 가이드가 리도 탐험을 도와준다. 카누당 15명의 패들러와 노를 젖지 않아도 되는 참가자 3명까지 탈 수 있다.
   *브와야줴르(Voyageur) : 모피를 카누로 운송하던 뱃사공
   *리도 라운드테이블(Rideau Roundtable) : 자연적, 역사적, 그리고 오락적 가치를 지닌 리도 운하를 미래 세대를 위한 유산으로 잘 유지되고, 즐길 수 있게 하기 위해 설립된 비영리단체. www.rideauroundtable.ca

6. **갑문지기(Lockmaster)가 되어보자** - Lockmaster's House Museum - 차페이즈(Chaffeys) 갑문, 리도 운하 박물관(the Rideau Canal Museum) - 스미스 폴(Smiths Fall), 바이타운 박물관(Bytown Museum) - 오타와(Ottawa) 등을 방문해서 갑문지기가 되어 보자.

7. **살아있는 역사를 체험하자** - 헨리 요새에서의 병영 생활을 체험하고 나서 세계적으로 유명한 선셋 세리머니(Sunset Ceremony)를 구경하자. 절도 있는 공연과 드럼 연주 실력에 놀라게 된다. (선셋 세리머니는 7월과 8월 매주 수요일 저녁에 열린다.)

8. **클래식한 리도 크루즈** - 차페이즈 갑문(Chaffeys Lock)에 위치한 리도 투어(Rideau Tours)에서는 폰툰 보트로 Jones Falls(오전 10시 출발)과 Newboro(오후 4시 출발)를 여행하는 크루즈를 운영한다. 7월 초부터 10월 말까지 투어 가능하다.

바이워드 마켓
ByWard Market

🏠 55 ByWard Market Square, Ottawa
🕐 매일 09:00~17:00
🚫 크리스마스, 새해 1월 1일
byward-market.com

캐나다에서 가장 오래되고 가장 규모가 큰 파머스마켓 중 하나인 바이워드 마켓 (ByWard Market)은 관광객들이 가장 즐겨 찾는 장소다. 식당, 클럽, 커피숍, 부티크, 예술품, 베이커리, 초콜릿 가게 등으로 가득하다. 여름에는 과일, 채소, 꽃, 식물, 예술품 등을 파는 175개의 야외 가판대가 선다. 거리 음악가들의 연주로 거리는 늘 활기가 넘치고, 여름 주말엔 5만 명이 넘는 사람들이 이 곳을 찾을 정도다. 바이워드 마켓은 1826년 존 바이(John By) 대령에 의해 세워졌다. 관광객들은 이 곳에서 좋아하든 좋아하지 않든 세 가지를 맛봐야 한다. 르 물랭 드 프로방스(Le Moulin de Provence)의 오바마 쿠키, 비버테일, 그리고 록키 마운틴 초콜릿의 카라멜 애플 혹은 캔디 애플이 그것.

먼저, 오바마 쿠키로 유명한 르 물랭 드 프로방스(Le Moulin de Provence). 베이커리 입구에는 2009년 오바마 대통령이 이 곳을 방문했을 때의 사진이 커다랗게 걸려있다. 실내의 TV 모니터에선 당시 방송이 연속 재생되고 있다. 오바마 대통령은 딸들에게 줄 선물로 메이플 모양의 쇼트브레드 쿠키를 샀는데 그때부터 이 쿠키는 '오바마 쿠키'라는 닉네임을 얻게 되었다. 예전에는 2~3일에 백여 개를 팔았지만 오바마 대통령이 방문하고부터는 하루에 1200개를 팔았을 정도로 오바마 쿠키의 인기는 하늘을 찔렀다. 오바마 쿠키 300개를 만드는 데는 4시간 정도가 걸린다. 굽는데 15분, 쿠키가 굳은 후 붉은 색소로 페인팅, 그리고 쿠키 둘레로 아이싱 작업을 하고, 위에다 'Canada' 라는 글씨를 쓰면 끝. 아이싱은 아이싱 설탕, 물, 계란, 레몬 주스, 크림을 넣어 만든다. 이 외에도 크로크무슈, 베이커리, 타르틀레트, 스트루델 등 모닝 커피와 어울리는 수많은 디저트를 판다.

또 하나 빼먹지 말고 맛봐야 할 것은 비버 꼬리 모양의 '비버테일 페이스트리'. 포기 김치를 돌돌 말아서 한 잎에 먹는 것처럼 접어서 입 안 가득 먹어야 제맛이다. 원조인 시나몬과 설탕을 뿌린 클래식 비버테일이 가장 많이 팔린다.

비버테일 페이스트리

오바마 쿠키로 유명한 르 물렝 드 프로방스(Le Moulin de Provence

+ 비버 테일 만드는 법

Step 1. 통밀과 으깬 밀로 반죽을 해서 숙성시킨다.

Step 2. 반죽을 쭉쭉 잡아당겨 비버의 꼬리 모양을 만든다.

Step 3. 100% 콩기름에 튀긴다. 튀기는데 걸리는 시간은 30초 이상.

Step 4. 이렇게 만들어진 빵에 토핑을 하면 비버테일 페이스트리가 된다.

1826년 존 바이(John By) 대령에 의해 세워진 바이워드 마켓(ByWard Market)

자연사 박물관
Canadian Museum of Nature

🏠 240 McLeod Street, Ottawa
🕐 10:00~16:00 (목 10:00~19:00)
💲 성인 $17, 시니어(65+) $15, 학생 $15,
어린이(3-12) $13, 2세 이하 무료
nature.ca

유서 깊은 빅토리아 기념박물관 건물에 위치한 자연사 박물관은 화석(Fossil), 물(Water), 포유동물(Mammal), 지구(Earth), 조류(Bird), 캐나다 구스 북극(Canada Goose Arctic), 곤충(Nature Live) 등의 영구 전시 및 다양한 특별 전시로 방문객의 발길이 끊기지 않는 곳이다. '캐나다 구스 북극 갤러리'는 2017년 개관했다. 물 갤러리에서는 지구상에서 가장 크다는 대왕고래(Blue Whale)의 19미터 뼈를 볼 수 있다. 지구 갤러리에서는 800여개의 휘황찬란한 광물을 관찰할 수 있다.

캐나다 과학기술박물관
Canadian Science and Technology Museum

🏠 1867 St Laurent Blvd, Ottawa
🕐 매일 09:00~17:00
💲 어른 $18.50, 시니어(60+)/학생 $14, 유스(3-17) $12, 2세 이하 무료
ingeniumcanada.org/scitech

캐나다 과학기술박물관은 대중이 캐나다의 기술 및 과학의 역사, 그리고 과학, 기술, 캐나다 사회간의 지속적인 관계를 이해하도록 돕는 것이다. 방문객은 캐나다 국립철도의 증기 기관차와, 핵 원자로, 천연자원 채굴 기술, 현미경과 망원경, 의료 기술, 신체를 위해 디자인된 웨어러블 기술(Wearable Tech) 등 다양한 분야의 과학기술을 몸으로 직접 체험할 수 있다. 레오나르도 다 빈치의 종합 전시회와 같은 놓치지 말아야 할 특별 전시회도 많다고 하니 웹사이트를 꼭 확인하길 바란다. 캐나다 과학기술박물관은 캐나다 공기업인 인제니움(Ingenium)에서 감독하고 있다. 인제니움이 감독하는 박물관은 이 외에도 캐나다 농업식품박물관, 캐나다 항공우주박물관 등이 있다.

+ 레오나르도 다 빈치 전시회

레오나르도 다 빈치 전시회는 그가 그린 그림들과 대표작 모나리자의 과학적 해부, 그리고 이탈리아 장인들이 10년간 레오나르도의 코덱스와 스케치를 연구해 정교하게 재현한 복제품을 같이 전시하고 있다.

밀라노 군주였던 루도비코 스포르차가 피렌체 군주 로렌초에게 1481년 성벽전문가를 보내달라고 요청하자 로렌초는 레오나르도 다 빈치를 보내게 되는데 루도비코에게 레오나르도가 보낸 자기소개서에 "저는 안전하고 아무도 공격할 수 없는 장갑차를 만들 수 있습니다. 보병연대가 이 차량 뒤를 따라가면 그 어떤 피해도 받지 않고 적을 물리치고 진군할 수 있습니다."라고 소개했다. 레오나르도가 그린 모형이 바로 오늘날의 장갑차다. 다빈치의 코덱스(메모장)에는 성벽을 오르기 위한 기구, 대형 쇠뇌(활시위를 당기면 길이가 20미터), 헬리콥터, 낙하산 등 다양한 궁금증과 아이디어가 그려져 있다. 다빈치는 37년간 3만 장이 넘는 코덱스를 남겼다. 다빈치는 영감을 받기 위해 'Tell me!'라고 종이 위에 적고 일을 시작했다고 한다. 레오나르도의 코덱스는 경매에서 347억에 낙찰되었다.

캐나다 국립 미술관
National Gallery of Canada

⌂ 380 Sussex Drive, Ottawa
◷ (여름) 09:30~17:00 (목요일은 20:00시까지)
🎟 성인 $20, 시니어(65세 이상) $18, 학생 $10,
11세 이하 무료
gallery.ca

1988년 5월 21일에 오픈한 캐나다 국립 미술관은 모쉐 사프디(Moshe Safdie)가 디자인했고, 코넬리아 한 오베랜더(Cornelia Hahn Oberlander)가 조경을 담당했다. 미술관에서 가장 먼저 눈에 들어오는 것은 미술관 앞 광장에 서있는 9.25m 높이의 거대한 청동 거미 '마망(Maman, 1999)'이다. 프랑스어로 '엄마'라는 뜻을 가진 이 조각은 복부에 32개의 대리석 알을 담은 주머니를 가지고 있다. 누가 봐도 알을 밴 어미 거미라는 것을 알 수 있다. 이 조각을 만든 루이즈 부르즈아(Louise Bourgeois)는 그녀가 21살이었을 때 어머니를 잃었고, 그 상실감 때문에 아버지가 보는 앞에서 비에브르 강에 투신한 적도 있다. 어미 거미는 돌아가신 그녀의 엄마를 상징하고 있다.

"거미는 어머니께 드리는 찬양입니다. 그녀는 나의 가장 친한 친구였습니다. 거미처럼 어머니는 직공이었습니다. 우리 가족은 태피스트리 복원 사업을 하고 있었고, 어머니는 작업장을 맡았습니다. 거미처럼 어머니는 매우 영리했습니다. 거미는 모기를 먹는 친근한 존재입니다. 우리는 모기가 질병을 퍼뜨리기 때문에 원치 않는다는 것을 알고 있습니다. 거미는 어머니처럼 도움이 되고 보호해줍니다." – 루이즈 부르즈아

꼭 보아야 할 또 하나의 조각이 있다. 미술관 뒤편의 키웍키 포인트(Kiweki point, 이전에 네핀 포인트 Nepean Point)에 있는 30.48미터의 가지도 이파리도 없이 줄기뿐인 스테인리스 스틸로 만든 나무다. 은빛 광을 내며 자라고 있는 듯한 강렬한 인상을 주는 이 나무 조각은 뉴욕 아티스트인 록시 페인(Roxy Paine)이 스테인리스스틸 파이프를 자르고, 굽히고, 용접해서 만들었다. 작품명은 'One Hundred Foot Line'이다. 그는 1999년부터 '덴드로이드(Dendroids)' 조각 시리즈의 은빛 나무를 제작하기 시작했다. 뉴욕의 매디슨 스퀘어파크, 캔자스시티의 넬슨-앳킨스 미술관 등 세계 곳곳에 그의 작품이 있다. 페인의 작품은 동시대 자연과 "인간이 만든 것" 사이의 관계에 대한 대담한 진술이라고 비평가들은 말한다.

미술관의 내부 디자인도 볼만하다. 정문에서 그레이트 홀까지 높이 19미터, 길이 85미터의 5.5% 경사진 콜로네이드(Colonade)는 걸어 올라가면서 오타와 강과 그 너머의 국회의사당을 볼 수 있도록 디자인되었다. 눈부신 그레이트 홀은 바닥에서

코르넬리스 반 푸렌뷔르흐가 그린
'화형대에서 소프로니아와 올린도를
구하는 클로린다' (1622-24)

벤자민 웨스트(Benjamin West)의
울프 장군의 죽음

프리드리히 니체의 초상화

니체의 초상 (스케치)

천정까지 43미터이고, 갤러리의 주요 모임 공간이다. 그레이트 홀은 이 곳에서 마주 보이는 국회의사당 도서관에 대한 찬사로 설계되었다. 여기에서 가던 길로 계단을 따라 걸어가면 원형홀 로툰다에 닿게 된다. 그레이트 홀과 로툰다에서 모든 갤러리에 입장할 수 있다. 이 외에도 안뜰 정원과 빛이 천정에서 쏟아지도록 설계한 전시실은 그림을 보며 쉬는 공간의 역할을 톡톡히 해주고 있다.

캐나다 국립미술관이 소장한 작품들 중에 꼭 봐야 할 작품 두 점을 소개한다. 코르넬리스 반 푸렌뷔르흐(Cornelis Van Poelenburgh)의 작품, '화형대(Stake)에서 소프로니아(Sofronia)와 올린도(Olindo)를 구하는 클로린다(Clorinda)' (1622-24)와 벤자민 웨스트(Benjamin West)의 '울프 장군의 죽음(The Death of General Wolfe)'이라는 그림이다.

코르넬리스는 타소(Tasso)의 대서사시 '해방된 예루살렘(Jerusalem Delivered)'에서 무슬림 여전사인 클로린다(Clorinda)가 화형대에 묶여 있는 기독교도 연인을 구하기 위해 말을 타고 도착하는 장면을 그렸다. 말을 타고 우리쪽을 보고 있는 사람은 코르넬리스 자신이다.

'울프 장군의 죽음'(1770)이라는 작품은 1759년 퀘벡의 아브라함 평원 전투에서 전사한 영국 장군 제임스 울프(James Wolfe)의 죽음을 성모 마리아에게 안겨 있는 '예수의 애도' 장면과 흡사하게 그렸다.

매년 한 두차례 있는 특별 전시회는 꼭 보길 바란다. 2019년 특별 전시관엔 에드바르 뭉크(Edvard Munch)의 '니체 초상화 스케치' 두 점이 걸렸다. '니체의 초상'이라는 스케치는 뭉크 박물관(Munch Museum)과 스웨덴의 티엘스카 미술관(Thielska Galleriet)에 걸려 있는 '프리드리히 니체의 초상화'의 모티브가 되는 그림이다.

에스컬레이터를 타고 내려오는 듯한 '니체의 초상화'는 높은 다리 위에 서 있는 니체의 모습을 담고 있다. 그의 등뒤로 힘찬 산맥과 소용돌이 치는 세상, 어디에서 오는 지 알 수 없는 빛이 요란하다. 절대적인 진리, 도덕, 가치같은 것이 존재하지 않는다고 보았던 니체의 철학을 보여주기라도 하듯 뭉크는 빛이 어디에서 오는지 모르도록 스케치에는 있었던 태양을 지워버렸다. 그래서 혼돈의 세상을 보고 돌아선 듯 보이는 니체의 눈과 다문 입술에서는 상실과 실망감이 엿보인다. 하지만 뭉크의 스케치는 아주 다른 느낌을 준다. '신은 죽었다'는 니체의 생각과는 상관없이 그래도 그의 등뒤에 존재하는 태양은 그의 실망감이 누구 때문인지 보여주는 듯하다.

캐나다전쟁박물관
Canadian War Museum

🏠 1 Vimy Place, Ottawa
🕐 매일 09:00~17:00 (목요일 09:00~19:00)
💵 성인 $18, 시니어 $16, 학생 $14, 어린이(2~12) $12
warmuseum.ca

상설전시관에는 1차, 2차 세계대전 전시관과 걸프전, 소말리아, 르완다, 전 유고슬라비아 그리고 아프가니스탄 전쟁에서 작전을 수행했던 캐나다군의 관련 유물들을 전시하고 있는 '냉전시대부터 현재까지' 전시관 등이 있다. 최근에는 '부상자'라는 주제로 아프간 전쟁에 참전했던 군인 18명의 흑백 초상화를 2019년 6월까지 전시하기도 했다. 코소보와 아프간 전쟁을 취재했던 사진기자 스테핀(Stephen J. Thorne)은 이들 사진속에서 손실, 회복 그리고 희망의 이야기를 들려주고 있다. 2천명 이상되는 캐나다 군인이 아프간 전쟁에서 부상당했다.

한국전쟁 속 캐나다군

한국전에 참전중인 왕립 22연대(Royal 22nd Regiment)와 프린세스패트리샤보병연대(PPCLA) 병사들이 임진강 한 켠에 가설 링크를 마련하고 부대간 하키 대결을 벌이고 있다. 이 경기장을 병사들은 '임진 가든'이라고 불렀다. 가든이라는 이름은 토론토의 아이스하키 경기장이었던 '메이플 리프 가든(Maple Leaf Garden)' 이름에서 따온 것이다. 당시 22연대 소속의 클로드 샤르랑(Claude Charland) 씨는 22살의 나이로 한국전에 참전하여 임진강에서 아이스하키 경기를 했던 경험을 이렇게 이야기하고 있다. "1952년 한국의 1월과 2월은 굉장히 추웠어요. 1월에 아이스하키 장비를 받아 2월 말까지 부대간 7~8번 하키 경기를 했어요.". 18살의 나이로 한국전에 참전했던 브라이언(Bryon Archibald) 씨는 당시를 이렇게 회고하고 있다. "우리는 트럭을 타고 임진강으로 내려갔어요. 그 곳에 아이스링크가 있었고 아무나 와서 하키를 할 수 있도록 스케이트와 장비를 남겨두었죠. 처음에는 5명이 하다가 두 번째는 15~20명이 되고, 나중엔 부대간 경기를 하게 되었습니다. 근무가 아닐 때는 막사에서 마땅히 할 일이 없어서 잠을 자는 게 다였는데, 아이스하키를 하면서 시간을 보낼 수 있게 되었죠."
1951년 4월 24일과 25일, 캐나다 프린세스패트리샤보병 제 2대대는 가평에서 중공군의 사나운 공격을 막아내고 진지를 사수했다. 캐나다군 10명이 전사하고, 23명이 부상을 당했다.이 빛나는 전투로 2대대는 미국대통령 부대표창을 받았다. 1952년 10월 2일, 'HMCS 이로쿼' 함선은 적 포대와 해안에서 교전중에 직격탄을 맞아 3명이 전사, 10명이 부상을 입었다. 1950년 11월 21일, 캐나다왕립기승포병(Royal Canadian Horse Artillery) 제 2연대 군인 17명이 한국전 참전을 위해 가던 중 브리티시 컬럼비아에서 열차 추락 사고로 사망하는 등 26,000명 이상의 캐나다군이 한국전에 참전해 이 중 516명이 사망했다.

디펜벙커 냉전 박물관
Diefenbunker Cold War Museum

⌂ 3929 Carp Road, Ottawa
⊙ 수~금 10:00-16:00, 토,일 10:00-15:00
⑤ 성인 $17.50, 시니어(60+) $16.50, 학생(18+) $13, 유스(6-17) $11, 5살 이하 어린이 무료
diefenbunker.ca

집무실 옆에 개인 침대와 화장실이 딸린 총리실

디펜벙커 냉전 박물관은 갑작스런 핵전쟁 발생시 연방 정부를 보호하기 위한 대피소로 사용하기 위해 1961년 작전부대로써 오픈했다. 냉전이 최고조에 이르자 존 디펜베이커(John Diefenbaker) 총리는 캐나다에 대한 구 소련의 핵 공격에 대비한 지휘소를 짓기로 한다. 1959년 건축이 시작되었을 때, 코드명 EASE(Project Emergency Army Signals Establishment)로 극비 작전이었다. 벙커는 오타와 다운타운에서 30km 떨어진 카프(Carp)의 몽고메리 농장에 지하 4층(75피트)으로 지어졌다. 핵전시 중에도 30일간 안전하게 전쟁지휘소 역할을 할 수 있고, 1.8km 떨어진 곳에서 5메가톤 핵폭발에도 견디도록 설계되었다. 32년 동안 이 곳은 100-150명의 군인과 직원이 24시간 교대로 근무하는 군부대였다. 식료품 저장실에는 30일 동안 535명을 먹일 수 있는 충분한 음식이 채워졌다. 1994년까지 운영되었다. 1997년 지금의 박물관이 되었다. 벙커를 들어서자마자 MK-4 원자폭탄 모형이 있고, 150미터의 긴 터널이 있다. 터널 중간에서 우측으로 돌면 박물관 매표소가 보인다. 지하 3층에는 전시내각실, 총리실 등이 있고, 지하 2층은 식당, 지하 1층은 벙커에 전원을 공급하기 위한 수력 발전 시설이 있는 기계실, 안치실 그리고 캐나다 은행이 있다. 총리실은 작긴 하지만 벙커에서 개인에게는 가장 공이 들어간 방이다. 집무실과 개인 침대와 화장실이 딸린 침실이 있다. 비상시는 총리라고 할지라도 가족을 데려오는 것을 금지했다. OSAX 에 있는 오래된 컴퓨터의 저장 용량은 1기가바이트라고 한다. 가이드 투어는 매일 11시와 2시에 출발한다. 셀프투어는 아무 때나 가능하다.

창고처럼 생긴 곳이 '디펜벙커 냉전 박물관' 입구

일본 나가사키에 투하되었던 Fat Man 원자폭탄의 개량형인 MK-4 원자폭탄

박물관 매표소 & 인포메이션 센터

블래스트 터널(Blast tunnel)

캐나다역사박물관
Canadian Museum of History

🏠 100 Laurier Street, Gatineau, Québec
🕐 매일 09:00~17:00 (목요일 09:00~19:00)
💲 성인 $21, 시니어 $19, 학생 $16,
　어린이(2~12) $14
historymuseum.ca

캐나다역사박물관 © Ottawa Tourism

알렉스 장비에의 모닝스타 © Ottawa Tourism

건축학적 걸작으로 일컫는 캐나다에서 가장 크고 유명한 캐나다역사박물관은 토템폴(Totem Pole) 그랜드홀, 원주민홀, 1966년부터 1978년까지 서부 해안의 프린스 루퍼트 지역에서 이루어진 고고학적 발굴을 재현한 침시안(Tsimshian) 선사시대 전시관 등 다양한 역사 유물을 전시하고 있다. 방문객들은 그랜드홀에서 태평양 연안의 상징적인 원주민 주택 6채와 웅장한 토템 기둥, 하이다 부족 출신의 유명한 예술가 빌 레이드(Bill Reid)가 제작한 〈하이다 콰이의 영혼 Spirit of Haida Gwaii〉의 석고 원판, 로버트 데이비슨(Robert Davidson)의 금빛 청동 조각 〈Raven Bringing Light to the World〉, 그리고 그랜드홀의 천정 돔에 그려진 알렉스 장비에(Alex Janvier)의 〈모닝스타 Morning Star〉를 발견하게 된다. 2013년 캐나다문명박물관(Canadian Museum of Civilization)에서 지금의 캐나다역사박물관으로 이름을 바꿨다. 캐나다어린이박물관(Canadian Children's Museum)도 같이 있다.

캐나다역사박물관 © Ottawa Tourism

바이타운 박물관
ByTown Museum

⌂ 1 Canal Ln, Ottawa
🎫 성인 $5, 학생 $4, 어린이(12살 이하) $2
bytownmuseum.com

오타와에서 가장 오래된 석조 건물에 자리 잡은 바이타운 박물관(Bytown Museum)은 리도 운하 건설 초기부터 바이타운의 험난했던 시절과 캐나다 수도로 부상한 오타와의 역사를 탐험할 수 있는 곳이다. 리도 운하 8개의 갑문을 따라 내려가 국회의사당 뒷편 트레일을 따라 산책하거나 메이저스 힐 공원 쪽으로 걸어서 캐나다국립미술관, 바이워드 마켓 등으로 여행할 수 있다.

바이타운 박물관에는 리도 운하 건설 당시의 연장, 동전, 의료기구, 그리고 벌목과 관련된 많은 유물이 전시되어 있다. 동전은 대량으로 발견되었는데 당시에는 은행이 없었기 때문에 노동자들이 임금을 받아 단지에 넣어 숨겨 두었다. 그 사람이 죽고 땅 속에 묻혀있던 돈 단지가 최근에 발견된 것이다. 당시 의사가 사용한 의료세트는 치료에 도움을 주기는 커녕 오히려 환자를 죽게 만들었다. 상처난 곳을 닦아내기 위해서 수은을 사용했다. 또한 말라리아에 걸린 경우에는 질병이 있는 피를 빼내면 좋다고 생각해 피부를 절개해서 피를 빼다가 피를 너무 많이 흘려서 죽기도 했다. 그 당시 가장 많은 사상자가 난 것은 말라리아 때문이었다. 아프리카 식민지에서 근무했던 병사들이 말라리아에 걸려 오타와로 왔고, 그 병사의 피를 모기가 옮겨 많은 사람들이 죽게 된 것이다. 오타와 1번 갑문 우편에 있는 리도 운하 켈트 십자가(Rideau Canal Celtic Cross)는 리도 운하를 만들다가 숨진 아일랜드인을 기리기 위한 추모비다. 추모비에는 "이 운하를 건설하다 숨진 1000여명의 노동자와 그들의 가족을 기리며"라고 적혀있다. 영어, 불어, 아일랜드어인 게일어 외에도 그 당시에 인부들은 언어를 몰랐기 때문에 아일랜드의 대표 악기인 켄트 하프, 말라리아의 상징인 모기, 그리고 폭파 장면 등이 그려져 있다.

리도 운하가 건설되고 나서 벌목은 커다란 산업이 된다. 다른 회사, 다른 로고를 나무에 새길 때 사용했던 해머, 낙인, 로고를 새기던 칼 등도 전시되고 있다.

TIP

조셉 몽페랑
Joseph Montferrand

부분적으로는 사람이고 부분적으로는 신화였다. 키가 1m 92cm인 그는 프랑스계 캐나다인 캐릭터의 이상인 힘, 용기, 관대함을 구현한 거인으로 알려졌다. 그는 1827년부터 1857년까지 오타와 계곡 목재 산업에서 뗏목꾼으로 일하면서 프랑스계 캐나다인의 수호자이자 챔피언이 되었다.

바이타운 박물관
© Ottawa Tourism

조셉 몽페랑(Joseph Montferrand)의 유물
© Bytown Museum

리도 운하 건설 당시의 연장들
© Bytown Museum

오타와 근교

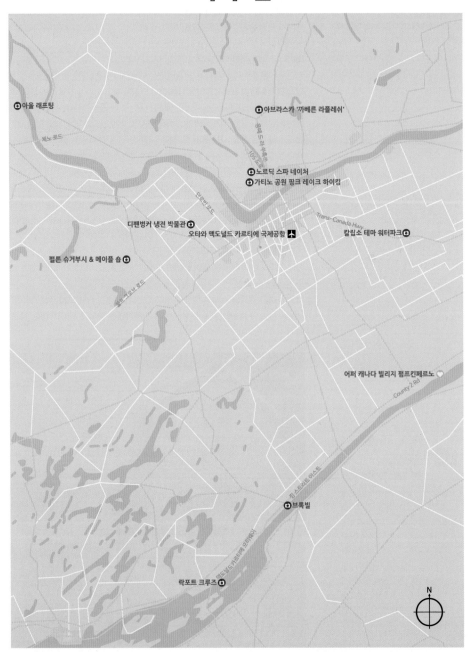

아울 래프팅

아브라스카 '까베론 라플레쉬'

제노 로드

노르딕 스파 네이처

가티노 공원 핑크 레이크 하이킹

디팬벙커 냉전 박물관

Trans-Canada Hwy

오타와 맥도널드 카르티에 국제공항 ✈

칼립소 테마 워터파크

펄튼 슈거부시 & 메이플 숍

어퍼 캐나다 빌리지 펌프킨페르노

County 2 Rd

킹스 로트릭 이스트

브록빌

락포트 크루즈

N

PUMPKINFERNO
어퍼 캐나다 빌리지 펌프킨페르노

🏠 13740 County Road 2, Morrisburg
🎫 일반 $20, 4살 이하 어린이는 무료
uppercanadavillage.com/events/
pumpkinferno/

19세기 빅토리아 시대를 보는 듯한 민속촌, 어퍼 캐나다 빌리지(Upper Canada Village)에서는 매년 가을 밤 7천여개의 인공 호박을 조각해 만든 수십개의 핼러윈 펌프킨 작품들이 불을 밝히는 펌프킨페르노(Pumpkinferno)가 열린다. 일찌감치 도착한 관광객들은 가을 단풍으로 곱게 물든 크라이슬러 농장 전투유적지(The Battle of Crysler's Farm National Historic Site) 에서 시간을 보낸다. 이 기념비는 '1812년 영미전쟁'에서 800여명의 영국군이 2,000여명의 미국의 침략을 막아낸 것을 기념하기 위해 세워졌다. 주변이 어둑어둑해지고 투어를 하려는 사람들이 정문 너머에 빼곡히 모여있다. 대부분 아이들을 동반한 가족들이다.

관광객이 처음으로 만나는 작품은 스팀펑크 스테이션(Steampunk Station). 스팀펑크(Steampunk)는 증기기관을 바탕으로 과학기술이 발전한 현재나 미래를 묘사하는 대중문화 장르다. 바로 여기에서 출발해 펌프킨페르노 축제로의 여정이 시작된다는 의미를 담은 작품이다. 아이들이 좋아하는 공룡, 요정이 사는 마법의 숲, 언더더씨(Under the Sea), 핼러윈의 단골메뉴인 마녀(The Witches), 유령 그리고 예술적인 문양의 잭오랜턴까지 작품 주제도 다양하다. 실제 호박을 주형해서 만든 인공 호박을 일일이 손으로 깎아서 만들었다.

펌프킨페르노 축제는 9월 말부터 10월 말(혹은 11월 초)까지 시간대를 하루 두 번 – 저녁 7시, 저녁 8:30분으로 나누어 투어를 한다. 날이 지날수록 일몰시간이 빨라져 투어 시작 시간도 조금씩 앞당겨진다. 입장 인원이 한정되어 온라인으로 판매

367

TIP

웰시 래빗 만드는 법
Welsh rarebit

1. 토스트기에 식빵을 토스트한
   다.
2. 체다치즈(250g), 버터(20g),
   맥주(30ml), Wholegrain
   mustard(1 tsp), 후추(약간)을
   녹이며 섞는다.
3. 이렇게 만들어진 소스를 토스
   트 위에 잘 펴고,
4. 오븐에 넣어서 골든 브라운
   색으로 변할 때까지 2분간 돌
   린다.

되는 티켓은 일찌감치 동이 나므로 서둘러 구매하는 것이 좋다. 축제는 밤 10시까지다. 티켓이 다 팔리면 웹사이트에 매진(Sold Out)이라는 공지가 뜬다. 이 경우, 온라인이나 정문에서 더 이상 티켓을 구입할 수 없다. 전동휠체어 등을 탄 장애인을 위한 액세서빌리티 나이트(Accessibility Night)가 정해져 있으니 원하는 분은 613-543-4328(혹은 1-800-437-2233)로 전화 예약하면 된다.

1961년 설립된 어퍼 캐나다 빌리지는 캐나다에서 살아있는 역사 유적지 중 하나다. 1866년 영국계 캐나다인들의 시골 생활을 묘사하려고 노력했다. 민속촌의 건물 대부분은 세인트로렌스 운하(St.Lawrence Seaway) 개발 프로젝트로 콘월 부근에 모지스-손더스 댐(Moses-Saunders Power Dam)을 세우면서 수몰될 마을에서 이 곳으로 옮겨진 것들이다. '1812년 영미전쟁'에서 미국 군대를 격퇴한 크라이슬러 농장(Crysler's Farm) 또한 원래의 장소에서 이 곳으로 옮겨 지금의 크라이슬러 전투유적지가 조성되었다. 당시 6천 500여명이 다른 곳으로 이주했다고 한다. 민속촌에 있는 윌라드 호텔(Willard's Hotel)은 원래 콘월과 프레스콧 중간에 있어 '하프웨이 하우스'로 불리던 여관이었다. 1790년대 후반에 지어져 1850년대 스타일로 복원되었다. 이 호텔은 빅토리안 시대에 유행했던 애프터눈 티(Afternoon tea)나 영국 웨일스 지방의 치즈 토스트인 웰시 래빗(Welsh rarebit, 원래는 Welsh rabbit의 민간 어원) 등의 음식을 파는 곳으로 전통복장을 입은 직원들이 서빙을 한다. 말이 끄는 나룻배와 역마차 그리고 미니어처 기차 타기는 민속촌 전체를 둘러볼 수 있고, 아이들도 좋아한다. 말에 밧줄을 묶어 나룻배를 끄는 '토 스카우(Tow Scow)'는 운하를 따라 쿡스 여관(Cook's Tavern) 뒤의 선착장과 소작농 농장(Tenant Farm)의 선착장을 오간다. 15분 정도 소요된다.

GATINEAU PARK PINK LAKE
가티노 공원 핑크 레이크 하이킹

🏠 33 Scott Road, Chelsea, Quebec
https://ncc-ccn.gc.ca/places/pink-lake

가티노 공원에서 가장 빼어난 호수로 2.3km 루프 트레일은 완만해서 가족이 같이 걷기에도 좋다. 이름은 핑크인데 실제 호수의 색은 그린인 핑크 레이크. 산소를 흡수해서 호수를 질식시키는 미세한 조류 닷이라고 한다. 피해를 막기 위해 플랫폼과 트레일을 만들고 1만 그루의 나무를 심기도 했다. 산책할 때 알면 좋은 핑크 레이크 특징 몇 가지가 있다. 하나. 핑크 레이크는 호수 상하층의 물이 절대 섞이지 않는 메로믹틱(Meromictic) 호수라서 가장 깊은 7미터에는 산소가 없다. 그래서 핑크 호수 바닥에는 '선사시대 혐기성 유기체'만이 살고 있다. 분홍색 광합성 박테리아는 햇빛을 에너지로 변환하기 위해 산소 대신 황을 사용한다. 둘. 이 호수에는 등지느러미 앞에 3개의 작은 가시가 있는 스티클백(Stickleback) 물고기가 서식한다. 원래는 이 지역을 덮고있던 샹플랭해(Champlain sea)에서 남겨진 바다 물고기였지만 호수의 점진적인 담수화에 적응해 핑크 호수에서 살아 남았다. 가을 단풍 트레일이 환상이다. 애완동물, 수영, 보트 타기 등은 금지. 여행자 중에 몸이 불편하신 분이 있다면 가티노 파크 방문자센터 뒷편에 있는 슈거부시 트레일(Sugarbush Trail)을 추천한다. 겨울엔 방문자센터에서 설피(snowshoes)를 빌려 눈덮힌 트레일을 걸을 수 있다.

CALYPSO THEME WATERPARK
칼립소 테마 워터파크

🏠 2015 Calypso Street, Limoges, Ontario
K0A 2M0
www.calypsopark.com

오타와에서 차로 30분 거리에 있는 칼립소 테마 워터파크(Calypso Theme Waterpark)는 아이들과 신나게 하루를 보낼 수 있는 최고의 장소다. 35개의 슬라이드, 100가지 워터 게임, 2개의 테마 리버가 있다. 1.8미터의 파도가 밀려오는 웨이브 풀, 튜브를 타고 물줄기를 따라 밀림을 여행하는 듯한 콩고 익스페디션, 튜브를 타고 나는 듯한 부메랑고(Boomerango), 서밋 타워(Summit Tower)에서의 아찔한 슬라이드 등을 맘껏 즐길 수 있다. 가장 맘에 드는 것은 음식 반입이 가능하다는 것. 사람들은 음식을 잔뜩 채운 바퀴달린 아이스박스를 끌고 입장한다. 깨질 수 있는 유리제품만 피하면 샌드위치, 김밥, 물, 스낵류 등을 맘대로 가지고 들어갈 수 있다. 워터파크 내에도 8개의 식당이 있어서 취향대로 음식을 선택해서 먹을 수 있다. 락커 대여료는 세금 포함 10불이고, 보증금(Deposit) 10불을 더 내야한다. 디포짓 10불은 키를 반납할 때 현금으로 돌려준다.

2010년에 오픈한 칼립소는 기 드루언(Guy Drouin, 2016년 암으로 사망)의 작품이다. 기 드루언은 칼립소와 비슷한 크기의 발카르티에 바캉스 빌리지(Village Vacances Valcartier), 실내 워터파크인 보라 파크(Bora Park), 아이스호텔(Ice Hotel) 등을 만든 캐나다 동부 '레저(Leisure)의 아버지'라고 할 수 있다.

OWL RAFTING
아울 래프팅

◈ 40 Owl Lane, Foresters Falls, Ontario
☏ 1-613-646-2263 혹은 1-800-461-7238
owlrafting.com

와일더니스 투어 Wilderness Tours
캠핑장에서 숙박, 급류 래프팅, 급류 카약킹,
마운틴 바이킹, 씨카약킹(Sea Kayaking) 가능.
◈ 1260 Grants Settlement Rd, Foresters
Falls, Ontario
☏ 1-888-723-8669
wildernesstours.com

오타와에서 차로 90분 거리에 있는 아울 래프팅(Owl Rafting)은 '부엉이 급류타기' 정도로 해석할 수 있는 래프팅 전문 어드벤처 회사다. 쉐노 댐(Cheneaux Dam)이 생기면서 오타와 강 상류는 급류를 즐길 수 있는 최적의 장소가 되었다. 작은 급류들은 물에 잠겨 씨카약킹(Sea Kayaking)도 가능하게 되었다. 아울 센터(Owl Centre)에서 구명조끼와 래프팅용 헬멧을 착용하고 나면 셔틀 버스로 래프팅 출발지점까지 이동한다. 급류타기 베테랑 가이드가 키를 잡은 고무보트는 맥코이 급류(McCoy's Rapids)에서부터 오타와 강을 따라 내려가면서 수십개의 로셰 팡뒤 급류들(Recher Fendu Rapids)을 타게 된다. 래프팅에는 참가자들이 직접 노를 젓는 어드벤처 래프팅(Adventure Rafting)과 배만 꼭 붙들면 되는 소프트 어드벤처(혹은 패밀리 래프팅 Family Rafting)가 있다. 강물로 점핑해서 둥둥 떠내려가는 바디 서핑(body surfing), 작은 섬에 배를 댄뒤, 절벽에서 강물로 점핑하는 클리프 점핑(cliff jumping) 등 물에 흠뻑 젖는 것은 감수해야 한다. 신나게 비명도 지르고, 왁자지껄 웃다보면 고무보트에 같이 탄 7-8명의 사람들은 금새 친구가 된다. 급류타기가 끝나면 참가자들은 브루스 베이(Bruces Bay)에서 기다리고 있는 폰툰 크루즈에 올라 휴식을 취하며 선상 디너를 즐긴다. 메뉴는 그릴에서 바로 구운 바비큐 패티 햄버거, 시저 샐러드 그리고 음료가 제공된다. 멀리에서 온 관광객이라면 캠핑을 하면서 래프팅을 즐길 수 있는 패키지도 있으니 하루 숙박하는 것도 좋겠다.

래프팅을 온라인으로 신청한 뒤, 웨이버 폼을 작성해 이메일로 보내면 준비 끝. 차량없이 여행하는 분들은 오타와에서 브와야저/그레이하운드를 타고 코브던(Cobden)에 도착, 코브던 택시회사인 화이트워터 캡(Whitewater Cab)을 타고 포레스터스 폴스(Foresters Falls)의 아울 래프팅에 도착할 수 있다. 코브던에서 택시로 17분 거리다. 화이트워터 캡 예약전화 613-281-6430 혹은 613-433-7620 cobdentaxi.com

ARBRASKA CAVERNE LAFLÈCHE
아브라스카 '까베른 라플레쉬'

비아 페라타(Via Ferrata) © Arbraska Lafleche

라플레쉬 '동굴 탐험' © Arbraska Lafleche

라플레쉬 '집라인' © Arbraska Lafleche

아브라스카 트리탑 트레킹
온타리오주 홈페이지 : treetoptrekking.com
퀘벡주 홈페이지 : arbraska.com

오타와에서 30분 거리에 있는 라플레쉬 동굴은 얼음 석순으로 장식된 동굴이다. 까베른(Caverne)은 동굴, 라플레쉬(Lafleche)는 화살을 뜻한다. 즉 화살 동굴이다. 겨울에는 짚라인 하강, 라플레슈 동굴 탐험, 설피 신고 걷기, 모닥불 곁에서 따뜻한 초콜릿을 마시는 스노위 어드벤처러(Snowy Adventurer) 패키지 투어가 있다. 참가자는 5살 이상이어야 하고, 하루에 두 번 10시와 1시에 출발한다. 3월 31일까지만 운영한다. 여름에는 트리탑 어드벤처, 동굴 탐험, 헤드램프와 달빛 만을 의지해서 트래킹을 하는 '트리탑 밤 코스' 그리고 '동굴에서 슬립오버(cellar sleepover)' 등의 액티비티를 진행한다. 동굴 탐험 후에 모닥불 피워놓고 놀다 자는 슬립오버는 밤 7시에 시작해 아침 8시에 끝난다. 14살 이상의 참가자만 가능하다. 아브라스카(Abraska)는 재미와 스릴을 결합한 트리탑 트레킹과 짚라인 어드벤처를 제공하는 업체로 퀘벡주에 6곳, 온타리오에 6곳이 있다.

ROCKPORT CRUISES
락포트 크루즈

Rockport Boat Line
🏠 20 Front St, Rockport
📞 613-659-3402
rockportcruises.com

크루즈(Cruise)

Heart of the Islands Cruise
⏱ 5월초~10월말 : 매시간마다 출발(1시간 소요)
💲 어른(13~64) CA$34, 어린이(2~12) CA$22, 노인(65+) CA$29

Boldt Castle Tour
⏱ 10:00, 12:00, 14:00 출발, 4시간 소요 (볼트성에서 2시간 반 자유투어)
💲 어른(13~64) CA$43, 어린이(2~12) CA$24, 어린이(0~1) CA$5, 노인(65+) CA$38.00
여권 지참, 볼트성 입장료 별도, 미 달러로 계산

Two Castle Tour
하트섬의 볼트성과 다크섬의 싱어성(Singer Castle) 투어, 도시락 점심 제공.
⏱ 10시 출발, 오후 4시경 돌아옴(6시간 소요)
💲 요금 선결재 어른(13~64) CA$130.00, 어린이(2~12) CA$75.00, 어린이(0~1) 무료, 노인(65+) CA$115.00
사전 예약 필수, 요금을 지불해야 예약 완료
여권 지참, 미국이민국에서 입국이 거부된 분은 환불 불가.

락포트(Rockport)의 소중한 역사는 스코틀랜드인과 아일랜드인이 이 지역에서 처음 정착한 200년 전으로 거슬러 올라간다. 락포트에서 떠나는 천섬 크루즈는 천섬 다리를 뒤로 하고 천섬을 향해 나아간다. 자비콘섬(Zavikon Island)의 세계에서 가장 짧은 국제다리, 빅토리아 시대의 골동품으로 가득찬 체리섬의 카사블랑카, 하트섬의 웅장한 볼트성(Boldt Castle)까지 백만장자의 다양한 고급 저택들을 보는 재미가 솔솔하다. 하트섬의 볼트성을 돌아오는 1시간 짜리 크루즈 투어인 천섬 중심부 크루즈(Heart of the Islands Cruise), 배에서 내려 볼트성을 두 발로 걸어서 투어할 수 있는 볼트 캐슬 투어(Boldt Castle Tour) 그리고 다크섬의 싱어성(Singer Castle)까지 내려서 둘러보는 투 캐슬 투어(Two Castle Tour) 크루즈 등이 있다. 볼트 캐슬 투어와 투 캐슬 투어는 여권이 필요하다. 락포트 크루즈 홈페이지는 영어, 불어, 한국어로도 되어 있어서 예약하는데 전혀 불편함이 없다. 주차비는 무료다.

BROCKVILLE
브록빌

천섬 씨웨이 크루즈
🏠 30 Block House Island Pkwy, Brockville, Ontario.
📞 613-345-7333
1000islandscruises.com

아쿠아태리엄 Aquatarium
🏠 6 Broad St, Brockville
📞 613-342-6789
💲 어른(16~64) $19.99, 어린이(4~15) $9.99, 노인(65+) $14.99, 어린이(3세 이하) 무료
aquatarium.ca

이전엔 엘리자베스타운(Elizabethtown)이었던 브록빌은 킹스턴과 콘월(Cornwall) 중간쯤에 위치해 있고, 오타와에서는 115km 떨어져 있다.'천섬의 도시 City of the 1000 Islands'로 알려져 있다. 세인트로렌스 강 건너 미국 모리스타운(Morristown)과 마주보고 있다. 도시 이름은 1812년 전쟁에서 전공을 거둔 영국군 장군 아이작 브록(Sir Isaac Brock)에서 왔다. 관광명소로는 브록빌 터널(Brockville Tunnel), 천섬 크루즈 그리고 세인트로렌스 강 천섬의 생태계와 역사를 조명하고 있는 아쿠아태리엄(Aquatarium)이 있다.

브록빌 철도 터널 Brockville Railway Tunnel

캐나다 최초의 철도터널로 1854년 9월 착공, 1860년 12월 31일 첫 열차가 터널을 통과했다. 1970년대 중반까지 디젤 열차를 운행하다가 1980년대에 폐쇄되었다. 1982년 브록빌 시가 인수해 2016-17년에 내부 공사를 거쳐 2017년 8월 12일, 마침내 사람들이 걸어다닐 수 있는 터널길로 완전 개장했다. 음악에 맞춰 LED 조명이 춤추는 터널안을 사람들은 몇 번이고 왕복해서 걷는다. 터널의 길이는 530미터이고, 폭은 4.3미터다.

'미소 대사' 콘 달링(Con Darling)의 조각상, 기념비

블록하우스 아일랜드(배타고 가야하는 섬은 아니고, 둥지처럼 브록빌 항구를 감싸고 있는 육지)의 천섬 씨웨이 크루즈 건물 옆 작은 터에는 닭을 태운 유모차를 밀며 찢어진 우산을 쓴 한 남자의 조각상이 있다. 그의 이름은 콘 달링(Con Darling). 브록빌에 사는 삼십 넘은 사람치고 그의 이름을 모르는 사람은 없다. 그리고 수십년 동안 브록빌 산타클로스 퍼레이드에서 광대 복장을 하고 닭을 태운 유모차를 밀던 그에 대한 특별한 기억을 가지지 않은 사람도 없다. 그는 브록빌에서 자선기금 모금을 위한 텔레톤(Telethon)에 그의 많은 시간을 기증했다. 그는 사람들

이 행복해하는 모습을 즐겼다고 한다. 사람들은 그가 재능있는 피겨 스케이터였고, 의사가 되고 싶었지만 가족 부양을 위해 광대가 되었다는 사실은 모르지만, 그가 '미소 대사(Ambassador of Smiles)'로서 수많은 사람을 기쁘게 했다는 것은 알고 있다. '웃음이 최고의 약'이라고 한다면 그는 많은 사람들을 치료했다고 그의 미망인은 말한다. 1995년 이 곳에 달링의 조각상이 세워졌다. 기념비에는 미소 대사 콘 달링은 인류의 발전을 위해 그의 삶을 바쳤다. 그리고 그의 사랑에 경의를 표한다고 적혀있다.

* 텔레톤(Telethon)은 텔레비전과 마라톤의 합성어로 텔레비전 생방송에서 동일인이 종합사회를 보면서 장시간 연속 출연하는 일을 말한다.

✪ 먹자!

EATING

수도 오타와는 캐나다 및 세계 각국의 음식을 합리적인 가격에 맛볼 수 있는 식도락가의 천국이다. 오타와에 오면 한 번쯤 맛봐야 할 디저트로는 오바마 쿠키, 비버테일, 메이플 베이컨 도넛(Maple Bacon Donuts), 크로플(Croffle=크루아상 + 와플), 크로넛(Kronuts=크루아상 + 도넛), 무슈(Moo Shu) 아이스크림 등이 있다.

베이커리 명소

수지큐 도넛
SuzyQ Doughnutsy

식도락가의 허브이기도 한 웰링턴 서부지역의 힌톤버그(Hintonburg)에 위치한 도넛 전문점. 메이플 베이컨, 라즈베리 카시스(raspberry cassis) 등이 유명하다. 생로랑(St. Laurent)의 메트로 센터와 벨스 코너스(Bells Corners)에도 가게가 있다.

⌂ 1015 Wellington St. W. / 1721 St. Laurent Blvd. Ottawa
suzyq.ca

베이커리 명소

퍼스트 바이트 트리트
First Bite Treats

2021년 8월에 문을 연 이 가게는 크로플(Croffle)을 오타와에 처음 소개한 가게다. 크로플(Croffle)은 크루아상(Croissant)과 와플(Waffle)의 합성어로 크루아상 생지를 와플 팬에 넣고 구운 디저트다. 크로플 위에 시나몬 가루를 뿌린 후, 달콤한 화이트 초콜릿, 밀크 초콜릿, 메이플 시럽, 카라멜, 뉴텔라(Nutella) 등을 선택해 뿌린다. 마지막으로 과일(딸기, 블루베리, 라즈베리) 혹은 쿠키(비스코프 Biscoff, 오레오 Oreo)를 취향에 따라 얹으면 끝. 생긴 것이 와플 모양이라고 팬케이크 맛을 연상하면 오산이다. 씹는 질감은 크루아상보다 쫄깃하고 맛은 고소하다. 한 입 떼어 씹으면 달콤한 토핑이 크루아상의 버터층과 섞여 그 맛이 일품이다. 크로플 가게의 주인인 엘리아스(Elias)와 압달라(Abdallah)는 10년 지우로 2019년 아시아를 같이 여행하며 먹었던 크로플을 회상하며 2021년 이 곳에 크로플 카페를 열었다고 한다.

⌂ 531A Sussex Drive, Ottawa
https://www.firstbitetreats.ca

베이커리 명소

아트이즈인 베이커리
Art-is-In Bakery

케빈 마티슨(Kevin Mathieson)이 만든 빵이 최고라고 오타와 주민들이 극찬하는 가게다. 크루아상과 도넛을 합친 '크로넛(Kronuts)'이라고 불리는 96겹의 오토너(O-Towners)와 빅케이(Big-K) 버거는 꼭 맛보길 바란다. 오토너는 얇게 벗겨지는 페이스트리의 부드러운 버터 맛과 바삭한 것이 특징이다. 빅케이 버거는 매쉬드 포테이토 브리오슈 번(mashed potato brioche bun)에 딜 피클, 케첩 마요네즈, 비프 패티, 아이스버그 상추, 생양파, 치즈와 베이컨을 얹어 만든 7인치 높이의 버거다. 케빈의 클램 차우더랑 곁들이면 최고다. 한 가지 흠이라면 칼로리가 가늠이 안된다는 것.

⌂ 250 City Centre Ave #112, Ottawa
artisinbakery.com

COFFEE

La Bottega Nicastro
가족이 운영하는 이탈리아 식료품점. 숙련된 바리스타가 만드는 이탈리아 에스프레소 일리커피를 판다.

⌂ 64 George St.
labottega.ca

Morning Owl Coffeehouse
6개 지점이 있는 오타와 로컬 커피숍.

⌂ 538 Rochester St.
morningowl.ca

Oh So Good
커피와 디저트(케이크, 치즈케이크, 파이 등)

⌂ 25 York St.
ohsogood.ca

Planet Coffee
기발하고 아주 맛있는 커피와 디저트

⌂ 24A York St.
planetcoffeeottawa.com

The Ministry of Coffee
4개의 오타와 점포와 카타르(Qatar)에 2개의 커피숍 운영. 북미 일류의 로스터기 보유.

⌂ 274 Elgin St.
theministryofcoffee.com

LATE-NIGHT BITES

엘 카미노 El Camino
타코(Taco)가 맛있는 멕시코 레스토랑. 엘긴 점포에 이어서 바이워드 마켓(ByWard market) 근처에 2호점 오픈.

⌂ 380 Elgin St. / 81 Clarence St.
elcaminoelgin.mobi2go.com

OZ Kafe
유럽풍의 메뉴

⌂ 10 York St.
ozkafe.com

Hintonburg Public House
생기 발랄한 분위기에서 맛있는 음식을 먹을 수 있는 기회. 선물, 앤티크, 예술품 등을 온라인 상점에서 판매.

⌂ 1020 Wellington St. W.
hintonburgpublichouse.ca

Zak's Diner
밀크쉐이크, 클럽 샌드위치(3장의 구운 식빵 사이에 2층으로 내용물을 넣어 만든 샌드위치)가 유명하다.

⌂ 14 Byward Market
zaksdiner.com

The King Eddy
솜씨가 좋은 저녁 식사. 시골스럽고 정겨운 실내 장식이 맘에 든다.

⌂ 45 Clarence St.
kingeddyburgers.com

10 BEST RESTAURANTS

Riviera

생굴, 소고기 육회, 튜나 크루도(tuna Crudo) 등을 서비스
하는 바 레스토랑

- 62 Sparks Street Ottawa
- 613-233-6262
- http://www.dineriviera.com

Play Food + Wine

바이워드 마켓에 위치. 스티븐 벡타(Stephen Beckta) 씨
가 운영하는 3개의 식당 중 하나.

- 1 York Street Ottawa
- 613-667-9207
- http://www.playfood.ca

Absinthe Café

2003년에 설립된 전통 프랑스 요리 레스토랑

- 1208 Wellington Street West, Ottawa
- 613-761-1138
- http://www.absinthecafe.ca

1 Elgin Restaurant

- 1 Elgin Street, Ottawa
- (613) 594-5127
- https://nac-cna.ca/en/lecafe

Pure Kitchen

비건/채식주의 요리를 제공하는 레스토랑

- 357 Richmond Road Ottawa
- 613-680-5500
- https://www.purekitchenottawa.com/

Yangtze(양쯔) Dining Lounge

차이나타운에 위치. 광둥 및 사천 요리 전문 레스토랑. 다
양한 딤섬도 제공한다.

- 700 Somerset Street West Ottawa
- 613-236-0555
- http://www.yangtze.ca

Aiana

고급 파인다이닝 레스토랑. 식사 후 팁이 없다.

- 50 O'Connor Street Ottawa
- 613-680-8100
- https://aiana.ca

Atelier

리틀 이태리에 위치. 44코스 시식 메뉴 레스토랑.

- 540 Rochester St. Ottawa
- (613) 321-3537
- https://www.atelierrestaurant.ca

Supply and Demand

해산물에 약간 초점을 맞춘 레스토랑. 가족과 함께 따뜻한
빵과 파스타를 먹는 밤에 적합한 식당.

- 1335 Wellington Street
- (613) 680-2949
- https://www.supplyanddemandfoods.ca

North and Navy

북이탈리아 요리 전문 레스토랑

- 226 Nepean St, Ottawa   (613) 232-6289
- https://northandnavy.com

자자!

10 BEST ACCOMMODATINGES

Fairmont Château Laurier

🏠 1 Rideau Street, Ottawa
📞 (613) 241-1414
http://www.fairmont.com/laurier-ottawa

The Westin Ottawa

🏠 11 Colonel By Drive, Ottawa
📞 (613) 560-7000
https://www.marriott.com/hotels/travel/yowwi-the-westin-ottawa

Brookstreet Hotel

🏠 525 Legget Drive, Ottawa
📞 (613) 271-1800
http://www.brookstreethotel.com

Andaz Ottawa ByWard Market

🏠 325 Dalhousie Street, Ottawa
📞 (613) 321-1234
http://www.andazottawa.com

Lord Elgin

🏠 100 Elgin Street, Ottawa
📞 (613) 235-3333
http://www.lordelginhotel.ca

The Metcalfe

🏠 123 Metcalfe Street, Ottawa
📞 (613) 231-6555
http://www.themetcalfehotel.com

Ottawa Embassy Hotel and Suites

🏠 25 Cartier Street, Ottawa
📞 (613) 237-2111
http://www.ottawaembassy.com

Delta Ottawa

🏠 101 Lyon Street North, Ottawa
📞 (613) 237-3600
https://www.marriott.com/hotels/travel/yowdm-delta-hotels-ottawa-city-centre

ARC the.hotel

🏠 140 Slater Street, Ottawa
(613) 238-2888
http://www.arcthehotel.com

Les Suites Hotel Ottawa

🏠 130 Besserer Street, Ottawa
📞 (613) 232-2000
http://www.les-suites.com

CANADA

Wellington County

웰링턴 카운티

온타리오에서 가장 아름다운 마을로 불리는 엘로라&퍼거스(Elora&Fergus)를 걸어서 돌아보는 워킹투어와 엘로라 협곡에서 급류타기와 같은 에코투어를 즐길 수 있다. 인구 약 13만명의 구엘프(Guelph)는 〈플랑데르 전장에서〉를 쓴 존 맥크레이 중령의 생가가 있는 곳이고, 3.1운동의 34번째 민족대표로 추앙받고 있는 스코필드 박사의 흔적이 묻어나는 곳이기도 하다. 스코필드 박사가 졸업한 구엘프 대학교의 수의과대학에는 스코필드 박사 추모 세미나실(Dr.Frank W.Schofield Memorial Seminar Room)이 있다. 그가 다녔던 페이슬리 메모리얼 감리교회(Paisley Memorial Methodist Church)는 아직도 그의 이름을 기억한다. 앨마(Alma)는 초기 조선 선교사였던 제임스 게일(James Gale)이 태어난 곳이다. 반평생을 조선에 살면서 한영사전을 처음으로 만들고, 신구약 성경과 천로역정을 한글로 번역했다.

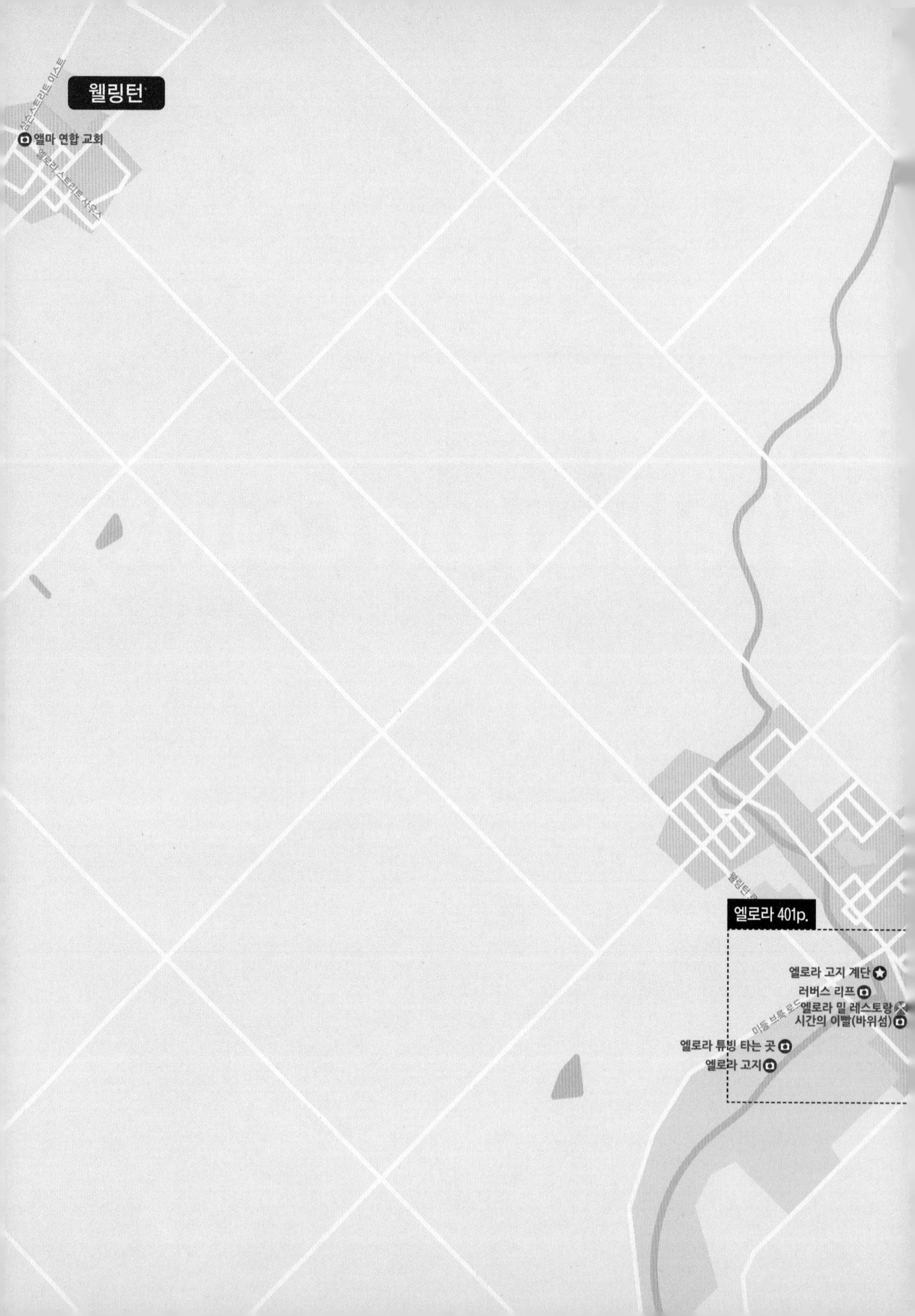
웰링턴
심슨 스트리트 이스트
앨마 연합 교회
엘로라 스트리트 사우스
엘로라 401p.
엘로라 고지 계단
러버스 리프
엘로라 밀 레스토랑
시간의 이빨(바위섬)
미들 브룩 로드
엘로라 튜빙 타는 곳
엘로라 고지

퍼거스 대비드 스트리트 노스

퍼거스 401p.

키싱 스테인 🏛
스코티쉬 코너샵 🛍
템플린 가든 🏛

퍼거스 스코틀랜드 축제 & 하일랜드 게임 ♡

스코틀랜드 스트릿

세스 웰린 웨이

🏛 웰링턴 카운티 박물관

웰링턴 로드 18

ⓢ 핸스콤 유리공예 스튜디오

🎬 고지 시네마
☕ 카페 크레프리

N

WELLINGTON COUNTY

CANADA
Guelph
구엘프

전 세계 많은 나라에서 11월 11일을 현충일(Rememberance Day)로 지키고 있는데 가슴마다 다는 것이 양귀비꽃(poppy)이다. 이 꽃을 달게 된 유래는 존 맥크레이(John McCrae) 중령이 쓴 '플랜더스 전장에서(In Flanders fields)'라는 시에서 영감을 받아 시작되었다. 존 맥크레이는 그의 고향집 구엘프(Guelph)로 돌아오지 못하고, 1차 대전 끝무렵인 1918년 1월 28일 폐렴으로 죽어 전우들과 함께 북프랑스에 묻혔다. 구엘프에 있는 그의 생가는 국립유적지(National Historic Site)로 지정되어 매년 6천여명의 추모객이 찾고 있다. 이 외의 국립유적지로는 고딕 리바이벌 양식의 동정녀 마리아 대성당(Basilica of Our Lady of the Immaculate)과 구시청(Old City Hall)이 있다. 3.1 독립운동의 34번째 민족대표로 알려진 석호필(스코필드, Frank W.Schofield) 박사는 1921년부터 1955년까지 구엘프 소재의 토론토 대학교 온타리오 수의과대학(Ontario Veterinary College)에서 교수로 재직했다. 구엘프 대학교(Uninversity of Guelph)는 온타리오 수의과대학, 온타리오 농업대학, 맥도날드 연구소(MacDonald Institute) 등이 합쳐져 1964년 설립되었다.

+ 존 맥크레이

플랜더스 전장에서 (In Flanders fields) 존 맥크레이

플랜더스 들판에 양귀비꽃 피었네	In Flanders fields the poppies blow
줄줄이 서있는 십자가들 사이에	Between the crosses, row on row,
그 십자가는 우리가 누운 곳 알려주기 위함이네.	That mark our place; and in the sky
그리고 하늘에는 종달새 힘차게 노래하며 날아오르건만	The larks, still bravely singing, fly
저 밑에 요란한 총소리 있어 그 노래 잘 들리지는 않네	Scarce heard amid the guns below.
우리는 이제 운명을 달리한 자들	We are the Dead. Short days ago
며칠 전만 해도 살아서 새벽을 느꼈고 석양을 바라보았네	We lived, felt dawn, saw sunset glow,
사랑하기도 하고 받기도 하였건만	Loved and were loved, and now we lie
지금 우리는 플랜더스 들판에 이렇게 누워 있다네	In Flanders fields.
원수들과 우리들의 싸움 포기하려는데	Take up our quarrel with the foe:
힘이 빠져가는 내 손으로 그대 향해 던지는 이 횃불	To you from failing hands we throw
그대 붙잡고 높이 들게나	The torch; be yours to hold it high.
우리와의 신의를 그대 저버린다면	If ye break faith with us who die
우리는 영영 잠들지 못하리	We shall not sleep, though poppies grow
비록 플랜더스 들판에 양귀비꽃 자란다 하여도.	In Flanders fields.

*토론토 대학에서 의학을, 몬트리올 맥길에서 병리학을 공부한 뒤, 존경받는 의사로 교수로 일하고 있던 존 맥크레이는 1914년 41세의 나이로 자원입대한다. 총성이 60초 이상 멈추지 않던 벨기에의 입스(Ypres) 전장터에서 포병대의 군의관이었던 맥크레이는 자기보다 어린 장교의 죽음을 목도한 뒤, 그 아픔을 시로 적었다.

1915년 12월 8일, 그의 시가 영국 잡지에 처음으로 실렸을 때 , 그것은 사람들의 심금을 울렸다. 몇몇은 그 시에 대한 답시를 짓기도 했다. 이 후, 그의 시는 poppy day campaign 설립의 자극제가 되었고, 수많은 국가에서 11월 11일 열리는 추모식(현충일)의 추동력이 되었다.

존 고트(John Galt)에 의해 설계된 계획 도시로 구엘프 대학교(UoGuelph)와 꿀벌연구소(Honey Bee Research Centre)와 같은 '농업 혁신 연구 및 기술'을 다루는 인프라가 가장 많은 도시다. 토론토에서 기차(Via Rail)로 1시간 10분, 고버스(GO Bus)로 2시간 15분 걸린다. 구엘프 센트럴 역에서 내리면 다운타운이 바로 지척이라 걸어서도 여행할 수 있고, 구엘프 대중교통과 연계되어 버스 이용도 편리하다.

구엘프 드나드는 방법 ❶ 기차 Via Rail

토론토 유니온 스테이션(Union Station)에서 구엘프 역(Guelph Central Station)까지 하루 두 번 운행한다.

비아레일

☎ 1-888-842-7245
viarail.ca

구엘프 센트럴 역

⌂ 주소 : 79 Carden Street, Guelph

구엘프 센트럴 역

비아레일(VIA Rail), 통근기차(GO Train), 통근버스(GO Bus), 시외버스 등이 같이 모여 있는 종합 터미널이다.

구엘프 역

TORONTO	▶	LONDON	▶ SARNIA
TRAIN		**87**	
DAYS/JONURS		1234567	
Toronto, ON	DP	17:40	
Malton		18:00	
Brampton		18:12	
Georgetown		18:24	
Guelph		18:49	
Kitchener		19:16	
Stratford		19:53	
St. Marys		20:21	
London	AR	21:09	
	DP		
Strathroy		21:35	
Wyoming		22:03	
Sarnia, ON	AR	22:20	

SARNIA	▶	LONDON	▶ TORONTO
TRAIN		**84**	
DAYS/JONURS		1234567	
Sarnia, ON	DP	08:40	
Wyoming		08:55	
Strathroy		09:27	
London	AR	09:52	
	DP		
St. Marys		10:45	
Stratford		11:14	
Kitchener		12:02	
Guelph		12:24	
Georgetown		12:47	
Brampton		12:59	
Malton		13:11	
Toronto, ON	AR	13:38	

구엘프 드나드는 방법 ❷ 고 트레인 GO Train

토론토 유니온 스테이션과 구엘프 스테이션(Guelph Central Station) 구간을 평일 출퇴근 시간에 맞춰 운행한다. 토론토에서 구엘프까지 1시간 27분 소요된다. 주말에는 운행하지 않는다.

※여행 전에 고 트랜짓(GO Transit) 웹사이트에서 최신 운행일정을 확인하기 바란다. www.gotransit.com

GO Train (EASTBOUND) (구엘프 Guelph → 토론토 Toronto) 월요일~금요일	
구엘프 Guelph Central GO	유니온 스테이션 Union Station GO
05:47	07:13
06:32	07:58
07:02	08:28
07:32	08:58
08:02	09:28
09:02	10:28
12:02	13:28
15:04	16:28
21:02	22:28

GO Train (WESTBOUND) (토론토 Toronto → 구엘프 Guelph) 월요일~금요일	
유니온 스테이션 Union Station GO	구엘프 Guelph Central GO
09:34	11:01
12:34	14:01
15:34	17:01
16:34	18:01
17:04	18:31
17:49	19:16
18:04	19:31
21:34	23:01

구엘프 드나드는 방법 ❸ 시외버스

토론토 유니온 스테이션 버스터미널에서 출발하는 고버스(GO Bus)를 타고 미시소거 스퀘어 원(Square One)까지 가서, 그곳에서 구엘프행 고버스(29번 버스)로 갈아탄다. 구엘프 센트럴 고(Guelph Central GO)까지 2시간 15분 걸린다.

구엘프 드나드는 방법 ❹ 시내버스

구엘프 대중교통 버스 시스템을 이용하면 차량없이도 구엘프 전역을 편하게 여행할 수 있다.
https://guelph.ca/living/getting-around/bus/

시내, 시외 버스 터미널

구엘프

🚉 구엘프 센트럴 스테이션(고 트랜짓)

🚉 구엘프 센트럴 기차역

🏛 구엘프 시립 박물관

🏛 마켓 광장

⛪ 동정녀 마리아 대성당

🏛 구엘프 파머스 마켓

Wellington St E

Wellington St W

⭐ 커버드 브릿지

📍 스피드 강 패들링
(카누, 카약)

🏛 맥크레이 하우스

N

구엘프 추천코스

엘로라(Elora) & 퍼거스(Fergus)를 여행하는 관광객이라면 당일로 구엘프 다운타운을 둘러보길 권한다.
화요일–일요일이라면 맥크레이 하우스 관람, 토요일에는 구엘프 파머스 마켓, 일요일 1시는 동정녀 마리아 대성당
가이드 투어를 추천한다. 이 외에도 10월에 열리는 구엘프 스튜디오 투어(Guelph Studio Tour),
특정 토요일에 운행하는 무료 셔틀 버스인 구엘프.맥주 버스(Guelph.Beer Bus)를 타고
5개의 양조장을 투어하는 것도 추천한다.

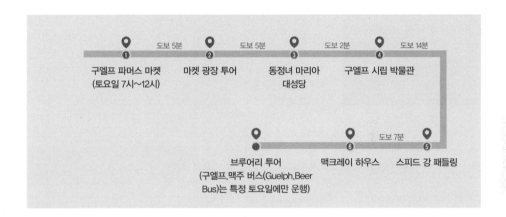

① 구엘프 파머스 마켓
(토요일 7시~12시)

도보 5분

② 마켓 광장 투어

도보 5분

③ 동정녀 마리아
대성당

도보 2분

④ 구엘프 시립 박물관

도보 14분

⑥ 브루어리 투어
(구엘프.맥주 버스(Guelph.Beer
Bus)는 특정 토요일에만 운행)

⑦ 맥크레이 하우스

도보 7분

⑤ 스피드 강 패들링

맥크레이 하우스
McCrae House

🏠 108 Water Street, Guelph
📞 예약 519-836-1221
🕐 화~일 13:00~17:00
🎫 $6 어른, 시니어(65+), 학생, 어린이(4~14),
　4세 이하 무료
www.guelphmuseums.ca

맥크레이 생가가 있는 거리의 표지판

1918년 1월 28일 '플랑데르 전장에서'의 시인이자 맥길 대학의 교수이자 1차 세계대전의 포병 부대 군의관으로 참전하고 있었던 존 맥크레이(John McCrae)가 죽자, 그를 향한 추도 물결은 그의 부모(David & Janet McCrae)가 살고 있던 이곳 구엘프까지 이르렀다. 맥크레이는 구엘프에서 1872년 태어나, 한 번도 남편이거나 아버지인 적이 없었다.

맥크레이 하우스에는 잘 정리된 그의 일대기, 스케치북, 편지와 같은 소소한 물건들, 보어 전쟁(Boe War)에서 사용했던 메스킷(mess kit; 휴대용 식기 세트) 등 맥크레이와 그의 가족 관련한 천 여 점의 물건들이 전시되어 있다. 그의 부모에게 보냈다는 편지 말미의 한 구절이 눈에 들어온다. 얼마나 지쳤는지! 몸도 지쳤고, 마음은 더 지쳐있다(But how tired we are! weary in body and wearier in mind).

맥크레이 하우스는 구엘프 시립 박물관과 함께 구엘프 박물관으로 묶어 구엘프 시에서 직접 운영하고 있다.

집에서 몇 블록 떨어진 세인트 앤드류 장로교(161 Norfolk Street)에는 그의 가족이 앉아서 예배드렸던 자리에 동판이 새겨져있고, 그를 기리기 위해 만든 스테인드글라스 창문도 있다.

맥크레이 기념비(McCrae House Memorial).

청동으로 된 책(Bronze book), 청동 횃불(Bronze torch) 그리고 이것들을 둘러싼 석회암 벽으로 되어 있다. (1946년 건립)

맥크레이 기념비

맥크레이 기념비(McCrae House Memorial)

존 맥크레이의 스케치북(1896)

왼쪽부터) Queen's South Africa Medal with Clasps, 1914-15 Star, Victory Medal, British War Medal.

맥크레이 생가의 오리지널 정문 열쇠

마켓 광장
Market Square

1827년 존 고트는 두 가지 특징을 살려 구엘프를 설계했다. 하나는 버팔로, 뉴욕 등을 여행하며 보았던 방사형으로 뻗은 커다란 격자 모양의 넓은 도로다. 둘째는 스코틀랜드 에딘버러의 뉴타운 운동에서 영향을 받아 도시 중심에 넓은 광장을 만들었다. 도면상에는 지금의 시청과 마켓 광장을 합친 것보다 네 배나 넓었다고 한다. 시청사 앞에는 구엘프(Guelph)를 설계한(founder) 존 고트(John Galt)의 동상이 있다.

시청 앞의 마켓 광장은 각종 이벤트, 콘서트, 물놀이, 겨울에는 스케이팅을 즐기기 위해 사람들이 즐겨찾는 곳이다. 광장 주변에는 식당, 커피숍, 베이커리 등 먹거리도 풍성하다.

구엘프 마켓 광장에 세워진 존 고트 동상

구엘프 파머스마켓
Guelph Farmers Market

⌂ 2 Gordon Street, Guelph
◷ 매주 토요일 07:00~12:00 noon

매주 토요일 아침 7시부터 정오까지 사계절 열린다. 상가 80개는 상설(permanent)이고, 40~50개는 제철에만 열리는 시즈널(seasonal)이다. 가족이 운영하는 정육점 대처 농장(Thatcher Farms), 직접 도넛을 만들어서 파는 엘마이라 엔터프라이즈(Elmira Enterprises), 사람들이 극찬하는 덤플링(Dumpling) 가게 펭 덤플링(Feng's Dumplings), 달콤한 디저트 와플(sweet waffle)과 짭짤한 세이버리 와플(savory waffle)을 파는 C3 Culinary, 온타리오 주 빈(Vienna, ON)에서 경작한 오가닉 채소를 파는 빌뇌브 가족 농장(Villeneuve Family Farm) 등 재래시장의 맛을 한껏 느낄 수 있는 곳이다.

엘로라 밀 레스토랑의 라인 쉐프(Line Chef)이기도 한 앤드류(Andrew Crawford)가 굽는 별미 즉석 와플은 인기만점이다. 고구마와 리크(Leek)를 갈아 반죽해 만든 글루텐 프리 와플 위에 포타벨라 버섯 그레이비(Portabella Mushroom Gravy)와 체다 치즈(Cheddar Cheese) 소스를 뿌려 먹는다.

즉석 와플

동정녀 마리아 대성당
the Basilica of Our Lady Immaculate

◎ 미사 시간 토 17:15, 일 09:00 & 11:00

바실리카 가이드 투어
◎ 매월 첫 번째 일요일 13:00-15:00
☎ 교구 사무실 519-824-3951
www.basilicaofourlady.com/

1827. 4.23 캐나다 회사의 감독관 존 고트(John Galt)는 메이플 나무를 자르고, 도시를 건설한다. 고트는 그의 친구이자 킹스턴 주교였던 알렉산더 맥도넬(Alexander Macdonell)에게 성당을 짓도록 알싸라기 땅인 도시의 중심에 있는 언덕을 준다. 이 성당 언덕에 1835년 처음으로 성당이 지어졌다. 나무로 지어진 세인트 패트릭 처치(St.Patrick Church)는 1844년에 화재로 소실되었고, 두번째 성당이었던 세인트 바돌로메 처치(St.Bartholomew Church)는 새 성전을 짓기 위해 1887년 철거됐다. 건축가 요셉 코놀리(Joseph Connolly)는 독일의 쾰른 대성당(Cologne Cathedral)에 영감을 받아 고딕 리바이벌 양식의 동정녀 마리아 성당(the Church of Our Lady Immaculate)을 1888년 완성했다. 1919년 파이프 오르간이 설치되고, 1926년 건물에 탑들이 더해졌다. 2014년 대대적인 성당 리노베이션을 거쳐, 그 해 12월 8일 교황 프란시스(Pope Francis)에 의해 지금의 동정녀 마리아 대성당(The Basilica of Our Lady Immaculate)으로 지정되었다.

바실리카(Basilica)

고대 로마의 공공 건물로 재판, 집회 등 다양한 기능을 제공했다. 건물은 직사각형 모양이었다. 313년 콘스탄티누스 황제가 그리스도교를 공인함으로써 바실리카는 크리스챤의 공예배 장소로 사용되었고, 성당을 지을 때에도 바실리카를 표준 모델로 사용함으로 초기 성당의 건축양식이 되었다. 교황이 부여한 특권을 가진 대바실리카(major basilica or papal basilica)는 바티칸의 성 베드로 대성당(Basilica of St.Peter), 산타 마리아 마조레 대성당(Basilica of Saint Mary Major), 라테란의 성 요한 대성당(Basilica of St.John Lateran), 성 밖의 성 바울 대성당(Basilica of Saint Paul Outside the Walls) 등 4개이며, 그 밖의 1,810여 개의 소바실리카(minor basilica)는 바실리카라고 통용된다. 4개의 대바실리카는 교황의 높은 제단과 왕좌가 있으며, 교황의 허락없이는 누구도 이 곳에서 미사를 집전할 수 없다.

구엘프 시립 박물관
Guelph Civic Museum

🏠 52 Norfolk Street, Guelph
🕐 화~일 10:00~17:00 (매월 넷째 금요일
    10:00~21:00)
💲 $6 어른, 시니어(65+), 학생, 어린이(4-14),
    4세 이하 무료
www.guelphmuseums.ca

구엘프 시립 박물관은 동정녀 마리아 대성당 옆 건물인 로레토 수녀원(Loretto Convent)을 리노베이션해서 사용하고 있다. 상설 전시와 특별 전시를 통해 구엘프의 역사를 구석구석 보여준다. 1827년 도시 설립자인 존 고트가 미사

수도원 모형

를 드렸던 소수도원을 축소해서 만든 모형, 구엘프 태생의 20세기 세계적인 테너 가수 중 한 명이었던 에드워드 존슨(Edward Johnson), 2016년 폐간된 지역 신문 구엘프 머큐리(Guelph Mercury) 등 소소한 재미를 주는 전시물 3만여점이 전시되고 있다. 건물 밖 맥크레이 공원에는 전장터에서 시를 쓰고 있는 장면을 묘사한 맥크레이 동상이 설치되어 있다. 구엘프 시립 박물관 오픈시간은 맥크레이 하우스와 같다.

맥크레이 공원에 있는 맥크레이 동상

플레이 위드 클레이
Play with Clay

🏠 42 Wyndham St.North, Guelph
🕐 일&월 10:00~20:00, 화~토 10:00~24:00
https://www.playwithclayguelph.com/

도자기 손물레(Potters wheel)를 돌리고, 점토로 구운 다양한 도자기 위에 색칠을 입히고 있는 아이들. Play with Clay 는 엄마와 아이가 함께 그릇, 머그잔, 항아리 등을 만드는 놀이 공간이다. 색칠을 하는데 필요한 브러쉬, 유약 등 모든 재료가 제공되고, 아티스트가 옆에서 도와준다. 색칠이 다 끝나면 가마에 넣어 도자기를 굽는다. 1주일 후에 자기가 만든 것을 찾아간다. 특별하고 기억에 남는 생일 파티를 하려는 부모들은 일찌감치 예약을 한다. 스낵과 케익을 가지고 와서 먹어도 된다. 해밀턴(198 Locke Street South, Hamilton)과 캠브릿지(10 Water Street North, Cambridge)에서도 만날 수 있다.

Play with Clay 에서 아이들은 도자기 예술을 만난다.

색칠을 하며 리버(River)가 활짝 웃고 있는 장면

393

보트하우스,
스피드 강 패들링 ,
커버드 브릿지

Boathouse, Speed River Paddling,
Covered Bridge

스피드 강 패들링

🏠 116 Gordon Street, Guelph
🕐 월~일 10:00~19:00
🚣 **카누** 평일 \$24/hour, \$35(2~5시간),
　　\$45(5시간 이상 하루)
　　카약 평일 \$20/hour, \$30(2~5시간),
　　\$40(5시간 이상 하루)
예약 : speedriverpaddling@gmail.com
보트하우스 https://
www.theboathouseguelph.com/
byward-market.com

스피드 강(Speed River) 옆에는 보트하우스(the Boathouse)라는 찻집 겸 아이스 크림 가게가 있다. 1997년에 아이스크림을 파는 가게로 시작해 지금은 아침, 점심 메뉴와 함께 차, 스콘, 디저트 등을 판매한다. 보트하우스 옆에는 가족이 운영하는 스피드 강 패들링(Speed River Paddling)이 있다. 사람들은 이 곳에서 카약 혹은 카누를 빌려 노젓기를 즐기며 오후를 보낸다. 카누를 빌리는 데 드는 비용은 세금 포함 18불, 카약은 15불이다. 처음 카누를 타는 사람이 한 시간 동안 노를 젓다 보면 팔이 뻐근할 수도 있으니 쉬엄쉬엄 에라모사 강(Eramosa River) 을 따라 올라가보자. 스피드 강 상류로는 수심이 낮아서 카누를 타지 못한다. 스피드 강 위로 놓인 커버드 브릿지 (Covered Bridge)는 사람들만 다니는 육교다. 구엘프 에서 열린 국제 컨퍼런스에 참여한 북미의 팀버프레이머 길드(Timber Framers Guild) 회원 400여명이 본인들의 연장으로 시간과 기술을 써서 75톤의 육교를 만들었다.

프랭크 윌리엄 스코필드 박사
Frank William Schofield,
1889-1970)

1889년 영국에서 태어난 그는 1907년 홀로 캐나다로 이주해 토론토 대학교 온타리오 수의과대학(Ontario Veterinary College)을 졸업했다. 일제 강점기였던 1916년부터 1921년까지 세브란스 의학전문학교(현 연세대학교 의과대학)에서 세균학과 위생학을 가르쳤다. 1919년 3.1만세운동, 제암리 학살 사건 등을 사진으로 찍어 해외 언론에 알려 일본의 학살을 비판하고 한국인의 독립정신을 온 세계에 알렸다. 일본의 암살 위협 속에 1920년 캐나다로 돌아와, 1921년부터 1955년까지 온타리오주 구엘프(Guelph) 소재의 토론토 대학교 온타리오 수의과대학(OVC)에서 가축위생학을 가르치고 연구했다. 1958년 독립 유공자 자격으로 한국에 다시 돌아와 서울대학교 수의과대학에서 후학을 양성하고, 스코필드 기금(The Schofield Fund)를 통해 불우 청소년들을 도우며 여생을 보냈다. 3.1운동을 주도한 민족대표 33인에 버금가는 인물로 존경받는 스코필드 박사는 국립 현충원 애국지사 묘역에 안장되었다. 한국명 석호필은 '나는 강하고(石) 굳센 호랑이(虎)의 마음으로 한국인에게 필요한(必) 사람이 되겠다.'는 뜻이다.

*온타리오 수의과대학
(Ontario Veterinary College)은 1862년 토론토에서 설립되었다. 1897년 토론토 대학교에 병합되었고, 1922년 캠퍼스를 구엘프로 이전했다. 1964년, 온타리오 수의과대학, 온타리오 농업대학, 맥도널드 연구소 등이 합쳐 구엘프 대학교가 설립되었다. 지금은 구엘프 대학교 온타리오 수의과대학으로 불린다.

⊗ 먹자!

EATING

에릭 더 베이커
Eric the Baker ⊜

주인이 명함을 주었다. 이름은 없고 'Patissier Boulanger'라고 쓰여있다. 파티시에는 제과사를 말하고, 불랑제는 제빵사를 말한다. 나의 이름은 '제과제빵사'라는 재치있는 명함이라는 생각이 든다. '빵은 버터!'라고 말하는 주인의 소탈한 모습이 좋아보인다고 했더니 자신은 '인생을 즐기며 사는 사람(Von vivant)'이라고 한다. 이 유쾌한 주인은 할머니에게서 배운 빵기술을 가지고 프랑스에서 건너와 빵가게를 열었다. 6~7명이 함께 빵을 굽는 이 빵가게는 늘 활기가 넘친다. Eric the Baker의 소시지 롤(Sausage roll)과 페이스트리 빵은 잊지 말고 사먹어 보자.

⌂ 46 Carden St, Guelph
☎ 519-265-8999

CANADA
Elora & Fergus

온타리오에서 가장 아름다운, 마을 엘로라 & 퍼거스

그랜드 강 협곡에는 엘로라(Elora)와 퍼거스(Fergus)라는 사랑스러운 마을이 자리하고 있다. 그룹 오브 세븐(Group of Seven)의 멤버였던 캐슨(A.J.Casson)은 이 곳을 '온타리오에서 가장 아름다운 마을'이라고 극찬했다. 스코틀랜드 정취를 흠뻑 느낄 수 있는 퍼거스 스코틀랜드 축제와 그랜드 리버의 급류 타기를 즐기며 협곡 사이로 뚫린 하늘을 보는 것은 즐거움의 극치다. 엘로라(Elora)와 퍼거스(Fergus)는 스코틀랜드 풍의 돌로 지어진 건물들하며 서로 닮은 것도 많지만 다른 구석도 많다. 퍼거스(Fergus)는 고전미가 풍기고, 엘로라(Elora)는 퓨전 스타일의 아기자기함이 묻어난다.

파워 넘치는 퍼거스 스코틀랜드
축제와 하일랜드 게임

인구 2만이 조금 넘는 마을, 퍼거스(Fergus)가 축제로 떠들썩하다. 북미 최고의 스코틀랜드 축제로 꼽히는 '퍼거스 스코틀랜드 축제와 하일랜드 게임(Fergus Scottish Festival & Highland Games)' 때문이다.

1946년부터 매년 8월에 열리는 3일간의 축제에서 방문객들은 하이랜드 춤, 백파이프와 드럼 그리고 헤비스 (Heavies)와 같은 다채로운 경연을 통해 스코틀랜드의 역사와 문화를 익히게 된다. ①해기스(Haggis)와 같은 스코 틀랜드 정통 요리도 맛보는 기회가 된다.

스코틀랜드 전통 칼춤(Sword Dance) '길리 칼럼(Ghillie Callum)'은 바닥에 두 개의 칼을 엑스(X) 자로 놓고 한 명의 댄서가 칼 위를 넘나들며 춤춘다. 이 춤의 유래는 스코틀랜드 왕 말콤 캔모어 (Malcolm Canmore) 시대로 거슬러 올라간다. 말콤(Malcolm)이 1054년 던시네인 전투(Battle of Dunsinane)에서 승리한 뒤, 적의 칼 위에 자신의 칼을 올려놓고 칼을 넘으며 환희의 춤을 췄 다는 이야기가 있다. 또 다른 이야기는 전사들이 전투를 앞두고 추는 '예언의 춤'이었다 고 한다. 칼을 건드리지 않고 춤을 끝내면 전투에서의 승리를 확신했다고 한다. 길리 칼럼(Ghillie Callum)은 '말콤의 종(Servant of Malcolm)'이라는 뜻이다.

전통 의상인 킬트(Kilt)를 입은 선수가 힘겨루기를 벌이는 헤비 경기(Heavy Athletics)는 하일랜드 게임의 진수다. 선수들의 힘과 기량은 올림픽 선수 못지않 다. 종목은 장대 던지기(Caber Toss), 볏단 던지기(Sheaf Toss), 스코티쉬 해머 던지기 등 다양하다. 경기 규칙을 알아야 구경하는 사람도 신바람나는 법. 장대

벗단 던지기

영국 전통 베이커리 부스에는 스코틀랜드 전통 비스킷인 엠파이어
쿠키(Empire Cookies) 외에도 다양한 빵들이 진열되어 있다.

🏠 550 Belsyde Ave East, Fergus
https://fergusscottishfestival.com

해기스(Haggis)
양 또는 송아지의 내장에 양파,
오트밀, 쇠기름, 향신료, 소금 등을
섞은 것을 채워서 삶은 요리다.

엠파이어 쿠키(Empire Cookies)
스코틀랜드의 전통 쿠키인
쇼트브레드 한 쪽면에 잼을
바르고 샌드위치처럼 겹쳐서
그 위에 우유나 물에 섞은
컨펙셔너 설탕(confectioner
sugar)을 코딩한 후, 중앙에
설탕에 절인 체리를 얹으면 완성.
원래는 독일의 린저 쿠키(Linzer
Cookies)였지만, 2차 세계대전이
터졌을 때 이름을 엠파이어
쿠키(Empire Cookies)로 바꿨다.

던지기와 벗단 던지기가 꼭 그렇다.

장대 던지기(Caber Toss)는 길이 5-7미터, 무게 45-80킬로그램의 장대를 던지는 것이다. 장대(Caber)는 한쪽 끝이 다른 쪽 끝보다 약간 넓어지도록 손질되었다. 좁은 쪽 끝은 둥글게 마무리해서 선수들이 손으로 받치기 쉽다. 선수들은 장대의 넓은 쪽이 하늘로 향하도록 세워 들고, 달리다가 멈추면서 그 힘으로 장대를 밀어 던진다. 장대 끝이 땅에 튕긴 뒤 한 바퀴 돌아 12시 방향으로 넘어지면 이기는 게임이다. 이 경기는 힘, 균형 그리고 민첩함이 요구된다.

벗단 던지기(Sheaf Toss)는 '짚으로 채워진 삼베 포대'(sheaf)를 쇠스랑으로 찍어, 반동을 이용해 수직으로 던져서 수평으로 걸린 막대를 넘기면 이기는 경기다. 각 선수에게 세 번의 기회가 주어지며, 막대의 높이를 높여가며 경기를 한다. 누가 벗단(sheaf)을 높이 던지느냐를 겨루는 경기라고 할 수 있다.

하일랜드 게임은 아일랜드의 고대 켈트족에서 시작되어 스코틀랜드의 씨족(Clan) 간 경쟁을 통해 발전하였다고 한다. 매년 40개 이상의 클랜(Clan)이 참여해 클랜 텐트에선 자기 씨족을 알리고, 자신의 뿌리를 찾고 싶어 온 사람들이 족보에 이름을 올리기도 한다. 씨족(Clan)들은 저마다의 고유 문장과 타탄(Tartan) 무늬가 있다. 파이프 밴드(Pipe Band) 시합이나 매스 밴드(Massed Band) 공연에 참여한 이들이 입고 있는 킬트를 보면 어느 가문인지 알 수 있다. 20세기 초 올림픽 종목이었던 스포츠 줄다리기(Tug-of-War)도 하일랜드 게임의 주요 경기이니 놓치지 말고 구경하길 바란다. 스포츠 줄다리기는 우리가 아는 전통 줄다리기와 많이 달라 보인다. 스포츠 줄다리기는 절도가 있다고 할까! 그러나 시작하자마자 뒤로 누워 발의 힘으로 줄을 다리는 것이 전통 줄다리기에 비해 흥은 약하다.

이 외에도 ②엠파이어 쿠키(Empire Cookies)와 같은 스코틀랜드 전통 음식, 스코틀랜드 유명 배우의 사인회, 다채로운 공연 등이 3일 동안 펼쳐진다.

엘로라

엘로라 고지 계단 ★

러버스 리프

핸스콤 유리공예 스튜디오

엘로라 밀 레스토랑
시간의 이빨(바위섬)

고지 시네마
카페 크레프리

잭 알 맥도널드 인도교

엘로라 고지 트레일

엘로라 튜빙 타는 곳

엘로라 고지

N

퍼거스

스코티쉬 코너 샵

키싱 스테인

밀리건 인도교

Queen St S

템플린 가든

Tower St S

Albert St W

N

퍼거스 스코티쉬 &
하일랜드 게임 축제장

엘로라 & 퍼거스 추천코스

엘로라 워킹투어 (잭 알 맥도널드 인도교(Jack R. MacDonald Bridge)서부터 시작.
밀 스트릿 웨스트(Mill St W), 멧칼프 스트릿(Metcalfe St), 처어치 스트릿 이스트(Church St E),
게디스 스트릿(Geddes St), 밀 스트릿 이스트(Mill St E) 순서대로 걸으면 된다.)

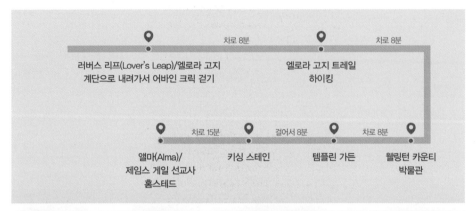

러버스 리프(Lover's Leap)/엘로라 고지
계단으로 내려가서 어바인 크릭 걷기

차로 8분

엘로라 고지 트레일
하이킹

차로 8분

앨마(Alma)/
제임스 게일 선교사
홈스테드

차로 15분

키싱 스테인

걸어서 8분

템플린 가든

차로 8분

웰링턴 카운티
박물관

태고의 신비, 엘로라 협곡
Elora Gorge

◎ 5월~10월 8시~sunset

▣ 데이 유즈 입장료 : 성인(14~64) $7.08,
노인(65+) $5.75, 어린이 $3.10, 3세 이하는
무료.

엘로라 협곡 튜빙

◎ 6월 중순 ~ 노동절(Labour Day)
10:00~18:00

튜빙 티켓 및 장비 대여 tickets.grandriver.ca

주의사항 :
- 마지막 등록 및 장비 대여는 오후 4시다.
  대여한 장비는 당일 저녁 7시까지 반납해야
  한다.
- 튜빙 티켓과 장비 대여는 온라인으로만
  가능하고, 미리 예약해야 한다. 티켓은 3일
  전부터 예매 가능하다.
- 튜빙 티켓과 대여료는 환불 및 교환이
  불가능하다.
- 강의 수위가 너무 높은 경우 예고 없이
  튜빙을 폐쇄할 수 있다.

엘로라 협곡 트레일(Elora Gorge Conservation Area Trail)은 울퉁불퉁, 오르락 내리락, 모난 돌도 많고 별나게 생긴 나무도 많아 요정이라도 나올 것 같은 분위기다. 그래서 걷는 재미가 있다. 사람들이 심심찮게 온다는 '구멍난 바위(Hole in the Rock)'를 둘러보고, 돌다리를 건너, 튜빙이 시작되는 지점에 도착한다. 협곡이 하늘을 찌를 듯이 높고 수려하다. 물살이 급한 것이 강원도 소금강을 연상케한다. 사람들은 튜빙 티켓을 온라인으로 구입한 후, 카약, 튜브, 고무 보트 등을 협곡으로 가지고 와서 튜빙을 즐긴다. 낙차로 생긴 웅덩이는 물이 맴돌아 튜브가 한 번 빠지면 벗어나기 힘드니 꼭 노가 있어야 한다. 튜빙 장비 대여도 온라인에서 가능하다. 튜빙 티켓은 $17.70, 장비대여패키지는 티켓 포함 $46.46이다. 엘로라 협곡 입장료는 별도다.

엘로라 밀과 시간의 이빨
Elora Mill&Tooth of Time

1851년부터 1859년까지 스코틀랜드 노동자에 의해 손으로 지어진 엘로라 밀(Elora Mill)은 엘로라의 살아있는 박물관이다. 원래는 방앗간, 제재소, 양털공장, 가게 그리고 여관같은 것이 있었지만 지금은 럭셔리한 Elora Mill Hotel and Spa 로 2018년 7월 재탄생했다. 엘로라 밀에서 내려다 보이는 그랜드 강 한복판에는 '시간의 이빨'이라는 작은 바위섬이 있다. 2019년 11월 22일에 오픈한 잭 알 맥도널드 다리(Jack R. MacDonald Bridge)에 서면 한 눈에 보인다.

1903년 3월 20일 새벽, 우르릉거리는 소리와 미진으로 잠이 깬 사람들은 뭔일인가 싶었다. 아침이 되어 확인해보니 방앗간의 외벽이 무너져 바위섬(Islet Rock)과 방앗간 사이 물길이 돌무더기로 막혀 버렸다. 백배 더 중요했던 방앗간을 살리기 위해 섬을 없애자는 제안이 나왔다. 하지만 시의원들은 비용 문제 때문에 지원을 꺼렸다. 그 후 리차드슨(Richardson)이 방앗간을 인수해 엘로라의 랜드마크였던 바위섬(Islet Rock)은 손상시키지 않으면서 벽을 다시 쌓고 방앗간을 수리했다. 1903년 없어질 뻔 했던 '시간의 이빨'은 물살로 인한 붕괴가 가속화되는 것을 막기 위해 바위섬 앞 부분을 콘크리트로 땜질했다.

고지 시네마
Gorge Cinema since 1974

⌂ 43 West Mill Street, Elora
홈페이지 www.gorgecinema.ca

엘로라의 유서깊은 호텔의 돌담 안에 있는 고지 시네마. 1848년 지어져 1870년대에는 70개의 침실과 커다란 마구간까지 갖춘 호텔이었다. 시간이 흘러 호텔은 극장으로, 마구간은 커피숍, 엔틱샵 등이 들어선 엘로라 뮤즈(Elora Mews)로 개조되었다. 고지 시네마는 130석 규모로 대형 극장에서 방금 내린 최신 영화들 중에 작품성이 뛰어난 영화와 독립 영화 등을 상영한다.

극장은 쇼타임 30분 전에 box office를 열고, 현금 만을 받는다. 선착순으로 입장할 수 있다. 티켓과 먹거리(팝콘, 초코바 등)를 파는 카운터에서 인상좋은 두 아저씨가 손님들을 반갑게 맞이한다. 극장 내부는 아담하고 아늑한 분위기를 자아낸다. 한 쪽 벽은 돌벽이고, 다른 벽엔 수많은 사람들이 웃고 있는 커다란 그림이 걸려있다. 이 그림은 엘로라의 할로윈 장식으로 유명한 화가, 팀 머튼(Tim Murton)이 그린 그림이라고 직원이 다가와 설명한다. 스크린 화질도 이만하면 베스트다. 시작될 쯤엔 앞 자리 몇 줄을 빼고 자리가 꽉 찼다.

오너인 페이튼(Payton)은 어렸을 때 이 극장의 단골 손님이었다고 한다. 포틀랜드에 위치한 영화사 'Coraline'에서 만화를 그린 경험을 살려 고향으로 돌아온 뒤 아내와 같이 고지 시네마를 인수했다. '엘로라의 보석과 같은 대표 극장(rep cinema)이 계속해서 운영될 수 있도록 오셔서 많이 봐주십시오'라는 인사말에서 극장에 대한 그의 애착이 느껴진다. 상영작과 상영일정은 고지 시네마 홈페이지에서 확인 가능하다.

웰링턴 카운티 박물관

Wellington County Museum &
Archives

🏠 0536 Wellington Rd 18, Fergus
🕐 월~금 (09:30~ 16:30), 토~일 (13:00~17:00)
📞 (519) 846-0916 x5221
https://www.wellington.ca/en/museum-
and-archives.aspx

웰링턴 카운티 박물관은 이 지역의 소소한 역사를 모아둔 '타임캡슐'이다. 원래 이 박물관은 1877년 웰링턴 카운티 지역의 극빈자를 위한 푸어하우스((poor house) 였다. 갈 곳 없이 소외된 사람들이 이 곳에서 농장 일도 하고, 퀼트도 만들며 공동체 생활을 했다. '벽이 말할 수 있다면(If these Walls could speak)'이라는 전시실은 푸어하우스에서 비로소 삶을 찾았던 사람들에 대한 이야기를 들려준다.

전화의 진화를 볼 수 있는 '와이트먼 첫 110년 (Wightman, the first 110 years)', 인형 극단 '퍼핏 엘로라(Puppets Elora)'의 25주년을 기념하는 '커튼 너머 엿보기 (A peek behind the curtain)'와 같은 특별 전시도 열린다.

엘로라에 기반을 둔 퍼핏 엘로라(Puppets Elora)는 2018년부터 '어부와 아내(The Fisherman and his wife)'를 각색한 인형극 '소원 물고기(Wish Fish)' 를 공연하고 있다. 퍼핏 엘로라 홈페이지(www.puppetselora.ca)에서 인형극 공연 스케줄을 확인하기 바란다.

403

원주민 전설이 살아있는
러버스 리프
Lover's Leap

엘로라(Elora)에는 원주민 연인의 지극한 사랑 이야기가 전해지는 곳이 있다. 어바인 크릭(Irvien Creek)와 그랜드 강(Grand River)이 만나는 포인트에 있는 빅토리아 공원(Victoria Park)의 엘로라 고지 전망대는 러버스 리프(Lover's Leap)라고 불린다. 겸재 정선도 탐내어 산수화를 그렸을 법한 이곳이 어째서 '실연한 사람이 투신 자살하는 낭떠러지'라는 듣기에도 불편한 러버스 리프(Lover's Leap)로 불려지게 된 것일까?

때는 바야흐로 '같은 씨족끼리 결혼하지 못 한다'는 원칙이 북미 원주민 사회에서도 통용되던 시대. 사랑했지만 같은 씨족이라는 이유로 결혼을 거부당한 두 연인은 "남으로 사느니 죽어서 같이 살자"며 이 곳 낭떠러지에서 뛰어 내려 죽음을 선택한다. 가엾게 여긴 신들은 이들을 서로 합류하는 두 개의 강으로 만들어 영원히 함께 있게 해준다.

또 다른 전설은 아타완다론(Attawandaron) 족 용사였던 애인이 이로쿼이 족과의 싸움에서 전사했다는 소식을 듣고 원주민 처녀가 이 곳에서 강 아래로 투신했다는 이야기다.

그래서일까. 많은 커플들이 이 곳에서 프로포즈를 하고, 턱시도와 웨딩 드레스를 입은 신랑 신부가 '아이두 서약(I Do Vows)'을 한다. 이 곳은 더 이상 사랑을 위해 죽음을 선택하는 장소가 아니라 영원한 사랑을 시작하는 장소가 되고 있다.

러버스 리프(Lover's Leap) 절벽 아래로 내려가려면, 러버스 리프에서 어바인 크릭을 왼편으로 하고 빅토리아 공원 북쪽으로 조금만 걸으면 물가로 내려갈 수 있는 계단이 나온다. 계단을 내려가면 얼바인 크릭이고 강을 따라 내려가면 러버스 리프 절벽 아래에 이르게 된다.

한 우물을 파는 부부의
핸스콤 유리공예
스튜디오
Hanscomb Glass Studio

⌂ 40 Church Street, Elora
◷ 월~토 10:00~17:00, 일 11:00~17:00
https://hanscombglass.com

엘로라 다운타운에는 유리 공예실이 두 곳 있다. 브라운 어웨이 유리공예 스튜디오(Blown Away Glass Studio)는 풍경(Wind Chime), 장식품(Ornaments), 화장하고 나온 재를 담아 간직할 수 있는 유리제품(Ash in Glass) 등의 핸드 블론 유리 공예품을 제작해 판매한다.

1983년에 오픈한 핸스콤 유리공예 스튜디오(Hanscomb Glass Studio)는 유리가마가 아닌 토치(Torch) 불로 유리 고드름(Glass icicles), 살이 통통한 새(chubby bird) 같은 유리 공예품을 만든다. 알록달록한 쳐비 버드 하나가 19.95달러. 대표적인 것은 글라스 포털(Glass Portal)이라는 것인데 현관 입구에 매다는 유리 공예품이다. 생소한 것 같지만 유리창에 사용하는 스테인드글라스(stained glass) 혹은 납땜 유리(leaded glass)와 유사하다. 네일(Neil Hanscomb)과 지젤라(Gisela Ruehe) 부부는 1986년부터 스테인글라스 유리창을 만드는 일을 꾸준히 해오고 있다.

빌리지 전체가 야외
조각 갤러리,
엘로라 조각 프로젝트
Elora Sculpture Project

www.elorasculpture.ca

먼 옛날 마스토돈(mastodon)과 매머드(mammoth)가 누볐다는 협곡을 따라 퍼거스 다운타운을 거닌다. 템플린 정원(Templin Gardens)에서부터 퍼거스 도서관 뒤편의 리버프론트 트레일(Riverfront Trail)까지는 시민들과 관광객에게 인기가 많은 곳이다. 리버프론트 트레일을 따라 전시되고 있는 몇 점의 조각들은 '야외 조각 갤러리' 같다.

엘로라 조각 프로젝트(Elora Sculpture Project)는 매년 같은 곳에 다른 조각 작품을 전시하는 행사다. 주최 측은 조각 하나가 전시될 수 있을 만큼의 영구적인 땅을 기증받거나 사들인다. 2019년에는 퍼거스와 엘로라 열 아홉 곳에 조각이 전시되고 있다. 예술가들은 자신의 작품을 전시 판매할 수 있어서 좋고, 시민들은 산책하며 조각 작품을 감상할 수 있어서 좋고, 퍼거스시 입장에서는 마을 미관을 좋게 하고, 관광 수입 증가에도 큰 몫을 하기 때문에 모두로부터 뜨거운 관심을 받고 있다. 작품이 전시되고 있는 구체적 장소는 엘로라 조각 프로젝트 홈페이지에서 쉽게 확인할 수 있다.

아내에게 준 선물,
템플린 가든
Templin Gardens

TIP
온타리오 도어스 오픈
Doors Open Ontario

온타리오 주의 유니크하고 매력적인 장소를 특정한 날에 일반에게 공개하는 행사다. 온타리오 도어스 오픈 홈페이지 www.doorsopenontario.on.ca

밀리건 인도교(Milligan footbridge)에 도착하면 한눈에 템플린 가든(Templin Gardens)을 조망할 수 있다. 잠시나마 머물고 싶은 아담한 화단과 석회암(Limestone)으로 만들어진 아치형 문 그리고 협곡 아래로 내려가는 돌계단과 돌담이 매력을 뿜어낸다. 아담한 옛 성의 귀퉁이를 연상케하는 이 정원은 한 남자의 아내를 향한 사랑이 담긴 공간이었다.

'Fergus News Record'의 발행인 겸 편집장이었던 존 찰스 템플린(John Charles Templin)은 사랑하는 아내 애니(Annie)를 위해 퍼거스에서 이름난 석공이었던 로저 브릭커(Roger Bricker)를 고용해 정원을 만들고, 정원사를 두어 관리했다. 가든은 1920년과 1934년 사이에 건설되었다. 템플린 부부가 걸었을 돌계단을 따라 내려가면 협곡의 강물과 만난다.

7월과 8월 매주 수요일, 해질녘인 7~9시에 템플린 가든은 '황혼의 템플린(Twilight at Templin)'이라는 무료 음악회가 열리는 야외 원형 극장이 된다.

템플린 정원은 온타리오 도어스 오픈(Doors Open Ontario) 온라인 투표에서 가장 좋아하는 장소(favourite Civic Place)로 뽑히기도 했다.

빅토리안 시대에 커플들이 키스할 수 있었던 곳,
키싱 스테인
Kissing Stane(Stone)

퍼거스의 세인트 앤드류 장로교 앞(St George St W & Tower St N 남서쪽 코너) 작은 공원에는 키싱 스테인(Kissing Stane)이라 불리는 커다란 돌 하나가 있다. 이 돌에 앉아서 키스를 하면 행운이 온다고 해서 연인들이 즐겨 찾는다.

빅토리아 시대만 해도 공공장소에서의 키스는 언감생심(焉敢生心)! 하지만 퍼거스(Fergus)에서 유독 이곳만큼은 공개적인 애정표현((PDA : Public Displays of Affection)이 관용되었다고 한다. 키싱 스테인(Kissing Stane) 옆에는 '사랑의 자물쇠 조각(Love Lock Sculpture)'이 서있다. 영원한 사랑을 위해 자물쇠를 잠근 뒤 열쇠는 반으로 나눠 목걸이로 한다. 헤어지려면 열쇠를 다시 합쳐서 이 곳에 와서 자물쇠를 풀어야 사랑의 끈이 풀어진다고 한다.

키싱 스테인 위에 앉아서 키스를 하면 행운이 온다는 이야기가 있다.

엘로라 유령의 달
Elora Monster Month

🖥 무료
monstermonth.ca

멧칼프(Metcalfe St) 거리는 팀 머튼(Tim Murton)의 핼러윈 장식을 보기 위한 관광객들로 10월 한 달간 북적인다.

스코티쉬 코너 샵
Scottish Corner shop

조이스의 오랜 동료인 비벌리가 만든 'Many Flake'

인트 앤드류 거리(St. Andrew)를 걷다 보면 백파이프 연주 소리를 듣게 된다. '스코티쉬 코너 샵' 앞에서 백파이프를 연주하고 있는 여인은 가게가 한산한 틈을 타 연습 중이다. 아이들을 라이드하다가 흥미가 생겨 배우게 되었단다.

스코티쉬 코너 샵(Scottish Corner Shop)은 킬트(Kilt), 타탄(Tartan), 지미 모자(Jimmy Hat), 해기스(Haggis), 스코치 파이(Scotch pies), 스코틀랜드 빵 등 간판 그대로 스코티쉬한 물건들을 판매한다. 단골손님인 루벤 라이언(Reuben Ryan) 씨는 이십 대 때에 교환 교사(Trade teacher)로 왔다가 퍼거스가 좋아 이곳에서 살게 되었단다. 어느새 여든여덟이 되었다며 활짝 웃어 보이던 그는 350도 오븐에서 35-40분 구우면 된다며 냉동 스카치 파이(Scotch Pie) 하나를 내게 건넸다. 듬뿍 들어간 쇠고기처럼 정도 넘쳐나는 곳이다.

백파이프를 불고 있는 조이스

엘로라(Elora)의 탄생, Since 1832

스코틀랜드 어바인(Irvine) 출신의 선장 윌리암 질키슨(William Gilkison). 1796년 북미로 이주한 그는 영국군 병참부대 부관으로 영미전쟁인 1812년 전쟁(War of 1812)에 참전하기도 했다. 또한 그는 도시 구엘프(Guelph)를 설립한 존 고트(John Galt)의 사촌이기도 했다. 1832년 그랜드 강(Grand River)이 흐르는 협곡 주변의 땅 14,000에이커를 구입하고 마을을 세웠다. 원래는 어바인 정착촌(Irvine Settlement)으로 부르다가 엘로라(Elora)로 이름을 바꾸었다. 엘로라(Elora)라는 이름은 윌리암 질키슨의 형이 소유했던 배 이름 '엘로라(Elora)'에서 따왔는데, 그 이름은 인도의 엘로라 동굴(Elora Cave)에서 영감을 얻은 것이었다. 윌리암은 엘로라 동굴(Elora Cave)처럼 협곡에 어울리는 웅장한 문명도시를 만들고 싶은 꿈이 있었을 것이다. 아쉽게도 윌리암은 그 다음해인 1833년 세상을 떠났다. 엘로라 프로젝트는 윌리암 질킨슨의 아들인 데이비드(David)에 의해 이어졌다.

먹자!

EATING

엘로라(Elora)는 멧칼프 스트릿(Metcalfe St)과 밀 스트릿(Mill St) 주변으로 카페, 식당, 갤러리, 선물 가게 등이 몰려 있다. 우리의 엉덩이를 무겁게 만드는 몇 곳을 소개한다.

네덜란드표 빵집, 엘로라 브레드
Elora Bread Trading Co

엘로라 브레드(Elora Bread) 17년 경력의 제빵사에게 이 곳 빵의 특징에 대해 물었다. 갓 구워서 겉이 바삭하다. 속이 부드럽다. 클래식 사워도 스타터(Sourdough starter)로 만든 빵맛이 풍미롭다. 또 한 가지 특색은 엠파나다(empanada), 포카차(focaccia), 비알리(Bialy), 쇼트브레드(Shortbread) 같은 문화적, 역사적 영감을 받은 빵들을 구워낸다. 홈페이지에 가면 그 날 그 날의 빵 스케줄을 볼 수 있으니 참고하시길. 야외 피크닉용 도시락을 원하시는 분들은 전화로 샌드위치를 주문하고 픽업하면 된다. 개인적으로 햄 샌드위치(햄, 보스턴 상추, 집에서 만든 마요네즈, 사과 카다멈 잼, 체다 치즈)를 추천한다.

멧칼프 스트릿(Metcalfe St)에 위치한 'Elora Bread'

🏠 73 Metcalfe Street, Elora
🕐 목~일 10:00-Flexible
http://www.elorabread.ca

유럽 스타일 크레이프를 파는 집, 카페 크레프리
Cafe Crêperie

프랑스 스타일의 세이버리 크레이프(Savory Crêpe)와 북유럽 스타일의 스위트 크레이프(Sweet Crêpe)를 파는 카페 크레프리(Cafe Creperie)는 토요일 아침이 하이라이트다. 브런치를 즐기려는 손님들로 가게 내부가 북새통을 이룬다.
주인인 캐시(Kathy)가 추천한 브런치 메뉴는 주방장 스페셜(Chef Specialty). 닭 가슴살, 고트 치즈, 버섯, 시금치, 바질 혹은 토마토를 올리고 그 위에 특별한 맛을 더하는 ①에르브 드 프로방스(Herbes de Provence) 향신료를 뿌린다. 크레이프(Crêpe) 하나로 배가 부를까 생각했는데 그렇지가 않다.
오너인 캐시(Kathy)는 '뮤직 나이트', '주방장과 함께 하는 불어 연습과 크레이프 만들기' 등의 다양한 프로그램을 진행하고 있다. 매주 화요일 밤은 아쿠스틱 기타, 금요일 밤은 일렉트릭 기타 연주자가 공연을 한다. 한 달에 두 차례 토요일 밤에는 다른 악기 연주회도 열린다. '뮤직 나이트'에 오는 사람들은 들어오면서 10달러 정도를 도네이션 한다. 뮤지션을 돕기 위한 행사라 모금액은 전액 뮤지션에게 돌아간다. 저녁식사는 선택이다. 오너인 캐시(Kathy)도 이 가게를 인수하기 전에는 아쿠스틱 기타 연주자로 '뮤직 나이트' 무대에 많이 섰다고 한다. 이런 다양한 프로그램으로 인해 영업시간이 불규칙하므로 방문전 홈페이지에서 영업시간을 확인하는 것이 좋다.

🏠 40 Mill Street West, Elora
🕐 웹사이트 참고
https://www.cafecreperieelora.ca/

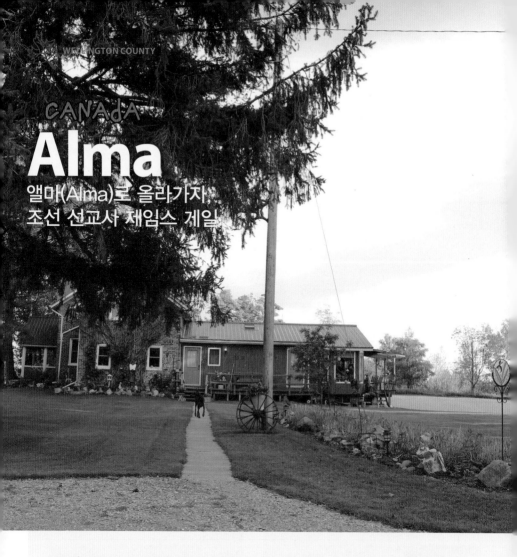

CANADA
Alma
앨마(Alma)로 올라가자,
조선 선교사 제임스 게일

엘로라(Elora)에서 북서쪽으로 웰링턴 로드 7(Wellington Rd 7)을 타고 올라가면 앨마(Alma)라는 작은 마을이 나온다. 이 곳은 1888년 조선 선교사가 되어 한영 사전을 최초로 간행하고, 신구약성서와 천로역정을 한국어로 발간한 제임스 스카스 게일(James Scarth Gale) 선교사가 태어난 곳이다. 앨마 사거리에서 17번 도로를 따라 남서쪽으로 가다가 첫번째 도로(1 Line West)를 만나 좌회전해서 달리다보면 사이드 로드 5(Side Rd 5) 못 미처서 오른편에 제임스 게일의 생가인 6930번지가 나온다. 게일 농장으로 불렸던 이 곳은 원래의 벽돌 2층 가옥 옆에 단층 건물을 증축했다. 헛간의 외벽은 오래되어 나무 널판지를 새로 대어 옛 것과 확연히 구분된다.

게일(Gale)은 스코틀랜드 이민자 가정의 6남매 중 다섯째로 태어나 1888년 토론토 대학교를 졸업하고 조선 선교사로 떠나기 전까지 이 집에서 살았다. 지금 그의 생가는 네덜란드 이민자의 후손들이 살고 있다. (*개인 소유지이기 때문에 무단으로 들어가면 안된다.)

앨마 연합교회(Alma United Church)의 현관 벽에는 앨마 출신으로 목사 안수를 받은 사람들 중에 제임스 게일의 사진도 같이 있다.

'삶이란 무엇인가?' 묻고 싶을 때, 조선 선교사 제임스 게일이 어려서부터 품었을 꿈과 비전이 생생히 전달되는 곳, 앨마로 올라가자.

1848년 지어진 게일 농장의 헛간. 새로 댄 널판지가 옛 것과 차이를 보인다.

1900년대 초반경의 게일 농장

제임스 게일을 기억하기 위해 헛간의 옛 나무로 만든 기념품

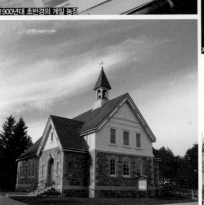

앨마 연합 교회

제임스 스카스 게일 선교사(1863-1937, 온타리오주 앨마(Alma)에서 출생)

- 1888년 토론토 대학교를 졸업 후, 토론토 대학교 YMCA의 지원으로 조선 선교사가 되었다.
- 1889년 순교한 맥켄지 선교사를 대신해 황해도 소래 교회를 섬겼다.
- 1895년 존 번연 〈천로역정〉을 한글로 번역했다.
- 1897년 한영사전을 처음으로 만들었다. 그리고 그 사전은 그 후에 만들어진 모든 한영사전의 모체가 되었다.
- 토론토 대학교의 토마스 피셔 희귀본 도서관(Thomas Fisher Rare Book Library)에는 게일 선교사가 번역한 홍길동전, 흥부전 등 고서가 보관되어 있다.
- 제임스 게일이 쓴 〈코리언 스케치(Korean Sketches)〉에는 다음과 같은 재미있는 이야기가 담겨 있다.
　　"조선에서는 식사하기 위해 식당에 가는 것이 아니라 동그랗게 생긴 상이라고 하는 식당이 문을 통하여 들어옵니다."
　　"토종 무절임의 지독한 냄새는 달나라와 별나라까지 퍼질 정도여서 나는 그것을 먹을 때 코를 꽉 막고 삼켜 버렸습니다."

Bruce County

브루스 카운티

이탈리아 지도를 거꾸로 뒤집은 것 같은 모양.
인구 7만여명의 브루스 카운티는 영국령 캐나다(Province of Canada, 1841~1867)의 여섯 번째
총독이었던 제임스 브루스(James Bruce, 1847~1854)의 이름에서 가져온 지명이다. 나이아가라
폭포부터 브루스 반도의 꼭대기인 토버머리(Tobermory)까지 나이아가라 에스카프먼트를 따라 이어진
890킬로미터의 하이킹 트레일 이름 또한 브루스 트레일(Bruce Trail)이다. 브루스 반도의 관문인
와이어튼(Wiarton)은 마멋(marmot)을 가지고 겨울이 얼마나 남았는지를 점치는 그라운드호그
데이(Groundhog Day)가 열리는 곳으로 유명하다. 휴런호 해안선을 따라 드넓게 펼쳐진 모래 해변과
라이온스 헤드(Lion's Head), 구르토(Grotto)의 환상적인 하이킹 트레일, 그리고 물 속 난파선을 보기 위한
스노쿨링과 스쿠버다이빙 투어 등 브루스 카운티로의 여름 여행은 쭈욱 계속될 것 같다.

브루스 카운티를 두루 보며 여행하는 방법은 차를 이용하는 방법이다. 차를 이용하면 사우스햄턴(Southampton)은 3시간 20분, 토버머리(Tobermory)는 4시간 15분 걸린다. 대중교통을 이용해 특정 목적지를 콕 집어 여행할 수 있는 방법도 있다. 톡 코치라인(TOK Coachlines)은 토론토 유니온 스테이션과 휴런호 해안선(Lake Huron Shoreline)의 포트 엘긴(Port Elgin)/사우스햄턴(Southampton)을 운행한다. 파크버스(Park Bus)는 브루스 반도(Bruce Peninsula)의 라이온스 헤드, 구르토, 토버머리(Tobermory) 등을 운행한다. 이 외에도 그레이 카운티(Grey County)의 오웬사운드(Owen Sound)에서 운행하는 GTR(Grey Transit Route)을 이용해 오웬사운드 주변의 유명 관광지(와이어튼, 소블 비치, 블루 마운틴 등)를 여행할 수도 있다.

브루스 카운티 드나드는 방법 ❶ 버스

톡 코치라인 TOK Coachlines

🏠 출발 Vaughan Metropolitan
   Centre(Millway & Btwn New Park Pl. /
   Hwy 7)
📞 1-800-387-7097
https://tokcoachlines.com/

🚌 톡 코치라인 TOK Coachlines

이 회사가 운영하는 완행버스는 할러버튼(Haliburton), 포트 엘긴/사우스햄턴 등 두 라인을 운행한다. 9월 노동절(Labour Day)을 전후해 성수기에는 주 4회(월, 수, 금, 일), 비수기에는 주 3회(월, 수, 금) 본 메트로폴리탄 센터(Vaughan Metropolitan Centre)에서 출발한다. 톡 코치라인의 웹사이트에서 티켓을 구입할 수 있다. 사우스햄턴까지 약 4시간 55분 걸리고, 할러버튼까지 약 3시간 35분 걸린다.

• 토론토(Toronto) – 사우스햄턴(Southampton) 라인
본 메트로폴리탄 센터(Millway & Btwn New Park Pl./Hwy 7)- ℗ 토론토 피어슨 국제공항(터미널 1, P6 – 오렌지빌(Orangeville) – 파머스턴(Palmerston) – 하노버(Hanover) – 워커턴(Walkerton) – 킨카딘(Kincardine) – 포트 엘긴(Port Elgin) – 사우스햄턴(Southampton)

• 토론토(Toronto) – 할러버튼(Haliburton) 라인
본 메트로폴리탄 센터(Millway & Btwn Apple Mill & Portage) – ℗ 스카보로(Scarborough – Biside McCowan Station on Bushby Dr., Facing East) – 오샤와(Oshawa) – 린드세이(Lindsay, 10분 정차) – 놀란드(Norland) – 할러버튼(Haliburton)
※ ℗ 타는 것만 가능(Stop to pickup only – NO Drop-off)

🚌 파크버스 Parkbus

2010년 설립된 파크버스(Parkbus)는 데이 트립이나 주말 가족 캠핑을 원하는 사람들을 위해 토론토, 오타와, 밴쿠버와 같은 대도시에서 국립공원과 주립공원까지 주말마다 버스 서비스를 제공한다. 가이드 하이킹(연중)과 가이드가 없는 자유 하이킹(5~10월) 두 가지 프로그램을 운영한다. 토론토에서는 알공퀸 주립공원, 킬라니 주립공원, 브루스 페닌슐라 외에도 다양한 목적지로 버스가 출발한다. 웹사이트(parkbus.ca)를 방문하면 다양한 여행 일정을 확인할 수 있다.

토론토(Toronto) 08:30 출발 – 브램튼(Brampton) 09:05 출발 – 라이온스헤드(Lions-Head) 12:30 도착 – 싸이프러스레이크(그로토 Grotto) 13:30 도착 – 브루스 페닌슐라(Bruce Peninsula) 14:00 도착

파크버스 Parkbus

🏠 토론토 타는 곳 : 34 Asquith Ave, Toronto
📞 예약 519-389-9056
parkbus.ca

🚌 그레이 트랜짓 루트 Grey Transit Route

고 트랜짓(GO Transit)과 GTR 루트 1&2가 오렌지빌(Orangeville)에서 연계된다. 그리고 오렌지빌에서 GTR 루트 1번과 2번을 연달아 갈아타면 오웬사운드에 도착한다. GTR 루트 5번은 매일 오웬사운드와 와이어튼(Wiarton)을 운행하는데, 여름에는 소블 비치(Sauble Beach)까지 연장 운행한다. GTR 루트 3번은 오웬사운드에서 미포드(Meaford), GTR 루트 4번은 미포드(Meaford)에서 블루 마운틴(Blue Mountain)까지 운행한다. 운행 스케줄 확인과 온라인 티켓 구매는 GTR 웹사이트에서 할 수 있다.

그레이 트랜짓루트

🚏 오렌지빌 환승 정류장 : Hansen Blvd. @
First St. (Orangeville Mall)

📞 GTR 예약 전화 : 226-910-1001 (매일 08:00
－ 17:00)

GTR 예약 웹사이트
https://greytransitroute.com/

GTR 웹사이트
https://grey.ca/resident-services/grey-
transit-route

GTR노선

루트 1 & 2 (오웬사운드 – 오렌지빌)	성인(18+) CA$5, 시니어(55+) 혹은 학생(6-17) CA$4.50, 5세 이하 어린이 무료
루트 3 & 4 (오웬사운드 – 블루마운틴)	성인(18+) CA$5, 시니어(55+) CA$4.50, 5세 이하 어린이 무료
루트 5 (오웬사운드 – 와이어튼 Wiarton)	성인(18+) CA$3, 시니어(55+) CA$2.50, 5세 이하 어린이 무료
루트 6 (플레셔턴 Flesherton – 워커턴 Walkerton)	성인(18+) CA$5, 시니어(55+) CA$4.50, 5세 이하 어린이 무료

그레이 트랜짓 루트

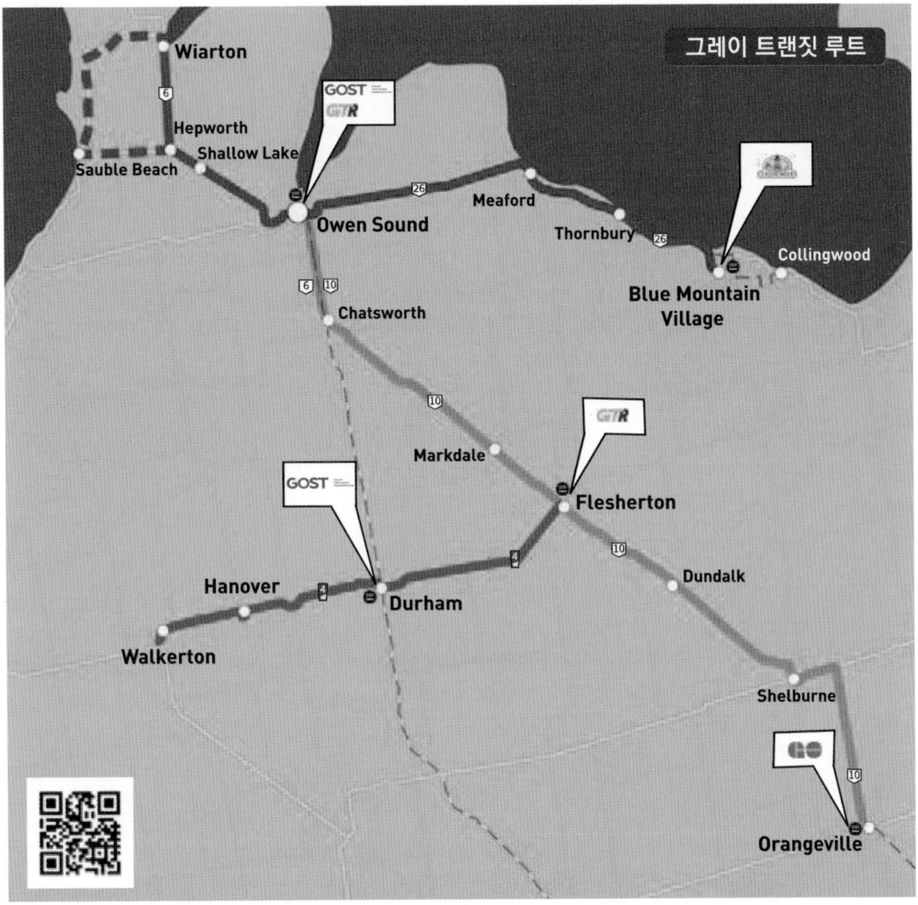

브루스 카운티

훈련소 해안선

샌트리섬 조류 보호지
샌트리섬 등대

사우스햄턴 비치
사우스햄턴 비치

백그라기 포인트 주립공원

포트 엘긴 호박축제

Bruce Rd 17

이센트 에어리얼 파크
파타라마 미니 골프
소블 비치

소블 록크

쿠런트 밀즈 스퀘어

그레이 로드 17

와이아톤
와이아톤 윌리 동상
락사이드 팔리 식당
그라운드호그 데이 축제

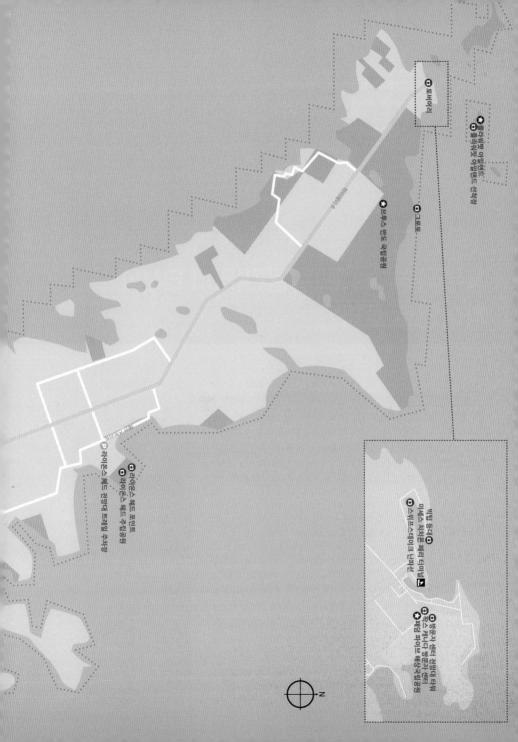

흥부의 박 vs 포트 엘긴(Port Elgin) 자이언트 호박

'흥부전'은 한국 고전에서 최고의 판타지 소설 중 하나다. 제비는 자신의 다친 다리를 고쳐준 흥부 가족에게 '보은 박'이라고 적힌 박 씨를 물어다 준다. 그 박 씨를 심었더니 싹이 나고 꽃이 핀다. 7일 만에 어림잡아 지름 2미터의 어마어마한 호박이 열렸다. 여기서 끝나지 않는다. 총 4통의 박에서는 황금, 호박, 진주 등 진귀한 보석들이 무한 리필되는 순금 궤가 나오고, 일등 목수들이 호박에서 나와 궁궐같은 집을 지어주고, 마지막 박에서는 꽃 같은 미인이 나와 흥부의 첩이 된다. 정말이지 대박인 이야기다.

세상에 이렇게 커다란 박이 있을까?

온타리오 포트 엘긴(Port Elgin)에서 열리는 '자이언트 호박 축제'를 보고 나선 문득 이런 생각이 들었다. '흥부전을 쓴 작가는 미래학자가 아니었을까?' 1986년부터 매년 10월 초에 열리는 포트 엘긴 호박축제(Port Elgin Pumpkinfest)의 하이라이트는 '우량 호박 뽑기 대회'다. 취미로 우량 호박을 키우는 사람들이 겨루는 대회지만 상금이 걸린 만큼 공정성을 위해 GPC(Giant Pumpkin Commonwealth)가 정한 규정을 따른다. 1,000파운드 이상의 호박들을 특수 기중기로 들어 올려 무게를 잰다. 이번 웨이오프(weigh-off) 대회에선 무려 850kg에 달하는 자이언트 호박이 우승을 차지했다. 퀘벡산 호박이다. 이외에도 660kg 스쿼시, 80kg 수박, 50kg 식용호박(field pumpkin), 1kg 토마토 등이 자이언트 타이틀을 획득했다.

이외에도 다양한 행사가 있다. 호박씨 멀리 뱉기 대회, 25년 이상 된 클래식 차들과
유니크한 차들이 참가하는 자동차 쇼(Car Show) 등이 열린다. 축제를 처음 시작할
때만 해도 고작 200명이던 관객이 최근에는 6만 명으로 늘었단다. 재정이 부족해 문
을 닫는 시골 축제가 많은 요즘 기분 좋은 소식이다. 하지만 시골 축제의 정겨움은
예전보다 덜해 아쉬운 감이 있다.

포트 엘긴(Port Elgin)으로 가는 길에 페이슬리(Paisley)라는 아담한 마을이 있다. 소
긴 리버(Saugeen river)와 티스워터 리버(Teeswater river)가 만나 물이 풍부하고 수
려한 이 마을은 공공미술의 부흥기를 맞고 있다. 평범했던 건물벽과 다리는 벽화로
그려졌고, 야외 벤치들은 기발한 공공미술로 거듭났다. 딱딱한 고전이 아닌, 다가가
기 쉽고 편안한 느낌의 어센틱(authentic). 페이슬리(Paisley)는 어센틱한 여행지로
성장하고 있는 중이다.

마을의 얼굴인 호스 타워(Hose Tower)는 소방호스의 노후화를 더디게 하기 위해
호스를 걸어 말리던 곳이다. 그 앞에 서있는 '젊은 군인(young soldier)' 기념비는 페
이슬리와 이웃 마을에서 1차 세계대전에 참전했다 전사한 사람들을 기리기 위해 건
립되었다. 맥킨토시 화강암 회사(McIntosh Granite Co)에서 만든 이 동상은 온타리
오 픽톤(Picton)을 포함 캐나다 전역에 몇 개가 있다.

어센틱한 분위기를 풍기는 페이슬리 빌리지(Paisley Village).
소긴 리버의 소(Sau)와 티스워터 리버의 티스(Tees)의 합친 소티스(Sau'Tees)의
아이스크림을 물고 퀸 스트릿(Queen Street)을 걸어보자. 다리, 도서관, 가게..
벽마다 벽화가 없는 곳이 없다.

브루스 카운티 추천코스

지중해 해변과 비교되는 휴런호의 아름다운 모래 해변과 등대, 브루스 반도까지
이어진 에스카프먼트의 기암 절벽과 하이킹 코스인 브루스 트레일(Bruce Trail),
그리고 브루스 반도 국립공원과 패덤 파이브 국립해양공원 등 세계적으로
유명한 관광지가 많은 지역이다.

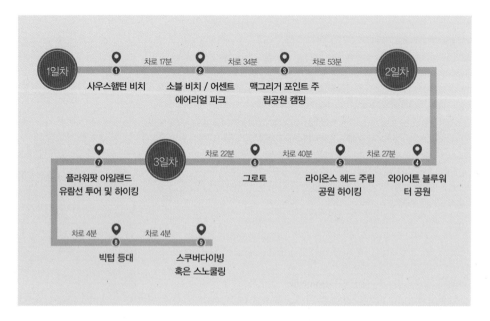

1일차

① 사우스햄턴 비치 — 차로 17분 — ② 소블 비치 / 어센트 에어리얼 파크 — 차로 34분 — ③ 맥그리거 포인트 주립공원 캠핑 — 차로 53분 — 2일차

⑦ 플라워팟 아일랜드 유람선 투어 및 하이킹 — 차로 22분 — 3일차 — ⑥ 그로토 — 차로 40분 — ⑤ 라이온스 헤드 주립공원 하이킹 — 차로 27분 — ④ 와이어튼 블루워터 공원

차로 4분 — ⑧ 빅텁 등대 — 차로 4분 — ⑨ 스쿠버다이빙 혹은 스노쿨링

LAKE HURON SHORELINE
휴런호 해안선

브루스 카운티의 휴런호 해안선은 석양이 아름답다. 포트 엘긴, 사우스햄턴, 소블 비치로 이어지는 해안선은 수영을 위한 여름 피서지로 인기가 많은 곳이다. 120킬로미터의 소긴 리버(Saugeen River)는 온타리오 주에서 무지개 송어(rainbow trout) 낚시로 가장 유명한 곳이다. 스틸헤드(Steelhead)로도 불리는 이 물고기는 매년 봄(3월–5월)에 알을 낳기 위해 강 상류로 이동을 하는데 그 수가 4만 마리에 이른다.

포트 엘긴 Port Elgin

겨울 캠핑,
맥그리거 포인트
주립공원
McGregor Point P.P

www.ontarioparks.com/park/
macgregorpoint
캠핑사이트 예약 홈페이지
reservation.ontarioparks.com

포트 엘긴(Port Elgin)에서 차로 8분 거리에 있는 맥그리거 포인트 주립공원 캠핑장은 휴런호와 접해 있어 수려한 경치를 자랑한다. 특히 겨울철 유르트 캠핑(Yurt Camping)은 안전하고 편안하게 겨울을 만끽할 수 있어 인기가 많다. 유르트(Yurt)는 몽골 유목민의 이동식 전통 가옥으로 외부로부터 추위와 바람을 막아준다. 내부는 3인용 2단 침대(bunk bed) 2세트, 테이블과 의자, 전기 히터, 등(lighting)이 있어 6인까지 수용할 수 있다. 밖에는 야외 피크닉 테이블, 버너가 딸린 프로판 바비큐 그릴, 모닥불을 지필 수 있는 화덕 등이 갖추어져 있다. 캠프사이트의 구조는

맥그리거 포인트 주립공원(McGregor Point P.P)에는 16개의 유르트(Yurt)가 있다.

꽃의 암술과 수술 주변으로 꽃잎이 있는 것처럼 중앙에 시설(수도, 샤워장, 수세식 화장실)이 있어 유르트로부터 접근성이 아주 좋다. 캠퍼는 먹거리, 식기, 침낭 그리고 개인용품만 준비하면 된다.

시더 레인 캠프장(Cider Lane Campsite)은 겨울이 되면 400미터 스케이팅 오발(Skating Oval) 경기장으로 변신한다. 스케이트를 타고 나무들 사이를 질주하는 아이들을 보며 부러운 마음이 든다. 스케이트를 타지 못하는 사람들은 크로스 컨트리 스키와 설피(snowshoe)를 신고 트레일을 걷는 것도 가능하다고 하니 도전해 보길 바란다.

방문자 센터(Visitor Centre)에서 출발해 거북이 연못(Turtle Pond), 휴런호 해안, 습지를 한 바퀴 도는 '휴런 프린지 널빤지 트레일(Huron Fringe Boardwalk Trail)'은 걷기 불편한 여행자들을 위해 만들어진 코스다.

다양한 종의 새들과 거북이가 서식하고 있어 인기가 상당히 많다. 손바닥에 먹이를 올려놓고 기다리고 있으면 박새(chickadee)가 와서 먹이를 채가는 동화 같은 광경을 체험할 수 있다. 새들에게 모이를 주는 체험(bird feeding), 조류 관찰 체험(Huron Fringe birding festival) 등은 이곳의 인기 프로그램이다.

저녁이 되면 사람들은 모닥불 주위로 모여든다. 하얀 눈과 어둠이 병풍처럼 둘러친 자연 속에서 기댈 빛이라곤 모닥불 하나. 활활 타오르는 불을 보며 사람들은 삶의 소소한 이야기로 웃음꽃을 피운다. 불 위에 구운 마시멜로를 초콜릿과 함께 비스킷 사이에 끼워 먹는 스모어(smore)는 어른도 좋아하는 캠핑 간식이다. 화장실을 가는 길에 랜턴을 끄고 잠시 서서 밤하늘을 본다. 별이 쏟아진다.

유르트 1일 사용료는 캠핑료 86달러, 예약료 9.73달러, 세금(HST) 포함하면 108.18달러다.

시더 레인 캠프장(Cider Lane Campsite)의 야외 스케이트장, 저녁에는 불이 켜진다.

사우스햄턴 Southampton

사우스햄턴 비치
Southampton Beach

인구 4천명이 채 안되는 사우스햄턴(Southampton)은 일몰(sunset)이 아름다운 곳이다. 여름과 초가을에는 호수 너머로 지는 화려한 일몰을 보러 오는 사람들이 해안가에 가득하다.

해변과 만나는 하이 스트리트(High Street) 끝자락에는 사우스햄턴의 상징과도 같은 커다란 깃대(flagpole)가 섰다. 매주 금요일 저녁, 이 곳에서 일몰 파이퍼(sunset piper)가 백파이프를 연주한다. 이 전통은 1990년대 후반에 시작되었다. 석양이 지기 전 30분 전에 이 곳에 오면 누구나 백파이프 연주를 들으며 붉은 노을을 감상할 수 있다. 겨울과 봄에는 얼어붙은 겨울 호수 위로 드리운 눈부신 하늘을 보기 위해 사우스햄턴 비치를 찾는 관광객이 많다.

챈트리 섬 등대
Chantry Island Lighthouse

휴런호에 떠있는 챈트리 섬(Chantry Island)에는 1859년에 완성된 20미터의 등대와 등대지기가 살던 오두막이 남아 있다. 영국령 캐나다(Province of Canada) 때에 휴런호와 조지안 베이에 지어진 6개의 임페리얼 타워(Imperial Towers) 중 하나다. 오두막의 내부 가구들은 브루스 카운티 박물관에서 기부된 것이다. 챈트리 섬은 철새 보호구역이라 허가된 단일 여행사를 제외하고는 출입이 금지된다. 5월 하순부터 9월 중순까지 일주일에 몇 차례 등대를 견학하기 위한 보트가 챈트리 섬으로 떠난다. 해양 유산 학회에서 운영하며 낚시 보트 선착장의 매표소에서 표를 구입할 수 있다. 섬까지는 15분 걸린다. 챈트리 섬의 임페리얼 타워는 해리티지 등대 보호법에 따라 소긴 리버 입구에 있는 사우스햄턴 레인지 등대(Southampton Range Light)와 함께 문화유산 등대로 지정되었다.

파이오니아 파크(Pioneer Park)에서 바라본 레인지 등대(Range Light). 소긴 리버(Saugeen River)의 하구에서 뱃길을 인도했다. 등대의 조명이 앞과 뒤로만 비추기 때문에 Front and Rear Range Light 라고 부른다.

소블 비치
Sauble Beach

11km의 긴 모래 해변으로 유명한 소블 비치(Sauble Beach). 소블(sauble)은 프랑스어로 '모래'를 뜻한다. 초기 프랑스 탐험가들이 흐르는 강에 모래가 많은 것을 보고 '리비에르오소블(Riviere aux Saubles)'이라고 이름을 지었고, 이 소블 리버(Sauble River)는 소블 비치의 휴런호로 흘러든다.

8월 초에 소블 비치에서는 가족 축제인 샌드페스트(Sandfest)가 열린다. 해변의 라이브 DJ가 들려주는 흥겨운 음악을 들으며, 가족들이 모래 성을 쌓거나 모래 조각하는 방법도 배운다. 비치에서는 영화도 상영된다. 코로나가 대유행한 2020년엔 에니메이션 모아나(Moana)가 상영되었다. 소블 비치의 마스코트인 선글라스 쓴 써니 갈매기(Sunny the Seagull)를 보면 사진 찰칵 찍어 bulletin@saublebeach.com으로 보내라. 소정의 상품이 주어진다. 차로 5분 거리에 있는 소블 폭포(Sauble Falls)는 아이들이 물놀이하기에 좋은 곳이다. 입장료는 무료.

샌드페스트(Sandfest)가 열리고 있는 소블 비치

소블 폭포(Sauble Falls)

브루스 반도 보트 투어
Bruce Peninsula Boat Tours

⌂ 18 Shoreline Avenue, South Bruce
　 Peninsula
☏ 519-372-6309
www.brucepeninsulaboattours.com

유리 바닥 보트(Glass-Bottom Boat) 가이드
투어(1시간 반 투어, 전용 투어만 가능)
성수기 small group(1-6명) $280(HST 미포함)
비수기 Small group(1-6명) $250(HST 미포함)

스노쿨링(Snorkelling) 투어(2시간 투어)
성수기 일반 성인(18-64살) $72(HST 미포함)
비수기 일반 성인(18-64살) $67(HST 미포함)

브루스 반도 보트 투어는 올리펀트(Oliphant)와 소블 리버(Sauble River) 두 곳에서 보트 투어를 제공한다. 올리펀트(18 Shoreline Ave, Wiarton)에서 피싱섬(Fishing Islands)으로 출발하는 투어는 가이드 투어, 스노쿨링, 조류 관찰 투어, 일몰 크루즈 등의 보트 투어를 제공하고, 소블 비치(53A Sauble Falls Rd, Sauble Beach)에서 출발하는 투어는 소블 리버 상류를 여행하는 가이드투어와 강 하구에서의 일몰 투어를 제공한다.

피싱섬(Fishing Islands)은 휴런호에 떠있는 70개 이상의 백운석 섬으로 구성된 군도다. 원주민들이 이 곳에서 낚시를 했기 때문에 피싱섬(Fishing Islands)으로 불리게 되었다고 한다. 피싱 군도는 지금도 소긴 오지브웨 원주민의 영토다. 섬은 아름답고 멸종 위기의 종들도 여럿 발견된다. 가장 인기있는 보트 투어는 가이드 투어다. 보트를 타고 다니며 이 지역의 역사, 지리, 환경 그리고 이 곳에 살았던 원주민, 백인 정착민, 초기 어부, 휴런호의 기업가들에 대한 다양하고 재미있는 이야기를 들려준다.

스노쿨링 투어의 보트에 탈 수 있는 정원은 11명이다. 스노쿨링 지점에 도착하면, 스노쿨러(snorkeller)들은 스노쿨을 쓰고 깊이 1.5-4미터의 호수 물속을 관찰한다. 다양한 어종과 난파선 등을 볼 수 있다.

브루스 반도 보트 투어의 오너인 피터(Peter)와 도나(Donna)는 브루스 반도의 지리와 역사를 좋아하는 교육자였다. 은퇴 후 2005년부터 취미로 보트 투어를 시작해, 유리 바닥 보트(Glass Bottom Boat)를 구입하고 나서는 본격적인 비지니스 길로 나섰다. 현재 8명의 파트타임 직원을 두고 있다. 겨울같은 비수기에는 섬의 커티지에 사는 사람들을 실어나르거나 또는 연료 등을 배달하는 수상택시(water taxi) 서비스를 제공한다.

어센트 에어리얼 파크
Ascent Aerial Park

- 11 Lakeshore Blvd North, Sauble Beach
- (봄) 토&일 11:00~18:00
  (여름) 매일 10:00~21:00 (8월 15일 부터는
  10:00~20:30)
  (가을) 토&일 12:00~17:00
  (날씨가 안 좋으면 경고없이 문을 닫을 수
  있다.)
- 공중 놀거리 **Aerial Attractions**
  로프 코스 Ropes Course CA$28
  점프 경험 Jump Experience CA$15
  벽 등반 Climbing Wall CA$15
  집 코스터 Zip Coaster CA$15
  Day Pass CA$48
  Season Pass CA$129
  https://ascentaerialpark.com

TV 프로그램 '출발 드림팀'을 떠오르게 하는 곳이다. 사람들은 흔들다리, 12미터의 로프 코스, 벽 등반, 12미터 높이의 타워에서 점프하기, 소블 비치를 보며 하늘을 나는 듯한 기분을 느낄 수 있는 집코스터(Zip Coaster) 등 다양한 공중 장애물에 도전한다. 집코스터는 집라인과 롤러코스터의 합성어로 마치 롤러코스터에 매달려 집라인을 타는 것 같다.

 주의사항

1) 반바지나 바지, 셔츠를 입고, 앞이 막힌 신발을 신을 것. 샌들, 슬리퍼는 안 됨.
2) 선스크린을 바를 것. 버그 스프레이는 뿌리지 말 것.
3) 보석은 미리 뺄 것. 긴 머리는 묶을 것. 4) 선글라스를 쓰는 것은 허용됨.

퍼터라마 미니 골프
Putterama Mini Golf

- 203 Third Ave South, Sauble Beach
- (519) 831-8364
- 페이스북 참고
- (세금 포함) 2~4세 $4, 5~12세 $6, 12+ $7
  페이스북 : https://www.facebook.com/
  Putteramasauble

1965년부터 시작된 어린이를 위한 미니 골프장이다. 구멍 앞을 가로막고 있는 수레바퀴의 살이나 돌들을 피해서 구멍에 넣어야 하는 퍼팅은 수준급 실력의 골퍼도 고개를 떨구게 만든다. 골프공이 욕조로 떨어져 구멍으로 들어가거나, 화장실 변기를 통과해 온그린하는 등 기발한 홀들이 많다. 그 중에서도 15번 홀은 스윙 폴 홀(Swing Pole Hole)이라고 해서 골프공이 들어갈 구멍 위를 시계추처럼 왔다 갔다하는 장대를 피해 골을 넣어야 한다. 시간을 잘 계산하지 않으면 장대가 골키퍼처럼 공을 쳐낸다. 윷놀이의 백도 만큼이나 반전의 재미가 있다. 아이들과 재밌게 한 두시간을 보낼 수 있는 곳이다.

WIARTON
브루스 반도의 관문, 와이어튼

브루스 반도의 관문이자 브루스 반도 여행을 위한 베이스캠프라고 할 수 있는
와이어튼(Wiarton)은 와이어튼 윌리 축제(Wiarton Willie Festival)로 유명한 고장이다.
와이어튼 파머스 마켓의 장날은 매주 금요일 오전 10시부터 오후 2시까지다.

블루워터 공원 &
그라운드호그 데이
Bluewater Park&Groundhog Day

1956년부터 시작된 그라운드호그 데이(Groundhog Day)는 매년 2월 2일에 열린
다. 봄이 일찍 올 것인지, 6주 더 늦게 올 것인지를 마멋(marmot)을 가지고 점치는
날이다. 동면을 깨고 나온 마멋이 자신의 그림자를 보면 6주 뒤에 봄이 온다는 것
을 알고 더 잠을 자기 위해 자기 굴로 돌아간다고 한다. 그리고 이것을 사람들에게
선포하는 의식이 그라운드호그 데이다. 마멋은 다람쥐과의 포유류로 그라운드호
그(groundhog)로도 불린다. 와이어튼 마멋의 이름은 윌리(Willie). 수백 명이 참여
하는 '와이어튼 윌리 축제'는 무료 아침 식사, 전통 댄스 공연과 음악 공연 등이 이
어진다.

와이어튼 윌리 축제가 열리는 블루워터 파크(Bluewater Park)에는 윌리의 동상이
서 있다. 윌리 동상이 바라보는 건너편 건물에 윌리가 사는 보금자리가 있다.

427

NORTHERN BRUCE PENINSULA
노던 브루스 페닌슐라

브루스 카운티의 브루스 반도는 여름에는 수상 스포츠로, 겨울에는 스노모빌 타기로 인기 있는 휴양지다.
라이온스 헤드 주립공원, 브루스 페닌슐라 국립공원, 팬텀 파이브 국립 해양공원 등이 있다.

라이온스 헤드 주립공원
Lion's Head Provincial Park

> **TIP**
> 트레일 지도가 없다면 입구에서 트레일 지도를 셀폰으로 찰칵. 지도는 필히 지참해야한다.

토론토에서 라이온스 헤드 주립공원을 가려면 파크 버스(Park Bus)를 타거나 차를 렌트해야 한다. 토론토에서 파크버스를 타면 작은 항구마을 라이온스 헤드(Lion's Head)의 피츠 호스텔(Fitz Hostel) 앞에 내려준다. 도착 시각은 대략 오후 12:30분. 라이온스 헤드 룩아웃(Lion's Head Lookout)까지 하이킹 트레일은 쉬운 코스인 경우 6.3킬로미터, 하이킹하는데 걸리는 시간은 2시간. 하이킹을 마친 후 마을로 내려와서 메인 스트릿(Main Street)에서 간단한 요기를 한 후, 라이온스 헤드 등대 쪽으로 산책을 간다. 관측 데크(Observatio Deck)에 있는 무료 쌍망원경으로 나이아가라 단애 해안선을 보면 절벽 위의 바위 모양이 사자 머리를 닮았다는 것을 쉽게 알아차릴 수 있다. 라이온스 헤드(Lion's Head)라는 이름은 이 것 때문에 생긴 것이다. 오후 6:10분에 피츠 호스텔 앞에서 파크버스를 타고 토론토로 돌아간다.

라이온스 헤드 룩아웃을 둘러보는 하이킹 코스는 크게 두 가지가 있다. 코스 1은 라이온스 헤드 룩아웃을 보고 돌아오는 6.3킬로미터(2시간)의 쉽고 빠른 코스. 코스 2는 브루스 트레일을 따라 라이온스 헤드 주립공원을 크게 도는 17킬로미터(6시간)의 험한 코스다.

하이킹은 맥커디 드라이브 주차장(McCurdy Drive Parkette)에서 시작한다. 브루스 트레일을 따라 산길을 오르다보면 완만한 길이 나온다. 라이온스 헤드 룩

자이언츠 콜드런이 만들어지는 과정을 보여주는 삽화

아웃까지 가는 도중에 '거인의 가마솥'이라는 뜻의 ①자이언츠 콜드런(Giant's Cauldron)을 만나게 된다. 포트홀 안에서 하늘을 보면, 빙하기에 만들어진 매끄러운 작품에 놀라게 된다. 라이온스 헤드 룩아웃(Lion's Head Lookout)의 아찔한 절벽 위에 서니 마을과 조지안 베이가 한 눈에 보인다. 전망이 좋은 곳을 찾기 위해 들쑤셔놓은 길이 많다보니 길을 잃지 않도록 조심해야 한다. 그리고 울퉁불퉁한 바위 투성이라 걷는 것도 조심해야 한다. 하산은 무어 스트릿 사이드 트레일(Moore Street Side Trail)로 내려오길 바란다. 하이킹이 항상 그렇듯 내려올 때는 빠르고 쉬운 길을 걷고 싶은 법. 이 트레일은 오솔길을 걷는 것처럼 곧고 넓고 평탄하다.

시간에 쫓기지 않는 하이커를 위한 두번 째 하이킹 코스는 라이온스 헤드 룩아웃에서 메인 트레일(하얀색 마크)인 브루스 트레일(12.2km)을 따라 라이온스 헤드 주립공원을 크게 한 바퀴 도는 코스다. 일세 하넬 사이드 트레일(Ilse Hanel Side Trail)을 만나 그 길을 3.8킬로미터 걷는다. 그리고 메인 트레일을 만나면 좌측 주차장 방면으로 1킬로미터 더 걸으면 끝. 라이온스 헤드 포인트, 맥케이 항구(McKay's Harbour), 건 포인트(Gun Point) 등 전망좋은 곳이 여럿 있다. 트레일 지도, 음식, 음료수를 꼭 챙겨가기 바란다.

라이온스 헤드 룩아웃

---

① 거인의 가마솥, 자이언츠 콜드런(Giant's Cauldron) 또는 빙하기의 포트홀(Glacial Pothole) 모두 같은 말이다. 12,000년 전 마지막 빙하기에 엄청난 압력에 눌린 빙하 밑의 얼음이 녹으면서 물줄기가 만들어졌고, 자갈 등이 섞인 물줄기가 나이아가라 단애의 부드러운 부분인 돌로스톤(dolostone)을 세탁하듯이 깎으면서 암석에 움푹 패인 구멍이 생긴 것이다.

라이온스 헤드 포트홀

라이온스 헤드 룩아웃 트레일의 출발점이자 주차장

수월한 코스인 무어 스트릿 사이드 트레일(Moore Street Side Trail)을 걷는 사람들은 무어 스트릿에 차를 세우고 하이킹을 하기도 한다.

429

TOBERMORY

토버머리

브루스 카운티(Bruce County)에서 최고의 여름 명소를 꼽으면 단연 브루스반도(Bruce Peninsula)의 최북단 토버머리다.
화창한 날에 캠핑하며 패덤 파이브 해상국립공원(Fathom Five National Marine Park)과
브루스반도 국립공원(Bruce Peninsula National Park)까지 둘러보는 코스는 최고의 여행이다.
토버머리에서 마니툴린 섬을 여행하거나 마니툴린 섬을 거쳐 서드베리(Sudbury), 수세인메리(Sault Ste.Marie)로
여행하길 원하는 관광객은 토버머리와 마니툴린 섬(South Baymouth)를 오가는
미세스 치치몬(Ms Chi-Cheemaun) 페리를 타고 휴런호를 건너 계속해서 여행을 하면 된다.
치치몬(Chi-Cheemaun)은 오지브웨 원주민 말로 '커다란 카누(Big Canoe)'라는 뜻으로 승객과 차량을 운송한다.
마니툴린 섬은 캐나다에서는 31번째로 큰 섬이고, 민물에 있는 섬으로는 세계에서 가장 크다.

팍스 캐나다 비지터 센터와 전망대

Parks Canada Visitor Centre & Lookout Tower

📖 입장료 어른 $7.90, 노인 $6.90, 유스 무료
https://www.pc.gc.ca/en/pn-np/on/
bruce/activ/experiences/centre

하이웨이 6를 타고 가다가 토버머리 못 미쳐서 치신팁덱 로드(Chi sin tib dek Rd)를 따라 끝까지 가면 팍스 캐나다 비지터 센터 주차장에 도착한다. 팍스 캐나다(Parks Canada)는 한국의 국립공원공단으로 보면 된다. 비지터 센터는 브루스 반도와 토버머리에 대해 궁금한 모든 것을 알려준다. 가령, 패덤(fathom)이 무엇인지? 온타리오의 만리장성인 나이아가라 단애(Niagara Escarpment)가 어떻게 토버머리까지 이어졌는지? 난파선, 등대, 어류, 조류, 동물, 지리, 역사까지 총망라하고 있다. 여행 정보는 물론이고 하이킹에 필요한 지도도 얻을 수 있어 브루스 반도를 처음 여행하는 사람들에겐 커다란 도움이 된다. 건물 옆에는 약 19미터 높이의 전망대가 있다. 높이 나는 새가 멀리 보는 것처럼 높이 있으니 멀리까지 보인다. 계단 오르는 것이 힘들어서 그렇지, 올라 보니 조지안 베이와 브루스 반도의 동서남북을 360도 조망할 수 있다.

방문자 센터 전망대

전망대에서 바라 본 패덤 파이브 해상국립공원

431

난파선 사이를 헤엄치는 스쿠버다이빙과 스노쿨링

snokeling

 3 Bay St, Tobermory
519-596-2363
www.diversden.ca

TIP

주의

모든 다이버는 다이빙 전에 팍스 캐나다 비지터 센터(Parks Canada Visitor Centre)나 토버머리의 다이빙 상점 한 곳에서 등록을 하고, 다이브 패스(Dive Pass)를 구입해야 한다. 스노쿨링은 등록이나 허가가 필요치 않다.

패덤 파이브 해상국립공원(Fathom Five National Marine Park)에는 총 22곳에 난파선이 잠들어 있다. 덕분에 수많은 스쿠버다이버가 잠수를 꿈꾸는 스폿이다. 패덤(Fathom)은 성인이 양팔을 벌렸을 때 중지 끝에서 다른 손 중지 끝까지의 길이를 말한다. 물의 깊이를 측정하는 단위로 1패덤은 약 1.8미터다. '패덤 파이브'라는 이름은 세익스피어의 희극 '템페스트(The Tempest)' 1막 2장, 아리엘(Ariel)의 노래에서 따왔다. "당신의 아버지는 5 패덤(five fathom) 깊은 바다에 누웠네. 그의 뼈는 이제 산호로 바뀌었고, 그의 눈은 진주로 바뀌었네. 그는 남은 게 없다네." 주인공의 아버지가 탄 배가 폭풍을 만나 난파되어 죽은 것을 은유적으로 표현한 시다. 패덤 파이브 수상 국립공원이라는 이름은 9미터 수심을 뜻하는 것이 아니라, 난파선이 가라앉은 깊은 물속이라는 뜻인 것이다. 실제로 베어스 럼프 섬 근처에서 1904년 난파된 포레스트 시티호는 45미터 물속에 가라앉아 있다. 패덤 파이브 수상 국립공원은 난파선을 찾아 모험을 떠나는 다이버들의 낙원이다.

토버머리의 '다이버스 덴(Divers Den)'은 스쿠버 다이빙과 스노쿨링 투어를 제공하고, 수상 레저를 즐기기 위한 다양한 장비도 대여한다. 스노쿨링 체험을 원한다면 웹사이트에서 '2시간 스노쿨링 투어'를 예약하면 된다. 난파선이 있는 장소까지 보트로 이동한 뒤 스노쿨링을 즐긴다. 잠수복, 스노쿨 등의 장비 일체를 포함해서 어른은 80달러, 12살 미만 어린이는 60달러다.

청록색 웅덩이, 그로토
Grotto

◎ 주차 예약(성수기 5월~10월)
☎ 1-877-RESERVE(7373783)
https://www.pc.gc.ca

브루스 반도 국립공원은 조지안 베이 연안에 이어져 있는 나이아가라 단애 (Niagara Escarpment)를 따라 석회암 풍광이 특히 아름다운 곳이다. 그중에서도 그로토(Grotto)는 가장 인기가 많은 곳으로 매년 수십만 명의 관광객이 찾고 있다. 사이프러스 호수 캠핑장(Cyprus Lake Campground) 내에 있는 주차장에서 출발하는 '조지안 베이 트레일 (Georgian Bay Trail)'은 그로토(Grotto)로 향하는 가장 빠르고 쉬운 길이다.

올라갈 때는 등산복, 내려올 때는 수영복을 입고 내려오는 곳이 그로토다. 그로토에 도착하자마자 윗옷을 훌훌 벗는 사람들. 윗옷 안에 수영복을 입었다. 왼편에는 그로토(Grotto), 오른편에 인디언 헤드 코브(Indian Head Cove). 그로토에서는 절벽 다이빙을 즐기는 사람들, '인디언 헤드 코브' 에서는 큼직하고 평평한 석회암 바위에 앉아 더위를 식히며 물놀이를 하는 사람들이다. 직접 앉아 보니 부다페스트의 '세체니 야외 온천' 부럽지 않다.

그로토(Grotto)의 청록색 웅덩이는 모험을 좋아하는 사람에게 독특한 수영의 기회를 준다. 웅덩이 아래는 12미터 깊이의 바위 터널이 있는데 이를 굴뚝(Chimney)이라고 부른다. 10미터 아래 수온은 16도까지 내려간다고 하니 이 곳을 다이빙하려면 잠수복을 입길 권한다.

그로토(Grotto)의 압도적인 인기 탓에 브루스반도 국립공원은 사이프러스 호수 주차장을 6개의 시간대로 나누어 4시간씩 주차할 수 있는 '온라인 예약 주차 제도'를 2018년부터 도입했다. 주차 혼잡을 피하고, 안심 주차 후 그로토 하이킹을 즐길 수 있도록 한 조처다. 그로토를 관광하실 분은 사전에 사이프러스 호수 주차장 예약을 해야한다. 온라인과 전화로 예약 가능하며, 비용은 차량당 $11.700이며 예약비(인터넷은 $6, 전화는 $8.50)는 별도다. 사이프러스 호수 캠핑장 주차장에서 그로토(Grotto)로 가는 트레일은 안전하지만 브루스 트레일(노란색 선)은 방울뱀이 나온다고 하니 조심해야 한다. 사람들이 많이 다니는 코스로 다니고, 방울뱀 소리가 들리면 가던 길을 비켜 돌아 가는 것이 좋다.

플라워팟 아일랜드
유람선 투어
Flowerpot Island Cruise Tour

⌂ 3 Bay St, Tobermory
☎ 519-596-2363
www.diversden.ca

브루스 앵커 크루즈 Bruce Anchor Cruises
https://cruises.bruceanchor.com/

블루 헤론 크루즈 Blue Heron Cruises
https://www.cruisetobermory.com/

토버머리 웨이브 어드벤처
Tobermory Wave Adventures
https://www.tobermorywave.com/

토버머리 크루즈 라인 Tobermory Cruise Line
카약 대여 서비스(10:00-18:00)
53 Bay Street South, Tobermory

유람선은 토버머리 항구를 떠나 난파선이 내려 보이는 곳에 잠시 머문다. 1885년 침몰한 스쿠너(Schooner)선 '스위프스테이크(Sweepstakes)'는 거의 손상되지 않은 모습으로 수심 6m 아래에서 유령선처럼 잠들어 있다. 스위프 스테이크 잔해 옆에는 1907년 화재로 소실된 '더 시티 오브 그랜드 래피즈(The City of Grand Rapids)'의 잔해가 있다. 배에 불이 나자 선착장과 주변 배들을 구하기 위해 이곳으로 끌어내 수장시켰다고 한다.

수문장처럼 꼿꼿이 서서 배가 오가는 것을 지켜보고 있는 빅텁 등대(Big Tub Lighthouse)는 그때 본 이야기를 건네려는 듯 좀처럼 시야에서 벗어나지 않는다. 사고가 잦았던 토버머리 항구에 이 등대가 세워진 것이 1885년. 배들의 안전한 항로를 인도할 뿐만 아니라, 폭풍우가 심할 때에는 피신처로도 사용된다.

플라워팟 아일랜드(Flowerpot Island)는 토버머리 해변에서 6.5킬로미터 떨어진 패덤 파이브 해상국립공원 내에 있는 섬이다. 이 곳은 보트로만 접근할 수 있

난파선 '스위프스테이크(Sweepstakes)'의 형상이 보인다.

434

다. 브루스 앵커 크루즈(Bruce Anchor Cruises), 블루 헤론 크루즈(Blue Heron Cruises), 토버머리 웨이브 어드벤처(Tobermory Wave Adventures) 그리고 토버머리 크루즈 라인(Tobermory Cruise Line) 등의 크루즈 회사들이 모두 플라워팟 드롭오프 크루즈(Drop-Off Cruise) 투어를 제공한다. 이 투어는 꽃병 섬에 손님을 내려주면 손님들이 알아서 꽃병 섬을 자유 여행하는 상품이다.

대부분의 사람들은 꽃병 섬을 한 바퀴 도는 '루프 트레일(Loop Trail)'을 따라 하이킹을 즐긴다. 이 트레일은 선착장에서 시작해 선착장에서 끝난다. 트레일 거리는 출발지(Beachy Cove)에서 등대(Light House)까지 2km(약 45분 소요), 돌아오는 길은 1.4km(약 1시간 소요)다. 길은 험하지 않고 빛과 나무 그늘이 적당히 섞여 걷기에 좋다.

사람들은 거대한 플라워팟을 배경으로 사진을 찍고, 수영도 하고, 휴식도 취한다. 조지안 베이는 물이 차가워 수영을 오래할 수 없다. 플라워팟 아일랜드(Flowerpot Island)라는 이름은 두 개의 '꽃병(flowerpot)' 모양 바위기둥에서 유래했다. 이처럼 독특한 모양의 바위를 '씨 스택(sea stack)'이라고 부르는데 파도에 의해 암석에 균열이 생기고, 침식작용에 의해 균열이 넓어져 동굴로 발전하고, 시간이 지나면서 아크 모양이 되었다가 아크가 무너지면서 '씨 스택'이 생기게 된다.

빅텁 등대
Big Tub Lighthouse

🏠 264 Big Tub Rd, Tobermory

네이버에서 연아 등대로도 검색이 가능한 빅텁 등대(Big Tub Lighthouse)로 가려면 빅텁 로드(Big Tub Rd)를 따라 끝까지 가면 나온다. 그 곳엔 차량 15대 정도를 댈 수 있는 유료 주차장이 있다. 주차장에서 등대까지는 걸어서 5분이면 충분하다. 1885년에 세워진 빅텁 등대는 135년이 지난 지금까지도 사용되고 있다. 등대 가까운 해변에서는 누구나 스쿠버 다이빙과 스노쿨링을 할 수 있다.

팍스캐나다(Parks Canada, 캐나다국립공원공단) 직원이 동물의 배설물이 뜻들을 구분하는 방법에 대해 알려주는 이벤트를 하고 있다.

빅텁 항구의 난파선을 보여주기 위한 크루즈들 바쁘게 오가고, 멀리서는 브루스 앵커 크루즈(Bruce Anchor Cruise) 건물이 보인다.

⊗ 먹자!

EATING

소블 비치는 여름 피서지다 보니 비교적 먹거리들이 다양하다. 허름해 보이지만 가격 부담이 없어 보이는 식당들과 피자 가게, 햄버거 가게는 물론이고 캐나다의 대표 먹거리 중 하나인 비버 테일(Beaver Tail Pastry), 아이스크림 가게인 스쿠퍼스(Scoopers)와 데어리 퀸(Dairy Queen) 등 필수 먹거리는 다 갖추고 있다.

소블 비치

러스틱 피자
Rustic Pizza

피서지에서 점심을 간단히 떼울 수 있는 먹거리로 피자만한 것이 없다. 홈메이드 스타일의 지역색이 묻어나는 피자를 맛보고 싶은 마음은 인지상정. 탄두리, 타코, 저키 치킨, 프로빈스(Province) 등 시그니처 피자 이름만 들어도 호기심과 식욕이 발동해 줄을 서서 오더를 해야하는 불편도 잊게 된다. 탄두리는 인도 전통 음식인 매운 탄두리 치킨이 들어간 것이고, 타코는 멕시코인들이 좋아하는 맛이고, 저키 치킨은 자메이카 대표 음식인 매운 저키 치킨이 토핑된 피자다. 가격은 피자 체인점보다 비싼 편이다.

🏠 102 Main St, Sauble Beach
📞 (519) 422-0011
rusticpizza.ca

소블 비치

러셔스 베이커리 델리 카페
Luscious Bakery Deli Cafe

요란스럽지 않은 실내, "요리가 맛있으면 됐지 모양으로 먹냐?" 식의 홈메이드 스프와 샌드위치. 러셔스 베이커리의 장점은 가성비가 좋다는 것이다. 후식으로 아몬드 크루아상, 오믈렛 크루아상(omelette croissant), 소시지 롤(sausage roll), 포루트기쉬 타르트(Portuguese tart) 등도 손님들에게 인기있는 빵종류다.

🏠 103 2nd Ave North, Sauble Beach
🕐 목~일 08:00-16:00
📞 (519) 422-2253

주민들도 인정한 맛 집, 덕사이드 윌리
Dockside Willie's

덕사이드 윌리(Dockside Willie's) 식당에 들어서면 서민적이고 편안한 분위기가 느껴진다. 2014년 5월26일에 오픈한 이 식당의 인기 메뉴는 윌리 버거(Willie Burger)와 피쉬 앤 칩스(Fish & Chips). 식사를 마치고 나오는 주민들에게 물었더니 샌드위치와 홈메이드 수프가 최고라며 엄지를 든다. 주민들의 간절한 부탁으로 '수프 요리 교실'을 한 번 열기도 했다.

인기 메뉴 세 가지에 대한 간단한 품평을 하자면, 먼저 오늘의 수프(Cheesy Tomato Tortellini)? 정말 맛있다. 윌리 버거? 직화로 구운 패티와 버섯의 불 맛이 살아 있다. 마지막으로 피쉬 앤 칩스? 튀김옷이 바삭하고 고기 질감은 부드럽다. 생선은 은대구(Blue Cod)를 사용한다.

식당 벽에 걸려 있는 사진이 무척 인상적이다. 엘리자베스 여왕과 식당 오너인 '젊은 타냐(Tanja)'가 같이 찍은 사진이다. 1997년 6월, 타냐가 졸업한 그해에 학교를 방문한 엘리자베스 여왕을 위해 타냐가 점심을 만들었고, 학교의 부엌 시설을 소개하면서 찍힌 사진이란다. 여름에는 30석의 파티오가 밖에 설치되어 호수를 바라보며 럭셔리 식사를 할 수 있다.

🏠 402 William Street, Wiarton
📞 519-534-2727
🕐 수&목 11:00-14:00, 금&토 11:00-19:00, 일 11:00-14:00
🍴 월요일, 화요일

자재!

ACCOMMODATIONS

여름철, 휴가철 극 성수기가 되면 전 세계 관광객들이 몰려들어 방이 없을 정도이지만 그 외의 기간엔 b&b 숙소나 호스텔, 호텔 등을 여유 있게 구할 수 있다. 하지만 가급적 빨리 예약하는 것을 추천한다.

Tobermory Village Campground

여름철 하이웨이 6는 여름 피서지인 토버머리로 향하는 차량들이 길게 꼬리를 물고 달린다. 이렇다보니 토버머리의 커티지, 호텔 등의 숙박 시설은 금방 동이 난다. 그래서 찾는 곳이 저렴하고 자연도 만끽할 수 있는 캠핑장이다. 사이프러스 레이크 캠핑장(Cyprus Lake Campground)은 국립공원의 특성상 샤워시설이 없고, 캠프사이트로 전기가 들어오지 않는 불편함이 있다. 유르트(Yurt)가 있지만 예약이 만만치 않다. 이런저런 이유로 사람들은 메노나이트가 운영하는 토버머리 마을 캠핑장(Tobermory Village Campground)을 예약한다. 물과 전기가 들어오는 캠프사이트가 50여개 정도 되고, 캐빈(Cabin)도 28개 정도 된다. 토버머리에서 3킬로미터 떨어져 있다는 것도 커다란 장점이다. 성수기인 7, 8월은 최소 3일 이상을 예약해야 캠핑이 가능하다. 야외 풀장, 놀이터, 배구장, 샤워시설, 작은 연못에선 오리배도 탈 수 있다. 태양이 쨍쨍한 낮엔 텐트 안에 누워 낮잠을 자는데 이게 꿀잠이다.

🏠 7159 Highway 6, Tobermory
📞 (519) 596-2689
tobermoryvillagecamp.com

미세스 치치몬 페리 (Ms Chi-Cheemaun Ferry)

토버머리와 마니툴린 섬(South Baymouth)를 오가는 미세스 치치몬(Ms Chi-Cheemaun) 페리는 여행 상품이자 교통 수단이 된다. 토버머리에 숙박을 정하고 마니툴린 섬으로 데이 트립을 다녀오는 관광객들도 있다. 황혼녘에 휴런호를 타고 횡단할 때는 일몰 크루즈 투어를 하는 기분이다. 자전거를 타고 섬을 둘러본 뒤 페리를 타고 토버머리로 돌아오는 사람들도 있다. 차량, 승객, 자전거 등 모두 별도 요금을 지불해야 한다. 토버머리 - 마니툴린 섬 - 서드베리 혹은 수세인메리로 여행하는 관광객들이 부쩍 늘었다.

토버머리 터미널(Tobermory Terminal) : 8 Eliza Street, Tobermory
사우스 베이마우스 터미널(South Baymouth Terminal) : 41 Water St, South Baymouth(in Manitoulin Island)
예약 : 온라인 및 전화 1-800-265-3163
https://www.ontarioferries.com/ms-chi-cheemaun/

승객 (Passengers) * 차량은 포함되지 않은 요금	편도 요금	당일 왕복 요금	배에서 내리지 않는 왕복 여행 요금
어른(12–64)	CA$18.05	CA$30.55	CA$27.35
어린이(5–11)	CA$9.00	CA$15.35	CA$13.25
어린이(4세 미만)	무료	무료	무료
노인(65세 이상)	CA$15.60	CA$25.45	CA$22.70
단체(차량 한 대당 10명 이상)	10% 할인	10% 할인	10% 할인

차량 (Vehicles) *운전자와 승객은 포함되지 않은 요금	차량 길이 및 초과 비용	성수기 편 도	비수기 편 도
승용차 길이 30', 높이 8'5" 또는 너비 6'9" 넘지 않는 차량	차길이 20'(6.1m) 이하	CA$49.10	CA$38.75
	피트당 추가 요금	CA$2.45	CA$1.95
대형차 길이 30', 높이 8'5" 또는 너비 6'9" 넘는 차량	차길이 20'(6.1m) 이하	99.40	83.00
	피트당 추가 요금	4.95	3.90
모터사이클	(트레일러나 사이트카 없는) 모터사이클	CA$25.65	CA$20.20
	(트레일러나 사이트가가 있는)모터사이클	CA$40.40	CA$30.30
	자전거(당일 왕복은 20% 할인)	CA$8.15	CA$8.15

* 성수기(On Peak), 비수기(Off Peak) 기간은 웹사이트에서 확인 가능.

브루스 카운티 '파머스 마켓' 장날 일정

화	케이디 (Keady)	5월-10월 07:00-14:00	Keady Livestock Market / 117012 Grey Road 3, Tara
수	포트 엘긴(Port Elgin)	6월-9월 09:00-15:00	626 Goderich Street, Port Elgin
금	와이어튼(Wiarton)	5월-10월 10:00-14:00	590 Berford Street, Wiarton
토	오웬 사운드(Owen Sound)	08:00-12:30	88 8th Street East, Owen Sound(시청 뒷편)
	라이온스 헤드(Lion's Head)	09:00-12:00	라이온스 헤드 로터리 홀 옆 주차장/59 Main Street, Lion's Head
일	토버머리(Tobermory)	5월-노동절(Labour Day) 10:00-13:00	

Simcoe County

심코 카운티

동쪽으로는 심코 호수와 서쪽으로는 조지안베이 사이의 4,859.64km2 땅이 심코카운티(Simcoe County)다.
심코카운티는 비공식적으로 남부 심코(South Simcoe)와 북부 심코(North Simcoe)로 나뉘는데 경계선은 카운티
로드 90(Mill St.)이다. 관광명소는 조지안베이와 인접한 북부 심코에 몰려 있다. 역사적으로 노타와사가
만(Nottawasaga Bay) 근처의 웬다케(Wendake) 지역은 프랑스의 탐험가인 샹플랭이 탐사를 하고 8개월간
살았던 곳이었다. 미들랜드(Midland)에 위치한 '휴런인들 속의 생뜨마리(Sainte-Marie among the Hurons)'를
포함한 여러 유적지는 이 지역이 휴런인과 프랑스 선교사 간의 오랜 관계가 있었다는 것을 말해준다. 그래서인지
심코카운티의 전체 프랑코폰 인구가 3%인데 비해 페네탱귀신(Penetanguishene)은 10%나 된다. 관광지로는
순례자가 끊이지 않는 순교자 성지(Martyrs Shrine), 1812년 전쟁(War of 1812)과 어퍼 캐나다(Upper Canada)
당시에 영국 해군 기지로 사용되었던 페네탱귀신의 디스커버리항(Discovery Harbour), 그리고 연 2백만 명의
방문객이 찾는다는 14km 담수욕장, 와사가 비치(Wasaga Beach) 등이 있다.

Festival

2016, 2017년 피칸 타르트(Pecan Tart) 우승 업체 'the Maids' Cottage'

01 Ontario's Best Butter Tart Festival
미들랜드 버터타르트 축제

미들랜드(Midland)의 다운타운과 워터프론트 공원에서 열리는 온타리오 베스트 버터타르트 축제(Ontario's Best Butter Tart Festival)는 2013년 6월에 처음 시작되었다. 하루 열리는 축제에 6만 5천 명의 방문객이 찾아오고, 20만개의 버터타르트가 판매된다(2019년 기준). 플레인, 건포도, 호두, 메이플, 베이컨, 코코넛, 초콜릿, 글루텐프리(gluten-free), 치즈케이크, 호박 등 종류도 가지가지. 200여 개의 상점과 푸드 트럭이 참여한다. 이 축제는 온타리오 최고의 버터타르트 상을 수여하는 콘테스트도 같이 열리는데, 프로/아마추어 상관없이 누구나 참가할 수 있다. 축제에서 맛있는 버터타르트를 찾는 것만큼이나 인기있는 것이 있는데, 바로 '버터타르트 걷기 경주(Butter Tart Trot Race)'다. 레이스 종목은 5km, 10km, Mini Tarts, Half Walkers, 그리고 Half Runners. 출발시간은 아침 7시부터 9시까지 각기 다르고, 컷오프(cut-off)는 11:30분이다. 중간중간에 타르트와 음료수를 먹을 수 있는 에이드 스테이션(Aid Station)이 설치되어 있다. 생뜨마리 마을(Sainte-Marie among the Hurons)에서 출발해 반환점을 돌아오는 경기로 참가 신청은 매년 11월에 시작한다. (버터타르트 걷기 경주 홈페이지 : www.buttertarttrot.ca)

02 Collingwood Elvis Festival
콜링우드 엘비스 축제

콜링우드 엘비스 축제(Collingwood Elvis Festival)는 1995년부터 시작되었다. 유사한 축제로는 세계에서 가장 큰 규모다. 엘비스 프레슬리(Elvis Presley)로 분장한 사람들이 클래식카를 타고 벌이는 퍼레이드와 노래 경연, 그리고 너훈아처럼 잘 나가는 엘비스 헌정 예술가(Elvis tribute artist)는 팬들이 있기도 하고, 로컬 바(bar)나 나이트 클럽 공연으로 수입을 올리기도 한다. 축제의 하이라이트는 축제의 중앙 무대에서 과거 축제 우승자들의 초청 공연과 락큰롤(Rock and Roll)의 킹인 엘비스 프레슬리의 생애와 전설을 추모하는 촛불추도식 (Candlelight Vigil)이 열린다.

가볼만한 심코카운티 축제

- Barrie Automotive Flea Market (6월초 & 9월초, thebafm.com)
- Sainte-Marie Among the Huron's First Light (11월말~12월초)
- Collingwood's Sidelaunch Days (8월초, sidelaunchdays.ca)
- Discovery Harbour's Pumpkinferno (10월중)
- Creemore Springs Turas Mor (5월말, creemorespringsturasmor.com)
- Meaford's Scarecrow Invasion and Family Festival (9월 중순~10월 중순, scarecrowinvasion.com)

심코 카운티

400

Hwy 12

Penetanguishene Rd

올드 포트 로드

순교자 성지
생뜨마리 마을
와이 습지 야생동물센터

디스커버리항
마틀랜드 헤리프로트
생뜨링 웬디트 공원
마틀랜드 반도 국립공원
마틀랜드 베티 티르트 축제

아왠다 주립공원

밥 비치

Tiny Beaches Rd S

Christian Island Ferry

Christian Island

Georgian Bay

토론토 고트랜짓(GO Transit)과 온타리오 노스랜드 코치버스로 배리(Barrie)까지 간 뒤,
심코카운티의 대중교통시스템인 심코카운티 LINX 를 이용해 심코카운티의 주요관광지를 여행할 수 있다.

심코 카운티 드나드는 방법 ❶ 버스

오로라고(Aurora GO)

121 Wellington St E, Aurora, ON

배리 트랜짓 버스터미널 :

24 Maple Ave, Barrie, ON

 고트랜짓 GO Transit

토론토 유니온 스테이션에서 고트레인(GO Train)을 타고 배리(Barrie)의 알란데일
워터프론트 고트레인 스테이션(Allandale Waterfront Go Train Station)까지 한 번
에 가는 방법이 있지만 운행 편수가 적다. 1시간 45분 걸린다. 또 다른 방법으로는 고
트레인을 타고 오로라고(Aurora GO)까지 간 뒤, 거기서 고버스(68번)를 타고 배리
까지 가는 방법이다. 이 방법은 2시간 20분 걸린다. 배리(Barrie)에서 심코카운티 대
중교통서비스인 LINX 버스를 이용해 가고자하는 목적지로 여행한다.

 온타리오 노스랜드 Ontario Northland

토론토-서드베리 노선, 토론토-노스베이 노선 모두 배리(Barrie)에 멈춘다. 토론토
유니온 스테이션 버스터미널에서 배리까지 2시간 걸린다.

시내교통

심코카운티 LINX는 심코카운티(Simcoe County)의 주요 도시 허브와 지역 교통 서비스를 연결하는 대중교통시스템이다. 관광
지인 미들랜드, 와사가비치(Wasaga Beach), 콜링우드(Collingwood), 오릴리아(Orillia) 등을 버스로 여행할 수 있다. 목적지에
따라 타는 곳이 다르고, 도시간 여러 지점을 멈추는 완행버스이기 때문에 심코카운티 LINX 웹사이트에서 출발장소, 운행시간,
요금, 루트 등을 확인해야한다.

심코카운티 LINX 대중교통 운행일정 및 요금

루트(Routes)	시간 (월 - 금) ※ 주말과 공휴일에는 운행하지 않는다.	요금
Route 1	페네탱귀신 / 미 들 랜 드 (Penetanguishene/Midland) – 베리(Barrie)	페네탱귀신(Arena) 출발 : 첫차 05:45, 막차 17:45 (60분 간격) 베리(RVH) 출발 : 첫차 06:15, 막차 18:15 (60분 간격)	6달러 (편도)
Route 2	와사가 비치(Wasaga Beach) – 베리(Barrie)	와사가 비치(25, 45th Street South) 출발 : 첫차 05:30, 막차 18:30 (60분 간격) 베리(Allandale Waterfront Station) 출발 : 첫차 05:30, 막차 18:30 (60분 간격)	6달러 (편도)
Route 3	오릴리아(Orillia) – 베리(Barrie)	오릴리아(Georgian College) 출발 : 첫차 06:00, 막차 18:00 (60분 간격) 베리(Georgian College, RVH) 출발 : 첫차 06:00, 막차 18:00 (60분 간격)	4달러 (편도)
Route 4	콜링우드(Collingwood) – 와 사가 비치(Wasaga Beach)	콜링우드(Downtown) 출발 : 첫차 06:00, 막차 20:00 (60분 간격) 와사가 비치(25, 45th Street South) 출발 : 첫차 06:30, 막차 20:30(60분 간격) *토요일&일요일도 운행. LINX 웹사이트 참고.	2달러 (편도)
Route 4A	콜링우드– 와사가 비치 (Eastbound 만 운행)	콜링우드(Downtown) 출발 : 첫차 05:00, 막차 16:00 (60분 간격)	
Route 5	앨리스턴(Alliston) – 브래드포드(Bradford)	앨리스턴(New Tecumseth Recreation Complex) : 첫차 05:20, 막차 18:05 (60분 간격) 브래드포드(Go Train Station) : 첫차 05:20, 막차 17:20 (60분 간격)	4달러 (편도)
Route 6	미들랜드(Midland) – 오릴리아(Orillia)	미들랜드(Georgian College) : 첫차 06:00, 막차 18:00 (60분 간격) 오릴리아(Lakehead University) : 첫차 06:00, 막차 18:00 (60분 간격)	6달러 (편도)

SIMCOE COUNTY SIGHTS

심코 카운티 추천코스

토론토근교 당일치기 여행지로 심코 카운티(Simcoe County)만한 곳이 없다.
미들랜드 성지 순례, 콜링우드 어드벤처 투어, 와사가 비치(Wasaga Beach),
블루 마운틴 리조트 스키/스노우보드 등이 있다.

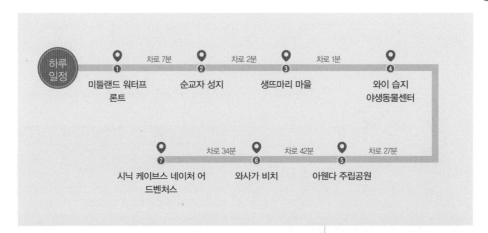

하루
일정

① 미들랜드 워터프론트 — 차로 7분 → ② 순교자 성지 — 차로 2분 → ③ 생뜨마리 마을 — 차로 1분 → ④ 와이 습지 야생동물센터

⑦ 시닉 케이브스 네이처 어드벤처스 — 차로 34분 → ⑥ 와사가 비치 — 차로 42분 → ⑤ 아웬다 주립공원 — 차로 27분 →

와이 습지 카누잉 ©Wye Marsh Wildlife Centre

447

미들랜드 워터프론트
Midland Waterfront

벽화 'Huron native and Jesuit priest at Sainte-Marie'
📍 177 King St, Midland

Grounded Coffee Co.
📍 538 Bay Street, Midland
📞 전화 : (705) 527-5997
http://www.groundedcoffee.ca/

미들랜드 워터프론트(Midland Waterfront)에서 커피볶는 냄새를 따라가면 그라운디드 커피 컴퍼니(Grounded Coffee Co.)로 발걸음을 인도한다. 공정 무역 커피 원두를 직접 갈아 만든 맛있는 커피와 갓 구운 빵을 골라 기분좋게 아침을 시작한다. 미들랜드 마리나(Midland Marina)에는 스테인리스 스틸로 된 하늘을 나는 울음고니(Trumpeter Swan)의 조각이 있다. 울음소리가 트럼펫같은 울음고니는 미들랜드 와이 습지(Why Marsh)에 가면 볼 수 있다. 마리나 맞은 편에는 ADM Milling Company 의 곡물 엘리베이터가 있다. 건물 외관에는 높이 24m, 너비 76m의 북미에서 가장 큰 야외 역사화가 그려져 있다. 1640년대에 있었을 법한 내용으로 예수회 사제와 휴런 원주민이 와이 밸리(Wye Valley)의 언덕과 근처의 생뜨마리(Sainte-Marie)를 바라보고 있는 장면을 묘사했다. 1639년부터 1649년까지 예수회 선교사들의 선교 거점이었던 '휴런인들 속의 생뜨마리(Sainte-Marie among the Hurons)'를 여행하기에 앞서 해안선을 따라 트랜스 캐나다 트레일(Trans-Canada Trail)을 걷는 것도 좋다. 이 트레일은 순교자 성지(Martyrs shrine), 생뜨마리 마을, 그리고 와이 습지(Wye marsh)로 이어진다. 생뜨마리 마을까지 걸어서 1시간 가량 걸린다. 자전거를 타고 돌아보는 것도 좋은 방법이다.

와이 습지의 울음고니 재도입 프로그램을 위해 노력한 자원봉사자들을 위한 울음고니 조각

ADM Milling company 곡물 엘리베이터 외벽에 그려진 역사화, 예수회 사제와 휴런 원주민이 생뜨마리(Sainte-Marie)를 바라보고 있는 장면.

로버트슨 도로

샴록 릴리 광장

⊕ 샴록 릴리 광장

⊕ 디스커버리 항

하이웨이 13호

⊕ 미들랜드 워터프론트

미들랜드 가

⊕ 순교자 성지

⊕ 생트마리 마을

Hwy 12

⊕ 와이 습지 야생동물센터

순교자 성지

Martyrs' Shrine

🏠 16163 ON-12, Midland, ON L4R 4K6
📞 (705) 526-3788
http://www.martyrs-shrine.com/

예수 그리스도 안에서 성취되고, 브레뵈 신부와 그의 동료들의 삶에서 목격된 자기 희생적인 사랑의 신성한 신비를 모든 사람과 함께 나누는 성찬, 기도, 가르침의 거룩하고 역사적인 공간이다.

생뜨마리(Sainte-Marie) 거주지는 예수회 선교사들에 의해 1639년 설립되어 1649년 생뜨마리를 떠날 때까지 10년간 존속되었다. 이 기간동안 예수회 선교사 여섯 명과 평신도 2명이 순교했다. 순교자 성지 교회(Martyrs' Shrine Church)는 이들을 기리기 위해 1926년 공식적으로 봉헌되었고, 성 장 드 브레뵈(St.Jean de Brébeuf), 성 가브리엘 랄르망(St.Gabriel Lalemant), 그리고 성 샤를 가르니에(St.Charles Garnier)의 뼈가 보관되고 있다. 1984년 9월 교황 요한 바오로 2세가 이 곳을 방문했을 때 브레뵈 신부의 두개골뼈 위에 기도를 했다고 한다.

거룩하고 역사적인 공간인 순교자 성지에서 꼭 보아야 할 세가지가 있다. 첫째, 교회 내부의 독특하고 검소한 디자인. 교회 내부의 벽면은 일정한 크기의 느룹나무 껍질을 이어 붙인 롱하우스(Longhouse) 내부에 들어가 있는 듯한 느낌을 준다. 그리고 제단 위 천장은 뒤집힌 카누 모양으로 설계되었다. 교회는 단열재없이 지어졌기 때문에 겨울에는 문을 닫는다. 두번째는 지하에 있는 성 이냐시오 채플(St. Ignatius Chapel). 조용히 묵상할 수 있는 곳으로 순례자들이 많이 찾는다. 세번째는 교황 요한 바오로 2세가 미사를 집전한 야외 교회제단(Papal Altar). 스리랑카, 필리핀 커뮤니티 등이 이 장소를 빌려 야외미사를 드리고, 미사를 드린 후엔 제단 앞 잔디광장에서 식사를 하며 즐겁게 하루를 보낸다.

교황 요한 바오로 2세가 미사를 집전한 야외 교황제단(Papal Altar)이 있는 곳. 필리핀 커뮤니티가 미사를 드리고 있다.

교황 우르바노 8세의 특별 전대사 Special Indulgence

크리스챤 휴런 사람들의 '기도의 집'이었던 생뜨마리(Sainte-Marie)는 교황 우르바노 8세에 의해 1644년 북미 최초의 순례 성지로 지정된 유서깊은 장소다. 교황 우르바노 8세(Urban VIII, 1568~1644)는 1644년 2월 26일 희년을 선포하고 생뜨마리의 성요셉교회를 방문하는 순례자에게 전대사(plenary indulgence)를 주었다. 조건은 성요셉 대축일(the Feast of St.Joseph)인 3월 19일, 성요셉

교황의 대칙서(Papal Bull)

교회에서 저녁기도(first vesper)부터 축제당일 일몰시간까지 순례자들이 진정으로 참회하고, 죄를 고백하고, 성찬을 받고, 경건한 기도를 드리는 것이었다. 이 특별 전대사는 7년간 유효했다.

와이 습지 야생동물 센터
Wye Marsh Wildlife Centre

🏠 16160 Highway 12 East, Midland, ON L4R 4K6
📞 (705) 526-7809
http://www.wyemarsh.com/

TIP 손에 먹이를 두면 박새가 와서 쪼아 먹는 체험과 새로 복원된 산책로를 걸으며 거북이, 뱀, 그리고 울음고니(trumpeter swan) 등을 찾아보는 것도 재미있다. 전망대 꼭대기에서 바라보는 경치도 놓치지 말자.

1933년 캐나다 전체에 울음고니는 77마리에 불과했다. 습지가 파괴되어 보금자리를 잃은 울음고니는 1984년 멸종위기종으로 지정되었다. 온타리오에서 울음고니를 사냥하거나 괴롭히는 것은 불법이다. 1988년 한 쌍의 울음고니로 재도입 프로그램(Reintroduction program)을 시작한 와이 습지 야생동물 센터는 현재 온타리오 울음고니 개체수의 약 1/3을 모니터링하며 돌보고 있다. 카누나 카약을 가이드와 함께 타고, 와이 습지를 관찰하는 투어를 추천한다. 가이드 카누/카약 투어는 5월부터 10월까지 참여할 수 있고, 와이 습지 야생동물 센터에 입장할 때 투어를 신청하면 된다. 예약 없이 선착순이다.

와이 습지 ©Wye Marsh Wildlife Centre

울음고니 구조 장면 ©Wye Marsh Wildlife Centre
2월의 고니들 ©Wye Marsh Wildlife Centre

와이 습지 카누잉 ©Wye Marsh Wildlife Centre

생뜨마리 마을
Sainte-Marie among the Hurons

🏠 16164 ON-12, Midland, ON L4R 4K8
📞 (705) 526-7838
http://www.saintemarieamongthehurons.on
.ca/sm/en/Home/

Tip 크리스챤 롱하우스. 원주민들은 습지에서 자라는 수초를 꺾어 바구니, 땅바닥에 까는 매트 등을 만들었다.

생뜨마리 안에서 본 돌로 만든 보루

더 정확하게는 '휴런인들 속의 생뜨마리(Sainte-Marie among the Hurons)'다. 너른 주차장이 있어 주차가 편하다. 영화 '미션(Mission)'을 생각나게하는 이 곳은 프랑스 예수회 신부인 제롬 랄르망(Jérôme Lalemant)과 장 드 브레뵈(Jean de Brébeuf)에 의해 웬다트(Wendat) 땅에 1639년에 설립되었다. 프랑스와의 모피 중개무역으로 우호적인 관계에 있었던 휴런-웬다트 족은 지금의 퀘벡주와 오대호 지역을 차지하고 있었다. 그리고 1615년 사무엘 드 샹플랭과 그 일행이 이 지역에서 8개월간 머물며 휴런-웬다트 추장의 환대를 받았었기 때문에 이곳에 '휴런 선교기지'를 만드는 것이 가능했던 것으로 보인다. 방문객들이 소극장에서 소개영화를 보고나면 스크린 양옆의 문이 열리면서 17세기 '생뜨마리 공동체 마을'이 눈 앞에 펼쳐진다. 아이디어가 기발하다. 병사들이 묵었던 막사와 돌로 지어

휴런인들 속의 생뜨마리 입구

생뜨마리 소극장

1649년 3월에 순교한 브레뵈 신부와 랄르망 신부의 무덤. 교황 바오로 2세가 순교자 성지를 방문했을 때 무릎을 꿇고 기도를 올렸던 곳이다.

생뜨마리 취사장. 7, 8월에는 관광객을 위한 17세기 요리를 시연한다.

예수회 사제들이 모여 기도하며 말씀을 묵상했던 채플은 벽난로가 없다. 예수님을 따르는 제자들이 예수님보다 따뜻하게 지낼 수는 없다는 뜻에서다.

진 보루(Bastion)는 하나의 성문처럼 연결되어 있다. 이 성문을 들어서면 채플, 취사장(Cookhouse), 대장간, 성요셉 교회, 묘지, 병원, 양계장(Chicken Run), 그리고 기독교로 개종한 원주민의 임시거주지였던 크리스챤 롱하우스(Christian Longhouse) 등을 둘러볼 수 있다. 성 요셉 교회 안에는 순교자 랄르망 신부와 브레뵈 신부의 무덤이 있다. 기독교인과 비기독교인을 위한 롱하우스가 따로 있다는 것도 흥미롭다. 7월과 8월 성수기에는 취사장에서 17세기 요리법을 알려주고, 크리스챤 롱하우스에서는 원주민 게임을 같이 즐긴다.

TIP 성요셉교회

성요셉교회에 있는 벽난로는 실내 온도를 높이기 위한 것이 아니라, 원주민들이 생뜨마리를 잘 찾아올 수 있도록 연기를 피우기 위한 용도로 사용되었다고 한다.

생뜨마리 예수회 공동체 마을, '휴런인들 속의 생뜨마리(Sainte-Marie among the Hurons)'의 역사

처음 생뜨마리에 정착한 18명의 남성들은 예배당, 예수회 거주지, 부엌, 대장간, 수로 그리고 그리스도교로 개종한 휴런인들이 머무는 롱하우스(longhouse) 등을 건설했다. 생뜨마리 휴러니아 예수회 본부는 뱃길을 이용해 이로쿼이 언어를 쓰는 휴런족과 페툰족(Petun), 그리고 알공킨 언어를 사용하는 니피싱족(Nipissing), 오타와족(Ottawa), 오지브웨족(Ojibwa) 사이를 여행하며 기독교 복음을 전했다. 그 당시에 브레뵈 신부가 휴런-웬다트 언어로 가사를 쓴 크리스마스 찬송가인 '휴런 캐롤(Huron Carol)'은 오늘날까지도 전해지고 있다. 1641년 프랑스-이로쿼이 1차 전쟁이 벌어지면서 생뜨마리에서도 이로쿼이족의 침략이 잦았고, 휴런-이로쿼이 전쟁에서 여덟 명의 선교사가 순교했다. 프랑스 군은 1649년 순교한 브레뵈 신부와 랄르망 신부의 시신을 수습해 생뜨마리 예배당 모래바닥에 묻었다. 1649년 6월 16일, 생존한 예수회 신부들은 브레뵈와 랄르망 두 신부를 순교자로 시성하기로 결정하고 뼈를 수습하고 시신을 다시 묻었다. 생뜨마리의 생존자들은 10년 동안 일군 마을을 불태우고 웬다트족과 함께 제 2의 생뜨마리를 건설하기 위해 조지안베이의 크리스챤 섬(Christian Island)으로 이동한다. 당시에 웬다트는 그 섬을 가호엔도에(Gahoendoe)로 불렀고, 예수회 사제들은 성 요셉 섬(Isle St.Joseph)으로 불렀다. 하지만 이 곳에서도 혹독한 겨울과 계속되는 이로쿼이족의 위협으로 그들은 뉴프랑스로 돌아와야했다.

453

샹플랭 웬다트 공원
Penetanguishene Rotary Champlain Wendat Park

⌂ 16160 Highway 12 East, Midland, ON L4R 4K6
☏ (705) 526-7809
http://www.wyemarsh.com/

페네탱항(Penetang harbour)의 해안가를 따라 위치한 90에이커의 부지로 구성되어 있다. 스케이트 보드 공원, 비치 발리볼, 수영, 화장실, 원형극장, 스플래시 패드(splash pad), 개를 산책시킬 수 있는 공원 등이 있어 주민들에게 사랑받는 공간이다. 하지만 산책 나온 주민이나 관광객을 위해서라도 마리화나 냄새와 하루살이는 해결해야할 시급한 문제같다.

1600년대 페네탱귀신 해안은 휴런-웬다트 연합의 땅이었다. 휴런-웬다트는 몇 채의 롱하우스에서 살며 농업, 사냥, 그리고 모피 무역 등으로 생활했고, 인구가 많을 때는 2천명까지 되었다. 모계 사회였던 휴런-웬다트의 여성은 옥수수, 콩, 그리고 호박(squash)을 키우는 농사일을 했고, 남자는 사냥이나 모피 무역을 담당했다. 누룩, 라드, 소금, 물 등을 넣지 않고 옥수수 가루로 만든 배넉(Bannock, 퀘벡에서는 배니크(Banique)로 불림)은 이들의 주식이다. 1615년 8월 1일, 샹플랭 일행은 페네탱귀신에서 가까운 조지안베이의 해변에 도착했고, 휴런-웬다트의 추장 애논(Aenon)의 환대로 8개월간 머물다 다음 해 봄에 퀘벡으로 돌아갔다. 2015년 샹플랭과 웬다트의 만남을 축하하는 400주년 기념으로 페네탱귀신의 샹플랭 웬다트 공원에는 조각가 티모시 슈말츠(Timothy Paul Schmalz)*의 조각작품이 여럿 세워졌다.

TIP

티모시 슈말츠

캐나다 세인트 제이콥스에서 활동하는 조각가다. 대표작으로는 공원 벤치에서 잠자고 있는 노숙자로 예수를 표현한 '노숙자 예수' 라는 청동 조각이 유명하다. 프란체스코 교황이 바티칸 인근에서 얼어 죽은 노숙인을 기리기 위해, 그의 작품을 직접 축복하고 교황청에 설치하기도 했다.

티모시 슈말츠 작품 '웬다트(Wendat)'

티모시 슈말츠 작품 '메티스(Metis)'

티모시의 조각상 '만남(The Meeting)

615년 휴런-웬다트의 추장 애논(Chief Aenon)은 그들의 땅에 온 사무엘 드 샹플랭과 프랑스 사람들을 환영하는 뜻으로 우정과 연합의 상징적 제스처인 왐펌 벨트(wampum belt)를 선물로 주고 있다. 샹플랭의 발치에는 고대 프랑스의 상징인 백합 문양이 있고, 애논 추장의 발치에는 휴런-웬다트가 살고 있는 터전이 거북이 등이라고 믿는 웬다트 신화가 새겨져 있다. 그리고 샹플랭과 웬다트의 만남 400주년을 기념해 400개의 단풍잎을 리본에 새겼다.

아웬다 주립공원 캠핑장

Awenda Provincial Park)

🏠 670 Awenda Park Rd, Tiny, ON L9M 2J2
📞 (705) 549-2231
https://www.ontarioparks.com/park/
awenda

© Parks Canada

조지안베이 해안과 내륙의 숲으로 이루어진 29km2 부지에서 하이킹, 바이킹, 카누잉, 낚시, 수영 등의 액티비티를 즐길 수 있다. 캠핑이 어렵다면 일일 패스(Day Pass)를 구입해 하이킹 트레일을 걸으며 온타리오 최고의 풍경을 감상할 수 있다. 숨이 멎을 듯한 전망을 원한다면 13km 길이의 블러프 트레일(Bluff Trail)을 추천한다. 자이언츠 툼 아일랜드(Giant's Tomb Island)를 보며 조지안베이 해변가를 걷는 비치 트레일(Beach Trail)도 추천한다.

아웬다 주립공원 맞은편에는 조지안베이의 3만 섬 중 하나인 '거인무덤 섬(Giants Tomb Island)'이 있다. 이 섬이 존재하기 훨씬 전에 키치케와나(Kichikewana)라는 위대한 전사가 이 지역에 살았다. 거대한 백송보다 크고, 북풍보다도 강한 그는 휴런-웬다트족에게 신적인 존재였다. 전시에는 웬다트 사람들에게 사랑을 받았지만, 평화시에는 폭력적인 성격 때문에 사람들은 그를 두려워했다. 그의 분노를 달래기 위해 장로들은 키치케와나를 결혼시키기로 하고, 페네탕귀신에서 추장회의가 열릴 때 추장들의 과년한 딸을 데려오도록 했다.

위대한 정령 마니투(Manitou)의 아들인 키치케와나는 그 결정에 마지못해 동의했다. 하지만 아름다운 와나키타(Wanakita)를 보는 순간 그는 미친듯이 사랑에 빠져버렸다. 그런데 이를 어쩌나? 와나키타는 다른 전사에게 마음을 빼앗겼기 때문에 그의 제안을 외면했다. 가슴이 찢어지는 키치케와나는 화를 이기지 못해 발을 구르고 비명을 질렀다. 놀란 곰과 늑대가 사방으로 흩어졌고, 새들도 날아가버렸다. 아무도 키치케와나를 진정시킬 수가 없었다. 그는 손가락으로 땅을 긁어 한 줌의 흙을 모아 조지안베이로 던져버렸다. 그가 손가락으로 긁었던 땅은 깊이 파여 세번 사운드(Severn Sound)의 5개 만(Bay)이 되었고, 그가 던진 흙은 3만 섬이 되었다. 실제로 세번 사운드를 위성 사진으로 보면 페네탕귀신 만, 미들랜드 만, 호그 만, 스털전 만 그리고 마치대쉬 만이 거인의 다섯 손가락처럼 보인다.

키치케와나는 실의에 빠져 조지안베이 깊숙한 곳으로 걸어들어갔다. 그리고 상심해 죽었다. 그의 몸의 윤곽은 오늘날에도 그의 마지막 안식처인 거인무덤 섬(Giants Tomb Island)에서 볼 수 있다.

아웬다 주립공원의 가을 전경 © Parks Canada

와사가 비치 주립공원
Wasaga Beach Provincial Park

⌂ 11 22nd St N, Wasaga Beach, ON L9Z 2V9
☎ (705) 429-2516
https://www.ontarioparks.com/park/wasagabeach

와사가 노르딕 센터 Wasaga Nordic Centre
노르딕 스키 트레일 컨디션, 스키 장비 대여 및 겨울 프로그램 문의 등
☎ (705) 429-0943

토론토에서 약 1시간 거리에 있는 와사가 비치(Wasaga Beach)는 세계에서 가장 긴 담수 비치로 연 2백만명의 방문객이 찾는다. 백사장이 포물선을 그리며 14km나 뻗어있고, 석양은 숨이 멎을 만큼 아름답다. 처음 이 곳을 가는 분들은 와사가 비치 주립공원의 홈페이지에서 공원 지도(Park Map)를 다운로드 받아 해변의 위치를 머릿속에 그려넣는 것이 좋다.

와사가 비치는 지형이 특이하다. 노타와사가 강(Nottawasaga River)이 조지안베이와 평행하게 흐르다가 만난다. 두번째, 해변이 총 8개나 된다. 해변이 워낙 넓다보니 노타와사가 강을 기준으로 왼쪽 해변은 1번부터 6번까지 6개의 작은 해변으로 나뉘었고, 노타와사가 강 우측에는 뉴와사가 비치(New Wasaga Beach)와 앨런우드 비치(Allenwood Beach)가 나란히 있다. 가장 붐비는 곳은 1번과 2번 해변이고, 번잡한 것을 피하고 싶으면 4번과 5번 해변으로 가면 된다. 비치 3번은 개를 동반할 수 있다. 와사가 비치 주립공원 입장료는 무료이지만 주차장은 유료다.

사람들은 맑고 따뜻한 물에서 수영을 하며 노타와사가 베이(Nottawasaga Bay)를 가로지르는 탁트인 산을 전망할 수 있다. 온타리오에서 가장 큰 산악 리조트 중 하나인 블루마운틴의 슬로프도 보인다. 수영 외에도 패들보딩, 바이킹, 하이킹, 낚시 등을 즐길 수 있다. 봄과 가을에는 노타와사가 강과 조지언베이가 만나는 지점에서 무지개 송어, 작은입우럭(smallmouth bass), 피커렐(pickerel) 등을 잡을 수 있다. 주립공원이지만 캠핑은 허용되지 않고, 데이 패스(Day Pass)만 가능하다. 여름철에는 8시부터 저녁 10시까지, 겨울에는 9시부터 5시까지 개장한다. 겨울에는 스노우슈잉, 노르딕 스키 등의 액티비티를 즐길 수 있다. 초급자는 여유있게 탈 수 있는 블루베리 트레일(Blueberry Trail), 경력이 많은 스키어는 하이듄 트레일(High Dunes Trail)에 도전할 수 있다. 스키 장비 대여나 다과 구입은 와사가 노르딕 센터(Wasaga Nordic Centre)에서 할 수 있다.

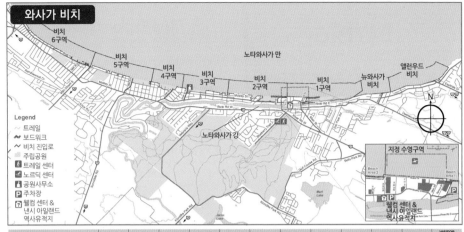

BEACH AREA	SWIMMING	PICNIC AREA	WASHROOM	MOBI-MAT	BOARDWALK	BIKE PATH	BOAT LAUNCH	FISHING	DOG BEACH	PLAYGROUND	KITEBOARD	VISITOR CENTRE
Beach Area 1 (Spruce St.)	●	●	●	●								
Beach Area 2 (6th St.)	●	●	●	●	●					●		
Beach Area 3 (22nd St.)	●	●	●					●				
Beach Area 4 (24th St.)	●	●	●	●								
Beach Area 5 (35th St.)	●	●	●									
Beach Area 6 (between 48th & 50th St.)	●	●	●							●		
New Wasaga Beach (Albert St.)	●	●									●	
Allenwood Beach (Eastdale Dr.)	●											
Nancy Island Historic Site (across from 3rd St.)		●	●				●	●				●

디스커버리항
Discovery Harbour

🏠 93 Jury Dr, Penetanguishene, ON L9M 1G1
📞 (705) 549-8064
http://www.discoveryharbour.on.ca/

1812년 전쟁(War of 1812) 당시 영국 해군 기지로 사용되었던 곳이다. 관광객들은 실제 크기만한 두 척의 레플리카 배 갑판에 올라 1800년대 초 페네탕귀신 해군의 일상을 경험할 수 있다. 길이 24m인 H.M.S. Bee는 1817년부터 1831년까지 페네탕귀신 해군 기지에 주둔했었던 보급 스쿠너(supply schooner)를 복원한 배고, 길이 37m의 군함 H.M.S. 테쿰세스는 1817년부터 1828년 침몰전까지 페네탕귀신 해군 기지에 주둔했었던 군함 테쿰세스(Tecumseth)를 복원한 것이다.

테쿰세스 센터에는 이 지역의 19세기 유물을 전시하고 있다. 테쿰세스 호에서 1815년 쓰였던 투명 유리 데크 조명을 포함해 탄약통, 동전, 왕의 마크가 찍힌 황동 플래터, 나침반, 캐로네이드 포(carronade), 닻 심지어 럼주병까지 흥미로운 아이템들이 많다. 또한 터치스크린을 통해 1817년 6월 휴런호에서 작전 중이었던 H.M.S. 테쿰세스(Tecumseth)호의 항해일지(logbook)를 읽어볼 수 있다. 해군 수로학자 헨리 베이필드(Henry Bayfield), 사무엘 로버츠 선장, 테쿰세(Tecumseh) 추장 등 유적지의 역사 관련 인물도 살펴볼 수 있다.

1812년 전쟁(War of 1812) 이후의 디스커버리항 Discovery Harbour

1817년 오대호를 비무장화하고, 각 호수에서 임무를 수행하는 해군을 100톤급 건보트(gunboat) 네 척으로 제한하는 러시-바곳 협약(Rush - Bagot Treat)이 체결되었다. 1820년에는 선원, 장교, 조선공, 군인 등 70명이 넘는 사람들이 페네탕귀신에서 생활했다. 5척의 대형 선박과 15척의 소형 선박이 건조되었고, 수많은 작업장과 주거지가 건설되었다. 1828년에는 수세인메리 근처의 드러먼드 섬(Drummond Island)에 있던 영국 수비대가 페네탕귀신으로 이전했고, 1834년 영국 해군은 페네탕귀신 해군 기지를 완전히 떠났다. 영국 수비대는 1856년까지 주둔했다.

🔵 먹자!

EATING

사람들은 주말을 이용해 심코 카운티의 호수, 강, 만에서 피크닉을 즐긴다. 밤 비치(Balm Beach), 아웬다 주립공원, 리틀 레이크 공원(Little Lake Park), 순교자 성지의 너른 잔디밭은 이름난 피크닉 장소다. 피크닉용 도시락 바구니를 48시간 전에 주문한 후 소풍 당일 픽업하는 곳(https://midlandfoodtours.ca/taste-the-bay-picnics)도 있고, 11번 도로를 따라 로드 트립을 즐기는 드라이버에게 '기사식당' 같은 곳도 있다. 프로그를 곁들인 슈니첼 샌드위치가 유명한 슈니첼 하우스(theschnitzelhaus.com)와 웨버스 햄버거(webers.com)가 그곳이다. 미들랜드, 콜링우드에서 맛집을 찾는 것은 그렇게 어려운 일이 아니다. 와사가 비치에서 멀지 않은 안지스 플레이스 캐리비안 식당(Angie's Place Caribbean Eatery)의 저크치킨은 꼭 맛보시길 권한다.

메이플 캐나디안 펍
Maple Canadian Pub

헤리티지 마리나 (Wye Heritage Marina)에 위치한 메이플 캐나디안 펍 (Maple Canadian Pub)에서 소고기, 피쉬앤칩스, 브리스킷,  (Brisket), 오리다리 콩피(confit) 중에서 원하는 메뉴를 선택해보자. 이전에는 조지안베이의 프라잉팬 섬(Fryingpan Island)에 있는 세계적으로 유명한 피쉬앤칩스 식당인 헨리스 피쉬 식당(Henry's Fish restaurant)의 겨울영업을 위한 지점이 있었지만 지금은 메이플 캐나디안 펍이 장사를 하고 있다. 메이플 캐나디안 펍은 마들랜드 시내에도 식당을 가지고 있다.

🔺 3282 Ogden's Beach Road, Midland
📞 (705) 526-3000
https://maplecanadianpub.ca/

익스플러러스 카페
The Explorers Cafe

탐험가 느낌이 풀풀난다. 골목 안쪽에 있어서 식당 입구를 찾기가 조금 까다로울 수 있지만 음식은 맛있고 독특하다. 뉴질랜드, 스페인, 멕시코, 인도 등 여러 민족의 요리와 광범위한 와인 목록을 가지고 있다. 샐러드와 수프 종류의 애피타이저는 10~15불, 메인 요리는 15~30불 한다.

🔺 345 King Street, Midland
전화 : (705) 527-9199
홈페이지 : http://www.theexplorerscafe.com/

파란 지붕의 커다란 건물 식당
World Famous Dock Lunch

와이 습지에서 차로 20분 남짓 떨어진 페네탕귀신의 타운 선착장에는 World Famous Dock Lunch 라는 아이스크림과 간단히 먹을 수 있는 스낵을 파는 식당이 있다. 화려하지는 않지만 사람들이 좋아하는 곳이다. 햄버거 또는 치킨 수블라키(chicken souvlaki), 그리고 밀크쉐이크를 마시며 파티오에 앉아 페네탕귀신 항구를 전망하자. 타운 선착장 쪽으로 가면 모형 건보트(gunboat)가 정박해있다. 건보트(gunboat)는 하나 이상의 포를 싣고 해안으로 접근해 목표물을 포격할 목적으로 설계된 해군 선박이다. 이 배들은 페네탕귀신의 19세기 초 해양문화유산을 보존하고 재연하기위해 조직된 자원봉사단체 쉽스컴파니(Ship's Company) 에 의해 건조되었다.

🔺 4 Main St, Penetanguishene, ON L9M 1T1
📞 (705) 549-8111

맘스 레스토랑
Mom's Restaurant

서울을 조금만 벗어나면 나오는 콩나물국밥집처럼 실내는 밝고
편안히 앉아서 식사할 수 있는 분위기다. 커다란 계란이 세 개나
들어가는 오믈렛, 계란 3개+베이컨 3장+캐나다 백 베이컨 2장+
소시지 2개+프라이+토스트까지 포함된 '배고픈 사람을 위한 아
침(Hungry Person Breakfast)' 등 10~15분 사이면 아침 식사를
할 수 있다. 허니갈릭 바비큐 소스를 바른 뒤 숯불에 천천히 구
운 숯불갈비(Prime Rib)와 허브와 향신료로 섬세하게 조리된 연
어 필레(Salmon)는 이 식당의 대표 메뉴다. 월요일엔 치킨 팜
(Chicken Parm)*, 화요일엔 메이플 소스를 곁들인 연어, 수요일
엔 바비큐 치킨 반 마리, 목요일엔 바비큐 치킨과 숯불갈비, 금요
일엔 강꽁치고기 생선 튀김, 토요일엔 프라임 갈비, 그리고 일요
일엔 오븐에 구운 칠면조 요리가 스페셜로 나온다.
* 팜(Parm)은 파마산 치즈(Parmesan cheese)를 곁들인 요리를
말한다.

📍 200 Pillsbury Dr, Midland, ON L4R 4K5
📞 (705) 527-0700
http://www.momsrestaurantmidland.com/

플린스 아이리쉬 펍
Flynn's Irish Pub

데일리 스페셜, 아이리쉬 스타일의 아침 식사, 퀴즈 나이트, 다트
리그(Dart Leagues) 그리고 라이브 뮤직 등 흥겨운 시간을 보낼
수 있다. 아이리쉬 전통 요리로는 소시지와 으깬 감자인 뱅거스
앤 매시(Bangers and Mash), 다진 쇠고기에 으깬 감자를 올려
구운 코티지 파이(Cottage Pie), 으깬 감자와 함께 제공되는 양
정강이 찜(braised lamb shank) 등이다. 이 외에도 푸틴, 피시앤
칩스, 햄버거 등의 메뉴가 있고, 먹지 못해 아쉬운 요리가 있으면
냉동식품 마켓도 있으니 사가서 오븐에 데워 먹어도 된다.

📍 96 Main Street, Penetanguishene
📞 (705) 355-4782
http://flynnsirishpub.ca/

⊗ 추천 식당

Dino's Fresh Food Deli - 319 King Street
따뜻한 호밀 빵으로 만든 마일하이 콘비프 샌드위치(Mile
High corned beef sandwich)와 마늘 파스타 샐러드가 유
명하다.
📍 319 King St, Midland, ON L4R 1Z8 📞 (705) 526-2431
http://dinosfreshfooddeli.com/

Dillon's Wood Fired Pizza
정통 나폴리탄 화덕에 구운 피자로 유명한 식당. 공간과 메
뉴는 제한적이지만 모든 것이 훌륭하다.
📍 244 King St, Midland, ON L4R 3M3 📞 (705) 245-1006
http://dillons.pizza/

Lilly's Italian Eatery
일대에서 최고의 이탈리아 요리점. 파마산 치킨(Chicken
Parmesan)이나 트러플 라비올리(Truffle Ravioli)를 추천.
📍 223 King St, Midland, ON L4R 3M1 📞 (705) 245-0909

Ciboulette et cie
맥주 한 잔을 곁들인 식사를 하기 위해 현지인이 즐겨 찾는
장소다. 라이브 음악이나 퀴즈, 베이킹 클라스 같은 이벤트
를 제공한다. 팔레오 후라이드 치킨(Paleo Fried Chicken)
을 추천한다. CeC 는 커피와 구운 빵을 먹기에도 좋은 장
소다.
📍 290 King St, Midland, ON L4R 3M6 📞 (705) 245-0410
http://www.cibouletteetcie.ca/

Maple Canadian Pub
배리(Barrie)의 노스 레스토랑(North Restaurant)과 미
들랜드, 포트 세번, 와이 헤리티지 마리나(Wye Heritage
Marina) 이렇게 세 곳에 있는 메이플 캐나디안 펍(Maple
Canadian Pub)의 오너이자 셰프인 마르코 오르몬드
(Marco Ormonde)는 화려한 수상 경력을 자랑한다. 어려
서부터 포르투갈 할머니에게서 빵 만드는 법을 배웠고, 여
러 호텔의 수석 셰프로 일했다. 현대적인 창의성을 가미한
'펍에 어울리는 펍 요리'를 제공한다.
📍 282 King St, Midland, ON L4R 3M6 📞 (705) 526-3000
https://maplecanadianpub.ca/

Balm Beach Bar & Smokehouse
밤 비치(Balm Beach)에서 조지안베이를 바라보며 휴식도
취하고, 점심을 먹기에 좋은 식당
📍 1 Tiny Beaches Rd N, Tiny, ON L0L 2J0 📞 (705) 518-0274
http://www.balmbeachbarandsmokehouse.com/

조지안 베이 아일랜드 국립공원의 크리스챤 비치(Plage Christian)에서 본 석양 © Parks Canada / Ethan Meleg

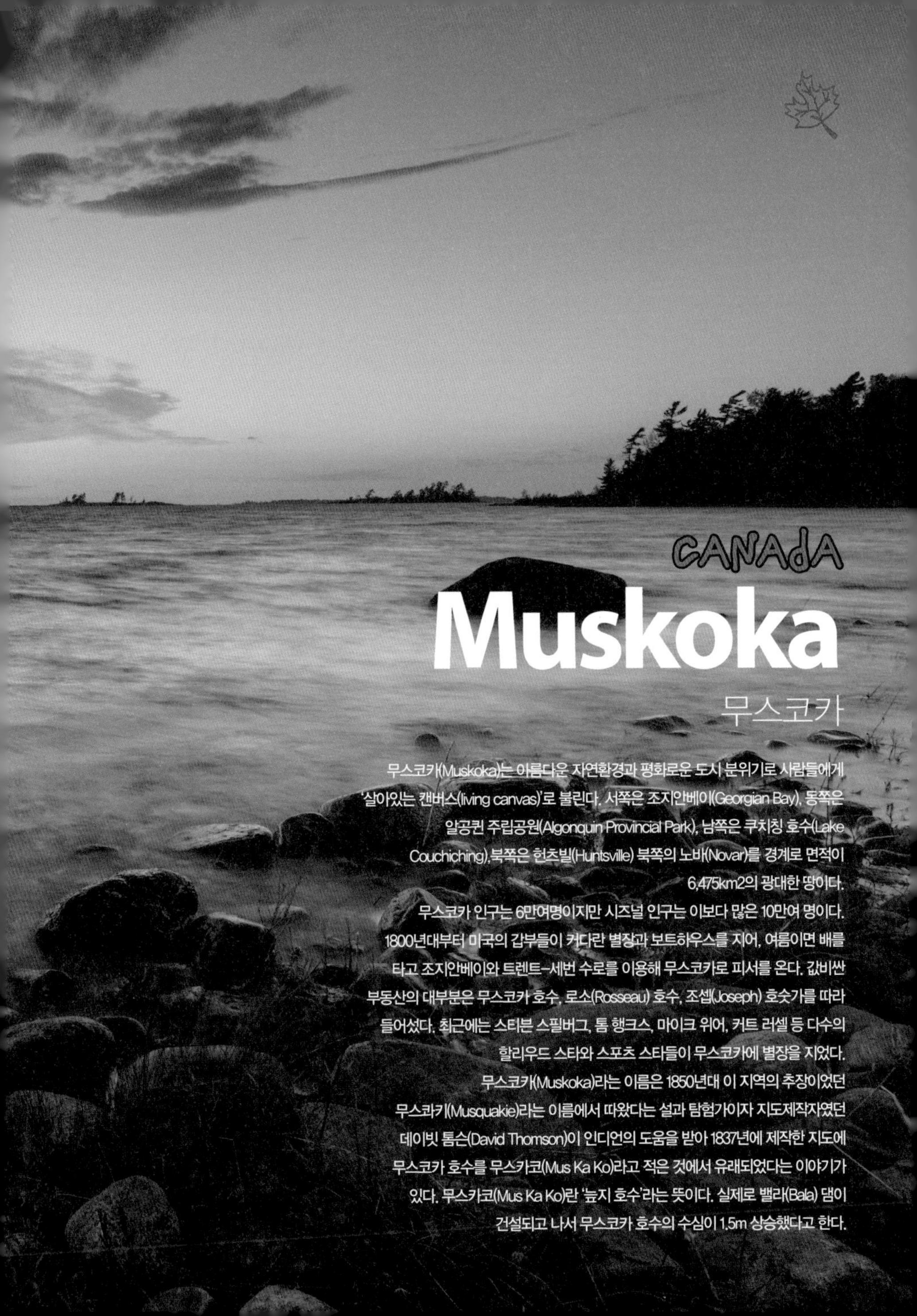

Muskoka

무스코카

무스코카(Muskoka)는 아름다운 자연환경과 평화로운 도시 분위기로 사람들에게
'살아있는 캔버스(living canvas)'로 불린다. 서쪽은 조지안베이(Georgian Bay), 동쪽은
알공퀸 주립공원(Algonquin Provincial Park), 남쪽은 쿠치칭 호수(Lake
Couchiching), 북쪽은 헌츠빌(Huntsville) 북쪽의 노바(Novar)를 경계로 면적이
6,475km2의 광대한 땅이다.
무스코카 인구는 6만여명이지만 시즈널 인구는 이보다 많은 10만여 명이다.
1800년대부터 미국의 갑부들이 커다란 별장과 보트하우스를 지어, 여름이면 배를
타고 조지안베이와 트렌트-세번 수로를 이용해 무스코카로 피서를 온다. 값비싼
부동산의 대부분은 무스코카 호수, 로소(Rosseau) 호수, 조셉(Joseph) 호숫가를 따라
들어섰다. 최근에는 스티븐 스필버그, 톰 행크스, 마이크 위어, 커트 러셀 등 다수의
할리우드 스타와 스포츠 스타들이 무스코카에 별장을 지었다.
무스코카(Muskoka)라는 이름은 1850년대 이 지역의 추장이었던
무스콰키(Musquakie)라는 이름에서 따왔다는 설과 탐험가이자 지도제작자였던
데이빗 톰슨(David Thomson)이 인디언의 도움을 받아 1837년에 제작한 지도에
무스코카 호수를 무스카코(Mus Ka Ko)라고 적은 것에서 유래되었다는 이야기가
있다. 무스카코(Mus Ka Ko)란 '늪지 호수'라는 뜻이다. 실제로 밸래(Bala) 댐이
건설되고 나서 무스코카 호수의 수심이 1.5m 상승했다고 한다.

Bala Cranberry Festival

밸라 크랜베리 축제

1984년부터 시작된 밸라 크랜베리 축제(Bala Cranberry Festival)는 크랜베리 추수를 축하하는 축제로 추수감사절이 지난 그 주말에 3일간 열린다. 인구 700명인 아기자기한 동네에 매년 2만 명이 넘는 관광객이 이 축제를 보기 위해 찾아온다. 밸라 크랜베리 축제는 '온타리오 축제와 이벤트 톱 100'에 선정된 대표적인 가을축제다.

밸라 크랜베리 축제
📞 (705) 762-1564
https://www.balacranberryfestival.on.ca/

밸라 박물관 Bala's Museum
🏠 1024 Maple Ave, Bala, ON P0C 1A0
🕐 투어 (6월 초~ 9월 노동절 & 크랜베리 축제기간) 월~토 10:00&13:30
💵 개인 $7.99, 가족 4명 $24.99
📞 예약 (705) 762-5876
이메일 balamus@muskoka.com
http://www.balasmuseum.com/

Muskoka Lakes Farm & Winery
🏠 1074 Cranberry Rd, Bala, ON P0C 1A0
📞 705-762-3203
🕐 (7월 1일 ~ 크랜베리 추수) 매일 10:00-18:00, (추수감사절 전 두 번의 토요일&추수감사절 후 두 번의 일요일) 매일 09:00-18:00, (크랜베리 추수 이후 ~6월 30일) 매일 10:00-17:00
❌ 성탄절 & 박싱데이(Boxing Day)
💵 입장료(Trail Pass) : $10 (차량당)
왜건 투어(평일) : 성인 $15, 어린이(12세 이하) $10
크랜베리 플런지(평일) : $20 (1인당)
All Access Pass : 어른(왜건 투어, 와인 테이스팅, 크랜베리 플런지, 입장료) – $60
http://www.cranberry.ca/

밸라 박물관(Bala Museum), 빨강머리 앤(Anne of Green Gables)의 저자로 잘 알려진 루시 모드 몽고메리(Lucy M. Montgomery)가 생전에 여름 휴가를 보냈던 곳이다

크랜베리 플런지(cranberry plunge) 모습

축제의 중앙 무대에서는 125명에 가까운 지역 뮤지션들이 올라 공연을 펼치고, 마을 곳곳에 마련된 부스에서는 크랜베리 타르트, 양초, 크랜베리 와인, 예술품, 뜨개질품 등 다양한 물건이 판매된다. 크랜베리 농장에서도 저마다 축제 프로그램을 운영한다. 무스코카 호수 농장 & 와이너리(Muskoka Lakes Farm & Winery)는 왜건을 타고 크랜베리 농장 둘러보기, 크랜베리로 만든 와인 시음, 크랜베리를 잘게 썰어 넣은 소시지 핫도그도 제공한다. 이 농장의 하이라이트는 크랜베리 플런지(Cranberry Plunge). 사람들은 가슴까지 오는 웨이더(chest wader)를 입고 크랜베리 습지로 들어가 기억에 남을 사진을 찍는다. 사람들이 줄을 서서 기다릴 정도로 인기가 많다. 크랜베리를 수확하는 시기는 9월 말부터 10월 말까지고, 10월 초부터 크랜베리 플런지(Cranberry Plunge)가 시작된다.

크랜베리 축제 기간 동안에 '빨강머리 앤' 박물관이라고 부르기도 하는 밸라 박물관(Bala Museum)을 방문해보자. 빨강머리 앤(Anne of Green Gables)의 저자로 잘 알려진 루시 모드 몽고메리(Lucy M. Montgomery)가 생전에 여름 휴가를 보냈던 곳이다. 팬데믹 이후 전화와 이메일로 투어 예약을 받는다.

버스를 이용한 단체 관광인 경우, 금요일과 일요일에 가능하며 사전에 예약해야 한다. 버스 단체 예약은 단체명, 인원수, 도착 예정시간 등을 적어 cbfest@muskoka.com 으로 이메일을 보내면 된다. 숙박 관련 질문은 info@muskokalakeschamber.com 으로 연락하면 된다.

밸라 연합교회(Bala United Church)에서는 칠리 수 프(chili soup), 코울슬로(coleslaw), 빵 조각과 버터, 그리고 커피를 $100에 팔고 있다. 맛이 환상인 칠리 수프.

🛥 패리사운드 3만 섬 크루즈

무스코카

Hwy 141

🚶 허클베리 바위 전망대 출발지점
📍 허클베리 바위 전망대 포인트

♡ 무스코카호 농장 & 와이너리

♡ 벨라 크랜베리 축제

Muskoka Rd 169

🚢 고홈레이크 마리나

Muskoka Rd 38

Gravenhurst

바지선상의 음악회 🎵

🛥 침니 베이 부두
🚢 보솔레이 섬

무료 주차장 🅿 🅿 빅추트 선가
🅿 무료 주차장

🛥 조지안 베이 군도 국립공원 - 데이 트리퍼 출발지

🛥 보솔레이섬 시다 스프링 부두

Honey Harbour Rd

Upper Big Chute Rd

웨버스 햄버거 🍴

무스코카 전체를 둘러보려면 렌트카를 빌려 여행하는 것이 좋고,
특정 관광지를 정하고 갈 경우에는 저렴한 코치버스나 파크버스를 이용하는 것도 좋다.

무스코카 드나드는 방법 ❶ 버스

🚌 온타리오 노스랜드 Ontario Northland

(토론토 · 그레이븐허스트 · 브레이스브릿지 · 헌츠빌 행)
온타리오 노스랜드(Ontario Northland) 운송회사는 토론토(유니온 스테이션 버스
터미널) · 그레이븐허스트(Gravenhurst) · 브레이스브릿지(Bracebridge) · 헌츠빌
(Huntsville) 버스노선을 하루에 두 번 운행한다. 헌츠빌까지 소요시간은 3시간 50분.
토론토 · 배리(Barrie) · 패리 사운드(Parry Sound) · 서드베리(Sudbury) 노선도 운
행하는데, 패리 사운드까지 걸리는 시간은 4시간 15분이다.

🚌 톡 코치라인 TOK Coachlines

(토론토 – 할러버튼 행)
할러버튼(Haliburton) 행 완행버스는 9월 노동절(Labour Day) 이전은 주 4회(월, 수,
금, 일), 노동절 이후에는 주 3회(월, 수, 금) 운행한다. 할러버튼까지 4시간 25분 소요
된다. 티켓은 웹사이트에서 구입할 수 있다. 공휴일은 운행하는 날이 있고, 운행하지
않는 날이 있으니 웹사이트에서 스케줄을 확인하기 바란다.

• 토론토(Toronto) – 할러버튼(Haliburton) 라인
본 메트로폴리탄 센터(Millway & Btwn Apple Mill & Portage) · (P)스카보로
(Scarborough – Biside McCowan Station on Bushby Dr., Facing East) · 오
샤와(Oshawa) · 린드세이(Lindsay, 10분 정차) · 놀란드(Norland) · 할러버튼
(Haliburton)

파크버스 Parkbus (Toronto – Lions-Head, Grotto, Bruce Peninsula)
토론토에서 파크버스(Park Bus)를 타고 알공퀸 주립공원(Algonquin Park)을 여행
할 수 있다. 시간은 3-4시간 걸리며, 요금은 편도 $106, 왕복 $147 이다.

파크버스

🏠 타는 곳 : 토론토(34 Asquith Ave, Toronto),
　 본(Major Mackenzie & HWY 400 Carpool
　 Lot)
📞 예약 519-389-9056
https://parkbus.ca/algonquin

NORTHBOUND (토론토 → 알공퀸 파크)

알공퀸 파크 행 (To Algonquin Park) ; 좌측에서 우측으로 보기

토론토 Toronto (34 Asquith Ave)	Major Mackenzie & HWY 400 Carpool Lot	Oxtongue Lake	Wolf Den Bunkhouse	West Gate	Canoe Lake / Portage Store	Lake of Two Rivers Store	Pog Lake / Whitefish Camp ground	Lake Opeongo /Algonquin Outfitters
출발	출발	도착	도착	도착	도착	도착	도착	도착
07:30	08:15	11:00	11:05	11:15	11:30	11:45	12:00	12:20

※ 코치버스, 에어컨, 화장실 포함

SOUTHBOUND (토론토← 알공퀸 파크)

토론토 행(To Toronto) ; 우측에서 좌측으로 보기

토론토 (Toronto (34 Asquith Ave)	Major Mackenzie & HWY 400 Carpool Lot	Oxtongue Lake	Wolf Den Bunkhouse	West Gate	Canoe Lake/ Portage Store	Lake of Two Rivers Store	Pog Lake / Whitefish Camp ground	Lake Opeongo /Algonquin Outfitters
도착	도착	출발	출발	출발	출발	출발	출발	출발
20:20	19:30	16:25	16:15	16:05	15:45	15:30	15:20	15:00

MUSKOKA SIGHTS

무스코카 추천코스

매년 210만 명 이상의 방문객이 찾는 여름휴양지, 무스코카(Muskoka)! G8 정상회의가 열렸던
헌츠빌(Huntsville). 무스코카 테마파크인 산타빌리지(Santa's Village),
그리고 그레이븐허스트(Gravenhurst)에서 출발하는 별장 크루즈 등
무스코카에는 볼거리와 놀거리가 풍성하다.

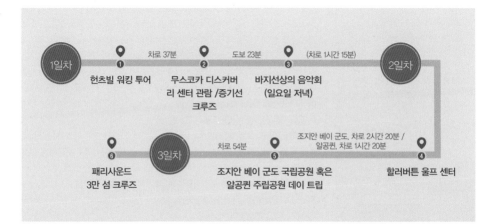

1일차

① 헌츠빌 워킹 투어
　차로 37분
② 무스코카 디스커버
리 센터 관람 /증기선
크루즈
　도보 23분
③ 바지선상의 음악회
(일요일 저녁)
　(차로 1시간 15분)

2일차

⑥ 패리사운드
3만 섬 크루즈
3일차
　차로 54분
⑤ 조지안 베이 군도 국립공원 혹은
알공퀸 주립공원 데이 트립
조지안 베이 군도, 차로 2시간 20분 /
알공퀸, 차로 1시간 20분
④ 할러버튼 울프 센터

GRAVENHURST
무스코카 호수의 관문이라고 할 수 있는 그레이븐허스트

무스코카 선착장
Muskoka Wharf

무스코카 증기선 Muskoka Steamships
🏠 출발 185 Cherokee Lane, Gravenhurst
📞 예약 1-866-687-6667
온라인 예약 웹사이트 : https://
realmuskoka.com/muskoka-steamships/
schedule-tickets/
※ 크루즈 티켓과 무스코카 디스커버리 센터
입장권을 같이 구입하면 가격이 할인된다.

그레이븐허스트 파머스 마켓 Gravenhurst Farmers Market
🏠 861 Bay St, Gravenhurst
🕐 (2022년 6월 1일 ~ 10월 26일) 09:00~14:00
https://gravenhurstfarmersmarket.com/

TIP
시그윈
RMS Segwun

'니피싱 2(Nipissing II)'라는 측면 외륜 증기선으로 무스코카 선착장에서 우편물, 화물, 그리고 승객을 날랐다. 1914년 퇴역했다가 1925년 시그윈(Segwun)이라는 이름으로 재취항했다. 1958년 다시 퇴역했던 시그윈은 1981년 무스코카 호수에서 유람선으로 새로운 경력을 시작했다. 총 52명의 승객을 태울 수 있다.

여름철 주말이면, 무스코카 선착장(Muskoka Wharf)에서는 독사이드 예술 축제(Dockside Festival of the Arts), 무스코카 수제 맥주 축제(Muskoka Craft Beer Festival) 등과 같은 다양한 이벤트가 열린다. 매주 수요일에 열리는 파머스 마켓은 온타리오에서 베스트 시즈널 파머스 마켓에 선정되기도 했다. 보트를 주차할 수 있는 공용 도킹 스테이션과 차량을 위한 넓은 주차 공간이 있어서 사람들은 보트나 차를 타고 와서 피자, 커피, 아이스크림을 먹고 돌아간다. 전망 공원(Lookout Park)에 오르면 무스코카 만(Muskoka Bay) 전경을 볼 수 있다.

무스코카 호수에서 증기선의 역사는 캐나다 연방 역사보다 오래되었다. 무스코카 호수를 항해한 최초의 증기선은 1866년 취항한 위노나(Wenonah)였다. 북미에서 가장 오래된 우편 증기선인 시그윈(RMS Segwun)은 1887년 무스코카 호수에 취항했다. 무스코카를 찾는 사람들이 많아지면서 1906년 사가모(Sagamo), 1907년 체로키(Cherokee) 등의 증기선이 건조되었다. 무스코카 레이크 네비게이션 컴퍼니(Muskoka Lake Navigation Company)는 승객 2,400명의 태울 수 있는 10여 척의 증기선 선단을 운항한 때도 있었다.

관광객들은 떠다니는 박물관이나 다름없는 시그윈과 2002년에 건조된 위노나 2호를 타고 1시간 혹은 2시간 동안 크루즈를 즐긴다. 9월 중순까지 운항하는 선셋 크루즈(Sunset Cruise)는 아름다운 무스코카의 석양을 보며 옵션으로 저녁 식사도 선상에서 제공된다. 1915년 이튼 백화점의 미세스 티모시 이튼(Mrs.Timothy Eaton)에게 의뢰받아 제작된 호화 증기 요트인 완다 3호(WANDA III)도 무스코카 호수로 돌아올 예정이다.

무스코카 선착장 주변

천망 공원

무스코카 증기선

그레이븐허스트 무스코카 선착장

무스코카 증기선
& 디스커버리 센터

보스턴 피자

그레이븐허스트 파머스 마켓

무스코카 로드 169

무스코카 증기선 &
디스커버리 센터

Muskoka Steamships & Discovery Centre

🏠 275 Steamship Bay Road, Gravenhurst, Ontario, P1P 1Z9
📞 (705) 687-2115
🕐 화~일 10:00-16:00 ✖ 월요일
💵 성인 $20, 시니어 $17, 어린이 $12.50, 학생&군인(신분증 지참) $17, 크루즈 승객 $12
https://realmuskoka.com/discovery-centre/

디스커버리 센터는 증기선의 이름, 취항년도, 마지막으로 운항한 년도 등 무스코카에서 운항되었던 증기선의 역사를 한 눈에 볼 수 있도록 전시하고 있다. 또한 그레이스 앤 스피드 보트 하우스(Grace & Speed boathouse)에서는 개인 소유의 목조 보트와 노로 젓는 소형 보트인 스키프(Skiff) 등을 전시하며 배에 대한 더 많은 이야기를 들려준다. 보트하우스의 컬렉션은 매년 바뀐다.

무스코카의 증기선은 오대호의 것들보다 작기는 했지만, 지역의 특성상 완벽한 크기였다. 게다가 증기선 선단이 집중된 무스코카 호수는 리조트와 카티지가 많았기 때문에 무스코카의 증기선 산업 발전에 커다란 기여를 했다. 보트를 소유한 사람들은 더 빠르고 좋은 보트를 소유하기 위해 서로 경쟁했고, 그러면서 지역 보트 제작업체들의 수준도 높아졌다.

무스코카 여행 산업의 아버지, 알렉산더 피터 콕번(Alexander Peter Cockburn, 1837~1905)

알렉산더 콕번은 무스코카 레이크 네비게이션 컴퍼니(Muskoka Lake Navigation Company)라는 선사를 세워 무스코카 호수에 최초로 증기선을 띄웠다. 팜플렛을 발행해 관광객을 모으고, 관광객이 늘면서 한 때는 무스코카 호수에서 운항하는 증기선은 10척으로 확대되었다. 그리고 리조트 산업도 시작해 현재까지 계속되고 있다.

"제가 처음 무스코카에 눈이 꽂혔을 때, 토론토, 클리브랜드, 피츠버그 같은 덥고 지저분한 도시에서 벗어나 이 곳에서 그들의 여름을 즐겁게 보낼 수천명의 피서객들을 상상했어요. 그리고 내륙으로 그들을 데리고 왔어요. 그들은 또한 머물 좋은 곳이 필요했어요. 그 때에 나는 무스코카를 위한 내 비전이 21세기에 지역 경제를 위한 기반이 될 줄은 상상도 못했어요." - 알렉산더 콕번

바지선상의 음악회
Music on the Barge

 405 Brock St, Gravenhurst, ON P1P 1H4

그레이브허스트의 갈매기호수 로터리 공원(Gull Lake Rotary Park)에서는 7월과 8월이면 매주 일요일 저녁 7:30분에 바지선상에서 야외 음악회가 열린다.

1949년 이전에는 공원(Gull Lake Park)의 음악당에서 열렸다. 1949년 시음악협회 (Civic Music Association)는 밴드가 연주할 무대로 떠있는 바지선을 해안으로 가지고 와서 계류시키는 방법을 생각해냈다. 해안은 좌석, 바지선은 무대, 그리고 갈매기호수는 완벽한 무대 배경이 되었다.

1950년 완다 밀러 시장의 지속적인 지원 덕분에 1958년까지 바지선상의 음악회는 계속 지속되었다. 그리고 1959년에 스탠 화이트 쥬니어(Stan White Jr)가 설계한 수상 무대가 완성되었다. 1959년 7월 4일 공식 리본 커팅 행사에는 엘리자베스 2세 여왕과 필립 공이 참여하여 화려하게 진행되었다.

Gravenhurst 타운이 소유하고 운영하는 이 음악회는 일요일 밤에 모든 연령대에 다양한 음악을 제공하고 있다.

TIP Best Fall Lookouts

• Lions Lookout in Huntsville : 헌츠빌 전경을 담을 수 있는 장소(Lions Lookout Pt Rd 끝)
• Huckleberry Rock Lookout Point - 하이킹 출발지점: 1057 Milford Bay Rd, Bracebridge.
• Dorset Tower (1191 Dorset Scenic Tower Rd, Dwight, ON P0A 1H0) - 단풍시즌 주말에는 지정된 시간에 입장할 수 있는 티켓을 구입해야 한다. (웹사이트 : https://www.algonquinhighlands.ca/dorset-lookout-tower.php)

빅추트 선가 Big Chute Marine Railway

빅추트 선가(Big Chute Marine Railway)는 트렌트-세번 수로(Trent-Severn Waterway)의 44번 갑문(Lock)이다. 세번 강에 있는 보트를 100톤 오픈 캐리지에 실어 기차 레일 위로 운반해 30미터 아래 조지안 베이의 글로스터 폴(Gloucester Pool)로 옮긴다. 이 신기한 광경을 보기 위해 많은 관광객들이 잠시 빅추트에 들린다. 무심코 빅추트 마리나에 주차를 한 사람들은 주차료 10달러를 마리나 오피스에 내라는 메모 쪽지를 받게 되므로 주의해야 한다. 빅추트(Big Chute)에는 두 곳에 무료 주차장이 있다. 빅추트 선가는 5월 빅토리아 데이(Victoria Day)부터 10월 추수감사절(Thanksgiving Day)까지 평일은 10:00-15:30, 주말(토,일)은 09:00-16:30 운행한다.

고홈레이크
Go Home Lake

827 Go Home Lake Rd, MacTier, ON
P0C 1H0
705-375-2211
http://www.gohomelakemarina.com/

밸라(Bala)에서는 38번 도로를 서쪽으로 가다보면 하이웨이 400을 만난다. 하이웨이 400을 타지 않고 그냥 직진해서 32번 도로를 만나 계속 가면 길 끝에 고홈 레이크 마리나(Go Home Lake Marina)가 나온다. 토론토에서 오게 되면 하이웨이 400에서 32번 도로로 빠지면 된다.

고홈 레이크(Go Home Lake)는 머스쿼시 강(Musquash River)의 일부인 자연 호수다. 60년대 초에 고홈 리버 하구에 영구적인 흙댐을 만들고, 머스쿼시 강 하구엔 통나무 댐을 만들어 보트 시즌에 물의 수위를 조절할 수 있도록 했다. 호수 이름은 강 하류에 있는 고홈 베이(Go Home Bay)에서 따왔다는 설이 있다. 또 다른 설은 고홈 리버와 조지안베이가 만나는 지점에 해안을 따라 살았던 원주민들이 매년 가을에 짐을 싸서 겨울을 나기 위해 내륙으로 이동했다. 프랑스 모피무역상인 브와야 쥐르(Voyageurs ; 모피를 카누로 운송하던 뱃사공)가 이들에게 어디로 가느냐고 물었더니 케와(kewa)라고 답했다고 한다. 케와(kewa)는 그들 말로 '집에 간다(go home)'는 뜻이었다. 그 이후로 강, 호수, 베이(Bay) 등을 고홈(Go Home)이라고 부르게 되었다는 이야기다.

고홈 레이크(Go Home Lake) 주변에는 407개의 카티지가 있다고 한다. 카티지 소유주는 두 개의 마리나에 배를 정박해두었다가 주말마다 배를 타고 카티지로 들어간다. 사람들은 고홈 레이크 마리나에 있는 주유소 편의점(Gas Bar and Convenience Store)에서 가스를 채우고, 급한대로 보트 액세서리, 물놀이 장난감, 식료품 등의 물건을 사기도 한다. 중국계 캐나다 사람이 주인인 주유소 편의점은 4월 1일부터 11월 1일까지 문을 연다. 노동절(9월 첫번째 월요일) 이후엔 주말에만 문을 연다고 한다. 마리나는 폰튼(Pontoon), 바우 라이더(Bow Rider), 크루저(Cruiser), 웨이크 보트(Wake Boat), 카누, 스키두(Skidoo)와 유사한 씨두(Sea-Doo) 등을 대여하고, 승객을 목적지 섬까지 태워주는 수상 택시(water taxi) 서비스도 제공한다.

고홈 레이크 마리나에 있는 주유소 편의점

고홈 레이크 마리나

조지안 베이 군도 국립공원
Georgian Bay Islands National Park

📞 705-526-8907
https://www.pc.gc.ca/en/pn-np/on/georg

데이 트리퍼(Day Tripper) 출발지

🏠 2611 Honey Harbour road, Honey Harbour, ON P0E 1E0

📞 데이 트리퍼 예약 1-877-737-3783

🎫 국립공원 입장료
1일 티켓 어른(18~64세) CA$6.25, 시니어(65세 이상) CA$5.25, 유스(6~17세) 무료, 가족/단체(차 한 대에 7인까지) CA$12.75

데이 트리퍼(Day Tripper) 셔틀 보트 서비스 출발 시간

Cedar Spring(보솔레이 섬 남쪽)
Honey Harbour 10:30, 12:00
Cedar Spring 14:30, 16:30

Chimney Bay(보솔레이 섬 북쪽)
Honey Harbour 13:00
Chimney Bay 17:30

🎫 왕복 요금(입장료 포함) 어른 $16.50, 시니어 $14.25, 유스 $9

1929년에 설립된 조지안 베이 아일랜드 국립공원은 포트 세번(Port Severn) 근처의 조지안 베이(Georgian Bay)에 있는 63개의 작은 섬들로 이루어져있다. 보트를 타고서만 접근이 가능하고, 가장 큰 섬은 보솔레이 섬(Beausoleil Island)이다. 조지안 베이 해안 생물보호구역(Georgian Bay Littoral Biosphere Reserve)의 일부로 무스, 삼림지 카리부, 흰꼬리사슴, 흑곰 등 크고 작은 동물들을 관찰할 수 있다.

조지안 베이 군도 국립공원의 보솔레이 섬에서 하이킹
© Parks Canada / Ethan Meleg

보솔레이 섬은 하이킹과 캠핑을 즐기려는 사람들에게 인기가 많다. 조지안 베이 군도 국립공원 캠핑은 오직 보솔레이 섬에서만 가능하다. 보솔레이 섬에는 모두 103개의 캠프사이트, 10개의 캐빈(Cabin), 그리고 5개의 오텐틱(oTENTik)이 있다. 시다 스프링 캠핑장(Cedar Spring Campground)의 45개 캠프사이트, 6개의 캐빈, 5개의 오텐틱은 예약이 가능하지만, 나머지 캠프사이트는 선착순이다.

공원의 숙박시설인 캐빈(Cabin) 혹은 오텐틱(oTENTik)을 예약한 사람들은 허니 선착장(Honey Harbour)에서 출발하는 셔틀 보트 서비스인 데이 트리퍼(Day Tripper)를 이용해 보솔레이 섬으로 갈 수 있다. 하지만 텐트를 예약한 캠퍼(Camper)는 수상 택시(Water Taxi)나 개인 소유의 보트를 이용해야 한다. 당일치기 여행을 하는 사람은 배요금을 내고 셔틀 보트 서비스인 데이 트리퍼(Day Tripper)를 이용할 수 있다. 데이 트리퍼 서비스는 5월 빅토리아 데이 주말부터 10월 추수감사절(Thanksgiving)까지 운행한다. 예약은 필수며, 온라인 혹은 관리공단 예약 서비스(Parks Canada Reservation Service, 1-877-737-3783)로 전화해서 예약하면 된다. 애완 동물이나 레크리에이션 장비(자전거, 카누 등)를 태우거나 실을 수 없다.

조지안 베이 군도 국립공원의 보솔레이 섬에 있는 허니문베이(Honeymoon Bay)의 아름다운 일몰 © Parks Canada / Ethan Meleg

할러버튼 울프 센터
Haliburton Wolf Centre

- 📞 800-631-2198 option 3
- 🕐 (여름) 매일 10:00~16:30 (가을) 월~금
  10:30~15:00, 주말&공휴일 10:00~16:30
- 💵 어른 $13.28, 유스(6~17) $7.96, 패밀리
  $26.55(성인 2명, 7~17세 어린이), 8명 이상
  단체의 경우 성인 $10.62
  https://www.haliburtonforest.com/things-
  to-do/wolf-centre/

할러버튼 삼림 야생 보호구역(Haliburton Forest and Wildlife Reserve Ltd)의 베이스캠프를 지나 늑대 센터(wolf centre)에 도착했다. 소극장에서 늑대에 대한 비디오를 보고, 늑대를 보기 위해 실내 전망대로 자리를 옮겼다. 통유리로 된 전망대는 15에이커의 울타리 안에 서식하는 7마리의 늑대를 관찰하기 위해 만들어졌다. 대장으로 보이는 늑대가 앞발로 땅을 파헤치며 껑충껑충 뛴다. 식사 시간이라 기분이 좋은 상태다. 늑대가 기분이 좋을 때는 썩은 통나무도 옮긴다고 한다. 세 명의 직원이 커다란 사슴 한마리를 옮겨 바닥에 놓았다. 사슴은 도로에서 차에 치어 죽은 것이지만 늑대는 살아 있는 사슴을 사냥할 때보다 더 노련하게 사슴의 목을 문다. 간혹 전방을 쏘아보며, 먹이를 물고서 늑대 떼가 있는 뒤쪽으로 끌고간다. 기다렸다는 듯이 7마리의 늑대가 먹잇감에 달려든다. 7마리의 늑대가 한 마리의 사슴을 먹는데는 수십분도 걸리지 않았다. 늑대는 1주일에 한 번 먹는다. 지난번에 작은 사슴을 먹이로 줘서 오늘은 큰 사슴을 주었단다. 참고로, 늑대 센터는 늑대에게 먹이를 주는 날짜를 공개하지 않는다.

'늑대 센터' 여행은 교육적이고 흥미롭다. Q.늑대의 세계에서도 '우성의 법칙(the law of dominance)'이 존재할까? 존재한다. 단편적인 예로 강한 암컷 늑대는 약한 암컷을 수시로 괴롭힌다. 약한 암컷은 스트레스를 받아 에스트로겐(estrogen)이 감소하고 짝짓기를 하지 못한다. 그래서 강한 암컷만이 새끼를 낳는다고 한다.

Q. 늑대는 왜 울까? 행복하고 신나서, 영역을 만들 때, 헤어져 서로 연락을 할 때 운다고 한다. 애니메이션 주토피아(Zootopia)에서 주인공 '주디'가 늑대 울음소리를 내니까 늑대들이 반사적으로 울어대는 장면은 다시 봐도 우습다.

할러버튼 삼림 야생 보호구역(Haliburton Forest & Wild Life Reserve LTD)은 늑대 센터(Wolf Centre) 외에도 여름에는 캐노피 투어(canopy tour), 캠핑, 바이킹(Biking), 시베리안 허스키를 품을 수 있는 켄넬 키세스(Kennel Kisses), 겨울에는 개썰매타기, 스노우모빌타기 등 다채로운 이벤트와 액티비티를 제공한다.

패리사운드 3만 섬 크루즈 투어

아일랜드 퀸(Island Queen)은 현대식 40미터 길이의 크루즈 선박으로, 민첩하고 얕은 흘수(draft)로 설계되어 수심이 낮은 수로도 항해할 수 있어 섬의 자연미를 가까이에서 볼 수 있다. 유람선 투어는 조지안 베이의 3만 섬 사이를 누비며 승객들에게 자연의 경이로움과 힐링을 선사한다. 550명까지 태울 수 있는 아일랜드 퀸 유람선 투어는 아침과 오후 크루즈가 있다. 추수감사절(Thanksgiving Day)까지 운항하는 3시간 짜리 오후 크루즈(3-Hour Afternoon Cruise)는 로스 포인트 선회교(Rose Point Swing Bridge), 5마일 좁은 수로(5-Mile Narrows), 7마일 좁은 수로를 지나고, 패리 섬(Parry Island)의 최남단인 곰의 머리(Bear's Head)를 돌아, 1904년에 세워진 킬베어 주립공원의 등대 옆을 지나, 허클베리 섬과 월 섬 사이의 깎아지른 24미터의 화강암 절벽을 통과한 뒤 항구로 돌아온다. 단풍 시즌인 9월 말부터 추수감사절까지가 절정이다

📞 1.800.506.2628
🏠 출발 9 Bay St, Parry Sound, ON P2A 1S4
https://islandqueencruise.com

2시간 모닝 크루즈
🕐 출발 (7월&8월) 수&토 10:00, 12:00
🎫 어른 $45, 키즈(6-12) $25, 5세 이하 무료

3시간 오후 크루즈
출발시간 : (추수감사절 전까지) 매일 13:00, 15:00
요금 : 어른 $55, 키즈(6-12) $30, 5세 이하 무료

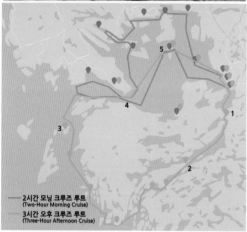

2시간 모닝 크루즈 루트 (Two-Hour Morning Cruise)
3시간 오후 크루즈 루트 (Three-Hour Afternoon Cruise)

3시간 오후 크루즈 루트 주요 지점

❶ 로스 포인트 선회교(Rose Point Swing Bridge)
와삭싱(Wasauksing) 선회교로도 불린다. 1800년대 후반에 만들어졌으며, 본토에서 패리 아일랜드(Parry Island)로 가는 유일한 다리다.

❷ 5마일 좁은 수로 물수리 둥지(5-Mile Narrows Osprey Nest)
물수리 둥지를 볼 수 있는 유일한 곳 중 한 곳이다. 매년 봄과 여름이 되면 번식을 위해 돌아온 물수리들로 점령된다. 어린 물수리는 보통 6월에 부화한다.

❸ 팔레스타인 섬(Palestine Island)
〈화이트 크리스마스〉의 어빙 벌린(Irving Berlin)을 포함해 다른 유명 클래식 작곡가들이 여름 휴가를 보냈던 섬.

❹ 킬베어 주립공원(Killbear P.P)
온타리오에서 가장 인기있는 여름 공원 중 하나.

❺ Hole in the wall
아일랜드 퀸이 지나갈 만큼의 이 좁은 수로는 손을 뻗으면 닿을 것 같다. 높이 24미터의 그림같은 화강암 절벽으로 유명하다. 섬의 이름은 허클베리 아일랜드(Huckleberry Island)! 야생 블루베리와 허클베리가 풍부한 것으로 잘 알려져 있다. 월 아일랜드(Wall Island)는 오지브웨이 원주민 마을의 묘지였다고 한다.

로스 포인트 선회교

킬베어 포인트 등대

Hole in the wall

먹자!

그레이분허스트

WEBERS HAMBURGERS
웨버스 햄버거

1963년 7월에 문을 연 웨버스 혹은 웨버스 햄버거(Webers Hamburgers)는 오릴리아(Orillia)에서 북쪽으로 15km 떨어진 11번 하이웨이 도로변에 위치해 있다. 이 레스토랑은 햄버거 빵 위에 숯불에 구운 패티, 양파, 오이 피클, 토마토 등을 얹은 햄버거를 전문으로 팔고 있다. 1시간에 800개의 패티를 굽는다고 한다. 접근성이 좋고, 주차가 편리한 장점과 기차를 이용해 식당칸과 화장실을 만든 것도 이색적이다. 가성비와 분위기에 더 많은 점수를 주고 싶다.

🏠 8825 ON-11, Orillia, ON L3V 6S2
📞 705-325-3696
🍴 일반 햄버거는 $5.25, 치즈 추가 $5.95
http://www.webers.com/

475

무스코카 근방 가볼만한 곳

알공퀸 주립공원, 할러버튼 울프 센터, 패리 사운드 3만 섬 크루즈 투어 등을 추천한다.
패리 사운드(Parry Sound)라는 이름은 북극 탐험가인 윌리엄 에드워드 패리(William Edward Parry) 경을 기리기 위해
19세기에 헨리 울지 베이필드(Henry Wolsey Bayfield)에 의해 처음으로 명명되었다.

알공퀸 주립공원
Algonquin Provincial Park

알공퀸 벌목 박물관
📞 (705) 633-5572
🕐 6월 중순 ~ 10월 중순, 매일 09:00~17:00
http://www.algonquinpark.on.ca/visit/
locations/algonquin-logging-museum.php

알공퀸 자전거 대여점
📞 (705) 633-5373
🕐 봄&가을 08:00~19:00, 여름 07:00~21:00
🚲 마운틴 자전거 - 반나절 $41.99, 한나절
$46.99
　유스 자전거 - 반나절 $21.99, 한나절 $26.99
https://algonquinoutfitters.com/rental/
bikes/
※ 온라인으로 자전거 예약 가능

토론토에서 275km 떨어진 알공퀸 주립공원(Algonquin Provincial Park)은 수천개의 호수, 숲, 습지, 강으로 이루어진 7,635km2의 광대한 공원이다. 하이웨이 60 코리더 (Highway 60 Corridor)가 알공퀸 주립공원을 가로질러 서쪽으로는 헌츠빌(Huntsville), 동쪽으로는 오타와로 이어진 트랜스 캐나다 하이웨이(Trans-Canada Hwy)와 만난다.

알공퀸 주립공원은 8개의 캠핑장, 3곳의 롯지, 14개의 하이킹 트레일, 자전거 트레일 2곳, 카누 트레일 등 야외 액티비티를 위한 가장 이상적인 자연환경을 갖추고 있다. 무스 관찰이나 가을 단풍 구경으로도 유명하다. 무스(moose)를 볼 수 있는 가장 좋은 시기는 5월에서 6월 초. 이 때는 파리들이 기승을 부려 무스들도 두 손들고 숲에서 나온다. 또한 이 시기의 무스는 나트륨이 부족한 상태라 도로가의 배수로에 있는 약간의 소금기 있는 물을 마시기 위해 하이웨이 60 도로변으로 내려온다. 알공퀸 공원의 단풍시기는 9월 중순부터 10월 중순까지로 9월 마지막 주나 10월 첫 주가 절정이다. 최근에는 알공퀸 공원 내에 있는 방문자 센터, 아트 센

알공퀸 가을 단풍 © Ontario Parks

프로보킹 호수 트레일 등산

등산을 좋아하는 사람이라면, 하이랜드 백패킹 트레일(Highland Backpacking Trail)에 도전해 보자. 하이랜드 트레일은 19km와 35km 두 개의 루프가 있다. 전자인 프로보킹 호수를 한 바퀴 도는 프로보킹 호수 트레일(Provoking Lake Trail)은 하이웨이 60에서 출발하면 6시간에서 8시간 걸린다.

TIP 캠프파이어

- 지정된 화덕에서 모닥불을 지펴야 한다. 위반시 $180
- 캠핑장 주변에 나무가 많다고 해서 가져다 때면 안된다. 벌금 $180.
- 모닥불가에 사람이 없을 때는 반드시 불을 꺼야 한다.
- 장작(firewood)은 캠핑장관리사무실(Campground office), 뮤 레이크 우드야드(Mew Lake Woodyard), 포그 레이크 우드야드(Pog Lake Woodyard)에서 구입할 수 있다. 우드야드(woodyard)는 장작을 패서 쌓아놓는 곳이다.

터, 그리고 알공퀸의 벌목 역사를 전시하고 있는 벌목박물관(Logging Museum) 등도 관광객들이 많이 찾고 있다.

자전거 트레일로 사랑받는 곳은 '구 철로 자전거 트레일(Old Railway Bike Trail)'이다. 자전거는 레이크 오브 투 리버스(Lake of Two Rivers)의 잡화점 옆에 위치한 '알공퀸 자전거 대여점'에서 빌릴 수 있다. 요금은 조금 비싼 편이다. 이 자전거 트레일은 모래, 자갈 등의 비포장길이라 마운틴 자전거를 선택하는 것이 좋다. 크루저(Cruiser)는 모래길에서 잘 미끄러지고, 팻 타이어(Fat Tire)는 타이어 바닥이 넓어 힘이 두 배로 둔다. 아래 올드 레일웨이 자전거 트레일 지도를 보면, 맨 아래 락 레이크(Rock Lake)에서부터 1, 2, 3... 번호가 적혀있는데, 이것은 락 레이크(Rock Lake)로부터의 거리를 나타내는 것이다. 뮤 레이크(Mew Lake)는 락 레이크(Rock Lake)로부터 10km, 캐시 레이크(Cache Lake)는 16km 로 떨어져 있다. 톰 톰슨(Tom Thomson)은 알공퀸 공원의 아름다움에 매료되어 1912년부터 1917년까지 여름을 이곳에서 산불감시원 등으로 일하면서 작품활동을 했다. 그는 안타깝게도 1917년 7월 8일 카누 레이크(Canoe Lake)에서 익사했다. 그의 나이 39살이었다. 그의 대표작인 잭 파인(The Jack Pine)과 서풍(The West Wind) 은 캐나다에서 가장 상징적인 예술품 중 일부다.

조지안 베이 아일랜드 국립공원의 크리스챤 비치(Plage Christian)에서 본 석양 © Parks Canada / Ethan Meleg

CANADA
Sudbury
서드베리

길이 62킬로미터, 폭 30킬로미터, 깊이 15킬로미터의 서드베리 분지(Sudbury Basin)는 세계에서 세번째로 큰
크레이터(분화구)다. 18억년 전 거대한 혜성과 충돌하면서 생성되었다. 분지의 가장자리에는 충돌시 엄청난 열로 인해
녹아 내린 니켈, 구리와 같은 다양한 광물이 매장되어 있다. 이러한 광물 자원은 서드베리 경제 성장의 원동력이 되어
왔다. 캐나다에서 두 번째로 큰 과학 박물관과 일곱 번째로 큰 다이나믹 어스(Dynamic Earth)는 관광명소이자 인구
16만 서드베리와 온타리오 북부(Northern Ontario)의 교육문화를 선도하는 원천이 되고 있다. 수세인트마리(Sault Ste.
Marie)나 썬더베이(Thunder Bay)를 여행하거나, 캐나다를 횡단하기 위한 중간 기착지이기도 하다. 주변에 여행할만한
곳으로 킬라니(Killarney)와 킬라니 주립공원(Killarney Provincial Park), 그리고 단풍 관광열차로 유명한
수세인트마리에서 출발하는 아가와 캐년 관광열차(Agawa Canyon Tour Train) 등이 있다.

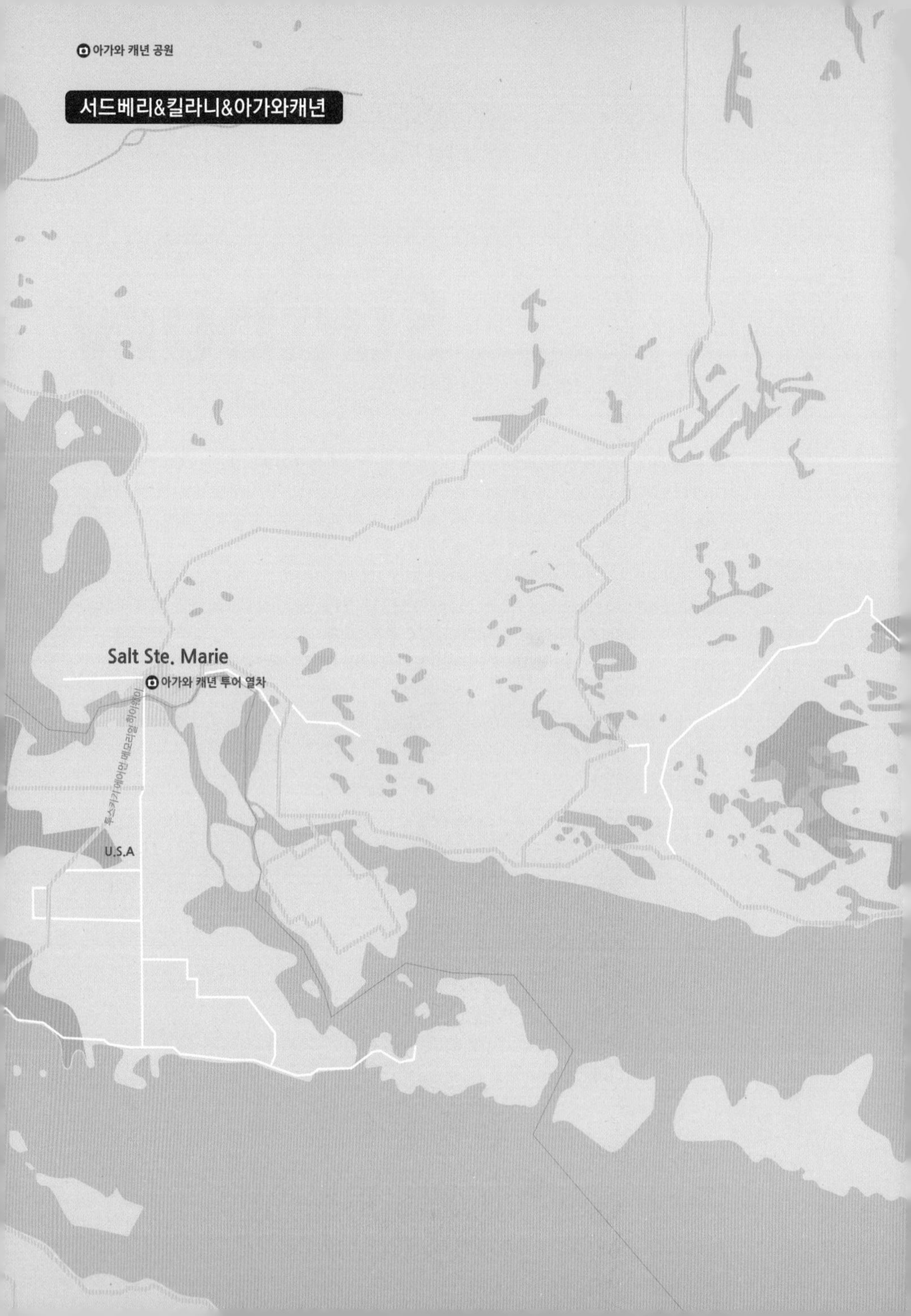

서드베리&킬라니&아가와캐년

Salt Ste. Marie
⊙ 아가와 캐년 투어 열차

U.S.A

Rte 114

ⓘ 에이와이 잭슨 전망대

ⓘ 서드베리 JCT 기차역

루르드 성모 그로토 ⓘ
다이나믹 어스 ⓘ　ⓘ 서드베리 기차역
빅 니켈 ★
　　　ⓘ 벨 파크 보드워크 하이킹
　　　ⓘ 윌리엄 램지 크루즈 보트
　　ⓘ 사이언스 노스

서드베리 484p.

Trans Canada Hwy

칼럭사 호수 ★
온타리오 예술가 협회 호수 ★　ⓘ 더 크랙
킬라니 주립공원 ⓘ　🚶 더 크랙 트레일 주차장
Hwy ⓘ
킬라니 빌리지 투어
킬라니 동쪽 등대

킬라니 484p.

Manitoulin Island

N

토론토에서 서드베리(Sudbury)까지는 비아레일(Via Rail) 혹은 시외버스를 이용할 수 있다. 킬라니 주립공원, 아가와 캐년 (Agawa Canyon), 서드베리의 관광지 등을 자유롭게 둘러보려면 자동차를 이용하거나 서드베리에서 렌터카를 빌리는 것도 방법이다. 토론토에서 서드베리까지는 차로 4시간 거리다.

서드베리 드나드는 방법 ❶ 기차

서드베리 JCT 역

🏛 2750 Lasalle Boul. Est, Sudbury Jct, ON, P3A 4R7, Canada
📞 예약 및 문의 : 1 888-842-7245
https://www.viarail.ca/en/explore-our-destinations/stations/ontario/sudbury-jct

비아레일 VIA Rail

토론토 유니온 스테이션을 출발해 서드베리 JCT 까지 매일 1회 운행한다. 소요시간은 7시간이다. 티켓 구매는 비아레일 웹사이트(viarail.ca)에서 할 수 있다.

서드베리 드나드는 방법 ❷ 버스

온타리오 노스랜드

🚌 출발장소 : Union Station Bus Terminal (81 Bay St, Toronto)
https://ontarionorthland.ca

🚌 온타리오 노스랜드 Ontario Northland

온타리오 노스 지역의 버스노선 4개를 운영한다. 토론토 · 서드베리 · 썬더베이 (Thunder Bay) 노선, 토론토-노스베이(North Bay) 노선, 노스베이-서드베리 노선, 그리고 노스베이-오타와 노선 등이다. 종착지까지 많은 마을들을 경유한다. 웹사이트에서 목적지 도착시간, 요금 등을 꼼꼼히 확인한 후 여행일정을 세우길 권한다. 환불 및 날짜 변경이 불가능한 할인 티켓(Firm Ticket)과 환불 및 날짜 변경이 가능한 일반 티켓(Flexible Ticket)이 있다. 국제유가의 변동에 따라 버스요금이 올랐다 내렸다를 반복한다.

토론토(유니온 스테이션 버스터미널) – 썬더베이 노선

토론토 (Toronto) 출발	배리 (Barrie)	패리사운드 (Parry Sound)	서드베리 (Sudbury)	환승	수세인메리 (Sault Ste. Marie)	환승	썬더베이 (Thunder Bay)
소요시간	2h	4h 15m	6h 25m	45분	11h 30m	29분	22h
성인 요금(Firm)	CA$30.4	CA$67.15	CA$90.1		CA$161		CA$264.7

토론토(유니온 스테이션 버스터미널) – 노스베이 노선

토론토(Toronto) 출발	배리 (Barrie)	그레이븐허스트 (Gravenhurst)	브레이스브릿지 (Bracebridge)	헌츠빌 (Huntsville)	노스베이 (North Bay)
소요시간	1h 45m	2h 45m	3h	3h 50m	5h 05m
성인 요금(Firm)	CA$30.40	CA$55.75	CA$59.00	CA$66.20	CA$91.80

플릭스버스

🚌 출발장소 : Union Station Bus Terminal(81 Bay St, Toronto)
도착장소 : Sudbury(2 곳 : The Four Corners, Ontario Northland Terminal)
flixbus.ca

🚌 플릭스버스 Flixbus

캐나다에서는 토론토, 몬트리올, 캘거리, 에드먼튼 등 여러 지역에서 운영중이다. 토론토에서는 킹스턴, 오타와, 키치너, 런던, 나이아가라 폴스, 뉴욕, 서드베리 간 시외버스를 운행한다. 토론토 · 토론토 피어슨 국제공항 – 서드베리(Sudbury) 버스 노선은 매일 2회 운행하며 화요일은 운행하지 않는다. 홈페이지(flixbus.ca)에서 출발 및 도착시간, 요금 등을 확인하고, 버스 티켓을 예약한다.

SUDBURY SIGHTS

서드베리 추천코스

서드베리는 노던 온타리오에서 가장 인구가 많은 도시다. 가장 유명한 관광지는 사이언스 노스(Science North)로
한 해 280만 명이 찾는다. 빅 니켈로 유명한 다이나믹 어스(Dynamic Earth)도 아이들과 가볼만하다.
1일 투어로 킬라니 빌리지 투어와 더 크랙 트레일 하이킹을 추천한다.
단풍 열차로 알려진 아가와 캐년 관광열차도 꼭 타보자.

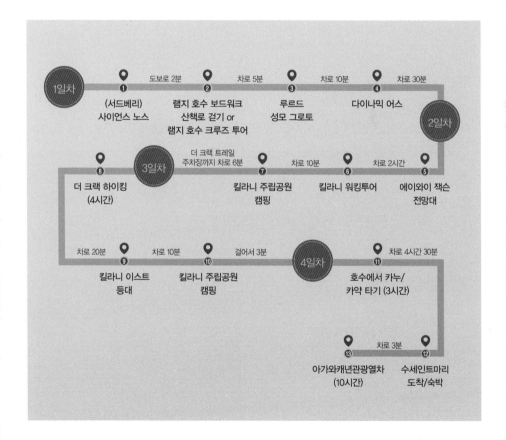

1일차

① (서드베리)
사이언스 노스

도보로 2분

② 램지 호수 보드워크
산책로 걷기 or
램지 호수 크루즈 투어

차로 5분

③ 루르드
성모 그로토

차로 10분

④ 다이나믹 어스

차로 30분

2일차

⑧ 더 크랙 하이킹
(4시간)

3일차

더 크랙 트레일
주차장까지 차로 6분

⑦ 킬라니 주립공원
캠핑

차로 10분

⑥ 킬라니 워킹투어

차로 2시간

⑤ 에이와이 잭슨
전망대

차로 20분

⑨ 킬라니 이스트
등대

차로 10분

⑩ 킬라니 주립공원
캠핑

걸어서 3분

4일차

⑪ 호수에서 카누/
카약 타기 (3시간)

차로 4시간 30분

⑬ 아가와캐년관광열차
(10시간)

차로 3분

⑫ 수세인트마리
도착/숙박

483

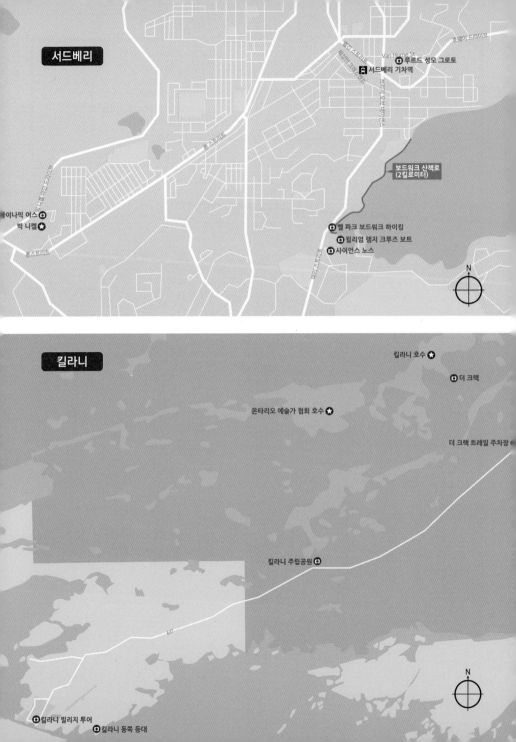

서드베리

Van Horne St
루르드 성모 그로토
서드베리 기차역

보드워크 산책로
(2킬로미터)

다이나믹 어스
빅 니켈

벨 파크 보드워크 하이킹
윌리엄 램지 크루즈 보트
사이언스 노스

N

킬라니

킬라니 호수
더 크랙

온타리오 예술가 협회 호수

더 크랙 트레일 주차장

킬라니 주립공원

킬라니 빌리지 투어
킬라니 동쪽 등대

N

사이언스 노스
Science North

⌂ 100 Ramsey Lake Road, Sudbury
◎ 매일 10:00~16:00
🎫 어른 $20, 시니어 $18, 유스(13-17) $18,
어린이(3-12) $16
https://www.sciencenorth.ca/science-north

램지 호숫가에 위치한 사이언스 노스(Science North)는 과학쇼가 볼만하다.

램지 호숫가를 따라 이어진 2킬로미터의 보드워크는 서드베리 주민들이 좋아하는 산책로 중 하나.

TIP
윌리엄 램지 크루즈 투어
William Ramsey Cruise

램지 호수를 한 바퀴 돌며 선장이 서드베리와 램지 호수에 대한 이모저모를 설명해준다.

아름다운 램지 호숫가의 바위 분화구 위에 지어진 과학관(Science Centre)은 건축학적 은유라는 말을 듣는다. 바위 분화구는 서드베리 분지의 상징이고, 눈송이 결정 모양의 건물 외경은 캐나다의 북부 풍경인 빙하의 상징이기 때문이다. 과학관 내부에 들어서면 천정에 걸린 길이 20미터의 참고래(fin whale) 골격이 보인다. 세인트로렌스 강과 대서양이 만나는 지점의 앙티코스티 섬(Île d'Anticosti)에서 회수되었다. 바위 터널을 따라 내려가면 1980년대 과학관을 지으면서 발견된 10억 년 이상된 지질 단층을 볼 수 있다. 레이저 영사기를 사용하는 레이저 아이맥스 극장, 디지털 천문관, 나비 갤러리, 특별 전시장 등을 갖추고 있다. 가장 인기있는 프로그램은 디스커버리 원형극장에서 펼쳐지는 과학쇼다. 사이언스 노스 3-4층 중앙에 있다. 과학센터 직원은 '불', '소리' 등과 같은 주제로 괴팍하고 멋진 시연을 보여준다. 전시관을 둘러보기 앞서 전광판의 공연 스케줄을 먼저 확인하길 바란다. 박물관 측은 쇼가 시작되기 2분 전에 내부의 관객에게 쇼가 시작될 예정임을 알리는 경쾌한 음악을 틀어준다.

과학센터 뒤로 램지 호수(Ramsey Lake)가 있다. 사이언스 노스에서 시작해 램지 호수 가장자리를 따라 맥노튼 테라스(McNaughton Terrace)까지 이어지는 램지 호수 보드워크(Ramsey Lake Boardwalk)는 시민들이 가장 좋아하는 산책로 중 하나다. 총 길이는 2킬로미터. 걷기는 '최고의 약'이라는 말이 있다. 빠른 걸음으로 걸으면 1분에 122m, 9.0 칼로리를 소비한다고 하니 도전해 보길 바란다.

램지 호수를 한 바퀴 도는 윌리엄 램지 크루즈(William Ramsey Cruise) 투어는 램지 호수와 서드베리에 대한 이모저모를 설명해준다. 아이들을 둔 부모에게 인기가 많다.

다이나믹 어스
Dynamic Earth

🏠 122 Big Nickel Road, Sudbury
🕐 1시간 : 매일 10:00~16:00
💲 어른 $20, 시니어 $18, 유스(13-17) $18,
어린이(3-12) $16
www.sciencenorth.ca/dynamic-earth/

*에피록(Epiroc)은 채굴 및 기초공사 장비를 만드는 스웨덴 제조업체다.

서드베리의 상징이자 관광명소인 빅 니켈(Big Nickel)은 1951년 캐나다 5센트짜리 동전을 그대로 모방해 64,607,747배의 크기로 만들어졌다. 무게는 무려 13,000킬로그램이다. 1963년 빅 니켈을 제안한 사람은 28살 테드(Ted Szilva)라는 소방관이었다. 빅 니켈 기념비 옆에는 그의 헌신에 대해 간략하게 이렇게 쓰여 있다. '서드베리 출신의 테드는 1964년 7월 22일 문을 연 캐나다 100주년 누미스마틱 공원(Numismatic Park)의 설립자다. 테드는 빅 니켈과 빅 니켈 광산을 만드는데 앞장섰다. 빅 니켈은 이제 니켈 수도인 서드베리의 아이콘이다.'

다이나믹 어스 박물관에는 지하 광산 투어(Underground Mine Tour)가 있다. 투명유리로 된 엘리베이터를 타고 지하 7층으로 내려가 광부들이 어떻게 일을 했고, 어떻게 생활했는지를 체험하는 투어다. 구멍을 뚫은 곳에 폭약을 놓고 다른 곳으로 이동해 뻥 터트리는 흉내를 낸다든지, 엽서를 적어 지하 우체통에 넣기도 한다. 투어 시간은 약 1시간 15분 남짓. 지하 온도가 13도 정도라 쟈킷을 입길 권한다. 헬맷은 제공한다.

지구과학에 대해 더 배울 수 있는 어스 갤러리, 자연 다큐멘터리를 커다란 스크린에 상영하는 *에피록 극장(Epiroc Theatre) 등도 있다.

다이나믹 어스 (Dynamic Earth) 외경. 지하 광산 투어 등 지구과학에 대한 다양한 프로그램을 운영하고 있다.

다이나믹 어스 펌프킨페르노(Dynamic Earth Pumpkinferno)는 할로윈 시즌 동안 사람들에게 할로윈 펀(Halloween Fun)을 제공

1951년 캐나다 5센트짜리 동전
1951년은 스웨덴의 광물학자인 악셀 프레드리크 크론스테트(Axel Fredrik Cronstedt)가 1751년 니켈 원소를 발견한 200주년을 기념하기 위해 5센트짜리 동전이 주조되었다.(앞면에는 조지 6세가 디자인 되어 있다.)

서드베리의 루르드 성모 동굴
Grotto of Our Lady of Lourdes

⌂ 271 Van Horne St, Sudbury
◷ 24시간 개방
🎫 무료

서드베리의 루르드 성모 그로토 © Greater Sudbury

프랑스 루르드 성모의 그로토

1858년, 베르나데트라는 14세 소녀가 프랑스 루르드(Lourdes)에 있는 마사비엘의 동굴에서 18회에 걸쳐 성모마리아를 보고, 기도와 보속행위, 생활의 회개를 촉구하는 메시지를 들었다고 전해진 후, 세계 각지로부터 300만이 넘는 순례자가 찾아오는 유수의 순례지가 된 곳이다.

'루르드 성모 그로토'는 램지 호수(Lake Ramsey)가 내려다 보이는 언덕 위에 있다. 5.1에이커의 공원에는 그리스 스타일의 기둥, 대형 분수, 명판, 래버린스(St. Peter's Labyrinth), 그리고 루르드 성모 동굴 등이 있다. 6미터 높이로 만든 동굴 안에 2.7미터의 마리아 상이 서있고, 성모상을 향해 마더 테레사가 무릎을 꿇고 기도하는 모습이다. 그로토의 역사는 100여년 전으로 거슬러 올라간다. 프랑스 리모지(Limoge) 출신인 프레드리 카이요(Frederic Romanet du Caillaud)는 1902년에서 1914년까지 서드베리에 거주했다. 그는 서드베리 다운타운에 넓은 토지를 소유하고 있었다. 어느날, 아내가 아파서 눕게 되자, 그는 "아내를 낫게 해주시면 마리아의 영광을 위해 그로토를 짓겠다"고 서원했다. 그의 기도는 응답되었다. 청동 마리아 상은 프랑스의 주물공장에서 만들어졌다. 그로토는 1907년 8월 22일 완공되었다.

에이와이 잭슨 전망대
A.Y. Jackson Lookout

⌂ ON-144, Greater Sudbury, ON P0M 1R0
◷ 24시간 개방
🎫 무료

오내핑 하이 폴스(Onaping High Falls)를 전망할 수 있는 곳으로 서드베리 다운타운에서 북서쪽으로 35킬로미터 떨어진 곳에 있다. 산에서 서드베리 분지로 흐르는 강물이 이 곳에서 50여 미터를 폭포처럼 흘러내린다. 하이 폴스 브릿지에서 바라본 폭포 물줄기는 화려한 검무를 추는 듯하다. 브릿지 너머에는 2.4킬로미터의 트레일이 이어진다. 18억년 전 혜성 충돌로 만들어진 암석 샘플들을 눈으로 보며 걷다보면 SF영화속 배우가

된 기분이 든다. 전망대 이름은 1953년 이 곳에서 '오내핑 강의 봄(Spring on the Onaping River)'을 그린 그룹오브세븐의 화가 에이와이 잭슨(A.Y. Jackson) 이름에서 따온 것이다.

487

CANADA
Killarney Provincial Park
하이커들의 로망, 킬라니 주립공원

캠핑 예약이 가장 먼저 끝난다는 킬라니 주립공원. 예술가(artist), 하이커(hiker), 카누이스트(canoeist), 캠퍼(camper) 등 한 해 킬라니 주립공원을 찾는 방문객은 13만 명 정도라고 한다.

수많은 차들이 이 길을 달렸을 것이다. 하이웨이 637은 킬라니(Killarney)로 가는 유일한 길이다. 뜨문 뜨문 만나는 차들 간에는 핸들을 잡은 채 손가락 몇 개만 펴 보이는 손가락 인사를 다들 한다. 이 지역의 오래된 인사법인가 싶다. 도롯가의 오색단풍을 찍으려고 몇 번을 가다 서다를 했는 지 모른다. 킬라니에 반해버렸으니 이제 다른 곳에 가서 시답잖은 단풍을 어찌보려나.

하이웨이 637에서 바라본 킬라니의 단풍 모습

킬라니 드나들기

No car? No problem! 킬라니(Killarney)로 가는 버스, 파크 버스(Parkbus)
장거리 운전을 좋아하지 않거나, 대중교통을 이용하실 분은 파크 버스
(Parkbus)를 이용하면 된다. 토론토에서 출발하는 파크 버스(Parkbus)는 킬라
니 주립공원, 킬베어 주립공원, 알공퀸 주립공원 등 주요 주립공원과 브루스 반
도(Bruce Peninsula)와 같은 국립공원을 운행한다. 편도 혹은 왕복 모두 가능하
다. 파크 버스를 이용하는 캠퍼(Camper)들은 곰이나 너구리 같은 야생동물들이
음식에 접근하는 것을 막아주는 음식 컨테이너(Animal-proof food container)를
미리 공원 사무소에 말하면 캠핑장까지 무료로 배달해준다. 보증금(deposit) 25
달러. 카누를 즐기려는 캠퍼들은 Killarney Outfitters에 연락하면 추가 요금 없
이 카누를 캠핑장이 있는 조오지 레이크 비치(George Lake beach)로 직접 배
달해준다. 파크 버스는 6월 말부터 추수감사절(Thanksgiving)까지 운행한다. 성
인 $95, 어린이 $48. (parkbus.ca)

킬라니 파크 Killarney Park (5.5시간, 편도 $71, 왕복 $99)

NORTHBOUND

토론토Toronto (34 Asquith Ave)	출발	07:30
Major Mackenzie & HWY 400 Carpool Lot	출발	08:30
조오지 레이크 캠핑장(George Lake Campground)	도착	14:15
벨 레이크 / 킬라니 카누(Bell Lake /Killarney Kanoes)	도착	13:40
킬라니 마을 (Town of Killarney)	도착	14:30

SOUTHBOUND

벨 레이크 / 킬라니 카누(Bell Lake /Killarney Kanoes)	출발	12:45
킬라니 마을 (Town of Killarney)	출발	14:10
조오지 레이크 캠핑장(George Lake Campground)	출발	14:25
Major Mackenzie & HWY 400 Carpool Lot	도착	19:00
토론토Toronto (34 Asquith Ave)	도착	19:50

※ 코치버스, 에어컨, 화장실 포함

TIP 파크버스 Parkbus

2010년 설립된 파크버스(Parkbus)는 데이 트립이나 주말 가족 캠핑을
원하는 사람들을 위해 토론토, 오타와, 밴쿠버와 같은 대도시에서 국립
공원과 주립공원까지 주말마다 버스 서비스를 제공한다. 가이드 하이킹
(연중)과 가이드가 없는 자유 하이킹(5~10월) 두 가지 프로그램을 운영
한다. 토론토에서는 알공퀸 주립공원, 킬라니 주립공원, 브루스 페닌슐
라 외에도 다양한 목적지로 버스가 출발한다. 웹사이트(parkbus.ca)를
방문하면 다양한 여행 일정을 확인할 수 있다.

킬라니 이스트 등대
Killarney East Lighthouse

킬라니 마을로 들어서기 전에, 킬라니 동쪽 등대(Killarney East Lighthouse) 쪽으로 핸들을 틀었다. 하이킹, 수영, 일광욕 등 가족 소풍지로 유명한 곳이라 해가 쨍쨍할 때 보고 싶었다. 등대로 가는 길은 좁고, 주차 공간은 차 서너 대를 대면 족할 정도다. 성수기 때 이 곳까지 차로 들어오는 것은 무리겠다는 생각이 든다. 등대는 바위 위에 섰다. 몸통은 사각형, 위로 올라가면서 좁아지다가 등(Light)이 있는 머리부분은 원 형태다. 꼭 후추통 같다. 배 타고 돌아오는 남편을 기다리는 아낙의 뒷모습처럼 등대는 아름다우면서도 강해 보인다. 치마폭은 흔들리지 않고 호수는 평온하다.

킬라니(Killarney)는 1962년에 637번 도로가 생기면서 바깥 세상과 연결되었다. 그 전에는, 1820년에 모피 무역소(Fur Trade Outpost)가 생긴 이래로 배로만 이 마을에 닿을 수 있었다. 킬라니는 낚시 마을(Fishing village)로 번성하게 되었다. 1867년 7월, 캐나다 연방 건립 이후, 처음으로 킬라니 웨스트 등대(Killarney West Lighthouse)가 세워졌고, 한 달 후에 이스트 등대(East Lighthouse)가 세워졌다. 등대지기는 등대가 완전 자동화된 1980년대 초까지 마을에서 배를 타고 와 등대를 밝혔다. 지금의 등대는 1909년에 재건축된 것이다.

킬라니 빌리지 투어
Killarney Village Tour

킬라니 빌리지는 아담하다. 눈 앞에 조오지 섬(Goerge Island)이 떡 막고 있어 누가 봐도 배를 정박하기에 딱 좋은 항구라는 생각이 든다. 킬라니에 오면 꼭 마셔봐야 하는 맥주가 있다고 해서 엘씨비오(LCBO)에 들렀다. 바로 킬라니 맥주다. 첫 맛은 쓰지만 몇 모금 마실수록 점차 순해진다. 전화도 와이파이도 터지지 않는 킬라니에서 앤트비(Aunt Bea's corner kitchen) 식당은 사막의 오아시스처럼 사람을 모으는 곳이다. 프리 와이파이(free WiFi) 때문이다. 폴라(Paula)와 보이드(Boyd) 부부는 '그린게이블스의 앤'에서 나오는 마릴라와 매튜처럼 푸근한 느낌을 주는 주인들이다. 2019년 8월 31일에 이 가게를 오픈했으니 얼마되지 않았지만, 폴라 아줌마의 주방 경력은 13년 베테랑이다. 가장 잘 팔리는 것이 무엇인지 물었더니 피자, 타코 피자, 보이드 칩스(Boyd chips)란다. 보이드 칩스는 보이드 씨가 개발했다고 해서 이름 붙인 양파를 넣은 수제 감자칩이다.

+ **Side Tip**

킬라니 마을(The Village of Killarney)의 발자취

1820년 6월, 라 모랑디에르(La Morandiere) 출신의 에티엔느(Etienne Augustin Rochbert)는 그의 원주민 아내, 조셉트 싸이 싸이 고노 퀘(Josephte Sai Sai Gono Kwe)와 함께 모피무역소(fur trade post)를 세우기 위해 이 곳으로 이주했다. 모피를 카누로 운반하던 뱃사공들은 이 곳에서 잠시 머물다 조지안 베이의 다른 커뮤니티로 이동했다. 1836년, 조지안 베이에 증기선 페네탱귀신(Penetanguishene)이 취항했다. 이 배는 1962년 킬라니에 도로가 생기기 전까지 물길로 여행하던 시대의 새로운 이정표가 되었다. 1854년, 우편 주소가 킬라니(Killarney)로 바뀌었다. 현재 킬라니(Killarney)에는 우체국을 비롯해 박물관, 알코올 음료를 판매하는 엘씨비오(LCBO), 선물 가게, 보트 렌트하는 곳, 리조트, 식당, 비앤비(b&b), 그리고 작은 비행기장도 있다. 400여 남짓 주민들은 컬링 같은 겨울 스포츠를 즐기며 겨울을 난다. 매년 2월 첫 번째 주말에는 커뮤니티 센터에서 윈터 카니발(Winter Carnival)이 열린다.

킬라니 주립공원
Killarney Provincial Park

킬라니 주립공원 예약 및 캠핑비 확인

ontarioparks.com
(캠핑비는 수세식 화장실, 샤워실 같은
시설을 이용하기 편리한 위치인지 그리고
교육 프로그램 같은 서비스를 받을 수 있는
위치인지에 따라 3등급으로 나눈다.)

곰방지용 푸드 박스(Food box)

킬라니 주립공원 사무실에서 체크인을 하고, 유르트 캠프 사이트로 향한다. 이 곳 유르트 (Yurt)는 여느 것과 달리 유르트 고객 전용 주차구역에 차를 세우고, 짐은 유르트 수레(yurt wagon)를 이용해 옮긴다. 유르트 표시를 따라 오솔길을 걸어 들어가면 잔가지 끝에 핀 봉우리처럼 둥지 튼 유르트가 보인다.

해가 지면 불청객인 너구리가 활동을 시작한다. 모닥불 주위로, 피크닉 테이블 주위로 음식물이 있는 지 흝는다. 그 뻔뻔함에 기가 차고 화도 나지만, 상관하지 않고 수색이 끝날 때까지 기다리는 것이 상책이다. 음식을 찾지 못한 너구리는 뒷짐지며 걷는 노인처럼 태연히 다른 곳으로 간다. 킬라니 주립공원에서 캠핑을 할 때는 저녁을 일찍 먹고 모든 음식 재료, 요리를 했던 조리기구, 음식 쓰레기 등을 차 트렁크나 쇠로된 곰방지용 푸드박스(metal bear-proof food box)에 넣고 주변을 깨끗이 치워야한다. 유르트(yurt) 문짝에도 곰의 접근을 막기 위해 유르트 안에 음식물을 두면 안 된다는 공고문이 붙어 있을 정도다. 향이 있는 의약품이나 향수도 마찬가지로 유르트 안에 두어서는 안 된다.

킬라니 주립공원의 유르트(6개)와 캐빈(2개)은 겨울철에도 오픈한다. 공원 정문에 차를 세우고, 유르트까지 500미터 거리를 스키나 설피를 신고 이동한다. 음식이나 짐은 썰매(Tobaggan)를 이용해 운반한다. 사람들은 유르트에 머물며 크로스컨트리 스키를 즐긴다. 킬라니 주립공원은 모두 3개의 스키 트레일 – Chikanishing(7km), Collins Inlet(14km), Freeland trail(11km) 이 있다.

초대하지 않은 손님(uninvited guest), 곰 대처법

인간과 곰이 마주치는 것은 온타리오 주에서 아주 드물다. 캠프사이트 청결, 올바른 쓰레기 처리, 곰이 가까이 올 때 하는 행동 요령 등을 잘 숙지하면 안전하고 기억에 남는 캠핑이 될 것이다.

• 곰이 캠프사이트 쪽으로 올 때: 모든 사람이 텐트 밖으로 나와 서서, 소리를 지르고, 반합 같은 것을 두드려 시끄러운 소음을 내라. 만약 곰이 물러가지 않으면, 곰이 달아날 수 있는 경로를 확보하면서 막대기나 돌을 던져라. 머리 위로 손을 올려 흔들어라. 이러는 이유는 이곳이 내 영토인 것을 보여주고, 곰이 떠나도록 설득하는 것이다.

• 곰에게 겁을 주어 쫓아내려는 시도가 실패했을 때: 뒤로 물러나, 곰과 거리를 두어라. 애완견과 같이 캠핑을 할 땐, 곰에서 멀리 있게 해라. 개가 곰을 (살짝) 문 뒤, 곰에게 쫓겨 개 주인에게 오면 화근이 될 수 있다.

• 곰이 당신을 더 잘 보기 위해 곧추서거나, 씩씩거리고 (huffing), 앞발로 땅을 구른다든지, 잡아먹을 듯이 엄포를 놓는다든지 할 때: 곰은 당신의 출현에 위협을 느끼고 있다는 것이고, 당신을 쫓아내려고 할 것이다. 이런 징후는 눈여겨봐야 한다. 만약에 곰이 사정권에 있다면 곰 스프레이(bear spray)를 사용해라. 평상시에 곰 스프레이의 보관, 소지 그리고 사용법에 대해 숙지해 두어야 한다. 캠핑 장비점(outfitter)에서 구입 가능한 곰 스프레이(bear spray)는 매운 고춧가루로, 곰의 눈에 쏘이게 되면 그들의 행동을 저지할 수 있다.

• 만약 새끼와 함께 암컷 흑곰이 당신의 캠프 사이트로 올 때: 널리 알려진 것과 달리, 흑곰 암컷(심지어 새끼들과 같이 있는)은 거의 인간에게 공격적이지 않다. 하지만 절대 새끼에게 접근한다든지, 그들 사이에 끼어들지 말아야 한다. 극히 드문 경우에, 흑곰이 사람을 죽일 의도로 공격한다. 1900년대 초반부터 시작해 흑곰에게 죽은 사례는 북미에서 70명이 채 안 된다. 사람을 잡아먹는 흑곰은 사람들로부터 음식을 얻는데 익숙한 캠프 사이트 곰들이 전혀 아니다. 그런 흑곰은 아기곰과 함께 있는 커다란 수컷이든지, 이전에 사람과 접촉한 경험이 없는 곰이다. 이런 약탈자 흑곰은 캠프 사이트 곰이 하는 것처럼 씩씩거린다든지, 앞발로 땅을 구른다든지, 잡아먹을 듯이 엄포를 놓는다든지 하지 않는다. 그들은 먹잇감에 몰래 접근하고, 조금씩 조금씩 압박한다.

• 약탈자 흑곰(Predatory Black Bear)을 만났을 때: 곰과 맞서야 한다. 곰이 당신을 공격하는 것에 대해 한 번 더 생각하도록 온 힘을 다해 무엇이든 하라. 고함을 지르고, 돌을 던지고, 막대기로 곰을 때리고, 공격적으로 행동하라. 곰 스프레이가 있다면 사용해라. 죽은 체 마라. 할 수 있는 한 싸우는 것이 포식자 흑곰(Predictory Black Bear)이 공격을 멈추도록 설득하는 최선의 방법이다. 카누에 타고 있다면 카누에서 내려 떠나는데 돌아서서 달리지 마라.

• 희박하지만, 곰 새끼들을 보호하려는 암컷 곰에 의해 공격을 받았을 때: 죽은척하는 것이 곰으로 하여금 더 이상 위협이 되지 않는다는 것을 확신시켜 공격을 멈추게 할지도 모른다. 정말 새끼들과 관련해서 공격을 하는 것이라면 죽은 척해라.

캐나다에서 경험한 최고의 하이킹 트레일, 더 크랙
The Crack

킬라니 주립공원 사무소에서 하이웨이 637을 타고 7km 를 가면 The Crack Trail 이라는 표지판이 보인다. 유명세로 봐서는 커다란 간판이 걸려있을 법도 한데, 자그마한 표지판이 다다. 아는 사람이 아니면 지나치기 쉽상이겠다. 입구를 들어서니 십여 대의 주차된 차량이 보인다. 주차료가 하루(full day) 15.50 달러. 주차권은 일종의 데이 패스(day pass) 같은 것으로 이 곳에서 뿐 아니라 킬라니에 있는 하이킹 코스 어디에서나 24시간을 사용할 수 있다.

9월 끝자락이다. 산에는 버치(birch) 나무가 많고, 걷다 보면 머리 위로 도토리가 떨어지기도 한다. 운이 좋으면 다람쥐 우는 소리도 들을 수 있다. 카카키즈 시내(Kakakise creek) 위로 놓인 나무다리를 건너 오른편에 있는 Kakakise Lake를 따라 산길을 걷는다. 돌무덤이 쌓인 곳부터 바위산을 오르게 된다. 누군가가 난도질이라도 한 것 처럼 바위들은 뾰족뾰족 솟아있다. 사람들은 이 산등성이를 '금'이라는 뜻의 크랙(The Crack)이라고 부른다. 정상 바로 아래의 바위 계곡은 이 트레일의 하이라이트다. 카스파르 다비드 프리드리히(Caspar David Friedrich)의 그림 '빙해(the sea of ice)'가 연상된다.

고생 끝에 더 크랙(The Crack) 정상에 올랐다. 하이파이브!

라 클로슈 산맥(La Cloche mountains), 킬라니 호수, O.S.A 호수(the Ontario Society of Artists)가 한 눈에 보인다. 멀리 목화밭처럼 보이는 하얀 바위들은 유리를 만들 때 쓰는 규암이다. 정상에서 내려다보는 킬라니의 단풍 빛깔이 아름답기 그지없다. 더 크랙 트레일(The Crack Trail)은 왕복 6km, 4시간 거리다.

킬라니 카누, 카약, 크루즈 투어

카누/카약 대여업체
킬라니 아웃피터스 Killarney Outfitters
⌂ 1076 Hwy 637, Killarney, Ontario
☎ 705-287-2828,
paddle@killarneyoutfitters.com
http://www.killarneyoutfitters.com/

킬라니 카누 Killarney Canoes
⌂ 1611 Bell Lake Rd, Killarney
☎ 1-888-461-4446
https://killarneykanoes.com/

'Voyage to killarney' 유람선 투어
⌂ 출발 : 마니툴린 섬의 리틀 커런트(Little Current) 항구
⌛ 리틀 커런트 출발시간 : 9:50, 리틀 커런트 도착시간 : 18:15
티켓 예약 : northchanneltours.com

호수에서 바라보는 킬라니 공원(Killarney Park)의 단풍은 장관이다. 단풍 구경을 위해 카누나 카약을 타고 호수로 나갈 수도 있다. 645제곱킬로미터의 땅과 50여개 이상의 호수에 위치한 183개의 오지 캠프장을 하루 혹은 1주일 이상 탐험할 수 있는 수많은 카누 루트가 있다. 카누 혹은 카약은 킬라니 아웃피터스(Killarney Outfitters)나 킬라니 카누(Killarney Canoes)에서 상시 빌릴 수 있다. 카누/카약 대여료 외에 추가로 배송료 $10을 지불하면 원하는 날짜에 공원 내에 있는 카누/카약 띄우는 곳으로 가져다준다.
가을 단풍 크루즈도 있다. 노스 채널 크루즈 라인(North Channel Cruise Line)에서는 단풍이 최고 절정인 10월에 두 번에 걸쳐 가을 단풍 크루즈 투어를 제공한다. 토요일에 떠나는 크루즈 일정은 웹사이트에서 확인할 수 있다. 2019년을 마지막으로 가을 단풍 크루즈는 아직 재개되지 않았지만 7월 초부터 노동절 주말까지 매주 월요일에 떠나는 '킬라니로의 항해(Voyage to Killarney)'는 계속되고 있다. '킬라니로의 항해(Voyage to Killarney)' 투어는 100명까지 탈 수 있는 그랜드 헤론호를 타고 킬라니 빌리지까지 64킬로미터를 왕복하는 유람선 투어다. 마니툴린 섬의 리틀 커런트(Little Current) 부두에서 오전 9시 50분에 킬라니로 출발한다. 마니툴린 섬(Manitoulin Island)의 유서 깊은 리틀 커런트 선회교(Swing bridge)를 지나고, 딸기 섬 등대(Strawberry Island Lighthouse)와 하얗게 빛나는 석영 절벽이 가득한 랜즈다운 채널(Landsdowne Channel)을 따라 내려간 뒤, 킬라니 채널을 통해 킬라니 마을로 들어와 킬라니 마운틴 롯지(Killarney Mountain Lodge)에 정박한다. 배에서 내려 2.5시간 동안 자유여행을 하고, 오후 3시 15분에 리틀 커런트를 향해 출발한다. 리틀 커런트를 출발할 때는 커피, 차, 머핀 등의 스낵이 제공되고, 돌아오는 길에도 간단한 간식이 제공된다. 킬라니 마을에 머무는 동안 식사는 직접 사먹어야 한다. 킬라니 마을에서 허버트 양식장 식당(Herbert Fisheries Restaurant)의 유명한 피쉬앤 칩스와 Curds n'Whey 의 아이스크림은 꼭 한번 맛보자.

전설적인 하이킹 트레일, 라 클로슈 실루엣 트레일
La Cloche Silhouette Trail

라 클로슈 실루엣 트레일 이정표인 파란색 마커. 빨강색은 1일 하이킹 코스.

더 크랙 트레일(The Crack Trail)은 라 클로슈 실루엣 트레일(La Cloche Silhouette Trail)의 맛보기 코스라는 표현이 맞을 듯싶다. 라 클로슈 실루엣 트레일의 길이는 80km로 완주하는데 걸리는 시간은 7~10일 정도다. 레이크 캠프그라운드(George Lake Campground)의 캠프사이트 101과 102 사이에서 출발해 반시계 방향으로 도는 방법과 조오지 레이크 서편 Dog beach에서 출발해 시계 방향으로 도는 방법 등이 있다.

라 클로슈 실루엣 트레일은 파란색 마커를 따라 가면 된다. 나무가 없는 공간에서는 바닥이나 바위 위에 적갈색 페인트로 칠해져있기도 하다. 노란색은 캠프사이트를 알려주는 표시고, 빨간색 마커는 더 크랙(The Crack) 트레일 같은 1일 하이킹 코스를 나타낸다.

트레일 이름은 그룹 오브 세븐의 멤버였던 프랭클린 카마이클(Franklin Carmichael)의 명작 〈La Cloche Silhouette〉에서 딴 것이다. 카마이클은 라 클로슈 산맥을 소재로 많은 그림을 그렸다.

클로슈(cloche)는 프랑스어로 '벨'이라는 의미다. 전설에 의하면, 원주민들은 그 언덕의 바위를 두들겨 적의 침입은 물론 여러가지 신호를 보냈다고 한다. 종으로 소리를 내서 신호를 보내는 톡신(tocsin)과 같은 것이었다. 이 종바위(Bell Rocks) 소리는 상당한 거리에서도 들렸다고 한다. 이런 이유로 이 지역을 탐험하던 항해자들은 한 두 명씩 이곳을 '라 클로슈(La Cloche)'라고 불렀고, 산맥의 이름이 되었다.

온타리오 주정부가 킬라니를 주립공원으로 만든 것은 에이와이 잭슨(A.Y.Jackson) 같은 화가들과 온타리오 예술가 협회에 의한 로비 덕분이었다. O.S.A 호수는 이전에 송

라 클로슈 실루엣 트레일 하이커

어호(Trout Lake)로 불렸지만 지금은 온타리오 예술가 협
회 호수(Ontario Society of Artists)로 불린다.
이 외에도, 크랜베리 보그 트레일(Cranberry Bog Trail)을
걸으면 그룹오브세븐의 이름에서 따온 풍경 좋은 에이와
이 잭슨(A.Y.Jackson) 호수를 보게 된다. 이 트레일의 길
이는 4km이고, 2시간 반이 소요된다. 가족이 함께 걸을 수
있는 그래니트 릿지 트레일(Granite Ridge Trail)은 왕복 2
km로 1시간여 걸린다.

TIP 더 크랙(The Crack) 트레일을 걸을 때
등산화와 등산 장갑을 착용하는 것이 좋다. 날 선 바위
가 많아 넘어지면 다칠 수 있으므로 뛰는 것은 금물이
다. 하이킹 지도는 공원 사무소에서 판다.

라 클로슈 실루엣 트레일

+ 라 클로슈 실루엣 트레일 하이킹 안전 수칙

새로운 지역을 여행하는 것은 아주 흥미로운 일이다. 하지만 먼 지역을 여행할 때는 위험이 동반된다. 라 클로슈 실루
엣 트레일을 완주하려면 하이킹 트레일 캠프사이트에서 야영을 하며 이동을 해야한다. 안전은 개인의 몫이기 때문에
꼭 알아두어야 할 몇 가지를 소개한다.

• 등반대원 각자는 지도와 나침반을 지참하고 사용법을 알아야 한다.
• 며칠 동안 어떻게 등반을 할 것인지? 언제 돌아올 것인지?를 누구에게든 항상 이야기를 해두어야 한다.
• 단체가 같이 하이킹을 할 때에는 사람을 잃어버렸거나, 다쳤을 때를 대비해서 계획을 세워두어야 한다.
• 당신이 길을 잃었다면, 조용한 채 한 자리에 머물러라. 일행이 당신을 찾을 것이고, 움직이지 않으면 찾는 것이 더
  쉽다. 일행은 당신을 마지막으로 봤던 장소에서부터 찾는 것을 시작할 것이다.
• 잘 보이고, 잘 들을 수 있게 해라. 밝은 색의 물건 혹은 화살표를 만들어 자신의 위치를 명확히 해라. 찾는 사람들은
  자연 속에 있는 이런 것들에 주목할 것이다. 세 번 호각을 분다든지, 시각적인 신호를 활용해 조난 호출을 보내라.
• 신호를 계속해서 보내고, 수색조의 소리가 들리는 지 확인해라. 즉각적으로 반응이 없더라도 실망하지 마라. 호각
  소리가 바람을 타고 다른 사람에게 전달될 수도 있다.
• 다른 사람이 부르는 소리가 들리면 항상 대답하라.
• 응급전화 : 911, 킬라니 보건소(Killarney Health Centre) : 705-287-2300, 서드베리 병원(Sudbury Regional
  Hospital) : 705-674-3181

그룹 오브 세븐의 영감을 느낄 수 있는 아가와 캐년 투어 열차
Agawa Canyon Tour Train

© Destination Northern Ontario

이 관광열차는 수세인트마리(Sault Saint Marie)에서 출발해 아가와 협곡(Agawa Canyon)까지 단풍 사이로, 단풍 위로 114마일(183.4킬로미터)을 달린다. 캐나다 단풍 명소 중에서도 손꼽히는 코스로 10월 추수감사절(Thanksgiving Day) 전으로 3주간이 절정이다. 수세인트마리 인터내셔널 브릿지를 넘어 미시간주에서 온 관광객들도 많다. 수세인트마리를 찾는 가장 일반적인 방법은 자동차를 이용하는 것이다. 토론토에서 자동차로 8시간, 서드베리(Sudbury)에서 자동차로 3시간 30분 걸린다.

아가와 캐년 관광열차는 도로가 없는 아가와 캐년에 접근 가능한 유일한 교통수단이다. 오색 단풍의 화려함뿐만 아니라 그룹 오브 세븐에게 영감을 준 황무지의 거친 풍경과 장엄한 전망이 커다란 창밖으로 펼쳐진다. 독특한 지형을 통과할 때면 GPS로 작동되는 해설은 무선 헤드셋을 통해 6개국 언어로 제공되며, 한국어도 있어서 여간 편한 것이 아니다. 아침 8시에 출발한 관광열차는 4시간을 달려 아가와 협곡에 도착한다. 종착지인 아가와 협곡 공원(Agawa Canyon Park)에서 90분 자유시간 후, 관광열차는 오후 1시 30분에 협곡을 출발해 오후 6시경에 수세인트마리에 도착한다. 총 10시간짜리 투어다.

아가와 협곡은 12억 년 전 발생한 단층작용(faulting)에 의해 생성되었고, 빙하기를 거치면서 협곡 벽을 넓히고, 협곡 바닥에 퇴적물이 쌓이며 지금의 모습이 되었다. 아가와 캐년 공원에는 175.2미터의 협곡 벽(Canyon Walls), 전망대(Lookout), 그

🏠 관광열차 타는 곳(Train depot) :
87 Huron St, Sault Ste.Marie, ON
P6A 6W4

📞 1-844-246-9458

🕐 특정기간만 운행. 출발 08:00, 도착 18:00
(기간은 웹사이트에서 확인 가능하다.
참고로 2022년에는 8월 1일 ~
10월 10일(추수감사절)까지 매일
운행되었다.)

예약 : https://agawatrain.com/

롤러스 보치 Rollers Bocce
🏠 450 Albert St West, Sault Ste.
Marie, ON
📞 (705) 942-5556
https://www.rollersbocce.ca/

**디스크 골프 Kiwanis Club of
Lakeshore Disc Golf Course**
🏠 Pine & MacDonald Ave, Sault Ste.
Marie, ON
연락처 : sault_discgolf@outlook.com
https://saultdiscgolf.ca/?page_id=103

리고 세 개의 폭포 – 오터 크릭 폭포(Otter Creek Falls), 블랙 비버 폭포(Black Beaver Falls, 53.3미터), 그리고 브라이들 베일 폭포(Bridal Veil Falls, 68.5미터) – 가 있다.

협곡 벽의 트레일을 따라 300개 이상의 계단을 오르면 76.2미터 높이에 전망대가 있다. 나무로 잘 짠인 넓은 데크에 서면 아가와 강(Agawa River)까지 한 눈에 보인다. 응급처치건물(First Aid Building)에서 전망대까지는 왕복 40분 남짓 걸린다.

TIP 아가와 협곡 관광열차의 등장

1899년 알고마 센트럴 철도회사(Algoma Central Railway)가 설립되고, 1900년 ACR 건설이 시작되었다. 1914년 허드슨 베이까지 연결하려던 원래의 철도 계획은 중단되고, 트랙은 현재의 종점인 온타리오주 허스트(Hearst)까지만 놓였다. 1918년 그룹 오브 세븐의 멤버였던 로렌 해리스, J.E.H.맥도날드, 그리고 프랭크 존스톤 등이 박스카를 빌려 타고 한 달 동안 아가와 역, 휴버트(Hubert), 바체와나(Batchewana) 지역에서 그림을 그렸다고 한다. 이후 에이와이 잭슨과 아서 리스모도 동참해 1923년까지 그림 여행으로 ACR을 계속 여행했다. 1972년부터 철도회사는 아가와 캐년 관광열차를 운행하기 시작했다. 1995년 위스콘신 센트럴 철도회사가 이 노선을 구입해 알고마 센트럴 철도(Algoma Central Railway Inc)로 이름을 변경했다. 2001년 위스콘신 센트럴이 캐나다국영철도(Canadian National Railway)에 인수되어, 지금은 매년 수 만 명이 넘는 관광객들이 아가와 협곡 관광열차를 즐기고 있다.

+ 실망스런 여행을 피하려면

토론토에서 8시간을 달려 관광열차를 탔다. 날씨는 좋았는데 단풍이 아직 푸르딩딩하거나, 기대에 못미쳐 실망할 수도 있다. 실망스런 여행이 되지 않도록 하려면 어떻게 해야할까? 부부동반이라면 가급적 하루 전날 수세인트마리에 도착해 지친 몸과 마음을 회복해야한다. 그리고나서 그룹 오브 세븐(Group of Seven)이 그림을 그렸던 장소를 찾아가 화가에게 영감을 주고 숨을 멎게 한 바로 그 풍경을 감상하거나 아트 클래스에 참여해 직접 그림을 그려봐라. '그룹 오브 세븐 - 알고마의 순간들' 웹사이트(momentsofalgoma.ca)에는 수세인트마리에서 '그룹 오브 세븐'을 만날 수 있는 다양한 프로그램이 소개되어 있다. '그룹 오브 세븐'이 느꼈던 영감을 조금이라도 내 것이 되도록 한다면, 관광열차를 타고 가는 내내 지루하지 않을 것이다. 창밖으로 보이는 풍경 하나하나가 감동으로 와닿을테니까. 아이들과 함께 가족 여행중이라면 산불 진화를 어떻게 하는 지 알 수 있는 캐나다 헤리티지 수상용 경비행기 센터(Canadian Heritage Bushplane Centre)를 추천한다. 가족이 같이 할 수 있는 디스크 골프(Disc Golf)나 보치 볼(Bocce Ball) 같은 야외 스포츠도 추천한다.

먹자!

EATING

서드베리는 도시 안팎에서 자라는 야생 블루베리(Blueberry)로 유명하다. 매년 여름에 열리는 블루베리 축제(Blueberry Festival)에서는 팬케이크 아침식사, 블루베리파이 먹기 대회 그리고 다양한 액티비티가 1주일 간 펼쳐진다.

음식으로는 돼지 어깨살을 마늘, 딜(Dill), 소금 그리고 후추와 같은 향신료로 절인 뒤 바비큐하는 포르케타(Porketta)가 유명하다. 매주 토요일 오후, 비프앤버드(Beef 'N' Bird)에서는 포르케타 빙고 게임을 해서 이기는 사람에게 맛있는 1파운드짜리 서드베리 포르케타와 빵을 준다. 론 거리(Lorne Street)의 '카라 편의점과 델리(Cara's Convenience and Deli)'에서는 포르케타 샌드위치를 판매한다. 노트르담 에비뉴(Notre Dame Ave)의 레슬리 숯불구이 식당(Leslie's Charbroil and Grill Restaurant)에서도 포르케타 롤빵을 맛볼 수 있다.

Beef 'N' Bird

⌂ 923 Lorne St, Greater Sudbury, ON P3C 4R7
☏ (705) 675-7833

Cara's Convenience and Deli

⌂ 1055 Lorne St, Greater Sudbury, ON P3C 4S5
☏ (705) 674-0763
https://carasconvenience.com/

Leslie's Charbroil and Grill Restaurant

⌂ 633 Notre Dame Ave, Sudbury, ON P3C 5L5
☏ (705) 670-9089
http://lesliesgrill.com/

래핑 부다
Laughing buddha

래핑 부다(laughing buddha)의 피자와 맥주는 일품으로 알려져 있다. 누구든 엄지척. 다운타운의 화려하지도 붐비지도 않는 거리 한 켠에 있는 래핑 부다. 내부의 클래식한 가구들과 캐리비안 해적들이 술판을 벌일 것 같은 조명은 바를 연상케하지만, 떠들며 앉은 젊은 남녀, 피자와 샐러드 메뉴, 요란한 크기의 텔레비전이 없는 걸 보니 의심이 가신다. 웨이트리스는 분주히 테이블과 주방을 오가고, 행운을 가져다준다는 래핑 부다의 상들이 선반에 놓여 있다. 북미 사람들은 종종 식사를 하고 나서 잘 먹었다는 뜻으로 배를 쓰다듬으며 '래핑 부다'라고 말한다. 래핑 부다를 '웃는 부다'로 옮기는 것도 맞지만, 이 식당 이름에는 손님들이 음식을 맛있게 먹고 문을 나서며 '잘 먹었다! 래핑부다(laughing buddha)!'라고 말하길 바라는 오너의 마음이 담겨져 있다. 베스트셀러 부다 피자(The Buddha)는 신 김치맛이 나서 한국인 입맛에도 제격이다. 살라미(Salami)도 신맛을 내지만, 잘게 썬 아티초크(artichoke)를 발효시켜 만든 사우어크라우트(sauerkraut)가 신맛을 내는데 한 몫을 하고 있다. 비건, 채식주의자들도 많이 찾는다.

⌂ 194 Elgin St, Sudbury
☏ (705) 673-2112
https://www.laughingbuddhasudbury.com

레날랴 베이커리
Leinala's Bakery

핀란드계 이민자들은 벌목공으로 썬더베이(Thunder Bay)와 서드베리(Sudbury)에 많이 정착했다. 북부 온타리오에 핀란드 빵집이 많이 남아 있지는 않지만 북유럽 스타일의 빵을 먹고 싶은 사람은 서드베리의 레날랴 베이커리(Leinala's Bakery)를 찾는다. 레날랴(Leinala)는 베이커리 여주인의 이름이다. 핀란드에서 요리와 제빵을 배운 마르야나 레날랴(Marjaana Leinala)는 서드베리(Sudbury)로 이주해 노스엔드 베이커리(Northend Bakery)에서 일하다가, 1961년 자신의 이름으로 빵가게를 오픈했다. 지금은 가족이 같이 핀란드 빵을 굽고 있다. 이 곳에서 가장 유명한 핀란드 빵은 풀라 브레드(pulla bread), 젤리 피그(Jelly pigs) 설탕 도넛, 핑크 타르트(Pink Tart) 베베(Bebe), 그리고 럼주설탕물에 적셔 복숭아와 살구를 채우고 버터크림으로 장식한 타우테까꾸(Täytekakku) 등이다. 레날랴 베이커리는 개점 이래 쭈욱~ 50년대 스타일로 풀라와 쿠키 모양을 손으로 만들고 있다.

※ 핀란드어 타우테까꾸(Täytekakku)는 무엇으로 채운 케이크(Filled Cake)라는 뜻이다.

핀란드 전통 케이크인 타우테까꾸

🏠 272 Caswell Dr, Sudbury, ON P3E 2N8
📞 (705) 522-1977

피자 포르노
Pizza Forno

래디슨 호텔(Radisson Hotel) 정문에는 피자 자판기가 있다. 신기해서 사람이 안에 있나 확인해봤는데 사람은 없다. 피자 포르노(Pizza Forno) 회사에서 만들었고, 포르노(Forno)란 이탈리아어로 오븐(oven)이라는 뜻. 땅이 넓은 캐나다에서 여행하다보면 호텔 체크인이 늦는 경우는 허다하다. 피자 자판기는 이런 점에서 대박 아이디어다. 현재, 다운타운에 2개, 아질다(Azilda) 1개, 발 캐런(Val Caron) 1개, 핸머(Hanmer)에 1개 해서 총 5대가 서드베리에 설치되어있다. 토론토(Toronto)에도 하나 둘 생기는 것을 보면 곧 캐나다 전역에서 피자 자판기를 볼 날도 며칠 남지 않았다.

🏠 194 Elgin St, Sudbury
📞 (705) 673-2112
https://www.laughingbuddhasudbury.com

CANADA
Goderich

가드리치

어떤 사람들은 "엘리자베스 2세 여왕이 가드리치를 방문한 적은 없지만 '캐나다에서 가장 예쁜 도시'라고 언급한 적이 있다"고 주장한다. 여왕이 그런 적이 없다고 말하지 않는 이상 이 주장이 거짓이라고 말할 수 있는 사람은 없다. 많은 관광객들이 이 말을 두 눈으로 확인하기 위해 가드리치를 방문했을 것이다. 결론부터 말하자면, 캐나다에서 가장 예쁜 도시 운운할 정도는 아니어도 하루 나들이 코스로 가드리치(Goderich)를 추천한다.

가드리치 드나들기

GODERICH 가드리치

토론토에서 자동차로 3시간 남짓 걸리는 가드리치(Goderich)는 소금 광산으로 유명한 곳이다. 1866년 석유 탐사 대원들은 표면 아래 300미터에서 거대한 고대 소금 퇴적물을 발견했다. 현재, 시프토 캐나다(Sifto Canada)는 휴런호 아래 548m의 지하 소금 광산에서 연간 9백만 톤의 소금을 생산한다. 가드리치에서 생산되는 암염(rock salt)은 북미 오대호 주변의 수많은 커뮤니티에 겨울철 제설용 소금으로 공급된다. 한 때 소금 광산은 투어가 가능했던 관광지였다.

가드리치에서 빼놓을 수 없는 관광명소는 완벽한 포물선 모양의 코지한 백사장이다. 메인 비치(Main Beach), 세인트 크리스토퍼 비치(St. Christopher's Beach), 로터리 코브 비치(Rotary Cove Beach) 이렇게 3개의 비치가 있다. 이곳에서의 일몰은 환상적이다. 비치는 아침 6시부터 밤 11시까지 개방된다.

포인트팜 주립공원

다운타운 505p.

메네세팅 다리
휴런 히스토릭 가올 박물관
휴런 카운티 박물관
팔각형 도로 & 법원 광장
치 스트릿 스테이션 레스토랑
컬버트 베이커리
가드리치 해사장

N

가드리치 추천코스

가드리치의 팔각형 도로는 아주 특이하고 인상적이다. 팔각형 안에는 파머스 마켓과 법원 공원
이 있고, 팔각형 도로에서 방사형으로 8개의 도로가 빛처럼 뻗어나간다. 구엘프 도시를 설계한
존 고트(John Galt)가 도시 설계를 했다. 가드리치 비치에서 해넘이 보기, 메네세팅 다리 하이킹,
포인트팜 주립공원 물놀이, 시엔알 스쿨카 박물관 등을 추천한다.

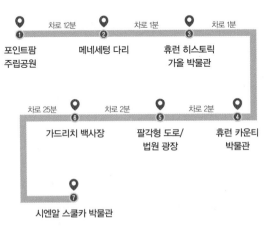

① 포인트팜
주립공원

차로 12분

② 메네세팅 다리

차로 1분

③ 휴런 히스토릭
가올 박물관

차로 1분

⑥ 가드리치 백사장

차로 25분

⑤ 팔각형 도로/
법원 광장

차로 2분

④ 휴런 카운티
박물관

차로 2분

⑦ 시엔알 스쿨카 박물관

가드리치 일정짜기

1. 가장 일반적인 방법

토론토에서 차량을 이용해 가드리치에
도착. 포인트팜 주립공원(Point Farms)에
서 캠핑 혹은 가드리치에서 호텔 1박하면
서 가드리치 투어.

*가드리치에서 1박하면 좋은 점
-가드리치 백사장에서 눈부신 저녁노을을 볼 수
있다.
- 여유롭게 메네세팅 다리(Menesetung bridge)
와 타이거 던롭 헤리티지 트레일(Tiger Dunlop
Heritage Trail)을 걸을 수 있다.
주의 : 밤에 온도가 떨어지기 때문에 캠핑족은
추위를 대비해 전기요를 준비하는 것이 좋다.

가드리치 다운타운

메네세팅 다리 ①

휴런 히스토릭 가올 박물관 ③

휴런 카운티 박물관 ④

비치 스트릿 스테이션 레스토랑 ✕

⑤ 팔각형 도로 & 법원 광장
✕ 컬버트 베이커리

⑥ 가드리치 백사장

메네세텅 다리
Menesetung Bridge

타이거 던롭 헤리티지 트레일의 출발지점. 3분만 걸으면 메네세텅 다리에 닿는다.

메이트랜드 강의 원래 이름은 메네세텅 강(Menesetung River)이었다. 오지브웨 말로 메네세텅은 '웃는 물 Laughing waters'이라고 한다.

길이 132km의 구엘프-가드리치(G&G) 간 철도 노선을 건설하려면 4개의 주요 다리가 필요했는데, 가드리치의 메이트랜드 강(Maitland River)을 건너는 교량 건설에 가장 많은 노력을 기울였다고 한다. 1905-1906년에 강 위로 목조 가대(wooden trestle) 철도 교량이 만들어졌고, 1907년 첫 번째 여객 열차가 가드리치를 떠났다. 철로의 높이는 약 18미터, 길이는 약 213미터로 당시에는 온타리오에서 가장 긴 철도 교량이었다. 주로 가드리치의 곡식과 암염(rock salt)을 운반하던 G&G 노선은 1988년 12월 16일 마지막 열차 운행을 끝으로 폐쇄되었다. 메네세텅 다리는 1992년 철거될 뻔도 했지만 어렵게 살아남아 지금은 메네세텅 워킹 트레일의 부분으로 관광객에게 가장 인기 있는 명소 중 하나가 되었다. 고요히 흐르는 메이트랜드 강, 파란색 건물이 인상적인 시프토 캐나다(Sifto Canada), 구스가 노니는 메이트랜드 퍼블릭 골프장 등이 한 눈에 내려다 보인다. 메네세텅 다리에서 출발해 동쪽으로 4km 떨어진 타이거 던롭의 무덤(Tiger Dunlop's Tomb)까지 1시간 정도 걷는 '타이거 던롭 헤리티지 트레일(Tiger Dunlop Heritage Trail)' 또한 관광객들이 많이 찾는 산책로다. 메네세텅 다리로 가려면 21번 국도에서 노스 하버 로드(North Harbour Road)를 타면 된다. 최대 3시간까지 주차 가능하다.

휴런 히스토릭 가올 박물관

Huron Historic Gaol

- 181 Victoria St N, Goderich, ON N7A 2S9
- 519-524-6971
- 월~토 10:00-16:30, 일요일 13:00-16:30
- 11월 ~ 4월

http://www.huroncountymuseum.ca/

가올(Gaol)은 '감옥'이라는 뜻의 옛말이다. 1972년 문을 닫고 박물관으로 바뀌기 전까지 100년 이상 감옥이었다. 하늘에서 봤을 때 팔각형 모양인 가올 박물관은 건설 당시 인도주의적 교도소 설계의 모델로 여겨졌다. 낮에는 컴플렉스 내에 비치된 오디오 장치를 사용해 셀프 투어가 가능하다.. 밤에는 여느 지역에서 그렇듯이 가이드와 함께 고스트 투어, 혼티드 투어를 할 수 있다.

휴런 카운티 박물관

Huron County Museum

- 주소 : 110 North St, Goderich, ON
- 519-524-2686
- 월~토 10:00-16:30, 일요일 13:00-16:30
- 새해&새해 이브, 성금요일, 부활절,
  추수감사절, 캐나다 현충일, 크리스마스
  이브, 성탄절 & 박싱데이(Boxing Day),

http://www.huroncountymuseum.ca/

수천 개의 유물은 초기 정착, 농업, 군사 등 다양한 주제로 농촌과 도시 공동체의 역사를 보여준다. 실물 크기로 전시되고 있는 증기 기관차를 보면 귀청이 떨어질 듯 경적을 울리며 가드리치 역을 떠나는 기차의 모습이 떠오른다. 휴런 카운티 박물관에서는 연중 다양한 임시 전시회가 열린다.

시엔알 스쿨카 박물관
CNR School on Wheels Museum

⌂ 76 Victoria Terrace, Clinton, ON
◎ (5월 빅토리아데이 주말 토요일 ~9월 마지막 일요일) 목~일(공휴일 월요일 포함) 11:00 – 16:00
◎ 무료 (개인 기부)
schoolonwheels@centralhuron.com
www.centralhuron.com/schoolcar

온타리오 주의 경계가 북쪽으로 확장되던 1880년과 1914년 사이에 일명 북쪽(The North)에는 온타리오 숲을 뚫고 5개의 철로가 놓였다. 철로변에는 철도를 관리하기 위한 노동자들이 거주할 작은 정착촌이 생겨났고, 숲으로 고립된 이 정착촌을 연결하는 유일한 교통수단은 기차였다. 일부 마을은 인구가 늘어 학교가 필요했다.

1926년 온타리오주 클린턴(Clinton)의 프레드 슬로만(Fred Sloman)과 그의 아내 셀라(Cela)는 노던 온타리오 사람들에게 교육의 기회를 제공하기 위해 고안된 학교 철도차량 프로그램(School Railcar Program)을 위해 북부로 떠났다.

CNR(Canadian National Railway) 철도 차량의 반쪽은 슬로만 부부와 5명의 아이들이 생활하는 공간으로 나머지 반은 교실로 개조되었다. 1926년부터 1967년까지 41년간 이와 같은 스쿨카(School Car) 7대가 노던 온타리오에서 운영되었다.

케이프리올(Capreol)과 폴리엣(Foleyet) 구간*을 운행하는 CN열차는 스쿨카(School Car)를 1주일마다 한 장소에서 다른 장소로 이동시켰다. 스쿨카는 일종의 이동 학교였던 셈이다. 일부 학생들은 수업을 듣기 위해 카누, 개썰매, 설피(snowshoes)를 이용해 수킬로미터를 여행해야했다. 슬로만은 다양한 연령대의 학생들을 가르쳤고, 한 달 후 다시 돌아올 때까지 학생들이 해야 할 숙제를 내주었다.

39년이 지난 1965년 슬로만 가족은 은퇴하여 클린턴에서 살았다. 학교 철도 차량 프로그램의 스쿨카 또한 학교건물이 생기면서 폐기되었다. CNR No.15089는 1967년 토론토로 옮겨졌고, 몇 년이 지나 매물로 나왔다. 스쿨카 졸업생이 이 광고를 보고 스쿨카의 선생님이었던 프레드 슬로만 가족에게 연락했고, 마침내 클린턴 타운이 스쿨카를 구입해 박물관으로 만들었다. 슬로만 메모리얼 공원에 도착한 스쿨카는 자원봉사자들의 헌신적인 노력 덕분에 원래 상태로 복원되어 클린턴의 관광명소가 되었다.

*지금도 비아레일 기차가 서드베리(Sudbury)의 북쪽에 있는 케이프리올(Capreol)과 폴리엣(Foleyet)을 운행하고 있다. 철로 길이는 235km 이고, 편도 3시간 48분이 걸린다. 케이프리올(Capreol)에 위치한 노던 온타리오 레일로드 박물관(Northern Ontario Railroad Museum ; 26 Bloor St, Capreol, ON)에도 스쿨카(School Car)가 전시되고 있다. (노던 온타리오 레일로드 박물관 홈페이지 : normhc.com)

포인트팜 주립공원
Point Farms Provincial Park

🏠 체크 인&아웃 시간 : 14:00
주소 : 82491 Bluewater Highway, Goderich, Ontario
전화번호 : 519-524-7124 (응급전화 : 911 혹은 519-525-0404)
온라인 예약 홈페이지 : https:// reservations.ontarioparks.com

포인트팜 주립공원 입구

포인트팜 주립공원은 가드리치 타운에서 차로 12분 거리에 있다. 겨울에 눈이 쌓이면 안 보일 것 같은 새하얀 풍차들이 공원 맞은 편에 서서 바람개비를 돌린다. 200여 캠프사이트, 올드 팜 트레일(Old Farms Trail), 그리고 에머랄드 빛 휴런 호수물을 담고 있는 한적한 해변은 평화로움 그 자체다. 여느 주립공원의 다양한 액티비티를 이 곳에서는 찾아볼 수 없다. 대신에 아이들은 가지고 온 자전거를 타거나 또래들이랑 놀이터에서 놀고, 노부부는 산책을 하고, 저녁이 되면 활활 타는 모닥불 주위에 모여 불멍

(불을 멍하니 보고 있는 행위)을 즐긴다. 아궁이에 불을 떼는 온돌집에서 살아본 사람이라면 불멍이 주는 힐링이 어떤 것인지 잘 알것이다. 모닥불이 다 꺼지면 고개를 들어 별들을 보자. 시야에 든 만큼의 별들을 작은 소리로 헤아려 보는 것은 어떨까? 불청객 너구리는 보이질 않는다. 그렇다고 피크닉 테이블 위나 텐트 안에 어떤 음식이나 음식 쓰레기를 남겨도 된다는 말은 아니다. 캠핑장에서는 음식, 요리를 할 때 사용했던 기구, 음식 쓰레기는 꼭 쓰레기통에 버리거나 차에 넣어두고 잠을 자도록 하자. 포인트팜 주립공원은 텐트, 캠퍼밴(Camper Van), 작은 여행 트레일러(Travel Trailer)에 적합한 캠핑장이다. 전기 가능한 캠핑사이트 1박 비용은 $64.67(세금 포함)이다.

먹자!

EATING

컬버트 베이커리, 윌리스 이터리(West Street Willy's Eatery), 전통 체코 요리인 모라비안 스패로우(Moravian Sparrow)를 맛볼 수 있는 리버런 레스토랑((River Run) 같은 찐 로컬 맛집들이 가드리치의 팔각형 도로 주변과 북쪽으로 많이 있다.

비치 스트리트 스테이션
Beach Street Station

이 식당은 오래된 가드리치 역(Gaderich Station)을 옮겨서 식당으로 개조했다. 가드리치(Goderich)는 더 이상 기차 운행을 하지 않는다. 식당 벽에 사인까지 있는 엘리자베스 2세 여왕과 필립 공의 젊은 시절 사진이 걸려 있다. 두 분이 가드리치에 온 적이 있는가? 라고 물었더니 가드리치와는 아무런 상관이 없는 그냥 레스토랑 주인의 취미라고 한다.

컬버트 베이커리
Culbert's Bakery

컬버트 베이커리는 팔각형 도로의 웨스트 스트리트(West St.) 49번지에 있다. 피크타임에 도착했다면 주문하려고 줄을 선 사람들을 보고 놀라지 마라. 사람들은 푸티드 페이스트리(Putted pastry)를 사기 위해 차로 기꺼이 이곳까지 온다. 컬버트의 시그니처 빵은 크림 도넛 혹은 크림 퍼프(Cream Puff)라고 불리는 빵이다. 빵 사이에는 맛있는 크림을 넣고, 빵 위에는 아이싱 슈거를 뿌렸다. 1877년에 문을 연 컬버트 베이커리의 주인은 다린 컬버트(Darin Culbert) 씨다.

※퍼프 페이스트리 : 얇게 반죽한 페이스트리를 여러 장 겹쳐서 파이, 케이크 등을 만들 때 쓰는 것.

🏠 49 West St, Goderich, ON N7A 2K3
📞 519-524-7941 ⏰ 화~금 08:30~17:00, 토 08:00~17:00
🚫 일요일 & 월요일
http://www.culbertsbakery.com/

🏠 2 Beach St, Goderich, ON N7A 4C7
📞 519-612-2212
http://www.beachstreetstation.com/

가드리치 호텔&모텔 리스트

Benmiller Inn

⌂ 81175 Benmiller Line, Goderich
☏ 519-524-2191
http://benmiller.ca/

Cedar Lodge Motel

⌂ 157 Huron Rd, Goderich
☏ 519-524-8379
http://www.cedarlodgemotel.ca/

Comfort Inn & Suites

⌂ 135 Gibbons Street, Goderich
☏ 519-440-0215
https://www.choicehotels.com/en-ca/ontario/goderich/
comfort-inn-hotels/cna88

Dunlop Motel

⌂ 82036 ON-21, Goderich
☏ 519-524-8781

Dreamz Inn

⌂ 79271 Bluewater Hwy, Goderich (Hwy 21 & Union Road
교차로)
☏ 519-524-7396
http://www.dreamzinn.ca/

Harmony Inn

⌂ 242 Bayfield Rd, Goderich
☏ 519-524-7348
http://harmonyinn.ca/

Hotel Bedford

⌂ 92 The Square, Goderich
☏ 519-524-7337
http://www.hotelbedford.ca

Maple Leaf Motel

⌂ 54 Victoria Street North, Goderich
☏ 519-524-2302
https://tmlm.ca/

Port Albert Inn(Since 1842)

⌂ 9 Wellington Street South, Goderich
☏ 519-529-7986
https://www.innattheport.com/

Samuels Hotel

⌂ 34031 Saltford Road, Goderich
☏ 519-524-1371
https://www.samuelshotel.ca/

Silver Birch Motel

⌂ 79764 Bluewater Hwy, Goderich
☏ 519-524-8516
http://www.silverbirchmotelgoderich.com/

QUEBEC

퀘벡 주

QUÉBEC CITY ★

퀘벡 주의 주도는 퀘벡시티다. 퀘벡 통계연구소에 의하면, 2024년 퀘벡주
인구수는 약 899만 명으로 캐나다 주에서 두 번째로 많다. 퀘벡은 알공퀸 말로
'좁은 통로(narrow passage)' 혹은 '해협(strait)'을 뜻한다. 퀘벡시티 근처의
세인트로렌스 강이 좁아지는 것을 설명하는데 처음 사용되었다.

Quebec

QUEBEC'S FLAG
퀘벡 기 1950년 퀘벡 주의회에 의해 승인되었다. 깃발의 비율은 3:2다. 푸른색 바탕 위의 흰색 십자가는 고대 프랑스군의 배너에서 가져왔고, 4개의 백합 문양은 프랑스의 상징이다.

AREA
인구 약 8,995,000명 (2024년)

AREA	**AREA**
면적 154만 680㎢	주도 퀘벡 시티

TOURIST DESTINATION
관광지 몬트리올, 이스턴 타운쉽, 퀘벡시티, 오를레앙섬, 베성풀, 가스페, 페르세, 리무스키 등

Sales Tax
판매세 14.975% (GST 5% + QST 9.975%)

Tipping
팁 캐나다에서는 일반적으로 팁과 서비스료가 청구서에 추가되지 않는다. 일반적으로 총 청구 금액의 15%를 팁으로 지불한다. 이것은 웨이터와 웨이트리스, 이발사, 미용사, 택시 운전사에게 적용된다. 호텔의 포터와 도어맨은 가방당 C$2를 받는다. 호텔 룸메이드 서비스의 경우, 1인당 하루 최소 C$2(고급 호텔의 경우 C$3~C$5)를 남겨둡니다.

2008년 7월 3일, 퀘벡주는 퀘벡시 탄생 400주년 행사를 거창하게 치렀다. 1604년 처음 캐나다 땅에 발을 디딘 사무엘 드 샹플랭(Samuel de Champlain)은 1608년 퀘벡을 세우고 뉴프랑스 시대를 열었다. 알곤퀸 원주민들과의 모피 무역이 성행하며 모피무역소를 중심으로 수로를 통한 서부 개척의 길을 텄다. 또한 프랑스 예수회 소속 선교사들의 포교도 활발하게 이루어졌는데 대표적인 유적지가 온타리오주 미들랜드의 '휴런인들 속의 생뜨마리(Sainte Marie among the Hurons)'라는 유적지다.

퀘벡주가 성립된 역사는 1776년 미국 독립전쟁과 무관하지 않다. 독립전쟁에서 진 영국 왕당파 수만 명이 북쪽의 영국령 식민지로 이주했고, 영국 정부는 이들에게 넓은 토지를 제공하여 정착을 도왔다. 이로인해 갑자기 밀려든 영국계 주민들과 이미 캐나다에 살고 있던 프랑스계 주민들간의 갈등이 빈번했다. 영국은 1791년 식민지 통치법(Constitutional Act)을 공포해 '퀘벡 식민지(1763-1791)를 오늘날 온타리오에 해당하는 지역은 영국계 중심의 어퍼캐나다(Upper Canada)로, 오타와 강 동쪽의 나머지 퀘벡은 프랑스계가 주로 거주하는 로어캐나다(Lower Canada)로 분할해 각각 하나의 정치 체제를 두도록 했다. 대서양 쪽에서 보면 퀘벡은 대서양에서 가까운 로어였고, 어퍼캐나다는 멀고 교통이 험난한 곳이었다. 당시는 대서양을 통한 무역이 활발했던 시기라 어퍼캐나다는 로어캐나다에 비해 세금수입이 적었다. 영국 정부는 1840년 어퍼캐나다와 로어캐나다를 통합하는 '통합법(Act of Canada)'을 재정하여, 캐나다는 '영국령 캐나다(Province of Canada)'로 재편했다. 1865년 미국의 남북전쟁이 끝나고 미국의 군사력은 더 강해졌다. 그래서 영국은 캐나다의 영국령 식민지 전체를 통합해 미국과 같은 연방국가를 만들려는 야심찬 계획을 세운다. 드디어 1867년 7월 1일 영국 의회는 '영국령 북미법(British North American Act)'를 승인하고 '캐나다 자치령(Dominion of Canada)'을 탄생시킨다. 그 결과 영국령 캐나다(Province of Canada), 뉴브런즈윅, 노바스코샤 3개 식민지가 캐나다 자치령 탄생과 동시에 연방에 가입하면서 온타리오, 퀘벡, 노바스코샤, 뉴브런즈윅 이라는 4개 주로 개편되었다.

퀘벡주의 주도는 퀘벡시(Québec City) 이며, 최대의 도시는 몬트리올(Montréal)이다. 지형상으로는 퀘벡주 남쪽의 애팔래치아 산맥, 북쪽의 로렌시아 산맥 그리고 세인트로렌스강이 흐르는 저지대로 구분된다. 세인트로렌스강 저지대와 대서양 해안선을 따라 크고 작은 도시들이 분포되어 있다.

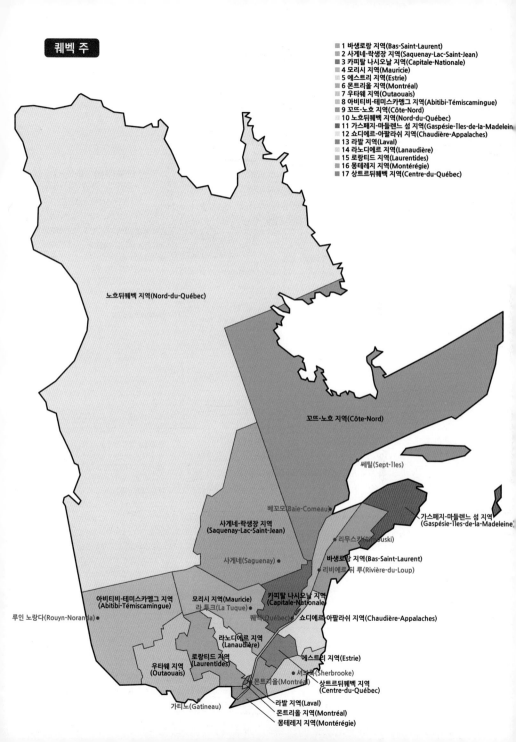

퀘벡 주

■ 1 바생로랑 지역(Bas-Saint-Laurent)
■ 2 사게네-락생장 지역(Saquenay-Lac-Saint-Jean)
■ 3 카피탈 나시오날 지역(Capitale-Nationale)
■ 4 모리시 지역(Mauricie)
■ 5 에스트리 지역(Estrie)
■ 6 몬트리올 지역(Montréal)
■ 7 우타웨 지역(Outaouais)
■ 8 아비티비-테미스카멩그 지역(Abitibi-Témiscamingue)
■ 9 꼬뜨-노흐 지역(Côte-Nord)
■ 10 노흐뒤퀘벡 지역(Nord-du-Québec)
■ 11 가스페지-마들렌느 섬 지역(Gaspésie-Îles-de-la-Madelein
■ 12 쇼디에르-아팔라쉬 지역(Chaudière-Appalaches)
■ 13 라발 지역(Laval)
■ 14 라노디에르 지역(Lanaudière)
■ 15 로랑티드 지역(Laurentides)
■ 16 몽테레지 지역(Montérégie)
■ 17 상트르뒤퀘벡 지역(Centre-du-Québec)

노흐뒤퀘벡 지역(Nord-du-Québec)

꼬뜨-노흐 지역(Côte-Nord)

쎄틸(Sept-Îles)

베꼬모(Baie-Comeau)

가스페지-마들렌느 섬 지역
(Gaspésie-Îles-de-la-Madeleine)

사게네-락생장 지역
(Saquenay-Lac-Saint-Jean)

리무스키(Rimouski)

사게네(Saguenay)

바생로랑 지역(Bas-Saint-Laurent)

리비에르뒤 루(Rivière-du-Loup)

아비티비-테미스카멩그 지역
(Abitibi-Témiscamingue)

모리시 지역(Mauricie)

카피탈 나시오날 지역
(Capitale-Nationale)

라 투크(La Tuque)

루인 노랑다(Rouyn-Noranda)

퀘벡(Québec)

쇼디에르-아팔라쉬 지역(Chaudière-Appalaches)

라노디에르 지역
(Lanaudière)

로랑티드 지역
(Laurentides)

에스트리 지역(Estrie)

우타웨 지역
(Outaouais)

서브룩(Sherbrooke)

몬트리올(Montréal)

상트르뒤퀘벡 지역
(Centre-du-Québec)

가티노(Gatineau)

라발 지역(Laval)

몬트리올 지역(Montréal)

몽테레지 지역(Montérégie)

퀘벡 교통편

퀘벡은 1,500,000km2가 넘는 광활한 영토를 가지고 있다. 프랑스의 3배다.
퀘벡의 도로를 여행하는 데는 시간이 오래 걸릴 수 있으므로 대중교통 혹은 자동차 중에 어떤 교통수단을 이용하는 것이
안전한지 신중하게 계획하는 것이 좋다. 몬트리올 코치 터미널(Gare d'autocars de Montréal)은 몬트리올에서
퀘벡 전역 및 온타리오주와 미국 동부 대도시를 오가는 버스 노선을 제공하는 유일한 시외 버스 터미널이다.

01 몬트리올 국제 공항 Aéroport Montréal-Trudeau

퀘벡의 광활한 영토를 감안할 때 비행기 여행은 빠르고 매우 실용적인 방법일 수
있다. 도로로는 접근할 수 없는 누나빅(Nunavik)과 같은 고립된 지역에 도달할 수
있을 뿐만 아니라, 퀘벡시티-가스페(Québec-Gaspé) 또는 몬트리올-쉬부가모
(Montréal-Chibougamau)와 같은 먼 거리를 90분이면 갈 수 있다.
몬트리올 트뤼도 국제공항은 광역 몬트리올, 퀘벡의 인접 도시, 온타리오 동부, 미
국의 버몬트 주와 뉴욕 북부에 서비스를 제공한다. 또한 몬트리올 공항에 취항한
항공사들은 5개 대륙으로 직항편을 제공하고 있다. 하루 평균 53,000명의 승객이
몬트리올 공항을 이용한다.

> **몬트리올 트뤼도 국제공항**
> 🏠 Bd Roméo Vachon Nord (Arrivées),
>   Dorval, QC H4Y 1H1
> ☎ (514) 633-3333 TTY 1 800 855-1155
>   분실물센터(Lost and Found) : (514)
>   633-2076
> www.admtl.com

02 몬트리올 코치 터미널 Gare d'autocars de Montréal

시외 버스의 출발 및 도착지로 하루에 300여대의 버스가 터미널을 드나든다. 몬트
리올 코치 터미널은 베리 위켐(Berri-UQAM) 지하철역과 연결되어 있어 접근성이
좋다. 코치 버스는 퀘벡주의 모든 도시, 온타리오주의 대도시(토론토, 오타와 등),
그리고 미국 뉴욕주에 있는 대도시 구간을 운행한다. 시내버스 터미널인 대중교통
버스터미널(Terminus Centre-Ville), 비아레일(Via Rail)과 암트랙(Amtrak; 미국 기
차) 역으로 사용되는 몬트리올 중앙역(Montréal Central Station) 그리고 통근 열차
인 엑소(Exo Commuter train lines) 터미널 등을 혼동하지 말아야 한다.

> **몬트리올 코치 터미널**
> 🏠 1717, Rue Berri, Montréal
> ⊙ 티켓 오피스 오픈 24시간 오픈
> ☎ 514-842-2281 (가격 및 스케줄 문의)
> 버스 티켓 구매 : gamble.com

03 주요 시외 버스 운송회사와 노선

오를레앙 익스프레스(Orléans Express) 운송회사

퀘벡주의 모든 도시-퀘벡 시티(Quebec City), 퀘벡주의 해안 도시(리무스키 Rimouski, 리비에르뒤루 Rivière-du-Loup
등), 가스페지의 주요 도시(가스페 Gaspé, 페르쎄 Percé, 포트 다니엘 Port-Daniel, 마타페디아 Matapédia 등), 세인트
로렌스강 북쪽의 유명 관광지(베생폴 Baie-Saint-Paul, 라말베 La Malbaie, 생시메옹 St-Siméon, 타두삭 Tadoussac,
베꼬모 Baie-Comeau, 셉틸 Sept-îles 등) - 로의 운행은 오를레앙 익스프레스(Orléans Express)사가 맡고 있다. 주요
노선은 크게 두 개다.

- 몬트리올 – 퀘벡 시티 구간 : 하루 네 번 운행.
- 몬트리올 – 가스페 구간 : 하루에 한 번 운행. 리무스키(Rimouski)에서 세인트로렌스 강을 따라 마탄(Matane)을 거쳐서 가스페로 가는 북쪽 노선(Nord Line)과 살레르 만(Chaleur Bay) 해안을 따라 페르쎄(Percé)를 거쳐 가스페로 가는 남쪽 노선(Sud Line)이 있다.

버스 번호	버스 노선 이름	출발지	연락처
48번	몬트리올—퀘벡 시티(급행)	몬트리올 버스 정류장 (1717, Rue Berri)	(514) 842–2281
41번	몬트리올—퀘벡 시티(완행, 트르와 리비에르 경유)	트르와 리비에르 버스 정류장 (275, Rue Saint-Georges)	(819) 374–2944
10번	몬트리올—퀘벡 시티(완행, 드러몽비유 경유)	드러몽비유 버스 터미널 (375, rue Janelle)	(819) 850–2111
64번	퀘벡 시티—리무스키	팔레역 버스 터미널 (320, Rue Abraham-Martin)	(418) 525–3000
68번	리무스키—가스페지(마탄 경유, 북쪽 노선)	리무스키 오를레앙 익스프레스 터미널 (90, Rue Léonidas)	(418) 723–4923
60번	리무스키—가스페지(페르쎄 경유, 남쪽 노선)	가스페 Motel Rodeway Inn (20, Rue Adams)	(418) 368–1888
25번	몬트리올—오타와/가티노(Gatineau)	오타와 정류장 (200 Chemin Tremblay Rd)	

 리모카(Limocar) 시외버스 운송회사

리모카(Limocar) 버스 회사는 몬트리올과 이스턴 타운쉽(Eastern Township) 구간 3개의 버스 노선을 운영하고 있다.

- 익스프레스 라인(Express Line) : 하루 12대의 버스가 몬트리올 버스 터미널과 셔브룩(Sherbrooke) 구간을 운행한다. 약 2시간이 소요된다.
- 로컬 라인(Local Line) : 하루 2대의 버스가 셔브룩(Sherbrooke)과 몬트리올 롱구엘(Longueuil) 구간의 15개 읍(municipalities)을 통과한다. 익스프레스 라인을 갈아탈 수 있다.
- 브롬–미씨스쿠아 라인(Brome Missisquoi Line) : 이 노선은 Ange-Gardien, Bromont, Cowansville, Granby, Farnham 및 Sutton 근처의 거주자가 셔브룩(Sherbrooke) 또는 몬트리올(Montréal)과 같은 대도시로 나갈 때 용이하다. 이스턴 타운쉽을 대중교통을 이용해 여행하고 싶은 분은 몬트리올 코치 터미널에서 리모카 시외버스 회사가 운행하는 익스프레스 라인과 브롬–미씨스쿠아 라인을 이용하면 편리하게 여행 목적지에 도달할 수 있다.

버스 번호	주요 정착지(Main Stops)														
Express Line (1일 12대)	Gare d'autocars de Montréal			Longueuil (métro)		Ange-gardien		Autoparc 74(Granby/ Bromont)		Magog		Sherbrooke			
Local Line (1일 2대)	She rbro oke	Mag og	East man	Wate rloo	Bro mont	Gran by	Abb ostf ord	Saint -Cés aire	Rou gem ent	Mar ievi lle	Rich elieu	Cha mbly	Saint -Hub ert	Long ueuil
Brome Missisquoi Line	Ange-Gardien			Autoparc 74		Cowansville		Granby		Farnham		Sutton			

오토버스 마외 (Autobus Maheux) 운송회사
1994년 4월 7일부터 몬트리올과 발도르(Val-d'Or), 루인노랜다(Rouyn-Noranda) 그리고 아비티비 테미스카멩그(Abitibi-Témiscamingue) 등 지역간의 도시간 버스를 운행하고 있다. 년 100,000명이 이용한다.

 그레이하운드 (Greyhound)
뉴욕주의 대도시(뉴욕, 사라토가 스프링(Saratoga Spring), 플래츠버그(Plattsburgh), 알바니(Albany) 등), 그리고 버몬트주의 도시(벌링턴 공항(Burlington Airport), 화이트 리버 정크션(White River Junction) 등)을 운행한다.

몬트리올 시외버스 운송회사 홈페이지 정보
- 오를레앙 익스프레스 Orléans Express : orleansexpress.com
- 리모카 Limocar : limocar.ca
- 오토버스 마외 Autobus Maheux : autobusmaheux.qc.ca
- 그레이하운드 Greyhound : greyhound.ca
- 인터카 Intercar : https://intercar.ca

 인터카 (Intercar)
퀘벡에서 두 번째로 큰 도시간 버스 서비스를 제공하는 업체로 퀘벡시티 세인트로렌스강 북동쪽 지역(사게네, 락생장, 북쪽 해안(Côte-Nord) 도시들)을 담당하고 있다.

사게네(Saguenay) 출발
- 사게네 종퀴에르(Jonquière, Saguenay) ⇌ 퀘벡시티
- 사게네 쉬쿠티미(Chicoutimi, Saguenay) ⇌ 타두삭 (Tadoussac)

꼬뜨 노흐(Côte-Nord) 출발
- 베꼬모(Baie-Comeau) ⇌ 퀘벡시티
- 베꼬모(Baie-Comeau) ⇌ 쎄틸(Sept-Îles)
- 쎄틸(Sept-Îles) ⇌ 아브르생피에르(Havre-Saint-Pierre)

락생장(Lac-Saint-Jean) 출발
- 돌보(Dolbeau) ⇌ 퀘벡시티
- 돌보(Dolbeau) ⇌ 쉬쿠티미(Chicoutimi)
- 생 펠리 시앙(Saint-Félicien) ⇌ 쉬부가모 (Chibougamau)

---

04 비아레일(기차)

몬트리올 중심부에 위치한 중앙역은 시내로 가는 관문이자 지하철, 버스, 교외로 가는 통근 열차, 장거리 기차(비아레일과 암트랙)와 같은 대중 교통과 연결되어 여행이 편리합니다.

온타리오 - 퀘벡 구간 (Ontario - Québec)
캐나다에서 인구 밀도가 가장 높고 산업화된 온타리오주와 퀘벡주의 대도시(퀘벡 시티, 몬트리올, 오타와, 킹스턴, 토론토, 키치너, 나이아가라 폭포, 런던, 윈저 등)를 편리하게 여행할 수 있도록 연결해 준다.

몬트리올-할리팩스 오션 구간 (Montréal - Halifax The Ocean)

저녁 무렵, 몬트리올을 출발한 오션 기차(The Ocean)는 세인트로렌스 강의 화려한 해넘이를 보면서 하룻밤을 달려 다음 날 아침 안개 낀 샬레르 만의 해안에 도달한다. 달리는 식당 칸의 아침 식사는 색다른 안식을 준다. 낮 동안 뉴 브런즈윅(New Brunswick)과 노바스코샤(Nova Scotia)의 해안을 달려 기차는 오후 늦게 노바스코샤의 주도인 할리팩스에 도착한다. 총알 모양의 파크 카(Park Car) 라운지에서 신문도 읽고, 계단을 올라가 시닉 돔(Scenic Dome)에서 360도 경치를 감상하고 다른 여행객들과 수다도 떨어보자.

 ## 몬트리올 – 가스페 구간 (Montreal - Gaspé) 폐쇄 / 2025년 개통 예정

몬트리올(Montréal) 기차역에서 출발, 샬레르 만(Chaleur Bay)의 해안을 돌아 가스페(Gaspé) 까지 1,041km 를 달린다. 몬트리올 중앙역을 저녁 무렵에 출발한 기차는 밤새 달려 가스페(Gaspé)에 다음 날 정오 무렵에 도착한다. 하행선도 마찬가지로 가스페(Gaspé)에서 늦은 오후에 출발해 몬트리올에 다음 날 오전에 도착한다. 좌석은 이코노미석과 슬립퍼(Sleeper)석이 있다. 주 3회 운행되던 야간 열차였지만 마타페디아(Matapédia)와 가스페(Gaspé) 사이의 열악한 트랙 상태로 인해 2013년 8월부터 운행이 중단된 상태다.

몬트리올에서 비아레일(Via Rail)과 코치 버스를 이용해 가스페(Gaspé)로 가는 방법

몬트리올에서 오션 기차(The Ocean)를 타고 마타페디아(Matapédia)에 도착한 후, 가스페 행 코치 버스를 타고 가스페로 갈 수 있다. 하지만 기차에서 내려 가스페 행 코치 버스를 타기까지 10시간 정도 기다려야 하는 불편함이 있다. 마타페디아에서 차를 렌트해서 가스페지 일대를 여행하는 것도 방법이다. 여행이 끝나면 마타페디아에서 차를 반납한 뒤 기차를 타고 몬트리올로 오면 된다.

오를레앙 익스프레스–마타페디아 버스 정류장
⌂ 14 Boulevard Perron E, Matapédia
🎫 마타페디아 – 가스페 : 편도(single ticket) $42.55
버스회사 : 오를레앙 익스프레스 (Orléans Express)
버스 티켓 구매 홈페이지 orleansexpress.com
※ 오를레앙 익스프레스 웹사이트에 접속해서 궁금한 내용은 이메일, 전화, 직원과의 온라인 채팅으로 상세하게 물어볼 수 있다.

몬트리올 중앙역
⌂ 895, de la Gauchetière ouest, Montreal
garecentrale.ca

05 페리 (Traversier 트라베흐시에)

온타리오 호수에서부터 북동쪽으로 1,197킬로미터를 흘러 대서양에 이르는 세인트로렌스 강은 퀘벡 시티를 지나면서부터는 나팔 모양으로 강폭이 넓어진다. 퀘벡 시티의 퐁 드 퀘벡(Pont de Quebec)과 피에르 라포르테 다리(Pierre-Laporte Bridge)는 세인트 로렌스강의 남쪽과 북쪽을 잇는 마지막 다리다. 세인트로렌스 강 하류로는 더 이상 다리가 없기 때문에 강을 건너기 위한 교통수단은 페리가 유일하다. 페리를 불어로 트라베흐(Traverse)라고 하고, STQ(Société des traversiers du Québec)가 퀘벡 전역의 페리 서비스를 제공하고 있다. 일반적으로 트라베흐시에(Traversier)라고 부르며 퀘벡의 공기업이다.

차를 타고 퀘벡을 여행하는 사람이라면, 먼저 퀘벡 시티에서 출발해 세인트로렌스 강 남단의 132번 하이웨이를 따라 리비에르 뒤루(Rivière-du-Loup), 리무스키(Rimouski), 땅끝 마을인 가스페(Gaspé), 페르쎄(Percé) 등을 한 바퀴 돈다. 그리고 세인트로렌스 강 이북의 유명 관광지(베생폴 Baie-Saint-Paul, 말베 Malbaie, 타투삭 Tadoussac, 사그네 Saguenay 등)를 여행하기 위해 페리를 타고 강을 건너는 것이 보편적인 여행 루트다.

페리	운행기간 (Operating)	소요시간 (Crossing time)	여행 거리 (Distance traveled)	웹사이트(Website)
퀘벡(Québec) – 레비(Lévis)	연중무휴(year-round)	12분	1 km	traversiers.com
리비에르뒤루(Rivière-du-Loup) – 쌩시메옹(Saint-Siméon)	부활절(Easter)부터 1월 1일까지	65분	27.2km	traverserdl.com
트르와 피스톨르(Trois-Pistoles) – 레에스끄멩(Les Escoumins)	5월 중순부터 10월 중순까지	90분	28km	traversiercnb.ca 웹사이트와 전화 예약. 차량 42대, 승객 195명 탑승 가능
리무스키(Rimouski) – 포리스트빌(Forestville)	4월부터 10월까지 하루 2번~4번 운행	55분	48km	traversier.com 전화 예약 1-800-973-2725
리무스키(Rimouski) – 쎄틸(Sept-Ile), Anticosti Island… 블랑 싸블롱(Blanc-Sablon)	4월부터 1월까지	7일	2237.2km	relaisnordik.com 웹사이트에서 이메일 혹은 전화로 예약. 418-723-8787 Toll Free 1-800-463-0680
마탄(Matane) – 배꼬모(Baie-Comeau)	연중무휴	2시간 20분	62.1km	운전자든 보행자든 예약 필수. 터미널 도착 최소 3시간 전에 콜센터 영업시간에 전화. 1-877-562-6560 traversiers.com에서 온라인 예약.
마탄(Matane) – 갓부(Godbout)		2시간 10분	55.3km	

* 트래버스를 이용하는 관광객은 반드시 각 회사의 웹사이트에서 출발 일정을 확인 후 여행하길 바란다.

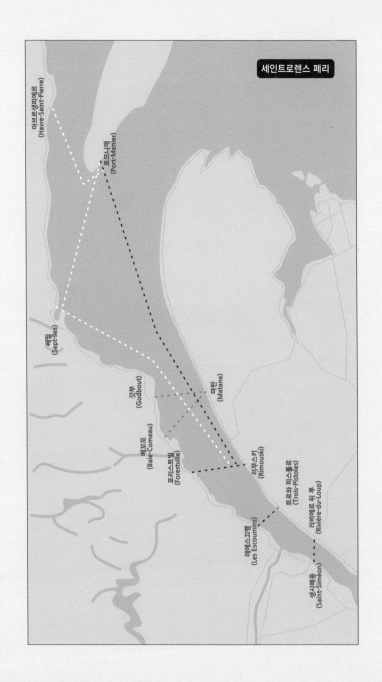

세인트로렌스 페리

아브르생피에르
(Havre-Saint-Pierre)

포트머니에
(Port-Menier)

세띨
(Sept-Îles)

갓부
(Godbout)

마탄
(Matane)

베꼬모
(Baie-Comeau)

포리스트빌
(Forestville)

리무스키
(Rimouski)

트르와 피스톨르
(Trois-Pistoles)

레제스꾸맹
(Les Escoumins)

리비에르 뒤 루
(Rivière-du-Loup)

생시메옹
(Saint-Siméon)

CANADA

Montréal

몬트리올

Montréal

몬트리올

'몬트리올 가제트(Monteal Gazette)'지에서
영화 배우 로버트 드 니로(Robert De Niro)는
몬트리올을 정말 멋진 도시(a terrific city)라고 칭송했다.

그의 말대로, 몬트리올은 재즈, 서커스, 축제, 예술, 패션, 영화, 아트가 어우러진 낭만 도시이자 활기 넘치는 도시다. 영국의 희극작가 셰익스피어와 프랑스의 희극작가 몰리에르가 만나 문화적 대폭발이 일어나는 곳이 몬트리올이다. 무심코 지나쳤을 지 모르는 수많은 공공 미술 작품들이 지하철, 거리, 건물, 공원 같은 곳에 설치/전시되고 있다. 젊은 예술가들의 거주지로 부상하고 있는 마일엔드(Mile End)는 그 느낌이 뉴욕 브루클린을 닮았다. 넷플릭스 드라마 〈그리고 베를린에서 UnOrthodox〉의 배경인 뉴욕 브루클린의 하시드파 울트라정통유태인 거주지가 몬트리올 플라토 몽로얄(Plateau Mont-Royal)에도 있어서 심심찮게 그들을 만나게 된다. 단체 여행보다는 소수의 관점을 가진 시티투어가 대안 여행으로 부상하면서 유태인이 다니는 빵집은 새로운 관광지가 되고 있다. 유대인이 공헌한 대표적인 몬트리올 요리인 몬트리올 베이글과 훈제고기 샌드위치(smoked meat sandwich)를 꼭 맛보길 바란다. 스모크 미트(smoked meat)는 미국인 사이에선 파스트라미(Pastrami)라 불린다. 고기를 오래 보관하기 위해 허브와 향신료로 양념을 한 후 훈제한 가공육이다. 일반적으로 소의 가슴살인 양지머리(beef brisket)를 사용한다. 이 외에도 프렌치 프라이에 커드 치즈를 얹고 그레이비 소스를 뿌린 푸틴(Poutine)은 푸틴 위크(Poutine Week) 축제가 있을 정도다. 술은 18세 이상이면 마실 수 있다. 몬트리올 사람들은 다른 도시와 달리 가족과 친구 사이에 양 볼을 번갈아 맞대면서 인사하는 '비즈' 와 사람을 심쿵하게 만드는 아이 컨택(eye contact)이 일상화되어 있다. 볼키스로 인사를 할 때는 오른쪽부터 시작해 입으로 '쪽' 소리를 내면 된다. 몬트리올은 북미의 '탱고(Tango) 수도라고 불릴 정도로 탱고 댄서와 댄스 홀이 많다. 몬트리올에서 잠못드는 밤엔 아내와 탱고를 추천한다.

몬트리올 지형

세인트로렌스 강과 오타와 강이 만나는 아우라지인 몬트리올 섬은 이 두 강의 영향으로 만들어졌다. (샛강과 한강에 둘러싸인 여의도처럼) 북쪽에는 프레리 강(Prairies River)이 흐르고, 남쪽으로는 세인트로렌스 강이 섬을 휘돌아 대서양을 향해 흐른다. 섬의 면적은 제주도의 1/3.7인 499.2 km2 이다. 로렌시아 산맥과 세인트로렌스 강 사이에 샌드위치처럼 끼어 있다. 오타와 강과 세인트로렌스 강 위쪽의 로렌시아 산맥은 대서양까지 이어져있다.

언더그라운드 시티 Underground City

일반적으로 언더그라운드 시티(Underground City)라고 하는 RÉSO 는 상호 연결된 일련의 오피스 타워, 호텔, 쇼핑 센터, 주거 및 상업 단지, 컨벤션 홀, 대학 및 공공 예술 장소에 적용되는 이름이다. 몬트리올은 대부분의 연결 터널이 지하를 통과하지만 일부는 지상과 스카이 브릿지도 있기 때문에 지하 도시라기 보다는 실내 도시(Ville intérieure)라고 할 수 있다. 몬트리올 실내 도시는 평행한 두 개의 지하철 노선 사이에 남북으로 두 축을 만들어 하나로 연결되도록 했다. 이 네트워크는 몬트리올의 긴 겨울 동안 아주 유용하다. 인구 밀도가 가장 높은 곳이다 보니 겨울 동안 매일 50만 명 이상의 사람들이 이용하는 것으로 추정된다. 터널의 길이는 32킬로미터이고, 대학이나 기관들이 자체적으로 가지고 있는 작은 터널 네트워크까지 합치면 더 길다고 볼 수 있다. 2004년에 지하 도시의 네트워크가 다시 브랜드화되어 불어 단어인 레조(réseau)의 동음어인 RÉSO라는 이름이 부여되었다. 레조(réseau)는 네트워크라는 뜻이다. 몬트리올 언더그라운드 시티의 대부분은 메트로(지하철)가 운영되는 오전 5시 30분부터 새벽 1시까지 열려 있지만 일부는 영업 시간 외에는 문을 닫는다. 몬트리올 언더그라운드 시티는 레오나르도 다 빈치의 코덱스에 적힌 도시 구상을 기초로 설계되었다

레오나르도 다빈치가 코덱스에 그린 도시건축을 정교하게 재현한 복제품. 실내로 다닐 수 있게 설계되었다.

(언더그라운드 시티의 네트워크인 몬트리올 레조(RÉSO)는 총 길이가 32킬로미터 이상이다. 주요 건물, 박물관, 아이스하키 경기장인 벨 센터, 이튼 센터 백화점, 지하철 역, 대학교 등이 상호 연결되어 실내 도시를 이루고 있다.)

한국에서 출발하는 몬트리올 직항이 없기 때문에 한국 관광객은 토론토 피어슨 국제공항에 도착해 입국심사를 마친 후, 몬트리올행 국내선으로 갈아타야한다. 몬트리올 공항에서는 편하게 출구로 나오면 된다.

※ 에어캐나다는 2024년 여름과 가을, 인천-몬트리올 직항 항공편을 시즈널로 운행할 예정이다.
자세한 정보와 예약은 에어캐나다의 공식 웹사이트(aircanada.ca)에서 확인할 수 있다.

몬트리올 드나드는 방법 ❶ 항공

Aéroport Montréal-Trudeau

⌂ 975 boul. Roméo-Vachon Nord, Dorval

공항 셔틀 서비스를 제공하는 호텔

Auberge de l'Aéroport Inn, DoubleTree by Hilton Montreal Airport, Embassy Suites, Holiday Inn Montreal Airport, Holiday Inn Pointe-Claire, Courtyard Montreal Airport, Fairfield Inn & Suites Montreal Airport, Quality Hotel Dorval, Quality Inn & Suites P.E. Trudeau Airport, Radisson Hotel Montreal Airport, Sheraton Montreal Airport Hotel

✈ 몬트리올 피에르 엘리오트 트뤼도 국제공항 Montréal-Pierre Elliott Trudeau International Airport

몬트리올 피에르 엘리오트 트뤼도 국제공항은 몬트리올-트뤼도 국제공항(Montréal-Trudeau International Airport) 혹은 몬트리올섬의 도발(Dorval)에 위치해 있기 때문에 몬트리올-도발 국제공항(Montréal-Dorval International Airport)이라고도 부른다. 몬트리올 시내에서 서쪽으로 20킬로미터 떨어져있다. 캐나다 최대 항공사인 에어캐나다(Air Canada), 에어이누잇(Air Inuit), 에어트랜셋(Air Transat)의 허브 공항이자, 선윙에어라인(Sunwing Airlines)과 포터에어라인(Porter Airlines)의 운영 기지이기도 하다. 국내는 퀘벡, 대서양 지방 및 온타리오 동부에 서비스를 제공하고, 국외는 5개 대륙으로 직항편을 연중 운항하고 있다.

공항에서 시내로

버스 Bus

몬트리올 트뤼도 국제공항과 몬트리올 다운타운(Berri-UQAM Station)을 연결하는 '747 버스 라인' 서비스는 24시간 운행된다. 교통상황에 따라 45분에서 70분 정도 소요된다. 요금은 11불이며, 24시간 내에 STM 버스와 지하철을 연계해서 이동할 수 있다.

택시 Taxi

공항 중앙 출구 근처 도착층에서 택시를 탈 수 있다. 예약은 필요치 않다. 공항에서 몬트리올 시내까지 택시요금은 고정이며, 낮(05:00~23:00)에는 $48.40, 심야(23:00~05:00)에는 $55.65 이다. 현금(캐나다 달러), 신용카드 등으로 요금을 지불할 수 있다.

코치 Coaches

오를레앙 익스프레스(Orléans Express)는 몬트리올 트뤼도 국제공항과 오타와, 퀘벡, 그리고 트르와리비에르(Trois-Rivières) 간 코치버스를 이용한 왕복 셔틀 서비스를 제공하고 있다.

호텔에서 제공하는 공항 셔틀 서비스

비행 전후에 호텔을 예약할 때는 공항 셔틀 서비스를 제공하는지 여부를 호텔에 확인하기 바란다.

REM(Réseau express métropolitain 메트로폴리탄 고속 네트워크)

광역 몬트리올에 건설 중인 경전철 급행 시스템으로 2025년에 완공되면 여러 몬트리올 교외를 연결하고, 2027년에는 몬트리올-트뤼도 국제공항과 몬트리올 시내를 연결하게 된다.

시내 교통

몬트리올교통공사 STM (Société de Transport de Montréal)

몬트리올교통공사(STM)는 버스, 지하철 등 통합된 대중 교통 서비스를 효율적으로 시민에게 제공하고 있다.

🚆 메트로 Metro

몬트리올 지하철은 총 길이는 71km이고, 68개의 역을 운행하는 4 개의 노선으로 구성되어 있다. 2018년 지하철 이용객은 3 억 8,300만 명 이상이었다. 2016년부터 점진적으로 도입된 '고무 타이어 AZUR' 지하철 차량은 승객이 차 사이를 자유롭게 이동할 수 있어 열차의 수용 능력이 8 % 증가했다고 한다. 몬트리올 여행은 지하철을 이용한 워킹투어를 강추한다. 여행 일정에 따라 하루 24시간을 탈 수 있는 '1 day' 티켓이나 3일 연속 무제한으로 탈 수 있는 '3 consec. days' 티켓을 구입하는 것이 좋다. A구역(몬트리올 섬) 내에서 지하철, 버스, 기차 등을 이용할 수 있다.

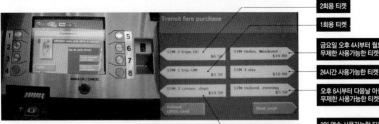

2회용 티켓

1회용 티켓

금요일 오후 4시부터 월요일 아침 5시까지 무제한 사용가능한 티켓

24시간 사용가능한 티켓

오후 6시부터 다음날 아침 5시까지 무제한 사용가능한 티켓

3일 연속 사용가능한 티켓

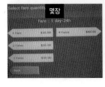

몇장

현금 or 크레딧?

영수증 원해?

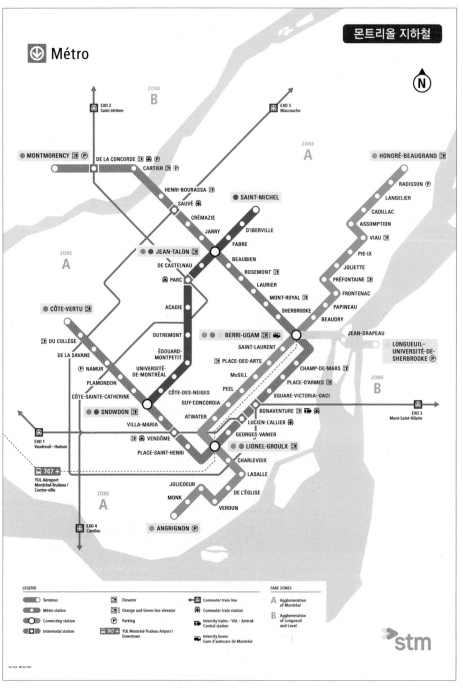

몬트리올 지하철

Métro

Just for Laughs
몬트리올 코미디 축제

몬트리올 코미디 축제(Just for Laughs)는 1982년 설립되었다. 이 축제는 세계에서 가장 큰 축제 중 하나이고, 몬트리올은 세계에서 가장 재미있는 도시가 된다. Just for Laughs 의 설립자 길버트 로존(Gilbert Rozon)은 축제에 대해 이렇게 말한다.

"몰리에르와 셰익스피어가 몬트리올에서 싸우고 있다고 생각해봐라. 이 곳은 이민자들의 땅이고, 겨울은 춥기 때문에 재미있게 즐겨야만 했다. 그래서 몬트리올은 북미에서 파티의 도시, 즐기는 장소로 여겨지고 있다."

프랑스의 희극작가 몰리에르와 영국의 희극작가 셰익스피어가 몬트리올에서 싸우는 것처럼 하루에 약 250개의 다양한 쇼가 영어와 불어로 도시 전체에서 열린다.

축제광장인 카르티에 데 스펙타클(Quartier Des Spectacles)에서는 무료 거리공연이 넘쳐난다. 해학적인 밴드가 거리를 다니며 사람들을 즐겁게 하고, 때로는 노래로 사랑을 구애하기도 하고, 연인에게 사랑의 세레나데를 들려주기도 한다. 마술사 프레도(Fredo)의 마술 공연은 언제나 모든 관객들에게 즐거움과 익살을 준다.

브루노 르득(Bruno Leduc) 씨의 체면술 공연은 관객 중에 참여를 원하는 사람들을 무대에 올려, 체면 상태로 만들어 그들을 조정한다. 체면 상태에서 전자오르간을 치게하는가 하면 노래도 부르게 한다.

밤이 되면 무대에서 펼쳐지는 몬트리올의 불쇼는 정말 볼만하다. 테라 카니발(Terra Carnival)의 클라이막스를 장식한 13명의 공중곡예사가 30미터 상공에서 벌인 쇼는 마치 모빌에 매달린 사람들을 보는 듯했다.

쉬크르(Sucre)라고 거리에서 여러가지 음식을 먹을 수 있는 장소도 있다. 내스티 쇼(Nasty Show)는 19금의 노골적인 성 얘기로 관객을 웃기는 공연으로 스탠딩 개그의 진수를 볼 수 있다.

축제의 마스코트인 빅터(Victor)는 큰 코와 두 개의 뿔이 있는 '악마'를 표현한 것이다. 초록색은 쇼 산업에서 불운(bad luck)의 상징이지만, 코미디 축제는 엄청난 성공을 거두었다. 초록색은 이태리와 코미디를 표현하기도 한다.

코미디 축제는 '뉴페이스(New faces)'를 통해 에이전트나 매니저들이 코미디 산업을 이끌 신인들을 캐스팅하는 장소이기도 하다.

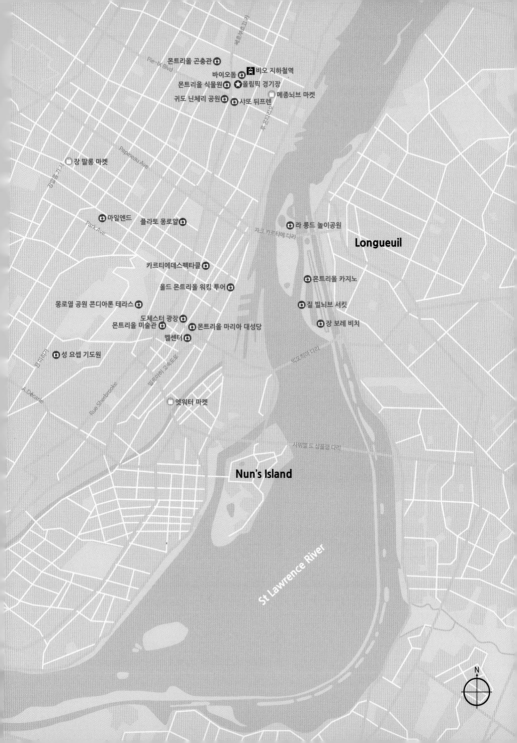

몬트리올 추천코스

몬트리올 여행의 시작은 올드 퀘벡(Vieux-Québec)처럼 유럽풍의 성격을 지닌 올드 몬트리올(Vieux-Montréal)에서 시작하자. 몬트리올의 역사, 문화, 건축, 오락, 패션, 요리 등을 맘껏 누릴 수 있는 공간이다. 활기 넘치는 올드포트 강변 산책길(Promenade du Vieux Port)과 유럽풍의 돌길인 생폴 거리(Rue St.Paul) 주변으로 흥미로운 박물관, 아트 갤러리, 부티크, 카페, 레스토랑 등이 즐비하고 거리 공연도 넘쳐난다. 올드 몬트리올 워킹 투어가 끝나면 언더그라운드 시티의 네트워크인 몬트리올 레조(RÉSO)를 경험하며 몬트리올 미술관, 벨 센터 등을 방문하고, 축제광장인 카르티에데스펙타클(Quartier Des Spectacles)에서 축제를 즐긴다. 가족이 함께 즐길 수 있는 올림픽 공원의 바이오돔/몬트리올 식물원/곤충관/천체투영관 중에 몇 가지를 선택해 관람하고, 장드라포 공원의 라 롱드 놀이공원/ 질 빌뇌브 서킷에서 자전거 타기/ 생텔렌 섬 수영장에서 물놀이 중에 아이들이 좋아하는 액티비티를 선택해 오후를 보내면 된다. 몬트리올 시내를 한 눈에 볼 수 있는 몽로열 공원의 콘디아롱 테라스에 올라 몬트리올 시내를 감상하고, 공원을 산책하며 다람쥐 같은 야생동물과 교감하는 것도 좋다. 그래도 여행 시간이 많이 남았다면 개인의 취향에 따라 마일엔드(Mile End), 성 요셉 기도원, 생로랑 거리 맛투어, 쇼핑 허브인 생 캐서린 거리를 여행하길 추천한다.

1일차

❶ **올드 몬트리올 워킹 투어**
- 다르므 광장 & 몬트리올 노트르담 대성당
- 몬트리올 과학센터/몬트리올 고고학 역사박물관
- 짚라인
- 시계탑
- 봉스쿠르 마켓
- 자크 카르티에 광장
- 생폴 거리 쇼핑/식사
  (언더그라운드 시티의 네트워크인 몬트리올 레조(RÉSO))
  걷기 혹은 지하철 이용)
❷ **카르티에에데스펙타클/몬트리올 미술관/벨센터**
  지하철 25분

2일차

❸ **바이오돔/몬트리올 식물원/곤충관/**
  리오 틴토 알칸 천체투영관
  지하철 17분+도보 19분
❹ **라 롱드 놀이공원**
  지하철 10분 + 도보 16분

3일차

❺ **마일엔드**
  버스 20분 + 도보 16분
❻ **몽로열 공원 콘디아론 테라스**
  버스 6분 + 도보 18분
❼ **성 요셉 기도원**

올드 몬트리올 워킹 투어

시계탑 ⓗ

ⓗ 터롤리엔느 몬트리올 질라인

ⓗ 봉스쿠르 마켓

샤또 람제이 ⓗ

자크 카르티에 광장 ⓗ

ⓗ 다르므 광장
ⓗ 몬트리올 노트르담 대성당

ⓗ 몬트리올 과학 센터

ⓗ 몬트리올 고고학 역사박물관

1
DOWNTOWN
다운타운

몬트리올 국제 재즈 페스티벌, Just for Laughs, Les FrancoFolies de Montreal 등 대형 축제들이 열리는 카르티에 데 스펙타클(Quartier Des Spectacles), 아트 갤러리, 박물관, 극장 등이 어우러진 몬트리올 최고의 문화 예술 중심지자 상업 중심지다. 거리를 걷다보면 고층 빌딩 측면에 그려진 대형 벽화를 발견하게 된다. 몬트리올 탐험을 시작하기에 딱 좋은 곳이다.

+ Treat yourself to…

- 벨 센터(Bell Centre)에서 몬트리올 하키팀인 케네디언즈(Canadiens) 경기 관람하기
- 차이나타운(Chinatown)에서 아침으로 딤썸(Dim Sum) 먹기
- 몬트리올 하얏트 호텔 : 카르티에 데 스펙타클 광장에서 축제를 보다가 힘들면 숙소로 올라와 쉴 수 있고, 호텔룸에서 축제를 볼 수도 있다. 4스타 호텔로 총 605개의 게스트룸과 다양한 편의시설을 갖추었다. 호텔 지하는 지하철, 라쁠라스 데자르, 현대예술박물관, 빨레데콩그레(몬트리올 컨벤션 센터), 언더그라운드 시티 쇼핑몰 등과 연결되어 있다.
- 추천 레스토랑 : Taboo 레스토랑(버거, 타르타르, 샐러드 등), Weinstein & Gavino's (피자, 파스타를 맛볼 수 있는 이탈리안 레스토랑)
- 'Atrium at Le 1000' 아이스 스케이팅 아레나에서 2시간 정도 스케이팅 즐기기. 바깥 날씨 구애받지 않고 1년 열두 달, 포근하고 편하게 얼음을 제칠 수 있는 아레나. 헬맷을 포함해 모든 장비 대여 가능하다. 가족과 즐길 수 있는 공간이다. (주소:1000 Rue De La Gauchetière O.)

몬트리올 미술관
Musée des beaux-arts de Montréal

- 1380 Sherbrooke St W, Montreal, Quebec H3G 1J5
- 10:00~17:00 (월요일은 휴관)
- 성인(31+) $24, 유스 성인(21-30) $16, 20세 이하 무료
- mbam.qc.ca/

몬트리올 미술관 © Eva Blue, work_ Daie Chihuly

성공회 교주였던 프랑시스 폴포드(Francis Fulford)가 1860년에 설립한 캐나다에서 가장 오래된 미술관이다. 모두 5개의 전시관으로 나뉜다. 1912년에 지어진 Michal and Renata Hornstein Pavilion 는 고고학과 고대 예술, Liliane and David M. Stewart Pavilion (1976)는 장식 예술과 디자인, Jean-Noël Desmarais Pavilion (1991)는 현대 미술 컬렉션, Claire and Marc Bourgie Pavilion (2011)은 퀘벡과 캐나다 미술품, 마지막으로 2017년에 지어진 Michal and Renata Hornstein Pavilion for Peace 는 국제 미술 컬렉션 전시관이다. 5개 빌딩, 전시공간만해도 140,000 ft2 인 미술관을 둘러보려면 최소 2시간은 잡아야한다. 꼭 봐야할 그림들이 있다면, 1920년대 몬트리올을 기반으로 모더니즘 여성 화가가 핵심적 역할을 했던 비버 홀 그룹(Beaver Hall Group)의 작품들, 낭만주의 그림으로 뒤덮인 짙은 파란색 방, 아름다운 시대 : 낭만주의 방(La Belle Époque; Romanticism) 외에도 아주 많다.

도체스터 광장

Dorchester Square - Place du Canada

⌂ 2903 Peel St, Montreal
📍 🚇 Peel

두 공원의 면적만 11,000 m2. 도체스터 광장에 있는 분수대는 잘린 듯 조각되어 반 분할된 장면을 보는 듯한 착각을 일으킨다. 메탈과 나무로 만든 두 개의 아치형 육교는 공원의 운치를 더한다. 가는 날이 장날이라고 운이 좋으면 한 여름 수요일 정오에 열리는 콘서트를 볼 수 있다. 직장인들은 간단한 스낵을 들고 나와서 점심을 먹기도 한다. 둘러볼 곳이 많은 여행객에게 점심시간 30분이 아까울 수 있지만, 색다른 경험을 줄 것이다. 원래는 도미니언 광장이었으나 캐나다 총독을 지낸 도체스터 경을 기리기 위해 1988년 개명되었다. 캐나다 광장(Place Du Canada)의 웅장한 기념물은 '연방의 아버지'로 불리는 캐나다 초대 수상, 존 A. 맥도널드를 기리기 위한 것이다.

세계의 성녀 마리아 대성당

Cathedral Basilica of Mary Queen of the World and Saint James the Greater

⌂ 1085 Rue de la Cathédrale, Montréal
🕐 06:30~19:00
📍 🚇 Bonaventure
cathedralecatholiquedemontreal.org

교황이 머무는 로마 바티칸의 산 피에트로 대성당(Basilica di San Pietro)의 1/4 크기로 내부의 제단 장식 역시 산 피에트로 대성당의 것을 본떠 만들었다. 퀘벡에서 세 번째로 큰 교회로, 몬트리올의 성요셉 기도원(Saint Joseph 's Oratory)와 퀘벡시 동쪽의 생탄드보프레 대성당(Sainte-Anne-de-Beaupré)에 이어 세 번째다. 건물의 길이 101m, 너비 46m, 큐폴라에서 최대 높이는 77m이며 지름은 23m다.

페어몬트 퀸 엘리자베스 호텔 '존 레넌 & 오노 요코 스위트룸'

1969년 5월 베트남 전쟁이 한창인 때, 이 호텔 1742호 스위트룸에서는 반전과 평화를 외치며 베드인(Bed-In) 시위를 하는 남녀가 있었다. 바로 전설적인 비틀스의 멤버 존 레넌(John Lennon)과 그의 아내 오노 요코(Ono Yoko)였다. 이 부부는 4개의 커넥팅 룸을 빌려 침대시위를 벌였는데 미디어와 작가 티모시 리어리(Timothy Leary), 코미디언 토미 스마더스(Tommy Smothers) 같은 동료들도 방문해 연일 화제였다. 방문객들은 1969년 6월 1일 스위트룸에서 녹음된 'Give peace a chance'를 불렀다. 오노 요코는 이 호텔에서의 7일을 다룬 영화 'Bed Peace'를 발표했다.

2019년 50주년을 맞은 호텔 측은 'Bed-In for Peace' 패키지 상품을 만들어 특별한 하룻밤을 제공하기도 했다.

🏠 900 René-Lévesque Blvd W, Montreal 📞 514-861-3511 📍 ⓒ Bonaventure

벨 센터
Centre Bell

🏠 1909, avenue des Canadiens-de-Montréal, Montréal

🎫 벨센터투어 참가비 : 성인(18~64살) $20, 노인(65살 이상) $15, 학생(12~17살) $15, 어린이(5~11살) $12

centrebell.ca

가이드 투어 온라인 티켓팅 웹사이트 :
https://centrebell.ca/en/guided-tours

벨 센터 아이스하키 아레나와 프로 아이스하키팀 몬트리올 캐나디언스의 명예의 전당이 있는 곳이다. 1996년 몰슨 센터(Molson Centre)라는 이름으로 개장한 이래, 매년 100만 명의 하키 관중과 65만 명의 쇼 관람객이 벨센터를 찾는다. 벨센터투어(Bell Centre Tours)는 벨센터 내에 있는 트리콜로레 스포츠(Tricolore Sports)에서 매일 출발한다. 트리콜로레는 자유, 평등, 박애를 상징하는 프랑스 국기를 말한다. 몬트리올 케네디언스의 공식매장이다. 매장 입구는 루시엥랄리에(Lucien-L'Allier) 지하철역과 연결되어 있다. 투어 참가자들은 1시간 동안 몬트리올 케네디언스의 탈의실, 앨럼니 라운지(Alumni Rounge), 기자회견실, 90피트 높이의 하키경기장을 구경한다. 302석 프레스 갤러리에서 자기가 좋아하는 기자의 의자에 앉아 몬트리올 케네디언스의 전설을 듣게 된다. 벨센터 가이드 투어 티켓팅 웹사이트에서 티켓을 구매한다.

2

OLD MONTREAL
올드 몬트리올

퀘벡시에 올드 퀘벡(Old Quebec)이 있다면 몬트리올에는 올드 몬트리올(Old Montreal)이 있다. 올드 몬트리올 탐험은 다르므 광장(Place d'Armes)에서 시작하자.

+ Treat yourself to…

- 생폴 거리(St.Paul Street)에서 아몬드 크루아상과 메이플 시럽 아이스크림을 맛보자.
- 봉스쿠르 마켓(Marche Bonsecours)의 소문난 부티크 쇼핑.
- 몬트리올 제트 보트(Jet Boating Montreal I Saute-Moutons) : 라신 급류(Lachine rapids)를 포함해 세인트 로렌스 강물을 거슬러 쾌속보트가 달린다. 상쾌한 기분을 느낄 수 있다. 한 번에 최대 48명까지 태울 수 있는 보트는 오전 10시부터 저녁 6시까지 매 두 시간마다 출발한다. (1 Clock Tower Quay Street)
- 브루스키 바(BreWskey Taproom)에서 맥주 한 잔. (385 Rue de la Commune E.)

다르므 광장 & 몬트리올 노트르담 대성당

Place d'Armes & Basilique Notre-Dame de Montreal

🏠 110 Notre-Dame St W, Montreal
📞 514-842-2925
📍 Place-d'Armes
basiliquenotredame.ca

뉴프랑스 시대에 군사 연병장으로 쓰였던 장소라 다르므 광장이다. 퀘벡시에도 같은 다르므 광장이 있다. 이 광장에는 몬트리올의 창시자인 메종뇌브의 동상이 있다. 하단의 동서남북으로 네 개의 조각상이 있다. 이로쿼이 부족과의 전투에서 공을 세워 롱괴이(Longueuil) 땅을 프랑스 왕으로부터 하사받은 샤를 르 무완(Charles Le Moyne), 람베르트 클로세(Lambert Closse), 잔느 망스(Jeanne Mance), 이로쿠아(Iroquois) 동상이 있다. 동상 맞은 편에 노트르담 바실리카 성

메종뇌브 동상 　잔느 망스 　샤를 르 무완 　이로쿼아 　Lambert Closse

Tip 바실리카는 교황으로부터 특권을 받아 일반 성당보다 격이 높은 성당을 말한다. Notre(우리의) + Dame(부인) = Notre-Dame(우리의 부인 - 성모 마리아를 지칭). 일반적으로 노트르담은 성모 마리아에게 봉헌한 대성당이라는 의미로 쓰인다.

당이 있다. 1824-1829년 지어진 네오고딕 건물의 걸작인 노트르담 바실리카 성당은 아름답게 조각한 나무에 금박을 입힌 인테리어와 성경, 그리고 몬트리올 350년 역사가 담겨진 스테인드글라스가 환상이다. 셀린 디옹(Celine Dion)의 결혼식이 열렸던 곳으로 카사방 프레르(Casavant Frères) 파이프 오르간 소리는 황홀하기까지 하다. 짧은 것은 1cm에서 긴 것은 10m나 되는 7,000개의 파이프로 되어 있다. 1891년에 설치되었다. 'sound and light show'도 시간이 된다면 보길 권한다. 신도 시기할만큼 아름다운 이 성당은 아일랜드 출신의 미국인 건축가 제임스 오도넬(James O'Donnell)이 설계했다.

고딕양식에 대한 팩트들

• 중세 교회는 좀 더 성당을 높이 올려서 하늘에 계신 하나님께 가까이 다가가고 싶은 마음이 있었다. 이런 고딕 성당을 가능하게 한 건축기술이 첨두형 아치(Pointed Arch), 첨두형 교차궁륭(Ribbed Groin Vault), 그리고 높다란 첨두 아치를 견고하게 서있도록 하는 공중부벽(Flying Butress)이었다. 고딕 성당은 빛이 더 많이 들어오는 구조가 되면서 이 공간에 스테인드글라스로 채웠다. 당시에는 글을 모르는 사람들이 많았기 때문에 스테인드글라스에는 성경이나 성인들의 이야기를 그려 넣었다. 스테인드글라스 또한 고딕 미술품이라 하겠다. 고딕 양식은 로마네스크에 비해서 장식도 화려해졌다. 고딕의 인물 조각들은 보이는 모습 그대로 표현하기 시작했다. 이야기를 보다 잘 표현하려는데 주안점을 둔 것이 고대 그리스 조각과 차이나는 것이다.
• 시토 수도회에 의해 이탈리아로 고딕 양식이 퍼지게 된다. 하지만 시토회는 청빈, 검소, 엄격함을 중시하기 때문에 프랑스 고딕 성당의 화려한 장식과 거대한 스테인드글라스는 없다. 그 자리에 벽화를 그렸다.
• 성당은 하나님을 만나는 장소이기 때문에 고딕 성당들은 하늘에서 봤을 때 십자가 모양으로 지어졌다.
• 고딕 성당 장미창의 트레이서리(Tracery: 장식 무늬)는 더 섬세하고 복잡해졌다.
• 고딕 리바이벌은 18 ~ 19세기 중반에 고딕 양식이 다시 부흥했다고 해서 고딕 리바이벌이라고 한다.

몬트리올 고고학 역사박물관
Pointe-à-Callière

- 📍 350, place Royale, corner of the Commune, Vieux-Montreal
- 🕐 화~금 10:00~17:00, 토&일 11:00~17:00
- 🚫 월요일 휴관
- 🎫 성인(31~64살) $26, 노인(65+) $24, 유스 성인(18~30) $17, 청소년(13~17) $13, 어린이(5~12) $8, 4세 이하 무료.

pacmusee.qc.ca

도시 발원지의 실제 유적지 위에 세워진 몬트리올 고고학 역사박물관. 박물관은 14세기 원주민들이 이 터전에서 캠핑을 했을 때부터 현재에 이르는 600년이라는 시간의 고고학적 여행을 안내한다. 원주민 유물, 첫번째 가톨릭 묘지, 첫번째 장터 외에도 많은 것을 보게 된다. 포엥따 칼리에르(Pointe-à-Callière)는 몬트리올의 역사와 고고학적 유물을 영구 전시하는 것 외에도 매년 3~4개의 다른 전시를 열고 있다. 2층에는 유리벽으로 된 라리바지(L'Arrivage)라는 비스트로가 있다. 유리벽 너머로 보이는 올드 포트(Old Port)의 모습은 정말 장관이다. 주방장이자 미식 칼럼니스트인 필립 몰레(Philippe Mollé)씨가 선보이는 메뉴들은 저렴하면서 맛이 좋아서 올드 몬트리올의 맛집으로 부상하고 있다. 30명이 넘는 단체 관광은 아침식사를 제공하는 투어 패키지를 예약할 수 있다. 박물관의 현대식 건물은 지하통로를 통해 몬트리올의 첫번째 세관건물이었던 앙시엔 두안(Ancienne Douane)과 연결된다. 앙시엔은 옛, 두안은 세관이라는 뜻. 1645년 지어진 앙시엔 두안은 몬트리올의 상업 붐과 대도시로의 탈바꿈으로 그 역할을 다른 커다란 건물에 내어주고 1991년 지금의 박물관이 되었다. 건물 앞의 광장은 세관 광장(Customs Square)으로 불리다가 1881년 지금의 로얄광장(Place Royale)으로 바뀌었다.

시계탑
Clock Tower Beach

네발 자전거 대여 Écorécréo (Quadricycles)
- 📍 몬트리올 올드 포트에 위치

ecorecreo.ca

두발 자전거 대여
- 📍 27 Rue de la Commune E, Montréal

rentabikenow.com

몬트리올의 상징 중 하나인 시계탑(Clock Tower). 세인트로렌스 강이 흐르고 주변 경관이 좋아 가슴이 뻥 뚫린다. 해변은 있지만 수영은 허가되지 않는다. 네발 자전거(quadricycle)을 빌려서 몬트리올 올드 포트를 자유 투어하는 것도 좋겠다.

샤또 람제이
Chateau Ramezay

⌂ 280 Notre-Dame St. East, Montreal
◷ 10:00~17:00
$ 성인 $10.44, 노인(65+) $9.13, 학생 $7.83,
유스(5~17살) $5, 4세 이하 무료
* 몬트리올 박물관 입장권, 몬트리올 패지지
입장권(Passport MTL)을 소지하신 분은
무료.

chateauramezay.qc.ca

몬트리올 시청 앞 노트르담 거리에서 옛 항구까지 경사진 구 시가지의 중심 광장의 이름은 자크 카르티에 광장이다. 광장 입구에는 1805년 트라팔가 전투에서 프랑스군을 격파한 영국 해군의 영웅, 넬슨 제독을 기리는 둥근 기둥의 넬슨 칼럼(Nelson's Column)이 우뚝 섰다. 1809년 세워진 것으로 영국 런던의 트라팔가 광장에 세워진 기념비(높이 52미터)보다 33미터가 작다. 1967년 몬트리올에서 열린 'Expo 67'에 공식 방문중이던 샤를 드골 프랑스 대통령은 자크 카르티에 광장에 모인 수많은 군중을 향해 이렇게 말했다고 한다. "몬트리올은 영원하다. 쿼벡은 영원하다. 쿼벡의 자유는 영원하다."

시청 맞은 편에는 1705년 프랑스의 몬트리올 총독이었던 클로드 드 람제이(Claude de Ramezay)에 의해 세워진 샤또 람제이(Chateau Ramezay)가 있다. 미국독립전쟁 때, 이 곳은 대륙군의 캐나다 본부로 사용되었고, 벤자민 프랭클린이 군대를 모으기 위해 하룻밤 머물기도 했던 곳이다. 1895년 박물관으로 꾸며졌다.

간이화장실 맞이요?

넬슨 칼럼 꼭대기의 실제 넬슨 동상은 1997년 몬트리올 역사박물관으로 옮겨 보관중이다.

샤또 람제이

샤를 드골 프랑스 대통령이 연설을 했던 몬트리올 시청

+ 거리투어

프랑스풍의 생폴 거리 투어 St-Paul Street Tour

고풍스러운 건물 대부분이 19세기 것이며, 창고들은 리노베이션을 해서 지금은 레스토랑, 카페, 예술가의 스튜디오로 사용되고 있다. 올드 몬트리올의 메인 도로였으며 호박돌(cobble stone)이 깔린 도로 위를 달리는 말이 끄는 마차가 심심찮게 달린다.

'속삭임(Les Chuchoteuses)'이라는 작품명의 세 여인 조각상. 로즈에미 벨랑제(Rose-Aimee Belanger)의 대표작.

몬트리올 올드 포트의 놀거리

브왈 엉 브왈 Voiles en Voiles
실물크기의 왕실 선박과 해적선에 올라 다양한 모험을 즐긴다. 트리탑처럼 와이어를 양쪽 배의 돛에 연결해 흔들다리 건너기, 줄타기, 줄 위에서 보드 타기, 짧은 집라인, 그리고 배의 벽 등반 등 스릴 만점의 어드벤처 파크다. 겨울에는 튜브 슬라이딩, 스노우 스쿠터, 화살촉에 폼을 달아 활을 쏘는 아처리 태그(Archery tag) 등을 하며 논다. 브왈(Voiles)은 돛이라는 뜻으로 브왈 엉 브왈은 '돛에서 돛으로'의 의미다.

💲 Great Adventure(6살 이상, 4시간) $49, Great Adventure(3-5살, 4시간) $36, Family Adventure(4인 가족, 4시간) $189
voilesenvoiles.com

티롤리엔느 몬트리올 집라인 Tyrolienne MTL Zipline
캐나다 최초의 도시 집라인으로 몬트리올 올드 포트에 있는 봉스쿠르 섬을 비행한다. 26미터의 높이에서 최대 시속 60km로 366미터를 45초에 난다.

🕐 시즌 12:00-20:00 (퀘벡불꽃축제 기간엔 23:30까지 오픈), 비수기는 주말에만 운영.
📞 514-ZIP-LINE 514-947-5463　　　　조건 : 연령제한 없고, 몸무게는 50-250파운드
📍 😊 Champ-de-Mars

PARC JEAN-DRAPEAU
장 드라포 공원

투르드 프랑스(Le Tour de France) 탓인지 몬트리올은 자전거 타는 인구가 많다. 그래서 자전거 공유 서비스인 빅시(Bixi)가 일찍부터 정착되었다. 빅시(Bixi)는 Bike Taxi의 조합어다. 몬트리올에서 빅시 스테이션을 찾는 것은 어려운 일이 아니다. 2개의 섬이지만 공원은 하나! 장 드라포 공원은 자전거 매니아가 아니더라도 자전거나 인라인 스케이트를 타기에 더 없이 좋은 장소다.

+ Treat yourself to…

- 라 롱드 놀이공원에서 6월 말에 열리는 '몬트리올 국제 불꽃놀이 축제'를 보길 바란다. 서울불꽃축제만큼이나 음악에 맞춰 아름다운 불꽃 향연이 펼쳐진다. '뮤지컬 불꽃놀이'도 유명하다.
- Chemin du Tour de l'isle 를 따라 산책을 하다보면 강 너머로 보이는 올드 몬트리올과 올드 포트를 한 장에 담을 수 있다.
- 질 빌뇌브 서킷(Circuit Gilles-Villeneuve)을 따라 페라리를 운전하는 기분으로 인라인 스케이트, 자전거를 타보자.
- 노트르담 섬의 장 도레 비치(Jean Doré Beach)에서 썬텐, 비치발리볼, 물놀이도 하고, 페달 보트, 카약, 카누를 빌려 가족과 즐거운 시간을 보낼 수 있다. 6세 이상의 아이면 물 위에 떠있는 플랫폼인 아쿠아질라(Aquazilla)에서 장애물 통과, 슬라이딩, 점핑, 오르기 등을 하며 놀 수 있다. 비치 이름은 몬트리올 시장이었던 장 도레(Jean Doré)에서 유래되었다.

해비타트 67
Habitat 67

⌂ 2600 Av Pierre-Dupuy, Montréal
habitat67.com

1967년 Expo 67 세계박람회 전시관을 위해 지어진 이후, 몬트리올의 건축물 중 건축학적 랜드마크로 널리 알려지며 집 값이 많이 올랐다고 한다. 이스라엘계 캐나다 건축가인 모쉐 사프디(Moshe Safdie)의 데뷔작인 Habitat 67은 원래 맥길 대학에서 공부하는 동안 석사 학위 논문으로 구상되었다. 당시 23살이던 모쉐 사프디는 미래의 주거공간은 좁지만 사생활이 철저히 보장되는 공간일 것이라고 생각했다. 그는 지중해와 중동 지역의 언덕 마을에서 영감을 얻어 수많은 입방체를 불규칙하게 쌓아 올린 아파트를 만들었다. 중간중간 블록을 빼낸 피라미드처럼 위로 올라갈수록 좁아진다. 엑스포 67은 사프디의 아이디어가 현실로 실현될 수 있도록 기회를 준 것이다. 해비타트 67은 이렇게 해서 만들어졌고 현재 150가구가 어울려 살고 있다. 오타와에 있는 캐나다 국립 미술관도 사프디의 작품이다.

바이오스피어
Biosphere

⌂ 160 Chemin Macdonald, Montréal
☎ (514) 868-3000
◷ 09:00~17:30 (*비수기에는 1시간 일찍 폐관하고 월요일은 휴관이다.)
🎫 성인 $22.75, 노인(65+) $20.50, 학생(18+ 학생증 소지) $16.50, 어린이(5~17살) $11.50, 4세 이하 무료
espacepourlavie.ca/biosphere

'몬트리올 바이오스피어'는 북미의 환경과 관련한 것들을 전시하는 환경 박물관이다. 'Expo 67'의 상징물로 1967년 세계박람회 당시 미국관으로 사용되었다. 건물을 둘러싸고 있는 지오데식 돔(Geodesic Dome, 구면에 가까운 형태로 만든 다면체)는 미국 건축가 버크민스터 풀러(Buckminster Fuller)의 작품이다. 상상력의 극치를 보여주는 버크민스터의 지오데식 돔은 공처럼 생겼다고 해서 친근하게 버키볼(buckyball)불린다.

1990년 캐나다 환경부(Environment Canada)가 이 부지를 구입해 1995년 물 박물관(Water Museum)으로 개관했다가 2007년 바이오스피어(Biosphere)로 이름을 바꾸고 물, 기후 변화, 공기, 생태기술 등을 전시하는 환경 박물관으로 거듭났다.

라 롱드 놀이공원
La Ronde Amusement Park

22 Chemin Macdonald, Montréal
일반권 $69.99, 프리미엄 입장권 $89.99,
다이아몬드 입장권(1년권) $224.99
laronde.com

스릴 라이드(Thrill Rides), 가족 라이드(Family Rides), 키즈 라이드(Kid's Rides)
로 놀이기구들이 구분되어 있다. '골리앗'이라는 롤러코스터는 시속 110km로 달린
다. 51.8미터에 달하는 하이퍼 코스터로 올라갈 때는 하늘로 쏘아올리는 느낌을 받
고, 내려갈 때는 추락하는 기분을 느낀다. 제아무리 강심장인 사람도 골리앗을 타
면 비명을 지르고 만다.

La Ronde 테마파크 ⓒ La Ronde (Member of the Six Flags Family)

질 빌뇌브 서킷
Circuit Gilles-Villeneuve

Parc Jean-Drapeau
parcjeandrapeau.com/fr/circuit-gilles-
villeneuve-montreal

질 빌뇌브 서킷은 1978년부터 F1 캐나다 그랑프리가 열리는 노트르담 섬(Île
Notre-Dame)의 4.361km 자동차경주 트랙이다. '일노트르담서킷'으로 불리다가
1982년 사망한 전설적인 캐나다 출신 자동차경주선수 질 빌뇌브를 기리기 위해 현
재의 이름으로 바꾸었다. 2020년 6월 12일부터 14일까지 열리기로 했던 F1 캐나다
그랑프리는 COVID-19로 인해 연기되었다. 이 서킷은 그랑프리 대회가 열리지 않
는 비시즌 때에는 산책, 자전거타기, 인라인스케이팅 등을 즐기려는 방문객들에게
무료로 개방된다. 도로는 일방(one-way)이며 두 개의 차선으로 나뉘어져 왼쪽 차
선은 사이클이나 인라인을 타는 사람들, 오른쪽 차선은 차량이 다닌다.

몬트리올 카지노 Casino de Montreal

몬트리올의 걸출한 건축물 중 하나. 카지노에 가는 이유? 바카라를 즐기려는 사람도 있지만, 많은 관광객은 분위기도 좋고, 어포더블(affordable)한 카지노 뷔페를 즐기기 위해서 간다.

⌂ 1 Avenue du Casino, Montréal
📍 🚇 Jean-Drapeau
casinos.lotoquebec.com

알렉산더 칼더의 조각 작품 '남자(L'Homme)'

트레일(Chemin du Tour de l'isle)의 남쪽 끝자락에는 남자(L'homme)라는 조각 작품이 있다. 모빌의 창시자로 알려진 조각가 알렉산더 칼더(Alexander Calder)의 작품으로 그의 명성을 생각해서라도 사진 한 장은 남겨야 하는 조각이다. 이 조각은 몬트리올에서 열린 'Expo 67'을 위해 제작되었다. 칼더는 "몬드리안의 그림을 움직이게 하고 싶다"고 말했다고 한다.

MONT ROYAL AND OUTREMONT
몽로열 & 우트르몽

산의 전망대에서 몬트리올을 전망하고, 가볍게 산책을 하거나 조깅을 즐길 수 있는 곳이다. 도시의 상징인 조명 십자가, 산 아래 남서쪽에는 성 요셉 기도원, 그리고 우트르몽(Outremont) 쪽으로 두 개의 대학이 있다. 버나드 스트릿에는 위풍당당한 꿈의 집과 카페가 줄지어 있다. 몽로열의 동북쪽에 있는 생로랑 거리(Rue Saint-Laurent)는 몬트리올 시그니처인 스모크 미트 샌드위치 외에도 다양한 먹거리를 맛볼 수 있는 곳이다.

+ Treat yourself to…

- 평화로운 몽로열 묘지(Mont Royal Cemetery) 혹은 노트르담-데-네즈(Notre-Dame-des-Neiges) 산책길을 걸어보자.
- 주차장에서 비버 레이크(Beaver Lake)를 향해 걷다보면 공원 곳곳에 서있는 조각상을 발견하게 된다.
- 겨울철에는 비버 레이크에서 아이스 스케이팅을 즐기자.

성 요셉 기도원
Saint Joseph's Oratory of Mont Royal

성 요셉 기도원
⌂ 3800 Queen Mary Rd, Montréal

형제 앙드레 부속 예배당
⌂ 4725 Kingston Rd, Montréal
📍 ☺ Côte-des-Neig
saint-joseph.org

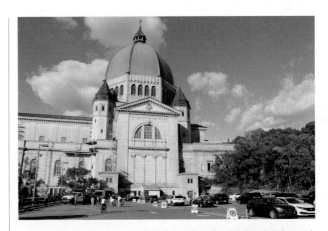

로마 가톨릭 바실리카 풍의 교회당으로 기도원 돔은 세계에서 세번째로 크다. 일요 미사를 드리는 바실리카는 웅장하면서 아름답다. 매주 일요일 오후 3시 30분에는 50년 이상 이어온 일요 콘서트가 열린다. 바실리카의 오르간이 깨어나는 시간이다. 이 오르간은 독일의 오르간 장인인 루돌프 폰 베커랏(Rudolf Von Beckerath)의 작품이다. 캐나다에서 가장 큰 오르간이고, 다음은 몬트리올 노트르담 대성당에 있는 카사방 포레(Casavant) 오르간이다. 오르간 연주자인 빈센트 바우처(Vincent Boucher)는 많은 게스트 아티스트를 초대해서 고품격의 음악 프로그램을 관객에게 제공하고 있다.

고침을 받은 사람들이 기부한 목발과 감사를 표현한 석판들

자애로운 미소를 머금은 앙드레 수사의 동상

성요셉 기도원은 앙드레 수사에 의해 성모 마리아의 남편이자, 예수의 법적 아버지인 성 요셉을 모시기 위해 세워졌다. 학교의 문지기에서 성자가 된 브라더 앙드레(Brother André)에 대한 이야기는 한 편의 영화같다.

형제 앙드레(본명 앙드레 베세트)는 12살 때 고아가 되면서 어려운 삶을 살아야했다. 재산도, 교육도 받질 못해 간신히 자신의 이름을 적을 줄 알고, 기도책을 읽는 정도였다. 성 십자가 수도회(the Congregation of Holy Cross)에 입회해 형제 앙드레(Brother André)라는 이름을 받고, 28살 때 서원을 하게 된다. 앙드레 수사는 노트르담 칼리지(Collège Notre-Dame; 지금의 노트르담 고등학교)에서 수위 직무를 맡게된다. 병든 사람들이 그의 집에 찾아오면, 그는 학교 예배당에서 타는 등불의 기름을 가져다가 아픈 상처에 문지르고, 성 요셉에게 기도하기를 권면했다. 과학적으로 설명이 되는 않는 치유가 나타나기 시작했고 이 이야기는 널리 퍼지게 되었다. 대학 근처에서 전염병이 발생했을 때, 그는 그들을 간호하기 위해 자원했다. 한 명도 죽지 않았다. 아픈 사람들이 학교 문 앞으로 홍수처럼 밀려왔다. 그는 댓가를 받지 않고, 들어온 헌금으로 성 요셉을 위한 예배당을 짓기 위한 캠페인을 시작한다. 1904년 첫 예배당이 건축되었고, 성금이 모이는대로 건물을 올렸다. 50년 만에 지금의 모습이 되었다. 평생 앙드레 수사는 하나님께 다른 사람들에 대해 이야기하고, 사람들에겐 하나님에 대해서 이야기 했다. 1937년 1월 6일, 91세의 나이로 죽었을 때, 그의 죽음을 애도하기 위해 모인 추모객이 백만이 넘었다고 한다. 기도원으로 오르는 계단은 세 개로 나누어졌는데 중앙계단은 나무로 되어 있고, 양쪽은 시멘트로 되어있다. 나무로 된 중앙 계단은 무릎으로 오르는 순례자를 위해 만든 것이다. 매년 200만 명의 순례자가 성 요셉 기도원을 찾는다고 한다.

앙드레 신부는 죽기 전에 "오, 너무 고통스럽습니다. 하나님, 나의 하나님!" 고통스레 말하고 나서 "Here is the grain…" 이라고 약하게 말하고 숨을 거뒀다. 요한복음 12장 24절은 이렇게 말한다. '한 알의 밀이 떨어져 죽지 아니하면 한 알 그대로 있고 죽으면 많은 열매가 맺느니라.' 앙드레 신부는 2010년 10월 로마에서 성자의 반열에 올려졌다.

일요일, 오후 2시까지는 미사를 위해 주차비가 무료다.

성 요셉 기도원의 바실리카 내부의 정면

앙드레 수사가 믿고 구했던 성 요셉이 아기 예수를 안고 있다.

형제 앙드레 부속 예배당 Chapelle du frère André

기도원을 왼편에 끼고 형제앙드레길(Chemin Frère André)을 따라가다가 킹스턴 로드(Kingston Rd)를 만나 좌회전 후 가파른 언덕길을 올라가면 우측으로 형제 앙드레 부속 예배당(Chapelle du frère André)이 있다. 기도원을 정면으로 바라보고 섰을 때 1시 30분 방향이다. 부속 예배당 옆 작은 공터에는 그의 동상이 자애로운 표정으로 방문객들을 맞이한다. 실내로 들어가면 중앙에 아기 예수를 품에 안고 있는 요셉상이 있고, 오른쪽 벽에는 고침을 받은 사람들과 순례자들이 기부한 수십개의 목발과 감사하는 마음을 담은 석판이 걸려 있다.

예배당 앞 주차장에 난간에 서면 퀸 메리 로드(Queen Mary Rd) 건너편의 형제 앙드레가 수위로 있었던 노트르담 칼리지가 보인다. 지금은 노트르담 고등학교(Notre-Dame High School)로 변했다.

슈왈츠 Schwartz's

생 로랑 거리(Rue Saint-Laurent)를 기준으로 몬트리올은 동쪽과 서쪽으로 나뉜다. 예전에는 동편에 프랑스인, 서쪽에는 영국인이 살았다고 한다. 생 로랑 거리에는 이름난 스모크 미트(smoked meat)를 파는 슈왈츠(Schwartz's)라는 식당이 있다. 1928년, 루마니아계 유대인인 루벤 슈왈츠(Reuben Schwartz) 씨가 식당을 연 때부터 쭈욱 생로랑 거리에서 장사를 해오고 있다. 옛 방식 그대로 신선한 고기를 10일간 양념에 재운 뒤 훈제한다. 방부제 쓰는 법 없이 그날 그날 훈제된 고기를 손님들에게 제공한다. '슈왈츠 훈제 고기' 맛의 비결은 정성이다. 종업원은 "고기를 어떻게 익혀드릴까요?" 라고 묻는다. 스테이크 주문하는 것처럼 취향대로 주문하면 된다. 미디엄(Medium)이 덜 퍽퍽해서 좋다. 샌드위치만 먹으면 텁텁할 수 있으니 피클과 음료수를 같이 먹도록 하자. 슈왈츠의 훈제 고기 샌드위치(smoked meat sandwich)를 맛보려는 사람들이 항상 문전성시를 이루다보니 오리지널 식당 옆에는 포장만 되는 테이크아웃 전용식당도 두었다.

성 요셉 기도원
🏠 3895 Saint-Laurent Blvd, Montréal
📍 🚇 St. Laurent schwartzsdeli.com

몽로열 공원
Mont Royal Park

⌂ 1196 Voie Camillien-Houde, Montréa

몬트리올(Montreal)은 세인트 로렌스 강과 프레리 강에 둘러싸인 섬이다. 섬 가운데 해발 250m의 몽로열 공원이 있다. 1535년 10월 2일, 자크 카르티에(Jacques Cartier)는 오쉘라가(Hochelaga) 마을의 원주민 손에 이끌려 이 산에 올랐다. 그의 눈 앞에 펼쳐진 아름다운 풍경에 감격해서 그는 이 산을 '왕의 산(Mont Royal)'이라 불렀다. 몬트리올(Montreal)이라는 이름은 이 산의 중세 프랑스어 발음이었던 'Mont Réal'에서 유래되었다고 한다.

1642년 프랑스 장교였던 메종뇌브(Paul de Chomedey, sieur de Maisonneuve)와 간호사 잔느 망스(Jeanne Mance) 등 40여명이 채 안되는 사람들이 몬트리올 해안(지금의 올드 몬트리올)을 따라 모여 살았다. 그리고 그 마을을 '축복받은 마리아의 정착지'라는 뜻으로 빌마리(Ville-Marie)라 불렀다. 한번은 폭우와 결빙 해동으로 인한 홍수로 강물이 불면서 마을이 통째로 휩쓸릴 뻔 했다. 살아남은 것에 감사해서 그들은 1643년 1월 6일 산 정상에 올라 나무 십자가를 세웠다. 이 십자가가 전신이 되어 1924년 철로 된 십자가를 세웠고, 2009년엔 LED 조명을 설치해 다양한 색으로 빛나도록 했다. 뉴프랑스의 시민들이 믿었던 '마리아의 별'처럼 이 십자가가 계속해서 자기들을 지켜주길 바란다.

6월에도 눈이 온다는 몽로열의 정상에 오르면 콘디아론 테라스((Belvédère Kondiaronk)에서 몬트리올 전경을 볼 수 있다. 몽로열 샬레(Chalet du Mont-Royal)는 1932년 경제대공황 때에 일자리창출 프로젝트 일환으로 지어졌다.

몬트리올 깃발이 창공에 펄럭인다. 몬트리올 깃발은 St.George Cross가 4등분하고 왼쪽상단부터 시계방향으로 프랑스의 국화인 백합(Lily), 영국의 장미(Rose), 아일랜드의 샴락(Shamrock), 스코틀랜드의 엉겅퀴(Thistle)등이 그려져 있다. 이 깃발에 담겨진 모토는 'Concordia Salus', 라틴어로 '화합을 통한 구원'이라는 뜻이다. "싸우지 말고 함께 잘 살자"는 의미를 담고 있다.

몬트리올의 상징으로 꼽히는 몽로열의 십자가(The Cross on Mont Royal)까지 산책하거나, 비버 레이크(Beaver Lake) 쪽으로 산책하며 전시된 조각들을 감상하는 것도 좋겠다.

몽로열 공원의 비버 레이크(Beaver Lake)

몽로열 공원의 퍼블릭 아트 조각작품

몽로열 공원의 카밀리에 우드 전망대(Belvédère Camillien-Houde)에서 바라본 전경

PLATEAU-MONT ROYAL AND MILE END
플라토 몽로얄 & 마일 엔드

아티스트, 뮤지션, 작가, 영화제작자 등이 마일엔드(Mile End)에 둥지를 틀면서 '개성넘치는' 바와 아트 갤러리, 디자이너 워크샵, 부티크, 카페, 레스토랑이 들어섰다. 페어몬트 베이글 vs 생비아테르 베이글, 걸어서 10분 거리에 있는 두 가게의 몬트리올 베이글 맛을 비교하려는 관광객들도 많고, 검은 정장을 입고, 챙 모자 아래로 옆머리를 길게 기른 울트라정통유대인인 하레디 유대인 공동체에 대한 호기심 때문에 이 구역을 찾는 관광객도 많다. 안식일 빵인 할라(Challah), 바브카(Babka) 등 유대인 율법에 따라 만든 코셔 베이커리(Kosher Bakery)를 파는 체스키 블랑제리(Cheskie's Boulangerie)도 한 번 쯤 방문하길 추천한다.

체스키 블랑제리(Cheskie's Boulangerie)

스마트폰 대신 랍비의 감독하에 만든 인터넷이 되지 않는 코셔 폰(kosher phone)으로 통화하며 걷고 있는 하레디 유대인의 모습

드론 앤드 쿼털리 코믹북
Drawn and Quaterly Comic book

Librairie Drawn & Quarterly
- 📍 211 Rue Bernard Ouest, Montréal
- 📞 514-279-2224
- 🕐 11:00-18:00
- mtl.drawnandquarterly.com

La Petite Librairie Drawn & Quarterly
- 📍 176 Rue Bernard Ouest, Montréal
- 📞 514-279-2279

코믹북(만화책)을 좋아하는 만화광이라면 1989년 마일엔드에 설립한 드론 앤드 쿼털리(Drawn and Quaterly)라는 코믹북 회사와 이 회사가 2007년에 버나드 거리에 문을 연 만화책방을 방문하길 권한다. 만화책방이 있는 버나드 거리는 문학 허브로 상징되고 있다.

포노폴리스 레코드 가게
Phonopolis

Librairie Drawn & Quarterly
- 📍 207 Bernard Ouest, Montreal
- 🕐 수-일 11:00-17:00
- phonopolis.ca
- 이메일 : info@phonopolis.ca

2011년에 마일엔드로 가게를 옮겼다. 몬트리올이 고향인 오너 조던(Jordan)은 모든 종류의 앨범을 수집하고, 판매한다. 특히, 주류가 아니었던 인디, 실험적인 록, 재즈, 아방가르드, 포크, 블루스 그리고 전 세계의 음악을 취급한다. LP 음악을 좋아해 2006년부터 음반 가게를 시작했다. 그리스 말로 '사운드의 도시(City of Sound)'라는 뜻의 포노폴리스(Phonopolis)라는 가게 이름은 이웃에 그리스 이민자들이 많아서 그들이 지어준 이름이라고 한다.

포노폴리스 LP 판매점 & 오너인 조던

HOMA(HOCHELAGA-MAISONNEUVE)
오슐라가-메종뇌브

오슐라가-메종뇌브(HOMA) 구역의 관광명소로는 올림픽 공원(Olympic Park) 내의 바이오돔, 몬트리올 타워, 올림픽 경기장, 리오 틴토 알칸 천체투영관 등이 있고, 도로 맞은 편의 메종뇌브 공원(Maisonneuve Park)에는 몬트리올 식물원(Montreal Botanical Garden), 곤충 박물관인 몬트리올 인섹타리움(Montreal Insectarium)이 있다. 몬트리올에서 가장 유명한 4개의 자연 박물관을 통합한 것이 Espace pour la vie 다. 2011년 몬트리올 자연 박물관(Montreal Nature Museums) 후속 기관으로 설립되었다.

올림픽 경기장
Olympic Stadium

56,000석 규모의 경기장으로 1976년에 열린 몬트리올 하계 올림픽을 위해 지어졌다. 이 후, 6천 6백만 관광객이 이 곳을 방문했다. 야구, 축구 경기는 물론이고 몬스터 트럭 쇼, 락그룹의 콘서트까지 다양한 행사가 열린다. 영화 촬영지로도 유명한 곳이지만, 대한민국 최초로 올림픽 금메달을 딴 곳이 바로 이 곳 몬트리올 올림픽에서다. 올림픽 경기장 입구의 메달리스트 이름을 새긴 동판에 레슬링 선수 양정모라는 이름을 확인할 수 있다.

1976년 몬트리올 하계 올림픽을 위해 지어졌던 올림픽 주경기장

몬트리올 타워
Montreal Tower

🏠 14141 Pierre-De Coubertin Avenue,
　Montréal
📍 🚇 Viau
parcolympique.qc.ca

멀리서 보면 올림픽 경기장에 몬트리올 타워로 왕관을 씌운 모양이다. 의도적으로 기울도록 설계된 몬트리올 타워는 경사진 탑(inclined tower)으로는 세계에서 가장 높다. 높이가 165미터, 기울기는 무려 45도다. 기울기가 5도인 피사의 사탑은 잽도 안된다. 76명까지 탈 수 있는 유리로 덮힌 푸니쿨라(glassed-in funicular)를 타고 전망대(Observatory)로 올라가면 몬트리올 전경을 360도로 감상할 수 있다. 맑은 날은 사방 80km까지 보인다고 한다.

바이오돔 & 리오 틴토 알칸 천체투영관
Biodôme & Rio Tinto Alcan Planetarium

🏠 4777 Pierre-de Coubertin Ave, Montreal
📍 🚇 Viau
espacepourlavie.ca/biodome

바이오돔((Biodôme)에는 230여 종 약 4,800마리의 동물과 750여 종의 식물이 한 지붕아래 살고 있다. 캐피바라(Capybara)와 라이온 타마린(Lion Tamarin)을 눈앞에서 볼 수 있는 남미의 열대우림(Tropical Rainforest), 퀘벡주의 로렌시아 삼림(Laurentian Maple Forest), 세인트로렌스 만(Gulf of Lawrence), 북극 근처의 래브라도 해안(Labrador Coast) 그리고 아남극 제도(Sub-Antarctic Islands) 등 아메리카 대륙의 생태계를 보여주는 5개 전시관으로 이루어져있다. 바이오돔은 1976년 몬트리올 올림픽의 경륜 경기를 목적으로 지어졌다. 바이오돔은 동물들의 식사시간에 맞춰 가는 곳이 좋다. 그래야 활기있는 동물들의 모습을 볼 수 있다.

바이오돔 옆에 리오 틴토 알칸 천체투영관(Rio Tinto Alcan Planetarium)도 방문해보자. 영화 '천문', 혹은 스티븐 호킹(Stephen Hawking) 박사를 다룬 영화 '사랑에 대한 모든 것(The Theory of Everything)'을 보면 천체에 대한 흥미가 더 생기지 않을까? 리오틴토알칸은 알루미늄을 생산하는 캐나다 기업이다. 2007년 호주 국적의 세계 3위 광산업체인 리오 틴토가 알칸(Aluminum Company of Canada의 영문약자)을 인수하면서 회사 이름을 지금의 리오틴토알칸으로 바꿨다. 360도 전방향으로 촬영된 영상이 전문가의 손에 의해 거대한 반구형 돔 위에 상영되는 스타씨어터(Star Theatre)는 누구나 좋아하는 몬트리올 핫플레이스다.

바이오돔 철갑상어 © Mikala Taylor

리오 틴토 알칸 천체투영관 © Espace pour la vie (Mathieu Rivard)

몬트리올 식물원
Montreal Botanical Garden

⌂ 4101 Sherbrooke St E, Montreal
espacepourlavie.ca/jardin-botanique

몬트리올 식물원은 이벤트, 전시회, 액티비티 등 일년 내내 다채로운 프로그램을 제공한다. 22,000여 종의 컬렉션, 10개의 전시 온실, 프레드릭 백 트리 하우스(Frédéric Back Tree House), 그리고 75 헥타르에 걸쳐 펼쳐진 20개 이상의 테마 정원

을 갖춘 이 곳은 맑은 공기와 꽃 향기가 가득해 산책 장소로도 이상적이다. 수많은 나비들이 '쉘위댄스 Shall we dance!' 하자고 꽁무니를 졸졸 따라다닌다. '빛의 정원(Gardens of Light)'과 같은 다양한 축제가 열리므로 방문 일정을 잡을 때 행사 일정을 꼭 확인하고 방문하자.

몬트리올 곤충 박물관
Montreal Insectarium

⌂ 4581 Sherbrooke St E, Montreal, Quebec H1X 2B2
espacepourlavie.ca/insectarium

몬트리올 인섹타리움의 돔관(The Dome)에는 3천여개의 곤충 표본이 있다. 모르포 나비처럼 날개 양면의 색이 다른 나비 표본과 화려한 원색을 가진 갑충류 표본 등을 볼 수 있다. 아이들의 눈높이에서 곤충의 신체적 특징을 자세히 관찰할 수 있는 떼따떼드(tête-à-tête) 유리관도 있다. 떼따떼드 유리관에 전시하고 있는 곤충의 가지수는 6종. 18종을 1년 동안 순환 전시한다. 세상에 이렇게 다양한 종이 있다니 놀랍다.

프레드릭 백 Frédéric Back

1952년부터 몬트리올 라디오 캐나다(Radio-Canada)의 그래픽 부서에서 일한 백은 열정적인 환경옹호자였다. '나무를 심은 남자'를 포함해 그의 많은 작품들이 환경을 주제로 하고 있다. 1982년 단편 크랙(Crac)으로 아카데미상을 수상했고, 1987년에는 나무를 심은 사람(The man who planted trees)로 두번째 아카데미상을 수상했다.

'나무를 심은 사람'은 오스카 최우수 단편 애니메이션상뿐만 아니라 안시, 바야돌리드, 오타와 영화제 등에서 대상을 받은 최고의 애니메이션으로, 백을 세계적인 거장의 반열에 오르게 한 작품이다. 또한 2만 여장의 원화를 5년 동안 거의 혼자서 작업하다가 한쪽 눈을 실명한 일화로도 유명한 작품이다.

" 나는 영광을 위해 영화를 만들지 않았다. 내가 원한 것은 유용한 것을 만드는 것이었다." (프레드릭 백)

단편 애니메이션의 거장 프레드릭 백은 2013년 12월 24일 사망했다.

귀도 닌체리 공원
Guido-Nincheri Park

🏠 14141 Pierre-De Coubertin Avenue,
　Montréal
📍 Ⓜ️ Viau
parcolympique.qc.ca

귀도 닌체리 공원은 올림픽 공원과 몬트리올 식물원으로 가는 관문인 셔브룩 (Sherbrooke)과 피뇨프(Pie-IX)의 교차로 남서쪽에 있다. 몬트리올 조경회사인 씨빌리티(Civiliti)가 만들었다. 공원 이름은 프레스코화와 스테인드글라스 작업으로 유명한 예술가, 귀도 닌체리(Guido-Nincheri)에서 따왔다. 공원에 들어서면 가장 먼저 눈에 띄는 것이 스월 롤리팝(Swirl lollipop)을 닮은 산책로다. 큰 나무를 위에서부터 아래로 잘라 옆으로 누인 이미지를 표현했다. 빨간 선은 나뭇가지에 영양을 운반하는 수액이다. 이 길을 따라 보행자와 사이클리스트가 안전하게 목적지까지 가길 바라는 디자이너의 마음이 담겨 있다. 둥근 화분은 나무옹이다. 하늘에서 보면 이 모든 설명이 명확하게 이해간다. 그리고 이 공원에는 네 개의 원기둥 위에 같은 유니폼을 입은 4명의 십대 청동상이 있다. 예술가 장-로버트 드루이야르(Jean-Robert Drouillard)의 작품으로, 각각의 유니폼 앞면과 뒷면에는 몬트리올과 퀘벡시 역사에 있어서 중요했던 행사와 관련된 동식물과 역사적인 날짜가 적혀 있다. 그 역사적 행사가 무엇인지는 여러분이 직접 찾아보길 바란다.

샤또 뒤프렌
Chateau Dufresne

🏠 2929 Avenue Jeanne-d'Arc, Montréal
🎫 성인 $14, 노인(65+) $13, 학생(18–30
　학생증 소지) $13, 어린이(6–17살) $7, 5세
　이하 무료
📍 Ⓜ️ Pie IX
chateaudufresne.com

915 ~ 1918년까지 3년에 걸쳐 지어진 이 대저택은 프랑스계 캐나다인이었던 기업가 마리우스와 오스카 뒤프렌의 자택으로 1주택 2가구였다. 마리우스 뒤프렌이 디자인을 했고, 보자르 양식으로 파리출신 건축가 율 흐나가 지었다. 건물내부의 벽화와 천장화는 귀도 닌체리가 그렸다. 종교적인 프레스코화와 스테인드글라스 작업으로 이름난 예술가였던 닌체리가 샤또 뒤프렌의 데코를 비종교적인 주제로 그린 것은 아주 예외라고 한다.

7

그 밖에 몬트리올 섬에서 가볼만한 곳

성 가브리엘의 집

Maison Saint-Gabriel

'지하 저장고부터 다락방까지' 가이드

2146, place Dublin, Pointe-Saint-Charles, Montréal투어(From the cellar to the attic)

정규시즌
수-금: (불어) 1시, 3시, (영어) 2시
토-일: (불어) 10시, 1시, 3시,
(영어) 11시, 2시
여름시즌(7월~8월)
수-일: (불어) 10시, 1시, 3시
(영어) 11시, 2시

요금(세금 포함): 성인 $15, 노인(65살 이상) $13, 학생 $5, 어린이(5살 이하) 무료
여름(6월 - 9월) 토&일 요금(세금 포함):
성인 $20, 노인(65살 이상) $18, 학생 $5,
어린이(5살 이하) 무료.

maisonsaintgabriel.ca

1663년부터 1673년까지 프랑스 루이 14세는 식민지 누벨 프랑스의 미혼남과 결혼시키기 위해 사회적 약자였던 고아 소녀 775명을 뉴 프랑스로 보낸다. 이들은 '왕의 딸들(Filles du Roy)'이라고 불렸다. 1668년 빌마리(지금의 몬트리올)에 도착한 '왕의 딸들'은 결혼할 남자를 선택할 나이가 될때까지 라 프앙트(La Pointe)에 있는 농가에서 읽고 세는 법, 바느질, 잼이나 버터를 만드는 일, 요리, 채소밭 가꾸는 일, 그리고 가축 키우는 일을 배웠다. 이들은 마르게리트 부르주아(Marguerite Bourgeoys)가 1658년 설립한 여성을 위한 종교공동체인 '노트르담 공회(Congrégation de Notre Dame)*'의 교사 자매들이 쓸 물건을 공급하는 일도 감당했다.

성 가브리엘의 집 영구 전시관은 1668년 당시 '왕의 딸들'의 리셉션 장소로 사용되었던 곳으로 17~20세기 농가의 모습을 가늠할 수 있는 풍부한 유물들을 전시하고 있다. 양봉 체험, 정원 체험, 누벨 프랑스 시대의 아이들이 놀던 게임 체험, 가이드 투어 등 다양한 액티비티를 제공한다. '지하 저장고부터 다락방까지' 가이드 투어와 정원 가이드 투어는 출발 시간에 따라 영어 가이드 또는 불어 가이드가 안내한다.

노트르담 공회

350년 이상 몬트리올에 있으면서 식민지 여성과 소녀들을 지원했고, 왕의 딸들을 위한 소녀 기숙학교를 지어 이들이 나중에 결혼해 식민지 주민으로 정착해 살도록 도왔다. 마르게리트 부르주아는 1982년 로마 가톨릭 교회에 의해 시성되어 캐나다 최초의 여성 성인(Saint)이 되었다.

이층버스 도시투어
Authentic London double decker tour, hip-on, hip-off

graylinemontreal.com

영국을 배경으로 하는 영화를 보면 전설처럼 등장하는 빨간색의 런던 이층버스. 사람들은 자유롭게 껑충 올라타고, 폴짝 내린다. 아이들과 할 수 있는 투어는 아니겠지만 연인들은 이틀 정도 티켓을 끊어서 내리고 싶은 곳에서 내려 걸어서 여행도 하고, 재래 시장을 방문하기도 한다. 투어가 끝나면 다음 버스를 타고 다른 장소로 이동한다. 출출할 것을 대비해서 배낭에는 스낵과 물을 준비하는 것이 좋다. 모든 관광상품이 그렇듯 5월부터 10월말까지 오전 10시부터 오후 4시까지 운행한다. 티켓은 여행정보센터(Tourist Information Centre – 1225 Peel Street, #100)에서 구입 가능하고, 버스는 도체스터 광장에서 출발한다. 여분의 옷과 썬글라스, 모자를 준비하자. 더블 데커 버스에는 화장실이 없기 때문에 미리 볼일을 보고 타길 바란다. 버스가 이층이다 보니 이층에 탄 사람들은 머리가 나무가지에 닿는 경우도 있으니 그런 곳에서는 주의가 필요하다. 심술궂은 나뭇가지가 모자를 쳐서 떨어트릴 수 있다.

사이클링 투어
라신 운하 자전거 길
Lachine Canal Bike Path

graylinemontreal.com

라신 운하(Lachine Canal)는 라신 급류(Lachine rapids)를 피해 배가 돌아가기 위해 만든 뱃길이다. 몬트리올이 무역 중심지로 성장하기 위해 이 운하는 꼭 필요했다. 1821년 작업을 시작해 1925년 완성되었다. 물류 운송이 증가하면서 운하는 두 번(1843-1848, 1873-1884)에 걸쳐 증축되었다. 올드 포트(Old Port)에서부터 세인트루이스 호수(Lake Saint Louis)까지 14.5킬로미터의 운하를 따라 자전거 길이 펼쳐져 있다. My Bicyclette (2985-C, rue St.-Patrick)에서 자전거를 빌려 서쪽으로 달리면 운하 끝자락에 라신운하국립유적지(Lachine Canal National Historic Site)가 있다. 1803년에 지어진 모피무역소(Fur Trade Post)는 당시 브와야줴르(Voyageurs ; 모피를 카누로 운송하던 뱃사공)가 북서쪽의 원주민 덫 사냥꾼(Native trapper)과 물물교환을 하기 위해 서사적 여정을 출발하던 본거지였다. 르네 레베스크 공원(René Lévesque Park)은 사이클리스트들의 마지막 종착지다. 조각공원과 1669년에 모피무역소로 지어졌던 라신박물관(Musée de Lachine)이 있다.

+ 자전거 대여 업체

1.Monteal On Wheels : 자전거 대여는 물론, 프로페셔널 가이드와 함께하는 가이드 자전거 투어, 걸어서 역사적 건축물과 도시 디자인, 공공미술 등을 돌아보는 워킹투어도 제공한다.

⌂ 27, rue de la Commune Est, Montreal.   caroulemontreal.com

2.My Bicyclette : 엣워터 마켓(Atwater Market)의 남쪽에 위치해 있어 라신 운하 자전거길(Lachine Canal bike path)로 바로 진입할 수 있다. 렌트를 원하는 기종과 원하는 날짜를 선택해 온라인으로 예약하면 된다.

⌂ 2985 Saint-Patrick St, Montreal
◎ 평일 08:00 - 20:00, 주말 08:00~21:00
mabicyclette.ca

3.Fitz & Follwell Co. : 토론토, 퀘벡, 오타와에도 지점이 있다. 자전거 투어, 워킹투어를 제공하고, 자전거 대여도 한다. 깨끗한 헬멧, 자전거 열쇠, 밤길을 달리기 위한 라이트 그리고 호주머니에 들어갈 수 있는 사이즈의 F&F 몬트리올 지도를 제공한다. 이 지도에는 먹을 곳, 마실 곳, 관광지 등 '꼭 봐야할 100+ 선'이 담겨 있다.

⌂ 1251 Rue Rachel East, Montreal. www.fitz.tours/montreal)

• More Information
사이클링 비영리그룹인 벨로 퀘벡(Vélo Québec)이 운영하는 사이클리스트 하우스(La Maison des cyclists)에서는 사이클링에 필요한 액세서리- 지도, 책, 매거진, 사이클로미터, 자물쇠, 라이트, 자전거 펌프 등을 파는 부티크와 모여 이야기 나눌 수 있는 Le Picnic Vélocafé (1251 Rue Rachel East, Montreal)를 운영한다. 벨로카페는 자전거 대여점 'Fitz & Follwell' 의 옆 사무실에 있다.

velo.qc.ca

※ 2020 코로나 바이러스 팬데믹 시기에도 몬트리올 사람들에게 자전거는 주요 운송수단이라 필수(essential)로 분류돼 BIXI와 자전거 수리점
   이 오픈했다.

몬트리올 재래 시장 투어

한국처럼 거리음식을 맛볼 수 있는 재래시장으로는 1. 장딸롱 마켓, 2. 엣워터 (Atwater) 마켓, 3. 메종뇌브 마켓, 4. 라신느 마켓, 5. 솔리더리티 마켓(Solidarity Market) 등이 있다.

 엣워터 마켓 Atwater Market

11월말부터 12월 23일까지 크리스마스 마켓으로 변한다. 여느 크리스마스 마켓이 그렇듯 라클렛(raclette), 몰드와인(Mulled Wine), 크레페(Crepe), 핫초코, 모닥불에 구워먹는 마시멜로 등 거리음식의 천국이다. 19세기 사업가이자 정치가였던 에드윈 앳워터(Edwin Atwater)의 이름을 따서 1933년 지어졌다.

몬트리올 열린 마당(Montreal Public Art)

아트 퍼블릭 몬트리올(Art Public Montreal)은 몬트리올을 하나의 갤러리처럼 만들어 국제적인 '공공미술(Public Art) 관광지'로 육성하기 위한 프로젝트다. 천여점이 넘는 예술 작품들이 지하철역, 거리, 공원, 빌딩 등 시민들의 생활 공간속에서 전시되고 있다. 이를 위해 몬트리올 전역에 설치된 공공 미술품 소유자와 도시의 영향력있는 이해 당사자들이 몬트리올 관광청과 협업하고 있다. 아트 퍼블릭 몬트리올 웹사이트는 몬트리올에 설치된 다양한 예술 작품을 발견할 수 있는 다양한 경로를 제공한다. 홈페이지에서 각 작품의 위치를 파악한 뒤 관심 작품을 찾아 다니는 방법과 Top Tours 에서 맘에 드는 테마를 선택해 투어하는 방법이 있다. artpublicmontreal.ca

몬트리올 음악사 Histoire de la musique à Montréal

1967년 플라스데자르 역에 설치된 프레데릭 백(Frédéric Back)의 작품이다. 이 그림에는 캐나다 국가인 '오 캐나다(O Canada)'를 작곡한 칼릭사 라발레(Calixa Lavallée), 지휘자 기욤 꾸뛰르(Guillaume Couture) 등 뉴 프랑스 시대부터 현대 음악에 이르기까지 몬트리올 음악사에 크게 기여한 인물들의 모습이 담겨있다. 유리위에 그림을 그리고 연철로 각각의 그림을 액자처럼 연결한 대형 작품이다.

프레데릭 백의 몬트리올 음악사 © Oeuvre de Frédéric Back au métro Place—des—Arts

잉글리시 퍼그와 프렌치 푸들 조각상

자크 카르티에 광장의 500 플라스 다르므(500 Place D' Armes) 건물 앞에는 '잉글리시 퍼그와 프렌치 푸들(The English Pug and the French Poodle)'이라는 작품이 있다. 몬트리올 출신 작가 마크 앙드레 J. 포티에(Marc-Andre J. Fortier)의 2013년 작품으로 '고상한 체하는 두 사람(The two Snobs)'이라는 별명으로도 잘 알려졌다. 몬트리올 안에 영국 문화권 사람들과 프랑스 문화권의 사람들의 거리감을 나타내는 풍자 작품이다.

프렌치 푸들 조각상   잉글리시 퍼그 조각상

MUST-SEE AROUND MONTEAL
몬트리올 근교 지역 가볼 만한 곳

라발 코스모돔
Cosmodôme at Laval

⌂ 2150 des Laurentides Highway, Laval
cosmodome.org

코스모돔 우주 캠프는 규모는 작지만 9-15세 아이들에게 실제 우주인 체험을 맛보게 할 수 있는 곳이다. 컴퓨터 게임처럼 모니터 화면을 보면서 우주선을 도킹시키는 것과 같은 다양한 우주선체험, 그리고 우주인훈련체험 등을 경험해본다. 근처에 있는 스카이벤처(Skyventure)라는 곳은 실내 스카이다이빙을 체험하는 곳이고, 아이플라이(iFly)라는 실내 트램폴린을 뛸 수 있는 곳도 있다. 몬트리올 베이글로 유명한 생비아테르 베이글 라발점(St-Viateur Bagel, Laval)도 가까이 있어 하루 아이들과 놀기에 딱 좋은 곳이다.

쉬크르리 드 라 몽타뉴
Sucrerie de La Montagne

⌂ 300 Chemin Saint-Georges, Rigaud, QC
J0P 1P0
☎ 450-451-0831
sucreriedelamontagne.com

몬트리올 교외 리고(Rigaud)의 울창한 나무 숲속에 메이플 농장 쉬크르리 드 라 몽타뉴가 있다. 주인인 피에르 포셰(Pierre Faucher) 씨는 3~4월 설피를 신고 전통방식으로 메이플 수액을 수확한다. 1,500여 그루의 설탕단풍나무에서 연 3,000리터의 수액을 거둔다. 1978년부터 정부는 수액을 전통 증발기에 넣어 나무를 떼 메이플 시럽을 만드는 이 곳을 캐나다체험문화유산(Canadian Experience Heritage Site)으로 지정해 보호하고 있다. 매년 6만 여명의 방문객이 이 곳을 찾는다. 메이플시럽을 만드는 2월부터 4월까지는 슈거 쉑 투어가 가능하다. 메이플 시럽이 듬뿍 뿌려진 팬케이크와 베이크트 빈즈(Baked beans)를 곁들인 식사 시간. 방문객들은 캐스터네츠(castanets)와 쓰임이 비슷한 나무숟가락악기(Musical Wooden Spoon)를 들고 자기 엉덩이, 허벅지, 손바닥 등을 부딪혀 피들러 연주에 맞춰 흥겹게 논다. 4개의 캐빈(cabin)에서 숙박도 가능하다. 2013년 8살이던 늑대개 루루(Loulou)에 대한 이야기로 주인장과 더 깊은 이야기를 나눌 수 있으리라.

캐나다체험문화유산으로 지정된 쉬크르리 드 라 몽타뉴

MONT-TREMBLANT
몽트랑블랑

퀘벡주 몬트리올(Montréal)에서 15번, 그리고 117번 고속도로를 타고 서북쪽으로 90여분을 달리면 스테이션 몽 트랑블랑(Station Mont-Tremblant)이 나온다. 트랑블랑은 단순한 스키 리조트가 아니라, 일년 내내 다양한 액티비티를 제공하는 특별한 휴양지다. 여름에는 골프, 루지, 트랑블랑 호숫가, 자전거 또는 롤러블레이드 등 다양한 액티비티와 국제 블루스 축제 같은 야외 음악쇼도 즐길 수 있다. 사람들은 한 여름밤의 환상적인 라이트 쇼, 통가 루미나(Tonga Lumina)를 감상하며 1.5킬로미터의 난센 트레일

(Nansen Trail)을 걷는다. 가을에는 낭만적인 가을 정취를 감상하려는 관광객들로 넘쳐난다. 겨울과 봄은 스키 시즌이다. 특히, 크리스마스 시즌에는 트랑블랑에서 연휴를 보내려는 가족들로 3주간 북적인다.

트랑블랑 리조트는 트랑블랑 산을 기준으로 남쪽을 베흐상 쒸드(Versant Sud), 북쪽을 베흐상 노흐(Versant Nord), 그리고 카지노가 있는 동남쪽을 베흐상 솔레이유(Versant Soleil)라고 부른다. 페데스트리앙 빌리지가 있는 베흐상 쒸드(Versant Sud)에서 곤돌라를 타고 10여분 올라가면 875미터 산정상에 도달한다. 웨스카히니 알공퀸 원주민은 이 봉우리를 마니통가 수타나(Manitonga Soutana)라고 불렀는데 "정령의 산"이라는 뜻이다. 인간이 자연의 질서를 깨트릴 때마다 이 정령이 산을 흔든다고 원주민들은 믿었다. 그래서 산 이름이 흔들리는 산, 몽 트랑블랑(Mont-Tremblant)이다.

매년 봄에 열리는 카리부 컵(Caribou Cup) 행사 장면. 스키나 스노우보드를 타고 물위를 건넌다. © Station Mont-Tremblant

통가 루미나 축제 © Tremblant

국제 블루스 축제 © Tremblant

트랑블랑 가을 풍경 © Tremblant

스키 트레일은 트랑블랑 산의 동,서,남,북으로 뻗어있다. 4개의 슬로프에 102개의 스키 트레일이 있다. 남쪽의 난센 트레일(Nansen)은 초급 스키어를 위한 코스로 내려오는데만 45분에서 60분 정도 걸린다.

페데스트리앙 빌리지는 말 그대로 차가 없는 보행자 마을이다. 완만한 산비탈에 조성된 마을은 윗마을, 아랫마을을 6개 구역 – 여행자 광장((Place des Voyageurs), 구 트랑블랑(Vieux Tremblant), 거리가 성의 흉벽처럼 보인다고 해서 붙여진 흉벽 거리(Rue Des Remparts), 데로히에르 산책로(Promenade Deslauriers), 성 베흐나르 광장(Place Saint-Bernard), 그리고 네거리(Croisée Des Chemins) – 로 나뉜다.

차에서 내린 스키어들은 여행자 광장(Place des Voyageurs)에서 로마시대 전차처럼 생긴 카브리올레(Cabriolet) 리프트에 탄다. 지붕 위를 날아가는 기분이 마치 열기구를 탄 느낌이다. 카브리올레는 초속 4미터로 스키어와 관광객을 윗마을의 네거리(Croisée Des Chemins)까지 실어 나른다. 네거리에는 스키 장비를 대여하는 어드벤처 센터, 멀티서비스 센터, 그리고 산정상으로 올라가는 익스프레스 곤돌라가 있다.

스키를 타고 나서 사람들은 아프레스키(Après Ski)를 즐긴다. 아프레스키는 스키를 타고 나서 식사, 사우나, 오락, 디스코, 쇼핑 등을 원스톱으로 즐길 수 있는 것을 말한다.

TIP

트랑블랑의 아프레스키 다섯 가지 방법

1. 르샤크(Le Shack), 라포흐즈(La Forge)에서 매운 와인 마시기. 카페 조한센(Café Johannsen), 스타벅스 등에서 따뜻한 음료 마시기.
2. 보행자 마을 곳곳에 있는 야외 모닥불 화로(fire pits)에서 언 손 녹이기
3. 캔디샵, 비버테일, 슈거쉑(Sugar Shack)의 태피 스틱 맛보기
4. 쁘띠 카리부(P'tit Caribou)에서 흥겹게 춤추기.
5. 몽트랑블랑 카지노에서 게임하기. .

1. 항공

• **몬트랑블랑 국제공항** Mont-Tremblant International Airport

포터(Porter) 항공은 토론토 빌리 비숍 공항(YTZ)과 몬트랑블랑 국제 공항(YTM)을 스키 시즌인 12월부터 3월까지 직항 혹은 1회 경유 방식으로 주 1~3회 운행한다. 비행 시간은 65분이며, 몬트랑블랑 공항에서 리조트까지 미니버스로 38분 소요된다. 포터 항공을 이용하는 승객에 한해 리조트에서 수화물 등록을 할 수 있다.

포터 항공사 예약 사이트 : https://www.flyporter.com
몬트랑블랑 국제 공항 웹사이트 : https://www.aeroport-tremblant.ca/
🏠 몬트랑블랑 국제 공항 주소 : 150 Chemin Roger-Hébert, La Macaza, Québec, Canada J0T 1R0
📞 몬트랑블랑 국제 공항 셔틀 서비스 연락처 : (819) 429-7718, 이메일 : transfer@mtia.ça

• **몬트리올 트뤼도 국제공항** Montréal-Trudeau International Airport

퀘벡의 주요 항공 관문인 몬트리올 트뤼도 국제공항을 이용하는 관광객은 몬트랑블랑(Mont-Tremblant)까지 고급 자동차, 밴(Van) 또는 전세 버스와 같은 지상 교통편을 렌트해서 갈 수 있다. 소요시간은 90분이다.

차량 렌트 예약 : https://www.tremblant.ca/plan/getting-here/ground-transportation-montreal-airport

• **몬트랑블랑 시내 버스**(Line A or Line B)

몬트랑블랑의 무료 대중교통인 Line A 는 트랑블랑 리조트에서 출발해 여러 마을들을 지나 생 조비트(Saint-Jovite)까지 왕복 운행한다.

몬트랑블랑 시내 버스 : https://www.villedemont-tremblant.qc.ca/en/citizens/transportation/bus-mont-tremblant

2. 스키 장비 대여 및 겨울 액티비티

• 어드벤처 센터(Centre Aventure) : 스키 및 스노우보드 장비 일체를 대여한다.
• 라 하도뇌흐(La Randonneur) : 스키, 스노우보드, 설피(Showshoes), 팻 바이크 등을 렌트할 수 있다.
  🎫 렌트비 : 설피 $21/2h, $27/4h, 팻 바이크 $39/2h, $50/4h, 알파인 투어링 스키 장비전체(스키, 부츠, 폴) $65 / 반나절, $80/1일

스키 장비를 대여하는 어드벤처 센터/설피를 대여하는 라 하도뇌흐(La Randonneur)

• 액티비티 센터(Le Centre D'Activités) : 개썰매타기(Dogsledding), 스노우모빌링(Snowmobiling), 빙벽타기(Ice Climbing), 스노우 튜빙(Snow Tubing) 등 액티비티 제공

※페데스트리앙 빌리지, 스키 트레일, 하이킹 트레일 등의 지도를 모바일 앱으로 다운받기
 (https://www.tremblant.ca/mountain-village/maps)
※ 몬트랑블랑 관광청 홈페이지 : mont-tremblant.ca

미션 탈출 Mission Liberté

단서들을 찾아 문제를 푼 뒤
방에서 탈출하는 게임이다.
영화 〈인디아나 존스〉에서
성배를 찾기 위해 세 개의 관
문을 통과해야 했던 것처럼
수수께끼같은 문제를 계속
풀어가는 것이 흥미진진하
다. 막히는 문제가 있으면 문
을 두드려 직원에게 힌트를
달라고 요청할 수 있다.. 정글(난이도 6.5), 수퍼히어로 익스프레스(난이도 6.5), 몽트랑블랑 은행(난이도 7.5)
등을 포함해 모두 9개의 방이 있다. 각각의 게임방은 들어갈 수 있는 최대인원이 정해져있다. 최대 6개월이나 1
년에 한 번씩 게임방의 내용을 바꾼다. 웹사이트에서 미리 예약을 하는 것이 좋다.

그형 마니투 Grand Manitou

트랑블랑 산정상에 있는 레스토랑. 트랑블랑의 정령인 "기치 마니투
(Gitche Manitou)"의 이름에서 따왔다. 먹고 싶은 음식을 골라 계산대에서
계산 후, 빈 자리에 앉아 로렌시안 고원을 전망하며 식사를 한다. 메뉴로는
수프 종류 몇 가지, 칙피(Chick Peas), 버거, 푸틴, 너겟, 스낵, 음료 등이다.
음식은 여행자 광장의 게스트 서비스 건물 2층에서 만들어 마니투 식당으로
옮긴다. 스키어들은 이 곳에서 식사도 하고 화장실도 이용할 수 있다.

http://missionliberte.com/
⌂ 3035 Chem. de la Chapelle, Mont-
   Tremblant, QC J8E 1E1
☏ +18197173935

크레프의 집 La Maison de la Crêpe

아침에 문을 연 식당이 드물기 때문에 '크레프의 집(La Maison de la Crêpe)'은 아침식사 혹은 브런치로 크레프를 먹기 위한 사람들로 북적인다. 크레프는 맛에 따라 두 가지로 나뉜다. 크레프에 계란, 베이컨, 햄 등의 속재료를 올려서 만들면 크레프 살레(Crêpes salées), 크레프에 생크림, 뉴텔라, 메이플시럽, 과일 등의 달달한 재료를 올리면 크레프 쉬크레(Crêpes sucrées)다. 식사 메뉴로 크레프 살레 중에 하나를 선택하고, 디저트로 크레프 쉬크레 중에 하나를 주문한다. 이 곳에서 가장 인기있는 아침 식사 메뉴는 하우스 브런치(Brunch De La Maison)다. 계란 2개를 풀어 크레프에 올리고, 베이컨과 넓적한 햄 조각을 올려 크레프를 접은 뒤, 감자튀김, 메론과 같이 서빙된다. 가격은 $16. 크레프 디저트는 메이플시럽을 뿌린 크레프($7)부터 아이스크림, 휘핑크림, 홈메이드 초콜릿 소스, 으깬 스코어(Skor) 캔디바 등을 얹은 크레프($15)까지 모두 열두가지 메뉴가 있다. 하루 판매되는 크레프는 대략 600개. 좌석은 1층 40석, 2층 40석이고, 예약은 받지 않는다. 일년 열두달 영업하고, 영업시간은 아침 8시부터 저녁 9시까지다.

http://www.lamaisondelacrepe.ca/
⌂ 127 Chem. de Kandahar, Mont-Tremblant, QC J8E 1E2
☏ (819) 681-4555

고급 피자 레스토랑, 라 피자테리아 La Pizzateria

입구에 들어서면 왼편으로 스키와 스노우보드를 세워놓을 수 있는 거치대가 마련되어 있다. 고급 피자로 불리는 이 곳의 피자는 모양부터 다르다. 피자도우가 둥그렇지 않고 네모나다. 피자도우는 치즈 크러스트같은 사치를 부리지 않고 프리미엄 플러스 크래커(Premium Plus Crackers)처럼 바삭하다. 미트피자 메뉴는 14가지, 베지테리언을 위한 피자는 8가지 맛이 있다. 프로슈토 햄, 블랙 올리브, 버섯, 모짜렐라 치즈로 토핑한 프로슈토 버섯 피자(Prosciutto mushrooms)가 $19.25, 칼라브레이지 소시지, 양파, 할라피뇨, 바나나고추, 올리브, 그리고 모짜렐라 치즈로 토핑한 멕시칸 피자(Mexican)는 $20.25이다. 한 눈에 보아도 싱싱해 보이는 재료와 각 재료가 어울려 만든 풍미는 식욕을 돋게 만든다. 1995년 문을 열었다. 영업시간은 아침 11시부터 저녁 10시까지다.

http://www.pizzateria.com/
⌂ 118, ch. Kandahar, c.p. 2822, succ. B, Mont-Tremblant, QC J8E 1B1
☏ (819) 681-4522

르 디아블 마이크로브루어리 (Le Diable microbrewery)

양조장 맥주집은 모두 6가지의 수제 맥주와 과일 수확철에 맞춰 싱싱한 과
일로 만든 '이 달의 맥주'를 제공한다. 에일 맥주인 '세븐 씨엘(7 Ciel)'이 가
장 잘 팔린다고 하고, 라거에 익숙한 우리 입맛에도 맞다. 제대로 쓴 스타우
트 맥주를 맛보고 싶다면 두블르 느와흐(Double Noire)를 주문하면 된다.
이 맥주집은 1995년 12월 15일에 오픈해, 지금까지 같은 레시피로 맥주를 양
조하고 있단다. 이 땅의 순수(pure water)가 맥주를 양조하기에 적당한 ph
와 완벽한 미네랄 소금(mineral salt)을 함유하고 있어 좋은 질의 맥주를 만
들 수 있다고 한다. 2층에 올라가면 홉스(hops), 밀, 오트 등을 담은 포대자
루가 손님들이 앉아 있는 테이블 가장자리에 쌓여 있다. 구석의 미니 방앗
간에서 곡물을 빻고, 1층 보일러에서 끓이고, 지하 발효조에서 숙성해 맥주
저장탱크에 저장한다. 맥주는 맥주저장탱크와 1층의 맥주 디스펜서와 연결
된 호스를 따라 이동한다. 저장탱크마다 맥주 이름이 적혀있고 양이 얼마나
남았는지도 쉽게 확인할 수 있다. 추천 음식은 버거, 갈비, 소시지(두 가지
선택), 프렌치 어니언 수프 등이다. 좌석은 185석이며, 오전 11:30 분에 문을
열고, 평일은 저녁 9:30분, 주말에는 10:30분까지 영업한다.

http://www.microladiable.com/
🏠 117 Chem. de Kandahar, Mont-
Tremblant, QC J8E 1B1
📞 (819) 681-4546

프랑스 사부아 지방의 전통 퐁뒤(Fondue), 라 사부아 (La Savoie)

프랑스 사부아 지방(Savoie)의 전통 퐁뒤(Fondue)를 이 곳에서 맛볼 수 있
다. 눈으로 뒤덮힌 추운 지역에서 굳어진 치즈와 빵을 부드럽게 먹기 위해
고안되었다는 퐁뒤(Fondue). 라 사부아 식당은 라끌레뜨 치즈를 녹여, 찐
감자, 샐러드, 파르마 햄, 피클과 먹는 라끌레뜨(Raclette), 돌 위에 고기
와 해산물을 구워, 샐러드, 구운 감자와 먹는 라삐에하드(La Pierrade), 그
리고 네 가지의 퐁뒤 메뉴를 제공하고 있다. 치즈 퐁뒤는 치즈가 바닥에 눌
러 붙지 않도록 설설 저어주면서 빵조각, 샐러드, 찐감자를 긴 꼬챙이에 끼
워 치즈를 적셔 먹는다. 치즈를 적시는 시간이 길어지면 빵이 흐물흐물해지
면서 냄비에 빠져버린다. 여러번 반복하다 보면 빠지지않게 하는 요령이 생
기고 그 과정이 나름 재미있다. 먹을 때 지켜야 할 에티켓도 있다. 먹을 때
는 음식만 살짝 물어서 먹어야지 꼬챙이에 침을 묻히면 안 된다. 침이 묻은
꼬챙이를 치즈 냄비에 다시 넣지 않도록 주의해야한다. 부이용 퐁뒤는 소고
기 안심, 왕새우, 가리비, 브로콜리와 컬리플라워 등을 끓는 부이용 육수에
넣어서 익힌 뒤, 꼬챙이에서 빼 접시에 놓고 포크와 나이프로 잘라서 다양
한 소스에 찍어 먹는다. 꼬챙이를 사용하지 않고 재료를 부은 뒤 익으면 건
지개로 건져 먹을 수도 있다. 라이스 필라프(Rice Pilaf)와 구운 감자가 같이
나온다. 오일 퐁뒤, 레드 와인 퐁뒤 등도 비슷한 방법으로 먹는다. 치즈 퐁
뒤는 가격이 1인분에 $53.95, 부이용 퐁뒤는 1인분에 $59.95이다. 취향에 맞
는 글라스와인을 선택해 퐁뒤와 같이 먹길 추천한다.

http://restaurantlasavoie.com/eng/index.
html
🏠 115 Chem. de Kandahar, Mont-
Tremblant, QC J8E 1E1
📞 (819) 681-4573

🍴 먹자!

EATING

몬트리올의 시그니처 음식인 푸틴, 몬트리올 베이글, 스모크 미트(Smoked meat), 오렌지 줄렙 등을 맛보자. 유대인 율법에 따라 만든 코셔 베이커리(Kosher Bakery)를 파는 체스키 블랑제리(Cheskie's Boulangerie)와 크레통, 바게트 등 각종 음식을 파는 재래시장 장딸롱 마켓(Jean Talon Market)도 구경해보자.

플라토 몽로알 & 마일 엔드

르 데파뇌르 카페

Le Dépanneur Café

버나드 거리의 포노폴리스 LP음반 가게 맞은 편에 있는 이 카페에서는 한 주에 50여명의 연주자들이 와서 공연을 한다. 창문을 활짝 열어젖히고 연주자가 창가의 상설 무대에 서면 카페는 금새 공연 무대가 된다. 손님들은 파티오에 앉아 공연을 보며 진한 에스프레소와 당근 케이크(carrot cake)을 먹으며 이야기를 나눈다. 브런치 메뉴로 다양한 그릴드치즈 토스트(Grilled Cheese)와 샌드위치가 있다. 보헤미안 스타일의 내부 장식도 맘에 들고, 합리적인 음식값에 맛도 좋다.

플라토 몽로알 & 마일 엔드

생비아테르 베이글

St.Viateur Bagel

몬트리올 베이글을 맛볼 수 있는 곳. 손으로 돌돌 굴려 빚은 베이글(hand-rolling bagel)을 꿀이 들어간 뜨거운 물에 5분간 끓이고, 화덕에서 구워낸다. 겉은 바삭하고 속은 부드럽다. 4~5분마다 44개의 베이글이 만들어진다. 베이글 달인들의 손놀림을 지켜보는 것도 볼거리다. 1957년에 폴란드계 유대인인 마이어(Myer)씨가 이 곳에서 창업해 운영하다가 1994년 죽으면서 파트너였던 조 모레나(Joe Morena)의 가족이 소유/운영하고 있다. 몬트리올에 6개의 지점이 있고, 이 중 세 곳은 베이글 카페(Bagel Café)다.

> **Tip**
>
> ### 몬트리올 베이글, 토론토 베이글, 뉴욕 베이글의 차이점
>
> 몬트리올 베이글 : 우유를 섞는다. 나무 화덕에 굽는다.
> 뉴욕 베이글 : 물을 섞는다.
> 토론토 베이글 : 가스 화덕에 굽는다.

🏠 206 Rue Bernard O, Montréal, QC
📞 438-375-1631
🕐 월~금 07:00~18:00, 토~일 08:00~18:00

🏠 생비아테르 베이글 본점 263 Rue Saint- Viateur O, Montréal, QC H2V 1Y1
📞 514-276-8044
www.stviateurbagel.com

멜리나스
Melina's

필로(Filo 혹은 Phyllo) 반죽을 이용해 빵을 만드는 베이커리다. 필로는 중동 및 발칸 요리인 바클라바(baklava)와 보렉(börek) 같은 베이커리를 만드는 데 사용되는 누룩을 넣지 않은 아주 얇은 반죽이다. 기름이나 버터를 칠한 필로 시트를 여러 장 겹쳐서 만들기 때문에 부드럽고 바삭한 것이 특징이다. 멜리나스의 추천 메뉴는 스파나코피타(Spanakopita). 필로 패스트리 사이에 익힌 시금치와 버터, 페타치즈, 달걀 등을 섞어 넣은 뒤 오븐에 구워서 만든다. 필로 패스트리($4.95), 냉동 필로($15)

🏠 5733 Av du Parc, Montréal 📞 514-270-1675
🕐 월~금 08:00~19:00, 토,일 10:00~19:00
https://www.phyllobarmelinas.com

기보 오렌지 줄렙(몬트리올)
Gibeau Orange Julep

건물 3층 높이의 오렌지 모양으로 지어진 오렌지 줄렙 레스토랑은 헤르마스 기보(Hermas Gibeau)의 트레이드마크 음료인 오렌지 줄렙을 판다. 몬트리올 방문자라면 으레 한 번은 들러 오렌지 줄렙을 맛보는 명소 중 명소다. 한 번 맛보면 다시 찾게 된다는 말은 거짓이 아니다. 그 맛을 표현하기는 어렵지만 '기품이 있는 달콤함' 정도면 대충 그 맛을 살린 듯 하다. 기보 오렌지 줄렙을 팔기 시작한 것은 1932년, 더 빅 오렌지는 1945년 처음 지었다. 그리고 1966년 Décarie Expressway 도로를 넓히면서 원래의 위치에서 뒤로 물려 지금의 위치에 다시 지었다. 이 곳을 가려면 가급적 출퇴근 시간은 피해서 가는 것이 좋다. Décarie Expressway(Autoroute 15번) 의 교통 정체가 정말 심하기 때문이다. 스몰 사이즈 $3.25, 미디엄 사이즈 $5.14, 라지 사이즈 $8.38이다. 햄버거, 핫도그, 포고, 샌드위치, 푸틴, 치킨 너겟 등 메뉴도 다양하다.

🏠 7700 Boulevard Décarie, Montréal
🕐 08:00~04:00 (20시간 영업) orangejulep.ca

추천 식당

Weinstein & Gavino's
고전을 존중하면서 트렌드가 발전함에 따라 새롭고 창의적인 요리를 끊임없이 탐구하는 이탈리안 레스토랑. 파스타는 반죽에서부터 만들고, 피자는 이탈리아에서 만드는 것처럼 벽돌 오븐에 굽는다.
🏠 1434 Crescent Street 📍 🚇 Peel
https://www.phyllobarmelinas.com

La Banquise
30여종의 푸틴을 파는 식당. 푸틴 클래식(Poutine Classic)을 강력 추천.
🏠 9994 Rachel Est, Montréal, Québec 📍 🚇 Mont-Royal
labanquise.com

Byblos, Le Petit Cafe
테헤란 스타일의 코너 카페에서 페르시안 딜라이트를 판다. 이란에서는 아침을 'Sobhaneh' 라 부르는데, 이란 티, 치즈, 빵으로 구성되어 있다. 잼, 버터, 할바, 꿀 그리고 우유가 같이 나온다. 요거트와 채소를 혼합한 보라니는 중동에서 가장 인기있는 애피타이저들 중 한 가지다. 보라니, 퓌레 등을 맛보자.
🏠 1499 Laurier Ave E, Montreal, Québec 📍 🚇 Laurier
https://www.bybloslepetitcafe.com

CANADA

Eastern Townships

이스턴 타운십스 혹은 에스트리(Estrie)

에스트리(Estrie) 라는 신조어는 '동쪽'을 뜻하는 프랑스어 'Est' 에서 파생된 말이다. 이스턴 타운십스와 에스트리는 같은 의미이지만 포함하는 지역은 조금 다르다. 에스트리(Estrie)는 퀘벡 주정부와 지자체에서 정의하는 행정적 지역이고, 이스턴 타운십스는 관광 지역을 의미한다. 이스턴 타운십스는 에스트리(Estrie)에 속한 지자체 뿐만아니라 그랑비, 브로몽, 서튼, 락브롬, 던햄 등이 속한 Brome-Missisquoi 와 Haute-Uamaska 이렇게 두 개의 지자체가 더 포함되어있다. 이스턴 타운십스는 1792년 정부 법령에 의해 공식적으로 만들어졌다. 그 이후에 미국독립전쟁의 결과로 영국 제국 로알리스트들의 이민 물결이 있었다. 당시 이 곳은 로어 캐나다(Lower Canada)의 이스턴 타운십스로 알려져 있었고, 원주민 아베나키(Abenaki) 부족이 거주하고 있었다. 19세기 들면서 영국, 아일랜드, 스코틀랜드에서 이민자들이 이스턴 타운십스로 이주했다. 20세기 들어 영어권 주민이 서부 개척을 위해 떠나고 그 땅을 퀘벡인이 얻었다. 그래서 19세기만해도 이스턴 타운십스 인구의 94%가 영어를 상용했는데, 20세기 말에는 95%가 불어를 상용하는 사람들로 나타났다.

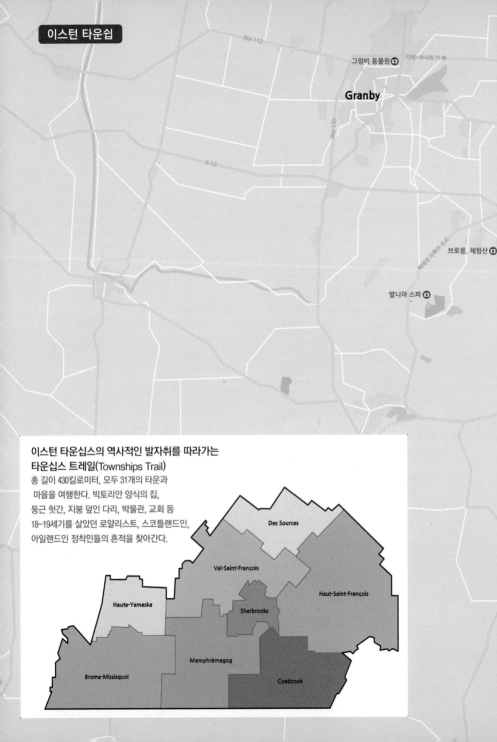

그랑비 동물원

다빙·부사초 가봉

Granby

브로몽, 체험산

발니아 스파

이스턴 타운십스의 역사적인 발자취를 따라가는
타운십스 트레일(Townships Trail)
총 길이 430킬로미터, 모두 31개의 타운과
마을을 여행한다. 빅토리안 양식의 집,
둥근 헛간, 지붕 덮인 다리, 박물관, 교회 등
18~19세기를 살았던 로얄리스트, 스코틀랜드인,
아일랜드인 정착민들의 흔적을 찾아간다.

Des Sources

Val-Saint-François

Haut-Saint-François

Haute-Yamaska

Sherbrooks

Memphrèmagog

Brome-Missisquoi

Coaticook

**Parc national
du Mont-Orford**

Lac Brome

Rte 243

빌레 3의 9 M이트

🏛 크놀턴(삼송투어)

Lake Memphremagog

🏛 생 브누와 뒤 락 수도원

🏛 오 디아블 베르
🍴벨로불랑

발레-미씨스 꾸와 가

N

셔브룩(Sherbrooke)은 에스트리(Estrie)의 경제, 정치, 문화 중심지다. 몬트리올-트뤼도 국제공항에서 자동차로 2시간 남짓 걸린다. 셔브룩 공항이 있지만 항공 스케줄이 없으며, 비아레일도 운행하지 않는다. 몬트리올에서 출발해 마곡(Magog)을 거쳐 셔브룩(Sherbrooke)에 도착하는 리모카 시외버스(Limocar)가 유일한 대중교통 수단이다. 몬트리올에서 자동차를 렌트해서 이스턴 타운쉽을 여행할 것을 추천한다.

이스턴 타운십스 드나드는 방법 ❶ 버스

리모카 버스 회사

📞 1-866-692-8899
limocar.ca

라 퀘벡쿠아 버스 회사

autobus.qc.ca

버스터미널

셔브룩 버스터미널
Terminus Gare de Sherbrooke
🏠 60 Rue King Ouest,
　Sherbrooke
📞 (819) 562-8899

몬트리올 버스터미널
Gare d'autocars
🏠 1717 Rue Berri, Montréal,
　QC H2L 4E9
📞 (514) 842-2281

퀘벡시티 팔레역
Gare du Palais
🏠 450 Rue de la Gare-du-
　Palais, Québec
📞 (418) 525-3000

리모카(Limocar) 버스 회사 (셔브룩 – 몬트리올)

리모카(Limocar) 버스 회사가 운영하는 셔브룩(Sherbrooke) – 몬트리올(Montréal) 구간의 익스프레스 라인(Express Line)은 하루 12번 운행되고 있다. 그랑비(Granby), 브로몽(Bromont) 그리고 마곡(Magog) 등에서 정차한다.

라 퀘벡쿠아(La Québecoise) 버스 회사 (셔브룩 – 퀘벡시티)

라 퀘벡쿠아(La Québecoise) 버스 회사는 셔브룩(Sherbrooke)과 퀘벡시티(Québec City) 구간의 시외버스를 운영하고 있다. 셔브룩(Sherbrooke) 터미널에서는 월요일부터 목요일까지 하루 두 번, 금요일과 일요일은 하루 세 번, 토요일은 하루 두 번 출발한다. 퀘벡(Québec City)에서는 월요일부터 목요일까지 하루 두 번, 금요일과 일요일에는 하루 세 번, 토요일에는 하루 두 번 출발한다. 이스턴 타운십스 내에서는 윈저(Windsor), 리치몬드(Richmond), 그리고 아스베스토스(Asbestos) 등에서 정차한다.

택시

마곡(Magog)
📞 819-843-3377
셔브룩(Sherbrooke)
📞 819-562-4717
라-메강틱(Lac-Mégantic)
📞 819-583-0583
브로몽(Bromont)
📞 450-534-4646
그랑비(Granby)
📞 450-372-3000

카풀링 Carpooling

이스턴 타운쉽과 퀘벡 전역, 대서양 연안주(뉴브런즈윅, 노바스코샤, 프린스에드워드아일랜드), 그리고 미국 간의 원거리 카풀링(Carpooling) 서비스.

아미고 익스프레스
Amigo Express
📞 1-877-264-4697
amigoexpress.com

이스턴 타운쉽의 역사적인 발자취를 따라 여행하는 타운쉽 트레일(Townships Trail)은 총 길이 430km, 모두 38개의 마을과 타운을 지난다. 1차 이민 물결을 이루었던 로얄리스트, 영국과 아일랜드 정착민들의 흔적이 남아있는 빅토리안 양식의 집, 둥근 헛간, 지붕덮힌 다리, 박물관, 교회 등을 여행하게 된다. 이 외에도 15개의 치즈메이커 서킷, 23개의 소규모 양조장 서킷(Microbrewery Circuit), 20개의 사이클링 루트(Cycling Routes) 등 여행 천국이 따로 없다.

이스턴 타운십스추천코스

이스턴 타운십스는 타운십스 트레일 외에도 15개의 치즈메이커 서킷,
23개의 소규모 양조장 서킷(Microbrewery Circuit), 20개의 사이클링 루트(Cycling Routes) 등
다양한 테마 여행을 할 수 있다.

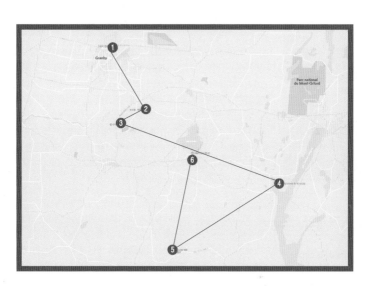

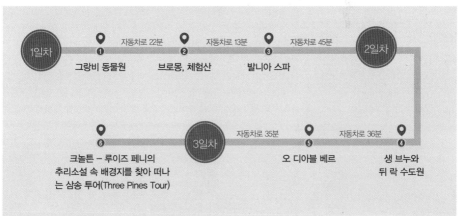

1일차

● ① 자동차로 22분 ● ② 자동차로 13분 ● ③ 자동차로 45분 2일차

그랑비 동물원　　　브로몽, 체험산　　　발니아 스파

● ⑥ 3일차 자동차로 35분 ● ⑤ 자동차로 36분 ● ④

크놀튼 – 루이즈 페니의 　　　　　오 디아블 베르 　　생 브누와
추리소설 속 배경지를 찾아 떠나 　　　　　　　　　　뒤 락 수도원
는 삼송 투어(Three Pines Tour)

그랑비 동물원
Granby Zoo

🏠 1050 Boulevard David-Bouchard N,
　　Granby, QC
zoodegranby.com

몬트리올에서 1시간 거리에 있는 그랑비 동물원(Granby Zoo)은 퀘벡주에서 가장 큰 동물원이다. 225종 1,800여 마리의 동물과 90여종의 수중 생물을 관찰할 수 있다. 아이들이 직접 가오리를 만질 수 있도록 만든 수족관 뿐 아니라 사육사들의 20여개 프리젠테이션을 들으며 신비한 동물의 세계를 만끽할 수 있다. 동물원 구경이 끝나면 아마주 워터파크(Amazoo Water Park)에서 대형 웨이브풀(wave pool)에서 수영도 즐기고, 높이 15미터의 아마존 슬라이드를 타며 스릴도 만끽한다. 슬라이드가 완전히 덮힌 아나콘다, 커다란 그릇을 빙글빙글 돌며 내려오는 피라냐, 그리고 하늘이 보였다 안보였다 하는 아라(Ara) 슬라이드까지 3개가 설치되어 있다. 연 50만 명의 관광객이 찾는다.

브로몽 초콜릿 가게와 박물관
Le Musée du chocolat de la confiserie Bromont

🏠 679 Rue Shefford, Bromont
🕐 10:00~17:00
lemuseeduchocolatdelaconfiseriebromont.

초콜릿 장인인 마이클 빌로도(Michel Bilodeau)가 운영하는 초콜릿 가게와 초콜릿 박물관은 브로몽(Bromont)의 핫플레이스다. 40여 종이 넘는 초콜릿과 파테(Pâté), 크레프, 키슈(Quiche), 샌드위치에 어린 잎채소 모듬인 메스클링 샐러드(Musclun Salad)를 곁들인 아침 메뉴를 판다. 초콜릿 가게는 1989년, 초콜릿 박물관은 2004년에 열었다. 초콜릿 박물관 중앙에 있는 육중한 초콜릿 작품은 캐서린 가뇽(Catherine Gagnon)이 1994년 오귀스트 로댕의 〈티탄의 꽃병〉에 영감을 받아 만든 작품이다. 100kg 초콜릿 몰드를 깎아 만들었다. 이 외에도 이반 브륄레(Yvan Brulé)의 2005년 작품 '임신부', 화가 마리 클로드(Marie Claude)가 카카오 가루와 아크릴 물감을 섞어 그린 '초콜릿 볼' 등은 아주 인상적이다. 초콜릿은 20-30도에서 녹기 때문에 온도를 그 이하로 유지하면 이렇게 보존이 가능하단다. 이 곳의 전시물은 매년 5월에 열리는 '브로몽 초콜릿 축제'에서 수상한 작품들과 빌로도 씨가 개인적으로 수집한 초콜릿 관련 유물들이다. 한 해에 4만~6만 명이 박물관을 방문한다.

캐서린 가뇽이 오귀스트 로댕의 〈티탄의 꽃병〉에 영감을 받아 만든 초콜릿 조각 작품

이반 브륄레의 작품 '임신부'

브로몽 초콜릿 가게의 주인이자 박물관의 관장 마이클 빌로도

브로몽 초콜릿 축제에서 선정된 초콜릿 작품 전시실

브로몽, 체험산
Bromont, montagne d'expériences

150, rue Champlain, Bromont (Quebec)
450 534-2200, 1-866-276-6668
skibromont.com

마운틴 액티비티 Mountain Activity
몽 솔레이유(Mont Soleil)
최대 인원 : 30명(시간대별)
1시간 30분
10월 12일까지 매주 토, 일 그리고 공휴일에
세 번 : 10:30, 12:30, 14:30
패키지 : 케이블카(곤돌라), 마운틴 걷기,
트램포번지, 등반벽, 디스크골프 등

트램포번지

워터파크

여름엔 워터파크와 마운틴 액티비티, 산악자전거, 겨울엔 스키장으로 사시사철 붐비는 이 곳에서 아이들은 지루할 틈이 없다. 스키 브로몽(Ski Bromont)이라는 이름을 버리고, '브로몽, 몽타뉴 덱스페리앙스(Bromont, montagne d'expériences)'라는 새 이름으로 바꾼 것도 철따라 체험을 즐길 수 있다는 것을 강조한 것이다.

워터파크는 13개의 슬라이드와 4개의 따뜻한 풀장이 있다. 워터파크를 지나 조금 올라가면 태양산(Mont Soleil)에 아이들을 위한 여러가지 새로운 놀이기구가 있다. 프리스비(Frisbee)처럼 생긴 디스크를 던져 망(metal basket)에 넣는 디스크골프(Disc Golf)는 워터파크 주변으로 9홀을 돈다. 디벨티고(DiVertigo)는 로프 코스, 등반벽, 짚라인, 커다란 외줄 그네(giant swing) 등으로 구성된 안전한 오락용 유격장이다. 4단으로 되어 있고 높이는 7.3미터라 성인도 입장 가능하다. 아이들이 좋아하는 트램폴린 번지인 트램포번지(Trampo-bunzy)는 아이들을 보다 높고 안전하게 하늘로 뛰어오르도록 한다. 워터파크 시즌이 끝나는 9월 초에는 브롬(Brome)산 정상으로 옮겨진다. 아이들은 트램포번지를 타고 뛰어올라 브롬산 주변의 전경을 볼 수 있다.

여름과 가을, 브로몽은 산악자전거를 타는 사람들의 천국이 된다. 가족 혹은 친구끼리 와서 산악자전거를 즐긴다. 티켓이 있으면 하루 세 번 리프트를 타고 정상에서 자전거를 타고 내려올 수 있다. 트레일의 총 길이는 50km이고, 초급, 중급, 상급 코스가 있다. 리프트는 산악자전거 전용이고, 다른 액티비티를 즐기는 사람들은 곤돌라를 이용한다. 5분이면 정상에 다다른다. 마운틴 하이킹 트레일 코스는 4개가 있고, 총 길이는 13km다. 브롬산 정상에 있는 산장(Chalet du Sommet)에서는 나초, 타르트 플랑베(tarte flambée), 맥주, 칵테일 등을 판다. 브롬산 정상에는 피크닉 테이블이 여럿 있어서 앉아서 휴식을 취하며 준비한 간식도 먹을 수 있다.

브로몽의 스키장 면적은 1.82 km2, 7개의 슬로프가 있다. 스키 코스(트랙)는 141개며, 야간 스키를 탈 수 있게 조명을 갖춘 트랙은 101개다. 스노우 캐논 1,500 개로 스키장의 눈을 만든다. 몬트리올, 셔브룩(Sherbrooke), 드러먼드빌(Drummondville)에서 1시간도 채 걸리지 않는 거리에 있어 스키 시즌엔 항상 스키어들로 붐빈다.

브로몽 산악자전거(Mountain Bike) 액티비티

스키 브로몽 전경

스키 학교에서는 24가지 유형의 수업을 제공하며 레벨 1에서 4까지 200명 이상의 강사가 매 시즌 1천명에게 스키와 보드를 가르치고 있다

• 멤프레메이곡 Memphrémagog

생 브누와 뒤 락 수도원
ABBAYE DE SAINT-BENOÎT-DU-LAC

🏠 1, rue Principale, Saint-Benoît-du-Lac
(Québec)

🎫 어른 $12, 어린이(7-14) $8, 어린이(6살
이하) 무료, 패밀리 패키지 $30

abbaye.ca

가이드 투어 Guided Tour
수도원 생활, 수도원의 건축, 수도사의 일.
이렇게 세 종류의 가이드 투어가 60분씩 하루
세 번 있다.
🕐 출발 10:00, 13:00, 15:00

애플 픽킹 Apple Picking
🍎 노동절(Labour Day) 공휴일 ~
추수감사절(Thanksgiving) 공휴일,
매주 토, 일 09:00~17:00

부티크 Boutique
🕐 5월 1일~10월 31일, 매일 09:00~18:00
11월 1일~4월 30일, 매일 09:00~17:00
✖ 12월 25일~1월 2일, 성금요일(Good
Friday), 부활절 월요일(Easter Monday)

수도원 스테이 Renewal Stays
🛏 1박 $70 (수도원 게스트하우스), $65 (Villa
Sainte-Scholastique)
* 침대와 세 끼 식사 포함
📞 전화로만 예약이 가능하며, 적어도 1주일
전에는 예약을 해야한다.
남자 1-819-843-4080,
여자 1-819-843-2340

프랑스에서 온 베네딕트 수도사들이 1912년 멤프레메이곡 호수(Memphrémagog Lake)가 내려다보이는 곳에 수도원을 설립했다. 멤프레메이곡 호수의 80%는 캐나다, 20%는 미국에 속해있다. 수도원이 성장하면서 1938년 돌로 만든 수도원 건축을 결정하고, 솔레슴 수도원(Solesme)의 수도사이자 몬트리올 성 요셉 기도원의 돔을 설계한 건축가로 많이 알려진 폴 벨로(Paul Bellot)에게 새로운 수도원의 설계를 맡긴다. 그리고 마침내 1941년 7월 11일 수도원이 완성된다. 생브누와뒤락 수도원은 모너스터리(monastery)에서 수도원(abbey)으로 지위가 격상되었고, 아주 독실했던 Odule Sylvain 이 초대 수도원장이 되었다. 그의 임기 30년 동안 수도사는 60 명으로 늘었고, 후원자들의 재정적 지원으로 게스트 하우스, 교회 지하실, 종탑 등이 건설되었다. 수도원장(Abbot)은 수도원의 수도사들이 뽑는다. 수도들은 많은 시간을 예배, 기도, 묵상으로 보내며, 하루의 반은 치즈를 만든다든지, 사과를 딴다든지 각자의 주어진 일을 하며 보낸다. 2017년 12월 16일 수도원은 새로운 치즈 공장을 오픈했다.

방문객은 아침 11시에 드려지는 그레고리오 성가 예배에 참여해 그레고리안 성가를 들을 수 있다. 또한 점심 식사에 초대되어 식사를 같이 하기도 한다.

지하 부티크에는 수도사들이 직접 녹음한 그레고리안 성가, 오르간 그리고 하프시코드의 CD 음반, 책과 선물, 그리고 수도사들이 만든 치즈, 사이더, 애플소스, 애플버터 등의 먹거리를 구입할 수 있다. 블루 베네딕텡(Bleu Bénédictin), 몽 생 브누와 치즈(Mont Saint-Benoît), 그리고 훈제 퐁티나 치즈((Fontina)가 유명하다. 수도원의 수도사들은 퀘벡에서 최초의 블루 치즈 메이커였다. 수도사들이 두 번째로 만든 것이 몽 생브누와 치즈였다. 이 치즈는 1958년부터 팔기 시작했는데, 무척 인기를 얻었고, 미국에서 판매하면서 가파르게 성장했다. 초기에 수도원은 연간 약 15,000 ~ 16,000kg의 치즈를 생산했다. 하지만 1960년대에 연간 생산량은 150,000kg을 초과했고, 현재는 매년 350,000kg 이상의 치즈를 생산하고 있다.

수도원 생활, 수도원 건축, 수도사의 일 등을 직접 눈으로 볼 수 있는 가이드투어와 사과 수확 시즌에는 애플 픽킹도 가능하다.

• 글렌 서튼 Glen Sutton

오 디아블 베르
Au Diable Vert

169, chemin Staines, Glen Sutton
(Québec)
audiablevert.com

벨로볼랑용 리컴번트 자전거(recumbent bicycle)

핸드 브레이크가 오른쪽에 있고, 자전거 지붕에는 비상시를 위한 호루라기가 매달려 있다. 소지품은 안전하게 자전거 운전석 뒷주머니에 보관한다.

오 디아블 베르라는 간판이 걸려있는 초입부터 가파른 경사길이 리셉션까지 이어진다. 이 패밀리 캠핑장은 트리하우스, 3개의 고급스런 마운틴 뷰 스위트, 25개의 사계절 캐빈, 그리고 캠핑 등 다양한 종류의 숙박 시설을 갖추고 있다. 리셉션에서 100m ~ 1km 떨어진 숙박 시설까지 언덕을 오르는 것이 힘들고 멀게 느껴지지만 그것도 잠시 한가하게 풀을 뜯고 있는 하이랜드 소들을 보면 대관령에 온 듯한 친근감도 들고 금방 시름도 잦아든다. 짐은 주차장에서 손수레를 이용해 잊은 물건 없이 한 번에 옮기는 것이 좋다. 다른 옵션으로는 캠핑장의 소형다용도트럭을 이용해 옮기는 방법도 있다. 장작을 주문하면 이 차량을 이용해 배달해준다.

놀거리는 풍성하다. 미시스쿼이강(Missisquoi River)에서 카약킹, 패들보딩, 튜빙 등의 액티비티를 즐길 수 있다. 소목장 투어와 하이킹도 가능하다. 그리고 캐나다에서 유일한 벨로볼랑 캐노피 사이클(VéloVolant canopy cycle)도 탈 수 있다. 캐노피처럼 나무와 나무와 연결된 줄에 누워서 타는 리컴번트 자전거(recumbent bicycle)를 매달아 1km 서킷을 페달을 밟아 한바퀴 도는 '날으는 자전거'다. 좁은 골짜기와 폭포 위를 지나면서 위에서 유유히 숲의 모습을 엿볼 수 있다. 벨로볼랑을 탈 수 있는 조건은 발이 페달에 닿아야 하므로 키는 140cm가 넘어야 하고, 혼자서 못해도 45분간은 타야하니까 너무 어리면 안 되고 12살은 넘어야 한다. 18살 이하의 어린이는 안전 수칙을 브리핑할 때 부모 중 한 명이 옆에 있어야 한다. 성인 몸무게는 100kg 이하여야 한다. 어른은 $50, 12-17살 어린이는 $35이다. 참고로, 오 디아블 베르(Au Diable Vert)에서 숙박을 하는 분은 20% 할인된다.

벨로볼랑을 안전하게 타는 요령에 대해 숙지하는 것이 무엇보다 중요하다.
1. 벨로볼랑의 페달은 앞으로 구르면 앞으로 가고, 뒤로 구르면 뒤로 간다.
2. 내리막길에서는 벨로볼랑의 속도가 빨라져 페달도 빨리 돈다. 그렇기 때문에 내리막길이 나오면 미리 핸드 브레이크에 손을 얹어 놓고 있다가 가속도 때문에 벨로볼랑의 속도가 빨라지면 바로 핸드 브레이크를 잡아 속도를 제어해야 한다. 내리막길에서는 패달에서 발을 떼는 것이 낫다.
3. 오르막길이면서 방향이 꺾어지는 곳에서는 자전거가 앞으로 가지 않고 멈추는 경우가 있다. 이 때는 무리하게 페달을 밟지 말고 뒤로 자전거를 후진했다가 페달을 빠르게 굴러 올라가야한다. 한 번에 안 되는 곳도 있으니 겁먹지 말고 후진했다 가는 방법으로 몇 번 시도한다.
4. 위험한 상황이 생기면 머리 위쪽에 매달려 있는 호루라기를 분다.

루이즈 페니(Louise Penny)의 추리 소설 속 배경지를 찾아 떠나는 삼송 투어(Three Pines Tour)

그랑비(Granby)에서 10번 고속도로를 30여분 달리다 243번 도로로 빠져 브룸 호수를 오른쪽으로 끼고 10여분 달리면 크놀턴(Knowlton)에 도착한다. 이 작은 마을에 캐나다의 유명 추리 소설 작가인 루이즈 페니가 살고 있다. 추리 소설을 좋아하는 사람이라면 가마슈 경감이 활약하는 루이즈 페니의 소설 시리즈를 한 권 정도는 읽어 봤을 것이다. 그녀의 소설에는 이스턴 타운쉽의 곳곳이 녹아있다. 특히 크놀턴(Knowlton)은 소설속에서 삼송(Three Pines)마을로 묘사되는 곳이다. 루이즈 페니(Louise Penny)가 쓴 추리소설 속 배경지를 여행하는 삼송 투어(Three Pines Tour)는 크놀턴 역사 투어 가이드였던 다니엘르 비오(Danielle Viau)씨에 의해 2018년 4월부터 시작되었다. 삼송 투어는 여행 상품을 1장에서부터 5장까지 나누어 가이드와 함께 하루 혹은 반나절 동안 여행을 한다. 봄이 시작되는 5월부터 10월까지만 예약 가능하다.

1장 - 조오지빌(Georgeville) 마을
2장 - 생 브누와 뒤 락 수도원 (ABBAYE DE SAINT-BENOÎT-DU-LAC)
3장 - 하비 매너(Hovey Manor) 고급 여관
4장 - 크놀턴(Knowlton)
5장 - 서로 마주보고 있는 두 개의 하얀 예배당, The Epiphany 그리고 the Way's Mills union churches

투어에는 교통, 가이드, 무료로 전채 요리를 맛볼 수 있는 아뮈즈 부슈(Amuse-bouche), 입장료 등이 포함된다. 꼭 가이드 투어가 아니더라도 삼송 투어 지도(Three Pines Tour)만 가지고 있으면 혼자서도 자유 워킹투어를 할 수 있다. 수박 겉핥기식의 여행이 되지 않으려면 루이즈 페니의 소설 한 두 권은 읽고 여행을 떠나자.
〈아름다운 수수께끼〉 3장에서는 생 브누와 뒤 락 수도원 (ABBAYE DE SAINT-BENOÎT-DU-LAC)의 수도사들이 만든 치즈가 등장한다.

웨이트리스가 접시를 가져 가고 치즈 플래터가 도착했다. "이것들은 모두 생 브누와 뒤 락 수도원 (Saint-Benoit-du-Lac)에서 가져온 것입니다." 올리비에가 플래터 위로 치즈 나이프를 흔들며 말했다. "그들의 직업은 치즈를 만들고 그레고리오 성가를 부르는 것이에요. 그들의 모든 치즈는 성도들의 이름을 따서 명명되었습니다. 이것은 생앙드레(Saint-Andre), 이것은 생딸브라이(Saint-Albray)예요."

〈냉혹한 이야기〉 2장에 등장하는 시골스런 식당은 크놀턴에 있는 흘레 레스토랑 비스트로(Le Relais Restaurant Bistro)다. 이 식당은 엄마가 해주는 듯한 가정식 요리와 제법 괜찮은 와인을 서빙한다.
여행의 마지막 장소는 루이즈 페니의 오랜 벗인 대니(Danny)와 루시(Lucy)가 경영하는 서점인 '리브르 락브롬(Livre Lac-Brome)' 이다. 서

삼송 투어

삼송 인스퍼레이션 맵

삼송 마을은 실제로 존재하지 않지만,
가마슈(Gamache) 소설을 만들면서
이 지역 주변에서 많은 영감을 받았다.
삼송 마을에 오신 것을 환영합니다!

브로몽
BROMONT

노스 해틀리
NORTH HATLEY

브롬 호수 서점
Brome Lake Books

No, I'm fine. And yes, I mean that sort of FINE, and Fuino-Marie, making reference to the title of one of Ruth's poetry books, where FINE stood for Fucked up, Insecure, Neurotic, and Egotistical.

라 뤼메하파메 식료품점
La Rumeur Affamée

One must always have a song in the heart. And an éclair in the hand.

KNOWLTON
크놀턴

BOLTON CENTRE

AUSTIN 오스틴

하비 매너
Hovey Manor

A road was built, curtains were hung, spiders and beetles and owls were chased from the Bellechasse and paying guests invited in. The Manoir Bellechasse became one of the finest auberges in Quebec.

SUTTON
서튼

브롬 카운티 역사 학회
Brome County Historical Society

Sometimes, a weary traveler crested the hill and looking down saw, like Shangri-La, the welcoming circle of old homes. Some were weathered fieldstone built by settlers clearing the land of deeply rooted trees and back-breaking stones. Others were red brick and built by United Empire Loyalists desperate for sanctuary. And some had the swooping metal roofs of the Québécois home with their intimate gables and broad verandas.

성 조오지 교회
St. George's Church

Gamache enjoyed going to churches for their music and the beauty of the language and the stillness. But he felt closer to God in his Volvo.

GEORGEVILLE 조오지빌

올드 대저택
Old Mansion House

It had once been a monstrosity. A rotting, rodent-old place. A Victorian trophy home… But no longer. Now it was an elegant and gleaming country inn.

생 브누와 뒤 락 수도원
Abbaye St-Benoit-Du-Lac

The corridor was filled with rainbows. Giddy prisms. Bouncing off the hard stone walls. Pooling on the slate floors. They shifted and merged and separated, as though alive.

© 2021 THREE PINES CREATIONS

점의 진열장 가득 루이즈 페니의 책이 꽂혀 있고, 창가에 위치한 그녀의 책 코너는 서점 안에서 가장 운치가 있다. 당장이라도 진열장에서 그녀의 책을 꺼내 소파에 앉아 읽고 싶어지는 공간이다. 책방에 들어서면 양탄자에 배를 깔고 누워있는 개 한마리를 보게 된다. 개 이름은 왓슨(Watson)! 셜록 홈스의 조력자이자 친구였던 그 왓슨이다.

브롬 호수 오리(Canards du Lac Brome)

1912년에 설립된 '브롬 호수 오리(Canards du Lac Brome)'는 캐나다에서 가장 오래된 베이징종 오리(Pekin duck)를 생산하는 회사다. 오리 날고기 외에도 30개 이상의 오리고기 가공 식품을 만들어 판매중이다. 오리고기 콩피(confit ; 오리 기름에 절여 만든 요리), 오리고기 소시지, 시골 스타일의 오리고기 파이 등이 잘 팔린단다. 오리고기 소시지의 질감은 쥬시(juicy)하고 씹을 때 탱글탱글하다. 오리 특유의 누린내도 없고 짜지 않아 우리 입맛에 잘 맞는다.

이스턴 타운쉽의 볼만한 축제

엑스맨 레이스 몽오르포드 Xman race Mont-Orford

몽오르포드(Mont-Orford) 스키장에 40여 개의 장애물을 약 7km에 걸쳐 설치한다. 참가자들은 달리고, 오르고, 기어오르고, 점프하고, 시냇가를 건너고, 가파른 슬로프를 내려가고, 올라가고, 물과 진흙에 젖고, 걷기도 하며 레이스를 즐긴다. 1km 어린이를 위한 XKids 코스도 있고, 십대 자녀와 부모가 같이 참가하는 레이스도 있다. 8월에 열린다.

montorford.com/fr-ca/evenements/xman-race

브로몽 초콜릿 축제
Bromont Chocolate Festival (5월)

feteduchocolat.ca

메이곡-오르포드 와인 축제
Magog-Orford (9월)

fetedesvendanges.com

Fall foliage at Mount Sutton (9월 중순 - 10월 중순)

montsutton.com

발꾸르의 스키두 그랑프리 대회
Grand Prix Ski-Doo de Valcourt (2월)

조제프 아르망 봉바르디에(J. Armand Bombardier)가 발명한 스노모빌의 탄생지인 발꾸르(Valcourt)라는 지역에서 열리는 스노모빌 경기 대회로 타원형 트랙에서 펼쳐진다. 얼음 위를 달리는 모터사이클과 스노크로스(snowcross) 경기도 열린다. 발꾸르 스키두 그랑프리 대회는 매년 2월에 열린다.

스키두(Ski-Doo)는 캐나다국영방송인 CBC '위대한 캐나다 발명품(The Greatest Canadian Invention)'이라는 프로그램에서 위대한 캐나다 발명품 16위에 올랐다. 1위에서 5위는 전화기, 전구, 5핀 볼링(Five-pin bowling), 원더브라(Wonderbra), 인공심박조율기(artificial pacemaker) 등이었다.

grandprixvalcourt.com

스키두 그랑프리 대회 © Tourisme Cantons-de-l'Est

스키두 그랑프리 대회 © Tourisme Cantons-de-l'Est

B&B

La Maison Drew B&B
206 Rue des Pins, Magog, QC J1X 2H9
819-843-8480
http://www.maisondrew.com/

B&B Hillhouse
529 Rue de Bondville, Foster, QC J0E 1R0
450-242-2209   bbhillhouse.ca

Domaine Dorchamps
378 Chemin Valley, Brome, QC J0E 1K0
450-242-2635   domainedorchamps.com

Auberge Les Pignons Verts
2158 Chemin Nicholas - Austin, Austin, QC J0B 1B0
819-847-1272   aubergepignonsverts.com

Ile de Garde
576 Rue Prospect, Sherbrooke, QC J1H 1A8
819-346-0142   iledegarde.com

Auberge Marquis de Montcalm
797 Rue du Général-De Montcalm, Sherbrooke, QC J1H 1J2
819-823-7773   marquisdemontcalm.ca

Une Fleur au Bord de l'Eau
90 Rue Drummond, Granby, QC J2G 2S6
450-776-1141   unefleur.ca

Le Gite Le Passe-Partout
167 Boulevard Pierre-Laporte, Cowansville, QC J2K 2G3
450-260-1678   passepartout.ca

La Belle Victorienne
142 Rue Merry N, Magog, QC J1X 2E8
819-847-2737   bellevictorienne.com

Au Saut du Lit
224 Rue Merry N, Magog, QC J1X 2E8
819-847-3074
ausautdulit.ca

RESTAURANTS

Le Hatley of Manoir Hovey
575 Rue Hovey, North Hatley, QC J0B 2C0
819-842-2421
manoirhovey.com/fr/restaurant-le-hatley

Le Riverain of Le Ripplecove
700 Croissant Ripple Cove, Ayer's Cliff, QC J0B 1C0
+1 800-668-4296   ripplecove.com

Taverne 1855
428 Rue Principale O, Magog, QC J1X 2A9
819-769-1233   taverne1855.ca

La Table du Chef
11 Rue Victoria, Sherbrooke, QC J1H 3H8
819-562-2258   latableduchef.ca

Bistro West Brome
128 Rte 139, West Brome, Quebec J0E 2P0
+1 888-902-7663   awb.ca

Maison Boire
13 Rue Court, Granby, QC J2G 4Y6
579-365-3232   maisonboire.com

Bistro 4 Saisons
4940 Chemin du Parc, Orford, QC J1X 7N9
819-847-2555   espace4saisons.com/bistro

Restaurant Auguste
86 Rue Wellington N, Sherbrooke, QC J1H 5B8
819-565-9559   auguste-restaurant.com

Restaurant Les 4 Canards of Château Bromont
90 Rue de Stanstead, Bromont, QC J2L 1K6
450-534-3433
chateaubromont.com/restaurant-4-canards

Lumami
319 Chemin du Lac Gale, Bromont, QC J2L 2S5
450-534-0604   balnea.ca/restaurant

🌙 자재

ACCOMMODATIONS

수많은 호텔과 컨트리 인(Country Inn), 비앤비(Bed & Breakfast), 그리고 평범하지 않은 숙박 시설인 트리 하우스, 유르트, 티피 또는 에코 로지(Eco Lodge)에서 기억에 남을 밤을 보낼 수 있다. 이스턴 타운십스 웹사이트(www.easterntownships.org) WHERE TO STAY 를 참고하세요.

브로몽 **Château Bromont Hotel**

샤토 브로몽 호텔은 4성급 호텔로 브로몽–몽타뉴 덱스페리앙스(Bromont, montagne d'expériences)와 가까워 성수기에는 늘 예약이 꽉 차는 호텔이다. 166개의 룸은 아담하고 깨끗하다. 테라스에 있는 4개의 야외 핫터브(Hot Tub)에서 스파를 즐기며 야간에는 불 켜진 스키 언덕의 아름다운 운치에 넋을 잃는다. 호텔 1박과 브로몽–몽타뉴 덱스페리앙스의 스키 티켓을 제공하는 패키지 등 다양한 패키지 상품을 저렴하게 내놓는다. 호텔 레스토랑인 4 Canards 에서의 활기넘치고 근사한 디너도 한 번 경험해보자.

🏠 90, rue de Stanstead, Bromont (Québec)
📞 450-534-3433 / 1-888-276-6668
www.chateaubromont.com

브로몽 **Balnea Spa**

발니아(Balnea)는 디자인의 우수성을 인정받아 2017년 '디자인 그랑프리(Grand prix du Design)' 를 수상했다. 게일 호수(Lac Gale)가 내려다보이는 언덕의 400에이커 땅에 지어진 발니아 스파에서 사람들은 핀란드식 사우나, 터키탕, 야외 월풀 터브, 한증막(sweat lodge), 일광욕실, 마시지 테라피, 호수 위에서 패들보드 요가 등을 즐긴다. 발니아 스파의 가장 큰 매력은 야외욕조에서 스파를 즐기다가 게일 호수에서 수영을 하고 돌아와 고치처럼 감싸는 듯한 밸리 리조트(Station de la Vallée)에서 쉬면서 얻는 힐링이다. 발니아가 휴식의 예술을 새롭게 정의했다는 표현에 방문객은 공감하게 될 것이다. 야외온천, 게일 호수에서 수영, 밸리 리조트 렌트 그리고 루마미 레스토랑(Lumami Restaurant) 도시락을 포함한 2인용 패키지가 4시간에 $220.

발니아 스파의 공동 창업인 스테파니 에몽(Stéphanie Émond)은 어린시절 가족들과 함께 여름 별장에 사우나를 하나를 지었다고 한다. 그리고 겨울이면 그 곳에 가서 스키를 타고, 사우나를 한 뒤 얼음물에서 수영을 하며 주말을 보냈다. 그리고 2005년 그녀가 꿈에도 그리던 스파를 브로몽(Bromont)에 열었다. 고대 로마인들이 대중 목욕탕 써미(Thermae)를 즐겼다는 이야기는 우리가 잘 알고 있다. '발니아 스파(Balnea Spa)'라는 이름은 개인 소유의 작은 목욕탕인 발네움(Balneum)의 복수 명사인 발니아(Balnea)에서 가져온 것이다.

🏠 319, chemin du Lac Gale, Bromont-sur-le-lac (Quebec)
📞 450 534-2110, 1-866-734-2110
balnea.ca

HOTELS

Hôtel Château-Bromont

🏠 90, rue de Stanstead, Bromont
📞 450-534-3433 / 1-888-276-6668
chateaubromont.com

Grand Times Hotel Sherbrooke

🏠 1 Rue Belvédère S, Sherbrooke 📞 819-575-2222
timeshotel.ca

OTL Gouverneur Sherbrooke

🏠 3131 Rue King Ouest, Sherbrooke 📞 1-888-910-1111
otlhotelsherbrooke.ca

Estrimont Suites & Spa

🏠 44 Avenue de l'Auberge, Orford 📞 819-843-1616
estrimont.ca

Le St-Martin Bromont Hotel & Suites

🏠 111 Boul. du Carrefour, Bromont 📞 +1 866-355-0044
lestmartinbromont.com

Le Saint-Christophe – Hotel Boutique & Spa

🏠 255 Rue Denison E, Granby 📞 450-405-4782
hotelstchristophe.com

Delta Hotel Sherbrooke by Marriott,

Conference Centre

🏠 2685 Rue King Ouest, Sherbrooke 📞 819-822-1989
marriott.com

Hotel Horizon

🏠 297 Chemin Maple, Sutton 📞 450-538-3212
hotelhorizon-sutton.com

Hotel Castel

🏠 901 Rue Principale, Granby 📞 450-378-9071
hotelcastel.ca

Hotel Cheribourg

🏠 2603 Chemin du Parc, Orford 📞 819-843-3308
cheribourg.com

COUNTRY INNS

Manoir Hovey

🏠 575 Rue Hovey, North Hatley 📞 819-842-2421
manoirhovey.com

Ripplecove Hotel & Spa

🏠 700 Croissant Ripple Cove, Ayer's Cliff, QC J0B 1C0
📞 +1 800-668-4296 ripplecove.com

Auberge West Brome

🏠 128 Rte 139, West Brome, Quebec J0E 2P0
📞 +1 888-902-7663
awb.ca

Espace 4 Saisons

🏠 4940 Chemin du Parc, Orford, QC J1X 7N9
📞 819-868-1110 espace4saisons.ca

Spa Eastman

🏠 895 Chemin des Diligences, Eastman, QC J0E 1P0
📞 450-297-3009
spa-eastman.com

Le Pleasant Hotel & Café

🏠 1 Rue Pleasant, Sutton, QC J0E 2K0 📞 450-538-6188
lepleasant.com

Manoir Maplewood

🏠 26 Rue Clark, Waterloo, QC J0E 2N0 📞 450-920-1500
manoirmaplewood.com

Auberge du Joli Vent (Domaine Jolivent)

🏠 667 Rue de Bondville, Foster, QC J0E 1R0
📞 450-243-4272
jolivent.ca

Auberge & Spa Le Madrigal

🏠 46 Boulevard de Bromont, Bromont, QC J2L 2K3
📞 450-534-3588
lemadrigal.ca

Auberge des Appalaches

🏠 234 Chemin Maple, Sutton, QC J0E 2K0 📞 450-538-5799
auberge-appalaches.com

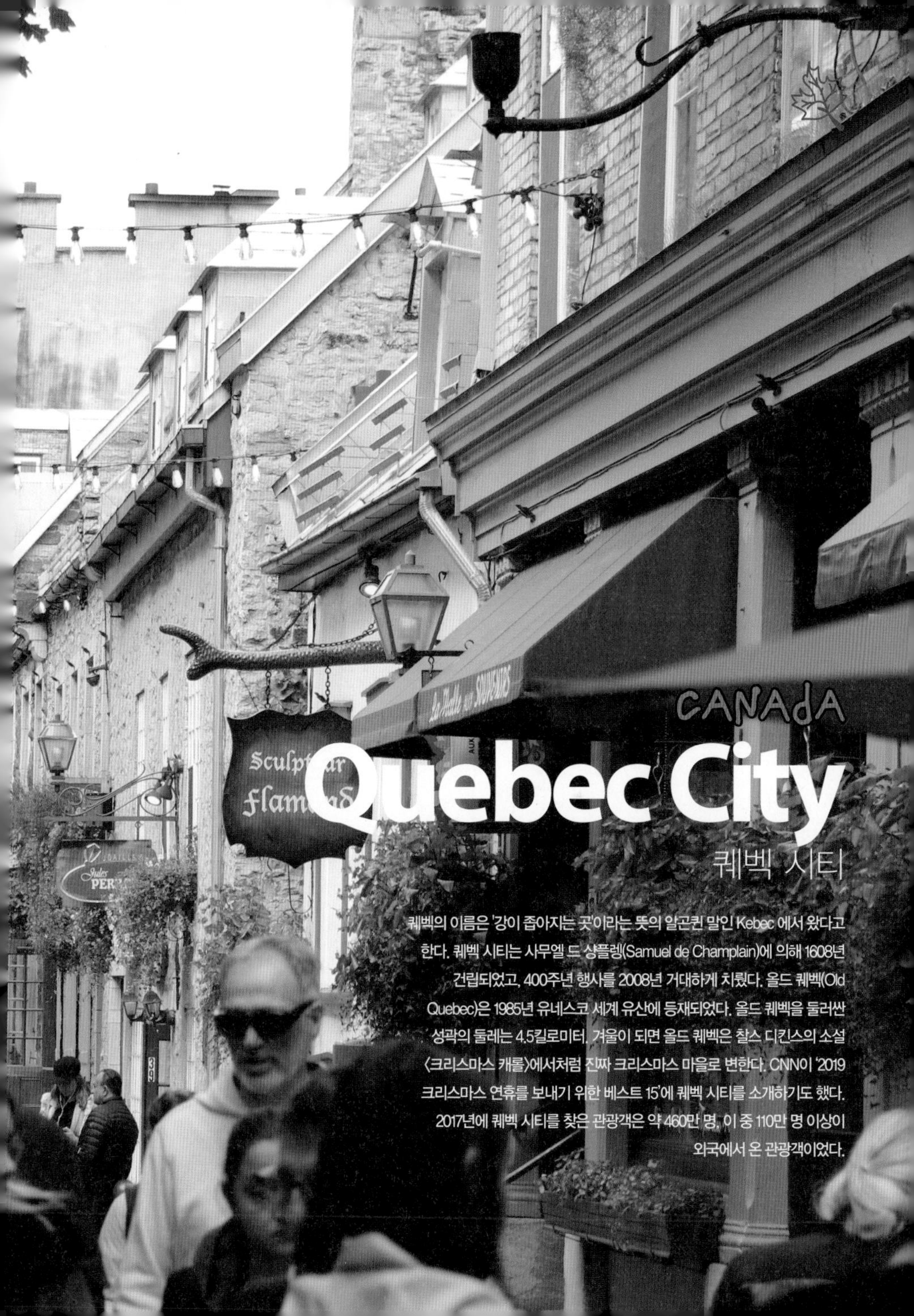

CANADA

Quebec City

퀘벡 시티

퀘벡의 이름은 '강이 좁아지는 곳'이라는 뜻의 알곤퀸 말인 Kebec 에서 왔다고
한다. 퀘벡 시티는 사무엘 드 샹플렝(Samuel de Champlain)에 의해 1608년
건립되었고, 400주년 행사를 2008년 거대하게 치뤘다. 올드 퀘벡(Old
Quebec)은 1985년 유네스코 세계 유산에 등재되었다. 올드 퀘벡을 둘러싼
성곽의 둘레는 4.5킬로미터. 겨울이 되면 올드 퀘벡은 찰스 디킨스의 소설
〈크리스마스 캐롤〉에서처럼 진짜 크리스마스 마을로 변한다. CNN이 '2019
크리스마스 연휴를 보내기 위한 베스트 15'에 퀘벡 시티를 소개하기도 했다.
2017년에 퀘벡 시티를 찾은 관광객은 약 460만 명. 이 중 110만 명 이상이
외국에서 온 관광객이었다.

퀘백시티

자크 카르티에 국립공원

디 이미지 밀

팔레역 버스터미널
팔레 기차역

문명 박물관

올드 퀘벡 워킹 투어

퀘벡 주의사당　　퀘벡시티-레비스 페리

투어니 분수
퀘벡시티 전망대　　여왕 보루 공원
퀘벡 주의사당 건물　　퀘벡 시타델
　　아브라함 평원 박물관

퀘벡 국립미술관　　아브라함 평원
퀘벡 국립미술관

빌리지 바캉스 발카르티에

몽모랑시 폭포

웬다케

올드 퀘벡 관광명소 595p.

퀘벡 아쿠아리움

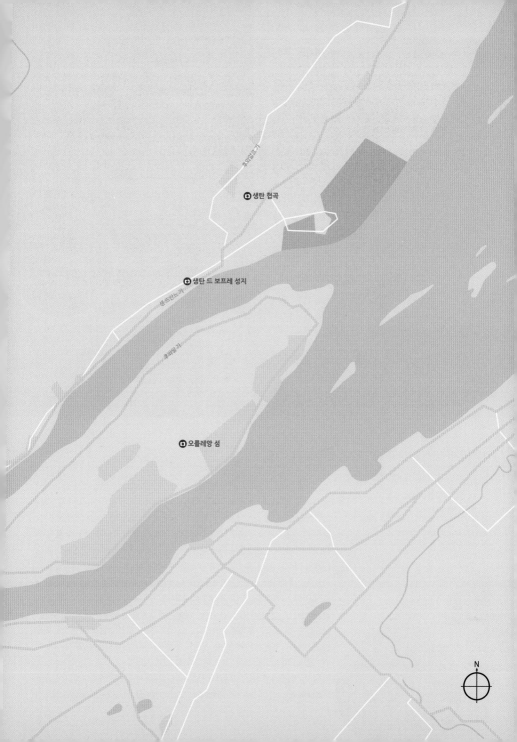

Les Tours du Vieux Québec

올드 퀘벡 일주

시티투어 버스를 타고 올드퀘벡 전체 둘러보기

티켓 구입
온라인 혹은 인포메이션 센터(12 Rue Sainte-Anne, Québec City)
📞 예약 : 418-664-0460 & 1-800-267-8687
www.toursvieuxquebec.com
※ busrouge.ca 를 검색해도 공식 홈페이지로 연결된다.

처칠 처칠 동상

가장 쉬운 것 같으면서도 가장 어려운 투어가 도시투어다. 봐야할 것도 많고 먹고 싶은 것도 많다보니 여행이 끝나고 나서도 다 둘러보지 못한 아쉬움이 남기 때문이다. 도시는 그림 감상하는 것처럼 보는 것이 좋다. 넓게 보고 나서 디테일한 부분을 감상한다. 전체를 보고 나면 여행 일정에 대한 세부 그림을 그릴 수 있게 된다. 저녁 늦게까지 스케줄을 다시 짜는 일은 불가피하다. 시티투어 버스는 이런 관광객의 니즈를 가장 잘 반영한 관광 상품이라고 할 수 있다. 올드 퀘벡을 둘러보는 시티투어 버스 노선은 레드 라인이다. 티켓은 온라인에서 구매 가능하고. 다르므 광장 근처에 있는 인포메이션 센터에서도 구입할 수 있다. 아침이 밝아오면 관광객들은 그랑 알레 (Grand Allée) 길을 따라 물흐르듯 생루이 문(Porte Saint-Louis)을 지나 올드 퀘벡에 들어선다. 조금 걷다보면 처칠 수상과 루스벨트 대통령 동상이 나타난다. 의아해하는 사람도 있겠지만, 사실 두 사람은 제2차 세계 대전 중에 연합군의 작전을 논의하기 위해 퀘벡 시티를 두 차례 방문한 적이 있다. 두 영웅의 흉상은 시타델과 프론트닉 호텔에서 열렸던 퀘벡 회담(Quebec Conference)을 기념하기 위해서다. 빛이 만들어낸 아름다움의 절정인 생루이

거리(Rue Saint-Louis)를 걸으며 사람들은 연실 감탄과 사진 셔터를 터트린다. 생 루이 거리가 Rue du Corps de Garde 와 만나는 교차로에는 포탄이 박힌 나무가 한 그루 서있다. 일명 대포알 나무(Cannonball Tree)라고 한다. 마치 황제 펭귄이 다리 사이에 새끼를 품은 것처럼 수백년을 이렇게 살아냈다. 포탄을 온 몸으로 품고 있는 모습이 인상적이다. 드디어 퀘벡시의 랜드마크인 샤토 프롱트낙 호텔(Le Château Frontenac)이 시야에 들어온다. 이 호텔은 배경이 될 때가 더 예쁘다. 세인트로렌스 강이 내려다 보이는 더프린 테라스(Dufferin Terrace)의 샹플랭 기념비 앞에선 버스커(Busker)의 거리 공연에 매료된 아이들이 펄쩍 펄쩍 뛰고, 어른들의 웃음에서 평화를 본다. 유네스코가 올드 퀘벡을 세계문화유산으로 지정한 것을 기념하는 유네스코 기념비(UNESCO Monument)를 지나 다르므 광장 맞은 편 생탄 거리(Rue Sainte-Anne) 12번지에 인포메이션 센터가 있다. 이 곳에서 티켓을 끊고 유네스코 기념비 화단 앞에서 대기하고 있는 강렬한 붉은 색의 이층버스(Red Loop Double Decker)를 탄다. 20~45분마다 출발하는 올드 퀘벡 시 티투어버스는 구 항구(Old Port)로 내려갔다가 다시 어퍼 타운으로 올라와 아브라함 평원을 돌아 퀘벡 국립미술관과 현지인이 즐겨 찾는 카르티에 거리(Avenue Cartier)를 지나 출발 장소였던 다르므 광장에 도착한다. 한 바퀴 도는 데 걸리는 시간은 1시간 30분. 유명 관광지 12곳에서 타고 내리는 것(Hop on and hop off)이 가능하다. 10개 언어로 서비스되는 오디오 가이드에 한국어가 없는 것이 아쉽다.

볼티재르 무기고

그랑 알레(Grand Allée)와 아브라함 평원 사이의 805 Wilfrid-Laurier Avenue East에 위치해 있다. 1885년 건설된 이해로 가장 오래된 프랑스계 캐나다인으로 구성되었던 보병 연대를 기리기 위해 이름을 '퀘벡의 볼티재르 무기고'라고 이름 붙였다. 볼티재르(Voltigeurs)는 정예 보병을 뜻한다.

대포알 나무

올드 퀘벡 시티투어 버스 노선

Old Quebec Walking Tour

올드 퀘벡 워킹투어

노트르담 거리(Rue Notre-Dame) © Destination Québec cité

올드 퀘벡 워킹투어는 주의사당 앞 투어니 분수에서 시작하자. 생루이 성문을 지나 생루이 길을 조금만 걷다보면 첫 번째로 만나는 교차로가 오테이유 거리(Rue d'Auteuil)다. 좌회전해서 오테이유 거리를 걸으면서 왼편에 있는 퀘벡 성곽을 구경할 수 있다. 퀘벡 요새의 성곽 길이는 총 4.6킬로미터다. 이 길을 따라 대포 공원 (Artillery Park)까지 간다. 대포 공원은 뉴프랑스 시대 때부터 군대가 주둔했던 곳으로 군대 막사, 무기 주조소 등이 복원되어 관람이 가능하다. 생장 거리는 퀘벡시에서 가장 오래된 상업 지구로 관광객들에게 인기가 많은 거리다. 다양한 맛의 팝콘을 파는 메리스 팝콘(Mary's Popcorn)과 미술품을 파는 레스토랑 등 활기가 넘친다. 보행자 전용인 날에는 거리 공연과 축제의 장이 된다. 생장 거리가 끝나고 꼬뜨 드 라 파브리끄(Côte de la Fabrique) 거리로 들어서는 오른쪽에 대환영(Le Grand Bienvenue)이라는 조각 작품이 설치되어 있다. 당장 서커스 공연이 시작할 것 같다. 오뗄 드 비유 광장의 추기경 타쇠로 기념비 (Monument Cardinal-Taschereau)는 캐나다 최초의 추기경이자 퀘벡 대주교였던 앨새아 알렉산드르 타쇠로(Elzéar-Alexandre Taschereau)를 기리기 위한 동상이다. 광장 주변에는 라발 대학교 건축학교, 패션 백화점 '라 메종 시몽(La Maison Simons)' 본사, 시청사, 퀘벡 노트르담 대성당 등이 있다. 2013년 12월 8일, 프란치스코 교황은 북미 최초의 가톨릭 교구인 퀘벡 노트르담 대성당의 설립 350주년을 맞아 '성스러운 문(Holy Door)'을 여는 특권을 주었다. 2015년 12월부터 2016년 11월까지 노트르담 대성당을 찾은 순례객은 모든 죄를 용서받는 전대사(plenary indulgences)를 받을 수 있었다. 대성당 벽을 따라 뷰아드 거리(Rue de Buade)를 걷다보면 오른쪽에 화가의 거리 트레조르 거리(Rue du Trésor)가 나온다. 이 거리는 프랑스 파리의 몽마르트 언덕을 떠올리게한다. 이 골목을 지나면 퀘벡시의 상징 다르므 광장과 샤토 프롱트낙 호텔이 보인다. 다르므 광장(Place d'Armes)은 뉴프랑스 군대의 연병장이 있던 곳이다. 캐나다 호텔기업인 페어몬트(Fairmont Hotels & Resorts)가 소유한 샤토 프롱트낙 호텔은 퀘벡의 랜드마크로 호텔 가이드 투어가 가능하다. 뒤프랭 테라스(Terrasse Dufferin)는 뉴프랑스 3대 총독이었던 뒤프랭에 의해 1879년 만들
어졌다. 뒤프랭 테라스 아래에는 1723년에 사용되었던 부엌이랄지, 포탄 등 생루이 요새 발굴에서 나온 유
물들을 전시하고 있는 생루이 요새 국립유적지(Saint-Louis Forts and Châteaux National Historic Site)다.
뒤프랭 테라스에는 수많은 대포들이 세인트로렌스 강을 향해 포신을 열고 있다. 누가봐도 캅 디아망(Cap-
Diamant) 정상에 세워진 생루이 요새는 천하무적처럼 보인다. 세인트로렌스 강이 한 눈에 보여 적의 공격
을 쉽게 방어할 수 있고, 공격도 용이하다. 이런 요새라면 백만대군이 쳐들어와도 함락되지 않을 것 같은
데, 어떻게 퀘벡이 영국에 함락될 수 있었을까? 이것에 대한 명쾌한 설명은 요새 박물관(Musée du Fort)에
서 들을 수 있다. 박물관 우측으로 돌아 프롱트낙 계단을 내려가면 프레스콧 성문(Porte Prescott)이 나온
다. 이 게이트 위로 건너면 몽모랑시 공원 국립유적지다. 영국령 캐나다 의회가 있었던 곳이다. 몽모랑시 정
원 남쪽 끝에는 샹플랭과 같이 왔다가 죽은 이들의 묘지가 있다. 비타민 C의 결핍에서 오는 병으로 28명 중
20명이 도착한 그 해에 죽었다. 프레스콧 게이트를 지나 내려가면 로어 타운(Lower Town)이 시작된다.
쁘띠 샹플랭 거리로 내려가는 계단은 일명 '목 부러지는 계단(Breakneck Steps)'으로도 유명하다. 1635년
만들어졌는데 공사를 하면서 경사가 심해 목이 부러지는 사고가 많았다고 해서 붙여진 이름이라고 한다.
계단을 내려가지 않고 길을 좀 더 내려가면 우측 건물 벽에 벽화가 그려져 있다. 그 유명한 '퀘벡 프레스코
벽화(La Fresque des Québécois)'다. 퀘벡 역사 속의 주요 인물들을 실물 크기로 한 그림에 담았다. 퀘벡
의 창시자 샹플랭, 뉴프랑스의 전성기를 이끈 프롱트낙 총독 등등. 루아얄 광장(Royal Place)의 승리 교회
(Église Catholique Notre-Dame-des-Victoires)는 영국과 싸워서 승리한 것에 감사해서 '승리'라고 이름
을 지었다.
쁘띠 샹플랭 거리에서 윈도우 쇼핑을 즐기자. 쁘띠 샹플랭 극장(Theatre Petit Champlain)에서는 물 건너
온 프랑스의 연극, 샹송 공연 등 다채로운 공연이 열리는 장소다. 이 거리 끄트머리에는 쁘띠 샹플랭 벽화
(Fresque du Petit-Champlain)가 있다. 17-18세기의 생활도구를 전시하는 문명 박물관의 부분인 슈발리
에 저택(Maison Jean-Baptiste-Chevalier) 뒷편은 우산골목(Umbrella Alley)이다. 초승달 모양의 거리에
는 다채로운 우산들이 삼렬로 하늘에 걸려 있다. 매리 포핀스(Mary Poppins)의 우산이 연상되는 곳이다.
로어 타운과 어퍼 타운을 쉽게 올라갈 수 있는 방법이 있다. 바로 푸니쿨라를 타는 것이다. 푸니쿨라는 '목
부러지는 계단'을 오르기 전 왼편의 선물가게로 들어가면 된다. 이 집은 미시시피를 탐험하고 지도를 그렸
던 퀘벡 출신 루이 졸리에 저택(Maison Louis Jolliet)이었다. 뒤프랭 테라스에 올라 '총독의 산책로'를 따
라 걷다보면 아브라함 평원에 도착한다. 조깅을 즐기는 사람들과 가볍게 인사를 나눌 수도 있다. 아브라함
평원은 야외 공연이 자주 열리는 곳으로 사라 브라이튼이 퀘벡 400주년 공연을 이 곳에서 했었다.

장 르사주 국제공항은 퀘벡시티의 관문이다. 한국에서 출발하는 관광객은 토론토 피어슨 국제공항에 도착해 입국심사를 마친 후, 퀘벡시티행 국내선으로 갈아탄다. 토론토에서 퀘벡시티까지 비행기로는 1시간 30분, 비아레일 기차는 9시간 30분 이상, 자동차는 8시간 걸린다.

※ 에어캐나다는 2024년 여름과 가을, 인천-몬트리올 직항 항공편을 시즈널로 운행할 예정이다. 몬트리올 국제공항을 통해 입국할 경우, 퀘벡시티까지 기차(Via Rail)로 약 3시간 반, 자동차로 2시간 40분이면 도착한다.

퀘벡시티 드나드는 방법 ❶ 항공

퀘벡시티 장 르사주 국제공항

⌂ 505 Rue Principale, Québec, QC G2G 0J4
http://aeroportdequebec.com

✈ 퀘벡시티 장 르사주 국제공항 Aéroport international Jean-Lesage de Québec (YQB)

토론토 피어슨 공항에서 에어캐나다를 타거나, 빌리 비숍 토론토 시티공항에서 포터 항공(Porter Airlines)을 이용하면 퀘벡시티 장 르사주 공항까지 1시간 30분 걸린다. 장 르사주 국제공항에는 다양한 항공사들이 북미 동부의 여러 도시를 취항하고 있다.

퀘벡주 주요 도시(정기 노선)
- 프로빈셜 에어라인(Provincial Airlines) & 파스칸 항공(Pascan Aviation) : 가스페, 몽졸리, 몬트리올, 보나방튀르, 쎄틸 Sept-îles, 마들렌느 섬 îles-de-la-Madeleine,
- 에어 이누잇(Air Inuit) : 쿠주악 Kuujjuaq

국내선
- 에어캐나다, 포터 항공 : (정기 항공편) 토론토, 오타와
- 에어캐나다, 웨스트젯(WestJet) : (비정기 항공편) 벤쿠버, 캘거리

국제선
- 썬윙 항공, 에어캐나다, 에어트랜셋(Air Transat) : 미국(필라델피아, 뉴아크 Newark, 올랜도 Orlando), 멕시코(칸쿤), 카리브해(카요코코 Cayo Coco, 바라데로 Varadero, 푸에르토플라타 Puerto Plata, 푼타카나 Punta Cana) 등 운항

공항에서 올드 퀘벡으로

1. 버스
공항에서 RTC 80번 버스를 타고 도체스터(Dochester)에서 내려, 800 혹은 801번 (Ouest) 으로 갈아탄다. 퀘벡 주의사당 정류장(Colline Parlementaire)에서 하차한다. 올드 퀘벡의 워킹 투어 관문인 퀘벡 주의사당과 투어니 분수가 보인다.

공항에서 RTC 76번 버스를 타고 릴디우(L'Isle-Dieu)에서 내려, 800 혹은 801번(Est)으로 갈아탄다. 퀘벡 주의사당 정류장(Colline Parlementaire)에서 하차한다.

※ RTC 웹사이트 : https://www.rtcquebec.ca/

토론토에서 퀘벡 시티로

1. 기차

토론토 유니온 스테이션에서 몬트리올 중앙역(Montréal Central Station) 혹은 오타와역(Ottawa Station)을 거쳐 퀘벡시티의 팔레역(Gare du Palais)에 도착한다. 토론토에서 출발하는 기차에 따라 기착지인 몬트리올 혹은 오타와에서 퀘벡시티행 열차로 갈아타는 시간이 길어질 수 있다. 티켓을 구입하기 전에 기차 연결편 환승시간을 확인토록 하자.

퀘벡시티 팔레역(Gare du Palais)
© Stéphane Audet, Destination Québec cité

팔레역(Gare du Palais)

🏠 450 Rue de la Gare-du-Palais, Québec, QC G1K 3X2
🕐 티켓 카운터 오픈 시간 : 월~금 04:45-18:00, 19:30-21:00, 토&일 07:00-18:00, 19:30-21:00
기차역 오픈 시간 : 월~금 04:00-00:01, 토&일 06:00-00:01
www.viarail.ca/en/explore-our-destinations/stations/quebec/quebec-city

2. 코치 버스

토론토 다운타운 고 버스터미널(GO Bus Terminal)에서 몬트리올행 버스를 탄다. 몬트리올 버스 터미널에서 퀘벡시티행 버스로 갈아탄다. 시내 버스를 타고 목적지까지 이동한다.

- 생푸아 버스터미널(Gare d'autocars de Sainte-Foy)
  🏠 3001 Chemin des Quatre-Bourgeois, Québec, QC G1V 5A6
- 팔레역 버스터미널((Gare d'autocars de Sainte-Foy)
  🏠 320, Rue Abraham-Martin, Québec

시내교통

🚌 **퀘벡시티 대중교통네트워크** Réseau de transport de la Capitale (RTC)

광역 퀘벡시티 지역에 정기 대중교통 서비스를 제공한다. 성인(19-64) 기준으로 RTC 티켓 1장 가격은 $3.25, 현금으로 내면 $3.75, 1일 패스(1 day-pass)는 $9 이다.

〈시내교통 버스 종류〉

- **메트로버스(Metrobus)**
  800, 801, 802, 803, 804, 807번 버스와 같이 주요 노선을 통과하는 버스.
  예) 800번 : 포엥트드생푸아, 마를리 터미널(Terminus de Marly)을 출발, 주요 정류장에 선 후, 몽모랑시 폭포 터미널(Terminus Chute-Montmorency)에 도착한다.
- **익스프레스(Express)**
  고속도로를 이용해 사람들을 중요한 장소로 데려다주는 직행버스. 200번대, 300번대, 500번대 버스.
  예) 250번 버스는 자크 파리조(Jacque Parizeau), 퀘벡 주의사당(Colline Parlementaire), 듀빌(D'Youville) 정류장에서 사람들을 태워 고속도로를 타고 몽모랑시 정류장까지 가면 그 곳부터는 버스처럼 지역 곳곳의 정류장에 사람들을 내려준다.
- **버스(Bus)**는 일반 버스. RTC 웹사이트 : https://www.rtcquebec.ca/

시외교통

팰레역(Gare de Palais)은 오를레앙 익스프레스, 인터카(Intercar) 등을 포함한 5개 운송회사가 시외 버스를 운행하는 버스정류장이다. 인터카(Intercar) 운송회사는 사게네(Saguenay), 꼬뜨노후(Côte-Nord), 락생장(Lac-Saint-Jean) 방면의 시외버스를 운행한다.

인터카 고객서비스 : (418) 547-2167
퀘벡시티 터미널 : (418) 525-3000
티켓 예약 웹사이트 : https://intercar.ca/

인터카(Intercar) 운송회사

- 사게네(Saguenay) 출발
  - 사게네 종퀴에르(Jonquière, Saguenay) ⇌ 퀘벡시티
  - 사게네 쉬쿠티미(Chicoutimi, Saguenay) ⇌ 타두삭(Tadoussac)

- 꼬뜨노후(Côte-Nord) 출발
  - 베꼬모(Baie-Comeau) ⇌ 퀘벡시티
  - 베꼬모(Baie-Comeau) ⇌ 쎄틸(Sept-Îles)
  - 쎄틸(Sept-Îles) ⇌ 아브르생피에르(Havre-Saint-Pierre)

- 락생장(Lac-Saint-Jean) 출발
  - 돌보(Dolbeau) ⇌ 퀘벡시티
  - 돌보(Dolbeau) ⇌ 쉬쿠티미(Chicoutimi)
  - 생펠리시앙(Saint-Félicien) ⇌ 쉬부가모(Chibougamau)

페리 Traverse

퀘벡 시티와 레비스를 오가는 페리는 올드 퀘벡의 멋진 스카이라인을 사진으로 담을 수 있게 도와준다. 세인트 로렌스 강의 폭은 1킬로미터. 건너는데 걸리는 시간은 12분이니까 왕복 40분이면 돌아올 수 있다. 통근하는 사람들을 위해 배시간이 잦아서 시간에 쫓기지 않고 편한 시간에 탈 수 있다. 인원은 590명, 차량은 54대 수용 가능하다. 페리는 세인트로렌스 강 양쪽의 자전거 길을 이어주는 역할도 한다.

퀘벡 터미널
🏠 10, rue des Traversiers, Québec

레비스 터미널
🏠 5995, rue Saint-Laurent, Lévis, Québec
📞 1-877-787-7483, ext. 2
traversiers.com

🎫 **편도** 어른(16~64살) CA$3.85, 어린이(6~15살) CA$2.60,
어린이(5살 이하) 무료, 노인(65살 이상) CA$3.25
- 차량은 포함되지 않은 요금
- 요금 지불 방법 : 현금, 직불카드(Debit card),
  신용카드(VISA, MasterCard)
- 환불 불가 티켓(Non-refundable tickets)

※ 자세한 스케줄은 홈페이지 traversiers.com 에서 확인하세요.

페리를 타고 가며 세인트로렌스 강 위에서 바라본 올드 퀘벡의 스카이라인

페리는 세인트로렌스 강 이편과 저편의 자전거 도로를 이어주는 '루트 베르'의 부분이다.

올드 퀘벡 관광명소

대환영 조각상
추기경 타쉬로 기념비
퀘벡 노트르담 대성당
퀘벡시티 시청
대포 공원
몽모랑시 공원 국립유적지
생장거리
퀘벡 프레스코 벽화
트레조르 거리
루아얄 광장
퀘벡 인포메이션 센터
승리 교회
생장 성문
프레스콧 성문
목 부러지는 계단
올드 퀘벡 푸니쿨라
프롱트낙 계단
다르므 광장
슈발리에 저택
샤뮈엘 드 샹플랭 기념비
샤토 프롱트낙 호텔
우산 골목
루이 졸리에 저택(푸니쿨라 타는 곳)
쁘띠 샹플랭 거리
대포알 나무
펠릭스 르클레르 공원
생루이 거리
뒤프랭 테라스
오테이유 거리
생루이 요새 국립유적지
투어니 분수
뒤프랭 테라스 눈썰매 슬라이드(겨울)
생루이 성문
여왕 보루 공원
퀘벡주 의사당
퀘벡 시타델

올드 퀘벡 추천코스

오디오 가이드 서비스가 제공되는 시티투어버스를 타고 전체를 둘러본 뒤,
워킹 투어 루트를 따라 올드 퀘벡을 여행한다.
여행, 관람, 식사, 쇼핑 등을 위해 최소 하루는 필요하다.

1 올드 퀘벡 워킹 투어(투어니 분수 출발)
- 생장거리(Rue Saint-Jean)
- 퀘벡 노트르담 대성당
- 다르므 광장/테라스 뒤프랭
- 요새 박물관(Musée du Fort)
- 퀘벡 프레스코 벽화
- 루아얄 광장/승리 교회
- 쁘띠 샹플랭 구역
- 우산 골목
- 올드 퀘벡 푸니쿨라
- 총독의 산책로/아브라함 평원
- 퀘벡 시타델
- 생루이 거리
- 대포알 나무(Cannonball Tree)

2 유네스코 기념비 앞에서 시티투어 버스 타기
(시티투어 버스 4분/도보 9분)

3 문명 박물관
(도보 5분)

4 퀘벡시티-레비스 페리 타기(Gare fluviale de Québec)
(시티투어 버스 10분)

5 퀘벡 국립미술관(Musée national des beaux-arts du Québec)
(도보 2분)

6 애비뉴 카르티에(Avenue Cartier) 쇼핑/식사

1

UPPER TOWN
어퍼 타운

생루이 성문(Porte St.Louis), 생장 성문(Porte St.Jean), 시타델, 퀘벡 노트르담 대성당, 샤토 프롱
트낙 호텔, 그리고 세인트로렌스 강과 로어 타운(Lower Town)이 한 눈에 보이는 테라스 뒤프랭 등
올드 퀘벡의 관광명소가 모두 이 곳에 있다.

어퍼 타운 © Destination Québec cité

그랑 알레
Grand Allée

정치계 여성을 기리는 기념비

17세기, 그랑 알레와 생루이 거리, 그
리고 생루이는 연결된 하나의 유일한
도로였다. 퀘벡 서쪽에는 올드 퀘벡이
있다. 외부에서 온 사람들이 마을에서
모피를 팔기 위해 다녔던 길이 그랑 알
레였다. 1871년 시타델과 그 주변의 영
국 제국 수비대가 떠난 후, 그랑 알레는
군사 건축물을 허물고 여러 차례 재개

헌신의 십자가

발을 거쳤다. 뒤프랭 경이 개입하지 않았다면 퀘벡 성벽도 무너졌을 수도 있었다.
퀘벡 주의사당은 1877년부터 1886년까지 지어졌으며 실제로 많은 시민들이 이 곳
에 거주한다. 현재는 카페, 클럽 그리고 레스토랑 등이 밀집되어 있다.

투어니 분수
Fontaine de Tourny

1886년 지어진 프랑스 르네상스 양식의 퀘벡 주의사당은 고풍스러운 옛 건물의 모습을 간직한 외형도 멋지만 내부 인테리어는 단연 돋보인다. 매 시간 출발하는 영어 무료 가이드 투어를 예약하면 주의사당 내부를 관람할 수 있다. 의사당 벽과 뜰에는 퀘벡 출신 유명인을 조각한 22개의 청동상들이 세워져 있다. 의사당 건물 앞에는 퀘벡 400주년을 기념해 2007년에 설치한 투어니 분수(Fontaine de Tourny)가 있다. 1855년 파리 월드 페어에서 금메달을 수상한 바 있는 이 분수는 밤이 되면 화려한 조명이 더해져 멋스럽다. 분수대 위층에는 낚시와 항해를 축하하는 4명의 아이들이 있고, 메인층에는 고대 그리스의 강 신과 물의 요정 나이아스(Naiads)가 앉아있다. 물고기, 개구리, 조개 그리고 수생식물들도 보인다.

투어니 분수의 비밀

투어니 분수는 퀘벡 주의사당과 동시대에 설치된 것처럼 정말 잘 어울린다. 하지만 투어니 분수는 1세기도 전에 퀘벡 주의사당과 5000킬로미터 떨어진 프랑스에 있었다. 이 분수대는 1853년 프랑스 조각가 마튀랭 모로(Maturin Moreau)가 디자인했다. 1년 후, 프랑스 발돈 주조소(Val d' Osne foundry)는 주철로 6개의 사본을 주조했다. 하나는 1855년 파리 세계박람회에 전시되었다. 박람회에 참석했던 보르도 시장은 한 눈에 반해 두 개의 사본을 구입해 도시 중심에 있는 '알레 드 투어니(Allées de Tourny)' 거리 양끝에 설치했다. 1세기 후인 1960년에 두 분수대는 지하 주차장 공사 때문에 해체된 후 무게로 판매되었다. 그 중 하나는 골동품 상인에게 팔리는 신세가 되었다. 2000년대 초, 퀘벡시의 사업가 피터 시몬스(Peter Simons)가 이 분수대를 구입해 파리의 금속 조각 전문가에게 복원을 의뢰했다. 분수대가 완전히 복원된 후, 피터 시몬스는 분수대를 퀘벡에 있는 새 집으로 배송을 했다. 그는 2008년 퀘벡 400주년을 축하하기 위해 퀘벡시에 분수대를 선물로 주었다. 퀘벡 의회와 퀘벡시는 분수대를 주의사당 앞 로터리에 설치하기로 결정하고 공사에 착수했다. 2년 후, 투어니 분수는 퀘벡시가 설립된 기념일이자 400주년이 되기 1년 전인 2007년 7월 3일에 개장되었다. 그리고 금새 투어니 분수는 도시에서 꼭 봐야 할 랜드마크 중 하나가 되었다. 피터 시몬스는 퀘벡시에 본사를 두고 있는 패션 백화점, 라 메종 시몽(La Maison Simons)의 사장이다.

대포 공원
Artillery Park

⌂ 2 Rue d'Auteuil, Québec

250년 이상의 뉴프랑스, 영국 및 캐나다 군사 역사를 보여주는 유적지다. 17세기 이 곳은 뉴프랑스가 퀘벡을 방어하기 위한 전략적 요충지였다. 18세기 중반 영국군이 주둔을 시작했고, 1871년까지 영국 왕립 포병 연대 본부가 있었다. 1879년부터 1964년까지 탄약을 만드는 군수공장이었다. 복원된 세 개의 역사적인 건물 – 군막사인 도핀 르두트 Dauphine Redoubt, 감옥, 무기 주조 공장 Arsenal Foundry 등을 둘러보고, 야외에 전시되고 있는 각종 대포의 사거리 등에 대해 알아보는 것은 흥미로운 일이다. 여름에는 가이드 투어와 전투 재현도 벌어진다.

대환영
Le Grand Bienvenue

⌂ 3X3, 17 Rue des Jardins, Québec (꼬뜨 드 라 파브리끄 Côte de la Fabrique & 피에르 올리비에르 쇼보 Rue Pierre Olivier Chauveau)

생장거리를 따라 걷다가 꼬뜨 드 라 파브리끄(Côte de la Fabrique) 길로 접어들면서 코너를 돌면 화려한 청동 조각을 만나게 된다. 1994년 조각가 니꼴 타이용(Nicole Taillon)의 작품이다. 이 생동감 넘치는 작품을 올드 퀘벡의 다른 곳에서 보신 분들이 많을 것이다. 2020년 현재는 식료품과 커피를 파는 '보부 에피스리에 카페(Bobu épicerie et café)' 옆에 설치되어 있다. 퀘벡 노트르담 바실리카에서도 가깝다. 제목 그대로 그의 환영은 온 몸으로 생동감있게 표현되고 있다. 그의 복장을 보면 그가 서커스 단원인 것을 알 수 있다. 손 끝으로 모자를 간드러지게 잡고, 엉덩이는 뒤로 빼고, 한 쪽 다리는 들고 한껏 기교를 부리며 손님을 환영하고 있다. 지금 당장 공연은 시작할 것 같다.

추기경 타쇠로 기념비
Monument Cardinal-Taschereau

오뗄 드 비유 광장(Place de l'Hôtel de Ville)에 서있는 동상은 캐나다 최초의 추기경이자 퀘벡 대주교였던 앨새아 알렉산드르 타쇠로(Elzéar-Alexandre Taschereau)를 기리기 위한 것이다. 그는 1852년 라발 대학교(Université Laval)의 설립에 도움을 주었고, 2대 총장(1860-66, 1869-71)이기도 했다. 라발 대학교의 전신은 프랑스와 드 라발(François de Montmorency-Laval)에 의해 1663년 설립된 퀘벡 신학교(Séminaire de Québec)다.

퀘벡 노트르담 바실리카 대성당
The Cathedral-minor basilica of Notre-Dame de Québec

🏠 16 Rue De Buade, Québec
portesaintequebec.ca

퀘벡 노트르담 대성당은 북미에서 가장 오래된 교구로 1647년 이 장소에 사뮈엘 드 샹플랭에 의해 지어졌다. 현재의 건물은 1922년 화재로 전소되었다가 다시 건축되었다. 대성당의 그림과 성물들은 프랑스 섭정 시대부터 전해져 내려오는 것들이다. 예를 들어 성단소 등(Chancel Lamp)은 루이 13세가 이 교구에 하사한 것이다. 프롱트낙 총독을 비롯해 뉴프랑스 시대의 총독(Governors)과 대주교(Archbishop)들이 성당 지하무덤(Crypt)에 묻혀져 있다. 25년마다 열리는 성스러운 문(Holy Door)은 전 세계에 8개 밖에 없는 것으로 아메리카에서 퀘벡의 노트르담 대성당이 유일하다. 교황이 선포한 희년에 순례자들이 이 문으로 들어가서 죄를 고백하고 미사에 참석한 뒤 신앙 고백을 하면 모든 죄에서 사함을 받는다고 믿는다. 교황 프란치스코(Pope Francis)의 선포로 2015년 12월부터 2016년 11월까지 열렸고, 2040년에 다시 열리기 전까지 성스런 문(Holy Door)은 모르타르와 시멘트로 밀봉된다.

루이 13세가 이 교구에 준 성단소 등(Chancel Lamp)이 매달려 있다.

Holy Door ⓒ Destination Québec cité

아브라함 평원 박물관
Plains of Abraham Museum

⌂ 835 avenue Wilfrid-Laurier, Level 0, Québec

◎ 09:00 ~ 17:00

🎫 성수기(7월 ~ 9월 초) – 성인(18-64) $15.75, 노인(65살 이상) $11.75, 유스(13-17살) $11.75, 어린이(5-12살) $5.25, 4세 이하 무료
비수기 – 성인(18-64) $12.75, 노인(65살 이상) $10.50, 유스(13-17살) $10.50, 어린이(5-12살) $4.25, 4세 이하 무료

lesplainesdabraham.ca

1759년, 영국군과 프랑스군의 아브라함 평원 전투(Battle of the Plains of Abraham)가 벌어졌던 곳이라 하여 '아브라함 평원'이란 이름을 얻었다. 현재는 퀘벡시티 주민들이 하이킹이나 조깅을 즐기는 도시 공원이다. 퀘벡시티 서머 페스티벌은 물론 매년 6월24일 퀘벡 국경일을 기념하는 행사도 이곳에서 열린다. 겨울에는 크로스컨츄리 스키, 설피를 신고 트레일을 걷는 액티비티와 가이드 설피 투어도 행해진다. 아브라함 평원 박물관에서는 퀘벡 함락과 관련한 아브라함 평원 전투(1759)와 생트 푸아 전투(Battle of Sainte-Foy, 1760)를 다룬 영상인 '1759-1760 전투'를 상영하고, 당시 군인들이 입었던 군복과 같은 다양한 유물들을 전시하고 있다.

트레조르 예술의 거리
Rue du Tresor

올드 퀘벡 다르므 광장에 있는 관광안내소, 인포투리스트 센터(Centre Infotouriste de Quebec) 옆 골목에는 프랑스의 몽마르트 언덕을 연상케하는 트레조르 거리(Rue du Tresor)가 나온다. 로컬 화가들이 그림을 그려 파는 예술의 거리다. 얼굴의 특징을 잡아 재미있게 그려주는 캐리커처 화가들도 있으니 기념으로 한 장 남기는 것도 좋겠다.

뒤프랭 테라스
Terrace Dufferin

페어몬트 샤토 프론트낙 호텔 앞 쪽으로 펼쳐진 뒤프랭 테라스는 세인트로렌스 강을 따라 놓인 400m 길이의 나무 데크 산책로다. 곳곳에 강을 향해 벤치가 놓여 있어 앉아서 쉬거나 거리의 악사들이 연주하는 음악을 듣기에 좋은 곳이다. 테라스에서 가장 눈에 잘 띄는 것은 높이 16미터의 사뮈엘 드 샹플랭 기념비(Monument Samuel-De Champlain)다. 폴 쇠브레(Paul Chevré)에 의해 1898년 완성되었다. 뒤프랭 테라스에서 시작되는 트레일은 프로므나드 데 구베흐뇌흐(Promenade des Gouverneurs)를 따라 아브라함 평원까지 이어진다. '총독의 산책길(Promenade des Gouverneurs)' 정도로 해석되는 이 길의 왼편은 캅 디아망(Cap Diamant) 낭떠러지고, 오른편은 높다란 시타델 성곽이다. 이 길을 따라 조깅을 하는 사람들도 종종 눈에 띈다. 밤이 되면 샤토 프론트낙 호텔의 조명과 세인트로렌스 강 위에 드리운 불빛 등으로 테라스는 운치가 넘친다. 뒤프랭 테라스는 캐나다의 3대 총독이었던 뒤프랭(Dufferin)이 1879년 만들었다. 뒤프랭 테라스에서 푸니쿨라(Funiculaire)를 타고 로어타운으로 내려갈 수 있다. 뒤프랭 테라스에서 총독의 산책길로 이어진 계단은 겨울에 눈썰매를 탈 수 있도록 조성된다.

우르술라회 박물관
Musée des Ursulines

🏠 12, rue Donnacona, Québec
📞 418-694-0694
🕐 박물관 오픈 5월~9월 10:00~17:00, 10월~4월
　(평일)13:00~17:00, (주말)10:00~17:00
💵 성인 $12, 노인/학생 $10, 어린이(6-17살)
　$6, 어린이(5살 이하) 무료.
polecultureldesursulines.ca

북미의 오래된 학교 중 하나인 우르술라회 학교는 프랑스 수녀들에 의해 1639년 세워졌다. 성녀 안젤라 메리치(St Angela Merici)가 1535년 11월 25일 28명의 동정녀들과 이탈리아 '성 아프라(Afra)' 성당에서 우르술라회를 공식 설립한 지 1세기가 지나서였다. 지금도 남녀 학생이 다니는 사립 학교(L'École des Ursulines de Québec)를 운영중이다. 1936년 6월 24일, 우르술라회 박물관(Musée des Ursulines de Québec)의 개장과 더불어 관람객들은 수녀실(the nuns' parlor)에 전시된 300여점의 유물들을 볼 수 있게 되었다. 당시에는 박물관이 수녀원 내부에 있었기 때문에 예약을 통해서 여름에만 일반에게 공개되었다. 하지만 지금은 수도원 밖에 있는 우르술라회 수도원 문화센터(Pôle culturel du Monastère des Ursulines)로 자리를 옮겨 영구 전시관과 특별 전시관을 통해 우르술라회의 역사와 문화를 알리고 있다.

생루이 요새 국립유적지
Saint-Louis Forts and Châteaux National Historic Site

생루이 요새 국립유적지는 뒤프랭 테라스 아래에 숨겨져 있다. 생루이 총독 거주지(Château Saint-Louis)와 생루이 요새의 유적지를 발굴해 고고학적 가치를 지닌 유물들을 전시하고 있다. 발굴 장소를 훼손하지 않고 관람할 수 있게 하기 위해 뒤프랭 테라스 공사를 새롭게 했다. 이 곳은 1620년에서 1834년 사이에 뉴프랑스의 총독, 퀘벡의 영국 총독, 영국령 북미 총독, 로어 캐나다의 부총독의 관저가 있었던 자리다. 그 당시 생루이 성 사람들의 삶은 어떠했는지 짐작할 수 있는 120여 점 이상의 유물이 전시되고 있다. 유적지로 들어가는 입구는 뒤프랭 테라스의 론 키오스크(Lorne kiosk)에 있다. 17세 이하는 입장료가 무료다.

론 키오스크 © Jeff Frenette Photography, Destination Québec cité

생루이 요새 국립유적지 ©Jeff Frenette Photography, Destination Québec cité

생드니 테라스
La Terrasse Saint-Denis

생드니 테라스는 세인트로렌스 강과 프롱트낙 호텔이 한 눈에 들어와 관광객에게 인기가 많은 곳이다. 생드니 테라스가 있는 공원의 이름은 바스티옹 드 라 렌 공원(Parc du Bastion-de-la-Reine)이다. 한국 관광객에겐 드라마 〈도깨비〉의 도깨비 언덕 촬영지로 유명한 곳이다. 이 공원은 샤또 프롱트낙과 시타델 사이에 위치해 있다. '여왕의 보루'라는 뜻으로 이 공원과 접해 있는 시타델의 보루 이름이 왕(Roi)이라서 후세 사람들이 공원 이름을 '여왕의 보루'라고 붙였을 가능성이 높다. '여왕의 보루 공원'에 있는 트레일은 시타델의 깊게 파인 참호를 따라 아브라함 평원까지 이어져 있다.

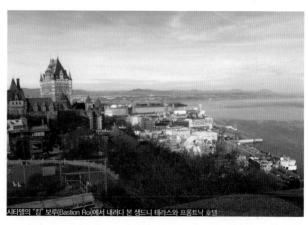
시타델의 "킹" 보루(Bastion Roi)에서 내려다 본 생드니 테라스와 프롱트낙 호텔

퀘벡 시타델
La Citadelle de Quebec

🏠 1, Côte de La Citadelle, Québec City

시타델은 북미의 지브랄타(Gibraltar of North America)라는 닉네임이 있을 정도로 북미에서 가장 큰 영국군 요새였다. 지금도 정규군이 주둔하고 있으며, 로얄 22연대 본부가 있다. 요새는 해상으로부터 100미터 높이인 캅디아망(Cap-Diamant)의 정상에 세워졌다. 1812년 영미전쟁 이후 미국의 침략에 대비해 세인트로렌스 강과 퀘벡 시티를 보호하기 위해 지금 돈으로 약 3천 5백만 달러를 들여 준공했다. 씨타델의 별끝은 보루(배스티언 Bastion)라고 해서 킹(King), 프린스 오브 웨일즈(Prince of Wales) 같은 저마다의 이름을 가지고 있다. 보루에는 사거리 3킬로미터인 암스트롱(Armstrong), 5킬로미터인 프레이저(Fraser) 같은 대포들이 세인트로렌스 강을 내려다보며 언제든 쏠 태세다. 매일 정오가 되면 예포를 쏘는데 사람들에게 삼종기도(Angelus) 시간을 알리는 뉴프랑스 시대의 전통에서 온 것이다. 여름에는 위병 교대식 관람과 나이트 투어가 가능하다.

시타델 내에는 1950년에 설립한 22연대 박물관이 있다. 1920년부터 주둔한 왕립 22연대와 관련한 유물들이 많고, 뉴프랑스, 영국, 그리고 캐나다 시기에 사용했던 군복, 메달, 무기 등도 있다.

위병 교대식 ©Jeff Frenette Photography, Destination Québec cité

삼종기도(Angelus)를 알리는 예포를 쏘는 모습

몽모랑시 공원
국립유적지

Montmorency Park National
Historic Site

⌂ Côte de la Montagne Streets, Quebec
City, Quebec G1K 4E4

1841년부터 1866년까지 영국령 캐나다 의회(the Legislature of the united province of Canada)가 있었던 곳이다. 이 당시는 어퍼 캐나다(Upper Canada) 와 로어 캐나다(Lower Canada)가 하나로 합쳐져 영국령 캐나다(the Province of Canada)로 불렸다. 1883년 화재로 건물이 전소되어 지금의 퀘벡 주의사당 자리로 옮겼다. 몽모랑시 공원은 1898년 조성되었고, 퀘벡의 첫 주교였던 몽모랑시 라발 (Monseigneur Francois de Montmorency-Laval)을 기려 1908년 몽모랑시 공원 (Montmorency Park)으로 이름붙였다. 프레스콧 게이트(Prescott Gate) 위를 건 너면 몽모랑시 공원이다. 노란 단풍이 인상적이다.

몽모랑시 공원의 남쪽 끝자락에는 십자가가 하나 서있다. 이 십자가는 1608년 샹 플랭과 같이 왔다가 그 해 혹독한 겨울을 이겨내지 못하고 괴혈병으로 죽은 스무 명의 정착민이 묻힌 곳이다.

퀘벡의 창설자인 샹플랭의 지휘하에 '신의 선물(Don de Dieu)'호는 1608년 4월 13 일 프랑스를 출항했다.

같은 해, 6월 3일 지금의 타두삭(Tadoussac) 도착했고, 7월 3일에는 퀘벡을 발견 했다. 샹플랭과 같이 온 이주민 27명(남자)은 그 해 혹독한 겨울을 경험해야 했다. 샹플랭은 이전에 3년(1604-1607)의 겨울을 뉴프랑스에서 보낸 적이 있었다. 다음 해 6월 구조선이 도착했을 때, 28명 중 샹플랭을 포함해 8명만 살아남았다. 나머 지는 모두 괴혈병으로 죽었다. 마음의 병(Distemper of the mind)으로 알려진 이 괴혈병(Scurvy)은 비타민 C의 부족에서 오는 병이었다. 1530년, 샹플랭보다 먼저 세인트로렌스 강을 탐험했던 자크 카르티에(Jacque Cartier)는 편백나무(white cedar tree) 잎을 다려 마시면 괴혈병이 낫는다는 것을 알고 있었다. 하지만 그는 그것을 일기에 기록하지 않았다.

요새 박물관
Musée du Fort

- 🏛 10, rue Sainte-Anne, Québec
- ☎ 418-692-1352
- 🕐 6월~노동절(9월 첫번째 월요일) 금~일
  11:00~16:00
  성수기(7월) 화~일 11:00~16:00
- 💵 성인 $9.00, 학생 $7.00, 노인 $8.00,
  어린이(10살 이하) 무료

museedufort.com

1759년 6월, 제임스 울프 소장의 지휘하에 정규군 8,500명, 250척의 배로 퀘벡을 공격했지만, 철옹성 퀘벡 요새는 2개월간의 공격에도 잘 저항했다. 풀롱 만(Anse-au-Foulon)에 좁은 비밀통로를 찾아낸 울프 소장은 9월 12일 저녁부터 13일 새벽까지, 4,000여명의 경보병을 이 곳에 상륙시켜 아브라함 평원에서 프랑스군과 대결한다. 프랑스 망루를 피해 영국군이 안전하게 상륙한 것에 대해서는 여러가지 설이 있지만, 어찌되었든 아브라함 전투에서 프랑스군은 참패하고만다. 이 전투에서 양쪽의 사령관이 모두 전사했다.

요새 박물관은 1750년경 퀘벡 지역을 축소한 40제곱미터 크기의 거대한 모형을 만들고, 군인, 함선, 보트 등의 미니어처로 아브라함 평원 전투를 포함해 퀘벡을 포위 공격했던 전투 상황을 알기 쉽게 재현해놓았다. 최첨단 사운드와 시각 효과는 이 매혹적인 역사 강의를 극대화시킨다. 쇼는 11시, 1시, 3시에 30분간 진행된다. 요새 박물관은 국가가 아닌 개인이 운영하는 박물관이다.

퀘벡시티 전망대
Observatoire de la Capitale

- 🏛 Édifice Marie-Guyart 31층. 1037 Rue de
  la Chevrotière, Québec
- ☎ 418-644-9841
- 🕐 화~금 10:00~17:00
- 💵 성인(18~64) $14.75, 학생(18세 이상) $11.50,
  노인(65세 이상) $11.50, 어린이(6~17) $7,
  5세 이하 무료

observatoire-capitale.com

퀘벡시티 전망대는 퀘벡시(Quebec City)에서 가장 큰 건물인 마리 귀야르(Marie-Guyart)의 꼭대기, 31층에 있다. 관람객은 높이 221미터의 전망대에서 퀘벡시와 시야가 좋을 때는 오를레앙 섬까지 볼 수 있다. 1972년에 완공되었을 때는 건물 이름이 콤플렉스 G(Complex G)였지만, 1989년에 퀘벡 우르술라회 공동 설립자인 마리 귀야르를 추모하기 위해 현재의 이름으로 바꾸었다.

전망대에서 바라본 불꽃놀이 © Jasmin Brochu, Destination Québec cité

LOWER TOWN
로어 타운

아기자기한 상점이 모여있는 쁘띠 샹플랭 구역, 루아얄 광장, 승리 교회, 우산 골목, 퀘벡 프레스코 벽화와 쁘띠 샹플랭 프레스코 벽화 등 그림같이 예쁜 장소가 많다. 올드 퀘벡의 아름다움을 멀리서 감상할 수 있는 곳으로 페리 선상만한 것이 없다.

도깨비 문 앞에 서있는 퀘벡 윈터카니발 마스코트인 '본옴므(Bonhomme)' © Stéphanie Audet, Destination Québec cité

퀘벡 프레스코 벽화
La Fresque des Québécois

☝ 29 Rue Notre-Dame, Québec
◷ 24시간 오픈

이 벽화는 더 정확히 말해 '퀘벡인 프레스코 벽화(Mural of Quebecers)'라고 부르는 것이 더 맞는 표현이다. 왜냐하면 퀘벡을 빛낸 15명의 위인들을 그렸기 때문이다. 퀘벡의 창시자 샹플랭, 지구본 같은 것을 들고 있는 자크 카르티에, 뉴프랑스의 전성기를 이끈 프롱트낙 총독, 원주민 말로 '큰 강'이라는 뜻의 미시시피 지도를 그린 루이 졸리에, 퀘벡 상송의 아버지라 불리는 펠릭스 르클레르, 퀘벡시 초대 주교였던 프랑스와 드 라발, 퀘벡시의 우르술라회 창립 수녀였던 마리 귀야르(Marie Guyart) 등등. 1999년에 시작하여 9주 동안 12명의 프랑스와 퀘벡 예술가들이 함께 작업을 했다. 등장인물들은 실물 크기로 그려졌고, 퀘벡의 사계절이 담겼다. 맨 위부터 눈덮힌 건물, 가을 단풍, 반팔의 사람들, 길거리 하키를 즐기는 봄날의 아이들. 프레스코란 회반죽 벽이 마르기 전에 물에 갠 안료로 채색을 하는 기법으로 이탈리아어로 '신선하다'라는 뜻이다. 벽이 마르면 그림은 완전히 벽의 일부가 되어 물에 씻기지도 않는다.

프레스코 벽화 앞에서 하프를 연주하고 있는 거리의 악사

퀘벡의 사계절과 퀘벡을 빛낸 인물 15명이 그려진 '퀘벡 프레스코 벽화'

루아얄 광장 & 승리 교회
Place Royale & Notre-Dame-des-Victoires

북미에서 가장 오래된 교회 중 하나로 루아얄 광장에 있다. 1687년에 착공하여 1723년에 완공되었다. 원래는 '아기 예수'에게 헌정되었다가, 영국 원정대를 물리친 1690년 퀘벡 전투 이후, 승리 교회(Notre-Dame-de-la-Victoire)라는 이름을 받았다. 1711년 영국 함대가 악천후로 침몰한 후 또 다시 이긴 것에 감사해서 승리(Victoire)에 복수를 붙여서 승리 교회(Notre-Dame-des-Victoires)로 이름이 다시 변경되었다. 1759년 아브라함 평원 전투에 앞서 영국의 포격으로 크게 파괴되었다가 1816년 복원되었다. 교회 천장에는 트레이시(Tracy) 후작이 지휘했던 배인 브레제(Brézé)의 모델이 걸려 있다.

트레이시 후작이 타고 온 배 브레제

루아얄 광장에 위치한 승리 교회

쁘티 샹플랭 구역
Quartier Petit Champlain

TIP 쁘띠 샹플랭 극장에 서 '에디트(Edith)' 공연 모습 (2013년). 영화 '작은 참새(La Môme)'에서 피아프(Piaf)의 목소리 연기를 했던 질 아이그롯 (Jil Aigrot)의 무대. 에디트 피아프(Edith Piaf)는 그녀의 작고 왜소한 체형 때문에 작은 참새 피아프(La Môme Piaf)라는 닉네임으로 불렸다.

푸니쿨라를 타고 내려오거나, 계단을 내려와 로어타운에서 처음 마주하는 풍경은 북미에서 가장 오래된 번화가인 쁘띠 샹플랭 거리이다. 드라마 〈도깨비〉에서 '김신'과 '지은탁'이 캐나다로 들어오는 게이트웨이 역할을 하는 빨간색 문이 바로 이 거리에 있다. 다양한 꽃들로 장식된 건물의 창과 상점의 테라스, 그리고 개성 넘치는 간판을 구경하는 것만으로도 여행이 즐겁다. 11월 28일부터 크리스마스 이브까지 쁘띠 샹플랭 거리는 아름다운 크리스마스 마을로 변한다. 루아알 광장에는 거대한 크리스마스 트리가 세워진다. 거리는 휘황찬란한 조명으로 치장되고, 상점마다 전나무를 장식하고, 합창단이 부르는 캐롤송이 거리에 울려 퍼진다.

쁘띠 샹플랭 거리는 관광명소들도 많다. 경사가 심해 계단을 오르내리다 넘어져 다치는 일이 잦았다는 '목 부러지는 계단(Escalier Casse-Cou)'은 1635년 만들어졌다. 계단을 내려가자마자 오른편에 선물가게이자 푸니쿨라를 탈 수 있는 쁘띠 샹플랭 거리 16번지가 있다. 크리스마스 시즌에는 산타 클로스를 만나려고 부모의 손을 잡은 아이들이 펠릭스 르클레 공원(Parc Félix-Leclerc)을 찾아 온다. 쁘띠 샹플랭 거리에 있는 유일한 공원으로 1994년 조성된 작고 예쁜 공원이다. 공원 맞은편엔 상송 라이브 공연이 열리는 쁘띠 샹플랭 극장이 있다. 그 건물 벽에 빨간 문이 바로 도깨비 문(Goblin Red Door)다. 펠릭스 르클레 공원에서는 크리스마스 시즌 동안 매주 목요일부터 일요일까지 그리고 12월 22일부터 24일까지는 매일 음악 공연이 펼쳐진다.

목 부러지는 계단에서 파는 메이플 태피, 개당 $2.50
목 부러지는 계단

Parc Félix-Leclerc

도깨비 문 옆에 있는 쁘띠 샹플랭 안내도

올드 퀘벡 푸니쿨라
Funiculaire du Vieux-Québec

푸니쿨라 Funiculaire
- 🏠 16 Rue du Petit Champlain, Québec
- 🕐 봄, 여름, 가을 월~일 09:00–21:00 (겨울에는 운행하지 않음)
- 💵 편도 $4.00 (키 117cm 이하 어린이 무료, 휠체어 탄 사람 무료) *현금만 가능
- www.funiculaire.ca

올드 퀘벡 최초의 푸니쿨라는 1879년 윌리엄 그리피스(William Griffith)에 의해 만들어졌다. 1945년 화재로 완전히 파괴되었다가 1946년 재건되어 1998년 최첨단 컨셉의 푸니쿨라로 거듭났다. 목부러지는 계단으로 올라가기 전 왼편에 위치한 *루이 졸리에 저택(Maison Louis Jolliet) 안으로 들어가면 선물가게와 푸니쿨라 티켓 판매소가 있다. 45도 경사를 오르는 푸니쿨라 안에서 세인트로렌스 강을 내려다볼 수 있다. 자전거는 푸니쿨라를 이용할 수 없고, 유모차는 안전을 위해 접어야 한다. 겨울에는 운행하지 않는다.

TIP 루이 졸리에는 1645년 퀘벡에서 태어났으며 모피 무역에 종사했다. 그는 1673년 자크 마르케트(Jacques Marquette) 신부와 함께 미시시피를 탐험하고 지도를 그렸다. 그는 지도제작자이자 수계 지리학자였다.

쁘띠 샹플랭 벽화
Fresque du Petit-Champlain

- 🏠 102 Rue du Petit Champlain, Québec

이 벽화는 쁘띠 샹플랭 거리 102번지의 건물 벽에 그려져 있다. '벽화 창조(Murale Création)'라는 예술가 단체에 의해 2001년에 완성됐다. 캅 디아망(Cap Diamant)과 세인트로렌스 강 사이의 좁은 땅, 캅 블랑(Cap-Blanc)은 어업과 해상 무역이 활발했던 항구였다. 이 벽화는 캅 블랑의 역사를 한 눈에 보여준다. 배 수리공, 남편의 귀환을 애타게 기다리는 선원의 아내, 현지 여성과 사랑에 빠진 영국 장교 넬슨 경, 잉글랜드 왕이 북극으로 보낸 퀘벡 탐험가 베르니에 선장(Captain Bernier) 등 노동자들의 삶과 역사적 사건뿐만 아니라 1682년 이 지역에서 있었던 대화재와 1889년의 산사태 같은 여러 재난도 묘사하고 있다.

우산 골목
Umbrella Alley

⌂ 5 Rue du Cul-de-Sac #21, Quebec City

17-18세기의 생활도구를 전시하는 문명 박물관의 부분인 슈발리에 저택(Maison Jean-Baptiste-Chevalier) 뒷편의 '막다른 골목길(Rue du Cul-de-Sac)'이라는 길은 우산골목(Umbrella Alley)으로 더 알려졌다. 초승달 모양으로 굽어진 골목 길에는 다채로운 우산들이 삼렬로 줄지어 하늘을 날아가는 것 같다. 매리 포핀스 (Mary Poppins)의 우산이 연상되는 곳이다.

디 이미지 밀
The Image Mill

캐나다 퀘벡 건설 4백 주년을 기념하기 위해 시작된 영상쇼로 올드 포트(Old Port)에서 열린다. 항구에 있는 곡물 저장고 여든 한 개를 스크린처럼 활용해 독창적인 영상을 프로젝터로 투사한다. 곡물 저장고의 높이가 30미터이고 길이가 600미터다. 음향을 위해 300개 이상의 스피커를 설치해서 멀리서도 그 감동을 생생하게 느낄 수 있다. 사람들은 부둣가나, 요트 위, 올드 퀘벡의 성곽에서 영상쇼를 관람한다. 로베르 르빠주(Robert Lepage) 감독의 작품으로 상영시간은 40분 정도다.

EATING

전통 퀘벡 요리는 16세기 북아메리카 뉴 프랑스 시대의 요리에 기원을 두고, 원주민 요리, 모피 무역 및 사냥 역사에 영향을 받은 북방 요리, 그리고 영국 요리의 영향을 받으면서 발전했다. 프랑스 대표 음식인 크레이프(혹은 크레페), 프렌치 어니언 수프(French Onion Soup), 프렌치 캐나다 미트 파이인 뚜르티에르(Tourtière), 중국 파이로 불리는 파테 시누아(Pâté chinois), 돼지고기 스프레드인 크르통(Cretons), 오리고기, 토끼고기 등을 맛보길 추천한다. 전통 퀘벡 요리를 한 번에 맛볼 수 있는 레스토랑으로 Aux Anciens Canadiens, Buffet de l'Antiquaire, La Bûche, Les Ancêtres 가 있다. 퀘벡의 문화와 요리에 대한 다양한 지식을 배울 수 있는 로컬 맛 투어(Local Food Tour) 프로그램에 참여하는 것도 적극 추천한다.

어퍼 타운

메리스 팝콘

Mary's Popcorn

퀘벡, 몬트리올, 밴프에 체인점을 둔 팝콘 회사다. 올드 퀘벡의 '목 부러지는 계단' 올라와서 오르막길 첫 번째 집(56, Côte de la Montagne)과 생장 성문에서 생장 거리로 내려오다 보면 우측에 하나가 있다.

🏠 1055, rue St-Jean, Vieux Québec G1R 1S2
📞 450-518-3012
maryspopcorn.com /
infostjean@maryspopcorn.com

어퍼 타운

'오장시앵 카나디앵' 레스토랑

Aux Anciens Canadiens

생루이 거리에서 가장 오래되고 인상적인 붉은 색 건물로 1677년 지어졌다. 지금까지 한 번도 무너진 적이 없다고 한다. 현재는 식당이다.

🏠 4 Rue St - Louis, Québec 📞 418-692-1627
auxancienscanadiens.qc.ca

어퍼 타운

콩코드 호텔 360 레스토랑,

Ciel ! Bistro Bar

그랑 알레 거리의 랜드마크 호텔로 406개의 객실과 스위트 룸이 있다. 이 호텔의 장점은 올드 퀘벡에서 가깝고, 아브라함 평원이 바로 옆이라 어느 때든 산책이 용이하다. 여름 무료 콘서트 같은 이벤트를 즐기기에 완벽한 곳이다. 건물의 꼭대기는 '하늘(Ciel)! 비스트로 바'라는 레스토랑이 위치하고 있다. 360 회전 레스토랑으로 1시간 30분이면 한 바퀴 돈다. 퀘벡의 야경을 보며 식사를 할 수 있는 최고의 장소 중에 한 곳으로 꼽는다. 이 식당의 경영자는 꼬숑 딩구(미친 돼지), 카페 뒤 몽드, 토끼 요리 전문점인 라팽 소테(Lapin Sauté) 등의 레스토랑을 소유하고 있는 그룹 레스토 플레지르(Group Restos Plaisirs)라고 한다.

🏠 1225 Place Montcalm, Quebec City

 자재!

ACCOMMODATIONS

캐나다와 미국에서 명성이 높은 고급 호텔이 많은 올드 퀘벡은 주말 여행이나 휴가를 보내기에 이상적인 곳이다. 올드 퀘벡에 호텔을 잡으면 관광명소를 걸어서 여행할 수 있고, 쇼핑과 맛 투어도 용이하다.

어퍼 타운 ## Fairmont Le Château Frontenac

올드 퀘벡의 중심에 우뚝 솟은 샤또 프롱트낙 호텔은 청동지붕과 붉은 벽돌로 지어진 퀘벡시의 랜드마크다. 1893년 완성된 이 호텔은 2차 세계대전 당시 영국의 윈스턴 처칠과 미국의 프랭클린 루스벨트 대통령, 캐나다의 맥켄지 킹 수상이 만나서 퀘벡 회담을 열었던 곳으로 유명하다. 호텔 로비의 엘리베이터와 각 층의 엘리베이터 벽에는 금빛의 우편함이 설치되어 있다. 우편함은 로비까지 파이프로 연결되어 지금도 편지를 보낼 수 있다. 호텔 이름은 1672부터 1682년 그리고 1689년부터 1698년까지 뉴프랑스의 총독이었던 프롱트낙 백작의 이름에서 따왔다. 호텔 이름에 성 또는 대저택을 의미하는 '샤또 Château'라는 단어가 붙게된 이유는 캐나다 태평양 철도 회사가 고급 열차 여행을 홍보하기 위해 이 호텔을 지으면서 당시에 유행하던 샤또 스타일(Chateauesque)로 지었기 때문이다. 1893년 개장할 당시 170개의 룸이었던 호텔은 현재 650 개의 방을 지닌 호텔로 성장했다. 세인트 로렌스 강이 한눈에 내려다보이는 '샘 비스트로(Sam Bistro)'은 전통과 모던함을 함께 느낄 수 있는 독특한 분위기의 레스토랑이다. 호텔 수석 요리사는 호텔의 옥상 정원에 있는 벌통 4개에서 매년 650리터의 꿀을 수확해 팜투테이블(Farm to table) 요리에 사용하고 있다. 토론토의 페어몬트 로열 요크 호텔에서는 이보다 많은 6개의 벌통에서 약 375파운드의 꿀을 생산한다. 가이드 투어가 연중무휴다.

페어몬트 샤또 프롱트낙 호텔
🏠 1 Rue des Carrières, Québec, QC G1R 4P5
📞 418-692-3861

샤또 프롱트낙 가이드 투어
가이드 투어 회사 : 씨서로니 투어 (Cicerone Tours) 📞 +1-855-977-8977
www.cicerone.ca

HOTELS

Auberge Place d'Armes

이 호텔은 야외 아트 갤러리인 트레조르 거리(Rue du Trésor)와 건물 하나를 사이에 두고 있다. 호텔 객실의 벽돌과 석조로 된 벽이 인상적이다. 1층에는 프랑스풍 브래서리(brasserie) 쉐 줄르(Chez Jules)가 있다.

🏠 24 Rue Sainte-Anne, Québec, QC G1R 3X3
📞 (418) 694-9485
http://www.aubergeplacedarmes.com/

Hôtel Clarendon

시청 바로 건너편의 장엄하고 유서 깊은 건물에 위치해있다. 이 호텔은 1870년에 설립되었고, 2019년에 새롭게 단장되었다. 객실은 노란색으로 포인트를 살려 모던하면서 단아하다. 1층에는 생선과 해산물 전문 레스토랑인 레 모르뒤(Les Mordus)가 있다.

🏠 57 Rue Sainte-Anne, Québec, QC G1R 3X4
(418) 692-2480
http://www.hotelclarendon.com/

Hôtel Manoir Victoria

생장거리에 위치해 있으며, 클래식과 컨템퍼러리(Contemporary)가 혼합된 인테리어 디자인을 보여준다. 1층에 식당 쉐 불레(Chez Boulay)가 있다. 벌목꾼, 달콤한 베이컨, 농장, 어부 등의 메뉴가 있다.

🏠 44 Côte du Palais, Québec, QC G1R 4H8
📞 (418) 692-1030
http://www.manoir-victoria.com/

Monsieur Jean 무슈 장

대환영(Le Grand Bienvenue) 조각상의 옆 건물에 위치해있다. 2019년에 문을 열었고 독특한 경험을 찾는 여행자들 사이에 흠잡을 때 없는 명성을 빠르게 얻고 있다. 스위트룸은 간이 주방, 킹 사이즈 침대, 그리고 온열 세라믹 바닥이 있다. 1층에는 보부(Bobu)라는 베이커리가 있다.

🏠 2 Rue Pierre-Olivier-Chauveau, Québec, QC G1R 0C5
📞 (418) 977-7777
https://monsieurjean.ca/

L'Hôtel du Capitole

유빌 광장(Place D'Youville)에 있는 5스타 호텔로 2019년에 완전히 개조되었다. 현대적인 장식과 7층 로비에서 바라보는 도시의 탁 트인 전망이 인상적이다. 콘서트장, 레스토랑, 클럽바 등이 있다.

🏠 972 Rue Saint-Jean, Québec, QC G1R 1R5
📞 1 (800) 363-4040
https://www.lecapitole.com/

Hôtel Palace Royal

거대한 정원과 실내 수영장을 자랑하는 호화로운 실내 오아시스 덕분에 그 이름에 걸맞은 명성을 누리고 있다. 생장 성문(Porte Saint-Jean)에서도 가깝고, 주요 고속도로에 쉽게 접근할 수 있는 두 가지 장점을 모두 가지고 있다. 플로리다의 고급 휴양지에 온 것 같은 그림이다.

🏠 775 Boulevard Honoré-Mercier, Québec City, Quebec G1R 6A5
📞 (418) 694-2000
https://www.hotelsjaro.com/palace-royal/

Quebec City Marriott Downtown

주변에 콘서트 홀인 음악의 전당, 유빌 공원, 켄트 성문, 투어니 분수 등이 있다. 위치도 그렇고, 호텔의 넓고 현대적인 객실과 너른 지하 주차장은 호텔의 커다란 장점이다.

🏠 850 Rue D'Youville, Québec, QC G1R 3P6
📞 (418) 694-4004

Hôtel Château Laurier Québec 퀘벡 샤또 로리에르 호텔

올드 퀘벡(Old Québec) 관문인 생루이 성문(Porte St.Louis) 바로 밖에 위치한 웅장한 호텔로 한편에는 아브라함 평원이 있고, 다른 한편에는 그랑 알레(Grande Allée)가 있다. 화려한 객실, 웰빙 스파, 수영장을 갖추고 있다. 친환경적이고, 프랑스어를 장려하는 프랑코 친화적인 호텔로 유명하다.

🏠 1220 Pl. George-V Ouest, Québec City, Quebec G1R 5B8
📞 (418) 522-8108
http://hotelchateaulaurier.com/

Hilton Québec 퀘벡 힐튼 호텔

퀘벡 시티 컨벤션 센터(Centre des congrès de Québec) 바로 건너편에 위치한 퀘벡 힐튼 호텔은 비즈니스 여행객에게 매우 인기가 있다. 도시의 멋진 전망을 제공하는 571개의 객실, 실내 체육관, 야외 온수 수영장 등을 갖추고 있다.

🏠 1100 Bd René-Lévesque E, Québec, QC G1R 4P3
📞 (418) 647-2411

Delta Hotels Québec 퀘벡 델타 호텔

현대적이고 호화로운 객실, 새로 단장한 비스트로(Le Bistro), 그리고 야외 온수 수영장이 호텔의 커다란 장점이다.

🏠 690 Boul René Lévesque Estates, Québec City, Quebec G1R 5A8
📞 (418) 647-1717

Auberge Saint-Antoine

전용 영화관, 웰빙 센터, CAA/AAA 다이아몬드 4개 등급 레스토랑 등 고급 숙박에 필요한 모든 편의 시설을 갖춘 부티크 호텔이다. 문명 박물관과 프티 샹플랭에서 불과 몇 걸음 거리에 있어 여행, 쇼핑, 식사가 용이하다.

🏠 8 Rue Saint-Antoine, Québec, QC G1K 4C9
📞 (418) 692-2211
https://www.saint-antoine.com/

Hôtel 71

이 부티크 호텔은 세련되고 현대적인 스타일로 유명하다. 현지인들에게 매우 인기 있는 이탈리안 레스토랑 마또(Matto)는 말할 것도 없고, 도서관, 에스프레소 라운지, 파우더룸, 와인 및 증류주 바를 포함해 회의와 대화를 위한 매력적인 공간으로 설계되었다.

🏠 71 Rue Saint-Pierre, Québec, QC G1K 4A4
📞 1 (888) 692-1171
http://www.hotel71.ca/

Hôtel Le Priori

1734년에 지어진 유서 깊은 건물의 고급스러운 부티크 호텔이다. 숙박에 포함된 맛있는 아침 식사는 말할 것도 없고, 벽돌과 돌담을 특징으로 하는 정통 인테리어 디자인도 마음에 든다.

🏠 15 Rue du Sault-au-Matelot, Québec, QC G1K 3Y7
📞 (418) 692-3992
http://www.hotellepriori.com/

Hôtel Le Germain Québec

르 제르맹(Le Germain)은 탁월한 명성을 자랑하는 캐나다의 소규모 고급 호텔 체인이다. 올드 포트(Old Port)에서 가까워 산책하기에 딱 좋다.

🏠 126 Rue Saint-Pierre, Québec, QC G1K 4A8
📞 (418) 692-2224
https://www.germainhotels.com/fr/hotel-le-germain/quebec

Auberge Saint-Pierre

친밀하고 친근한 환경을 찾는 여행자들에게 인기가 높다. 1800년대에 지어진 유서 깊은 건물에 위치한 이 부티크 호텔은 친절한 서비스와 목가적인 인테리어 디자인으로 유명하다. 문명 박물관 바로 뒤에 위치하고 있어서 올드 퀘벡을 탐험하기에 완벽한 발판이다.

🏠 79 Rue Saint-Pierre, Québec, QC G1K 4A3
📞 (418) 694-7981
http://www.auberge.qc.ca/

Hôtel des Coutellier

기차역 바로 건너편에 위치한 호텔로 도시에서 가장 잘 간직된 비밀 중 하나다. 포근하고 모던한 인테리어 때문에 여행자들에게 인기가 좋다. 이 곳에서 숙박하면 CAA/AAA 다이아몬드 4개 등급을 자랑하는 식당 레정드(Légende)에서 이한대 지방 요리를 맛볼 수 있다. 아침 식사가 포함되어 있고 객실로 배달되어 호화로운 생활을 누리실 수 있다.

🏠 253 Rue Saint-Paul, Québec, QC G1K 8C1
📞 1 (888) 523-9696
http://www.hoteldescoutellier.com/

Hôtel Port-Royal

고급 스위트룸과 아파트를 갖춘 따뜻하고 친근한 호텔이다. 목재, 벽돌 및 석재와 같은 재료가 결합된 현대적인 디자인이 인상적이다. 각 스위트룸은 완비된 간이 주방을 갖추고 있다.

🏠 144 Rue Saint-Pierre, Québec, QC G1K 8N8
📞 (418) 692-2777
http://www.leportroyal.com/

Le Royal Dalhousie condos-suites

유람선 터미널 바로 건너편에는 로열 달하우지 콘도-스위트(Royal Dalhousie condo-suites)라는 웅장한 관광 거주지가 있다. 이 고급형 객실은 현대적이고 정교하며 세인트로렌스 강의 놀라운 전망을 자랑한다.

🏠 225 Côte de la Montagne, Québec, QC G1K 4E6
📞 1 (877) 360-3266
http://www.royaldalhousie.com/

OUTSKIRTS OF OLD QUEBEC
올드 퀘벡 외곽 지역

올드 퀘벡 외곽에도 가볼만한 관광명소들이 많이 있다. 퀘벡 아쿠아리움, 빌리지 바캉스, 웬다케 등이 있다.

퀘벡 아쿠아리움
Aquarium du Québec

⌂ 1675 Avenue des Hôtels, Québec
◎ 6월 ~ 노동절(9월 첫번째 월요일)
　　매일 09:00 ~18:00 이 외에는 09:00~16:00
https://www.sepaq.com/ct/paq/

가장 인기있는 프로그램은 오전 11시와 오후 3시에 있는 물범쇼. 어른들의 눈에 더 신기하게 보여진다. 전시관에는 젤리피쉬, 해마, 가오리를 터치할 수 있는 심해관, 해안가 동물을 볼 수 있는 연안관(Coastal Zone discovery), 오션관(Ocean Discovery), 북극관(Arctic Discovery) 등이 있고, 아이들이 뛰어놀 수 있는 야외 정원과 놀이 공원, 물놀이장이 있다.

퀘벡 아쿠아리움 야외 정원

오션관(Ocean Discovery)의 도치(Pacific spiny lumpsucker)

빌리지 바캉스
발카르티에

Village Vacances Valcartier

2280 Boulevard Valcartier, Saint-Gabriel-de-Valcartier (Québec)

valcartier.com

눈썰매장

개장 12월 중순 ~ 3월 말, 오전 10시부터 오픈

$29.99

아이스호텔

개장(일반 관광객) : 12월 말 ~ 3월, 10:00 - 20:00

체크인(투숙객) : 16:00

객실 사용(투숙객) : 21:00 - 다음날 09:00

$29.99

야외 워터파크

개장 홈페이지에서 확인

성수기(High Season)- Tall(키가 1.32m 이상) $59.99, Small(1m~1.32m) $49.99, Baby(1m 이하) 무료

비수기(Low Season) - Tall $54.99, Small $44.99, Baby 무료

보라 파크(실내 워터파크)

개장 홈페이지에서 확인

$32.99

TIP 아이스 호텔 어떻게 만들까?

얼음 호텔의 재료는 눈이다. 다양한 아치(고딕 양식, 로마 양식)의 쇠틀 위에 눈을 뿌리고, 시간이 지나면 그 눈이 단단해진다. 그 후 틀을 빼면 아치형의 호텔이 만들어진다. 실내 장식은 조각가와 예술가들이 섹션별로 완성한다.

퀘벡 시티에서 20분 거리에 위치한 빌리지 바캉스는 여름엔 워터파크, 겨울엔 눈썰매장, 실내 워터파크인 보라 파크(Bora Parc), 아로마 스파, 그리고 아이스호텔 (Ice Hotel) 등을 사람들에게 제공한다.

4성급 발카르티에 호텔(Hôtel Valcartier)과 초현대적인 600여개의 캠프사이트를 지닌 발카르티에 캠핑장(Valcartier Campground)도 갖추고 있다. 1963년 개장한 발카르티에 빌리지 바캉스는 연 1천만 명의 관광객이 찾고 있다.

여름철 워터파크

북미에서 가장 빠른 시속 80km로 내려오는 에베레스트 등 35개 이상의 워터슬라이드, 2개의 테마강, 그리고 8 종류의 파도가 치는 웨이브 풀(Wave pool) 등을 즐길 수 있다.

겨울철 눈썰매장

낮이나 밤이나 눈썰매를 즐길 수 있는 35개 이상의 슬라이드가 있다. 어린이를 위한 미니 슬라이드, 스피드를 즐길 수 있는 히말라야, 110% 경사를 가진 높이 33.5미터에서 초스피드로 내려오는 에베레스트, 언덕을 빙빙 돌며 내려오는 토네이도 등 짜릿한 스노우튜빙과 스노우래프팅을 체험할 수 있다.

아이스호텔 (Ice Hotel)

2001년 개장한 아이스 호텔은 30개 이상의 객실과 스위트룸, 300여명을 수용할 수 있는 바, 얼음 조각 전시관, 투숙객을 위한 온수 욕조와 사우나, 그리고 화이트 웨딩을 올릴 수 있는 예배당 등의 시설을 갖추고 있다. 아이스 호텔 객실의 침대 프레임은 얼음이고, 얼음 프레임 안쪽 바닥에는 나무 받침대가 있다. 그 위에 매트리스를 깐다. 영하 40도까지 견딜 수 있는 슬리핑백과 보온 이불이 제공된다. 실내온도는 영상 3°C ~ 영하 5°C 다. 아이스호텔 체크인은 발카르티에 호텔(Hôtel Valcartier)에서 오후 4시. 투숙 시간은 오후 9시부터 다음 날 아침 9시까지다. 일반 방문은 아침 10시부터 저녁 8시까지 관광할 수 있다.

웬다케 원주민 박물관과 호텔인 오텔

휴런-웬다트족이 거주했던 롱하우스

원주민 호텔 로비

웬다케
Wendake

Hôtel – Musée Premières Nations
🏠 5 Place de la Rencontre, Wendake
hotelpremieresnations.ca

목걸이 워크숍

노트르담 드 로레트 교회

퀘벡 시티에서 차로 20여분 거리에 있는 웬다케(Wendake)는 캐나다에서 휴런-웬다트(Huron-Wendat)족이 사는 유일한 마을이다. 이 부족은 세인트로렌스 하구의 강어귀와 계곡, 그리고 오대호 지역에 이르는 넓은 지역에 거주했다. 1534년 탐험가인 자크 카르티에를 스타다코나(Stadacona : 지금의 퀘벡 시티)에서 환영한 사람도 휴런-웬다트 족장 도나코나(Donnacona)였다. 휴런-웬다트 원주민 보호구역(Huron-Wendat Nation)에는 원주민 박물관과 호텔이 같이 붙어있는 오텔 – 뮤제 프리미에르 네이션(Hôtel – Musée Premières Nations), 웬다트 사람들이 살았던 롱하우스(Longhouse)를 재현해놓은 휴런 전통 마을, 웬다케의 교회, 프레스코화 그리고 웬다트 전설을 이야기해주는 광장 등의 볼거리가 있다.

휴런-웬다트 호텔은 55개의 객실이 있다. 호텔측은 휴런-웬다트 여인이 가르치는 목걸이 워크숍과 토킹스틱(Talking Stick) 만들기 프로그램을 운영한다. 토킹스틱은 원주민 모임에서 이 막대기를 가지고 있는 사람에게만 발언이 허용되는 커뮤니케이션 도구다. 다른 사람은 의견을 말하거나 주장할 수 없다. 단, 발언자의 뜻을 확실히 이해하기 위해 말한 내용을 확인할 수는 있다. 발언이 다 끝나면 다음 사람에게 토킹스틱을 넘긴다.

휴런 전통 마을의 롱하우스(Longhouse)는 느릅나무 껍질로 만들었고, 30명 정도가 같이 살았다. 원래 롱하우스는 이것보다 크고 60~80명이 살았다고 한다. 울타리 둘레로는 스쿼시, 옥수수, 콩 등을 심었다. 옥수수와 콩을 갈아서 만든 배니크(Banique) 빵은 이들의 주식이었다.

노트르담 드 로레트 교회(Notre-Dame-de-Lorette Church)는 1730년에 지어졌다. 1862년 화재로 교회의 일부가 소실되었고, 1957년 역사 기념물로 인정받았다. 서쪽으로 조금 내려오면 네이션 광장(Place de la Nation)이 있고, 다리밑으로 흐르는 세인트찰스 강(St. Charles River)의 벽에는 2008년 10월 10일에 그려진 프레스코 벽화가 있다. 이 벽화에는 웬다트 신화, 유럽인의 출현과 모피 무역, 웬다트 사람들의 농경문화와 주거지인 롱하우스(Longhouse)가 그려져 있다. 강변산책로(Sentier des rivières)가 시작되는 네이션 광장 분수대는 웬다트의 전설이 담겨져 있다. 거북이, 두꺼비, 비버, 수달, 사향쥐 조각과 분수대 바닥에 그려진 하늘에서 떨어지는 여인은 모두 전설에 등장하는 캐릭터이다.

65 Rue Georges-Cloutier 에 위치한 건물은 자원호히(Nicolas Vincent

원주민 박물관 - 호텔

휴런 전통 마을

아웬 휴런-웬다트 박물관 선물가게

로레트 노트르담 교회

웬다트 신화 프레스코 벽화　네이션 광장 분수대

웬다케 관광지도

토킹스틱

Tsawenhohi) 족장이 살던 집으로 유물 전시관과 원주민 공예품을 파는 부티크로 이루어져 있다. 자웬호히는 1811년부터 1844년까지 휴런 로레트(Lorette)의 족장 이었다. 그는 영국 식민지 당국과 동맹을 맺고, 니옹웬시오(Nionwentsïo) 영토가 휴런-웬다트족의 땅이라는 것을 로어 캐나다 하원에서 연설하고, 개인적으로 영 국 국왕 조지 4세에게 청원하는 등 커뮤니티와 영토권을 위해 외교적 노력을 기울 였던 인물이었다.

웬다트 신화

태초에는 하늘과 물의 세계만이 있었다. 하늘 세계에 는 웬다트(Wendat)가 살았고, 물의 세계에는 수중 생 물과 양서류(amphibious)가 살았다.

젊은 웬다트 여인인 아타엔트식(Yäa'taenhtsihk)은 어 느날 몸이 안 좋아 의사를 찾아갔다. 의사는 그녀에게 안도감을 줄 뿌리를 찾으려면 커다란 사과 나무 밑을 파라고 조언한다. 나무 주변을 너무 깊게 파는 바람에 그녀는 나무와 함께 물의 세계로 떨어지게 되었다. 날아가던 흰 기러기(Snow Geese)들이 하늘에서 떨어지는 그녀를 등에 태워 수면으로 내려왔다.

동물들은 모임을 갖고 거북이를 올라오게 해서 그녀를 거북이 등에 태우도록 했다. 그리고 그녀가 거북이 등에서 살 도록 하기 위해 바다 밑에 가라앉은 사과나무 뿌리에서 흙을 가져올 지원자를 뽑았다. 수달, 비버, 사향쥐(Muskrat)가 자원해 시도했지만 모두 익사하고 말았다. 이 때 할머니 두꺼비가 자원해 물 속으로 들어갔고, 오랜 시간이 지나 마침 내 수면으로 돌아온 두꺼비는 거북이 등에 물고 있던 흙을 뱉었다. 그러자 그 흙은 거대한 섬이 되었다.

거북이 섬에 정착한 지 얼마 지나지 않아 아타엔트식은 쌍둥이를 낳았다. 오더(Order)를 대표하는 라우스키아 (Louskea)와 카오스(Chaos)를 대표하는 타위스카론(Tawihskaron)이었다. 라우스키아는 인류를 위한 지구를 준비 하지만, 타위스카론은 일일이 간섭하며 일을 복잡하게 만든다. 참다 못한 형은 타위스카론에게 전쟁을 선포했다. 라 우스키아는 전쟁에서 이기고, 이 세상의 창조가 완성되었다.

619

MUST-SEE AROUND QUEBEC CITY
퀘벡시티 근교 가볼만한 곳

관광객이 많이 찾는 퀘벡시티 근교의 관광명소는 몽모랑시 폭포, 오를레앙 섬, 생탄 드 보프레 성지, 생탄 협곡, 그리고 자크 카르티에 국립공원 등이다.

자크 카르티에 국립공원
Parc national de la Jacques-Cartier

🚌 103 Chemin du Parc-National,
  Stoneham-et-Tewkesbury, QC G3C 2T5
📞 418-848-3169
sepaq.com/pq/jac

자크 카르티에 국립공원은 퀘벡 시티에서 북쪽으로 50km 떨어진 주립공원이다. 이 공원은 로렌시아 산맥의 야생동물을 보호하기 위해 1981년 만들어졌다. 그 결과로 대기 오염이 적은 청정 지역이라 무스, 순록, 흰꼬리 사슴, 회색 늑대 등 다양한 동물들을 관찰할 수 있고, 자크 카르티에 강과 호수에서는 연어, 송어, 북극 곤들매기 등을 볼 수 있다. 여름과 가을철에 하이킹을 하다보면 자작나무 잎을 뜯고 있는 무스를 쉽게 발견하게 된다. 이유는 무스도 모기를 피해 여름과 가을엔 숲에서 나오기 때문이라고 한다.
다양한 액티비티도 가능해서 여름철엔 100km의 하이킹 코스, 30km의 자전거 트레일, 카누, 카약, 낚시, 겨울철엔 노르딕 스키, 스키학(Ski Hok), 스노우튜빙, 스케이팅 등을 즐길 수 있다.

생탄 협곡
Canyon Sainte-Anne

- 🏠 206 QC-138, Beaupré, QC G0A 1E0
- 📞 418-827-4057
- 🕐 5월 초 ~ 10월 중순, 09:00-17:00 (여름에는 1시간 더 연장 운영한다.)
- 🎫 어른 $14.00, 어린이(13-17살) $11.00, 어린이(6-12살) $8.00

canyonsa.qc.ca

벡 시티에서 차로 30분 거리에 있는 생탄 협곡. 생탄뒤노르 강(Saint-Anne-du-Nord)의 가파른 강둑을 가로지르는 트레일을 따라 걸으면서 12억년 된 암벽과 나이아가라 폭포를 능가하는 74미터의 생탄 협곡의 멋진 폭포를 감상할 수 있다. 협곡을 가로지르는 3개의 현수교가 다양한 위치와 각도에서 폭포를 볼 수 있도록 도와준다. 하이라이트는 살짝씩 흔들리는 60m 높이의 맥니콜(McNicoll) 현수교를 건너는 것이다. 가장 빼어난 장면은 로랑(Laurent) 다리 끝에서 맥니콜 현수교와 폭포를 함께 보는 장면이다.

1965년, 캠핑 여행을 온 장마리 맥니콜(Jean-Marie McNicoll)은 벌목꾼의 안내로 숲에 가려졌던 웅장한 생탄 협곡의 폭포를 발견하게 되고, 동생인 로랑(Laurent)을 설득해 이 폭포를 보여준다. 그로부터 몇 년 후, 두 형제는 138번 도로에서 폭포로 가는 강기슭을 하이드로 퀘벡(Hydro-Québec)으로부터 임대해 사람들이 안전하게 폭포를 구경할 수 있도록 길을 낸다. 그리고 마침내 1973년 7월 14일, 식당과 함께 일반에게 공개된다. 당시에 여행객은 생탄 폭포를 보기 위해 1.5km를 걸어야했다고 한다. 지금은 3개의 현수교와 전망대가 건설되어 매년 10만 명 이상의 관광객이 찾는 관광명소가 되었다.

생탄 협곡에서는 하이킹 외에도 짚라인, 암벽 등반 그리고 에어 캐년(Air Canyon) 등의 액티비티를 즐길 수 있다. 에어 캐년은 현수교에서 사다리 계단을 타고 90m 높이로 올라간 뒤, 2인용 의자에 앉아 협곡 이 편에서 저 편까지 396m를 시속 50km로 비행해 도킹 스테이션에 안착하는 놀이기구다. 전봇대보다 높은 장대를 기어올라가는 것도 다리가 후들거리는데 에어 캐년에 앉아 90미터 아래의 협곡을 내려다보면 오줌을 지릴 정도로 아찔하다.

에어 캐년을 타려면 승객의 키가 107cm 이상이어야 하고, 107~120cm 사이의 어린이는 반드시 성인과 같이 타야한다. 두 승객의 최대 무게는 205kg 이어야 하고, 개인의 최대 무게는 136kg 이다. 고소 공포증이 있는 사람은 타지 말도록 권하고 있다.

60미터 높이의 맥 니콜 현수교와 생탄 협곡이 장관이다.

맥 니콜 현수교

맥 니콜 현수교에서 바라 본 74미터의 생탄 협곡의 멋진 폭포

맥 니콜 현수교에서 내려다 본 60미터 아래의 로랑 다리

몽모랑시 폭포
Montmorency Falls

- 입장료(일반) : 성인(18세 이상) $7.39,
  시니어(65세 이상) $6.74, 어린이(17세 이하)
  무료
  (퀘벡주 주민) : 성인(18세 이상) $3.70,
  시니어(65세 이상) $3.48, 어린이(17세 이하)
  무료
  케이블카 이용요금 : 성인(18세 이상)
  $14.75, 시니어(65세 이상) $13.26,
  어린이(6-17) $7.18, 5세 이하 무료 *당일
  무제한 이용 가능

몽모랑시 폭포 역
5300 Boulevard Sainte-Anne, Beauport,
QC G1C 0M3

몽모랑시 폭포 공원 (마누아 섹터) 주차장
2490 Ave Royale, Quebec City, Quebec
G1C 1S1

세인트로렌스 강으로 흘러드는 몽모랑시 강 하류에 있는 몽모랑시 폭포는 오를레앙 섬 맞은 편에 있다. 폭포의 높이는 83m로 나이아가라 폭포보다 30m 가량 더 높다. 트레일과 여러 개의 전망대는 몽모랑시 폭포를 다방면에서 생생히 볼 수 있도록 도와준다. 현수교(suspended bridge)에서 탁 트인 하늘 아래 세인트로렌스 강과 강 위에 놓인 오를레앙 섬 다리, 그리고 오를레앙 섬을 보노라면 가슴이 후련하다. 몽모랑시 폭포 앞을 약올리듯 휙 지나가는 300m 길이의 짚라인(zip line)과 브와샤텔 단층(Boischatel fault)에 설치된 암벽 등반 등의 액티비티를 즐길 수 있다. 암벽 등반은 8살 이상의 초보자도 가능하다. 겨울에는 폭포의 물줄기가 얼어붙어 빙벽 등반하는 사람들에게 인기다.

몽모랑시 폭포를 감상하는 데는 2가지 루트가 있다.

487개의 파노라믹 계단 여름과 겨울

첫 번째는 몽모랑시 폭포역에 차를 주차하고 푸니쿨라(케이블카)를 타고 마누아 몽모랑시(Manoir Montmorency)까지 올라간다. 클리프사이드 보드워크를 따라 현수교(suspended bridge)까지 걸어간 뒤, 발 아래로 쏟아져 내리는 폭포수를 보며 빨려들 것 같은 아찔함을 체험한다. 다리를 건너 언덕을 내려가면 짚라인을 타는 곳이 있고, 그곳에서부터 487개의 파노라믹 계단(Panoramic Staircase)을 내려와 주차장으로 돌아온다. 이러면 폭포를 한 바퀴 완벽히 돌아보게 된다.

두 번째는 폭포 아래에서 케이블카를 탈 필요없이 몽모랑시 폭포 공원의 마누아 섹터 주차장에 차를 주차한 뒤, 현수교까지 걸어간다. 몽모랑시 폭포를 감상한 뒤 왔던 길로 돌아오면 된다. 시간적 여유가 없거나, 걷는 것이 불편하거나, 팬데믹으로 인해 케이블카와 파노라믹 계단이 폐쇄되었다면 이 루트를 이용하는 것이 좋다.

마누아 몽모랑시(Manoir Montmorency)는 1993년에 화재로 완전히 소실되었다가 1994년 재건된 건물이다. 원래의 영국식 건축과 세련된 컨트리 스타일을 살리기 위해 노력을 기울였다고 한다. 파노라믹 테라스에서 세인트로렌스강과 오를레앙 섬을 전망하며 브런치를 즐길 수 있다.

퀘벡 시티의 비아레일 팔레역(Gare du Palais)/2562 버스정거장에서 800번 버스를 타고, 버스의 종착역(des Rapides)에서 내려 몽모랑시 폭포 공원의 마누아 섹터 입구까지 걸어간다. 30분 정도 걸리며 버스 요금은 편도 $3.50이다.

생탄 드 보프레 성지

Sanctuaire Sainte-Anne-de-
Beaupré

📇 10018 Ave Royale, Sainte-Anne-de-
Beaupré, Quebec
📞 418-827-3781
sanctuairesainteanne.org G1C 1S1

TIP 대성당 앞 분수대는 대성당 설립 350주년을 기념하여 2008년에 설치되었다. 높이는 10m이고, 꼭대기의 동상은 세인트 앤과 그녀의 딸 마리아다. 성모 마리아를 가르치는 세인트 앤을 묘사했으며, 머리에는 단풍잎 왕관을 쓰고 있다.

퀘벡 시티에서 차를 타고 20분 거리에 위치한 생탄 드 보프레 성지는 17세기 중반경부터 성지순례지가 되었던 곳이다. 매년 7월 26일 생탄(Sainte-Anne)의 대축일이 되면 수많은 순례자를 포함해 연 백만 명이 넘는 관광객이 이 곳을 찾는다. 생탄 드 보프레 대성당은 1658년에 로마네스크 라바이벌 스타일로 지어졌고, 1923년에 재건되었다. 대성당의 높이는 종탑 꼭대기까지 약 100m, 건물의 길이는 약 100m다.

이 거대하고 화려한 대성당은 성모 마리아의 어머니이자, 예수님의 할머니인 생탄(Sainte-Anne)에게 봉헌된 것으로 세인트로렌스 강에서 난파당한 뱃사람이 생탄(Sainte-Anne)의 도움을 얻어 살아나게 되어 봉헌하게 되었다고 전해진다. 기적은 성당을 짓는 과정에서도 많이 일어나 더욱더 유명한 성지순례지가 되었다. 수많은 예술적 걸작인 그림, 모자이크, 스테인드글라스 창, 돌조각과 나무조각들 등을 감상하는 것으로도 이 성지의 특별한 역사를 살펴볼 수 있다.

건물 정면의 입구를 보면 생탄(St. Anne)의 발 양쪽으로 역사에서 중요한 순간을 보여주는 부조가 새겨진 긴 프리즈(frieze)가 있다. 생탄 주변의 천사들은 대성당으로 들어가는 순례자를 지켜보고 있다. 은총의 빛이 통과할 장미창 옆으로는 12사도가 도열한 듯 서있다. 마지막으로 마리아, 요셉, 성모 마리아의 아버지 요아킴(Joachim), 세례 요한, 프랑수아 드 라발 주교 등의 조각상이 건물 정면에 장식되어 있다.

CANADA
île d'Orléans

오를레앙 섬

퀘벡시티에서 동쪽으로 약 5km 떨어진 곳의 세인트로렌스 강 중앙에 떠 있는 섬, 오를레앙. '퀘벡의 정원'으로 알려진 이 섬은 농산물과 축산물이 풍부하다. 1535 년 프랑스 탐험가인 자크 카르티에(Jacques Cartier)는 현재의 생 프랑수아(Saint-François) 지역에 첫 발을 디뎠다. 이 섬에 야생 포도가 많은 것을 보고 그는 로마 신화에 나오는 술의 신 바쿠스(Bacchus)에서 이름을 따 이 섬을 바쿠스라고 불렀 다. 후에 바쿠스 섬은 프랑스 국왕 프랑수아 1세의 둘째 아들이자, 앙리 2세가 된 오를레앙 공작을 기리기 위해서 섬 이름을 오를레앙으로 바꾸었다.

본토와 섬을 이어주는 '오를레앙 섬 다리'를 건너면, 섬둘레가 약 71킬로미터가 되 는 오를레앙 섬이 눈앞에 펼쳐진다. 1935년 다리가 놓여지기 전까지는 전기도 들 어오지 않는 깡촌이었지만, 지금은 섬의 368번 순환도로가 교통 체증이 있을 정도 로 관광객이 몰려드는 곳이 되었다. 과수원(Verger), 농장(Ferme), 와이너리, 메이 플시럽 슈거쉑, 치즈, 갤러리, 스튜디오 등의 간판이 넘쳐나며, 딸기, 사과, 블루베 리, 라즈베리, 채소, 포도, 메이플시럽, 아이스 사이더 등을 파는 매대를 어디서나 발견할 수 있다.

7천명의 주민이 살고 있는 오를레앙 섬은 6개의 마을로 나뉜다. 다운타운인 생 장 (Saint-Jean), 자크 카르티에가 상륙한 생 프랑수아(Saint - François), 과수원 같은 농장이 많은 생 피에르(Saint-Pierre)와 생 파미유(Saint - Famille), 영국 콜로니얼 스타일의 흰색 건물이 운치있는 생 페트로니유(Saint - Pétronille), 그리고 별장과 갤러리가 많은 생 로랑(Saint - Laurent) 등 각 마을의 특색을 알면 여행이 훨씬 쉬 워진다.

네 개의 자전거 루트를 달리며 낭만도 느끼고, 피크닉 테이블이 있는 적당한 곳에 앉아 도시락보를 풀어도 좋겠다. 사과 픽킹과 블루베리 픽킹도 많이 열리니까 가 족과 함께 꼭 오를레앙 섬을 여행하길 바란다.

오를레앙 섬 드나들기

오를레앙으로 가는 대중 교통 수단은 없다. 올드퀘벡에서 출발하는 퀘벡 버스 투어 (Québec Bus Tour)를 신청하는 방법과 택시를 이용하는 방법이 있다. (퀘벡 버스 투어 예약 : quebecbustour.com)

퀘벡 버스 투어(Québec Bus Tour)

• 오를레앙 맛투어(Taste Tour)

오를레앙 섬의 아이스 사이다, 와인, 블랙커런트 리큐어(Blackcurrant liqueur), 누가 초콜릿 등과 같은 여러 로컬 푸드를 맛보는 투어로 3시간 ~ 3 시간 반 걸린다. 올드 퀘벡의 다르므 광장(Place d'Armes)에서 오전 10시와 오후 2시에 출발한다.

• 오를레앙 와인투어(Wine Tour)

오를레앙 섬의 4개 포도원을 방문해 시음하고 다양한 제품에 대한 설명을 듣는 포도원 투어다. 마지막 포도원에서는 식전 반주가 제공된다.

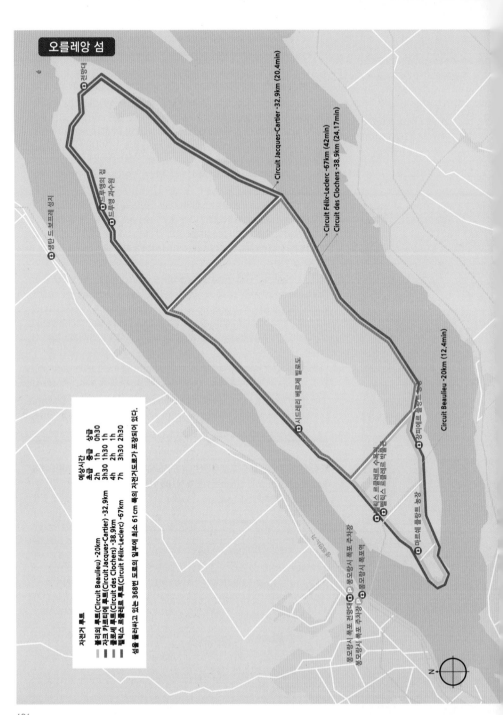

오를레앙 섬

자전거 루트

> 블리외 루트(Circuit Beaulieu) -20km
> 자크 카르티에 루트(Circuit Jacques-Cartier) -32.9km
> 클로셰 루트(Circuit des Clochers) -38.9km
> 펠릭스 르클레르 루트(Circuit Félix-Leclerc) -67km

예상시간	초급	중급	상급
	2h	1h	0h30
	3h30	1h30	1h
	4h	2h	1h
	7h	3h30	2h30

섬을 돌아싸고 있는 368번 도로의 일부에 최소 61cm 폭의 자전거도로가 표창되어 있다.

Circuit Jacques-Cartier -32.9km (20.4min)

Circuit Félix-Leclerc -67km (42min)
Circuit des Clochers -38.9km (24.17min)

Circuit Beaulieu -20km (12.4min)

생탕 드 보프레 성지

드푸엥이 강

드푸엥 마수원

전망대

시드레리 베르제 발로도

장피에르 플랑트 농장

펠릭스 르클레르 수목원
펠릭스 르클레르 박물관

마르세 플랑트 농장

몽모랑시 폭포 전망대
몽모랑시 폭포 주차장
몽모랑시 폭포 주차장
몽모랑시 폭포 구역

N

펠릭스 르클레르 박물관
Espace Félix-Leclerc

🏠 1214 Chemin Royal, St-Pierre-de-l'île-
d'Orléans, QC G0A 4E0
📞 418-828-1682
felixleclerc.com

이 곳은 퀘벡의 대표 샹송가수이자 시인이었던 펠릭스 르클레르(Félix-Leclerc)의 생가이자, 2014년 퀘벡 정부에서 역사적 인물로 명명한 펠릭스에 대한 추억과 그의 작품을 전시하는 박물관이다.

펠릭스의 조상들은 17세기에 오를레앙 섬에 정착해 살았다. 그리고 펠릭스 역시 그들의 터전에 사는 것을 선택했다. 세인트로렌스 강이 보이는 그의 집은 그의 음악적 감성 뿐 아니라 시인, 작가 그리고 정치 운동가로 성장시켰다. 맞은편 언덕 아래에는 그를 기리는 펠릭스 르클레르 수목원(Arboretum Félix-Leclerc)과 3킬로미터가 넘는 플라뇌르의 트레일(Sentier d'un Flâneur)이 있다. 언덕에 앉아 기타치는 모습의 커다란 조각은 2014년에 세워졌다. 섬의 '평온한 42마일'을 노래로 만든 '섬여행(Le tour de l'île)'은 오를레앙 섬을 널리 알리는 데 큰 역할을 했다.

드루앵의 집
Maison Drouin

🏠 2958 Chemin Royal, Sainte-Famille, QC
G0A 3P0
📞 418-829-0330
🕐 6월 중순 ~ 노동절(9월 첫번째 월요일)
토~수 10:00~17:00
🎫 일반 $6, 어린이(12살 이하) 무료
maisondrouin.com

메종 드루엥은 일반인이 이용할 수 있는 오를레앙 섬의 유일한 전형적인 거주자 집이다. 1730년경 카낙 디 마르퀴(Canac dit Marquis)에 의해 지어졌으며, 1984년까지 드루앵 가족이 거주했다. 유서깊은 이 집은 거의 고치지 않아 진품 그대로의 모습을 간직하고 있다. 방문객들은 27개의 비디오 클립으로 구성된 '300 Years and Some Things'을 태블릿 PC로 보면서 이 곳에 살았던 사람들의 발자취를 따라간다. 드루엥의 집은 오를레앙 섬의 역사적인 장소를 보존하기 위해 1978년에 설립된 프랑수아 라미(François-Lamy) 비영리재단이 운영하고 있다.

시드레리 베르제 빌로도
Cidrerie Verger Bilodeau

주소 : 1868 Chemin Royal, Saint-Pierre
418-828-9316
cidreriebilodeau.com

+ Ice cider 만드는 2 가지 방법

Ice cider

❶ **냉동적출법** (Cryoextraction) : 이 방법은 아이스와인을 만드는 전통적인 방식과 유사하다. 사과를 1월 말까지 사과나무에 그대로 둔다. 영하 8~15도일때 사과를 따서 압축기로 짜서 주스를 만든 뒤, 발효시켜 만든다.

❷ **크라이오컨센트레이션** (Cryoconcentration) : 수확시즌보다 조금 늦게 사과를 따서 신선한 장소(냉장실)에서 12월 늦게까지 보관한다. 압축기로 짜서 주스를 만든 뒤, 자연적으로 얼도록 둔다. 1월에 발효를 시작한다.

크라이오컨센트레이션 방식으로 만드는 아이스 사이다공정 과정과 시기

• 사과 따서 냉장실에 보관 : 10월말
• 야외에서 사과 얼리기 : 12월 말 ~1월
• 압축 : 1월 기간
• 3~6주 숙성 : 1월 ~ 2월
• 병입(Bottling) : 9월 ~ 10월

빌로드 과수원에서 만든 아이스 사이다

생 피에르 마을에 있는 빌로도 과수원은 3,500 그루의 사과나무에서 수확한 8종의 사과로 아이스 사이다, 버터, 젤리, 애플 파이, 주스 등을 만들고 있다. 이 사과들 중에서도 맥킨토시(McIntosh), 스파르탄(Spartan), 코틀랜드(Cortland) 품종으로는 평범한 아이스 사이다를 만들고, 허니크리스프(Honeycrisp)로는 스페셜 리저브 아이스 사이다를 만든다.

빌로도 과수원은 10월 말에 사과를 수확해서 냉장실에 보관하고 있다가 12월 말쯤 온도가 영하로 내려가면 밖에서 사과를 얼린다. 영하 8~15도가 되면 압축기로 사과를 압축해서 주스를 만든다. 이 주스를 발효하면 아이스사이더가 된다. 빌로도 씨는 몇 년 전부터 과수원에 내려오는 사슴과 새들 때문에 냉동적출 방식에서 현재 하고 있는 크라이오컨센트레이션(Cryoconcentration) 방식으로 아이스 사이다 만드는 방법을 바꾸었다.

9월과 10월은 애플 픽킹 시즌이다. 품종별 픽킹 시즌은 폴러레드(Paulared)가 9월 초로 가장 이르고, 허니크리스프(Honey Crisp)가 10월 중순으로 가장 늦다. 사과따기체험(Pick-your-own)은 과수원 입구에서 원하는 크기의 광주리를 구입한 뒤, 광주리 가득 사과를 따서 집으로 가져가면 된다. 아이들이 무척 좋아한다.

빌로도 과수원의 주인인 베느와 빌로도(Benoit Bilodeau) 씨는 1978년 샤를브와(Charlevoix)에서 이곳으로 이주했다. 지금은 아들인 클로드 빌로도(Claude Bilodeau) 부부가 같이 사업을 돕고 있다.

빌로도에서 가장 인기있는 애플 파이

드루앵 과수원
Verger Drouin

퀘벡 그랑 마르쉐(Grand Marché)의 키오스크에서 7월부터 10월까지 채소를 판다. 수천그루의 사과나무도 있고, 블루베리와 토마토를 재배하는 주요 생산자이기도 하다. 9월과 10월에는 사과따기체험(Pick-your-own)도 한다. 오를레앙 섬 다리에서 20km 떨어져 있다.

생 프랑수아에 세워진 전망대
St. Francois Observation tower

나무로 된 계단을 걸어 올라 전망대 꼭대기에 서면 자크 카르티에가 상륙했을 세인트로렌스 강과 섬의 끝자락이 한 눈에 보인다. 11시 방향으로 보이는 캅 투르망트(Cap Tourmente) 절벽 앞으로 흐르는 세인트로렌스 강어귀는 담수와 바닷물이 섞여 철갑상어 같은 어종이 풍부하다고 한다.

자크 카르티에가 상륙했을 세인트로렌스 강과 본토도 보인다

자크 카르티에(Jacques Cartier)를 기리는 두 개의 십자가

1535년 자크 카르티에(Jacques Cartier)와 그의 일행이 오를레앙 섬에 착륙한 것을 기리기 위한 십자가는 오를레앙 섬에 두 개가 있다.
1935년 생장(Saint-Jean) 성당에서 나무로 만든 십자가는 낡아서 1979년 새로 만들어 세웠다. 당시에는 '자크 카르티에가 오를레앙 섬을 발견했다'고 쓰여진 구리 명판이 있었지만 현재는 분실되고 없다.

나무 십자가

자크 카르티에를 기리기 위한 철 십자가

두 번째 십자가는 1985년 자크 카르티에가 이 섬을 발견한 지 450주년을 기념하기 위해 Chemin Royal & Chemin Guérard 교차로에 세워졌다. 이 십자가는 예술가 기벨(Guy Bel)이 철로 만들었다.

샤를브와 ©Charlevoix Tourism, Caroline Perron

Baie-Saint-Paul, Charlevoix

샬르브와, 베생폴

샬르브와, 샤를부아, 샤흐르브와 어떤 발음이 옳을까? 퀘벡을 여행하다 보면 영어 발음과 불어 발음이 섞여 어떻게 발음해야할지
혼란스러울 때가 종종 있다. 자세히 들으면 '샤흐-르브와'로 들린다. 하지만 이 책에서는 독자와 친밀한 샬르브와로 적는다.
퀘벡 시티에서 차로 오를레앙 섬과 보프레(Beaupré)를 지나 비탈길을 오르면 왼편으로 생탄 협곡으로 빠지는 길이 나오고,
계속해서 로렌시아 산맥과 세인트로렌스 강 사이의 저지대를 40여분 달리면 베생폴(Baie-Saint-Paul)이 나온다.
퀘벡시티에서 베생폴까지는 자동차로 1시간 조금 더 걸린다.
샬르브와는 눈덮힌 로렌시아 고지를 내달리는 스노모빌링(snowmobiling)과 바다로 곧장 스키를 타는 듯한 마시프(Le Massif)
스키장과 같은 야외 액티비티, 그리고 치즈 농장, 푸아그라 농장 등을 찾아 맛을 탐방하는 농촌 체험 관광(agritourism)으로
관광객들의 발길을 끄는 지역이다. 몽모랑시 폭포(Chute-Montmorency)와 라 말베(La Malbaie)를 연결하는 관광열차인 샬르브와
기차(Train de Charlevoix)는 산과 강 사이를 크루즈처럼 유유히 달린다. '태양의 서커스(Circuit de Soleil)' 탄생지이자 '화가 마을'로
불리는 베생폴은 갤러리 투어로 유명하다. 2018년 주요 7개국(G7) 정상회의가 열린 곳이기도 하다.

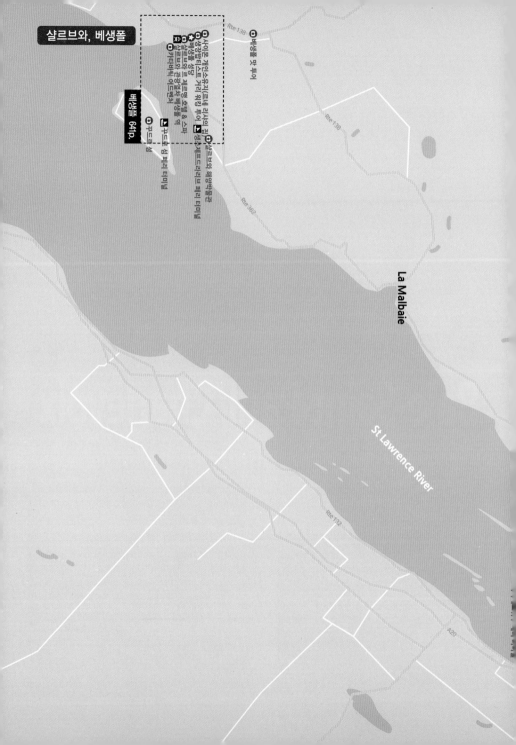

샬르브와, 베생폴

베생폴 641p.

① 사이프 캐언쇼지(르네 리샤의 집)
① 경광부티스트 거리 위로 튀어
① 베생폴 성당
① 심르브와 현대미술관 박물관
① 키텐버틱 아드엥펙치

 ① 사르앙 호텔 & 스파
 ① 푸드트루성

🚢 구드후 섬 페리 타미널

① 베생폴 맛 투어

Rte 138

Rte 138

Rte 362

Rte 132

A20

La Malbaie

St Lawrence River

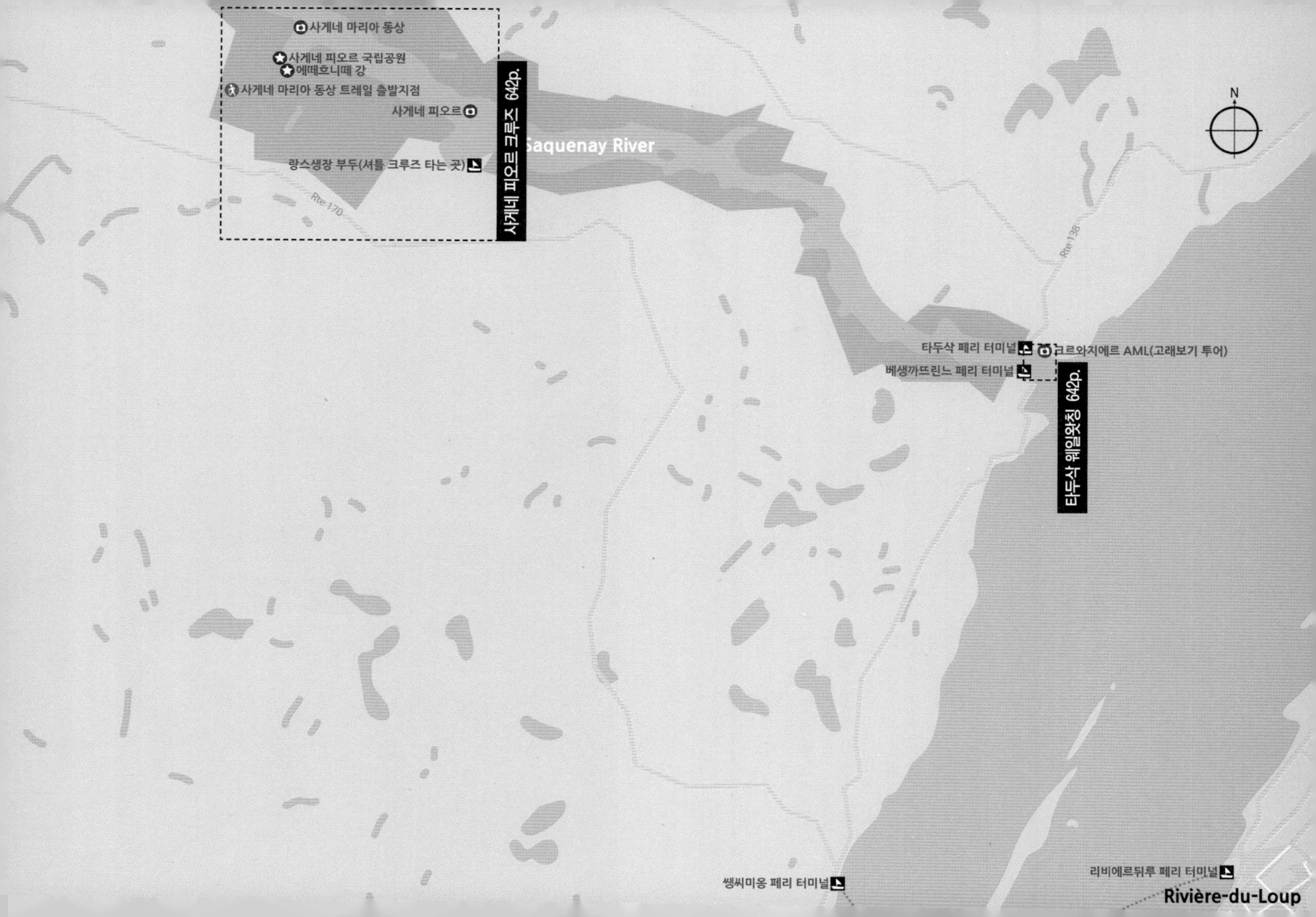

사게네 피오르 크루즈 642p.

★ 사게네 마리아 동상으로 국립공원
★ 생에뚜와르네 강
★ 사게네 마리아 동상
★ 사게네 피오르 전망대
◎ 사게네 피오르 동상

광수성항 부두(세를 크루즈 타는 곳)

Saguenay River

생씨메옹 페리 타미널 🚢

백상가뜨랑드 페리 타미널

타두삭 페리 타미널 🚢

타두삭 웨일왓칭 642p.

크로와지에르 AML(고래보기 투어) ◎

빽상가뜨랑드 페리 타미널 🚢

Rte 138

Rte 170

Rte 138

라비에르뒤루 페리 타미널 🚢
생씨메옹 페리 타미널 🚢

Rivière-du-Loup

N

샬르브와 관광열차와 스키 명소, 마시프

샬르브와 열차 ©Charlevoix Tourism, Caroline Perron

샬르브와 관광열차 Train de Charlevoix

샬르브와 관광열차는 퀘벡의 몽모랑시 폭포(Chute-Montmorency)에서 출발하는 샬르브와 관광열차는 생탄드보프레(Sainte-Anne de Beaupré), 프티 리비에르 생 프랑스와(Petite-Rivière-Saint-François), 중간 기착지인 베생폴(Baie-Saint-Paul), 에블망(Éboulements), 생이레네(St-Irénée)를 거쳐 라 말베(La Malbaie)까지 무려 140킬로미터를 장장 4시간 동안 달린다. 세인트로렌스 강과 로렌시아 산맥 사이의 저지대 연안 마을을 하나씩 지날 때면 파노라마식 풍경이 승객들을 압도한다. 관광열차에는 나이 지긋한 큐레이터가 올라 세인트로렌스 강과 연안 마을에 얽힌 이야기를 정겹게 들려준다. 티켓은 구간별(퀘벡/베생폴, 베생폴/라 말베)로 끊는다. 그래서 퀘벡/라 말베(Québec/La Malbaie) 티켓은 퀘벡/베생폴(Québec/Baie-St-Paul) 그리고 베생폴/라 말베(Baie-St-Paul/La Malbaie) 이렇게 두 구간의 요금을 내야한다.

샬르브와 열차는 마시프 스키장을 소유한 샬르브와 마시프(Le Massif de Charlevoix)가 소유하고 운행한다. 열차는 여름과 가을 시즌(6월 중순 ~ 10월 초)에만 운행되며, 특별열차로 할로윈 열차(Halloween Train), 크리스마스 마켓 열차(Christmas Market Train) 등도 운행한다.

샬르브와 열차가 출발하는 몽모랑시 폭포역(Gare Chute Montmorency)을 가려면 퀘벡 시티에서 택시 혹은 팔레역(Gare du Palais)에서 출발하는 셔틀을 이용한다.

⌂ (퀘벡 몽모랑시 폭포) 5300 boulevard Sainte-Anne Québec G1C 0M3

🚆 **퀘벡/베생폴 또는 베생폴/라 말베 기준**
산쪽 좌석(Mountain side) – 어른(18세 이상) $99, 어린이(3-17) $69, 어린이(2세 미만) 좌석을 차지하지 않는 경우 무료

강쪽 좌석(Riverside) – 어른 $109, 어린이 $79, 어린이(2세 미만) 좌석을 차지하지 않는 경우 무료
(※ 어른 한 명이 강쪽 좌석으로 퀘벡/라 말베 왕복 티켓을 구입하려면 $109 X 2=$218)

몽모랑시 폭포 주차료 : $3.78 (차량당)

https://traindecharlevoix.com/

주의
- 서비스 : 음식은 열차 안에서 먹을 수 있다. 단, 술은 기차에서 판매하는 것을 사서 마셔야 한다.
- 수하물 : 1인당 1개의 수하물 허용 (크기 : 20 x 38 x 38 cm 이하, 무게 : 5kg 이하)
- 추가 수하물 : 자전거 $20 (전기자전거는 불가), 골프가방 $20, 유모차(접힌 크기가 25.5cm x 92cm 이하) 무료

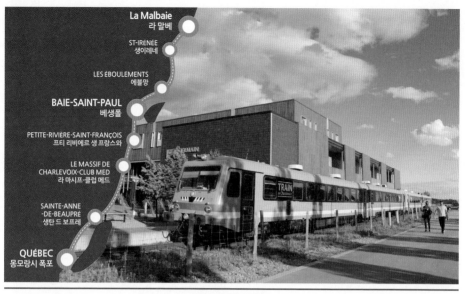

2023 운행 시간표

수소 기차 - Coradia iLint

Departure		Return	
몽모랑시 폭포 출발	베생폴 도착	베생폴 출발	몽모랑시 폭포 도착
9 h 00	11 h 30	(12 h 00 ~ 15 h 00) 선택 1. 자유시간 선택 2. 가이드와 함께 하는 애그로투어 (Agrotours)	15 h 00	18 h 30

퀘벡 출발 베생폴 행 열차(Québec towards Baie-Saint-Paul)

Departure		Return	
몽모랑시 폭포 출발	베생폴 도착	베생폴 출발	몽모랑시 폭포 도착
9 h 00	11 h 30	선택 1. 호텔 1박 선택 2. 당일치기 여행으로 중간역(생탄드보 프레, 르 마시프, 프티트 리비에르 생 프랑스 와, 베생폴) 어디서나 승무원에게 말해 내렸다 가 돌아오는 열차를 탈 수 있다.	15 h 00	18 h 30

퀘벡 출발 라 말베 행 열차(Québec towards La Malbaie)

Departure		Return	
몽모랑시 폭포 출발	라 말베 도착	라 말베 출발	몽모랑시 폭포 도착
9 h 00	13 h 30	선택 1. 호텔 1박 선택 2. 당일치기 여행으로 출발역 혹은 도착 역을 선택할 수 있다. 이 열차는 각 역마다 서 기 때문에 내려서 여행하고 싶은 곳이 있으면 승무원에게 말해 내릴 수 있다.	14 h 00	18 h 30

르 마시프 Le Massif

스키를 좋아하는 사람이라면 이번 겨울은 스키 리조트, 마시프(Le Massif)에서 보내는 것은 어떨까? 이 스키장은 바다처럼 넓은 세인트로렌스 강을 보며 활강을 하는 매력외에도 대부분의 스키장이 스키 리프트를 타고 정상으로 올라간 뒤 스키를 타고 내려오는 것과 달리 스키를 타고 내려간 뒤 아래에서 리프트를 타고 올라온다. 메인 롯지(Main lodge)가 산 꼭대기에 있다. 경사가 가팔라 스키 트레일의 반 이상이 블랙 다이아몬드, 더블 다이아몬드 코스라 상급 스키어에게 인기가 많다. 슬로프 지도를 보면 중급자 코스(눈송이 파랑색 사각형 표시)와 초급자 코스(눈송이 초록 원형 표시)도 확인할 수 있다. 스릴을 만끽하고 싶은 사람에겐 7.5km의 루지 코스도 매력적이다. 이 외에도 스노우슈잉, 크로스컨츄리 스키, 눈썰매(sledding), 야간 루지(Night Luge) 등을 즐길 수 있다. 음식 맛도 수준급이다. 르 마시프 스키장은 '태양의 서커스' 공동설립자인 다니엘 고티에(Daniel Gauthier)의 아이디어로 2002년에 만들어졌다.

Le Massif Ski Resort

⌂ 185 Chem. du Massif, Petite-Rivière-Saint-François, QC G0A 2L0

☎ +1 877-536-2774, (418) 632-2774

⏰ 12월 첫번째 토요일 ~ 4월초 08:30 - 15:15, 15:45, 16:00 (낮이 길어지면 오픈시간도 늘린다.)

🖳 웹사이트 참고
https://www.lemassif.com

스노우스쿨 (Snow School)

이메일 : ecole@lemassif.com

☎ (418) 632-5876, ext.4057

퀘벡의 몽모랑시 폭포에서 출발하는 베생폴 행 샬르브와 관광열차를 타거나, 퀘벡시티에서 출발하는 인터카(Intercar) 소속의 베꼬모행(Baie-Comeau) 버스를 이용해 베생폴(Baie-Saint-Paul)에 갈 수 있다. 꾸드르 섬 투어, 타두삭 고래보기 등 자유 여행을 위해 차를 렌트하는 것도 좋은 방법이다.

샬르브와 베생폴 드나드는 방법 ❶ 샬르브와 관광열차

퀘벡의 몽모랑시 폭포에서 출발하는 샬르브와 관광열차를 타고 베생폴, 라 말베 등을 자유 여행하고 돌아오는 당일치기 여행과 베생폴, 라 말베에서 숙박을 하고 퀘벡으로 돌아오는 1박 2일 패키지 여행도 가능하다.

- 퀘벡 몽모랑시 폭포 티켓 오피스 : 5300 boulevard Sainte-Anne Québec G1C 0M3
- 베생폴 티켓 오피스 : 50, rue de la Ferme, Baie St-Paul, G3Z 0G2
- 라 말베 티켓 오피스: 110 chemin du Havre, La Malbaie, QC G5A 2Y9

샬르브와 베생폴 드나드는 방법 ❷ 시외버스

퀘벡시티의 생푸아 버스터미널과 팔레역에서 출발하는 인터카(Intercar) 소속의 베꼬모행 버스는 생탄드보프레, 베생폴, 라 말베, 생시메옹(Saint-Siméon), 타두삭(Tadoussac)을 거쳐 종착지인 베꼬모(Baie-Comeau)를 매일 1회 운행한다. 퀘벡시티 팔레역에서 베생폴까지 1시간 15분 소요된다. 요금은 성인 기준 $27.87이다.

- 팔레역(Gare de Palais) : 퀘벡시티의 비아레일 기차역이자, 오를레앙 익스프레스, 인터카(Intercar) 등을 포함한 5개 운송회사가 시외 버스를 운행하는 버스정류장이다.
- 인터카(Intercar) 운송회사 : 사게네(Saguenay)행, 꼬뜨노흐(Côte-Nord)행, 락생장(Lac-Saint-Jean)행 등을 운행한다. (https://intercar.ca/)

몽모랑시 폭포 공원과 베생폴 사이를 운행하는 녹색 수소로 구동되는 관광열차 © Alstom et Studio AC &D

샬르브와 추천코스

바다와 산이 만나는 곳. 샬르브와는 가파른 절벽, 공원, 인상적인 빌라, 언덕 기슭이나 평화로운 만에 자리잡은 아름다운 마을로 관광객을 매료시킨다. 샬르브와 관광열차, 말베 강 크루즈, 말베강 깊은 협곡 국립공원(Parc national des Hautes-Gorges-de-la-Rivière-Malbaie)의 하이킹 코스인 아크로폴 데 드라뵈흐(Acropole des Draveurs) 하이킹 등은 샬르브와의 아름다운 경관을 만끽할 수 있는 최고의 관광상품이다. 베생폴, 라 말베, 꾸드르 섬은 꼭 둘러보자. 샬르브와 베생폴까지 온 김에 타두삭에서 고래보기 투어, 랑스생장에서 출발하는 피오르 투어도 해보길 추천한다.

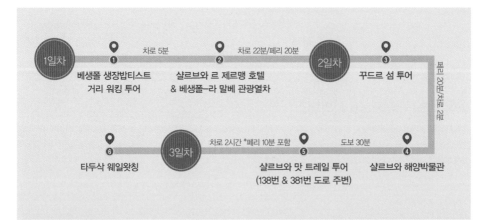

1일차

① 베생폴 생장밥티스트 거리 워킹 투어

차로 5분

② 샬르브와 르 제르맹 호텔 & 베생폴–라 말베 관광열차

차로 22분/페리 20분

2일차

③ 꾸드르 섬 투어

페리 20분/차로 2분

⑥ 타두삭 웨일왓칭

3일차

차로 2시간 *페리 10분 포함

⑤ 샬르브와 맛 트레일 투어 (138번 & 381번 도로 주변)

도보 30분

④ 샬르브와 해양박물관

샬르브와 겨울 액티비티 © Charlevoix Tourism

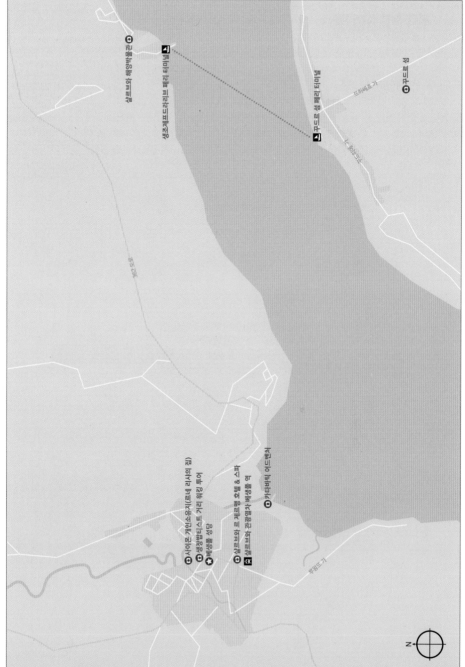

타두삭 웨일왓칭

타두삭 페리 터미널

크르와지에르 AML(고래보기 투어)

베생까뜨린느 페리 터미널

N

사게네 피오르 크루즈

사게네 마리아 동상

에떼흐니떼 강

사게네 마리아 동상 트레일 출발지점

사게네 피오르

랑스생장 부두(셔틀 크루즈 타는 곳)

N

베생폴
Baie-Saint-Paul

베생폴 현대 미술관 Musée d'art
contemporain de Baie-Saint-Paul
⌂ 23 Rue Ambroise Fafard, Baie-Saint-
Paul, QC G3Z 2J2
📞 418-435-3681

베생폴 성당 Église de Baie-Saint-Paul
⌂ 1 Place de l'Église, Baie-Saint-Paul

베생폴의 랜드마크인 베생폴 성당

'태양의 서커스(Cirque du Soleil)'는 베생폴의 거리공연가였던 기 랄리베르테(Guy Laliberté)와 질 생크르와(Gilles Ste-Croix), 그리고 다니엘 고티에(Daniel G)에 의해 1984년 만들어졌다. 1984년은 프랑스 탐험가 자크 카르티에(Jacques Cartier)가 캐나다를 발견한 지 450주년이 되는 해로, 태양의 서커스는 퀘벡 정부로부터 재정 지원을 받아 1년 동안 캐나다 투어를 하게 되었다. '태양의 서커스'라는 이름은 '베생폴 야외 놀이공원(Baie-Saint-Paul funfair)'에서 처음으로 사용되었다.

'화가 마을'로 불리는 베생폴은 명성에 어울리게 생장밥티스트(Saint-Jean-Baptiste) 거리에 25개의 갤러리가 있다. 가장 오래된 갤러리는 1975년에 개장한 클라랑스 가뇽 갤러리(Clarence Gagnon)다. 1992년 베생폴 현대 미술관이 개관되었고, 2007년 베생폴은 캐나다 문화 수도로 지정되었다. 생장밥티스트 거리 투어는 베생폴의 랜드마크인 베생폴 성당(Église de Baie-Saint-Paul)에서부터 시작하면 된다.

1909년 클라랑스 가뇽(Clarence Gagnon)이 베생폴에 살면서 주민들의 생활상과 캐나다 자연을 그렸고, 그룹오브세븐의 오리지널 멤버인 알렉산더 영 잭슨(A.Y. Jackson)이 1920년에 도착했고, 르네 리샤(René Richard)가 1938년에 정착해 그림을 그렸다. 거리를 걷다보면 청동 흉상 여럿이 보인다. 윌리엄 브림너(William Brymner), 장 폴 르미외(Jean Paul Lemieux), 그리고 프란체스코 야쿠토(Francesco Iacurto), 이들 모두 베생폴을 주제로 그림을 그렸던 화가들이다. 베생폴에서 오늘날 가장 잘 알려진 행사로는 9월 말 단풍 절정에 열리는 '가을의 꿈(Rêves d'automne)'이라는 그림 축제가 있다.

지역 화가들의 독창적인 그림들로 가득찬 갤러리와 아기자기한 부티크, 그리고 식욕을 자극하는 냄새를 솔솔 풍기는 레스토랑은 늘 관광객들로 북적인다. 베생폴에서 라 말베까지 약 50km의 362번 도로는 드라이브 코스가 아름다운 도로 중 하나다.

르네 리샤의 집

Maison René Richard

🏠 58, rue Saint-Jean-Baptiste, Baie-Saint-Paul

르네의 집에는 그가 앉았던 소파며, 벽난로며, 그의 지팡이와 팔레트, 그리고 카누까지 그의 자취가 고스란히 남아 있다. 집 뒤로 흐르는 강에서 그는 직접 만든 카누를 타곤 했다. 그는 뒤마당에서 즐겨 그의 집을 그렸다고 한다. '르네 리샤의 집'의 큐레이터, 도미니끄 슐리 스타인(Dominique Shuly Stein)은 미시간 대학의 교수 추천으로 박사 논문을 쓰기 위해 이곳을 찾게 되었다가, 르네 리샤 딸의 부탁으로 이 곳에 남아 르네 리샤의 삶을 관광객에게 알리는 역할을 했다. 그녀가 2020년 8월 27일 세상을 떠나고, '르네 리샤의 집'은 현재 베생폴시(la Ville de Baie-Saint-Paul) 소유가 되었다. 건물 보수 작업과 문화 유산 등재 등 여러가지 문제가 해결되는 몇 개월 혹은 몇 년 뒤라야 '르네 리샤의 집'이 다시 시민들 품으로 돌아올거라고 한다. '르네의 집'이 있는 생장밥티스트 거리는 보고 즐길 수 있는 소소한 가게들과 미술 갤러리, 레스토랑 테라스가 꼬리에 꼬리를 물고 있는 곳이라 베생폴에서 관광객들에게 가장 인기있는 거리다.

르네 리샤 Maison René Richard

르네는 1895년 12월 1일 스위스에서 태어났다. 그의 아버지를 따라 1910년 캐나다 알버타 에드먼튼에 정착했다. 그는 캐나다 북쪽에 살고 있는 크리(the Cree)와 이누잇(Inuit) 속에서 유랑하는 존재가 되어 혹독한 황무지에 살면서 그 자신을 찾기 위해 인생의 반을 보냈다. 여행중에 그는 풍경을 스케치하며 그림을 그리기로 결심했다. 그리고 1926년 에드먼튼에서 드로잉과 회화를 배우게 된다. 그는 파리의 그랑드 쇼미에르 아카데미(Academie de la Grande Chaumière)에서 회화를 배우기 위해 몽파르나스 근처의 작은 호텔의 방 하나를 빌려 생활하게 된다. 그리고 운명처럼 그의 후원자이자 스승이자 멘토가 될 클라랑스 가뇽(Clarence Gagnon)을 만나게 된다. 가뇽은 베생폴에 살면서 자연과 캐나다 사람을 묘사한 그림을 많이 그렸다. 특히 산과 골짜기, 살아있는 색채로 구성된 겨울 풍경의 새로운 화풍을 창조해낸 화가다. 1938년 르네는 가뇽의 초대로 몬트리올로 이사한다. 르네는 베생폴을 자주 방문했다. 그들은 싸이몬 가족(Cimon family)과 함께 머물며 그림을 그렸다. 그는 베생폴과 그 풍경을 사랑했다. 그는 왜 가뇽이 이 곳을 좋아하는 지 알게 되었고, 르네는 이 곳으로 거주지를 옮겼다. 그리고 싸이몬의 딸과 1942년 결혼했다. 르네의 명성은 커져갔고, 예술가들과 기자들 그리고 유명 인사들이 그의 집문을 노크하기 시작했다. 엘리자베스 여왕과 그의 남편 필립 공이 1959년 방문했을 때 르네 리샤가 그린 '사그네이 피오르드(Saguenay Fjord)' 그림을 배경으로 사진을 찍기도 했다. 엘리자베스 여왕은 적어도 세 점의 르네 리샤의 힘찬 풍경화를 가지고 있다. 캐나다의 탁트인 공간과 광대한 황무지를 그리는 것에 전념했던 그룹오브세븐(Group of Seven)처럼 그는 캐나다 화풍을 만드는데 큰 역할을 했다. 그는 캐나다 왕립예술원(l'Académie royale des arts du Canada)의 종신 회원이었고, 1973년 민간인이 수훈받을 수 있는 최고위의 훈장인 캐나다 훈장(Order of Canada)를 받았다.

카타바틱
Katabatik

⌂ 210 Rue-Sainte Anne, Baie-Saint-Paul
📞 418-435-2066
katabatik.ca

CHARLEVOIX 샬르부아, 베생폴

2001년에 나무 카약을 만드는 일과 카파레글(Cap-à-l'Aigle)과 생 이레네(Saint-Irénée)에서 출발하는 반나절 카약킹을 카약 8대로 시작했다. 지금은 세인트로렌스 강에서 바다카약킹(Sea kayaking), 베생폴 구프르 강(Rivière du Gouffre)에서 카약킹, 샬르브와 작은 폭포에서 카누잉, 탠덤 패러글라이딩(Tandem Paragliding), 자전거 대여 등의 액티비티를 관광객에게 제공하고 있다.

가장 인기가 많은 액티비티는 베생폴 메인 기지에서 세인트로렌스 강이 만조일 때 가이드와 함께 하는 바다 카약킹이다. 베생폴 부두에서 코르보 곶(Cap au Corbeau) 방향으로 중간 하구의 조용한 물결을 따라 노를 저으면서 꾸드르 섬, 에블망 산의 아름다운 풍경과 물새들을 관찰할 수 있다. 또는 샬르브와 마시프 풍경을 보면서 마이야르 곶(Cap Maillard) 방향으로 나아가는 카약킹도 있다. 평화로운 해변에서 잠시 쉬었다 가는 방법으로 약 8km를 노젓는다. 프로그램 시간은 총 3시간 30분이며, 이 중에 1시간은 카약킹을 위한 장비 착용과 훈련 시간이다. 훈련 시간에는 노를 젓는 법, 카약이 뒤집혔을 때 바로 서는 법 등의 노하우를 배운다. 바다카약킹은 5월 말부터 9월 중순까지만 가능하다.

샬르브와 해양박물관
Musée maritime de Charlevoix

⌂ 305 Rue de l'Église, Saint-Joseph-de-la-Rive, QC G0A 3Y0
📞 (418) 635-1131
http://www.museemaritime.com/

샬르브와 해양박물관은 1946년 이 곳 생조세프드라리브(Saint-Joseph-de-la-Rive)의 조선소에서 만들어지고, 세인트로렌스 강을 항해했던 목조 스쿠너(schooner)와 해상 항해에 대해 잘 알려준다. 박물관과 함께 야외 드라이 도크에는 세 척의 보트(생앙드레, 마리 클라리쎄, 펠리시아)가 전시되어 있다. 평평한 바닥 선박인 생앙드레(St-André)는 1956년 건조되어 나무와 다이너마이트 등을 운송했다. 생앙드레의 짐 선반(hold)에서는 매혹적인 멀티미디어 경험을 선사한다. 낚시 스쿠너 마리 클라리쎄(Marie Clarisse)와 예인선 펠리시아(Félicia)는 선장의 선실, 승무원실, 식당, 화물창, 그리고 조타실까지 볼 수 있다. 마리 클라리쎄는 1923년에 건조되어 2014년까지 항해했다. 생앙드레 스쿠너와 마리 클라리쎄 스쿠너는 1978년 퀘벡주의 유산으로 인정받았다. 시간을 거슬러 항해한 후에는 아이들의 놀거리가 많은 네비게이터 공원(Parc des navigateurs)을 방문하자. 나무가 우거진 길은 장애물 코스, 미로, 그네, 조각품이 있는 20에이커의 거대한 놀이터로 연결된다. 세인트로렌스 강과 꾸드르 섬을 전망하며 4킬로미터의 마운틴 트레일을 걷는 하이킹 코스도 추천한다.

CANADA
L'Isle-aux-Coudres
꾸드르 섬

베생폴에서 차를 타고 에블망 방향으로 362번 도로를 타고 가다가 항구쪽으로 빠지는 루뜨 뒤 포르(Route du Port)로 빠져 생조제프드라리브(Saint-Joseph-de-la-Rive) 페리 터미널에 도착한다. 에블망 언덕을 내려오는 도로는 경사가 심해 각별한 주의가 필요하다. 1997년 꾸드르 섬으로 단풍구경을 가던 버스가 브레이크 고장으로 사고가 나 승객 44명이 사망한 곳이기도 하다.

페리 타고 꾸드르 섬 드나들기

페리터미널 주차장은 그다지 넓지 않다. 성수기에는 섬으로 들어가려는 차량행렬이 꼬리에 꼬리를 물고 갓길에 늘어서있다. 꾸드르 섬에 사는 주민들의 편리와 경제 활성화를 위해 페리 요금은 무료다. 페리가 항구에서 멀어지면서 손에 땀을 쥐게 만들었던 가파른 에블망 언덕, 로렌시아 산 속에 둥지를 튼 베생폴 마을, 그리고 르 마시프 스키장이 눈에 들어온다. 꾸르드 섬 항구에 닿아서도 에블망 언덕 못잖은 오르막 길이 드라이버를 기다리고있다. 섬 여행을 마치고 페리를 타기 위해 내리막 길에 차를 세워 기다려야 하는 불편함도 있지만 이 곳 사람들은 괘념치않아 보인다. 섬으로 가는 뱃길은 3.7킬로미터이고, 소요시간은 20여분 걸린다.

페리 운항 일정

보통은 꾸드르 섬 선착장(IAC)에서는 아침 6시부터 저녁 11시까지 매 정시에 출발하고, 생조제프 선착장(SJ)에서는 아침 6:30부터 저녁 11:30까지 매 30분에 출발한다고 보면 된다. 겨울에는 강의 얼음 상태에 따라 운행 일정이 변경된다. 페리 운행 일정은 퀘벡 트라베흐시에 웹사이트에 공지된다. 요금은 무료다.

• **생조제프드라리브 페리 터미널** Gare fluviale de Saint-Joseph-de-la-Rive
🏠 750 Chemin du Quai, Saint-Joseph-de-la-Rive
📞 1 877-787-7483 ext. 5

• **꾸드르 섬 페리 터미널** Gare fluviale de L'Isle-aux-Coudres
🏠 1 Chemin de la Traverse, Saint-Bernard-sur-Mer
📞 418-438-2743

페리 운항 스케줄
https://www.traversiers.com/fr/nos-traverses/traverse-lisle-aux-coudres-saint-joseph-de-la-rive/accueil/

3km의 아름다운 섬을 여행하는 것은 신나고 흥분되는 일이다. 고생해서 온 만큼 어떻게 여행하는 것이 최선일까 생각해본다. 먼저, 크지 않은 섬이라 차를 타고 휙 둘러본 뒤, 꾸드르 자전거 센터(Centre Vélo-Coudre)에서 자전거를 빌려 운전중에 놓친 풍경들을 만끽하기로 하자. 섬에는 먹고 싶은 곳, 가고 싶은 곳, 하고 싶은 것이 많다. 정말 괜찮은 부티크 '파브리크 드 릴 Fabrique de L'Isle' 에서 살만한 물건이 있는 지 쇼핑하고, 나올 때 커피 한 잔을 산다. 차로 조금만 가면 빵가게 블랑제리 부샤(Boulangerie Bouchard)가 나온다. 이 곳에서 갓 구운 빵 중에 먹음직스러운 것을 골라 해안가의 전망 좋은 자리를 앉아 세인트로렌스 강을 바라보며 브런치 혹은 하이티(High Tea)를 즐기자. '파테 크로슈 Le Paté Croche'와 '페드쐬흐 Pet de soeur'를 사람들이 좋아한다고 한다. 농촌 체험을 하고 싶다면 시드레리 베르제 페노(Cidrerie Verger Pedneault) 또는 레 물렝 드 릴로꾸드르(Les Moulins de L'Isle-aux-Coudres)를 방문하길 권한다. 멋진 디너를 위해서라면 Cultural bistro Auberge La Fascine 을 권한다. 이 섬은 서핑을 즐기기 위해 찾아오는 사람들도 많다. 생루이 부두(Le Quai de Saint-Louis)에 주차된 차량들은 대부분 서퍼들의 것이다. 섬의 남서쪽 해안은 카이트서핑의 낙원이다. 남서풍을 뜻하는 '쉬르와 어드벤처 Suroît Aventure'는 2015년부터 이 곳에서 카이트서핑, 패들보드, 그리고 요가 등을 가르치는 레크리에이션 센터를 운영하고 있다. 겨울에는 이 곳에서 눈에서 타는 스노우카이트(Snowkite)를 즐길 수 있다.

꾸드르 섬 관광명소

ⓔ 페노 과수원 사이다(Cidrerie Verger Pedneault)
ⓕ 파브리크 드 릴 카페/부티크(Fabrique de L'Isle)
ⓐ Comping Sylvie
ⓑ 캅 크로스(Cap Cross)
ⓖ 블랑제리 부샤 빵가게
ⓓ
꾸드르 자전거 센터(Velo-Coudres) ⓗ
ⓘ 작은섬의 아브르 뮤지컬
(Havre Musical De L'islet, 야외 공연장)
ⓙ 생 이시도르 채플
ⓚ 꾸드르 섬 방앗간
ⓛ 남서풍 어드벤처(Suroît Aventure)
ⓜ 생루이 부두(Le Quai de Saint-Louis)

N

자전거 서킷

ⓐ **BELT ROAD 벨트 로드 / 23km**
섬의 역사와 전설을 들어보세요.

ⓑ **DES PRAIRIES ROAD 목초지 로드 / 7km**
등대 목초지에 있는 늪, 야생동물 그리고 꽃들을 발견하고, 소금끼있는 공기를 마셔보세요.

ⓒ **LA BOURROCHE ROAD 라 부로슈 로드 / 5km**
노트르담의 발자취를 따라서.

ⓓ **APPLE ORCHARD ROAD 사과 과수원 로드 / 3km**
만발한 사과 꽃과 빨갛게 익은 사과 나무를 즐기세요.

생 이시도르 채플
Saint-Isidore Chapel

꾸드르 섬에는 생루이 성당과 섬 곳곳에 세워진 거리 십자가 (road cross) 그리고 1836년에 지어진 작은 예배당 생 이시도르 채플(Saint-Isidore Chapel) 등이 섬의 풍경을 아름답고 거룩하게 만든다. 생 이시도르 채플은 수호 성인인 생 이시도르 (Saint-Isidore)에게 헌정된 예배당으로 성체 축일(Corpus Christi) 행렬과 미사가 드려지는 제단으로 사용되었다.

시드레리 베르제 페노
Cidrerie Vergers Pedneault

⌂ 3384 Chem. des Coudriers, Saint-Bernard-sur-Mer, QC G0A 3J0
☏ (418) 438-2365
https://www.charlevoixenligne.com/

페노 가족이 운영하는 페노 과수원은 1918년 꾸드르 섬에 사과나무를 심으면서 그 역사가 시작됐다. 아이스 사이다 외에도 스파클링 사이다, 아이스 미스텔(Ice mistelle), 아페리티프 사이다(aperitif cider) 등을 만들어 판다. 사과, 배, 자두 그리고 체리로 만든 여러 가지 제품과 자두 리큐어, 과일 미스텔 등도 퀘벡에서 독보적인 제품이다.

©Charlevoix Tourism, Francis Gagnon

블랑제리 부샤
Boulangerie Bouchard

🏠 1648 Chemin des Coudriers, L'Isle-aux-
　Coudres
📞 (418) 438-2454
boulangeriebouchard.com

1954년부터 이어온 베이커리 가게. 파테 크로슈(Le Paté Croche), 슈거 파이(Sugar Pie), 달콤한 브리오슈(brioche), 퀘벡 전통빵인 페드쐬흐(Pet de soeur), 리예트(Rillette) 등의 갖가지 빵과 양파, 향신료가 들어간 다진 고기 스타일의 돼지고기 스프레드인 크레통(Creton), 케찹 등의 홈메이드 제품도 판다.

©Charlevoix Tourism, Francis Gagnon

꾸드르 섬 방앗간
Les Moulins de L'Isle-aux-Coudres

🏠 36 Chemin du Moulin, L'Isle-aux-
　Coudres
📞 (418) 760-1065
lesmoulinsdelisleauxcoudres.com

1815년 섬에 제분소가 없어서 기근이 생겼다. 이것을 계기로 섬의 주인이었던 퀘벡 신학교(Séminaire de Québec)는 물 방앗간 건설을 승인했고, 1825년에 설립되었다. 하지만 성능이 떨어져 1836년 근처에 풍차를 하나 더 세웠다. 1948년 대형 제분소의 출현으로 잠잠해졌다가 1960년대 초 문화재로 분류되고, 1982년 복원되어 풍차와 물레방아의 힘으로 곡물을 빻는 북미에서 유일한 제분소가 되었다.
관광객들은 밀러 방앗간에서 밀과 메밀이 갈려 가루가 되는 것을 볼 수 있다. 그리고 갈린 밀가루와 진흙 오븐에 구운 베이커리를 구입할 수도 있다.

꾸드르 섬에서의 액티비티를 위한 정보

꾸드르 자전거 센터 (Vélo-Coudres)
두발 자전거, 네발 자전거, 2인용 탠덤자전거(Tandem), 하이브리드, 전기 자전거 등을 대여해준다.
시간 : 5월 1일 ~ 9월 30일, 월–금 10:00–17:00, 토~일 09:00–17:00
2926 Chemin des Coudriers, La Baleine
(418) 438-2118
velocoudres.com

쉬르와 어드벤처 (Suroît Adventures)
스노우카이트(Snowkite), 패들보드(Paddleboard), 카이트서핑(Kitesurfing), 요가 등을 가르친다.
2191 Chemin des Coudriers, L'Isle-aux-Coudres
514-641-8483
suroitaventures.com

꾸드르 섬의 캠핑장
Chalet Et Camping Du Ruisseau Rouge
3025 Chemin des Coudriers, La Baleine
chaletscampingruisseaurouge.ca

Camping Sylvie
1275 Chemin des Coudriers, Saint-Bernard-sur-Mer
campingsylvie.com

Camping Motel Leclerc
333 Chemin de la Baleine, L'Isle-aux-Coudres
famille-leclerc.charlevoix.net

쉬르와 어드벤처 요가 ©Vincent Gregoire

쉬르와 어드벤처 카이트서핑

근처에 가볼만한 관광명소

타두삭, 고래보기 투어
Tadoussac, Whale-watching Tour

크르와지에르 AML (Croisière AML)
- 여러 종류의 웨일 왓칭 패키지가 있다. 기본 요금은 어른 $99.99
- 출발지(Boarding) : 타두삭
- 선착장(Tadoussac wharf)
- 예약 웹사이트 : https:// www.croisieresaml.com/en/our-cruises/ whale-watching-boat-tours

타투삭 오트르망 (Tadoussac autrement)
- 어른(13세 이상) $99.99, 어린이(1~12) $85.00
- 출발지(Boarding) : 타두삭 선착장의 수상 플랫폼에서 보딩(100 Rue du Bord de l'Eau, Tadoussac)
- 예약 https:// www.tadoussacautrement.com/en/whale-watching

사게네-생로랑 해양 공원(Saguenay - St - Lawrence Marine Park)
- 182 Rue de l'Église, Tadoussac, QC G0T 2A0
- 418-235-4703
- parcmarin.qc.ca

베생폴에서 138번 도로를 타고 세인트로렌스 강을 따라 2시간여를 달리면 보트를 타고 고래를 볼 수 있는 사게네-생로랑 해양 공원(Saguenay - St - Lawrence Marine Park)에 도착한다. 고래는 먹이가 풍부한 사게네 강과 세인트로렌스 강이 만나는 곳으로 여름이면 모여들었다가 추워지면 다시 대서양으로 돌아간다. 그래서 이 일대는 고래를 가까이에서 관찰하기 좋다. 고래는 먹이를 찾아 물 속 깊이 잠수했다 숨을 쉬기 위해 수면 위로 올라온다. 관광객의 눈길은 고래가 헤엄쳐가는 방향을 짐작하며 계속 고래를 추적한다. 사진을 찍을 최적의 시간은 고래가 등을 굽히거나 꼬리를 물 밖으로 가져와서 다이빙하려고 할 때다. 각 보트에는 동식물 연구가(naturalist)가 한 명씩 타서 고래를 포함한 해양 동물에 대해 자세히 설명해준다. 다양한 종류의 고래들을 관찰할 수 있지만 벨루가 고래와 대왕고래(Blue whale)는 멸종 위기 종이라 세인트로렌스 해양공원 규정상 보트가 400미터 이내로 접근할 수 없다. 그래서 보다 생생한 장면을 보려면 망원경을 준비하는 것이 좋다.

'고래보기 투어'를 제공하는 업체는 크르와지에르 AML(Croisière AML) 과 타투삭 오트르망(Tadoussac autrement) 두 곳이다. 각 업체의 웹사이트에서 투어를 예약할 수 있다. 출발지는 타두삭 선착장(Tadoussac wharf)이다. 선착장에는 두 업체의 로고가 그려진 보트와 크루즈선이 정박하고 있어 찾는데는 어려움이 없다. 투어 비용은 프로그램마다 다르니 웹사이트를 참고해야한다.

₩배가 달리는 속도로 인해 날씨와 상관없이 춥게 느껴질 수 있다. 그렇기 때문에 옷은 따뜻하게 입는 것이 좋다. 물결이 부딪혀 배로 들어와 선상 바닥이 미끄러울 수 있으니 신발은 미끄럼이 덜하고 걷기에 편한 것이 좋다. 보트의 경우에는 화장실이 없기 때문에 출발 전에 화장실에 다녀오는 것도 잊지 말자.

사게네, 피오르 (피오르드) 투어
Saguenay Fjord Tour

크르와지에르 AML (Croisière AML)
🏠 900 rue Mars, La Baie, QC
📞 418-543-7630 / 1 800-363-7248
navettesdufjord.com

사게네락생장(Saguenay-Lac-Saint-Jean)의 아침 해가 먹구름에 가려 보이지 않는다. 캐나다에서도 손꼽히는 아름다운 마을, 랑스생장(L'Anse-Saint-Jean)에 도착하니 비가 내린다. 일찍 도착하면 부티크에서 옷도 보고, 마을을 산책하며 풍경 사진이라도 찍어야겠다고 생각했는데 말짱 도루묵이 되었다. 피오르 해상 셔틀 (Navette maritimes du Fjord)이 출발하는 1시 반이 되어서야 빗줄기가 수그러졌다.

랑스생장 부두를 떠난 셔틀 크루즈는 사게네 피오르 국립공원을 따라 리비에르 에 떼흐니떼(Rivière-Éternité)까지 올라갔다가 출발했던 장소로 돌아온다.

사게네 피오르(Saguenay Fjord)의 깎아지른 듯한 절벽은 웅장하고 점잖다. 사게네 피오르 국립공원은 길이 105km, 폭이 2-4km, 수심은 깊은 곳이 300m가 넘는다. 300미터 아래에 사는 락피쉬(Rockfish)는 겨울철 얼음낚시로 많이 잡히는데 못생겼지만 맛은 일품이라고 한다. 배는 캅 트리니테(Cap Trinité) 정상에 세워진 사게네 마리아 동상(Notre-Dame du Saguenay)이 올려다 보이는 곳에 잠시 멈추어 선다. 그리고 카치니의 '아베마리아'가 선상에 울려 퍼진다.

사게네 마리아 동상은 1881년 루이 조뱅(Louis Jobin)에 의해 만들어졌는데 높이 9미터에 무게는 3톤이 넘는다. 마리아 동상이 세워지게 된 전설같은 이야기가 다음과 같이 전해진다.

외판원이었던 샤를(Charles Napoléon Robitaille)이 겨울에 얼어붙은 사게네 강을 따라 락생장(Lac Saint-Jean)으로 가고 있었다. 그런데 갑자기 샤를의 발밑 얼음이 깨져 그는 물에 빠져 죽게 되었다. 죽는 마지막 순간에 그는 온 힘을 다해 성모 마리아에게 살려달라고 기도를 했고, 기적적으로 빙하에 올라타 살 수 있게 되었다.

이 사고가 있는 후에 사게네 강이 내려다 보이는 캅 트리니테 정상에 마리아를 기리는 동상이 세워졌다. 한 시간의 피오르 크루즈를 마친 관광객들은 라 베(La Baie)에 있는 피오르 박물관에 둘러 피오르(Fjord)에 대해 더 배워보는 시간을 갖는다. 사게네(Saguenay)의 175년 역사를 한 눈에 볼 수 있는 전시관도 무척 흥미롭다.

사게네 피오르 투어 크루즈를 할 수 있는 방법 두 가지를 소개한다.
- 크르와지에르 AML의 '고래 보기와 황혼에 피오르 크루즈(Whale And Fjord Cruise at Dusk)'
  크르와지에르 AML의 프로그램 중에 Whale And Fjord Cruise at Dusk는 고래 보기와 피오르 보기를 합친 투어 상품이다. 관광객들은 해양 포유류 관찰을 위해 특별히 설계된 AML 그랑 플래브(AML Grand Fleuve) 보트에 오른다. 배는 2시간동안 고래 관찰(whale watching)을 하고, 1시간은 웅장한 절벽이 눈 앞에 펼쳐지는 사거네 피오르(Saguenay Fjord)를 크루즈한다. 이 멋진 여행은 타두삭 선착장에서 오후 5시에 출발한다. 요금은 어른(13살 이상)이 74.99 달러고, 어린이(5~12살)는 49.99불이다.

피오르 해상 셔틀
📞 800-363-7248
navettesdufjord.com

• 피오르 해상 셔틀 Navettes maritimes du Fjord

'피오르 해상 셔틀'은 사게네락생장(Saguenay-Lac-Saint-Jean)의 그림처럼 아름다운 5곳을 사람들이 쉽게 오갈 수 있도록 정기적으로 운항하는 대중교통 셔틀 서비스를 제공한다. 피오르 해상 셔틀 서비스는 관광 편의도 제공하고 있다. 관광객들은 셔틀 배를 타고 강 건너편에 있는 관광명소를 찾아가면서 사게네 강의 웅장한 피오르(Fjord)를 구경할 수 있다. 또한 자전거 여행객들이 크루즈를 타고 사게네 강을 건널 수 있게 되면서 사게네 자전거루트(Véloroute du Saguenay)가 완성되고 자전거투어가 더욱 활기를 띄게 되었다. 특히 타두삭으로 가는 셔틀 크루즈는 관광객들이 사게네 피오르 투어도 하면서 타두삭에 도착해 이어서 웨일 왓칭 투어도 할 수 있어서 인기가 많다. 반대로 웨일 왓칭 투어를 먼저 하고, 이어 사게네 피오르 투어 크루즈를 하는 것도 가능하다.

셔틀 크루즈가 출발하는 여섯 곳은 국제 유람선이 정박하는 라 베(La Baie), '피오르의 진주'라는 별명이 붙은 마을 생로즈뒤노르(Sainte-Rose-du-Nord), 마리아 동상이 있는 리비에르 에떼흐니떼(Rivière-Éternité), 캐나다에서 손꼽히는 아름다운 마을 랑스생장(L'Anse-Saint-Jean), 카프 자죄 어드벤처 파크(Parc Aventures du Cap Jaseux)가 있는 생필장스(Saint-Fulgence) 그리고 웨일 왓칭의 본거지 타두삭(Tadoussac)이다. 피오르 해상 셔틀의 일정 및 요금 확인과 예약은 웹사이트(navettesdufjord.com)에서 할 수 있다.

피오르 해상 셔틀

FLAVOR ROAD OF BAIE-SAINT-PAUL
베생폴 맛 투어

베생폴 빌리지와 138번 도로 주변에는 닭고기, 돼지고기, 소고기 같은 고기류는 기본이고, 오리 간 요리인 푸아그라, 에뮤 버거, 에뮤(Emeu)를 곁들인 스파게티와 볼로네즈(bolognese), 양우유로 만든 블루 치즈, 라벤더 초콜릿 브라우니, 아이스크림, 과수원에서 만든 사이다 등 질좋은 제품을 직접 생산, 배급하는 농장과 가게들이 즐비하다.

프래쉬르 에 사배르 아이스크림 가게
Fraîcheurs et Saveurs

여름 더위를 달콤한 간식으로 식힐 수 있는 완벽한 장소다. 초콜릿, 사탕, 온갖 종류의 과자가 진열된 선반과 젤라토와 소르베(Sorbet) 등이 담긴 아  이스크림 카운터 등 과자 나라에 온 듯한 기분이 든다. 바닐라, 마브레, 초콜릿 맛 중에 한 가지를 선택해서 크림 슈가를 듬뿍 묻힌 아이스크림(crème molle trempée)을 놓치지 마세요!

🏠 64 Rue Saint Jean Baptiste, Baie-Saint-Paul

시드레리 베르제 페노
Cidrerie Vergers Pedneault

페노 가족이 운영하는 페노 과수원은 1918년 꾸드르 섬에 사과나무를 심으면서 그 역사가 시작됐다. 아이스 사이다 외에도 스파클링 사이다, 아이스 미스텔(Ice mistelle), 아페리티프 사이다(aperitif cider) 등을 판다. 시간이 없는 관광객은 꾸르드 섬을 방문하지 않더라도 생장밥티스트 거리에 있는 시드레리 베르제 페노에서 아이스 사이다를 시음하고 살 수 있다.

🏠 74 Rue Saint Jean Baptiste, Baie-Saint-Paul
📞 4 418-240-3666
charlevoixenligne.com

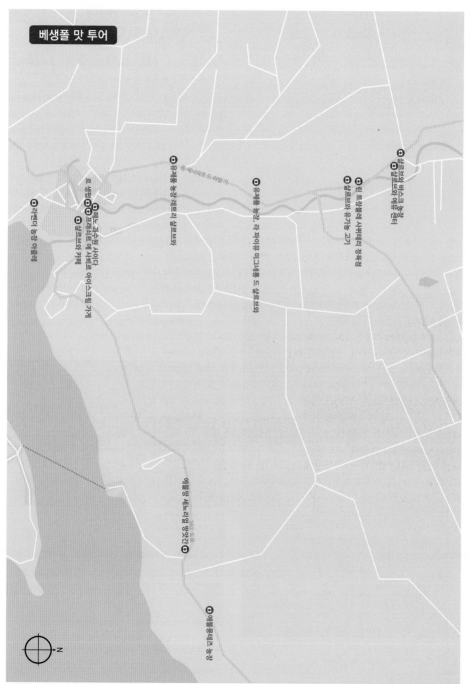

아줄레
Azulée

2014년에 설립된 아줄레는 라벤더 농장에서 기른 라벤더로 다양한 제품을 만들어 판매하고 있다. 라벤더 베개, 잠자기 전에 베개에 한 번만 뿌려 주면 하루의 스트레스가 풀리는 유기농 라벤더 하이드로졸(Hydrosol), 양초, 립밤(Lip Balm), 잼, 초콜릿 브라우니, 블루베리-라벤더 붐 스콘, 유기농 라벤더 카모마일 티 등 제품도 다양하다.

©Charlevoix Tourism, André-Olivier Lyra

🏠 54 Chemin de la Pointe, Baie-Saint-Paul
azulee.ca

레트리 샬르브와
Laiterie Charlevoix

1948년 설립된 레트리 샬르브와 유제품 공장은 4대째 고급 치즈와 체다 치즈를 만들어 캐나다 전역에 배급하고 있다. 가이드 투어를 통해 치즈 공장을 견학할 수 있고, 1997년에 만들어진 치즈 이코노뮤지엄(Cheese Economuseum)을 방문해서 우유와 치즈의 역사를 관람하는 것도 흥미롭다. 치즈 이코노박물관 투어는 그룹 또는 개인이 자유롭게 하며 입장료는 무료다.

1608~1670년 사이 초기 정착민이 프랑스에서 수입한 수백 마리의 소가 낳은 품종을 '카나디엔느(Canadienne)'라고 한다. 이 검은 소에서 짠 우유로 만든 치즈가 'Le 1608' 다. 맛이 짜지 않고 품위가 있는 것이 특징이다.

12개월에서 18개월을 숙성시키는 샬르브와 에르퀼(Hercule de Charlevoix) 치즈도 유명하다. 이 치즈는 베생풀의 헤라클레스로 불렸던 장 밥티스트 그르농(Jean-Baptiste Grenon)을 연상케 한다. 그르농은 1759년 여름에 울프 장군의 군대에 의해 포로로 잡혔지만, 그르농의 엄청난 힘을 통제할 수 없었던 영국군은 그를 석방했다. 샬르브와 헤라클레스 치즈는 전형적으로 단단한 치즈다.

🏠 1167 Boulevard Mgr de Laval, Baie-Saint-Paul
📞 418-435-2184
laiteriecharlevoix.com

라 파미유 미그네롱 드 샬르브와
La Famille Migneron de Charlevoix

양우유로 만든 샤를부아 블루 치즈(Charlevoix Blue Cheese)가 유명하다. 미그네롱(Migneron), 샬르브와의 하늘(Ciel de Charlevoix), 톰 델르(Tomme D'Elles)*, 데오 그라샤(Deo Gratias), 그리고 모리스의 비밀(Secret de Maurice) 등의 치즈로 유명하다.
'미그네롱 드 샬르브와' 라는 치즈 이름은 1640년에서 1650년 사이에 프랑스에서 퀘벡으로 온 뒤푸(Dufour)라는 성을 가진 최초의 사람이었던 로베르 가브리엘 뒤푸(Robert Gabriel Dufour)의 첫번째 아내, 앤 미그네롱(Anne Migneron)을 기념하기 위해 지었다.

⌂ 1339 Boulevard Mgr de Laval, Baie-Saint-Paul
℡ 418-435-5692
famillemigneron.com

샬르브와 유기농 고기
Viandes Biologiques de Charlevoix

신선한 닭고기와 돼지고기를 배급하는 농가로 판매 카운터에서 원하는 고기 부위를 잘라달라고 예약할 수 있다. 잘라서 진공포장된 햄, 소시지, 베이컨 등은 바다 소금과 유기농 향신료를 사용해 고기의 맛을 높였고, 낮은 소금 함량과 돼지고기의 섬세한 맛이 특징이다.

⌂ 125 Rue Saint Édouard, Saint-Urbain
℡ 418-639-1111
viandesbiocharlevoix.com

린 트랑블레 샤퀴테리 정육점
Boucherie charcuterie Lyn Tremblay

스테이크용 고기, 로스트 비프, 앵거스 소고기 버거용 고기, 중국식 퐁듀용 고기, 간 소고기 등 다양한 생고기를 제공한다. 여러 가지의 햄, 훈제 돼지고기, 칠면조 가슴살 등의 가공육과 28가지 이상의 소시지, 그리고 미트 파이, 연어 파이, 멕시칸 파테, 피스타치오(pistachio), 크레통(Creton) 등의 제품도 판매한다.

⌂ 131 Rue Saint Édouard, Saint-Urbain
℡ 418-639-2424
charcuteriecharlevoisienne.com

샬르브와 바스크 오리 농장
La Ferme Basque de Charlevoix

베생폴에서 381번 도로를 따라 10여분 올라가면 왼편에 바스크 오리 농장이 있다. 푸아그라 드 카나르(Foie Gras de Canard), 오리 간을 파는 곳이다.
5월부터 11월까지 넓은 공간에서 방목되는 오리떼는 '떼루아 샬르브와(Terroir Charlevoix)' 즉 원산지 인증 사양에 따라 사료를 줄 때 샬르브와 지역에서 난 곡물(귀리, 밀, 보리 등)을 50% 이상을 사용해야한다. 푸아그라, 오리 고기로 만든 크레통, 오리고기 테린(Terrine) 속에 푸아그라 30g을 넣은 파테, 오리 가슴살, 훈제된 오리다리, 요리용 오리 기름 등을 판다. 프랑스 남서부 바스크 특유의 노하우로 만든 푸아그라는 구운 사워도 빵(sourdough bread)이나, 토스트한 바삭한 빵에 발라 먹으면 푸아그라의 기름이 녹아 맛이 부드럽고 고소하다.

⌂ 813 Rue Saint Édouard, Saint-Urbain
℡ 418-639-2246
lafermebasque.ca

Bas-Saint-Laurent

바생로랑

여러 해 동안 세인트로렌스 강은 바생로랑 지역에 있어서 관광산업의 개발과 성장의 열쇠였다. 바다새들의 낙원인 섬, 오래된 등대, 강이 불타는 듯한 일몰 등의 아름다운 풍경은 바생로랑의 자랑이다. 일 베흐트(île Verte) 등대는 퀘벡에서 가장 오래된 등대다. 1세기동안 증기선, 철도, 그리고 132번 국도로 수많은 관광객들이 이 곳을 찾았다. 관광객들은 이제 자전거투어, 모토사이클 투어, 스노우모빌 투어, 크루즈 투어로 더 다양한 방법으로 바생로랑의 풍경을 즐기고 있다. 바생로랑 지역의 페리 항 세 곳은 관광객들이 배를 타고 세인트로렌스 강을 건너 퀘벡의 살르브와 지역과 세인트로렌스 만의 노스 쇼어(North Shore) 지역을 여행할 수 있도록 도와준다. 페리는 리비에르뒤루(Rivière-du-Loup), 트루와 피스톨르(Trois-Pistoles), 그리고 리무스키(Rimouski) 이렇게 세 곳에서 출발한다.

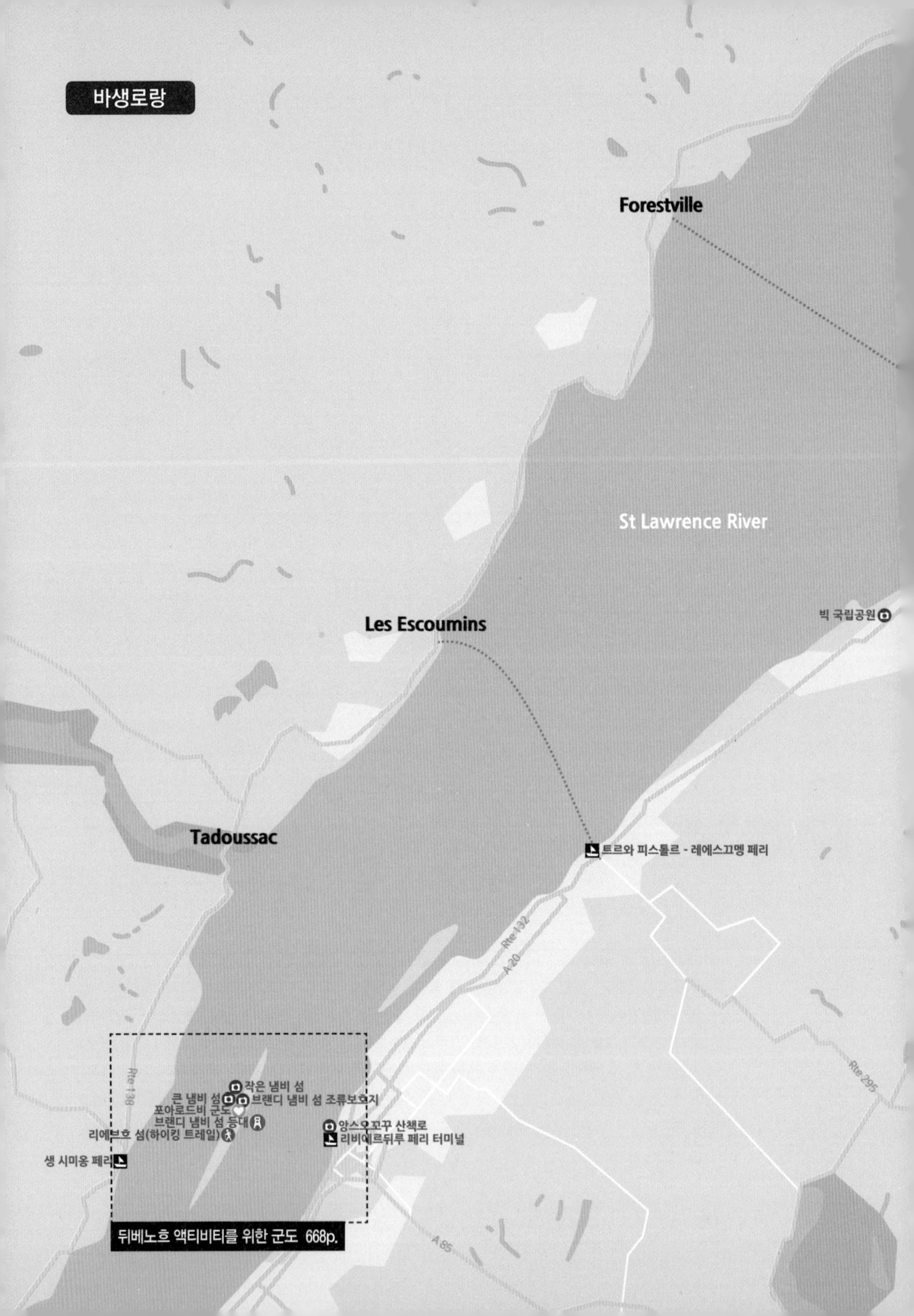

Forestville

St Lawrence River

빅 국립공원

Les Escoumins

Tadoussac

트르와 피스톨르 - 레에스끄멩 페리

Rte 132

A-20

Rte 138

Rte 295

작은 냄비 섬
큰 냄비 섬
브랜디 냄비 섬 조류보호지
포아로드비 군도
브랜디 냄비 섬 등대
앙스오꼬꾸 산책로
리에브호 섬(하이킹 트레일)
리비에르뒤루 페리 터미널

생 시미옹 페리

A-85

뒤베노호 액티비티를 위한 군도 668p.

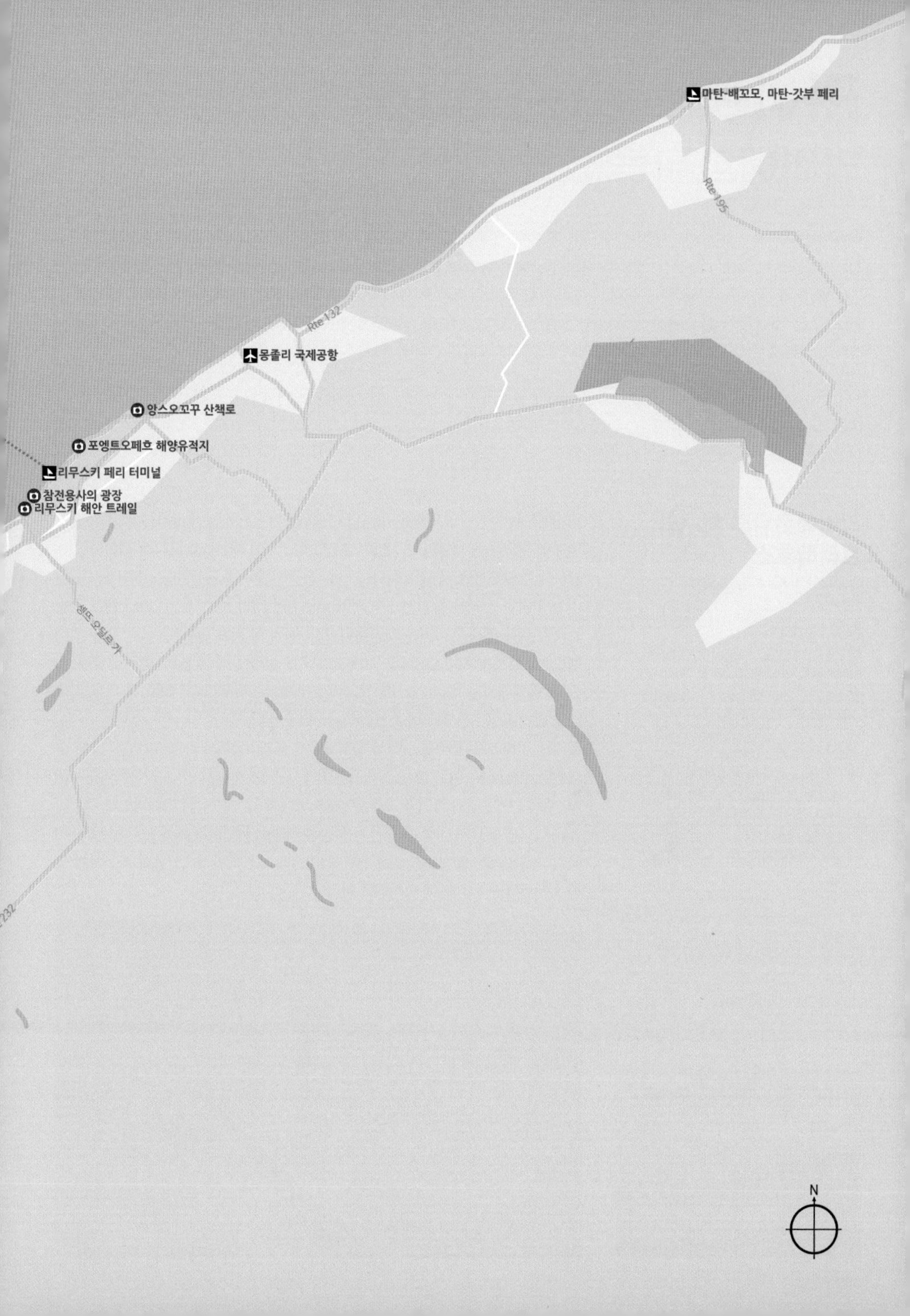

⛴ 마탄-배꼬모, 마탄-갓부 페리

Rte 195

Rte 132

✈ 몽졸리 국제공항

⊙ 앙스오꼬꾸 산책로

⊙ 포엥트오페흐 해양유적지

⛴ 리무스키 페리 터미널

⊙ 참전용사의 광장

⊙ 리무스키 해안 트레일

Rte 오띨로가

Rte 232

N

Rivière-du-Loup
리비에르뒤루

리비에르뒤루(Rivière-du-Loup)는 세인트로렌스 강변에 위치한 인구 2만의 작은 도시다. 퀘벡 시티(Quebec City)에서 20번 고속도로를 타면 차로 2시간 거리다. '늑대의 강'이라는 뜻의 리비에르뒤루(Rivière-du-Loup)는 원래 근처에 흐르는 강 이름이었다. 강의 이름은 늑대(Les Loups)라는 원주민 부족의 이름에서 유래되었다는 이야기도 있고, 강 어귀에서 많이 발견된 물개에서 유래되었다는 이야기도 있다. 프랑스 사람들은 물개를 바다 늑대(loup-marin)라고 불렀다. 추천 여행지는 리비에르뒤루 항구, 해넘이로 유명한 라푸엥트 공원(Parc de la Pointe) 그리고 소시에떼 뒤베노(Société Duvetnor Ltée)의 여행 상품(바다오리 관찰, 등대지기 체험 숙박, 섬 하이킹) 등이 있다.

리비에르뒤루 항구와 트라베흐스
Quai de Rivière-du-Loup Traverse

◉ 출발 시간
리비에르뒤루(RDL) : 08:00, 12:00, 16:00
쌩씨메옹(ST-SIMÉON) : 09:30, 14:00, 17:30
✪ 1월 2일 - 부활절(Easter)
www.traverserdl.com

리비에르뒤루(RDL) 터미널
🏠 199, rue Hayward, P.O. BOX 172,
Rivière-du-Loup, QC G5R 3Y8
◉ 운행시간, 요금 등에 대한 문의
418-862-5094
일반 418-862-9545 혹은 418-863-7882

쌩씨메옹(St-Siméon) 터미널
🏠 116, rue du Festival, St-Siméon, QC G0T
1X0
◉ 운행시간, 요금 등에 대한 문의
418-638-2856
일반 전화: 418-638-2856

리비에르뒤루 항구의 아침은 아름답고 평화롭다. 갯벌에는 강물이 차오르기 전에 먹이를 찾으려는 새들의 움직임이 부산하다. 마리나의 갯벌 바닥에 세워져 있는 요트의 주인도 만조가 되어 바다로 나갈 생각에 준비를 서두른다. 아침 조깅을 즐기는 사람과 산책을 즐기는 관광객이 부둣가에 더러 보인다. 세인트로렌스 강을 건너기 위해 페리를 타려는 차량들이 하나 둘씩 항구로 모여들기 시작한다. 리비에르뒤루에서 생시미옹(Saint-Siméon)까지는 바닷길이 27.2km, 페리로 65분 걸린다. 퀘벡에서는 페리(ferry)를 트라베흐시에(traversier)라고 하고, 페리를 타고 강을 건너는 행위를 트라베흐스(traverse)라고 한다.

페리는 리비에르뒤루(RDL)에서 하루 세 번 생시미옹(Saint-Siméon)을 향해 출발한다. 아침 8시, 정오 12시, 그리고 오후 4시. 배에 실을 수 있는 자동차 수는 100대, 수용 인원은 399명이다. 예약은 10명 이상의 단체를 실은 미니버스나 대형버스가 아니면 필요치 않다. 차량은 도착한 순서대로 서있다가 배에 오르게 된다. 여름철과 휴일에는 출항시간 90분 전에 터미널에 도착해야 하고, 봄과 가을에는 출항 30분 전에는 터미널에 도착해야 한다.

페리 이용 방법

차량 수속(Check-in)

차량이 페리 터미널에 도착하면 대기중인 직원들은 차량을 출발 대기선으로 안내한다. 차량번호와 승객 인원을 확인해 탑승 차량 정보에 기재한 후, 운전자에게 탑승권(혹은 번호)을 준다. 차량 운전자는 이 탑승권(혹은 번호)를 가지고 있다가 배 안에서 요금을 낼 때 요금소 직원에게 보여준다.

수속이 끝났으면 보딩 전까지는 자유 시간이다. 항구나 해안선을 따라 산책을 하거나, 가까운 식당에서 식사를 할 수 있다. 화장실을 가고 싶은 분은 직원에게 이야기하면 터미널 화장실을 이용할 수 있도록 문을 열어준다.

보딩(Boarding)

보딩은 출발시간 40분 전부터 시작된다. 운전자는 보딩이 시작되기 전에 차량에 탑승하고 있어야 한다. 이러한 모든 주의 사항은 직원이 설명해준다. 직원이 출발 신호를 주면 운전자는 자동차를 운전해 배에 오른다. 페리의 테라스 칸에 주차한 운전자는 자동차가 움직이지 않도록 사이드 브레이크를 잠그고, 자동차 기어는 P에 둔다.

수속을 마친 관광객들은 보딩할 때까지 주변을 산책하며 자유 시간을 갖는다

요금 지불(Payment)

운전자와 승객은 자동차에서 내려 직원의 통제에 따라 승객실로 올라가 요금소에서 요금을 지불한다. 영수증은 잘 가지고 있다가 내릴 때 직원에게 보여주면 된다.

승객 (Passengers) (차량은 포함되지 않은 요금)	편도 요금	당일 왕복 요금 (하선을 하지 않거나, 하선을 했다가 같은 날에 돌아오는 승객)
어른(13 – 64살)	CA$21.00	CA$26.00
어린이(7–12살)	CA$14.10	CA$17.70
어린이(6살 미만)	무료	무료
노인(65살 이상)	CA$19.10	CA$23.80

차량 (Vehicles)(운전자와 승객은 포함되지 않은 요금)		편도(Single)
자동차	길이 6.4m X 폭 2.44m 이하인 차량	CA$49.90
트레일러	길이 1m – 3.4m	CA$32.50
	길이 3.5m – 6.4m	CA$49.90
	길이 6.5m – 7.4m	CA$84.20
	길이 7.5m – 8.4m	CA$118.50
모터사이클	트레일러가 없는 모터사이클	CA$32.50
	트레일러가 있는 모터사이클	CA$49.90
자전거		무료

소시에떼 뒤베노흐
Société Duvetnor

🏠 200 Rue Hayward, Rivière-du-Loup, QC
G5R 3Y9
📞 예약 1-877-867-1660 or 1-418-867-1660
duvetnor.com

포아로드비 섬 크루즈
🕐 6월 초 ~ 9월 말(1시간 30분 투어)
💲 어른 $50, 어린이(12세 이하) $25

샬르브와 크루즈
🕐 4시간 투어
💲 어른 $100, 어린이(12세 이하) $60

리에브르 섬 하이킹
🕐 6월 초 ~ 9월 말
💲 어른 $60.00, 어린이(12세 이하) $30

큰부리바다오리 ©N. Gagnon / Société Duvetnor

 TIP **블랙 길리맛**

레이저빌과 바다오리같이 바다
오리과(Alcidae family)에 속한
다. 하얀 어깨 점과 빨간 발에 의
해 쉽게 구분된다. 암컷은 하나
혹은 두 개의 알을 품기 위해 바
위 틈에 둥지를 짖는다.

조류 관찰 액티비티 ©Société Duvetnor

리비에르뒤루 앞으로 흐르는 세인트로렌스 강에는 몇 개의 섬들이 떠있다. 이 섬들을 소유하고 있는 뒤베노흐(Duvetnor)는 바다새 관찰, 배타고 바다여행, 등대지기 체험 숙박, 리에브르 섬(Île aux Lièvres) 하이킹 등과 같은 에코투어 프로그램을 운영하고 있다.

배타고 바다여행 (Sea Trips)

바다표범의 사냥터, 바닷새로 가득한 절벽, 길을 가로지르는 벨루가 무리, 그리고 생물학적 다양성 등을 만날 수 있다. 샬르브와 크루즈, 포아로드비 군도 크루즈, 타두삭 크루즈 등이 있다.

• 포아로드비 섬 크루즈 Îles du Pot Cruise

배에서 내리지 않고 포아로드비(Pot a l'Eau-de-Vie) 섬 주변을 크루즈하며 다양한 바다새(7월 말 이전), 아름다운 풍경, 해양 역사 등에 대한 매혹적인 이야기를 들려준다. 이 섬의 절벽은 수천마리의 꼬마 펭귄(Little Penguins), 바다오리(Common Murres), 큰부리바다오리(Razorbills), 그리고 블랙 길리맛(Black Guillemots)*의 보금자리다.

포아로드비(Pot a l'Eau-de-Vie) 군도

포아로드비(Pot a l'Eau-de-Vie) 군도는 세 개의 작은 섬으로 이루어져 있고 썰물이 되면 바다이 드러나 서로 연결된다. 세 개의 섬이름은 '브랜디 냄비'라는 뜻의 포아로드비(Pot a l'Eau-de-Vie), '큰 냄비'라는 뜻의 그로포(Gros Pot), 그리고 '작은 냄비'라는 뜻의 프티포(Petit Pot) 섬이다. 브랜디 냄비 섬은 등대가 있다고 해서 '등대 냄비(Pot du Phare)로도 부른다.

포아로드비(Pot a l'Eau-de-Vie) 군도라는 이름은 뉴프랑스 시대의 선원들이 이 곳을 지날 때 바위섬의 웅덩이에 고인 적갈색의 빗물을 브랜디 술에, 빗물을 담고 있는 바위홈들을 냄비들에 비유하면서 '브랜디 냄비' 군도로 불리게 되었다. 프랑스어 오드비(eau-de-vie)는 브랜디 같은 증류주를 뜻하는 단어다. 포아로드비(Pot a l'Eau-de-Vie)나 브랜디 팟(Brandy Pot)이나 브랜디 냄비나 같은 말이다.

등대의 탄생

바크 앤데버(Endeavor) 호가 1835년 11월 말에 난파되어 예기치 않게 선원들은 포아로드비 섬에 표류하게 되었다. 선장은 섬의 가장 높은 곳에 올라가 불을 피워 재난 신호를 보냈다. 리비에르뒤루의 리버 파일럿(river pilot)이 이것을 보고 여덟 명의 구조대를 꾸렸다. 두 대의 카누에 나누어 탄 대원들은 추위를 뚫고 19km를 노를 저어 섬에 도착했다. 14명의 남자가 굶주림과 추위로 사망했지만 15명의 다른 사람들은 생명을 건졌다. 이 사건이 있은 지 30년 후인 1862년 포아로드비 섬에 등대가 세워졌다.

• **샬르브와 크루즈** Charlevoix Cruise

보트를 타고 바다같이 광활한 세인트로렌스 강에서 샬르브와(Charlevoix)의 환상적인 풍경을 발견한다.

등대지기 체험 숙박 Overnight at the Lighthouse

1862년 세워진 포아로드비(Pot a l'Eau-de-Vie) 등대는 102년을 일하고 1964년 버려졌다. 하지만 1989년 소시에떼 뒤베노흐(Société Duvetnor)에 의해 전성기 때처럼 말쑥하게 복구되었다. 2014년부터 뒤베노흐가 등대 건물을 인수해 객실이 세 개 있는 B&B 로 운영하고 있다. 등대지기 체험 숙박은 관광객에게 인기가 많다. 대륙으로 가기 위한 관문을 지키는 초병처럼 등대에 올라 세인트로렌스 강을 전망할 수도 있고, 하루 묵으며 배를 타고 나가 바다새를 관찰할 수도 있다. 이 패키지는 리비에르뒤루 본토와 섬 간의 배편, 싱글 혹은 더블 룸, 가이드 크루즈, 디너, 아침 브런치, 스낵 등이 포함된다. 등대 타워는 어느 때고 접근 가능하고, 새가 둥지를 튼 후에는 등대 섬 트레일 걷기도 가능하다. 낮시간(08:30-16:30)에 전화예약 필수(1-877-867-1660 or 1-418-867-1660)

포아로드비 섬과 등대 ©Geneviève Lesieur / Société Duvetnor

등대지기 체험 숙박' 패키지 요금
(1인 기준/ ppl = people)

숙박 첫날
1인용 객실(Single) $360/ppl
2인용 객실(Double) $320/ppl
어린이(11-12) $290/ppl

숙박 둘째날부터
1인용 객실(Single) $300/ppl
2인용 객실(Double) $260/ppl
어린이(11-12) $260/ppl

• 리에브르 섬 하이킹 Hiking

13km 길이의 리에브르 섬(Île aux Lièvres)은 해변을 따라 핀 로즈힙(rosehip)과 아름다운 해변, 그리고 바위 위에서 평화롭게 잠자고 있는 물개를 볼 수 있는 곳이다. 리비에르뒤루 항구에서 바닷길로 10km 떨어져 있고, 보트로 20여분 걸린다. 최대 12명을 태울 수 있는 보트를 타고 섬에 닿는다.하이킹 트레일은 초보자부터 전문가까지 즐길 수 있도록 다양한 루트가 개발되어있고 트레일의 전체 길이는 45km다. 위험한 야생동물이 없고, 아이비같은 독초가 없어 하이킹에 최적인 장소다. 모기는 해변보다 적다고 하지만 모기에 물렸을 때 뿌리는 스프레이 정도는 챙겨야 나중에 후회가 없다. 요일과 조수에 따라 섬에서 3시간에서 9시간을 보내게 된다. 하이킹 일정은 웹사이트(https://duvetnor.com/en/excursions/hiking/)에서 참조하세요. 예약은 전화로 해야하며, 보트가 항구에서 출발하는 시간과 도착하는 시간은 전화로 예약할 때 알려준다.

소시에떼 뒤베노호 Société Duvetnor

민간 비영리 기업인 소시에떼 뒤베노호(Société Duvetnor Ltée)는 바생로랑(Bas-Saint-Laurent) 섬들의 풍부한 자연 가치를 알고 있던 소수의 생물학자들에 의해 1979년 설립되었다.

사람들에 의해 훼손되지 않은 야생 섬들은 바다새들의 보금자리였기 때문에 보호할 필요가 있었다. 뒤베노호는 이 섬에서 아주 흔했던 아이더(Eider) 오리털을 수확해서 얻은 수익과 파트너들의 도움으로 리에브르 섬(Île aux Lièvres), 펠레헹 군도(Les Pèlerins), 그리고 포아르드비(Pot à l'Eau-de-Vie) 군도의 3개 섬 중에 2개(Le Gros Pot, Le Petit Pot)를 구입했다.

1989년 몇 개의 섬에 일반인들의 접근을 제공하기로 하고, 배로 섬을 탐방하는 인터프리테이션 프로그램(interpretation program)을 만들었다. 캠핑장과 숙박시설을 짓고, 방문객을 수송할 보트도 구입했다. 포아로드비(Pot à l'Eau-de-Vie) 등대를 복원하고 2014년 인수해 등대지기 하우스는 B&B로 개조했다. 뒤베노호 회사는 열정적이고 헌신적인 직원들과 7명의 자원봉사 이사들이 운영한다.

뒤베노호 회사 이름의 뒤베(Duvet)는 불어로 오리깃털을 의미한다. 뒤베노는 매년 바다오리인 아이더(Eider)의 깃털을 그들의 둥지에서 수집한다. 포아로드비 섬의 절벽에는 수천 마리의 바다오리가 둥지를 튼다. 암컷은 알을 부화하기 위해 자신의 가슴 부위에서 부드러운 솜털을 뽑아 둥지를 만든다. 봄에 암컷이 잠시 자리를 비울 때 둥지에서 30-40%의 솜털을 채집한다. 매년 400kg의 다운을 채집해서 유럽과 아시아에 수출한다. 이 아이더 오리털로 퀼트, 옷, 이불 등을 만든다.

라포엥트 공원
Parc de la Pointe

⌂ 80 Rue Mackay, Rivière-du-Loup, QC
G5R 5Z8
🕐 7:00–23:00

노엘오샤또 Noël Au Château
⌂ 65 Rue de l'Ancrage, Rivière-du-Loup
📞 418-863-6635
noelauchateau.ca

인디언 머리 바위 Rocher Tête d'Indien
⌂ 114 Rue Mackay #50, Rivière-du-Loup,
Quebec

불어로 포엥트(Pointe)는 육지에서 보면 끝자락이고, 바다에서 보면 돌출한 육지 부분이다.

라포엥트(La Pointe)에는 캠핑장이 두 곳 있다. 라포엥트 캠핑장(Camping municipal de la Pointe)과 선착장 캠핑장(Camping du Quai)이다.

미리 도착해 텐트를 치고 노엘오샤또(Noël Au Château)에서 크리스마스 장식을 위한 쇼핑을 즐겨도 좋고, 석양 무렵에 라푸엥트 공원(Parc de la Pointe)을 산책하며 해넘이를 즐겨도 된다. 리비에르뒤루 항구도 가까워 아침 9시에 출발하는 페리를 타게 되면 세인트로렌스 강을 건너 샬르브와(Charlevoix)의 유명관광지를 하루에 둘러볼 수 있는 시간적 여유도 생긴다. 라푸엥트 공원에서 페리터미널까지 이어진 막케 거리(Rue Mackay)는 자전거 도로와 보행자를 위한 공간이다. 루페리브와(Louperivois, 리비에르뒤루 주민)의 산책로인 이 거리에는 우연히 예술품이 된 인디언 머리 바위(Rocher Tête d'Indien)가 있다. 1963년 제라르 상테르(Gérard Santerre)라는 무명 화가가 이 바위에 인디언 얼굴을 그린 이후로 유명 캐리커처 작가인 세르주 메티비에르(Serge Métivier), 드니 레베스끄(Denis Lévesque), 그리고 1993년과 2013년에 소니아 에이프럴(Sonia April)이 차례로 원래의 그림을 다시 칠했다.

라푸엥트 공원에서 바라본 석양 ©Mathieu Dupuis/Le Québec maritime

인디언 머리 바위 ©Mathieu Dupuis/Le Québec maritime

세계 각국에서 수입한 다양한 제품을 파는 크리스마스 부티크, 노엘오샤또(Noël au château)

Rimouski
리무스키

리무스키(Rimouski)는 퀘벡의 해양학 수도다. 서쪽으로는 빅 국립공원(Parc National du Bic)이 있고, 동쪽으로는 포엥트오페흐(Pointe-au-Père)가 있다. 포엥트오페흐 해양유적지에는 1914년 난파된 아일랜드 엠프레스(Empress of Ireland) 호의 유물을 전시하고 있는 박물관과 1909년 세워진 높다란 등대, 그리고 오논다가 잠수함(Onondaga submarine)이 전시되어 있다. 리무스키 시내에는 헤리티지 투어, 박물관, 갤러리, 공원, 파머스 마켓 등의 관광명소들이 있다. 리무스키(Rimouski)에서 생트루스(Sainte-Luce)까지 이어진 50km의 자전거루트(Le Route Verte)는 퀘벡에서 가장 아름다운 구간 중 하나로 알려진 곳이기도 하다.

교통편

항공

리무스키에서 동쪽으로 35km 떨어진 몽 졸리 공항(Mont-Joli Airport)은 퀘벡(퀘벡시티, 몬트리올 등)과 뉴펀드랜드 래브라도 노선의 여객기가 매일 있다.

기차

비아 레일(Via Rail) 서비스가 퀘벡 시티와 몬트리올 방향으로 매주 3번, 몽튼(Moncton)과 핼리팩스(Halifax) 방향으로 매주 세 번 운행된다.

버스(Coach Bus)

오를레앙 익스프레스 코치가 몬트리올 - 퀘벡시티 - 리무스키(Rimouski)를 매일 운행한다. 몬트리올- 리무스키는 7시간, 퀘벡시티-리무스키는 4시간 30분 남짓 소요된다. 티켓은 두 종류(프로모 Promo, 플렉스 Flex)가 있다. 플렉스 티켓은 프로모션 요금과 차별화하기 위해 이름 붙인 정가 티켓으로 변경 및 환불이 가능하다.

- 오를레앙 익스프레스 Orléans Express
  티켓 예약 orleansexpress.com

페리

CNM Evolution 는 세인트로렌스 강을 가로질러 리무스키(Rimouski)와 포리스트빌(Forestville)를 오가는 페리를 운항한다. 노르딕 익스프레스(Nordik-Express)사의 페리는 리무스키에서 출발해 퀘벡의 북쪽 해안의 여러 도시를 거쳐 앙티코스티의 블랑 싸블롱(Blanc-Sablon), 그리고 뉴펀드랜드 래브라도의 세인트 바브(St.Barbe)까지 운항한다.

리무스키(Rimouski) – 포리스트빌(Forestville)
- 예약 1-800-973-2725 혹은 traversier.com
- 4월부터 10월까지 하루 2-4번 운항
  소요시간(Crossing time) 55분
- 여행 거리(Distance traveled) 48km

리무스키(Rimouski) – 뉴펀드랜드 래브라도의 세인트 바브(St.Barbe)
- 예약 418-723-8787 혹은 relaisnordik.com
- 4월부터 1월까지 운항
  소요시간 7일
- 여행 거리 2237.2km

해안 트레일(Coastal Trail)에서 바라다 본 리무스키 다운타운

참전용사의 광장
Place des Anciens-Combattants

리무스키 다운타운의 앙시엥콩베땅 광장(Place des Anciens-Combattants)은 캐나다를 위해 싸웠던 모든 병사들의 넋을 기리기 위해 조성된 기념공원이다. 매년 현충일 행사가 이 곳에서 열린다. 주변에는 리무스키 관광안내소, 아트센터, 생 제르맹 성당(Cathédrale Saint-Germain), 리무스키 박물관(Musée régional de Rimouski), 그리고 사크레쾨르(Sacré-Cœur) 기념비 등이 있다. 사크레쾨르(Sacré-Cœur) 기념비는 1992년에 대성당과 박물관 사이에 세워졌다. 예수의 한 손은 '성스런 심장(Sacré-Cœur)'을 가리키고, 다른 손은 펴서 못박힌 자국을 보여준다. 사크레쾨르는 헌신을 의미한다.

리무스키 해안 트레일
Rimouski Littoral Trail

바위 위에 새겨진 시 한 수 '날마다 작은 행복'

리무스키 시내에서 가까운 거리에 3개의 하이킹 코스(각각 약 5km)가 있다. 리무스키 강 입구에서 시작해 해안을 따라 걷는 리토럴 트레일(Littoral Trail)은 거동이 불편한 사람들도 이용할 수 있을 만큼 길이 평탄하다. 로쉐 블랑(Rocher Blanc)까지 거리는 4.6킬로미터이고, 1시간 남짓 걸린다.

하이킹을 좋아하거나 산악 자전거를 타는 사람들에겐 에블망(L'Éboulement)과 드라뵈(Le Draveur) 트레일을 추천한다. 보세주르 공원(Beauséjour Park)에서 출발해 리무스키 강물을 거슬러 올라가는 연어의 행렬을 따라가며 특별한 풍경을 즐길 수 있다. 다이나모 인도교(Dynamo footbridge)는 이 두개의 트레일을 연결해 하나의 루프 트레일로 만들어준다.

해안 트레일 Littoral Trail

빅 국립공원
Parc National du Bic

빅 국립공원 Bic National Park
- 3382 Rte 132 O, Le Bic, Quebec
- 418-736-5035
- https://www.sepaq.com/pq/bic/

아방튀르 아흐쉬펠 Aventures Archipel
- Route du Quai, Le Bic, Quebec
- 예약 418-736-5035 (빅 국립공원 리셉션)
- aventuresarchipel.com

"간들대는 바다 바람을 느끼기 위해 눈을 감고, 일몰의 장관을 보기 위해 다시 눈을 뜨는 것을 잊지 말라. 무한히 작은 것을 공부하기 위해 휴식을 취하고, 그런 다음에 무한히 큰 것을 생각하라." – Marlène Dionne/Head of the conservation and education service of Parc national du Bic

빅 국립공원은 1984년 10월에 조성됐다. 흰꼬리 사슴, 붉은 여우 그리고 여러 종류의 새들이 서식하고 있고, 특히, 이 공원의 상징적인 동물인 물개, 맹금류와 바다오리도 관찰할 수 있다. 지난 세기에 식물 학자들은 이 곳에서 744개 이상의 관상 식물을 발견해 보고했다. 공원의 면적은 33.2km2, 육지가 18.8km2, 해양이 14.4km2 이다.

빅(Bic)이라는 이름의 유래는 1603년 사뮈엘 드 샹플랭의 항해와 연관이 있다. 지금은 (빅 국립공원의 일부인) 픽상플랭(Pic Champlain)이라고 불리는 347미터의 상당히 가파른 산이 나타나자 샹플랭은 그 곳을 'Le Pic'이라고 불렀다. 그 후 어휘 변형으로 'Le Pic'은 'Le Bic'이 되었고, 1675년 뉴프랑스 시대 영지가 이 곳에 만들어졌을 때 'Le Bic'을 그대로 사용하게 되면서 지역 이름으로 고착되었다.

물개 관찰 Seal Watching

물개를 관찰할 수 있는 장소는 포엥트 오제피네트(Pointe Aux Épinettes)와 캅 카리부(Cap Caribou) 두 곳이다. 이 곳에서 잔점박이물범(Harbor Seal)과 회색바다표범(Grey Seal)이 관찰된다. 빅 국립공원이 물개의 서식지가 된 것은 먹거리가 풍부하고, 약탈자로부터 보호받을 수 있고, 바위 위에서 피부를 말릴 수 있는 지형 때문이다. 일광욕을 한 물개는 피부가 강해져 겨울을 잘 견딜 수 있다고 한다. 물개를 관찰하기에 가장 좋은 시기는 7월 말부터 9월 말이며, 간조때인 오후 1시부터 3시까지다.

간조때가 되면 리우 하우스를 끼고 우측으로 돌면 해안선으로 내려가는 나무계단이 나온다. 물 빠진 해안선을 따라 오리섬(Ile aux Canards)으로 걸어갈 수 있다.

캠핑 Camping

세인트로렌스 강과 대서양 연안에 위치한 캠핑장의 대다수와 마찬가지로 빅 국립
공원의 캠핑장 또한 숲이 초라해 프라이버시가 약한 것이 단점이다. 하지만 턱트
인 공간과 멀리 보이는 강산은 가슴을 후련하게 만든다. 또한 텐트를 치는 땅은 물
이 잘 빠져 장대비가 온 후에도 질퍽거리지 않는다.

텐트 혹은 트레일러를 이용한 캠핑 외에도 유르트(Yurt), 샬레(Chalet), 그리고 레
디투캠프(Ready-to-camp) 등의 숙박시설이 있다. 이 중에서도 새롭게 개발된
에트왈 레디투캠프(Étoile ready-to-camp)는 큐브 모양으로 천정이 높고, 빛이
잘 들도록 디자인되었다. 3개의 더블 침대가 있고 6명까지 수용 가능하다. 야외에
는 모닥불을 피울 수 있는 화덕과 피크닉 테이블, 6개의 아웃도어 의자가 비치되
어 있다. 하룻밤 사용료(비수기)는 $109이다. 에트왈 레디투캠프의 심플한 버전
인 노바 레디투캠프(Nova ready-to-camp)는 주방 공간을 밖으로 옮길 수 있다
는 것과 에트왈보다 숙박료가 저렴하다는 장점이 있다. 하룻밤 사용료(비수기)는
$94이다. 화장실과 샤워실을 겸비한 편의 시설(comfort station) 등을 갖추고 있다.
샤워실 사용은 무료.

하이킹 Hiking

디스커버리 서비스 센터에서 출발하는 하이킹 트레일

이 공원에서 가장 인기있는 하이킹 트레일 두 개를 꼽는다면 픽상플렝(Le Pic-
Champlain)과 그랑투어((Le Grand-Tour) 트레일이다. 픽상플렝(Le Pic-
Champlain) 트레일은 오르막이 없는 것은 아니지만 가파르지 않아 연령에 상관없
이 하이킹을 즐길 수 있는 트레일이다. 트레일을 걷다보면 중간에 한 번, 정상에서

한 번 난데없이 도로를 만나게 되는데, 샹플랭 정상까지 올라가는 미니 셔틀버스가 이용하는 길이다. 샹플랭 정상의 전망대에 서면 애팔래치아 전원과 드넓은 세인트로렌스 강 어귀의 웅장한 풍경을 전망할 수 있다. 트레일의 길이는 왕복 6km, 걸어서 2시간 걸린다. 걷는 것이 어려우면 셔틀버스를 이용하면 된다. 그랑투어는 디스커버리 서비스 센터(Centre de déscouverte et de service)에서 출발해 해안을 따라 한 바퀴 도는 8.7km의 다소 어려운 코스로 3시간 정도 걸린다. 체력과 시간에 따라 더 짧고 쉬운 하이킹 트레일을 선택할 수 있다. 아침 간조때에 사람들은 물이 빠진 강바닥을 걸어 오리섬(Île-aux-Carnads)까지 산책을 한다. 디스커버리 서비스 센터의 리우 하우스(Maison Rioux; 지금은 지역 수제품과 기념품을 파는 가게)를 끼고 우측으로 돌면 해안선으로 내려가는 나무계단이 나온다.

바다 카약킹 Sea Kayaking
아방튀르 아흐쉬펠(Aventures Archipel)은 '열도 모험'이라는 뜻의 카약킹 전문업체로 1969년 설립되었다.

카약킹 참가자들은 바다 카약도 배우고, 동식물의 보고인 빅 국립공원 열도를 돌며 물개 관찰과 환상적인 해넘이도 감상한다. 가이드는 대학에서 어드벤처 투어리즘을 공부하고, '퀘벡 카누 카약(Canot Kayak Québec)' 단체에서 발급한 2~3급의 자격증을 소지한 전문가들이다. 가이드 한 명이 카약 참가자 8명을 책임진다. 전화예약 혹은 아방튀르 아흐쉬펠의 웹사이트에서 예약할 수 있다.

공설시장
Public Market

📞 매주 토요일 10:00-14:00

리무스키 기차역 바로 옆에 있는 공설시장(public market)은 매주 토요일 아침 10시부터 오후 2시까지 열린다. 오픈기간은 5월 말부터 10월 말까지다. 베이커리, 치즈, 벌꿀술인 미드(Mead), 메이플술, 과일과 채소, 각종 허브, 꿀, 해산물, 고기와 샤퀴테리, 계란 등 신선한 지역 농수산품을 살 수 있는 곳이다.

빅 극장
Théâtre du Bic

🏠 50 Rte du Golf-du-Bic, Rimouski, QC
G0L 1B0
📞 (418) 736-4141
http://www.theatredubic.com/

오래된 헛간을 개조해 만든 빅 극장은 연중 내내 관객에게 창의적인 연극과 현대무용에 중점을 둔 공연을 선보인다. 초청 공연 작품 외에도 자체 연극 작품도 무대에 올린다. 빅강(Bic River)이 흘러 세인트로렌스강과 만나는 지점에 위치해 있어 세인트로렌스강과 빅섬(île du Bic)이 한데 어우러진 일몰은 정말 장관이다.

포엥트오페흐 해양유적지

Pointe-au-Père Maritime Historic Site

⌂ 1000 Rue du Phare, Rimouski, QC
☎ 418-724-6214
shmp.qc.ca

리무스키 기차역(Via Rail Rimouski)에서 자동차로 14분 걸린다. 자전거를 타고 해양유적지를 둘러보는 관광객들도 많다. 포엥트오페흐 해양유적지에는 세 가지 볼거리가 있다.

아일랜드 엠프레스 박물관(Empress of Ireland)은 1914년 5월 29일, 세인트로렌스 강에서 침몰한 아일랜드 엠프레스 호의 유물을 전시하고 있다. 45m 강바닥에 가라앉아있는 배에서 전문 잠수부들이 인양한 것들이다. 양념 스탠드, 세면대, 등급에 따라 크기가 달랐던 객실의 둥근창, 그리고 배의 소유회사였던 캐나다태평양증기선사(Canadian Pacific Steamship Company)가 기증한 그 당시의 사진들로 채워졌다. 다중감각 시네마에서 상영되는 침몰과정을 그린 입체 영상은 당시의 긴박했던 상황을 잘 보여준다. 디젤 엔진인 아일랜드 엠프레스 호의 속도는 22노트로 현재의 배 속도와 비슷했고, 퀘벡시티에서 리버풀까지 6일이 걸렸다.

에델 사비나 그렁디(Ethel Sabina Grundy)의 보석함.

그녀의 아버지가 퀘벡중앙철도의 부사장에 임명된 해인 1892년 캐나다에 이주했다. 8년 후, 그녀가 정착한 셔브룩의 잘 나가는 기업가였던 윌리암 에드워드 페이튼(William Edward Paton)과 결혼했다. 그녀는 기자로 일하는 두 동생을 방문하러 이집트로 가기 위해 1914년 5월 28일 아일랜드 엠프레스 호에 승선했다. 승객중에 가장 부유한 사람 중 한 명이었던 그녀는 1등석 32호실에 머물렀다. 충돌 몇 분 후에 선원이 그녀의 방을 열고, 구명조끼를 입고 데크로 가라고 촉구했다. 그녀는 간신히 구명보트에 탔다. 페이튼 부인의 보석함이 가라앉을 때 그녀도 배에 있었는지는 알 수 없다. 하지만 이 보석함은 그녀의 사회적 지위를 분명하게 보여주고 있다.

박물관 앞에 있는 등대는 1909년에 만들어졌다. 128개의 계단을 오르면 등대의 꼭대기다. 아일랜드 엠프레스 호가 침몰해 있다는 장소를 알베릭 갈랑(가이드) 씨가 가리킬 때는 그 때의 비극이 떠올라 숙연해진다. 당시 등대의 가격은 10,000 달러, 지금 돈으로 환산하면 백만불 정도였다고 한다.

오논다가 잠수함(Onondaga submarine)은 2000년 퇴역해 2008년 이 곳 리무스키로 옮겨 전시되고 있다. 길이 70미터의 잠수함에는 70명의 승무원이 몇 달간 머물며 작전을 펼쳤다고 한다. 좁은 공간에서 서로 옮겨 다니며 구경하다 보면 쇠에 머리를 부딪힐 수 있으니 조심해야한다. 좁은 침상, 부엌, 통제실, 잠망경, 그리고 모형이긴 하지만 실제크기의 어뢰가 있는 어뢰실도 흥미롭다.

등급에 따라 크기가 달랐던 객실창

배에서 인양된 온수기

양념 스탠드

아일랜드 엠프레스 박물관

아일랜드 엠프레스 박물관(Empress of Ireland) 모습

오논다가 잠수함(Onondaga submarine)은 1964년 건조되어 2000년까지 북대서양에서 작전을 수행했다.

아일랜드 엠프레스(Empress of Ireland) 호의 침몰

타이타닉 침몰 2년 후인, 1914년 5월 28일 오후 4:27분. 168m 길이의 RMS 아일랜드 엠프레스 (Empress of Ireland) 호는 퀘벡을 떠나 영국 리버풀로 향해 세인트로렌스 강을 항해하고 있었다. 5월 29일 새벽 1:55분, 세인트로렌스 강의 짙은 안개로 인해 석탄선 스토스타드(Storstad)호가 아일랜드 엠프레스 호를 미처 발견하지 못하고 충돌했다. 아일랜드 엠프레스 호는 10분만에 뒤집어졌고, 4분만에 강바닥으로 가라앉았다. 미처 피할 시간도 없었기 때문에 사상자가 많았다. 이 사고로 1,012 명이 사망하고, 생존자는 단 465명이었다. 탑승했던 138명의 아이중 134명이 죽었다. 아이러니하게도 생존자의 반(248명)이 선원이었다고 한다.

Sainte-Luce
생트루스

앙스오꼬꾸 산책로
Promenade de l'Anse-aux-Coques

⌂ 생트루스(Sainte-Luce) 해변의 가장자리
☎ 418-739-4317
sainteluce.ca

반딧불이 캠핑장 Camping Chalets La Luciole Ste-Luce sur Mer
⌂ 118 Rte 132 Ouest, Sainte-Luce, Quebec 118 QC-132 Ouest, Sainte-Luce, Quebec
☎ 418-739-3258

반딧불이 캠핑장

큰 입 선장의 웃음(Le rire du capitaine Grande-Bouche)

앙스오꼬꾸 산책로는 해변을 따라 이어진다. 소금기 있는 공기를 즐기며 휴식을 취할 수 있다. 해안가 산책로에는 보행자를 위한 조명, 벤치, 피크닉 테이블 그리고 바다를 주제로 한 스무개 이상의 나무조각들이 있다.

선장이 입을 크게 벌리고 웃고 있는 나무조각 작품 '그랑드부슈 선장의 웃음(Le rire du capitaine Grande-Bouche, 2016)' 옆에는 이런 문구가 있다.

"예술은 움직이게 할 수 있어요. 놀래키거나, 괴롭히거나, 사람들로 하여금 생각케 하고, 불쾌하게 만들고, 때론 사람들에게 의심을 하게 하기도 하죠. 예술은 간단하게 기쁨의 불꽃을 일으키거나 선장의 웃음을 자극하는 데 사용될 수도 있어요."

빨주노초파남(보라색의 살레는 보이지 않는다) 밝게 치장을 한 집들은 앙스오꼬꾸 산책로를 그림같은 풍경화로 만들어준다. 살레 왼쪽 옆길(Pl. Des Villas)을 따라 언덕을 오르면 '반딧불이(La Luciole)'라는 이름의 코지한 캠핑장이 있다. 2인용 텐트와 크지 않은 트레일러로 여행하는 사람들이 저렴하게 하루를 묵을 수 있다. 이 산책로는 퀘벡에서 가장 기막힌 해넘이를 볼 수 있는 곳이기도 하다.

🍴 먹자!

추천 베이커리 4

Boulangerie Tentations gourmandes

손으로 빚은 빵을 매일 전통 방식으로 굽는 베이커리다. 사워도, 멀티
그레인, 초콜릿 빵, 브라우니, 나폴레옹, 바클라바, 브리오슈, 대니쉬,
파이 등의 빵 종류와 홈메이드 스파게티 소스, 크레통(Creton), 소풍을
위한 샌드위치 콤보 박스도 팔고 있다.

🏠 755-A Rue Commerciale N, Témiscouata-sur-le-Lac, QC
📞 (418) 854-7246

Boulangerie Artisanale Au Pain Gamin

좋은 재료만을 사용하는 베이커리. 여러 종류의 사워도 빵과 옛스러운
빵, 피자, 프렌치 포카치아(focaccia), 버터 페이스트리, 컵케익 등과
오가닉 커피를 판다.

🏠 288 Rue Lafontaine, Rivière-du-Loup, QC   📞 (418) 862-0650
http://www.paingamin.ca/

Les Baguettes en l'air

전통 사워도, 이스트 그리고 풀리쉬 밑반죽(poolish)을 사용해 유럽식
빵을 만든다. 오픈 키친이라 제빵사가 빵을 만드는 것을 직접 볼 수 있
다. 오가닉 밀가루와 곡물가루를 이용해 프렌치 바게트, 통밀빵, 푸가
스(Fougasse), 애플 턴오버(apple turnover), 크루아상(croissant) 등
다양한 종류의 빵을 만든다.

🏠 105 Rue St Pierre, Rimouski, QC G5L 1T6   📞 (418) 723-7246

생시몽 베이글 Saint-Simon Bagel

비대면 베이글 자판기에서 매일 매일 구운 베이글을 사 먹을 수 있다.
계란과 방부제를 넣지 않은 다양한 맛의 몬트리올 베이글과 유럽식의
브레첼(pretzel), 블루베리 혹은 메이플 시럽 베이글도 판다.

🏠 319 Rte 132, Saint-Simon-de-Rimouski, Quebec
📞 (418) 738-2580
www.saintsimonbagel.com

추천 캠핑장 5

Camping Pointe-aux-Oies

🏠 45 Avenue du Bassin N,
Montmagny, QC G5V 4E5
📞 418-248-9710
https://www.campingpointeauxoies.
com/

Camping Rivière-Ouelle

🏠 176 Chemin de la Pointe, Rivière-
Ouelle, QC G0L 2C0
📞 418-856-1484
https://www.campingriviereouelle.
com/

Camping du Quai

🏠 70 Rue de l'Ancrage, Rivière-du-
Loup, QC G5R 6B1
📞 418-860-3111
http://www.campingduquai.com/

Camping municipal de la pointe

🏠 2 Rue des Bains, Rivière-du-
Loup, QC G5R 5Z7
📞 844-344-4281
http://www.
campingmunicipaldelapointe.ca/

Camping municipal de Trois-Pistoles

🏠 100 Rue du Chanoine-Côté, Trois-
Pistoles, QC G0L 4K0
📞 418-851-4515
http://www.campingtrois-pistoles.
com/WP/

CANADA

Gaspésie

가스페지

세인트로렌스 강과 대서양이 만나는 강어귀와 세인트로렌스 만(Gulf of St.Laurence), 그리고
살레르만(Chaleur Bay)의 물에 잠긴 긴 가스페 반도를 가스페지(Gaspésie)라고 부른다. 파도치는 시골
풍경과 바다를 내려다 보는 산들의 대조적인 풍경은 방문객들을 매료시킨다. 어촌과 농촌, 강의 하구에 형성된
조그맣고 역동적인 마을들은 주변의 자연을 보존하면서 자신들을 위한 장소를 지금도 개척하고 있다. 따뜻한
환대로 유명한 가스페지는 해안가와 마타페디아 발리(Matapédia Valley)에 약 14만 명의 인구가 분포되어
있다. 약 900km의 해안 도로인 'Route 132' 는 미슐랭 그린 가이드(Michelin Green Guide)와 내셔널
지오그래픽 트래블러(National Geographic Traveler)가 인정한 상징적인 로드 트립 코스다.

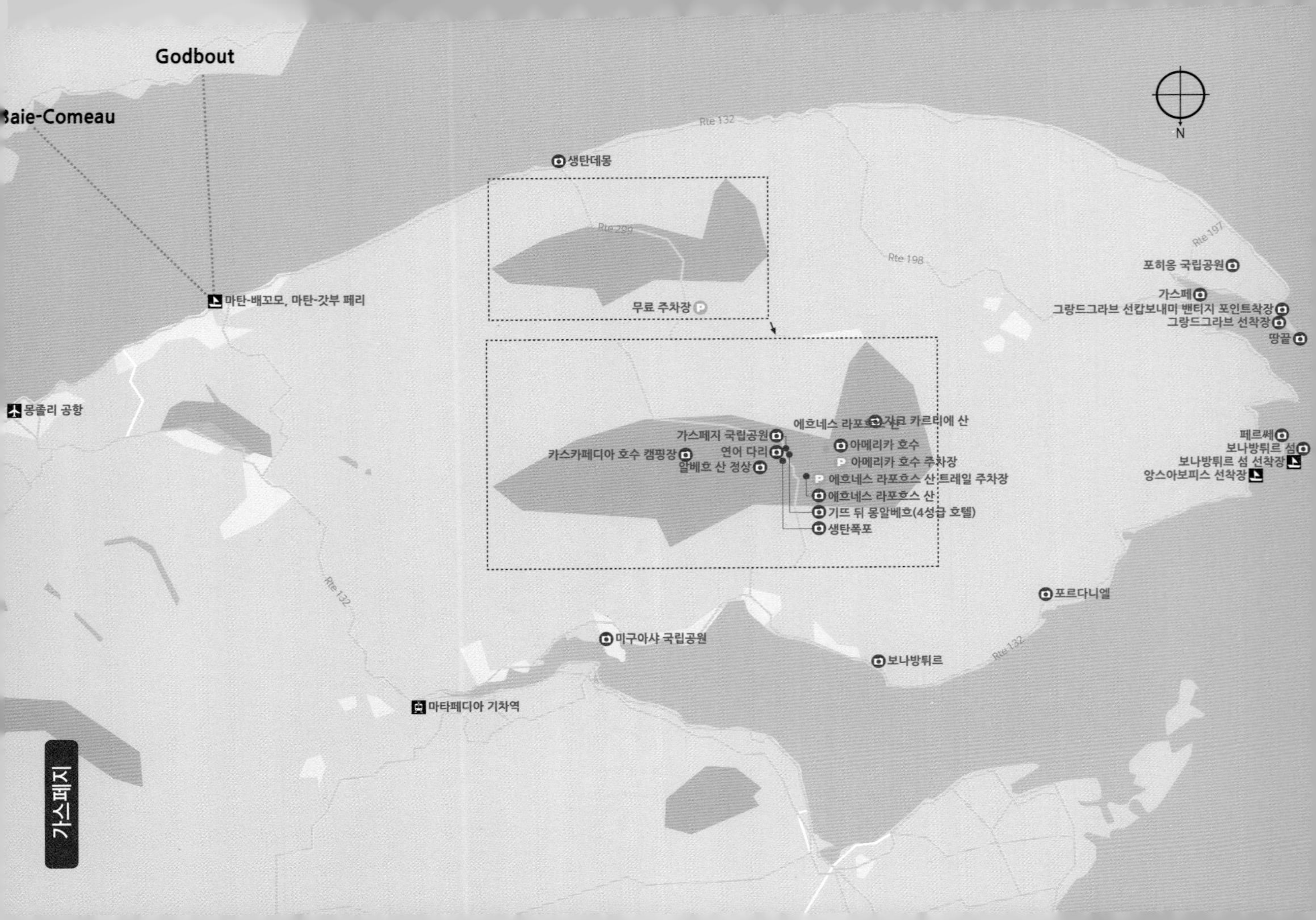

가스페지

Baie-Comeau

Godbout

무르트 백코모, 마틴-깃부 페리

마틴-깃부 페리

물롱리 공항

Rte 132

마테페디아 기차역

마구아샤 국립공원

레스탕둥도

카스카페디아 호수 캠핑장
가스페지 국립공원의
연어 대리
옐배초 산 캠핑

생트안몽

무료 주차장

Rte 299

Rte 132

에추에소 라포 캐빈 카르네야 산

아애리카 호수
P 아애리카 호수 주차장

에추에소 라포흐스 산
P 에추에소 라포흐스 캐빈
에추에소 라포흐스(4성급 호텔)
기브 뒤 중암배초 주차장

생트록포

기브 뒤 중암배초(4성급 호텔)

Rte 198

Rte 132

라투르포

Rte 197

그랑드그라브 선상가옥
캉스아밀스 선상장

부아나용비로 선 선상장

가스페
포릴롱 국립공원
그랑드그라브 포인트앙텔리 선상장
랑드그라브 선상장

포럴롱 국립공원

물롱

N

The Haute-Gaspesie
오뜨 가스페지

끝도 없이 펼쳐진 세인트로렌스 강어귀와 아름다운 절벽 사이에서 둥지를 튼 오뜨 가스페지의 풍경화같은 해안 마을들은 우리들을 매료시킨다. 지평선 너머로 떨어지는 붉은 노을은 숨막히게 아름답다. 어둑어둑해지면 강언덕의 등대들이 눈을 뜬다. 캅샤(Cap-Chat) 등대, 라 마흐트흐(La Martre) 등대, 캅 마들렌(Cap Madeleine) 등대는 이르면 6월에서 늦게는 10월까지 관광객들에게 개방된다. 낮엔 말이 없던 등대도 밤이 되면 살아 움직인다. 갑판에서 바라보는 등대빛은 오랜 친구를 만난 것처럼 정겹다.

오뜨 가스페지는 산이 많아서 높은(haute)이라는 수식어가 붙었다. 쇽쇽(Chic-Chocs)은 애팔래치아 산맥과 이어진 노트르담 산맥의 지류로 믹막(Micmac)어로 '바위산'이라는 뜻이다. 가장 높은 봉우리는 1,268m의 자크 카르티에 산이다. 하이킹, 행글라이딩, 캐니어닝(Canyoning), 그리고 카리부 떼를 포함해 많은 동물물을 볼 수 있는 오프로드 사파리 등의 액티비티와 130km의 해안선을 따라 드라이브를 하는 것만으로 가슴이 뻥뚫리는 체험을 하게 된다.

캅샤(Cap-Chat) 등대는 세인트로렌스 강의 경관을 보며 숙박할 수 있는 등대지기 하우스와 세 동의 카티지를 가지고 있다. 15명까지 수용 가능한 등대지기 하우스는 네 개의 방, 2개의 화장실, 부엌, 세탁기/건조기, 파티오, 바비큐 등이 완비되어 있다. 지역 역사와 전설에 중점을 둔 물건찾기 게임(Scavenger hunt)과 레버린스도 즐길 수 있다. 캅샤(Cap-Chat)는 고양이 얼굴을 닮아서 '고양이 곶(Cat Cape)'이라는 이름을 갖게 되었다고 하니, 한 번 방문하게 되면 정말 그런지 확인해보길 바란다.

1906년부터 빛을 밝히기 시작한 마흐트흐(La Martre) 등대의 발코니에 서서 드넓은 강을 바라보며 낭만에 젖어본다. 이 지역에서 발생한 다양한 난파선에 대한 이야기를 들려주는 포그혼 창고(foghorn shed)가 영구 전시되고 있다.

캅 마들렌(Cap Madeleine) 등대는 1871년부터 연안을 운항하는 배들을 위해 존재했다. 해설가이드는 등대, 포그혼, 제지소, 철도 등에 관련한 역사뿐만 아니라 마들렌에서의 삶에 대해 이야기를 들려준다. 부비새(Northern Gannet)와 고래들을 관찰할 수 있다.

라 마흐트흐(La Martre) 등대

Sainte-Anne-des-Monts
생탄데몽

1805년 세워진 어촌 마을, 생탄데몽(Sainte-Anne-des-Monts)은 20세기 순례의 중심지였다. 1915년에 발생한 끔찍한 화재로 오래된 많은 가옥들이 파괴되었고, 타지 않은 집은 유산의 일부가 되었다. 과학 박물관인 엑스프로라메흐(Exploramer)가 있고, 생탄데몽에서 시작하는 'Route 299' 도로를 통해 가스페지 국립공원(Parc national de la Gaspésie)으로 이동할 수 있다.

연어의 다리(Passerelle aux saumons)

가스페지 국립공원 – 몽알베흐 섹터
Gaspésie National Park - Mont-Albert Sector

🏠 1981, route du parc, QC-299, Mont-Albert, QC G4V 2E4
📞 1 800-665-6527 / 418-763-7494
sepaq.com/gaspesie
※ 가스페지 국립공원 디스커버리 방문자 센터 오픈 시간은 홈페이지에서 확인.

기뜨 뒤 몽알베흐 Gite du Mont-Albert (4성급 호텔)
🏠 2001, route du parc, QC-299, Mont-Albert, QC G4V 2E4
🕐 늦봄과 초가을 사이(5월 말 ~ 10월 중순), 그리고 겨울(12월 26일 ~ 3월 말)에만 오픈
https://www.sepaq.com/pq/gma/

생탄강(Rivière Sainte-Anne) 물줄기는 알베흐산(Mont-Albert)에서 발원해 가스페지 국립공원(Gaspésie)을 거쳐 세인트로렌스 강으로 흘러든다. 6월 중순부터 9월 말까지 대서양 연어를 관찰할 수 있다. 특히 가스페지 국립공원 – 몽알베흐 섹터 앞으로 흐르는 생탄강(Sainte-Anne River)은 6월 15일부터 30일까지 물길을 거슬러 올라가는 연어를 보기 위해 많은 관광객이 찾는 곳이다. 생탄강에 놓인 연어의 다리(Passerelle aux saumons) 밑으로 1천 마리의 연어가 지날 때는 그 모습이 장관이다. 연어는 600미터 상류에 있는 10미터 높이의 생탄폭포(Chute Sainte-Anne)에 막혀 더 이상 오르지 못하고, 알을 낳은 후 바다로 돌아간다. 연어의 다리에서 생탄강 하류쪽으로 8km 떨어진 그랑드포스(Grande-Fosse)도 연어를 관찰할 수 있는 좋은 장소다. 자연 환경이 잘 보존된 가스페지 국립공원은 카리부(woodland caribou)의 서식지이며, 하이킹 트레일로도 유명한 곳이다. 퀘벡에서 두번째로 높은 자크 카르티에 산을 오르는 등산로를 포함해 다양한 루트가 있다. 겨울에는 백컨츄리 스킹, 스노우슈잉, 크로스컨츄리 스킹 등의 액티비티를 위한 장비 대여와 가이드 서비스를 제공한다. 가스페지 국립공원 몽알베흐 섹터의 디스커버리 방문자 센터(Discovery and Visitor Centre)에 가면 다양한 정보를 얻을 수 있다.

엑스프로라메흐 Exploramer

박물관 앞에 세워져 있는 전망대에서 바라본 생탄데몽 해안가

가스페 반도의 바다, 산, 그리고 경이로움을 방문객에게 소개하기 위해 1995년 설립되었다. 2004년 엑스프로라메흐(Exploramer)는 세인트로렌스의 해양 생물에 초점을 맞춘 과학 박물관 쪽으로 변화를 꾀한다. 그래서 지금은 아쿠아리움, 박물관 전시, 액티비티, 그리고 바다 익스커션(Sea Excursion) 까지 기능을 다양화 했다.

아쿠아리움은 세인트로렌스 만(Gulf of St.Laurence)에 사는 60여종 1000마리 이상의 물고기와 생물체들을 약 20여개의 수족관에 전시하고 있다. 세인트로렌스 강에서 죽은 1억 마리의 상어와 상어에 대해 잘 알려지지않은 사실들을 알려주는 인터렉티브 전시관, 버추얼 조류 왓칭 스테이션, 생선과 해산물을 고루는 법, 맛집과 어시장을 알려주는 스마터 해산물 전시관(Smarter Seafood Exhibit)도 있다.

익스커션(excursion) 프로그램은 JV Exploramer를 타고 바다로 나가 1일 어부와 1일 해양학자가 되어 본다. 여행이 끝나면 세인트로렌스 강이 새롭게 보일 것이다. 2명의 승무원이 18명의 승객과 함께 지붕이 있는 허리케인 조디악(Hurricane zodiac)을 타고 여행한다.

🏠 1 rue du Quai, Sainte-Anne-des-Monts, Quebec
📞 418-763-2500
🕐 6월 중순 ~ 10월 초, 09:00-17:00. (보다 자세한 세부일정은 홈페이지 참고)
http://www.exploramer.qc.ca/

드라포 블랑

해안에 떠도는 유목(driftwood) 으로 만든 작품 드라포 블랑 (Drapeau Blanc). 제 7회 유목 축제(Driftwood Festival)에서 조각가 아흐망 야앙끄흐(Armand Vaillancourt)가 만들었다. 17미터, 21톤의 이 작품을 만들기 위해 총 100명이 2주 걸쳐 나무를 모았다고 한다.

아쿠아리움과 박물관 등을 접목한 과학 박물관, 엑스프로라메흐

생탄 성당

	바다 익스커션 (1일 어부)	바다 익스커션 (1일 어부)	물고기 피킹 액티비티
어른(18세 이상)	CA$18,90	CA$78,00	CA$78,00
학생	CA$15,75	CA$64,00	CA$64,00
어린이(6~17)	CA$12,60	CA$45,00	CA$45,00
어린이(5세 이하)	무료	해당사항없음	해당사항없음

※ 콤보 패키지를 구입하면 보다 저렴하게 티켓을 구입할 수 있다.

Gaspé
가스페

믹맥(Micmac) 언어에서 제스페그(Gespeg)는 '땅끝'을 의미한다. 1534년 자크 카르티에(Jacques Cartier)가 세운 십자가로 인해 가스페(Gaspé)는 캐나다의 요람이라는 칭호를 얻었다. 산으로 둘러싸인 가스페만(Gaspé Bay)은 레저용 요트들과 각국에서 온 유람선들을 감싸듯 보호한다. 17개의 연안마을이 모여 이루어진 가스페는 1,447km2 에 걸쳐 펼쳐져있다. 가스페 반도의 상업 및 행정 중심지며, 레스토랑으로 가득한 활기넘치는 거리와 가스페만을 따라 경치 좋은 산책로가 있다.

포히옹 국립공원
Forillon national park

1970년 캐나다에서 스물두번째 국립공원으로 지정된 포히옹 국립공원은 크루즈, 카약킹, 바다낚시, 하이킹, 캠핑 등 다양한 액티비티를 즐길 수 있는 곳이다. 북쪽 섹터에는 데호지에 캠핑장(Camping Des-Rosiers)과 남쪽 섹터에는 프티가스페 캠핑장(Camping Petit-Gaspé)이 있다. 두 곳 모두 화장실, 샤워장 등의 편의시설이 갖추어져 있고, 특히 프티가스페 캠핑장에는 레스토랑이 있는 레크리에이션 센터와 교회도 있다.

그랑드그라브 선착장 Grande-Grave wharf 은 고등어 낚시터로 유명한 곳이기도 하고, 고래보기 크루즈가 출발하는 곳이기도 하다. 바다낚시에 대한 규정도 예전같지 않아서 한 사람이 10마리까지만 잡을 수 있고, 낚시 바늘이 하나든 세 개든 상관없이 낚싯대는 하나만을 사용해야한다. 낮엔 부두가 부산스러워 고등어가 없고, 새벽이 좋다.

캅데호지에 등대 Cap-des-Rosiers Lighthouse
프랑스의 탐험가, 사뮈엘 드 샹플랭은 이 곳에서 많이 자라는 야생 장미의 이름을 빌려 이곳을 장미곶(Cap-des-rosiers)이라고 불렀다. 뱃사람들에게 이 곳은 세인트로렌스 만(Gulf of St.Laurence)이 시작되는 지점이다. 많은 배들이 이 곳에서 난파되었기 때문에 1858년 캐나다에서 가장 높은 등대가 세워졌다. 캅데호지에(Cap-des-Rosiers)는 포히옹 국립공원의 관문으로 뒤바 트레일(Du Banc Trail), 전망대, 그리고 187명의 승객을 태운 아일랜드 배가 침몰한 것을 추모하는 카릭스 메모리얼(Carricks Memorial) 등이 있다.

캐나디에서 가장 높은 캅데호지에 등대

캅보내미 Cap-Bon-Ami

캅보내미의 터줏대감 바다새인 북미산 가마우지

캅보내미(Cap-Bon-Ami)에는 자연 데크인 르퀘(Le Quai) 바위가 있다. '부두'라는 이름에 걸맞게 이 곳에 서면 세인트로렌스 만의 끝없이 펼쳐진 바다가 보이고, 어디를 보나 그림엽서같은 풍경이 눈에 들어온다. 왼쪽을 보면 캅데호지에(Cap-des-Rosiers)와 캅보내미(Cap-Bon-Ami) 사이에 해변을 따라 웅장한 절벽이 병풍처럼 서있다. 3억 7천년의 포히옹 절벽은 애팔래치아 산맥의 절정이다. 파도와 얼음톱 같은 바람은 바위해안을 지금의 모습으로 조각해 놓았다. 오른쪽으로 시선을 돌리면 아담한 모래해변과 웅웅거리는 절벽, 그리고 가스페 땅끝이 보인다. 캅보내미는 '부두' 바위라는 이름보다는 '테라스' 바위라는 이름이 더 어울려 보인다.

캅보내미(Cap-Bon-Ami)라는 이름은 영국 건지섬 출신의 상인 엘리에 보내미(Hélier Bonamy)라는 이름에서 왔다. 1777년에 그의 회사는 가스페지 지역의 어부 80%를 고용했다고 한다.

부두 바위 오른쪽의 모래 해변과 절벽

고래보기 크루즈 Whale Watching Cruise

고래보기 크루즈는 그랑드그라브 선착장 Grande-Grave wharf에서 출발한다.
그랑드그라브(Grande-Grave)는 지도에서 보이는 것처럼 포히옹 국립공원 남
쪽 섹터의 입구를 통과해 프티가스페 캠핑장, 그리고 텐트와 캐빈을 결합한 오
텐틱(oTENTIK) 캠핑장을 지나 2.5km를 더 가면 오른편 해안에 있다. 관광객들은
고래보기 크루즈 전문 여행사인 크루와지에르 베 드 가스페 Croisière Baie de
Gaspé 가 운영하는 키오스크(kiosk)에 가서 등록을 한다. 바다 날씨는 육지에 서
있을 때보다 많이 춥기 때문에 바람막이 우의를 포함해 옷을 따뜻하게 입으라는
주의를 듣는다. 키오스크 내의 부티크에서 우의를 구입할 수도 있다. 일찍 온 사
람들은 그랑드그라브 해안에 앉아 일광욕을 하기도 하고, 방파제에서 고등어 낚
시를 하는 사람들의 모습을 지켜보기도 한다. 승객은 못해도 출발 45분 전에는
선착장에 도착해야 한다. 나흐발 3호(Narval III)는 최대 47명까지 태울 수 있고, 배
에 화장실도 있다. 장애인도 투어를 할 수 있도록 설계되었기 때문에 미리 선장에
게 이야기하면 도움을 받아 배에 오를 수 있다. 나흐발(Narval)은 바다의 유니콘으
로 불리는 '일각고래'를 뜻한다. 일각고래의 긴 뿔은 뿔이 아니라 윗입술을 뚫고
나온 이빨이라는 사실도 놀랍지만 그 길이가 3미터까지 자란다니 놀랍지 않을 수
없다.

고래보기 크루즈가 출발하는 그랑드그라브 선착장

🐋 크루즈 출발지 : Grande-Grave harbor,
　 Forillon South Area, 2448 A, Grande-
　 Greve bout.
📞 티켓예약 418-892-5500 혹은
　 홈페이지에서 예약 www.baleines-
　 forillon.com

배는 해안선을 따라 내려가며 레그라브(Les Graves) 트레일을 걷는 사람들과 해안 절벽 아래 옹기종기 모여있는 물개 무
리도 볼 수 있다. 가스페곶을 지날 때면 웅장한 절벽과 그 위에 걸터앉은 등대가 한 장의 그림처럼보인다. 크루즈 선장
은 고래가 있을 법한 곳으로 뱃머리를 돌린다. 가스페 만과 세인트로렌스 만에서 볼 수 있는 고래 종류는 6가지로 흰줄무
늬 돌고래, 쥐돌고래(Harbour Porpoise), 밍크 고래, 핀 고래, 험백(Humpback), 그리고 세상에서 제일 큰 대왕고래(Blue
whale) 등이다. 험백 고래는 먹이를 찾기 위해 더 깊이 잠수하려다 보니 꼬리가 물 밖으로 나온다. 승객들은 이 때를 놓치
지 않고 사진을 찍는다. 배에는 동식물 연구가(naturalist)가 올라 고래에 대한 다양한 정보를 들려준다. 고래 관찰은 2시간
30분 동안 계속된다. 고래보기 크루즈는 여름시즌(7월 초 ~ 10월 초)에만 하루 2번에서 4번까지 크루즈 일정이 있으니 언
제 몇시에 출발하는 지 웹사이트에서 확인하길 바란다. 요금은 어른이 85불, 어린이(3~15살)는 55불이다.

2시간 30분 '고래보기 크루즈'를 즐기는 관광객들

믹막어로 '땅끝'인 가스페곶

제스페그 믹막 박물관

Site d'interprétation Micmac de Gespeg

- 🏠 783 Boul Pointe Navarre, Gaspé, Quebec G4X 1A7
- 📞 예약 418-368-7449
- 🕐 6월 초 ~ 9월 말/1주일에 6일 오픈/09:00– 17:00 (예약 필수)

http://www.micmacgespeg.ca/

자작나무로 만든 13미터 바다 카누

제스페그(Gespeg)는 믹막(Micmac) 언어로 '땅끝'을 의미한다. 믹막(Micmac) 족은 미국의 메인 주, 캐나다의 대서양 연안주, 그리고 퀘벡 주의 가스페 반도 에 걸쳐 살았다. 믹막 원주민의 문화를 소개하는 믹막 박물관은 드림캐쳐 만들 기, 삼나무 바구니 엮기 등의 프로그램을 운영한다. 박물관 내의 부티크에서는 원 주민이 만든 수제 물건을 판다. 박물관 뒤편에는 믹막 조상들이 생활했던 위그엄 (wigwams), 그들이 사용했던 화덕(fire ring), 그리고 여러 종류의 사냥덫이 전시 되고 있다. 가이드투어는 시간을 거슬러 1675년 믹막 사람들이 어떻게 생활했는지 알려준다. 믹막 스토리텔러인 팀 아담(Tim Adams)을 포함해 원주민 해설가이드 들은 원주민에 대한 흥미있고 재미있는 이야기를 수도 없이 들려준다.

박물관에 전시된 믹막 원주민의 수렵 도구들은 무척 흥미롭다. 삼지창처럼 생긴 연어 작살은 연어 낚시에 아주 효과적이라는 것이 증명되었다. 좌우의 뾰족한 나 무가 물고기를 움직이지 못하도록 잡고 있으면 뼈로 만든 중앙의 뾰족한 부분이 물고기를 꿰뚫었다. 자루의 길이는 4 ~ 5미터 정도다. 그리고 여우가죽으로 만든 화살통은 어깨에 메고 달려도 소리가 나지 않는다.

야외에 설치된 각종 사냥덫도 무척 흥미롭다. 곰덫은 곰이 먹이를 물어 당기는 순 간 커다란 통나무가 무너져내려 곰에게 치명상을 입히는 일종의 장치다. 곰덫, 토 끼덫 모두 기발하지만 무스덫은 더 기발하다. 무스의 목이 걸릴 만한 높이에 덫을 만들고 커다란 통나무를 연결했다. 자작나무 잎을 뜯어먹다가 혹은 숲길을 이동하 다가 목이 덫에 걸린 무스는 통나무를 끌고 달아나야한다. 무스가 지치면 원주민 들은 돌이나 나무칼로 때려 죽였다. 해설가이드의 말로는 서부영화에 등장하는 원 주민이 쇠창을 들고 싸우는 장면은 다 거짓이라고 한다. 원주민은 싸울 때 80cm 가량의 전투용 나무칼을 사용했다고 한다.

곰덫

박물관 뒤산에 있는 위그엄. 믹막 원주민은 위그엄 바닥에 삼나무 가지를 깔아 곤충과 모기 등을 □았다. 그리고 부들(Cattail)을 말려 매트리스처럼 사용하고 그 위에 물개 가죽을 깔고 생활했다.

가스페지 박물관 &
자크 카르티에 기념비
Musée de la Gaspésie and Jacque-Cartier Monument

- ⊙ 9월~5월 (11:00-16:00), 5월 31일~9월 5일 (09:00-17:00), 7월 16일~8월 8일 (09:00-18:00)
- 🎫 어른 $15.25, 학생(18살 이상)/노인(65살 이상) $13.25, 어린이(6-17살) $9.25, 어린이(5살 이하) 무료.
  주소 : 80 Boulevard de Gaspé, Gaspé, QC G4X 1A9
  전화 : 418-368-1534http://www.micmacgespeg.ca/

가스페지 박물관은 가스페(Gaspé)의 역사와 문화 유산을 보존하고 알리는 역할을 하고 있다. 상설 전시관인 '열린 바다(Open Sea)'는 바이킹선(longship)부터 믹막 원주민의 바다 카누까지 15대의 요트를 통해 대구 어부, 고래 사냥꾼, 선장 등 뱃사람의 모험 이야기와 가스페지의 이야기를 들려준다.

'자크 카르티에 십자가' 기념비가 있는 캐나다 탄생지 유적지(Birthplace of Canada Historical Site)는 야외영화상영, 댄스 등 각종 무료 이벤트가 열리는 시민들의 쉼터가 되고 있다.

1534년, 자크 카르티에와 선원 61명이 탄 두 척의 배는 생말로를 떠난 지 20일 항해 끝에 래브라도 해안을 지났다. 그리고 그들은 세인트로렌스 만에 진입했다. 1534년 7월 3일, 자크 카르티에는 샬레르만, 포트 다니엘 급류, 페르세 코브, 그리고 가스페만(Gaspé Bay)을 탐험했다. 1534년 7월 24일, 가스페만의 끄트머리에 한 선원이 '프랑스의 왕이여, 만수무강하소서!' 라는 글귀를 새긴 쇠붙이를 십자가에 붙여 땅에 박았다. 8월 15일, 자크 카르티에는 생말로로 귀항하기 위해 배에 올랐다.

1534년 자크 카르티에 탐험대의 선박

대구 무역선

Percé
페르쎄

가스페 반도에서 가장 큰 어항이었지만, 지금은 아름다운 주변 경관으로 인해 관광 도시로 더 알려져있다. 페르쎄(Percé)는 '구멍이 뚫린'이라는 뜻으로, 페르쎄 바위(Rocher Percé)의 허리쯤 높이에 지름이 20m인 아치형 구멍이 뚫려 있다. 느낌표 모양의 페르쎄 바위와 해안에서 조금 떨어진 보나방튀르 섬을 통틀어 일르보나방튀르 에 뒤 호쉐 페르쎄 (Île-Bonaventure-et-du-Rocher-Percé) 국립공원이다. 간조시에는 걸어서, 만조시에는 배를 타고 페르쎄 바위에 접근할 수 있다. 몽졸리 곶(Cap Mont-Joli)에 오르면 페르쎄 바위를 가까이서 볼 수 있다. 몽생탄(Mont Sainte-Anne)의 유리 플랫폼에서는 페르쎄(Percé) 전체를 전망할 수 있다. 세계에서 가장 접근하기 쉬운 노던 가넷(Northern Gannet) 서식지인 보나방튀르 섬 투어는 페르쎄 여행의 하이라이트라고 할 수 있다. 보나방튀르 섬으로 가는 크루즈 티켓은 페르쎄 다운타운에 있는 크루와지에르 줄리엥 클루티에르 (Croisières Julien Cloutier)에서 구입할 수 있다. 앱스토어(App Store)에서 앱을 다운로드 받아 오디오가이드를 들으며 페르쎄를 혼자 걸어서 투어할 수 있는 '페르쎄 역사 여행(Historical tour of Percé)'도 관광객에게 인기다.

페르쎄 관광안내소

142 Route 132 O, Percé, QC G0C 2L0
418-782-5448
http://www.tourismeperce.ca/

일르보나방튀르 에 뒤
호쉐 페르쎄 국립공원

Ile-Bonaventure-et-du-Rocher-
Percé National Park

보나방튀르 섬 입장료 : 어른(18세 이상) $9.25,
어린이(17세 이하) 무료
티켓 구입 :https://www.sepaq.com/pq/
tarification-parcs-nationaux.dot
 (입장권은 온라인을 통해서만 구입할 수
있다.)

줄리엥 클루티에르 크루즈 (Croisières Julien
Cloutier)
서비스 : 고래보기 크루즈, 페르쎄 바위 &
보나방튀르 섬 크루즈
주소 : 5 Rue du Quai, Percé, QC G0C 2L0
전화 : 418-782-2161
홈페이지 : http://croisieres-julien-
cloutier.com/http://geoparcdeperce.com/

보나방튀르 섬(Bonaventure Island)은 세계에서 가장 접근하기 쉬운 노던 가넷
(Northern Gannet) 서식지와 섬 둘레길 하이킹으로 유명하다.

페르쎄 관광안내소 맞은 편에 있는 크루와지에르 줄리엥 클루티에르 (Croisières
Julien Cloutier)에서 크루즈 티켓을 구입한다. 크루즈를 타는 곳은 페르쎄(Percé)
에서 10km 떨어진 앙스아보피스 선착장(Anse-à-Beaufils wharf)이다. 보피스 선
착장에 조금 못미쳐 132번 도로의 우편에는 크루즈 여행객을 위한 넓은 주차장이
있다. 요금은 5달러다. 배타는 선착장까지 몇 분 안 되는 거리지만 셔틀 버스가 승
객을 주어나른다. 아름다운(beau) 아들(fils)이라는 뜻의 보피스만 선착장에는 사
람들이 적잖이 찾는 갤러리-부티크, 카페, 그리고 로컬 맥주 양조장인 핏 카리부
(Pit Caribou)도 있다.

보나방튀르 섬으로 가는 크루즈는 아침 9시부터 매 30분 간격으로 출발했지만 팬
데믹 이후에는 1 시간 간격으로 출발하고 있다. 섬까지는 배로 45분 가량 걸린다.

보나방튀르 섬은 철새들의 낙원으로 200여종, 20만 마리가 서식한다. 가장 흔하게
볼 수 있는 노던 가넷(Northern Gannet)은 파란색 알을 한 개만 낳는 것으로 알려
져 있다. 1971년까지만 해도 35명의 주민이 섬에 살았지만 이후 모두 섬을 떠나고

1985년 국립공원으로 지정되었다.

승객들은 배를 타고 가며 보피스만 Anse-à-Beaufils 의 해안 절벽, 캅 블랑 등대, 몽생탄, 그리고 페르쎄 바위 등을 감상한다. 몽생탄은 멀리서 보니 고구려의 발상지였던 오녀산성과 닮았다. 보나방튀르 섬에는 네 개의 하이킹 트레일이 있다. 어디로 가든 노던 가넷 무리를 관찰할 수 있는 전망대로 이어진다. 가장 짧은 트레일은 레콜로니(Les Colonies)이고, 가장 아름다운 트레일은 르슈멩뒤흐와(Le chemin du Roy)다. 서식지에는 무려 12만 마리나 되는 노던 가넷이 살고 있다. 노던 가넷은 날아오르고 싶으면 부리를 하늘로 향하고 목을 길게 뻗는다. 그렇게 해서 공기주머니에 산소를 채우면 물속으로 잠수할 때 충격을 줄일 수 있다. 9월 2일, 새끼 새(chicks)들은 어미만큼 성장했다. 스카이 포인팅(sky-pointing)을 하는 동안 노던 가넷은 둥지를 떠나고 싶다고 것을 파트너에게 알리기 위해 소란스럽게 울어댄다. 사람들은 흘레 데 푸(Relais des Fous) 테라스에서 이 독특한 전경을 보면서 간식도 먹고, 현지 맥주인 핏 캐러부(Pit Caribou)도 음미하며 마신다. 하이킹을 끝내고 돌아갈 배를 기다리며 레스토 데 마흐(Resto des Margaulx)에서 생선 수프(fish soup)를 맛보는 것도 잊지말자. 꽤나 유명하다는데 그것이 허기 때문은 아닌 지 모르겠다. 마지막 배는 섬에서 5시에 떠난다.

페르쎄 유네스코 글로벌 지오파크
Percé UNESCO Global Geopark

Teknotik Pavillion
시간 : 09:00 ~ 16:00
🏠 180, route 132 Ouest, Percé, G0C 2L0
📞 418-782-5112
💰 어른(16세 이상) | 어린이 (6-15)
　　Tektonik (Multimedia) $15.25 | $10.25
　　Suspended Glass Platform $11.25 |
　　$8.25
　　Shuttle Bus $7.00 | $6.00
http://geoparcdeperce.com/

박물관에서 상영하는 멀티미디어 텍토닉(Tektonik)을 통해 페르쎄(Percé)의 5억 년에 걸친 지질학적 역사를 탐험한다. 또한 건물 뒤로 보이는 몽쌩탄(Mont Sainte-Anne)에 올라 서스펜디드 유리 플랫폼(Suspended glass platform)같은 전망 좋은 곳에서 휴식을 할 수도 있다. 걷는 것이 힘든 사람은 지오파크 박물관에서 유리 플랫폼까지 가는 플랫폼 셔틀(Platform shuttle)을 이용하면 된다. 셔틀 이용료는 어른이 6.50 달러다. 지오파크에서 가장 인기가 많은 곳은 2017년 6월에 오픈한 유리 플랫폼이다. 쌩탄산의 해발 200미터 절벽에 캔틸레버(Cantilever) 공법으로 만든 이 플랫폼은 다이빙 점프대처럼 절벽 너머로 돌출한 전망대다. 플랫폼에 서면 페르쎄 바위(Rocher Percé)와 페르쎄 다운타운은 물론이고, 멀리 포히옹 국립공원(Forillon National Park)도 훤히 보인다. 플랫폼 바닥이 유리로 된 곳에 서면 현기증이 날 정도다. 내친 김에 짚라인도 도전해보기 바란다.

페르쎄 전지역을 전망할 수 있는 몽쌩탄(Mont Sainte-Anne)의 유리 플랫폼(glass platform) © Mathieu Dupuis/Tourisme Gaspésie

Bonaventure
보나방튀르

보나방튀르(페르세 앞바다에 있는 보나방튀르 섬과 혼동하지 말 것)는 1760년 대추방(the Great Deportation) 기간동안 노바스코샤(Nova Scotia)와 뉴브런즈윅(New Brunswick)에서 추방된 아카디아 사람들 중 일부에 의해 설립되었다. 이 곳의 바닷물은 놀랍게도 다른 가스페의 바닷물보다 따뜻하다. 그래서 보나방튀르 앞바다의 이름은 '따뜻한 만'이라는 뜻의 샬레르만(Chaleur Bay)이다. 바다를 따라 포장된 산책로 덕분에 4km에 가까운 해안 경관을 감상하며 하이킹, 자전거 타기, 인라인 스케이트를 즐길 수 있다. 보나벤처 강에서는 수영, 카누, 카약, 그리고 연어 낚시를 즐긴다. 아카디아 정착민이 처음으로 지은 100년 된 건물에 위치한 퀘벡 아카디아 박물관(Musée acandien du Québec)은 아카디아의 역사와 문화를 잘 설명해주는 곳이다. 가스페지 지역의 생태계와 동물군에 대해 자세히 알려주는 가스페지 바이오파크(Bioparc de la Gaspésie)도 방문할 만하다.

보나방튀르(Bonaventure)라는 이름은 중세 시대 이탈리아 프란체스코회 신학자이자, 알바노(Albano)의 추기경 주교였던 성 본어벤처(Saint Bonaventure)를 기리기 위한 것이기도 하고, 배의 주돛대 뒤에 있는 미즌돛대(mizzenmast)의 프랑스 이름이 보나방튀르(Bonaventure)이기도 했다.

퀘벡 아카디아 박물관

Musée acandien du Québec

- 시간 : 연중 무휴
- 어른 $15, 시니어(65+) $12.75, 학생 $10.50, 어린이(5세 이하) 무료
- 95 Avenue de Port Royal, Bonaventure, QC G0C 1E0
- 418-534-4000

http://www.museeacadien.com/

샬레르만과 마주보고 있는 퀘벡 아카디아 박물관은 아카디아 역사와 문화를 전시하는 영구 전시관은 물론이고, 모자 전시와 같은 특별 전시회를 통해 이 지역 문화의 현재를 다이나믹하게 보여주고 있다. 롱펠로우(Henry Wadsworth Longfellow)의 대서사시 '에반젤린(Evangeline)'의 모티브가 되었던 아카디아 사람들의 대추방(The Great Deportation)에 얽힌 슬픈 이야기는 가슴을 뭉클하게 한다. 박물관 부티크에서는 아카디안의 족보, 역사, 요리 심지어 아카디안 방언 용어집과 같은 다양한 주제를 다룬 책들을 팔고 있다. 또한 아카디아 출신 예술가들의 음반 CD도 파는데, 리드미컬한 음악은 가스페지 여행을 위한 완벽한 사운드 트랙이 된다. 캐롤린 종프(Carolyne Jomphe)의 '드 라까디 알라 코트노흐 (De l'Acadie à la Côte-Nord)'에 수록된 '에반젤린'을 꼭 들어보길 바란다.

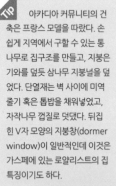

아흐스노(Arsenault)의 족보

아카디아 후손들은 퀘벡에 살든 어디에 살든 17세기 그리고 18세기에 아카디아에 정착했던 개척자 가족을 찾을 수 있다. 대추방 이전에 아카디아에 살았던 1만 3천 명의 아카디안은 그 뿌리를 찾아 가면 조상이 같은 경우가 많다고 한다. 오늘날 북미에 살고 있는 400만 이상의 아카디안은 대다수가 일가친척인 것이다. 아카디안은 퀘벡, 루이지애나, 뉴브런즈윅, 노바스코샤, PEI 등에 많이 산다.

가슴 아픈 이름, 에반젤린(Evangeline)

롱펠로우(Longfellow)는 추방당하면서 약혼자와 헤어지는 젊은 아카디안 아가씨에 대한 로맨틱한 드라마를 떠올리게 하는 대서사시 에반젤린(Evangeline)을 1847년 출간한다. 이 이야기는 그녀가 그랑프레(Grand-Pré)에서 루이지애나로 약혼자를 찾아 떠나는 여정을 그리고 있다.

목가적인 그랑프레(Grand-Pré) 마을의 젊은 남녀 가브리엘(Gabriel)과 에반젤린은 결혼식 날 마을을 점령한 영국군에 의해 추방당해 생이별을 하게 된다. 오랜 세월 약혼자를 찾아 북미 각지를 떠돌던 에반젤린은 악성전염병이 돌던 필라델피아의 의료원에서 환자를 간호하던 중 죽음에 임박한 약혼자를 만나게 된다. 그리고 가브리엘은 에반젤린의 품에 안겨 영원히 잠든다.

죽어가는 연인을 다시 만나는 부분은 아카디안 비극의 절정이다. 허구이긴 하지만 아카디안의 역경을 잘 조명한 작품으로 영어권의 거의 모두가 읽었을 정도로 성공작이다. 롱펠로우는 그 옛날 아카디아로 불렸던 메인(Maine) 주 포틀랜드에서 1807년 태어났다. 아카디아의 정서는 여기서 그치지 않고 소설가, 시인, 극작가 그리고 영화제작자를 일으켰다. 가스페 출신의 시인, 프랑스와 부조(Françoise Bujold), 에디스 버틀러(Édith Butler), 칼릭테 뒤기에(Calixte Duguay), 몽튼 출신의 마리 조테이오(Marie-JoThério), 루이지애나의 자챠리 리챠드(Zachary Richard) 같은 가수들은 아카디안 정신을 불어권 청중을 위해 노래 속에 녹였다.

〈아카디안 문화 체험 추천 여행지〉
• 뉴브런즈윅의 〈Le pays de la Sagouine〉
뉴브런즈윅(New Brunswick)의 작은 마을 북뜨슈(Bouctouche)에 있는 아카디안 민속촌이다. 아카디아 출신 작가 Antonine Maillet가 1971년에 쓴 희곡 라 싸구인〈La Sagouine〉을 바탕으로 세워졌다. 이곳에서는 연극 〈La Sagouine〉외에도 아카디아 문화와 관련한 다양한 공연이 펼쳐진다. 40여 가지의 전통 아카디아 음식을 맛볼 수 있는 '마틸다의 부엌'은 단연 인기다. 아카디아 클램 파이(Acadian clam pie), 간 감자로 만든 라피 파이(Rape pie), 랍스터 롤(Lobster roll) 등을 판다.

• 노바스코샤의 〈Grand-Pré National Historic Site〉
아카디아 사람들을 하나로 묶는 강력한 기념물이다. 멀티미디어를 통해 아카디안 대추방에 대한 슬픈 이야기를 들어보자. 채플 앞에는 롱펠로우(Longfellow)가 이 곳을 무대로 쓴 대서사시 '에반젤린(Evangeline)'의 주인공 에반젤린의 동상이 세워져있다.

가스페지 바이오파크
Bioparc de la Gaspésie

🏠 123, rue des Vieux Ponts, Bonaventure,
   G0C 1E0
📞 418-534-1997
🕐 09:00-17:00
💵 (세금포함) : 어른(15세 이상) $24.50,
   어린이(3~14) $15.20, 어린이(2세 이하) 무료.
bioparc.ca

바이오파크 카티지
🏠 142 Rue Beaubassin, Bonaventure, QC
   G0C 1E0
📞 418-534-1997
https://bioparc.ca/chalets-a-louer/

가스페지 바이오파크(Bioparc de la Gaspésie)는 베이(Bay), 바하슈아 (Barachois)*, 강(River), 삼림(Forest), 그리고 툰드라(Tundra) 등 가스페지의 5가지 생태계와 40여 종 동물을 전시하는 교육용 동물 공원이다. 1.5km의 야외 트레일을 걸으며 자연 생태계에 살고 있는 70여 종의 식물도 같이 볼 수 있다. 작은 가축 농장과 곤충관도 아이들이 좋아하는 곳 중 하나다. 가장 인기가 많은 물범쇼는 하루에 두 번(10am, 1:20pm) 있다. 양동이의 반이나 되는 양의 물고기를 먹는다고 한다. 26살 푸스(Puce)와 22살 트럼펫(Trompette)은 모두 암놈이고 잔점박이 물범(Harbour Seal)이다. 푸스(Puce)는 1999년 퀘벡 아쿠아리움(Aquarium du Québec)에서 이 곳으로 왔고, 트럼펫(Trompette)은 여기에서 태어났다. 바이오파크는 다른 동물원과 마찬가지로 먹이를 줄 때 혹은 밥 먹고나서 활동이 많을 때 찾는 것이 좋다.

공원과 동물 컬렉션 외에도 바이오파크는 숙박 단지를 제공한다. 9개의 현대식 카티지(Cottage)를 갖춘 단지는 바다를 정면으로 바라보는 보바셍 해변(Plage Beaubassin)에 위치해있다. 모든 시설이 완비되어 있어 편리하고, 넓직한 실내 공간, 그리고 미닫이 문을 열면 보이는 바다 풍경은 낮엔 평화롭고 밤엔 신비롭다. 바이오파크 카티지 옆으로는 보나방튀르 시립 캠핑장(municipal campground) 이 자리하고 있다.

바이오파크 카티지

삼림 생태계에 있는 무스

미구아샤 국립공원

🏠 231 Route de Miguasha O, Nouvelle, QC
  G0C 2E0
📞 1 800-665-6527
⏰ 5월 4일 ~ 10월 23
💲 어른(18+) $9.25, 어린이(17세 이하) 무료
http://www.sepaq.com/pq/mig/

미구아샤 자연사 박물관
💲 어른(18+) $11.52, 어린이(17세 이하, 부모
  동반인 경우) 무료
  국립공원 입장료 포함
http://itineraires.musees.qc.ca/fr/fleuve-
saint-laurent/musees/miguasha

유네스코 세계문화유산인 미구아샤 국립공원은 세계적으로 잘 알려진 엘피스토스테지 왓소니 (Elpistostege Watsoni) 화석이 온전한 형태로 발굴된 곳이다. 이곳에서 발견된 물고기 화석들은 척추동물이 수생 생물에서 지상 생물로 이동했다는 것을 이해하는데 도움을 주는 것들이다. 방문객들은 미구아샤 국립공원 내의 자연사 박물관(Musée d'histoire naturelle)에서 오늘날과 매우 달랐던 가스페지를 발견하고, 약 3억 8천만년 전, '물고기의 시대'까지 거슬러 올라가 지구 생명의 진화 과정에 대한 여러 가지 이야기를 듣게 된다. 어린이를 위한 패밀리 액티비티, 인형극, 샌드박스(Sandbox), 그리고 피크닉 지역 등이 잘 갖추어져 있다.

3억 8천만년 전, 이 곳은 적도에 가까운 열대 지역이었고, 먹이사슬이 존재하는 강이 흘렀다. 미구아샤 절벽에서 데본기의 유스테놉테론(Eusthenopteron) 화석이 발견되었다. 이 물고기는 폐로 호흡했고, 커다란 지느러미는 이전 물고기에서는 볼 수 없었던 뼈를 가지고 있었다. 그 뼈는 인간이나 사지동물의 팔뚝에 있는 상박골과 같은 것이었다. '뛰어나게 강력한 지느러미'라는 뜻의 유스테놉테론은 이 뼈 있는 지느러미를 이용해 수초를 헤쳐서 먹이를 찾았을 것이라고 학자들은 주장한다. 화석의 가치로 말미암아 미구아샤의 왕자(Prince of Miguasha)로 불렸다. 현재는 2010년에 발견되어 2년여만에 복구된 엘피스토스테지 왓소니 (Elpistostege Watsoni) 화석이 미구아샤의 왕(King of Miguasha)로 등극하며 국제적인 주목을 받고 있다. 지느러미가 손가락으로 진화된 증거를 보여주는 중요한 화석으로 네이처(Nature) 잡지에 소개되었다. 엘피스토(elpisto)는 '바라다(hope)'라는 뜻이고, 스테지(stege)는 초기 사지동물의 이름 끝에 많이 붙였다고 한다. 그래서 엘피스토스테지(Elpistostege)는 '이것이 사지동물이길 바란다(We hope It's a tetrapod)'라는 의미를 함축하고 있다고 한다.

3억 8천만년 전의 미구아샤 절벽 지층

포르다니엘
Port-Daniel

📍 262, route du parc, Port-Daniel(Québec)
📞 418-396-2232
http://www.sepaq.com/rt/pod/

100년 된 포르다니엘 기차역

자연 애호가들은 샬레르만, 바하슈아(Barachois), 호수, 강, 등산로 등의 따뜻한 환영을 기대해도 좋다. 이 지역은 자크 카르티에가 1534년 북미에서 최초의 미사를 드렸던 곳이고, 옛 상인들은 메종르그랑(Maison Le Grand)에서 물건을 진열해놓고 팔았던 역사적인 곳이다. 지은 지 100년이 넘는 포르다니엘 기차역은 몬트리올-가스페 구간이 다시 개통될 날을 손꼽아 기다리고 있다. 세계적으로 유명한 소설가 가브리엘 루아(Gabrielle Roy)*와 퀘벡의 위대한 화가 마르크-오렐 포르탱(Marc-Aurèle Fortin) 모두 이 곳에 살았다. 유명한 관광명소가 있는 것은 아니지만, 페르쎄와 보나방튀르 중간쯤인 이 곳에서 긴 여정을 잠시 쉬었다 가는 것도 나쁘지 않다.

편히 쉬었다 갈 수 있는 Le Manoir du vieux Presbytère, Auberge Bleu sur Mer 같은 오베르쥬(Auberge)가 많고, 포르다니엘 야생동물 보호구역(Wild Sanctuary Port-Daniel)에서 캠핑도 가능하다. 이 캠핑장은 연어 낚시와 야생 동물 사냥을 즐길 수 있는 곳으로 최근에 오픈해 사람들에게 많이 알려지지 않았다. 빛도 잘 들고, 캠핑 사이트도 넓고, 시설도 깨끗해서 추천하고 싶은 곳이다.

포르다니엘 야생동물 보호구역(Wild Sanctuary Port-Daniel)

캠핑장, 샬레(Chalet), 그리고 레디투캠프(Ready-to-camp) 등의 숙박시설이 있다. 이 중에서도 새롭게 개발된 에트왈 레디투캠프(Étoile ready-to-camp)는 큐브 모양으로 천정이 높고, 빛이 잘 들도록 디자인되었다. 3개의 더블 침대가 있고 6명까지 수용 가능하다.

🔺캠핑!

추천 캠핑장

가스페지를 여행할 때 캠핑만한 것이 없다. RV 차량이나 차박이 가능하도록 개조한 2인 또는 4인용 미니멀 캠핑카인 리키키 밴(Rikiki Van)을 빌려서 경제적인 여행을 하는 것도 추천한다.

Camping Appalachian

포히옹 국립공원, 가스페 등을 여행하기에 딱 좋은 캠핑장이다. 132번 도로를 타고 오다가 197번 도로로 갈아탄다. 이 도로는 관광 도로라고 불릴만큼 아름답지만 밤에는 길이 험한 편이다. 가능한 한 해지기 전에 캠핑장에 도착하는 것이 좋다. 133개의 사이트가 있다. 캠핑장 남쪽에는 모리스 강(rivière Morris)이 흐른다.

🔺 367 Montée de Rivière-Morris, Gaspé, QC
📞 418-269-7775 / 1 866-828-7775
www.campingdesappalaches.com

Chalets du parc Gaspé Forillon /cottages Park

포히옹 국립공원과 가스페 다운타운 등을 여행하기에 좋은 카티지 파크다.

🔺 1231 Boul de Forillon, Gaspé, QC
📞 1 866-892-5873
www.chaletsduparc.com

Percé, Camping Côte Surprise

아침 해맞이 장관을 볼 수 있는 곳이다. 페르쎄 바위(Rocher Percé)를 포함해 페르쎄 앞바다가 훤히 보인다. 이 캠핑장은 텐트를 이용한 캠핑보다는 트레일러나 캠핑카를 이용한 캠핑이면 훨씬 좋다. 125개의 사이트가 있다.

🔺 335, route 132 Ouest 📞 1 866-799-5443 / 418-782-5443
www.campingperce.com

Bonaventure, Camping Plage Beaubassin

보나방튀르 앞바다 살레르만(Chaleur Bay)의 보바생 해변(Plage Beaubassin)에 위치하고 있다. 수영, 패들보딩, 해안을 따라 포장된 4km 산책로 걷기, 그리고 보나방튀르 투어도 가능하다.

🔺 154, rue de Beaubassin 📞 1 877-534-3246./418-534-3246
www.villebonaventure.ca

Carleton-sur-Mer, Camping de Carleton

아주 특별하고 아름다운 주변 경관을 자랑한다. 한쪽은 썰물시 해안 석호가 되는 바하슈아(barachois)이고, 다른 한쪽은 세계에서 가장 아름다운 살레르만(Chaleur Bay)이다. 비바람을 막아주는 아브리(abri ; 키친 쉘터)에서 요리할 수 있는 11개 캠프사이트를 포함해 305개의 사이트가 있다. 캠핑장은 5월 마지막 금요일부터 추수감사절(Thanksgiving Day) 전날까지 오픈한다. 성수기에 물과 전기를 사용할 수 있는 '2 서비스'는 해변쪽이 $49.58, 일반은 $40.88이다. 키친 쉘터가 있는 '2 서비스'는 $53.06이다.

🔺 319, avenue du phare 📞 418-364-3992
www.campingcarletonsurmer.com

Hope Town, Camping des Étoiles

샬레르만은 1997년 3월 10일 베를린에서 창설된 국제협회 '세계에서 가장 아름다운 만' 클럽의 공식 회원이다. 샬레르만은 가스페의 다른 곳보다 수온이 더 따뜻하고, 그다지 안개가 끼지 않아 청명한 바다와 하늘을 볼 수 있다. 87개의 사이트가 있다.

🏠 269, route 132 Ouest
📞 418-752-6553
www.campingdesetoiles.com

New Richmond, Camping de la Pointe Taylor

뉴 리치몬드(New Richmond) 시내에서 3km도 떨어져 있지 않아 장을 본다든지 레스토랑에서 식사를 한다든지 모든 서비스를 제공받을 수 있다. RV차량 및 텐트 캠핑이 가능하다.

🏠 149, boulevard Perron Est
📞 1 866-992-5134 / 418-392-2400
www.campingnewrichmond.ca
$100 ~ $200 대의 숙박비

 자재!

HOTELS

가스페지의 호텔 숙박비는 대략 $100 ~ $200이다. 성수기에는 호텔 이용객이 많아서 예약을 미리하는 것이 좋다.

Auberge Beauséjour

1892년에 지어진 건물의 역사와 아름다움에 매료된다. 9개의 객실이 있다. 따뜻한 분위기를 자아내는 식당에서는 지역에서 수확한 재료로 만든 시골풍의 밥상을 제공한다. 요금에는 유럽식 조식이 포함되어 있다.

🏠 71 Bd Saint-Benoit O, Amqui, QC G5J 2E5
📞 (418) 629-5531
http://www.auberge-beausejour.com/

Riôtel Matane

세인트로렌스 강과 마탄 강이 만나는 강어귀에 있어서 전망이 좋다. 120개의 객실이 있다. 카고 식당(Cargo Restaurant)에서는 마탄시의 해양 유산에 대한 경의를 표하며 다양한 해산물 요리를 메뉴에 포함하고 있다. 해산물 피자, 팬에 구운 가리비, 마탄 새우 링귀네(Linguine) 등이며, 연어, 대구, 왕새우, 랍스터, 백포도주, 모차렐라치즈, 감자로 만든 '해산물 코키유 오 그라탱(Seafood Coquille au Gratin)'을 추천한다.

🏠 250 Av. du Phare E, Matane, QC G4W 3N4
📞 +1 (877) 566-2651

Hôtel & Cie

생탄데몽 중심부에 위치한 현대적 도시 풍의 호텔. 42개의 객실이 있다. 가스페지 국립공원으로 쉽게 이동할 수 있다. 저녁에만 영업하는 라플랑슈(La Planche) 식당은 가스페지 떼루아(Gaspésie terroir)에 중점을 둔 미식가를 위한 메뉴를 제공한다.

🏠 90 Bd Ste Anne O, Sainte-Anne-des-Monts, QC G4V 1R3
📞 (418) 763-3321
http://www.hoteletcie.com/

Hostellerie Baie Bleue

까흐르통-쉬르-메르(Carleton-sur-Mer)에 위치한 이 호텔은 따뜻한 환대와 좋은 음식을 제공하는 곳으로 수대에 걸쳐 유명하다. 샬레르만(Chaleur Bay)이 보이는 109개의 객실과 7개의 카티지가 있다. 세인트조셉 펍(Pub St-Joseph)에서는 그릴 요리, 피자, 파스타, 해산물, 그리고 수제 샐러드를 제공한다.

🏠 482 Bd Perron, Carleton, QC G0C 1J0
📞 +1 (800) 463-9099
http://www.baiebleue.com/

Auberge sous les Arbres

가스페(Gaspé) 시내에 위치해 있으며 안락한 15개의 객실을 가지고 있다. 요금에는 맛있고 풍성한 홈메이드 유럽식 조식이 포함되어 있다.

🏠 146 Rue de la Reine, Gaspé, QC G4X 2R2
📞 (418) 360-0060
https://aubergesouslesarbres.com/

Hôtel le Francis

뉴 리치몬드에 위치한 현대식 호텔로 쁘띠뜨 카스카페디아 강(Petite Cascapédia River)을 전망할 수 있는 바유 식당/펍(Bayou Resto/Pub)의 테라스가 인상적이다. 축제 분위기에서 구운 고기와 다른 맛있는 요리를 맛볼 수 있다. 야외 스파에서 여독을 풀 수 있고, 주차장은 무료다.

🏠 210 Chem. Pardiac, New Richmond, QC G0C 2B0
📞 (418) 392-4485
http://hotelfrancis.qc.ca/

Motel Bienvenue

리무스키(Rimouski) 포엥트오페흐 해양유적지(Pointe-au-Père Maritime Historic Site)가 도보거리에 있다. 주방이 딸린 혹은 딸리지 않은 15개의 편안한 객실에서 여유있는 쉼을 가질 수 있는 모텔이다.

🏠 1057 Rue du Phare, Rimouski, QC G5M 1L9
📞 (418) 724-4338
http://www.motelbienvenue.com/

Auberge du Mange Grenouille

리무스키(Rimouski) 르빅 섹터에 위치한 고풍스런 분위기의 오베르쥬(Auberge). 22개의 객실이 있으며 정원이 아름답다. 테라스 메뉴를 선택해서 빅 아일랜드가 내려다보이는 정원의 아름다운 주변 환경에서 식사를 즐길 수 있는 곳이다. 5월에서 10월까지만 영업을 한다.

🏠 148 Rue de Sainte-Cécile-du-Bic, Le Bic, QC G0L 1B0
📞 (418) 736-5656
http://www.lemangegrenouille.com/

Riôtel Bonaventure

보나방튀르 마을 혹은 샬레르만(Chaleur Bay)의 전망이 보이는 호텔 섹션과 파티오로 나가는 문이 딸린 모텔 섹션 등 30개의 객실이 있다. 1층 카노(Kano) 식당에서 샬레르만을 바라보며 지역 요리를 즐길 수 있다.

🏠 98 Av. de Port Royal, Bonaventure, QC G0C 1E0
📞 +1 (877) 534-3336

Gîte du Mont-Albert

4성급 호텔인 지트 뒤 몽알베흐(Gîte du Mont-Arlbert)는 알베흐산(Mont-Albert)의 숨막히는 전경을 감상할 수 있는 객실과 최고의 호텔 요리를 제공한다. 성수기인 7~9월은 최소 3박, 비수기는 최소 2박이 의무다. 생탄강(Rivière Sainte-Anne) 상류에서는 6월 15일부터 9월 30일까지 연어 낚시를 즐길 수 있고, 매년 3미터 이상의 눈이 오기 때문에 겨울철 스키를 즐기려는 가족들도 많이 찾는다.

🏠 2001 route du parc, Sainte-Anne-des-Monts, QC G4V 2E4
📞 +1 (866) 727-2427
http://www.sepaq.com/pq/gma

Hotel Motel Fleur De Lys

이 모텔은 페르쎄 바위(Rocher Percé)와 보나방튀르 섬(Bonaventure Island)을 포함해 180도 페르쎄 앞바다의 전경을 감상할 수 있다. 보드워크를 따라 걸어가면 '어부의 집(La Maison du Pêcheur)' 식당이 나온다. 이 곳 테라스에서 아름다운 페르쎄 바위를 보며 맛있는 해산물 요리를 먹길 추천한다.

🏠 247 Rte 132, Percé, Quebec G0C 2L0
📞 (418) 782-5380
http://www.vacancesperce.com/

PLANNING

팬데믹 전후로 '여행 생태계'는 엄청난 변화가 있었다.
이 챕터에서는 변경된 출·입국 심사, 여행시 유용한 어플리케이션(App),
캐나다 교통 및 안전 운전 규정 등 캐나다 여행에 필요한 다양한 정보들을 담았다.

신분증과 증명서

어느 교통편을 이용해 캐나다로 입국하든지 항상 유용한 여권 또는 동등한 여행증명서를 소지해야 한다.
여권은 소지자의 국적 등 신분을 증명하는 공문서의 일종으로서, 해외 여행자는 여권을 반드시 소지해야한다.
비행기를 탈 때, 호텔을 체크인(Check-in) 할 때, 환전을 할 때, 교통신호를 위반해 경찰을 만났을 때도
처음 듣게 되는 말은 "아이디 플리즈(ID Please) 혹은 패스포드 플리즈(Passport Please)"다. 캐나다 현지인이라면
운전면허증(Driver's license)을 보여주면 되지만, 외국인 여행자는 여권을 보여준다. 이 외에 국제학생증,
국제운전면허증, 여행자보험 등은 신분증으로 인정받지는 못하지만 여행 중에 유용하게 사용되는 증명서들이다.

여권

여권을 발급받다 보면 '전자여권'이란 말을 듣는다. 전자여권이란 국제민간항공기구(ICAO)의 권고에 따라 여권내에 전자칩과 안테나를 추가하고, 내장된 전자칩에 개인정보 및 바이오 인식 정보(얼굴사진)를 저장한 여권을 말한다. 일반 여권은 2008.8.25.부터 전자 여권 발급이 이루어졌기 때문에 현재 발급받는 여권은 모두 전자여권이다. 일반 전자여권은 표지에 로고와 함께 여권번호가 M으로 시작한다.

일반 여권은 발급지 기준 왕복 1회(출국, 입국 각 1회)에 한하여 외국여행을 할 수 있는 여권(단수여권)과 유효기간 만료일까지 횟수에 제한없이 외국 여행을 할 수 있는 여권(복수여권)으로 구분한다. 여권 발급을 처리하는 국내 대행기관은 254곳이며, 전국 구청/시청/군청/도청 여권과에서 맡고 있다. 온라인 신청(정부24 또는 영사민원24 홈페이지)은 기존에 전자여권 발급 이력이 있는 18세 이상 대한민국 국민에 한해 가능하다. 해외 여행 중에 여권을 분실했다면, 대한민국 재외공관에 가서 여권을 새로 발급받아야한다. 캐나다에는 주캐나다 대한민국 대사관(오타와), 주토론토 대한민국 영사관, 주밴쿠버 대한민국 영사관, 주몬트리올 대한민국 영사관 등의 외교공관이 있다.

● 발급 여권 및 수수료

※2023년 02월 기준

종류	구분	유효기간	사증면수	국내기관
성인(만 18세 이상)	복수여권	10년	58면	53,000원
			26면	50,000원
				20,000원
	단수여권	1년 이내	–	20,000원
미성년자(만 18세 미만)	복수여권	만 8세 이상 5년	58면	45,000원
		만 8세 미만 5년	26면	42,000원
	단수여권	1년 이내		20,000원

※ 외교부 여권 민원 상담 : 02-3210-0404
※ 외교부 여권 안내 홈페이지 : www.passport.go.kr

비자(VISA)

캐나다를 여행하기 위해서는 방문 비자('임시 거주 비자'라고도 함)가 필요하다. 최종 목적지로 가는 길에 캐나다 공항을 경유하는 경우에도 필요할 수 있다. 대부분의 방문자는 캐나다에서 최대 6개월 동안 체류할 수 있다.

2022년 10월 1일부터 캐나다에 입국하는 사람들은 팬데믹 이전처럼 입국이 수월해졌다. 백신접종증명서와 어라이캔 APP/공항도착 후 코로나 검사도 할 필요가 없다. 단, 캐나다 시민권자 혹은 영주권자가 아닌 여행객은 전자여행허가(eTA: Electronic Travel Authorization)를 신청해 받아야한다. (eTA 신청 웹사이트 : canada.ca/)

eTA 신청은 완료하는 데 몇 분밖에 걸리지 않는 간단한 온라인 절차다. 대부분의 신청자는 eTA 승인(이메일을 통해)을 몇 분 안에 받는다. 그러나 지원 문서를 제출하라는 요청을 받은 경우, 일부 요청을 처리하는 데 며칠이 걸릴 수 있다. 캐나다행 항공편을 예약하기 전에 전자여행허가(eTA)를 받는 것이 가장 좋다. eTA 비용은 CAD $7이며, 한 번에 한 사람만 신청하고 결제할 수 있다. 신청서를 작성하려면 여권, 신용 카드 및 이메일 주소가 필요하다. 또한 몇 가지 질문에 답해야 한다.

입국항에서 국경 서비스 담당관은 6개월 미만 또는 그 이상 체류를 허가할 수 있다. 그렇다면 출국해야 할 날짜를 여권에 기입해 줄 것이다. 여권에 스탬프가 찍히지 않으면 캐나다 입국일로부터 6개월 또는 여권 만료일 중 먼저 도래하는 날까지 체류할 수 있다.

국제학생증 ISIC, ISEC

국제학생증 ISIC(International Student Identity Card)와 ISEC(International Students & Youth Exchange Card)는 자신이 학생임을 국제적으로 증명하는 카드다. 티켓오피스에서 입장권을 구입할 때 국제학생증을 보여주면 캐나다의 박물관, 미술관, 각종 액티비티의 입장료를 학생 요금으로 할인받는다. 국제학생증 ISIC는 대학교, 은행, 유스호스텔과 제휴를 맺어 비금융 제휴대학 국제학생증 ISIC 카드, 체크카드형 국제학생증 ISIC 카드 등 다기능 ISIC 스마트카드를 발급하고 있다.

ISIC　www.isic.co.kr

ISIC 발급 제휴 학교 학생이라면 교내 홈페이지를 방문해 국제학생증 메뉴를 클릭하고 온라인 신청을 하고, 제휴 대학교 학생이 아니라면 키세스(isic.co.kr)에서 온라인 신청한다.
발급비 : 1년 유효기간 : 17,000원,
2년 유효기간 : 34,000원

ISEC　www.isecard.co.kr

구비서류(인물사진, 학생증빙서류, 여권 또는 신분증 사본)를 파일(jpg, pdf, png)로 준비해서 ISEC(isecard.co.kr)에서 온라인 신청한다. 국제학생증 ISEC 체크카드는 우리은행 전국 지점에서 발급이 가능하다. 국제학생증 체크카드의 발급 소요기간은 보통 10~15일이다. 당일 발급 가능한 발급처는 ISEC 웹사이트에서 확인하기 바란다.
발급비 : 1년 유효기간 : 17,500원(보통등기우편료 포함),
2년 유효기간 : 32,500원(보통등기우편료 포함)

국제교사증 ITIC

교사멤버십 카드인 O.C.T 카드(Ontario College of Teachers card)를 소지한 교사들은 일반 티켓(특별 전시 제외)에 한해 하루에 한 번 무료 입장이 가능하다. 국제교사증 ITIC를 소지한 사람은 박물관 티켓오피스의 직원에게 증명서를 보여주고 할인이 가능한 지 물어보기 바란다.

ITIC　www.itic.co.kr

국제교사증 ITIC는 세계에서 통용되는 국제 교사 신분증이다. 키세스(itic.co.kr)에서 온라인 신청 가능하며, KISES 사무실을 방문해 발급받을 수 있다.
인증료 : 1년 유효기간 17,000원,
2년 유효기간 34,000원

국제운전면허증 International Driving Permit

캐나다는 우리나라와 마찬가지로 자동차 운전석이 왼쪽에 있고, 오른쪽 차선을 달린다. 캐나다를 여행할 때는 지역이 넓기 때문에 대중교통보다는 자동차 또는 렌터카로 여행하는 것이 수월할 때가 많다. 여행 일정에 렌터카 운전이 포함되어 있다면 국제운전면허증은 필수다. 기존에 국제운전면허증을 발급받기 위해서는 운전면허시험장 또는 경찰서 등을 방문해야 했지만, 이제 온라인 발급서비스를 이용해 손쉽게 국제운전면허증을 신청하고 수령할 수 있게 되었다. 국제운전면허 온라인 발급은 신청인이 공단 안전운전 통합민원 홈페이지(www.safedriving.or.kr)에 접속, 본인 인증과 동의를 거쳐 개인정보와 사진을 전송하면 국제운전면허증이 발급되어 신청인이 희망하는 장소에서 등기우편으로 받아볼 수 있다. 참고로 외국에서 운전할 경우 국제운전면허증, 한국면허증, 여권을 함께 소지해야 한다. 여권 발급 신청 시 국제운전면허증도 동시에 발급 신청할 수 있는 여권-국제운전면허증 원스톱 발급 서비스도 164개 지자체에서 시행하고 있다.

도로교통공단 koroad.or.kr
안전운전 통합민원 safedriving.or.kr
수수료 : 1년 유효기간 12,300원 (면허증 발급 8,500원, 등기우편료 3,800원)

해외여행자보험 Travel Insurance

여행 중 발생할 수 있는 사고나 도난에 대비해 가입하는 보험이다. 보험 가입비용이 크지 않으니 만약의 경우를 대비해 반드시 가입하는 것이 좋다. 질병 또는 교통사고 등 현지 병원을 이용할 경우 진단서와 진료비 영수증을 챙겨 두었다가 귀국 후 보험사에 연락한 후 증빙서류를 보내면 보상받을 수 있고, 비용 부담이 크거나 장기 치료를 요할 경우에는 현지에서 직접 보험 혜택을 볼 수 있다. 도난의 경우에는 경찰서에서 도난증명서(Police Report)를 발급받아야 귀국 후 보상받는다. 손해보험회사들은 다양한 해외여행자보험 상품을 내놓고 있기 때문에 연령, 여행지, 여행목적 및 유형(자유, 단체여행) 등을 고려해 해외 상해 의료비, 해외 질병 의료비 등 보장한도를 꼼꼼히 확인하고, 보험료가 적당한지도 보험사 인터넷 홈페이지에서 잘 따져봐야한다.

영문운전면허증

영문운전면허증은 기존 면허증 뒷면에 영문으로 내용이 기재되어있는 면허증을 말한다. 전국 운전면허시험장 및 경찰서에서 발급하며, 운전면허증만 지참하면 된다. 영문운전면허증이 있으면 캐나다의 모든 주에서 사용 가능하며, 3개월 이내만 허용된다. 여행 중에 운전면허증을 분실했을 경우, 주캐나다 총영사관에 예약방문해서 운전면허증을 재발급 받을 수 있다. 영문 면허증 가격은 CAD $18,200이다. 그리고 현금만 가능하다.

스마트폰 준비하기

여행에 필수품이 된 것이 스마트폰이다. 전화, 메시지, 인터넷 검색, 카메라, 예약, 게임, 동영상 보기,
음악 듣기, 지도 보기, GPS 등 다양한 기능을 가지고 있기 때문이다. 해외에서 휴대전화를 사용하기 위한
방법으로 로밍(내 전화번호를 그대로 사용 가능), 유심(SIM)/이심(eSIM) 이용하기, 포켓 와이파이(Wi-Fi) 같은
휴대용 인터넷 공유기를 이용하는 방법 등이 있다. 캐나다는 땅이 넓다보니 통신이 불안정한 곳에서는
전화도 인터넷도 먹통이 되는 경우가 더러 있다는 것을 유념해야한다.

데이터 로밍 Data Roaming

로밍이란, 가입자의 통신회사로 이용할 수 없는 지역에서 다른 회사의 망과 설비를 통해 똑같은 서비스를
이용할 수 있도록 만들어 주는 것을 말한다. 쉽게 말하면 캐나다 통신 회사의 설비를 대신 이용하고, 요금을
지불하는 것이다. 편리하다는 장점도 있지만, 이용 요금이 비싸다. 그래서 한국 통신 회사들은 인터넷만을
사용하기 위한 데이터 로밍 상품을 앞다퉈 내놓고 있다. 데이터 로밍으로 인터넷에 연결만 되면, 목적지까지
가려면 어떤 대중교통을 이용해야하는지, 버스는 언제 오는지, GPS 도움으로 렌터카를 운전할 때, 음성통화
등 다양한 어플을 이용해 편리하게 여행할 수 있다. 일주일 이내의 단기 여행이라면 저렴한 데이터 로밍 상
품을 이용하는 것도 좋은 방법이다.

SIM/eSIM 이용하기

심카드(SIM Card)란 가입자 식별 모듈(Subscriber Identity Module) 카드를 말하며, 최신 셀폰은 단말기 옆
에 들어가는 슬롯이 있고, 여기에 끼워넣는 작은 카드를 부르는 말이다. 요즘은 물리 심(Regular SIM)인 유
심(USIM)에서 디지털 심(Digital SIM)인 이심(eSIM)으로 옮겨가고 있는 중이다. 유심은 범용(Universal), 이심은
내장식(Embeded) 심(SIM)을 말한다. 캐나다 통신사 중에서 텔러스(Telus), 벨 캐나다(Bell), 쿠도(Koodo), 버
진 플러스(Virgin Plus) 등은 선불 플랜(Prepaid Plan)을 이용하는 고객에게 이심(eSIM)을 제공하고 있다. 온
라인에서 구입하고, 이메일로 QR 코드와 설명서를 받은 후, QR 코드를 인식한 후 활성화시키면 되기 때문
에 사용이 무척 간편하다. 가격도 합리적인 편이다. 먼저, 이심을 구입하기 전에 내가 사용하는 셀폰이 이

심(eSIM)을 지원하는 기기인 지를 확인해야한다.

최근 사용자가 늘고 있는 폰박스(PhoneBox)를 예로 들자면, 폰박스(PhoneBox) 웹사이트에서 어카운트를 개설한 후, 선불(Prepaid) 혹은 월간 플랜(Monthly Plan)에서 나에게 적합한 플랜을 선택해 심카드(regular SIM) 혹은 eSIM 를 요청한다. 그러면 한국에서 출국전에 우편 혹은 이메일로 미리 받아, 캐나다 공항에 도착하자마자 심카드를 교체하거나 QR 코드를 인식시켜 셀폰을 개통할 수 있다. 듀얼 심카드를 사용할 수 있는 셀폰이라면 하나는 한국 SIM, 다른 하나는 캐나다 eSIM 을 함께 사용할 수 있다.

참고로, 밴쿠버국제공항과 토론토 피어슨 국제공항은 무료 무선인터넷(Free WiFi)이 지원된다. 미리 심을 준비하지 못한 사람들은 공항에서 인터내셔널 심 카드(International SIM cards) 라는 간판이 보이면 그곳에서 심(SIM)을 구입하면 된다. 셀폰에 따라 컨트리락(Country Lock)이 걸려있을 수도 있다. 이 때는 잠금해제(Unlock) 비용이 추가로 발생할 수 있다. 잠금해제(unlock)가 되어야 현지 통신사의 심을 사용할 수 있다.

폰박스(PhoneBox)

웹사이트 : http://www.gophonebox.com
카카오톡 상담 채널 링크 : https://pf.kakao.com/_SWqFC
전화 : 1-855-886-0505 (한국인 상담원과 통화를 원한다고 하면 한국어로 상담 가능)
이메일 : services@gophonebox.com

알아두면 유용한 사이트 및 앱 추천

ArriveCAN

캐나다에 입국하는 여행자는 이 앱을 통해 사전에 CBSA(Canada Border Services Agency)에 세관 및 이민 신고서를 제공하여 국제 공항에서 시간을 절약할 수 있다.

프레스토카드(Presto Card)

프레스토 카드 혹은 휴대폰이나 시계의 모바일 지갑에 있는 카드를 포함하여 신용 카드로 탭하여 교통비를 결제할 수 있다. Burlington Transit, DRT, HSR, YRT, Brampton Transit, GO Transit, MiWay, Oakville Transit & UP Express 에서 이용 가능합니다. prestocard.ca

---

유의할 사항

도시간 이동인 GO Transit과 UP Express는 탈 때 탭온(Tap On), 내릴 때 탭오프(Tap Off) 해야한다.
휴대전화로 결제할 경우, 휴대전화의 배터리 전원이 충분한지 확인해야한다.
Interac 직불 카드 탭은 현재 UP Express 사용시에만 가능하다.

구글 지도(Google Map)

사용자가 자가운전, 대중 교통, 도보 또는 자전거를 이용해 목적지에 도착하기 위한 가능한 경로를 찾을 수 있는 루트 플래너(Route Planner), 제한속도와 차량 속도, 거리를 360도 파노라마로 볼 수 있는 구글 스트리트 뷰 등 여행자에게 필수 어플이다.

그린피(Green P)

토론토 시가 소유하고, TPA(Toronto Parking Authority)가 운영하는 시립 주차 서비스 어플이다. 토론토 시내 사설 주차장은 정액요금(Flat Rate)을 받는 곳이 많고 가격도 비싼 반면 시립 주차장은 요금도 저렴하고 주차한 시간만 결제하면 된다. 그린피 앱을 이용하면 목적지 근처의 시립 주차장에 빈 주차공간을 찾아주고, 목적지에 도달하는 방법도 알려준다. 또한 주차장까지 가지 않고도 어플에서 주차시간을 연장할 수 있는 장점이 있다.

빅시(BIXI)

자전거택시로 불리는 빅시(BIXI)는 토론토, 몬트리올과 같이 교통이 복잡한 도심의 A지점에서 B지점으로 쉽게 이동할 수 있다. 빅시(BIXI) 모바일 앱은 대부분의 BIXI 터미널에서 이용 가능하다. Unlocking fee $1.25, Security deposit $100/자전거당, 일반 자전거 15센트/분, 전기 자전거 30센트/분. bixi.com

비아레일(VIA Rail)

'기차 타고 캐나다 여행'을 계획한 자유여행객이라면, 캐나다 철도 회사인 비아레일(VIA Rail) 어플을 이용해 기차 예약을 쉽고 빠르게 할 수 있다.

고트랜짓(GO Transit)

토론토와 토론토 인근 도시를 연결하는 대중교통시스템인 고트랜짓(GO Transit) 어플을 이용해 고버스와 고트레인을 쉽고 빠르게 예약할 수 있다. 토론토에 숙소를 두고 토론토 인근 도시로의 당일치기 여행을 다녀오고 싶은 여행객에게 유용한 어플이다. 기차는 유니온 스테이션에서 출발하고, 버스는 길 건너편에 있는 고버스터미널(공식 명칭은 유니온 스테이션 버스터미널)에서 출발한다.

온타리오 팍스(Ontario Parks) & 세팍(Sépaq)

온타리오 팍스(ontarioparks.com)는 온타리오 주에 있는 주립공원에서의 캠핑 예약을 도와주는 웹사이트고, 세팍(sepaq.com/)은 퀘벡 주의 공원 및 야생보호구역에서의 캠핑 예약을 도와주는 웹사이트다.

팍스 캐나다(Parks Canada)

팍스 캐나다(parks.canada.ca)는 캐나다 국립공원에서의 캠핑 예약을 도와준다. 팍스 캐나다 모바일 앱으로도 캠핑 예약이 가능하다. 캠핑카를 타고 캐나다 횡단을 꿈꾸는 여행객에겐 필수어플이다.

에어비앤비(Airbnb)

단기로 머물 수 있는 집이나 콘도를 예약할 수 있는 어플

우버(Uber)

현재 위치에서 목적지까지 가는 차량을 연결해주는 어플. 카카오택시의 세계판이라고 보면 된다. 심야 공항 라이드랄지 대중교통수단이 적은 여행지에서 우버택시는 정말 유용하다.

익스페디아(Expedia)

항공권, 숙소, 렌트카 등을 예약할 수 있는 어플. 가격비교가 용이하고, 예약 및 취소도 간편하다.

웨더 네트워크(Weather Network)

캐나다 날씨를 일자별, 시간별, 주별로 확인할 수 있어 여행 일정을 세우는데 도움이 많이 된다.

환전하기

팬데믹 이후, 캐나다에서는 현금 대신 신용카드나 직불카드인 데빗카드(Debit Card)로 결제하는 일명 비대면 결제를 선호하고 있다. 이 점을 유념해 여행에 필요한 경비를 산출해 환전하고, 현지에서는 신용카드, 직불카드, 그리고 현금을 적절하게 사용하는 것이 좋다. 최근에는 현금을 소지하고 다니는 대신에 데빗카드처럼 쓸 수 있는 하나은행 트래블로그 카드나 트래블월렛 트래블페이 카드가 캐나다 여행객 사이에서 필템으로 자리 잡고 있다. 그렇다고 데빗카드가 만능은 아니다.
호텔 체크인할 때, 렌터카를 빌릴 때 등 신용카드를 사용해야할 때가 많으니 신용카드는 꼭 지참해야한다. 그리고 택시 팁, 가이드 팁, 거리미터기 주차요금, 버스승차요금 등 현금(Cash)이 유용하게 쓰일 때도 많으니, 소액권($5, $10, $20)과 동전($1, $2)을 바꿔두는 것이 좋다. 은행에서 100불 지폐로 10불 지폐 4장, 20불 지폐 3장을 바꾸고 싶다면, 100불 지폐를 내밀며 "Can You break this into 4 tens and 3 twenties?" 혹은 "4 tens and 3 twenties, please!"라고 하면 된다.

시중은행에서 환전하기

서울에서도 캐나다 달러를 보유한 은행은 많지 않다. 시중은행(하나은행, 신한은행, 국민은행, 우리은행)에 연락하면 캐나다 달러를 넉넉하게 보유한 은행 지점을 알려준다. 환율과 수수료를 비교한 후 은행으로 가서 환전하면 된다. 공항 내 환전소의 환전 수수료는 시내에 있는 시중은행의 것보다 높은 편이다. 마이뱅크(mibank.me) 웹사이트는 은행별 환율, 가까운 환전소 등 환전에 대한 정보를 제공한다.

신한은행 : 서울 태평로 2가 본점
하나은행 : 강남 도곡 PB센터, 이수역 지점, 마곡역 금융센터
우리은행 : 양재동 금융센터, 마곡역 금융센터, 명동 금융센터
국민은행 : 서울역 환전센터
인천공항 : 신한은행 환전소, 우리은행 환전소, 외환은행 환전소
인천공항 제2여객터미널 : 하나은행 환전소

해외에서 신용카드/여행자용 데빗카드(트래블로그 카드, 트래블페이 카드) 사용하기

신용카드를 해외에서 사용할 경우, 브랜드 수수료가 붙는다. 브랜드 수수료란 비자카드(VISA), 마스터카드(MASTER), 아멕스카드(American Express) 같은 국제 브랜드의 카드를 해외에서 이용할 때 지불해야하는 서비스 수수료다. 이런 수수료가 아까워서 불편을 감수할 필요까지는 없지만, 그렇다고 신용카드를 남발해서도 안 좋은 이유다. 신용카드가 꼭 필요한 예를 들자면, 신용카드가 없으면 호텔 체크인이 안 된다. 호텔비를 선결제했음에도 불구하고 고객의 신용카드로 디파짓(Deposit)을 하는 이유는 고객이 체크아웃하고 나서 보니 호텔방의 물건이 파손되었다든지 기타 문제가 있을 때를 대비한 보험 성격이다. 잘못된 것이 없으면 체크아웃 당일 바로 해지된다. 그리고 카드사가 제공하는 해외원화결제서비스(DCC : Dynamic Currency Conversion)는 차단하는 것이 좋다.
캐나다 여행자가 현금을 들고 다니지 않고 현지인처럼 탭 한번으로 결제할 수 있는 데빗카드(Debit Card)를 사용할 수 있다면 얼마나 좋을까? 트래블로그 카드와 트래블월렛 트래블페이 카드는 모바일 앱으로 외화를 미리 충전하고, 해외에 나가 충전된 외화로 결제할 수 있는 일종의 여행자용 데빗 카드다. 캐나다 달러 뿐만 아니라, 미국 달러 등 여러 외화를 충전해서 사용할 수 있기 때문에 여러 나라를 여행할 때도 편리하다. 환전 수수료는 은행 환전소보다 낮거나 무료인 통화(미국 달러, 유로, 엔화 등)도 있다. 트래블로그 카드는 마스터 카드 가맹점에서 사용 가능하고, 트래블월렛 카드는 비자 카드 가맹점에서 사용 가능하다. ATM 기기에서 수수료없이 인출(withdrawal)도 가능하다. ATM 기기 주위를 보면 사용가능한 카드사 로고가 표시되어 있다. 1회, 1일, 1달 출금한도가 있다고 하니, 사용시 유의사항을 기억해두면 좋겠다. 캐나다 데빗 카드와 다른 점은 연 최대 충전금액이 있어서 맘껏 쓰지 못한다는 것과 이트(E-transfer)가 되지 않는다는 것이다.

캐나다 화폐 이야기

캐나다 통화는 캐나다 달러($)이며, 동전은 5센트, 10센트, 25센트, 50센트, 1달러, 2달러 등이 있고,
지폐는 5달러, 10달러, 25달러, 50달러, 100달러 등이 있다.

동전(Coins)

1센트 : 페니(Penny)로 불렸고, 캐나다
의 상징인 단풍잎이 그려져있다. 1센트는
경제적 가치가 떨어져 2012년 동전 주조가
중단되었고, 2013년부터 유통이 중단되었다.

5센트 : 5센트짜리 동전은 한 때 니켈로 만들어져
니켈(Nickel)로 불렸다. 지금은 강철로 만든다.

10센트 : 다임(Dime)은 크기가 가장 작은 10센트 동전의 별
명이다. 동전에는 세계에서 가장 빠른 스쿠너(Schooner) 선
인 블루노즈(Bluenose)가 새겨져 있다.

25센트 : 25센트 동전은 1달러의 1/4 가치를 지녔다고 해서
쿼터(Quarter)로 불리고, 카리부(Caribou)가 새겨져 있다.

50센트 : 50센트짜리 동전에는 1921년 영국왕 조지 5세가
왕실 선언문을 통해 캐나다에 준 캐나다 문장이 새겨져 있
다. 동전 수집가들에게 인기가 많아서 시중에서는 찾아보
기 힘든 동전이다.

1달러 : 1987년, 1달러 지폐를 대체한 1달러 동전이 주조되기
시작했는데, 동전 뒷면에 아비새(loon)가 그려져 있어서 1 달
러 지폐와 구별하기 위해 루니(Loonie)로 불리게 되었다.

2달러 : 1996년에 도입된 2달러 짜리 동전인 투니(Toonie or
Twoonie)는 루니 2개(two loonies)에서 파생되었다.

지폐(Bills)

5달러 : 파란색이며, 캐나다 제 7대 총리인 윌프리드 로리
에(Wilfrid Laurier)의 초상화가 있다. 뒷면에는 캐나다에서

설계되어 1981년에서 2011년 사이에 나사
(NASA) 임무에 사용된 로봇 팔인 캐나다
암(Canadaarm)이 묘사되어 있다.

10달러 : 보라색이며, 캐나다 초대
총리이자 건국자인 존 A. 맥도날드
(1815–1891)의 초상화가 있다. 뒷면
에는 캐나다 횡단 철도(맥도날드의 대표적인 업적)에 대한
찬사와 캐나다의 국영 철도인 비아레일(VIA Rail)이 운영하
는 밴쿠버–토론토 간 열차 서비스인 "The Canadian" 의 사
진이 있다.

20달러 : 캐나다 군주였던 엘리자베스 2세 여왕의 초상화
가 있다. 뒷면에는 제1차 세계 대전(1914–1918)에서 동맹군의
결정적인 승리인 비미 능선 전투(1917)에서 사망한 3,000명
이상의 캐나다인을 기리는 프랑스의 기념물인 캐나다 국립
비미 기념관이 있다.

50달러 : 빨간색이며, 제2차 세계대전(1939–1945)과 20세
기 초반에서 중반까지 캐나다를 이끌었던 유명한 괴짜 총
리 윌리엄 라이언 매켄지 킹(William Lyon Mackenzie King,
1874–1950)을 묘사하고 있다. 뒷면은 캐나다 해안 경비대가
캐나다 북극에서 연구 및 탐사 작업을 수행하는 데 사용되
는 최첨단 쇄빙선인 CCGS Amundsen 을 묘사했다.

100달러 : 제1차 세계 대전(1914–1918) 당시 캐나다 총리였던
로버트 보든(1854–1937)의 얼굴과 뒷면에는 캐나다 과학자
Frederick Banting(1891–1941)이 발견한 인슐린에 대한 묘사
를 포함하여 캐나다 과학 연구에 경의를 표현하고 있다.

준비편

출국하기

출국하기 앞서 여권 유효기간이 6개월 이상 남아있는지 확인해야한다.
여권 만료일까지 6개월이 되지 않는다면 여권을 갱신해야한다.
이런 문제 때문에 공항에서 비행기를 타지 못하고 집으로 되돌아오는 경우가 더러 있다.
두 번째로 확인할 것은 비행기를 타기 위해 몇 번 터미널로 가야하는지?
몇 시에 보딩 시작인지? 수하물은 몇 개를 실을 수 있는지? 등을 미리 체크해야한다.

인천국제공항 가는 길

철도로 인천국제공항 가기

❶ 인천국제공항 역 KTX

지방 대도시나 수도권 KTX 역 인근 거주자라면 인천국제공항 역까지 운행하는 KTX를 이용할 수 있다. 경부선, 호남선, 전라선, 경전선에서 이용할 수 있다. 인천국제공항 행 KTX를 예매할 때는 체크인, 보안 검색, 출국 심사, 항공기 출발 시간 등을 고려해 적어도 최소한 3시간 전에 도착하도록 하는 것이 좋다. KTX는 인천 검암 역을 지나 인천국제공항 제1 터미널, 그리고 제2 터미널로 연결되고 있다.

❷ 공항철도 A'REX

공항철도는 서울역과 인천국제공항 간을 연결하는 철도를 말한다. 서울에서 인천국제공항 역 간 거리는 약 58km로 직통열차는 무정차로 43~45분, 일반 열차는 공항철도 12개 역에 모두 정차하는 통근형 열차로 58~60분 가량 소요된다. 이는 열차 순수 운행 시간으로 공항 이용객은 시간을 잘 고려해 탑승하도록 하자.

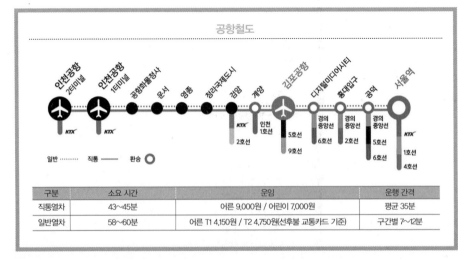

구분	소요 시간	운임	운행 간격
직통열차	43~45분	어른 9,000원 / 어린이 7,000원	평균 35분
일반열차	58~60분	어른 T1 4,150원 / T2 4,750원(선후불 교통카드 기준)	구간별 7~12분

버스로 인천국제공항 가기

인천국제공항을 이용하는 여행자들이 가장 많이 이용하는 교통수단은 버스이다. 김포공항, 삼성동 도심 공항터미널, 강남 버스터미널을 비롯해 서울 시내에서만 35개의 노선이 인천국제공항으로 연결되어 있다. 경기도와 인천 노선을 비롯해 전국 주요 도시에서 50여 개의 직행 노선이 운행되고 있어 편리하게 이동할 수 있다. 한편 일반 공항 리무진의 경우 인천국제공항 1터미널 도착 후 2터미널로 이동하며, KAL 리무진의 경우 출발지 → 2터미널 → 1터미널 순서로 이동한다. 공항 버스 도착은 1터미널 3층 출국장, 2터미널 B1 버스 터미널이다.

승용차로 인천국제공항 가기

차량을 이용해 인천국제공항이 있는 영종도로 들어가는 길은 영종대교와 인천대교 두 가지가 있다. 영종 대교로 이어져 있는 공항 고속도로는 올림픽대로나 강변북로를 달려 방화대교 남·북단에서 진입할 수 있다. 이 길은 김포공항 IC에서도 진입할 수 있으며 외곽순환 도로와 노오지 JCT에서 만난다. 한편, 공항으로 연결되는 또 다른 도로인 인천대교는 길이가 18.4km로 국내에서 가장 긴 다리이며 세계에서 5번째로 긴 사장교이다. 이 도로는 제2, 제3 경인고속도로와 직접 연결되어 있어 경기도 남부 지역이나 지방에서 경부, 영동, 서해안 고속도로를 통해 이동하는 경우 빠르게 인천국제공항까지 갈 수 있다. 한편 인천국제공항 제2 터미널로 이동하는 경우 영종대료 방면 공항입구 JCT에서 분기, 인천대교 방면 공항신도시 JCT에서 분기해 이동하면 된다.

인천국제공항 고속도로 요금

구분	경차	소형	중형	대형
서울 출발(신공항)	3,300원	6,600원	1만1,300원	1만4,600원
인천 출발(북인천)	1,600원	3,200원	5,500원	7,100원

인천대교 통행 요금

차종	경차	소형	중형	대형
요금	2,750원	5,500원	9,400원	1만2,200원

인천국제공항 한눈에 보기

터미널 별 이용 항공사

❶ T1(제1 터미널)
아시아나항공과 대부분의 외국 국적 항공사
(제2 터미널을 이용하는 일부 외항사 제외)

❷ T2(제2 터미널)
대한항공, 에어프랑스, KLM 네덜란드항공, 델타항공

터미널 간 이동 방법

두 터미널 사이는 무료 순환버스를 이용해
이동할 수 있다.

T1 → T2 : 3층 중앙 8번 출구에서 승차,
약 15분 소요(5분 간격 운행)

T2 → T1 : 3층 4, 5번 출구 사이에서 승차,
약 18분 소요(5분 간격 운행)

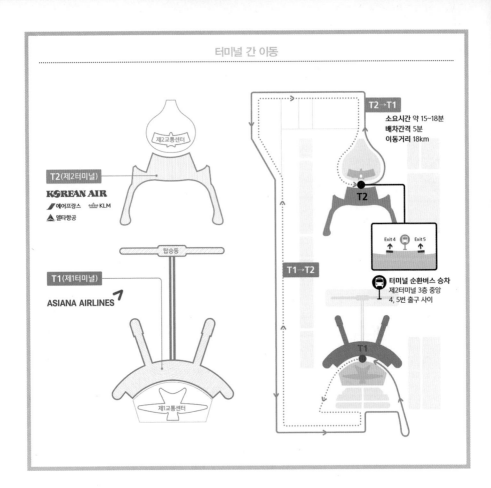

도심공항에서 출입국 수속하기

한국도심공항 www.calt.co.kr

한국도심공항은 서울 삼성동 무역센터에 있다. 도심에서 출입국 수속을 모두 처리하고 간편히 몸만 공항으로 이동해 비행에 바로 탑승할 수 있는 서비스를 제공하고 있다. 자신이 이용하려는 항공사가 입주해 있다면, 이곳의 항공사 데스크에서 체크인, 좌석 지정, 수하물 탁송까지 마칠 수 있다. 2층에는 법무부 출국심사 카운터가 있어 출국심사를 곧장 진행할 수 있다. 출국심사를 마치면 매표소에서 리무진버스의 티켓을 구입하고 인천국제공항으로 떠나면 된다. 인천국제공항에 도착하면 전용 출국 통로를 통해 곧장 출국장에서 항공기 탑승동으로 이동할 수 있다.

서울역 도심공항터미널 www.arex.or.kr

서울역에도 도심공항이 있다. 공식 명칭은 서울역 도심공항터미널이다. 공항철도 서울역 지하 2층에 있으며 탑승 수속, 수하물 탁송, 당일 출국심사를 진행한다. 단, 공항철도 직통열차 이용객에게만 한정하며, 승차권 구입 후 도심공항터미널을 이용할 수 있다는 점도 알아두자.

또한, 수하물 탁송은 항공기 출발 3시간 전에 수속이 마감되며 출국심사 가능 시간도 미리 확인하고 이용해야 한다.

항공사 체크인

체크인 Check-In은 항공사 카운터에서 여권과 비자 여부를 확인, 좌석을 배정하고 수하물을 위탁한 후 보딩패스를 발급하는 데 그 목적이 있다. 간단하게 이해하면 E-Ticket으로 갖고 있던 항공기 티켓을 실물로 받고, 나의 여행 가방을 비행기 짐칸에 위탁하는 단계를 일컬어 체크인이라 이해하자.

간단하게 보는 체크인 절차 4단계

항공사 카운터에 여권 제출	자신이 탑승할 항공사의 카운터로 이동해 줄을 서 차례를 기다린다. 자신의 순서가 오면 데스크에 여권을 제출. 항공사 직원이 여권 유효 기간과 예약 사항을 확인한다.
좌석 배정	통로나 창문 쪽 등의 희망 좌석을 직원에게 말해도 된다. 동행이 있는 경우 함께 앉을 수 있도록 요청하자. 좌석이 없는 부득이한 경우가 아니라면 대부분 함께 앉을 수 있도록 좌석을 배정해 준다.
수하물 위탁	수하물은 항공사마다 무게와 부피 기준이 다르므로 짐을 꾸릴 때 미리 확인해 두자. 유럽 행의 경우 일반적으로 23kg 이내 1개까지의 위탁 수하물을 무료로 받아준다. 기내 반입 수하물은 보통 10~12kg이며, 일정 부피 이상은 기내 반입이 제한되어 위탁 수하물로 보내야 한다.
보딩패스와 짐택 수령	수하물을 붙이고 나면 실물 항공기 티켓인 보딩패스Boarding Pass와 위탁 수하물을 부쳤다는 표시의 수하물꼬리표 Baggage Tag을 받는다. 이 두 개를 항상 모두 잘 챙겨야 한다.

수하물꼬리표 Baggage Tag이란

흔히 영문 표기를 그대로 발음해 '배기지택'이라고 부르거나 수하물 택이라 말하기도 한다. 수하물에 스티커를 붙여 소유자를 확인하는 데 목적이 있다. 이 꼬리표가 있어야 수하물 컨베이어 벨트에서 해당 가방의 목적지를 자동으로 인식해 출발하는 항공기로 보내진다. 여기서 한 가지 팁. 입국 공항에 도착해 짐을 찾을 때 가방에 리본이나 스티커 등으로 자신만의 표식을 붙여 놓는다면 유사한 가방 속에서도 한결 쉽게 알아볼 수 있다. 한편 짐을 위탁 후 받은 수하물꼬리표는 수하물 분실 시 위치를 추적하는 단서가 되므로 절대 잊어버리지 말자. 목적지에 도착해 짐을 다시 찾을 때까지 잘 보관하자.

웹·모바일 체크인

모든 항공사는 아니지만 다수의 항공사가 웹이나 모바일 체크인 서비스를 제공하고 있다. 물론 실물 보딩패스를 수령하거나 수하물 위탁은 해당 항공사의 카운터에서 진행해야 한다. 하지만 항공기 출발 전 특정 시간부터 직접 웹체크인을 통해 미리 원하는 좌석을 지정할 수도 있어 편리하다.

보안 검색

보딩패스를 들고 출국 게이트를 통과해 가장 먼저 마주치는 광경은 보안 검색대이다. 너무 걱정할 필요는 없다. 명시하고 있는 금지 품목을 소지하지 않으면 그만이며, 항공기를 이용하는 모든 사람을 동등하게 검사해 항공기 안전 운행을 도모하려는 데 그 목적이 있다.

출국 시 신고 물품과 여행자 휴대품 면세 범위

입국 시 재반입할 귀중품 및 고가의 물품, US 1만 불을 초과하는 외화 또는 원화, 내국세 환급대상 Tax Refund 물품은 출국심사 전 세관에 신고를 해야 한다. 한편 입국 시 여행자 휴대품 면세 범위는 1인 US $600이내, 주류 1병(1ℓ US $600 이하), 담배 1보루, 향수 60㎖ 이하로 엄격하게 제한되고 있다. 참고로 DSLR 카메라처럼 고가의 장비는 출국 전 미리 세관에 신고해야 재입국 시 문제가 없다. 공항 세관에서 '휴대물품 반출신고 증명서'를 발급받고 출국하는 것이 번거로운 분쟁을 막는 방법이다.

기내 반입 제한 대표 물품

종류	객실	위탁수하물	내용
인화성 물질	×	×	성냥, 라이터, 부탄가스, 인화성 액체, 알코올성 음료 등 (단, 휴대용 라이터는 각 1개에 한해 반입 가능)
창·도검류	×	○	과도, 커터칼, 맥가이버칼, 면도칼 등
호신용품·공구	×	○	전자충격기, 쌍절곤, 격투무기, 도끼, 망치, 드릴 등
스포츠용품	×	○	라켓류, 인라인스케이트, 등산용스틱, 스노우보드 등

액체 및 젤류 휴대 반입 제한

항공 보안 규정에 따라 모든 국제선 항공편에 대하여 1인 총량 1ℓ를 초과하는 액체, 젤류의 휴대 반입을 전면 금지하고 있어 탑승 수속 시 반드시 위탁 처리를 하도록 한다. 단 '용기 1개당 100㎖ 이하'의 액체, 젤류를 1ℓ까지 규격(약 20cm × 20cm)의 투명 지퍼락(Zipper-lock)에 보관하는 경우 기내 휴대가 가능하다. 하지만 비행 중 이용할 영유아의 음식류, 의사 처방전이 있는 의약품은 예외로 하고 있다. 액체류를 면세점에서 구입한 경우 당시 받은 영수증을 동봉 또는 부착하고 국제 표준 방식으로 제조된 훼손탐지기능봉투(STEB)에 포장된 경우 기내 반입이 가능하다.

출국 심사와 항공기 탑승

보안 검색대를 지나면 곧바로 출입국 심사대가 있으며 여권과 탑승권 Boarding Pass을 제시하면 간단한 확인 후 출국 도장을 찍어 준다. 그러나 이제는 자동출입국 심사로도 곧장 출국할 수 있게 되어 훨씬 편리해졌다. 또한, 출국 심사를 마치고 나면 면세 구역. 입국 시에는 인천국제공항 면세점을 이용할 수 없으므로 필요한 것들이 있으면 출국 시에 구입하자.

자동 출입국 심사 서비스

대한민국 국민의 경우 자동 출입국 심사 등록을 하면 여권 유효기간까지 자동 출입국 심사 서비스를 이용해 빠른 출국 심사를 받을 수 있다. 그러나 2017년 3월부터 사전 등록 절차가 폐지되면서 더욱 편리하게 서비스의 혜택을 누리게 되었다. 단, 만 7~18세. 이름 등의 인적사항이 바뀐 사람. 주민등록 발급 후 30년이 지난 사람은 여전히 사전 등록을 해야 이용할 수 있다.

Smart Entry Service 자동 게이트 이용 법

Step1.	여권 인적사항면을 여권 판독기 위에 올려 놓는다
Step2.	자동 게이트가 열리면 안쪽으로 들어간다
Step3.	손가락을 지문 인식기에 올려 놓는다
Step4.	안면 인식 카메라를 바라본다
Step5.	출구 게이트가 열리면 밖으로 나간다

항공기 탑승

인천국제공항 제1 터미널의 탑승구 GATE는 아시아나항공 등 국적기가 이용하는 1~50번 탑승구(여객 터미널 3층)와 외국계 항공사가 주로 이용하는 101~132번 탑승구(탑승동 3층)로 이루어져 있다. 여객 터미널은 출국 심사대와 곧바로 연결된 구역을 말하며, 탑승동 3층은 여객 터미널에서 셔틀 트레인(5분 간격 운행, 5분 소요)을 이용해 이동해야 한다. 제2 터미널은 230~270번 탑승구이며 끝부터 끝까지는 약 20분이 소요될 정도로 넓다. 항공기 출발 최소 40분 전까지는 본인의 탑승구로 이동해 대기하도록 하자. 모든 탑승동에 면세점. 라운지 등 편의시설이 있다.

면세점에서 쇼핑하기

인천국제공항의 면세점은 가족제품. 화장품 등 제품별로 전문 매장으로 꾸며져 있다. 면세점에서 쇼핑하면 그 물건을 여행 내내 들고 다니는 수고를 해야 한다. 꼭 필요한 물건만 구입하고 무게가 많이 나가는 물건은 사지 않는 것이 좋다. 최근에는 입국장에도 면세점이 오픈했다. 짐찾는 곳 같은 라인에 있으니 짐이 나오기 전까지 이용해 보는 것도 좋다. 담배를 제외한 술. 화장품, 패션잡화 중 일부 품목을 구입 할 수 있다.

내 여권에 출국 도장을 받고 싶어요

굳이 여권에 도장을 남기고 싶다면 일반 심사대에서 출국 심사를 받으면 된다. Smart Entry Service를 이용하면 출입국 심사인 도장은 생략이 원칙이다. 다만 심사인이 필요한 경우 출입국관리공무원에게 요청하여 날인을 받을 수 있다.

입국 수속

비행기에서 내리면 도착(Arrivals) 표시를 따라 이동한다. 입국신고를 위해 내국인(캐나다 시민권자/영주권자)과 외국인 라인에 줄을 선다. 무인시스템 PIK(Primary Inspection Kiosk)을 이용해 간편하게 입국신고를 한다.

입국신고 무인시스템 PIK(Primary Inspection Kiosk) 사용법

최종 목적지에 도착하기 전 기내에서 방송을 통해 현지 시간과 날씨 등에 대한 간략한 안내를 받는다.

Step1.	여권 스캔 (Scan your travel document)
Step2.	얼굴 사진 찍기 (Take your photo)
Step3.	지문 확인 (Verify your fingerprints) * 외국인의 경우.
Step4.	신고서 작성을 위한 몇 가지 질문에 답하기 (Answer a few questions to complete your declaration)
Step5.	무인시스템에서 출력된 영수증을 국경서비스 직원에게 가져가기 (Take your kiosk receipt to a border services officer)

수하물 찾기

입국 심사대를 통과한 후, 디스플레이 화면에서 타고 온 항공편의 수하물 컨베이어 벨트(baggage carousel)가 어디인지 확인한다. 디스플레이에서 알려준 수하물 컨베이어 벨트로 이동해 본인의 위탁 수하물이 나올 때를 기다렸다가 찾으면 된다. 나가는 방향으로 섰을 때, 맨 왼쪽 컨베이어 벨트가 1번이고, 맨 오른쪽 컨베이어 벨트가 13번이다. 여행가방이 비슷해 간혹 짐이 바뀌는 경우도 있으니 꼭 수하물 태그를 보고 자신의 것이 맞는 지 확인토록 하자. 짐이 많으면 무료 수하물 카트를 이용하거나, 짐을 옮겨주는 포터(Porter)를 고용하면 된다. 스키장비, 스노우보드, 골프채, 삼각대(tripod), 애완견 같은 짐은 큰 짐 찾는 곳(Oversized Baggage)에서 찾아야 한다. 위탁 수하물이 도착하지 않았거나 짐이 손상되었다면 타고 온 항공사에 연락한다. 수하물을 찾아 나가면서 세관원에게 키오스크에서 출력된 영수증을 주면 입국 절차가 끝난다. 맨 왼쪽 출구는 국내선 도착(Domestic Arrivals)이고, 중앙의 출구는 국제선 도착(International Arrivals)이다.

공항 픽업

짐을 찾아 국제선 도착 출구로 나가면 마중나온 가족이나 여행사 직원이 환영한다. 친구가 마중나오는 경우, 주차장 요금을 아끼려고 몇 번 출구에서 기다리면 태우러 가겠다는 경우가 있다. 국제선 도착 출구로 나와서 건물 밖으로 나가는 출입구에 알파벳이 써져 있다. 출입구를 나가서도 기둥에 A, B, C, D, E, F 알파벳이 적힌 전광판이 있다. 친구가 말한 알파벳 앞에서 기다리면 된다. 픽업하는 차들이 많다보니 피어슨 공항 도착(Arrival) 앞이 무질서하고 분주하긴 하지만 배려하면서 손님을 태우고 잘 빠져나간다.

피어슨 공항–토론토 유니온역 급행열차 (UP Express; Union Pearson Express) 이용하기

제 1터미널에서 피어슨 공항과 토론토 유니온 스테이션을 연결하는 급행열차인 유피 익스프레스(UP Express : Union Pearson Express)를 탄다. 토론토 시내까지 25분 걸린다. 성인 요금은 편도 $12.35, 어린이(12살 이하)는 무료다.

피어슨 공항을 출발한 급행열차는 웨스턴역(Weston Station), 블로어역(Bloor Station), 그리고 종착역인 유니온 스테이션(Union Station)에 선다. 키치너–워털루(Kitchener–Waterloo)로 여행하는 손님은 웨스턴역, 블로어역에서 내려 통근열차인 고트레인 키치너 라인(Go Train–Kitchener line)을 이용하면 된다. 종착역인 유니온 스테이션은 지하철 1호선 그리고 비아레일과 연결되어 있어 여행이 편리하다.

링크 트레인 (Link Train) 이용하기

피어슨 공항 제 3터미널에서 내린 승객은 링크 트레인(Link Train)을 타고 제 1터미널로 이동한 후, 피어슨 공항–유니온역 급행열차를 이용한다. 링크 트레인은 공항 터미널간에 승객과 직원들을 수송하는 이동장치로 24시간 운행되며 요금은 무료다.

피어슨 공항 버스는 토론토 시내와 인근 지역을 운행한다.

TTC (Toronto) →

피어슨 공항을 떠나는 익스프레스 버스는 토론토 시내를 관통하는 지하철과 연계된다.

T1 T3

52 E Lawrence West
900 S Airport Express
952 E Lawrence West Express
300 E Bloor-Danforth (Night Bus)
332 E Eglinton West (Night Bus)
352 E Lawrence West (Night Bus)

GO Transit →

피어슨 공항에서 인근 지역(핀치, 리치몬드 힐, 해밀턴)을 운행하는 고버스(Go Bus)

T1

34 Finch Terminal (핀치 터미널)
· 제 2의 한인타운이라고 할 수 있는 노스욕(North York)으로 이동하기 편리하다.

40 - Richmond Hill Ctr
· 핀치 터미널에서 북쪽으로 차로 20분쯤 떨어져 있고, 중국(30.2%), 이란(11%6), 이탈리아(10%) 사람이 많이 산다.
한국인도 3% 산다.

40 - Hamilton Go
· 해밀턴 맥마스터 대학으로 가는 손님에게 편리하다.

Miway (Mississauga) →

피어슨 공항에서 가까운 루트를 제공하는 미시소가 지역 버스 서비스

T1 VISCOUNT

7 N Airport
7 S Airport

Brampton Transit →

피어슨 공항과 브램튼(Brampton)을 운행하는 익스프레스 버스(Express bus)

T1

115 Bramalea Term

900번 공항버스가 대기하고 있다.

〈공항버스 서비스 업체들〉

TTC(Toronto) →

피어슨 공항을 출발한 익스프레스 버스는 토론토 시내를 관통하는 지하철과 연계된다.

터미널1

52번 : W Lawrence West
900번 : N Airport Express
952번 : W Lawrence West Express
300번 : W Bloor-Danforth (Night Bus)
332번 : W Eglinton West (Night Bus)
352번 : W Lawrence West (Night Bus)

터미널3

52번 : E Lawrence West
900번 : S Airport Express
952번 : E Lawrence West Express
300번 : E Bloor-Danforth (Night Bus)
332번 : Eglinton West (Night Bus)
352번 : E Lawrence West (Night Bus)

GO Transit →

피어슨 공항에서 인근 지역(피커링, 리치몬드 힐, 해밀턴)을 운행하는 고버스(GO Bus)

터미널1

94번 : Pickering Go
40번 : Richmond Hill Centre
40번 : Hamilton Go

Midway (Mississauga) →

피어슨 공항에서 가까운 루트를 제공하는 미시소가 지역 버스 서비스

터미널1

7번 : N Airport
7번 : S Airport

Viscount

24번 : N Northwest
24번 : S Northwest
107번 : N Malton Express
107번 : S Malton Express

Brampton Transit →

피어슨 공항과 브램튼(Brampton)을 운행하는 익스프레스 버스(Express Bus)

터미널1

115번 : Bramalea Term
(W = Westbound, E = Eastbound,
S = Southbound, N = Northbound)

여행 준비물 체크 리스트

구분	준비물	세부 사항	체크 V
필수	여권	잔여 유효기간 6개월 확인, 사본 1매, 여권용 사진 2매	
	항공권	예약 사항 확인 및 메모, E-Ticket 출력	
	국제학생증	현지 명소 입장 시 할인	
	국제운전면허증	여행 중 운전할 때는 대한민국 면허증도 필수 소지	
	여행자보험	인터넷 가입 및 공항에서도 가능	
	환전	캐나다 달러로 환전	
	신용카드	VISA, MASTER 등 국제 브랜드로 발급	
	여행자용 데빗카드	트래블로그 카드, 트래블페이 카드	
의류	바람막이	날씨 변화에 대비한 방수 및 방풍 바람막이 혹은 점퍼	
	티셔츠	긴소매, 짧은 소매 계절에 따라 선택	
	바지	긴바지, 짧은 바지 계절에 따라 선택	
	트레이닝복	숙소용 편한 복장	
	속옷	야외 활동에 편한 속옷으로 준비	
	양말	3~4개 준비, 부족하면 현지에서 구입해도 무방	
	단정한 복장	뮤지컬, 오페라, 고급 레스토랑 등 입장 시 필요	
위생용품	세면도구	칫솔, 치약(샴푸, 비누, 수건 등은 호텔방에 구비되어 있음.)	
	화장품	스킨, 로션, 선크림 등	
	위생용품	면봉, 손톱깎이, 빗, 면도기 등	
	세면가방	캠핑장, 워터파크, 비치 등에서 공용 샤워실을 이용할 경우 세면도구를 담아 이동	
	여성용품	현지에서도 구입할 수 있지만 기존 사용 제품 준비	
상비약	만성질환용 약	고혈압, 당뇨, 천식, 알레르기 환자는 의사와 상담 후 처방전을 받아 약국에서 미리 구입	
	기타 약	감기약, 소화제, 진통제, 해열제, 지사제, 밴드, 연고 등	
전기	어댑터, 충전기	USB, 핸드폰 충전기, 11자 어댑터(110V)	
계절	우산, 우비	접이용 우산 및 비닐 우비	
	선글라스, 모자	강한 햇볕을 대비한 용품	
기타 선택		노트북, 스마트폰, 이북리더기, 이어폰(에어팟), 카메라 등	
개인 선택 추가			

회화

퀘벡 여행을 위한 기초 불어 회화

"맛있게 드세요" 라는 표현으로 일반인도 익히 알고 있는 보나뻬띠 (Bon appétit) 를 비롯해 우리들이 생활 속에서 알게 모르게 쓰는 불어가 여럿 있다. 이런 표현들만 잘 사용해도 기분 좋은 여행, 식사, 그리고 쇼핑을 할 수 있다.

인사(아침인사)	Hello	Bonjour	봉쥬르 혹은 봉쥬흐
잘가요	Goodbye	Au revoir	오 흐부아
부탁합니다	Please	S'il vous plaît	씰 부 플레
고맙습니다.	Thank you	Merci	메흐씨
예/아니요	Yes/No	Oui/Non.	위/농
천만에요	Your welcome	Je vous en prie.	쥬 부 장 프히
아주 좋아요.	Very good	Très bien.	트헤 비앙
영어 할 줄 아세요?	Do you speak English?	Parlez-vous anglais?	빠흘레 부 앙글레?
저는 000입니다.	My name is	Je m'appelle…	주마뻴르
어떠세요? 괜찮으세요?	How are you? You good?	Ça va? En forme?	싸바? 앙 폴므?
화장실이 어디죠?	Where is the washroom?	Où sont les toilettes?	우쏭 레 트왈레트?
(화장실을 찾고 있습니다)	I am looking for the washroom	Je cherche les toilettes.	주 쉐슈 레 트왈레트.
좀 도와주시겠어요?	Can you help me?	Pouvez-vous m'aider?	뿌베 부 메데?
얼마죠?	How much is it?	Combien ça coûte?	꽁비앙 싸 꾸트?
메뉴 좀 주시겠어요?	The menu, please	Le menu, s'il vous plaît.	르메뉴, 씰부플레.
맛있게 드세요!	Enjoy your meal	Bon appétit.	보나뻬띠
정말 좋네요	This is so good!	C'est très bon!	쎄 트헤 봉
커피주세요.	I would like a coffee	Je voudrais un café.	주 부드레 엉 카페
드시고 가실 건가요? 가져가실건가요?	For here to go?	Sur place ou à emporter?	슈흐 쁠라쓰 우 아 엉뽀르때
예약하셨나요?	Did you make a reservation?	Avez-vous réservé?	아베 부 헤제흐베?
일행이 총 몇분이세요? ('온라인 캠핑 예약할 때도 이렇게 묻는다.)	How many in your party?	Combien de personnes ?	꽁비앙 드 페흐쏜 ?
음료도 같이 딸려나오나요?	Does it come with a drink?	C'est avec boisson ?	쌔 아베끄 부아쏭 ?
잠시 시간 좀 주실래요? (1분 정도)	Can you give us a minute?	Avez vous une minute/un peu de temps ? 아베부 윈 미뉴뜨 ? 앙 쁘 드떵 ?	

열두 곡물이 들어간 베이글에 버터를 발라서 주세요. (팀 홀튼에서 주문할 때 많이 사용함)

12 grain bagel with butter. Un bagel au 12 grains (aux céréales) avec du beurre.

앙 베겔 오 두즈 그랑 (오 쌔래알) 아베끄 듀 버흐.

정관사(Le, La, Les), 부정관사(Un, Une)

정관사	The	Le (남성명사앞)	Le soleil, L'homme, Le phare, Le sud, Le Nord
		La (여성명사앞)	La ville, La maison, La lune, La étoile
		Les (복수명사앞)	Les villes, les maisons, les étoiles
부정관사	A/An	Un (남성명사앞)	Un home
		Une (여성명사앞)	Une femme

여행 팜플렛에 자주 등장하는 형용사

높은	haut/haute	오/오뜨
낮은	bas/basse	바/바쓰
비싼	coûteux/coûteuse	꾸뜨/꾸뜨즈
싼	pas cher	빠쉐흐
오랜	vieux/vieille	비유/비에이유
새로운	nouveau/nouvelle	누보/누벨르
좋은	bien or bon/bonne	비앙 또는 봉/본느
나쁜	mal	말
어려운	difficile	디피씰르
쉬운	facile	파씰르
단둘이서만, 마주보고	tête-à-tête	때뜨아때뜨

도로 표지판에 자주 등장하는 용어

동	Est	에		시	heure	애흐
서	Ouest	우에		분	minute	미뉴트
남	Sud	쉬		초	Seconde	쓰공드
북	Nord	노흐				

숫자

0	Zéro	쎄호	4	quatre	꺄트흐	8	huit	윗트
1	un	엉	5	cinq	쌩끄	9	neuf	뉘프
2	deux	두	6	six	씨스	10	dix	디스
3	trois	투하	7	sept	쎗트			

지형 관련 용어

좋아할만한	Favorites	Coup de Cœur / Vos favoris	꾸드꿰흐/ 보 파보리
도시, 타운	City, Town	Ville	빌르
집	House	Maison	메종
정원	Garden	Jardin	쟈흐당
공원	Park	Parc	빠르크
박물관	Museum	Musée	뮈제
시장	Market	Marché	마르쉐
바다	Sea	Mer	메흐
강	River	Rivière	히비에흐
페리	Ferry	Traverse	트라베흐쓰
부두, 방파제	Dock	Quai	꿰
만	Bay	Baie	베
내포, 작은 만	Cove	Anse	앙쓰
곶	Cape	Cap	꺄프
등대	Lighthouse	Phare	파흐
바닷가, 해안가	Beach, Shore	Plage	쁠라즈
섬	Island	Île	일르
모험	Adventure	Aventure	아방튀르
카약	Kayak	Kayak	까약
카누	Canoe	Canot	캬노
익스커전 – 단체로 하는 짧은 여행	Excursion	Excursion	익스큐시옹
호텔	Hotel	Hôtel	오뗄
시골 마을의 작은 호텔 혹은 여인숙	Small hotel, Inn, Tavern	Auberge	오베르쥬

※ 터번(Tavern) : 전에는 여행객에게 식사와 숙박을 제공하는 우리의 주막과 같은 곳.

Lunenburg

캐나다 대서양의 유네스코 지정 동화마을 루넨버그
재미 있는 역사와 영화 촬영지, 싱싱한 랍스터,
관자로 유명해요.

Smugglers Cove Inn

- 📞 902 634 7500
- 🏠 smugglerscoveinn.ca
- 💬 mydkim
- 📷 lunenburgmichael
- ⓕ Michael Kim

왕의 도시,
킹/스/턴 Kingston 여행 중
한국 음식이 생각날 때,

포도나무
Podonamu

📍 264 Princess St, Kingston
📞 613-777-9949

캐나다인가?
캐나닭인가?

The Fry 치킨을 맛보고나니
내가 여행한 곳은 캐나다가 아니라
캐나닭이었다.

The Fry, No.1 Korean Fried Chicken

나이아가라 폴스지점

📍 6530 Lundy's Ln, Niagarafalls, ON L2G 1T6
📷 @thefry_niagarafalls
📞 289-296-0841

세인트캐서린지점

📍 12 King St, St.Catharines, ON L2R 3H3
📷 @TheFry_St.catharines
📞 905-641-2121

이지
캐나다

2024년 4월 21일 초판 발행

지은이	이종상
발행인	송민지
경영지원	한창수
디자인	김현숙
일러스트	이설이
마케팅	양문규
제작지원	이현상

발행처 이지앤북스
서울시 영등포구 선유로 55길 11(6층)
전화 02-516-3923
팩스 02-516-3921
이메일 books@easyand.co.kr
www.easyand.co.kr

브랜드 EASY & BOOKS
EASY&BOOKS는 도서출판 피그마리온의 여행 출판 브랜드입니다.

등록번호 제313-2011-71호
등록일자 2009년 1월 9일

ISBN 979-11-91657-31-9
ISBN 979-11-85831-17-6(세트)
정가 25,000원